Hartmut Bossel

Modellbildung und Simulation

Mehr als nur Programmieren ...
Eine Einführung in die Informatik
von Rainer Gmehlich und Heinrich Rust

Simulation neuronaler Netze
von Norbert Hoffmann

Regelungstechnik und Simulation
Ein Arbeitsbuch mit Visualisierungssoftware
von Anatoli Makarov

Dynamische Systeme und Fraktale
Computergrafische Experimente mit Pascal
von K.-H. Becker und M. Dörfler

Modellbildung und Simulation
Konzepte, Verfahren und Modelle zum Verhalten dynamischer Systeme
von H. Bossel

Fuzzy-Theorie oder die Faszination des Vagen
Grundlagen einer präzisen Theorie des Unpräzisen für Mathematiker, Informatiker und Ingenieure
von Bernd Demant

Fuzzy-Logik und Fuzzy-Control
Eine anwendungsorientierte Einführung mit Begleitsoftware
von Jörg Kahlert und Hubert Frank

Computergrafik in der Differentialgeometrie
Ein Arbeitsbuch für Studenten inklusive objektorientierter Software
von Eberhard Malkowsky und Wolfgang Nickel
herausgegeben von Kurt Endl

Wissensverarbeitung mit DEDUC
Eine Expertensystemshell mit Benutzeranleitung sowie einem Handbuch zur Wissensverarbeitung, Folgenabschätzung und Konsequenzenbewertung
von H. Bossel, B. R. Hornung und K.-F. Müller-Reißmann

Hartmut Bossel

Modellbildung und Simulation

Konzepte, Verfahren und Modelle zum Verhalten dynamischer Systeme

Ein Lehr- und Arbeitsbuch

2., veränderte Auflage
mit verbesserter Simulationssoftware

vieweg

Die Deutsche Bibliothek – CIP-Einheitsaufnahme

Bossel, Hartmut:
Modellbildung und Simulation: Konzepte, Verfahren und Modelle zum Verhalten dynamischer Systeme; ein Lehr- und Arbeitsbuch. – 2., veränd. Aufl., mit verbesserter Simulationssoftware. – Braunschweig; Wiesbaden: Vieweg, 1994
ISBN 3-528-15242-7

Das in diesem Buch enthaltene Programm-Material ist mit keiner Verpflichtung oder Garantie irgendeiner Art verbunden. Der Autor und der Verlag übernehmen infolgedessen keine Verantwortung und werden keine daraus folgende oder sonstige Haftung übernehmen, die auf irgendeine Art aus der Benutzung dieses Programm-Materials oder Teilen davon entsteht.

1. Auflage 1992
2., veränderte Auflage mit verbesserter Simulationssoftware 1994

Der Verlag Vieweg ist ein Unternehmen der Verlagsgruppe Bertelsmann International.

Druck und buchbinderische Verarbeitung: Paderborner Druck Centrum, Paderborn
Gedruckt auf säurefreiem Papier
Printed in Germany

ISBN 3-528-15242-7

Vorwort und Übersicht

Den meisten von uns fällt es schwer genug, die dynamischen Vorgänge in unserer Umgebung einzuordnen, zu verstehen und in ihrer weiteren Entwicklung einzuschätzen. Die systemanalytische Aufarbeitung dieser Zusammenhänge mit dem Ziel der Modellbildung und Simulation scheint dann erst recht außerhalb der Reichweite der meisten zu liegen, besonders, da sie spezielle und teuere Computersoftware und entsprechende Spezialkenntnisse zu verlangen scheint.

Wo die Modellbildung versucht wird, scheint sie so sehr mit schwierigen mathematischen Konzepten verbunden zu sein, daß zwei typische Reaktionen nicht mehr überraschen:

1. Man überläßt das Gebiet Spezialisten und verläßt sich ganz auf deren Ergebnisse und Urteil.
2. Man verweigert sich der komplexen Analyse und verläßt sich lieber auf einfache, leichter überschaubare, meist falsche Erklärungen.

Beide Wege sind angesichts der Gefahren durch unverstandene Dynamiken (Waldsterben, Ozon-Abbau, CO_2-Dynamik, Aids, Bevölkerungsexplosion, Umweltübernutzung und Zusammenbruch, Rezession, Eskalationen usw.) nicht zu verantworten.

Unser gegenwärtiges Ausbildungs- und Wissenschaftssystem konzentriert sich immer noch auf Detailbetrachtungen und statische Analysen, ohne den Anforderungen für besseres Verständnis der Dynamiken unserer Umwelt gerecht zu werden: die Fächer Systemkunde, Systemwissenschaft, Systemanalyse, Dynamische Systeme usw. sucht man in den Curricula bislang noch (fast) vergeblich. Sie gehören aber eigentlich in (fast) jeden Ausbildungsgang.

In diesem Buch wird der Versuch gemacht, sowohl Wissen über Systeme als auch Verfahren zur Analyse dynamischer Systeme auf mehreren Ebenen zusammenzutragen, die sich gegenseitig ergänzen: die (qualitative) Wirkungsanalyse, die mathematische Modellbildung, die Computersimulation, die mathematische Systemtheorie, die globale Verhaltens- und Orientierungsanalyse und schließlich, im Systemzoo, die Dynamik fünfzig elementarer Systeme.

Um trotz einer strengen systemtheoretischen Grundlage auf der Basis der Zustandsraumanalyse den Zugang zu Verfahren und Ergebnissen möglichst allen zu öffnen, wird hier konsequent das systemgraphische Verfahren für die Modellerstellung verwendet. Die mathematische Formulierung ist dann das Ergebnis, nicht die Voraussetzung der Modellierung.

Auch der eigens entwickelte SIMPAS-Simulator soll die Simulation dynamischer Systeme einem möglichst breiten Nutzerkreis zugänglich machen. Seine Verwendung ist so einfach und selbsterklärend, daß erfahrungsgemäß eine Benutzeranleitung nicht benötigt wird. SIMPAS verzichtet auf jeglichen programmtechnischen Schnickschnack, aber es bietet mehr Modellerstellungs- und Bearbeitungsmöglichkeiten als viele anderen Simulatoren und erweist sich als äußerst effizient und robust in der Benutzung. Wer mit TurboPascal arbeiten kann, kann mit SIMPAS auch eigene Modelle (als TurboPascal-Einheiten) programmieren.

Wer sich für Modelle dynamischer Systeme und Prozesse in unserer Erfahrungsumwelt interessierte, der war bisher auf Zufallsfunde in Lehrbüchern verschiedener Disziplinen (von der Mathematik über Mechanik und Ökologie bis zur Ökonomie und Psychologie) angewiesen. Dabei stößt man auf bemerkenswerte Lücken: oft scheinen exotische mathematische Eigenschaften weit mehr zu interessieren als die Aufklärung überlebensrelevanter Zusammenhänge. Mir schien daher der Versuch angebracht, wesentliche Dynamiken unserer Umwelt zunächst einmal zu katalogisieren und danach entsprechende Systemmodelle zusammenzutragen bzw. neu zu entwickeln. Das Ergebnis ist der Systemzoo (Kapitel 6 und Begleitdiskette); viele dieser Modelle werden hier zum ersten Mal veröffentlicht.

Das Buch begleitet und erklärt alle Phasen der Modellentwicklung und Simulation und ist daher sequentiell aufgebaut.

In Kapitel 1 des Buchs werden zunächst Sinn, Zweck und Ansatz der Modellbildung für dynamische Systeme erläutert und grundsätzliche Betrachtungen zu Systemen und Modellen, ihren Eigenschaften und Besonderheiten dargelegt.

Kapitel 2 erläutert den ersten wichtigen Schritt der Modellentwicklung und führt von der Definition des Modellzwecks über das Wortmodell zum Wirkungsdiagramm. An ihm können erste qualitative Systemuntersuchungen durchgeführt werden.

Kapitel 3 beschreibt die Weiterentwicklung des Modells vom Wirkungsdiagramm zum mathematischen Modell. Dieser Schritt erfordert eine genaue Spezifizierung der Art und Funktion der Systemelemente, und die Parametrisierung und Quantifizierung der Zusammenhänge und Verknüpfungen.

Kapitel 4 führt vom mathematischen Modell zur Computersimulation. Die vorher entwickelten Modelle werden mit dem (auf Diskette beiliegenden) SIMPAS-Simulator wie auch der STELLA-Software für Modellbildung und Simulation implementiert und danach für ausführliche Simulationen verwendet. Besonderer Wert wird auf die Untersuchung des Globalverhaltens (Gleichgewichtspunkte, Stabilität, Zustandsbahnen) und der Parameterempfindlichkeit gelegt.

Kapitel 5 geht auf die Verwendung von Simulationsmodellen für die Aufgaben der Szenario- und Pfadanalyse, der Optimierung und der Systemveränderung zur Stabilisierung (Regeltechnik) ein. Als Voraussetzung solcher Untersuchungen müssen geeignete Beurteilungs- und Bewertungskriterien definiert werden. Hierzu werden die allgemein für die Systementwicklung gültigen Leitwerte abgeleitet und verwendet.

In Kapitel 6 wird in einem 'Systemzoo' eine umfangreiche Sammlung elementarer dynamischer Systeme vorgelegt, die jedes für sich interessante Besonderheiten zeigen. Die meisten dieser Systeme entstammen unserer Erfahrungsumwelt; viele von ihnen zeigen unerwartetes und kaum vorhersehbares dynamisches Verhalten. Die Systeme sind in Kapitel 6 dokumentiert und finden sich als lauffertige Simulationsprogramme auch auf der Begleitdiskette.

In Kapitel 7 werden die mathematischen Grundlagen der Zustandsraumanalyse dynamischer Systeme zusammengefaßt, auf deren Hintergrund die vorangegangenen Kapitel entwickelt wurden. Die systemtheoretische Untersuchung von Systemen bietet - soweit sie mathematisch überhaupt möglich ist - Ansätze zum Verständnis von Systemen, die über die Möglichkeiten der Simulation hinausgehen.

Als Vehikel für die Beschreibung der Vorgehensweise bei Modellbildung und Simulation dienen in den Kapiteln 2 bis 5 drei nichtlineare Modelle: ein kompaktes 'Weltmodell', das Rotationspendel und das (einfache) Modell eines Fischereiunternehmens.

Die gemeinsame Grundlage für alle Simulationen der Kapitel 2 bis 5 wie auch der fünfzig im Systemzoo zusammengefaßten Modelle im Kapitel 6 ist der SIMPAS-Simulator. Diese in TurboPascal geschriebene Software verfügt über alle normalerweise von einem Simulator gebotenen Eigenschaften sowie einige wichtige zusätzliche Möglichkeiten, die sich in der Simulationspraxis als nützlich erweisen (u.a. vorstrukturierte interaktive Bearbeitung und Parameteränderung, Dokumentation, Analyse von Globalverhalten und Parametersensitivität, dreidimensionale Darstellung). Modelle werden als Turbo-Pascal-Einheiten formuliert; es stehen dabei alle Möglichkeiten mathematischer und graphischer Gestaltung offen, die TurboPascal bietet. SIMPAS hat sich in hunderten von Simulationsuntersuchungen bewährt, die u.a. auch von Studentinnen und Studenten im Rahmen meiner Vorlesungen gemacht wurden.

Buch, SIMPAS-Simulator und der Systemzoo sind entstanden aus Vorlesungserfahrungen an der Gesamthochschule/Universität Kassel und Forschungs- und Lehrerfahrungen besonders am Forest Research Institute Malaysia, am ASEAN Institute of Forest Management (beide Kuala Lumpur), beim Sabah Forest Department (Sandakan, Borneo) sowie am Environment and Policy Institute, East-West Center, Honolulu. Besonderen Dank für moralische Unterstützung schulde ich den Kollegen und Kolleginnen des International Network of Resource Information Centers (INRIC) und ganz besonders Donella Meadows und Dennis Meadows. Ursula Marquardt danke ich für die Textverarbeitung, Kendrik Bossel für die Systemgraphiken und Rika Bossel dafür, daß sie es mir ermöglichte, dieses Projekt mit seiner umfangreichen Programmentwicklung auch noch nach Feierabend - mit dem Laptop auf den Knieen - durchzuziehen.

Zierenberg/Kassel, Februar 1992 Hartmut Bossel

Vorwort zur zweiten Auflage

Der Erfolg dieses Buches machte eine rasche Neuauflage notwendig. Ich habe die Gelegenheit benutzt, um Druckfehler der ersten Auflage zu korrigieren und um Text und Abbildungen auf den erheblich verbesserten Simulator SIMPAS 2.0 umzustellen, der auch auf Diskette dem Buch beiliegt. Die Menusteuerung für SIMPAS 2.0 wurde von Kendrik Bossel programmiert, dem ich für seine engagierte Mitarbeit danke.

Mai 1994 Hartmut Bossel

Inhaltsverzeichnis

1 Systeme, Modelle, Modellbildung, Modellverwendung: Ein Überblick

1-1 Aufgaben der Modellbildung und Simulation

1-1.1 Warum Modellbildung und Simulation?

Modelle und Simulationen jeder Art sind Hilfsmittel zum Umgang mit der Realität; sie sind so alt wie die Menschheit selber. Menschen haben von jeher in Denkmodellen Pläne gemacht, durchdacht, mitgeteilt, diskutiert, verändert, in die Tat umgesetzt oder verworfen. Bauwerke, Boote, Maschinen wurden bereits vor Tausenden von Jahren zunächst als kleine Modelle gebaut und geprüft, bevor sie im großen Maßstab erstellt wurden. Die Spielwelt der Kinder simulierte schon immer die Welt der Erwachsenen - meist unter Verwendung von Modellen ihrer Menschen, Tiere, Gegenstände und Fahrzeuge. Die Modellwelten der Sagen, Märchen und Religionen gestatteten teilweise sogar erfahrungsprägende Simulationen. Als Bilder und Poesie, Romane und Filme, Parteiprogramme und Verfassungen sind Modelle und Simulationen ein wesentlicher Teil unserer Erfahrungswelt.

Indem Wissenschaft und Forschung sich bemühen, verallgemeinerbare Prinzipien und Prozesse in der Realität zu identifizieren, erstellen sie Modelle, die wiederum der angewandten Forschung und Technik zur Untersuchung und Simulation neuer Möglichkeiten dienen.

Modelle reichen von der verkleinerten realistischen Darstellung des Originals über die Schnittzeichnung bis zum Funktionsdiagramm; sie können aus Analogien bestehen, in mathematischen Formeln oder Computerprogrammen ausgedrückt sein und dann auch die Simulation dynamischen Verhaltens erlauben; sie können es als vorstrukturierte Planspiele ermöglichen, einen neuen Verhaltensbereich zu erfahren.

Die Elektronik gestattete es erstmals, unter Ausnutzung physikalischer Analogien zwischen elektronischen Schaltkreisen und mechanischen Schwingungssystemen komplexe dynamische Systeme wie etwa Flugzeuge und Fahrzeuge durch äquivalente Systeme elektronischer Bauteile darzustellen und damit ihr Verhalten am Analogcomputer zu simulieren, ohne das System überhaupt erst bauen und in der Realität erproben zu müssen. Simulatoren der gleichen Art wurden eingesetzt, um Bedienungspersonal (z.B. Piloten) gefahrlos im Umgang mit komplexem technischen Gerät zu schulen - lange bevor das erste Stück die Produktion verließ.

Die Tatsache, daß Computer schnell und genau jede mathematische oder logische Formulierung in beliebiger Kombination abarbeiten können, erweiterte die Möglichkeit der Modellbildung und Simulation auf alles, was sich - in welcher Form auch immer - formalisieren und damit rechenfähig darstellen läßt. Damit sind in fast allen Bereichen menschlicher Erfahrung neue Möglichkeiten entstanden, um bisher kaum überschaubare komplexe dynamische Entwicklungen auch modellhaft darzustellen, zu simulieren, besser zu verstehen und besser mit ihnen umzugehen als bisher.

Jüngste technische Entwicklungen zeigen, daß - wie bereits im realitätstreuen Simulator eines Flugzeuges - Computersimulationen in Zukunft an vielen Stellen den Menschen als mitagierendes System sehr viel mehr einbeziehen werden als bisher. Über Bildschirmhelm und elektronische Handschuhe wird er die Möglichkeit bekommen, in einer simulierten Scheinwelt 'greifbare' Erfahrungen zu sammeln - in einer Welt, die schließlich nur in den Bit-Zuständen einiger weniger Computerchips besteht. Die Zukunft wird zeigen müssen, ob und in welchen Bereichen das vollständige Hineintauchen in simulierte Scheinwelten zur menschlichen Entwicklung einen Beitrag leisten kann; wir werden uns hier nicht weiter damit befassen.

Unsere Aufgabe wird es vielmehr sein, das in vielen Wissensbereichen angewandte Verfahren der Modellbildung und Simulation dynamischer Systeme darzustellen. Es zeigt sich nämlich, daß wir es hier mit einem einheitlichen Ansatz zu tun haben, der sich nicht nach Fachdisziplinen unterscheidet: gleich, ob es sich um Anwendungen in Elektrotechnik, Maschinenbau, Land- und Forstwirtschaft, Ökologie, Umweltforschung, Betriebswirtschaft oder Regionalplanung handelt.

1-1.2 Warum interessiert das Verhalten dynamischer Systeme?

Zu wissen, was geschehen wird oder geschehen könnte, kann u.U. eine Bedeutung haben, die über Neugierbefriedigung wesentlich hinausgeht und buchstäblich zwischen Leben und Tod entscheidet. Zu wissen, wie sich dynamische Systeme unter gewissen Umständen verhalten werden ist - wie wir sehen werden - auch selbst bei einfachen Systemen oft sehr schwierig. Oft genug aber hängt das Leben von Individuen, die zukünftige Entwicklung einer Region oder gar die globale Zukunft ab von der Entwicklung dynamischer Systeme, die wir nicht ausreichend kennen, deren Verhalten wir nicht genug verstehen. Die Beispiele reichen von Bauwerken, Flugzeugen, Fahrzeugen, sozialen Prozessen, Stadtentwicklungen, Bevölkerungsexplosion, Kriegen, Umweltbelastungen bis hin zu globalen Klimaveränderungen. In allen diesen Fällen stellt sich die Aufgabe, mit vertretbarem Aufwand zu relativ sicheren Verhaltensaussagen zu kommen. Wir suchen also nach entsprechenden Modellen, die Verhalten beschreiben und möglichst auch Hinweise auf notwendige Änderungen oder Einwirkungen geben können, um unzulässige oder gar gefährliche Entwicklungen zu vermeiden.

Das uns interessierende Produkt ist also eine zuverlässige stellvertretende Verhaltensbeschreibung, die Simulation des zu erwartenden Verhaltens eines realen Systems.

Wir merken an dieser Stelle an, daß eine Verhaltenssimulation prinzipiell auf zwei verschiedene Weisen erreicht werden kann: Zum ersten ist denkbar, durch Beobachtungen des Verhaltens eines oder vieler gleichartiger Systeme zu einer umfassenden Verhaltensbeschreibung zu gelangen, die auch für zukünftiges Verhalten in einem relativ breiten Bereich zutrifft. In diesem Falle wäre es nicht nötig, das System selbst in allen seinen Einzelheiten und Funktionen zu kennen; es kann als 'black box' behandelt werden.

Eine zweite prinzipielle Möglichkeit zu Verhaltensaussagen zu gelangen, ergibt sich durch ein Nachbilden der Wirkungsweise des realen Systems, d.h. durch Untersuchungen des Verhaltens eines Modells, das die wesentlichen Wirkungsstrukturen des Realsystems abbildet. In diesem Falle muß sehr viel über das System selbst bekannt sein; sein Verhalten in der Vergangenheit ist daher nur von sekundärem Interesse.

Die Darstellung von Verhalten durch Computersimulationsmodelle hat inzwischen fast alle anderen Darstellungsmöglichkeiten, die früher einmal eine Rolle spielten (wie hydraulische, elektrische, mechanische Analogien), abgelöst. Die Gründe liegen auf der Hand:

- Es kann - völlig unabhängig von der Art des betrachteten Systems - mit einer einheitlichen Methodologie und vielseitig verwendbaren Software-Programmen gearbeitet werden.
- Die Kosten der Modellerstellung und Simulation sind im allgemeinen nur ein Bruchteil dessen, was bei ähnlich umfassender Untersuchung mit realen oder analogen physikalischen Modellen aufzuwenden wäre.
- Der zeitliche Ablauf des dynamischen Verhaltens kann erheblich gerafft und verkürzt oder - bei in der Natur sehr schnell ablaufenden Vorgängen - auch, falls notwendig, erheblich gedehnt werden, so daß genaue Beobachtungen möglich werden.
- Eine Dynamik, die zur Systemzerstörung führen würde, hinterläßt im Computer überhaupt keine Konsequenzen: Das Simulationsprogramm kann nach wie vor weiterverwendet werden. Damit wird auch und gerade eine umfangreiche Untersuchung gefährlicher Systementwicklungen möglich.
- Das reale System wird keinerlei Risiko unterzogen. Messungen oder Eingriffe am realen System sind nicht notwendig.

1-1.3 Anwendungen dynamischer Simulationsmodelle

Wissenschaftliche Erkenntnis: Aus der Computersimulation eines dynamischen Systems können sich neue Erkenntnisse ergeben, die aus der ursprünglichen Systemkenntnis nicht direkt folgen. So kann ein System z.B. bei konstanten Parametern und Umwelteinwirkungen Schwingungsverhalten, Zusammenbruch oder Chaos zeigen, ohne daß dies aus der Systemstruktur direkt ableitbar wäre. Ein Beispiel sind systemdynamische Untersuchungen zum Verhalten von Wäldern bei Schadstoffbelastung, die die Möglichkeit plötzlichen Zusammenbruchs auch bei gleichbleibend geringer Schädigung und unveränderter Systemstruktur nachwiesen. Oder: Chaos wird in Systemen erst über ihre Dynamik bemerkbar, die sich durch Computersimulation erschließen läßt. Erhebliche Bedeutung hat die Simulation auch für die Überprüfung wissenschaftlicher Hypothesen.

Systementwicklung im technischen Bereich: Hier hat die Computersimulation traditionell ihren Schwerpunkt, vor allem auch deshalb, weil diese Systeme im allgemeinen in bezug auf Wirkungsstruktur und Parameter präzise definierbar und über ihre physikalischen Zusammenhänge gut durch mathematische Modelle beschreibbar sind. Anwendungen sind: Regeltechnik und Optimierung, Schwingungsverhalten von Bauten und Maschinen, Simulation von Steuerung und Stabilität unter Berücksichtigung der wechselnden strukturellen, aerodynamischen, hydrodynamischen Lasten bei Fahrzeugen, Flugzeugen und Schiffen, Simulation nuklearer und chemischer Großprozesse und ihrer Regelung, simulative Untersuchung von Projekten des Wasserbaus, vielseitige Anwendungen des computergestützten Entwurfs (CAD) bis hin zur Simulation von Bewegungsabläufen, Schwingungsverhalten oder simulierten Innenansichten (Architektur). Auch Medizintechnik und Pharmazie verwenden die Simulation, z.B. zur Ausregelung von Herzrhythmusstörungen oder für die Entwicklung von Dialysegeräten wie auch zur Untersuchung der Abbaudynamik neuentwickelter Wirkstoffe in den verschiedenen Körperorganen. Bei Entwicklungsvorhaben dieser Art hilft die Computersimulation, günstige und sichere Lösungen zu finden, Verfahren für das Umgehen mit Gefahrenzuständen zu finden und Risiken weitgehend auszumerzen, bevor der Entwurf realisiert wird und auf den Markt kommt.

Anwendungen im System-Management: Die Computersimulation wird ebenfalls eingesetzt, um mit vorhandenen dynamischen Systemen besser umzugehen. Es geht hier vor allem darum, durch parallele Simulation eines zu bewirtschaftenden Systems mit den laufenden realen Daten notwendige Eingriffe rechtzeitig zu erkennen und auf ihre Wirkungen zu überprüfen. Ein Beispiel ist die Landwirtschaft mit der raschen Dynamik von pflanzenverfügbarem Stickstoff und Bodenwasser. Dies ist auch vom Fachmann nicht leicht und richtig einzuschätzen. Computersimulationen können dabei helfen, Nährstoffe und Bewässerung optimal einzusetzen. Mit Computersimulation der Schädlingsentwicklung, die sich auf Stichproben stützt, können angepaßte Maßnahmen rechtzeitig in die Wege geleitet und chemische Bekämpfungen u.U. gänzlich vermieden werden. In der Forstwirtschaft können waldbauliche Maßnahmen auf ihre langfristigen Konsequenzen untersucht und verglichen werden, um zu ökonomisch günstigen und nachhaltigen Lösungen zu kommen. Bei der betriebswirtschaftlichen Planung spielen Simulationen von der Fertigung bis zur Lagerhaltung eine große Rolle.

Anwendungen in der Entwicklungsplanung: In langfristigen Studien dieser Art muß vor allem auch dem Verhalten verschiedener gesellschaftlicher Gruppen Rechnung getragen werden. Das Verhalten dieser Akteure kann entweder durch Szenarienannahmen, durch Planspielsimulationen oder sogar teilweise direkt durch Verhaltenssimulationen miteinbezogen werden. Anwendungsbeispiele sind etwa die Stadtentwicklungsplanung, die Regionalplanung und Untersuchungen möglicher nationaler Entwicklungen. Hier geht es vor allem darum, das ganze Spektrum der Verhaltensmöglichkeiten zu erfassen, um das Verhalten unter gegebenen Bedingungen einzugrenzen, Eingriffsmöglichkeiten und deren Folgen festzustellen und Möglichkeiten für alternative Entwicklungen rechtzeitig zu erkennen.

Für die zukünftige globale Entwicklung hat gerade der letztere Aspekt der Modellbildung und Simulation besondere Bedeutung. Er soll daher noch etwas weiter ausgeführt werden.

1-1.4 Modellbildung und Simulation zur Untersuchung von Entwicklungspfaden

Die miteinander verbundenen Dynamiken regionaler und globaler, ökologischer und sozialer Entwicklungen (Bevölkerungsentwicklung, Wirtschaftsentwicklung, Ressourcenverbrauch, Umweltbelastungen, Klimaveränderung durch Treibhausgase, Waldzerstörung usw.) sind heute auch für Fachwissenschaftler kaum noch überschaubar und in ihren Konsequenzen für Umwelt und Gesellschaft nur unsicher abschätzbar. Diese Unsicherheit ist mit hohen aktuellen und potentiellen Kosten und Risiken verbunden. Möglichkeiten, durch bessere Abschätzung zukünftiger Entwicklungsperspektiven diese Unsicherheiten zu verringern, müssen konsequent ausgelotet werden, insbesondere dann, wenn die Kosten dieser Informationssuche nur einen Bruchteil der Kosten von Fehleinschätzungen betragen.

Es geht hierbei nicht um Prognosen einer scheinbar unabänderlichen Entwicklung. Die gesellschaftliche Entwicklung in ihrem ökologischen Umfeld hat bestenfalls nur in kleinen Bereichen die vorhersagbare Automatik eines mechanischen Räderwerks. Wesentliche Bereiche werden dagegen durch gesellschaftliche Akteure bestimmt (Einzelpersonen, Organisationen, Institutionen), deren Verhaltensspielraum sich zwar in Grenzen abschätzen, aber nicht prinzipiell genau bestimmen läßt. In anderen Bereichen (z.B. Wetter und Klima, Tier- und Pflanzenpopulationen) gilt ähnliches aus anderem Grund: hier können unter gewissen Bedingungen die Entwicklungspfade aufgrund kleinster Abweichungen rasch und enorm divergieren (Chaos). In beiden Fällen ist eine Vorhersagbarkeit prinzipiell nicht gegeben, aber der mögliche Verhaltensbereich ist absteckbar, mögliche Entwicklungspfade lassen sich eingrenzen.

Es kann unter diesen Bedingungen also nur darum gehen, den Versuch zu unternehmen, die möglichen Entwicklungspfade des betrachteten Systems mit ihren Verzweigungsmöglichkeiten, Ausprägungen und Folgen zu erfassen, die vorhandenen Eingriffsmöglichkeiten zu identifizieren, und wiederum deren Folgen im Rahmen eines bestimmten Entwicklungspfades abzustecken. Da die Entscheidungssprünge einzelner Akteure und die möglichen chaotischen Verhaltenssprünge einzelner Teilsysteme prinzipiell nicht vorhersehbar sind, ist die Beschreibung aller möglichen Entwicklungspfade prinzipiell nicht machbar. Es geht daher nur darum, die Bandbreite der möglichen Entwicklung abzustecken und ihre wahrscheinlichsten 'Flußbetten' zu identifizieren, die sich gewissen Parameterkonstellationen ('Szenarien') zuordnen lassen.

Beispiel: Entwicklungspfade der Energieversorgung und Reduktionspotentiale der CO_2-Emissionen bei unterschiedlicher Entwicklung der Potentiale effizienter Energienutzung und regenerativer Energieträger.

Für die zukünftige CO_2-Dynamik und damit zusammenhängende Klimaveränderungen hat eine verläßliche Abschätzung der möglichen Entwicklungspfade der Energieversorgung eine entscheidende Bedeutung. Hier versagen prinzipiell die Verfahren der verhaltensbeschreibenden Modellierung (wie etwa der Trenduntersuchung). Dagegen lassen sich über strukturtreue Simulationsmodelle relativ verläßliche Aussagen auch über mögliche Langfristentwicklungen gewinnen, da Prozesse wie

- Marktdurchdringung und Sättigung
- Anteilsverschiebungen (Mix)
- Durchsetzung neuer Technologien
- Aufteilung auf konkurrierende Verfahren (modal split)
- Einführung effizienterer Nutzungsverfahren
- Veränderung des Verbraucherbewußtseins
- Problemdruck aus der Umweltveränderung
- Entwicklung des Energiedienstleistungsbedarfs
- Absenkungen des spezifischen Verbrauchs
- internationale Konkurrenz
- usw.

in die Untersuchung und Modellbildung direkt einbezogen werden können.

Beispiel: Entwicklungspfade der Rohstoffversorgung und Umweltbelastung bei unterschiedlichen Ansätzen in Produktentwurf, Wiederverwendung, Materialrückführung und Abfallentsorgung.

Ähnlich wie im Energiesektor sind die Konsequenzen verschiedener Entwicklungsmöglichkeiten bei der Versorgung mit Materialdienstleistungen insbesondere in ihrem (szenarioabhängigen) Zusammenspiel ohne strukturtreue Modellbildung und Simulation nicht zu überblicken. Welche Maßnahmen erweisen sich als besonders wirkungsvoll? Welche sind besonders verbraucherverträglich und leicht durchführbar? Wo sind die Umweltbelastungen (welcher Stoffe?) längerfristig geringer? Mit welchem Ansatz ist die Nachhaltigkeit der Versorgung bei hoher Umweltqualität zu sichern? Welche Reaktionen sind bei Unternehmen und Gewerkschaften zu erwarten? Mit welchen Kosten ist zu rechnen? Auch hier erweist sich ein strukturtreues Modell zum einen als vollständiger Denkrahmen zur umfassenden Untersuchung, Bearbeitung, Diskussion, vergleichenden Bewertung und Entscheidungsvorbereitung, und zum anderen als Werkzeug für die Simulation unterschiedlicher, szenarioabhängiger Entwicklungspfade.

1-2 Grundsätzliches zu Systemen

1-2.1 Was ist ein System? Systemidentität, Systemintegrität, Systemzweck

Viele Objekte in unserer Erfahrungsumwelt bezeichnen wir als 'System'. Sie bestimmen durch ihre Anwesenheit oder durch ihr Verhalten die Entwicklung; viele Systeme sind von Menschen geschaffen und werden von ihnen als Werkzeuge benutzt. Aber nicht alles in unserer Umwelt ist ein System - wir sollten daher unterscheiden können. Wir nennen ein Objekt ein System, wenn es ganz bestimmte allgemeine Merkmale aufweist:

1. Das Objekt erfüllt eine bestimmte Funktion, d.h. es läßt sich durch einen **Systemzweck** definieren, den wir als Beobachter in ihm erkennen.
2. Das Objekt besteht aus einer bestimmten Konstellation von **Systemelementen und Wirkungsverknüpfungen** (Relationen), die seine Funktionen bestimmen.
3. Das Objekt verliert seine Systemidentität, wenn seine Systemintegrität zerstört wird. Ein System ist **nicht teilbar**, d.h., es existieren Elemente und Relationen in diesem Objekt, deren Herauslösung oder Zerstörung die Erfüllung des ursprünglichen Systemzwecks, d.h. der Systemfunktion nicht mehr erlauben würde: Die Systemidentität hätte sich verändert oder wäre gänzlich zerstört.

Diese Kriterien des Systemzwecks, der Systemstruktur und der Systemintegrität ermöglichen es uns nun, Unterscheidungen zu treffen:

Ein Stuhl ist demnach ein System, weil er einen Systemzweck, eine Systemstruktur (Sitzplatte, Rückenlehne, Beine mit entsprechenden Wirkungsbeziehungen zwischen ihnen) besitzt und das Abtrennen bestimmter Elemente (z.B. zweier Beine) zu einer Zerstörung der Systemintegrität führt, d.h., der ursprüngliche Systemzweck kann nicht mehr erfüllt werden.

Ein Sandhaufen ist kein System, weil sich zwar ein gewisser Systemzweck definieren läßt (Lagerung von Sand), weil aber selbst das Abtragen einer großen Menge Sand nichts an der Identität als Sandhaufen ändern würde.

Ein Gewichtsstein ist kein System. Zwar läßt sich ein Zweck definieren, und die Identität als Gewichtsstein würde durch eine Halbierung zerstört werden, doch besteht der Gewichtsstein (für die Zwecke dieser Betrachtung) aus einem einzigen Element ohne irgendwelche Relationen (noch nicht einmal einer Rückkopplung zu sich selbst).

Das Straßburger Münster ist ein System, da sich Systemzweck, Elemente und Relationen erkennen lassen und es durch Heraustrennen bestimmter Elemente und Relationen seine Integrität verlieren würde. Organismen, Maschinen, Organisationen und die interagierenden Prozesse der ökologischen Umwelt sind Systeme.

Systeme sind also durch eine essentielle Wirkungsstruktur gekennzeichnet, die ihnen die Erfüllung bestimmter Funktionen gestattet, die Systemzweck und Systemidentität definieren. Bei der Modellbildung und Simulation, so wie wir sie hier verstehen, geht es in erster Linie darum, diese essentielle Wirkungsstruktur des Systems herauszuarbeiten.

1-2.2 Dynamische Systeme, Systemverhalten, Betrachtungszeitraum

Genau genommen sind alle Systeme dynamische Systeme, auch solche, die uns eher statisch erscheinen, wie der Stuhl oder das Straßburger Münster. Über einen längeren Zeitraum gesehen, unterliegen sie Alterserscheinungen; bei Belastung ergeben sich dynamische Lasten (Benutzung des Stuhls, Winddruck am Münster), die bei gewissen Untersuchungen eine Rolle spielen könnten. Wir sprechen aber hier von dynamischen Systemen, wenn diese in einem uns interessierenden Zeitraum ihren Zustand ändern und damit dynamisches Verhalten zeigen. Dabei dürfen wir uns nicht auf direkt beobachtbares Verhalten beschränken. Wesentliche Zustandsgrößen sind oft nicht beobachtbar und dennoch für die Funktion des Systems entscheidend. Die Herzdynamik einer Person ist z.B. unter normalen Umständen kaum beobachtbar; sie ist aber dennoch entscheidend für ihr Leben und Wohlbefinden.

In der Praxis interessieren Aussagen über das Verhalten des Systems, d.h. über vom System verursachte, in seiner Umwelt beobachtbare Veränderungen systemeigener Größen oder von Einwirkungen auf die Umwelt. Wir erahnen aber bereits, daß in vielen Fällen die Beobachtung von Systemverhalten nicht ausreichen wird, um zuverlässige Aussagen über weiteres Systemverhalten zu gewinnen. Offensichtlich muß in vielen Fällen auch der innere Zustand des Systems analysiert werden. So läßt sich etwa aus dem Verhalten eines Kraftfahrzeugs (Brennstoffverbrauch, Geschwindigkeit, Schadstoffemissionen) nicht ahnen, daß der Ölstand zu niedrig ist, der Motor sich überhitzt hat und mit einem Kolbenfresser stehenbleiben wird. Offensichtlich ist also für die umfassende Beschreibung eines Systems mehr erforderlich als das, was sich von außen beobachten läßt. Diese essentiellen, den tatsächlichen Systemzustand vollständig beschreibenden Größen nennen wir **Zustandsgrößen.** Wie im System selbst, so spielen sie auch bei der Systemanalyse, Modellbildung und Simulation eine entscheidende Rolle.

1-2.3 Systemgrenzen und Systemumwelt, Einwirkungen und Auswirkungen

So wie wir feststellen, daß Systeme der verschiedensten Art (einschließlich unserer selbst) unsere Umwelt bevölkern, so läßt sich umgekehrt feststellen, daß Systeme eine Umwelt oder **Systemumgebung** haben. Größen dieser Umwelt können als äußere Einwirkungen Einfluß auf die Systementwicklung haben; umgekehrt können Systemgrößen die Systemumwelt in der einen oder anderen Art beeinflussend verändern. Für die Systemuntersuchung ist es notwendig, eine **Systemgrenze** zu definieren, die das System klar von seiner Umwelt abtrennt. Nun sind aber Systeme nie völlig isoliert von ihrer Umgebung: sie wären sonst nicht wahrnehmbar; ihre Existenz wäre nicht beweisbar. Daher kann es also strikt genommen keine undurchlässige Grenze zur Umgebung geben, sondern lediglich eine Oberfläche, durch die gewisse Kopplungen mit der Umgebung stattfinden durch (a) Einwirkungen der Umgebung auf das System und (b) Auswirkungen des Systems auf seine Umgebung. Unter Auswirkungen verstehen wir hier alle beobachtbaren Verhaltensgrößen, also z.B. auch sichtbares Licht, das uns Informationen über Existenz und Zustand eines Systems vermittelt.

Für praktische Untersuchungen stellt sich die Frage, wo diese Grenze zu ziehen ist. In manchen Fällen ist das einfach zu beantworten; so etwa bei einem Stuhl, bei einem Kraftfahrzeug oder einem Menschen. Hier fallen physikalische Oberflächen mit der Systemgrenze zusammen. In anderen Fällen, insbesondere bei Systemen aus dem ökologischen oder sozialwissenschaftlichen Bereich, ist die Grenzdefinition weit schwieriger. Da von dieser Grenzziehung aber die Komplexität und Bearbeitbarkeit der Untersuchung wesentlich abhängt, erfordert die Grenzziehung einige Aufmerksamkeit. Wo läßt sich z.B. die Systemgrenze eines Waldgebietes ziehen? Ist die Veränderung des Boden- und Grundwasserangebots und der Luftfeuchtigkeit und Niederschläge durch den Wald selbst in einer geschlossenen Systemdarstellung zu berücksichtigen, oder können die Niederschläge als äußere Einwirkungen unabhängig von der Systementwicklung selbst vorgegeben werden? Die Kriterien für die Definition der Systemgrenze laufen alle darauf hinaus, eine Systemoberfläche zu finden, innerhalb derer sich das System in relativer Autonomie verhalten kann. Die folgenden Kriterien gelten einzeln oder in Kombination:

1. Systemgrenze dort, wo die Kopplung zur Umgebung sehr viel schwächer ist als die Binnenkopplung im System (z.B. Organismus: Haut)
2. Systemgrenze dort, wo vorhandene Umweltverkopplungen nicht funktionsrelevant sind. Beispiel: Um einen Eisenbahnwagen zu untersuchen, müssen nicht alle mit ihm verkoppelten Wagen ebenfalls untersucht werden.
3. Systemgrenze dort ziehen, wo Umwelteinwirkungen nicht durch das System selbst bestimmt oder durch Rückkopplung von Systemauswirkungen verändert werden können (bei Ökosystemen z.B.: Einstrahlung, Temperatur, Niederschlag).

Die Systemabgrenzung kann vom Beschreibungszweck abhängen. Falls also gerade z.B. der Einfluß eines Waldgebiets auf das Lokalklima untersucht werden soll, so müssen auch die atmosphärischen Vorgänge, wie etwa die Rezyklierung des an den Blattoberflächen transpirierten Wassers durch Kondensation und Niederschlag berücksichtigt werden.

1-2.4 Wie macht sich ein System bemerkbar? Verhalten und Zustand

Ein System wirkt über **Verhaltensgrößen** (Ausgangsgrößen) auf seine Umwelt und ist nur über diese in der Umwelt bemerkbar. Soweit das Verhalten sich nicht als direkte Reaktion auf Umwelteinwirkungen ergibt, setzt es Veränderungen im System selbst, d.h. Veränderungen des Systemzustands in der Zeit voraus, die wir als Zustandsänderungen bezeichnen. Möglicherweise reflektieren die Verhaltensgrößen nur einen Teil des Innenlebens des Systems; oft genug dringt überhaupt keine Zustandsgröße, d.h. Information über den Systemzustand nach außen. Der tatsächliche Systemzustand ist (und die entsprechenden Systemzustandsänderungen sind) daher möglicherweise nur teilweise oder gar nicht aus Systemäußerungen an die Umwelt ablesbar. Für die Weiterentwicklung des Systems ist allerdings der Systemzustand, d.h. die Gesamtheit (der Vektor) seiner Zustandsgrößen entscheidend - selbst wenn sie äußerlich nicht in Erscheinung treten sollten.

Zustandsgrößen sind definiert als diejenigen Größen, aus denen sich zu jeder Zeit der Zustand des Systems vollständig ergibt, einschließlich aller daraus ableitbaren System- oder Verhaltensgrößen. Sie sind voneinander unabhängig, d.h. keine Zustandsgröße läßt sich aus einer beliebigen Kombination anderer Zustandsgrößen ableiten, und jede einzelne Zustandsgröße ist für die vollständige Beschreibung des Systems notwendig. Zustandsgrößen sind oft nicht eindeutig definierbar; d.h. verschiedene Größen im System können für eine bestimmte Zustandsgröße stehen. So ist z.B. zur Angabe des Füllzustands einer Badewanne eine Zustandsgröße notwendig. Ob als Maß für diese Zustandsgröße aber der Wasserinhalt (in Liter), die Wassermasse (in kg), die Wassertiefe (in cm) oder etwa die Zahl der Wassermoleküle genommen werden, ist für die Beschreibung der Systemdynamik ohne Belang, kann aber natürlich praktische, z.B. meßtechnische Bedeutung haben.

Wichtig ist besonders die Feststellung, daß, obwohl die Zustandsgrößen im einzelnen nicht festliegen, ein bestimmtes System durch eine ganz bestimmte Anzahl von Zustandsgrößen beschrieben werden muß. Diese Zahl ist die **Dimensionalität des Systems**; ihr entspricht die Zahl der Differential- oder Differenzengleichungen, die die Zustandsänderungen des Systems beschreiben. Fehlte eine Zustandsgröße, so wäre das System nicht vollständig beschreibbar; würden zusätzliche Zustandsgrößen angegeben, so wäre die Beschreibung redundant und überbestimmt. Ein Masse-Feder-Dämpfungssystem z.B. benötigt zwei Zustandsgrößen zu seiner Beschreibung; eine Beschreibung durch eine Zustandsgröße ist nicht möglich. Bei einer Beschreibung mit mehr als zwei Zustandsgrößen wären die überzähligen Größen aus zwei Größen ableitbar und damit keine echten Zustandsgrößen.

1-2.5 Ein System hat 'Gedächtnis': Zustandsgrößen sind Speichergrößen

Zustandsgrößen sind das 'Gedächtnis' des Systems. Typischerweise sind es 'Speicher' an Energie, Rohstoffen, Geld oder Individuen, die im Laufe der Zeit ihren Inhalt verändern. Der neueste Stand wird dabei ermittelt aus dem Bestand zum vorherigen Zeitschritt der Zustandsermittlung und den Bestandszugängen und -abgängen während des Zeitschritts. In den Zustandsgrößen schlägt sich also die Summe der Zustandsveränderungen über einen längeren Zeitraum nieder, also die 'Geschichte' des Systems.

In einem Feld sind z.B. der Bodenwassergehalt, die Menge des pflanzenverfügbaren Stickstoffs und die Biomasse der Ernte Zustandsgrößen. Letztere ist (auch) eine beobachtbare Verhaltensgröße. Die beiden ersteren sind (normalerweise) nicht beobachtbar, sind aber für die Entwicklung des Gesamtsystems (und der Ernte) unverzichtbar.

Wir stoßen bei dieser Betrachtung auf die Dualität zwischen Zustand und Zustandsänderung, zwischen Produkt und Prozeß, die das Wesen der Systemdynamik ausmacht. Dies gibt einen Hinweis darauf, wie wir bei der Suche nach Zustandsgrößen, die ja für die Systembeschreibung definiert werden müssen, vorgehen müssen: Es gilt, die Speicher- und Gedächtnisgrößen des Systems auszumachen. Auf der anderen Seite scheiden Zustandsänderungen und Prozesse im System von vornherein als Kandidaten für Zustandsgrößen aus.

Für die Suche nach Zustandsgrößen erweist sich daher als nützlich, sich das System als plötzlich eingefroren vorzustellen. In diesem Falle kommen alle Prozesse, d.h. Zustandsänderungen zum Erliegen. Lediglich Speicherinhalte (und damit Kandidaten für

Zustandsgrößen) wären noch meßbar. Nachdem das System plötzlich wieder aufgetaut wäre, würde es mit diesem Anfangszustand der Zustandsgrößen sein dynamisches Verhalten wieder genau an der Stelle beginnen, an der es eingefroren worden war. (Man denke hier etwa an den einhundertjährigen Dornröschenschlaf.) Mit der Definition geeigneter Zustandsgrößen werden wir uns in den späteren Kapiteln noch auseinanderzusetzen haben.

1-2.6 Die Wirkungsstruktur bestimmt Zustandsänderungen

Prinzipiell lassen sich zwei Ursachen angeben, die zu Zustandsänderungen führen können: Erstens können Einwirkungen von außen zu Zustandsänderungen führen, und zweitens können Prozesse im System selbst Zustandsänderungen veranlassen. Hieraus wird klar, daß die Wirkungsstruktur des Systems selbst (die darüber bestimmt, wie äußere und innere Wirkungen weitergegeben werden) die Zustandsänderungen und damit die Zustandsgrößen und das Systemverhalten bestimmt.

Bei der normalen Definition der Systemgrenze gehen wir davon aus, daß die Einwirkungen aus der Umwelt völlig unabhängig vom Systemverhalten selbst sind, d.h., daß keine Rückkopplungen des Verhaltens (der Systemausgänge) auf die Umwelt stattfinden und diese verändern. Das Systemverhalten entsteht dann einmal durch systemunabhängige Einwirkungen von außen und zum anderen durch Rückwirkungen im System selber. Beide Gruppen von Wirkungen werden über die systeminterne Wirkungsstruktur weitergegeben und verändert; für die erklärende Beschreibung des Verhaltens muß diese Wirkungsstruktur daher bekannt sein.

Wir merken hier an, daß sehr verschiedene Systeme gleiches oder fast gleiches Verhalten erzeugen können. Das bedeutet einmal, daß - wenn es nur um die Darstellung von Verhalten geht - andere, meist einfachere Systemdarstellungen ausreichen können. Es bedeutet andererseits aber vor allem auch, daß es sehr schwierig und oft unmöglich ist, allein aus dem Verhalten auf die Wirkungsstruktur eines Systems zu schließen. Dies hat große praktische Bedeutung für die Systemanalyse, da es gerade zum Systemverständnis komplexer Systeme die sorgfältige Analyse der Wirkungsstruktur erforderlich macht.

1-2.7 Intern erzeugte Systemdynamik: Die Rolle von Rückkopplungen

Besteht ein System aus einer einzigen Zustandsgröße ohne Rückkopplung, so ändert sich dieser Zustand allein durch etwaige Zugänge oder Abgänge. (Beispiel: Badewanne mit Zulauf und Abfluß). Aber bereits hier ist eine unmittelbare Input/Output-Relation, wie sie bei beschreibenden Modellen gern angenommen wird, nicht mehr gegeben: aus dem augenblicklichen Zulauf (Input) läßt sich in keiner Weise auf die augenblickliche Wassermenge (Zustands- und Verhaltensgröße) schließen: Bei einem starken Zufluß kann die momentane Wassermenge gering oder groß sein; bei starkem Abfluß kann die Wassermenge (noch) groß sein, usw. Klarheit verschafft allein die Integration von Zulauf und Ablauf über eine gewisse Zeit; zusätzlich muß der Anfangswert der Zustandsgröße bekannt sein. Zustandsgrößen sind also prinzipiell nicht direkt (algebraisch) aus ihren Zustandsveränderungen (oder anderen Größen) berechenbar. Diese Beobachtung entzieht bereits vielen beschreibenden Modellen ihre Legitimität (was sich besonders in der Ökonomie noch nicht herumgesprochen zu haben scheint).

Alles wird noch wesentlich vertrackter, wenn sich im System Rückkopplungen befinden, d.h. wenn Zustandsgrößen auf Zustandsveränderungen Einfluß nehmen können. Trotz ihrer immer noch einfachen Systemstruktur sind Entwicklung und Verhalten solcher Systeme auch bei großer Erfahrung nur noch selten mit einiger Zuverlässigkeit einschätzbar: wir sind hierbei auf mathematische Analyse (nicht immer möglich) und Simulation (immer möglich) angewiesen.

Ein Beispiel ist die einfache gegenseitige Verkopplung zweier Zustandsgrößen: Größe A verändert den Zufluß von Größe B, Größe B verändert den Zufluß von Größe A. Es ist nicht ohne weiteres einsichtig, daß ein solches einfaches System die Neigung hat, mit einer festen Frequenz zu schwingen. Dabei gehören solche Systeme zu unserer Alltagserfahrung: ein an einer Feder hängendes Gewicht ist ein Beispiel, wobei A = kinetische Energie und B = potentielle Energie. Ein anderes Beispiel findet sich in den unter gewissen Bedingungen auftretenden Schwingungen einer Lagerhaltung, wobei A = Lagerbestand und B = Auftragsbestand. Andere, relativ einfache Rückkopplungen führen bereits zu 'deterministischem Chaos' mit prinzipiell nicht mehr genau vorhersagbarem Verhalten (es können nur noch Verhaltensbereiche angegeben werden).

1-2.8 Systemverhalten als Mischung aus Eigendynamik und Reaktion auf Umwelt

Rückkopplungen im System können also ein eigenständiges, von der Systemstruktur selbst bestimmtes Verhalten erzeugen, das mit etwaigen Einwirkungen auf das System kaum noch oder nicht mehr in Verbindung gebracht werden kann. Das schwingende Feder-Masse-System und die Lagerhaltung oszillieren auch ohne äußere Anregung nach einer anfänglichen Auslenkung weiter. Auch hier versagt wieder ein beschreibender Ansatz, der versuchen müßte, die schwingende Bewegung aus einer (welcher?) Umwelteinwirkung zu erklären.

Vom System ohne äußere Anregung selbst erzeugte Eigenschwingungen können in Bereichen auftauchen, in denen sie nicht erwartet werden und in denen sie aber erhebliche Bedeutung für zukünftige Entwicklungen haben. Ein Beispiel sind die im Zusammenspiel zwischen Langfristinvestitionen und Anlagenbestand entstehenden Kondratieff-Zyklen von mehreren Jahrzehnten, die enorme Konsequenzen für ganze Volkswirtschaften haben.

Systeme können bei schwacher oder starker Eigendynamik unterschiedlich auf Einwirkungen aus ihrer Umwelt reagieren. Die Wirkungen können von der kaum feststellbaren Veränderung bis zum Anfachen selbstzerstörerischer Schwingungen reichen. Generell gilt nur, daß sowohl Umwelteinwirkungen wie Eigendynamik das Systemverhalten bestimmen; die genaue Verhaltensreaktion ergibt sich aus den Elementen des Systems und ihren strukturellen Verknüpfungen. Am Systemmodell lassen sich diese Reaktionen durch Computersimulation ermitteln, ohne daß das reale System zeit- und kostenaufwendigen und möglicherweise zerstörenden Experimenten unterzogen werden muß.

1-2.9 Verhaltensbestimmende unabhängige Größen: System- und Umweltparameter

Per definitionem sind Umwelteinwirkungen nicht von Veränderungen des Systems abhängig. Für die Systembetrachtung müssen sie als Funktionen der Zeit vorgegeben sein; oft wird es sich dabei auch um konstante Größen handeln. Auch im System selbst können Größen einen Einfluß haben, die nicht durch Veränderungen im System selbst beeinflußt sind, die oft konstant sind, aber möglicherweise auch von der Zeit abhängen. Man denke an die Alterung von Systemkomponenten oder an wichtige Systemkonstanten wie Federkonstanten, Hebellängen, Hubraum, Gravitationskonstante u.a. physikalische Konstanten usw. Auch die An- oder Abwesenheit einer Wirkungsbeziehung kann als Parameter gewertet werden, der u.U. zeit- oder ereignisabhängig ist.

An diesem Beispiel wird bereits offensichtlich, daß Parameter einen entscheidenden Einfluß auf das Systemverhalten haben können, gerade wenn sie wichtige Wirkungsbeziehungen abschwächen oder verstärken. Es ist daher zu erwarten, daß Systeme mit gleicher Wirkungsstruktur bei Veränderungen eines oder weniger kritischer Parameter ein quantitativ und qualitativ völlig unterschiedliches Verhalten zeigen können. Diese kritischen Parameter müssen durch besondere Sensitivitätsuntersuchungen identifiziert werden. Sensitive Parameter lassen auf der einen Seite das System empfindlich auf kleine Schwankungen dieser Parameter reagieren; auf der anderen Seite können aber auch gerade diese Parameter verwendet werden, um das Systemverhalten in gewünschter Weise zu beeinflussen.

1-2.10 Systeme als Komponenten von Systemen: Teilsysteme und Modularität

Die Systeme unserer technischen, gesellschaftlichen und ökologischen Umwelt, die wir besser verstehenlernen wollen, sind selten einfach und meist relativ komplex. Bei genauer Betrachtung bestehen sie aber fast immer aus abgrenzbaren relativ autonomen Teilsystemen, die sich in ihrem Teilverhalten untersuchen lassen. Beispiele: Der menschliche Organismus besteht aus einer Vielzahl sehr spezialisierter Organe, die einzeln untersucht werden können, und für die sich Systemgrenzen und Einwirkungen von außen angeben lassen: Magen, Darm, Herz, Gehirn usw. Das gleiche gilt für technische Anlagen und Maschinen und Geräte wie etwa für ein Kraftfahrzeug mit seinen Komponenten Motor, Getriebe, Fahrwerk, Bremsanlage usw. Auch ein Ökosystem ist aus einer großen Zahl von Teilsystemen mit zum Teil sehr unterschiedlichen Funktionen zusammengesetzt: Pflanzen (Produzenten), Tiere und Zersetzer (Konsumenten) usw.

Für die Systemuntersuchung dieser komplexen Systeme bietet es sich daher an, sich an die bereits vorgegebene Modularität zu halten und - nach Definition der jeweiligen Systemgrenzen - Teilsysteme und ihr Verhalten als Reaktionen auf Außeneinwirkungen getrennt zu untersuchen. Ist die Wirkungsstruktur der Teilsysteme bekannt und damit ihr jeweiliges Verhalten ermittelbar, so kann das Verhalten des Gesamtsystems als Zusammenspiel der interagierenden Teilsysteme untersucht und verstanden werden.

Durch diese Systembetrachtung der Teilsysteme nach entsprechender Identifizierung der Systemgrenze und Definition der entsprechenden Umwelteinwirkungen ergibt sich eine beachtliche Komplexitätsreduktion. Im allgemeinen bleibt die Analyse überschaubar. Zur Untersuchung der Teilsysteme können die entsprechenden Spezialisten herangezogen werden. Da die Wirkungseinflüsse zwischen den Teilsystemen bei dieser Untersuchung 'aufgeschnitten' werden, wird es einfacher, Problemstellen zu ermitteln, kritische Parameter zu identifizieren und ihre Änderung herbeizuführen, angepaßte Regelungen zu entwerfen, negative Einflüsse abzukoppeln usw.

Analog zum realen System orientiert sich die Gesamtbetrachtung an der Verkopplung der Teilsysteme. Werden die Teilsysteme gut verstanden, so lassen sich oft kompakte Darstellungen der Funktionsweise der Teilsysteme ohne Detaillierung der inneren Vorgänge finden, so daß sich die tatsächliche Komplexität eines Teilsystems nicht unbedingt auch in der Darstellung des Gesamtsystems niederschlagen muß.

Die Modularisierung der Systembetrachtung ist schließlich eine unabdingbare Voraussetzung für das Verständnis auch komplexer Systeme. Die Dynamik von Systemen mit mehr als einem halben Dutzend Zustandsgrößen ist selten noch zu überschauen, geschweige denn verläßlich vorherzusagen. Werden dagegen die Teilsysteme (mit jeweils nur wenigen Zustandsgrößen) verstanden, so läßt sich meist auch das Verhalten des Gesamtsystems nachvollziehen. Diese Beobachtung hat wichtige praktische Bedeutung, da die Modellbildung und Computersimulation insgesamt zu einem besseren Verständnis der komplexen Systeme unserer Umwelt führen sollte und uns nicht auf Gedeih und Verderb von undurchschaubaren Computerprogrammen (und ihren möglichen Fehlern) abhängig machen sollte.

1-2.11 Übergeordnete Systeme: Hierarchien in komplexen Systemen

Die Modularität gewinnt für das Systemverhalten besondere Bedeutung dann, wenn die Teilsysteme hierarchisch angeordnet sind, d.h. sich übergeordnete und untergeordnete Systeme identifizieren lassen. Bei komplexen Systemen findet sich damit oft eine Verantwortungshierarchie der Teilsysteme als wichtiges Prinzip für die effiziente Funktion des Gesamtsystems. Im Bereich normaler Systemzustände werden dann nämlich Einzelprozesse in den zuständigen Teilsystemen selbst in eigener Autonomie geregelt. Sollten dagegen außergewöhnliche Umstände eintreten, die den Systemzustand aus dem normalen Verhaltensbereich herausbringen, so werden (erst dann) diese Überschreitungen an übergeordnete Systeme gemeldet. Die übergeordnete Systemeinheit erzeugt dann eine passende Systemantwort, und erst wenn auch hier der Zuständigkeitsbereich überschritten wird, so wird versucht, das anstehende Problem durch Eingreifen einer weiteren übergeordneten Einheit zu lösen. Systeme können mehrere Hierarchiestufen dieser Art aufweisen. Die Hierarchie arbeitet auch umgekehrt: Wird von einer übergeordneten Einheit eine (globale) Systemverhaltensänderung veranlaßt, so ist es Aufgabe der untergeordneten Einheiten, jeweils (lokal) angepaßte Lösungen zu finden.

Beispiel Raumheizung: Bei eingeschalteter Heizung regelt der Raumthermostat normalerweise die Raumtemperatur. Werden die Wärmeverluste aber (z.B. durch niedrige Außentemperatur oder offenstehende Fenster) so stark, daß die eingestellte Temperatur nicht mehr aufrechterhalten werden kann, weil die Kesseltemperatur stark abgesunken ist, so springt der Brenner an und sorgt wieder für einen zeitweiligen Wärmeüberschuß. Kann auf der anderen Seite der Kessel keine Wärmeleistung mehr erbringen, weil der Heizöltank leer ist, so ist das nächstübergeordnete System (der Mensch) gefordert, der entweder für neues Heizöl sorgen oder den Holzofen anheizen muß.

Auch hier sorgt die Modularisierung wieder dafür, daß komplexe Regel- und Entscheidungsfunktionen überschaubar bleiben.

1-2.12 Systemerhaltung und -entfaltung: Regelung, Anpassung, Evolution

Umwelteinwirkungen bestimmen, wie wir gesehen haben, teilweise das Systemverhalten. Wie groß der Einfluß auf das Verhalten ist, hängt von der jeweiligen Wirkungsstruktur ab. Damit besteht aber prinzipiell die Möglichkeit, das Systemverhalten durch Umwelteinwirkungen zu beeinflussen und zu steuern.

Größere Bedeutung für die Regelung von Systemen und für die Anpassung ihres Verhaltens an Umweltgegebenheiten haben aber meist die Rückwirkungen im System selbst. Rückkopplung bedeutet, daß der Systemzustand sich selbst beeinflußt. Verhaltensändernde interne Rückwirkungen sind bei komplexen Systemen auf verschiedenen Ebenen möglich, die unterschiedliche Auswirkungen und Zeitkonstanten (typische Reaktionszeiten) haben.

Reaktionszeit	Ebene	Reaktion
immer	Entfaltungs-Leitwerte	Integritätserhaltung
sehr lang	Evolution	Identitätswandel
lang	Selbstorganisation	Strukturwandel
mittel	Anpassung	Parameteränderung
kurz	Rückkopplung	Regelung
sofort	Prozeß	Ursache-Wirkung

Die einfachste Art der Systemreaktion ist die **Ursache-Wirkungsbeziehung.** Sie erfolgt sofort, wie etwa das Fließen eines elektrischen Stroms nach dem Einschalten. Sie ist die einzige Art von Systemverhalten, die sich legitim dadurch beschreiben läßt, daß der Output direkt zum Input in Beziehung gesetzt wird. Oft genug wird leider angenommen, daß die gleichen einfachen Verhältnisse für andere Reaktionen des Systems (wie die folgenden) ebenfalls gelten, und diese irrige Ansicht führt immer wieder zu groben Fehleinschätzungen.

Auf der nächsthöheren Stufe finden sich Reaktionen, die über **Rückkopplungen** im System erzeugt werden, die also über mindestens eine Zustandsgröße laufen. Zu ihnen gehören Regelungsvorgänge. Die Reaktionszeit ist kurz; an den Wirkungsstrukturen und Parametern des Systems ändert sich nichts. Ein Beispiel ist wiederum der Thermostat.

Auf der nächsthöheren Ebene finden wir Prozesse der **Anpassung.** Hier wird vom System zwar die grundsätzliche Wirkungsstruktur beibehalten, es werden aber Parameteränderungen vorgenommen, die auch das Verhalten selber ändern. So kann sich z.B. ein Baum dem allmählichen Absinken des Grundwasserspiegels anpassen, indem er seine Wurzeln tiefer wachsen läßt, was einer Parameterveränderung (Wurzellänge und evtl. Wurzeloberfläche) entspricht. Die Grundstruktur des Baums, z.B. die grundsätzliche Funktion der Wurzeln, hat sich dabei nicht verändert.

Auf einer nächsthöheren Ebene finden sich Prozesse der **Selbstorganisation** in Reaktion auf Umweltanforderungen. Dies bedeutet Strukturwandel im System, d.h. eine Veränderung der ursprünglichen Wirkungsstruktur. Ein Betrieb, der z.B. ursprünglich nur Petroleumlampen herstellte, mag sich aufgrund veränderter Marktbedingungen dazu entschließen, in Zukunft Glühlampen herzustellen. Vorgänge dieser Art haben längere Reaktionszeiten und können auch nur von Systemen ausgeführt werden, die zur Selbstorganisation befähigt sind. Hierzu gehören Organismen oder technische Systeme selten oder nie, dagegen findet sich die Eigenschaft eher bei gesellschaftlichen Systemen, Organisationen oder Ökosystemen.

Strukturwandel kann stattfinden, um einem System die Erhaltung seiner **Identität** (z.B. als Firma für Beleuchtungsgeräte) zu erhalten. Es ist aber auch möglich, daß ein System im Laufe eines evolutionären Vorgangs seine Identität, d.h. seinen Funktions- und Systemzweck mit der Zeit **verändert**. Veränderungen dieser Art werden durch die Möglichkeit der Selbstreproduktion lebender Organismen (Autopoiese) ermöglicht, lassen sich aber auch bei Produkten feststellen (z.B. die Entwicklung vom Ackerwagen zum modernen Personenwagen). Kennzeichnend ist, daß mit der Systemveränderung eine möglicherweise drastische Verschiebung der Systemidentität (seiner Zielfunktion, seines Systemzwecks) einhergeht. Ein evolutionäres Beispiel ist das Entstehen flugfähiger Tiere (Vögel) aus wasserbewohnenden Reptilien.

Alle diese Systemreaktionen auf Anforderung der Umwelt stellen im Grunde den Versuch dar, die **Systemintegrität** (eventuell auch über eine lange Generationenfolge und über eine lange Zeit) zu **wahren**, selbst wenn es mit einer Veränderung der Systemidentität, d.h. des Systemzwecks verbunden ist. Aus dieser Beobachtung läßt sich ableiten, daß ein System, um seine langfristige Erhaltung und Entfaltung zu sichern, sich (implizit oder explizit) an gewissen Leitwerten orientieren muß. Diese Dimensionen der Verhaltensorientierung lassen sich mit den Begriffen Existenz, Sicherheit, Handlungsfreiheit, Wirksamkeit, Wandlungsfähigkeit umreißen (s. Kap. 5).

Normalerweise werden uns bei Systemuntersuchungen und Modellbildungsversuchen nur die unteren Ebenen dieser Systemreaktion und Anpassung begegnen. Es ist aber wichtig, die gesamte Palette der Möglichkeiten zur Kenntnis zu nehmen, da gerade auch Vorgänge wie Identitätswandel zur Integritätserhaltung etwa in sozialen Systemen eine bedeutende Rolle spielen können und damit für Aussagen über zukünftige Entwicklungen wichtig sein könnten.

Wichtig ist vor allem, daß wir unterscheiden lernen zwischen Vorgängen, die die Wirkungsstruktur des Systems konstant lassen und solchen, die sie verändern. Bei der Regelung oder Anpassung (durch kontinuierliche Parameterveränderungen) verändert sich die Wirkungsstruktur nicht; das Verhaltensrepertoire des Systems bleibt qualitativ unverändert. Bei Wirkungsstrukturveränderungen jeder Art dagegen ändert sich prinzipiell das Verhaltenspotential des Systems, u.U. grundlegend. Im einfachsten Fall kann das bereits dann geschehen, wenn eine im System latent vorhandene Strukturverbindung, die vorher im Verhalten keine Rolle gespielt hat, durch die gegebenen Umstände plötzlich aktiviert wird. (Etwa wenn ein wichtiges Bauteil bricht und sich damit das Systemverhalten völlig ändert.)

1-2.13 Akteure in ihrer Umwelt: Verhaltensorientierung

Unter Akteuren verstehen wir hier Systeme, die auf Umwelteinwirkungen nicht im bedingungslosen Reflex antworten, sondern deren Verhalten in bewußter oder unbewußter Weise an den Interessen ihrer eigenen Identität orientiert ist (meist also ihrer eigenen Erhaltung und Entfaltung, unter Einbeziehung der Interessen mit ihnen interagierender Systeme). Beispiele sind: Individuen (Konsumenten!), Organisationen, Staaten. In diesen Fällen läßt sich aus der Analyse des Folgenspektrums für mögliche Handlungsalternativen und ihrer Bewertung im Hinblick auf die 'Leitwerte' des Akteurs auf wahrscheinliche Handlungsweisen schließen. Damit lassen sich gerade bei der Untersuchung zukünftiger Entwicklungspfade die Handlungstendenzen von Akteuren eingrenzen und die Sicherheit und Gültigkeit der Aussage erhöhen.

1-2.14 Systeme in der Systemumwelt anderer Systeme, Interaktion zwischen Systemen

Zur Umwelt eines Systems gehören normalerweise auch andere Systeme, mit denen es in mehr oder weniger enger Interaktion steht. D.h. sein Verhalten wird Einwirkungen auf andere Systeme haben und damit ihr Verhalten beeinflussen, während es selbst den Einwirkungen anderer Systeme unterliegt und darauf reagiert. Darüberhinaus ergeben sich indirekte Einflüsse durch die Wirkungen der verschiedenen Systeme auf die Umwelt und die sich daraus ergebenden Veränderungen und Einwirkungen auf die Systementwicklung. Klassisches Beispiel für derartige gegenseitige Einwirkungen sind Räuber-Beute-Systeme (mit ihren Entsprechungen in der Ressourcennutzung und Umweltbelastung durch menschliche Gesellschaften): Die Beutepopulation (erneuerbare Ressource) ist durch die ökologische Tragfähigkeit einer Region bestimmt und von deren Veränderungen abhängig, die auch von der Nutzung durch die Beutepopulation bestimmt werden, während die Räuberpopulation (Ressourcennutzer) wiederum von der Beutepopulation und ihrer Veränderung abhängt.

Wenn Systeme interagieren, d.h. ihre Auswirkungen Einwirkungen auf andere Systeme darstellen, dann ergibt sich also aus diesen Interaktionen eine über das Einzelverhalten hinausgehende Dynamik; zur Verhaltensbeschreibung muß dann das Gesamtsystem betrachtet werden.

1-2.15 Unberechenbarkeit auch bei determinierten Systemen

Bis vor wenigen Jahren galt für determinierte Systeme (deren Verhalten nicht vom Zufall, sondern nur vom Systemzustand und nicht-zufälligen Umwelteinwirkungen abhängig ist), daß bei Kenntnis von Anfangszustand und Umwelteinwirkungen sich jeder spätere Zustand ermitteln läßt, und daß bei kleiner Veränderung etwa des Anfangszustands das System auf den gleichen Zustandspfad wie vorher konvergiert. Zwar gilt dies nach wie vor für die Mehrzahl determinierter Systeme, doch ist inzwischen bekannt, daß viele determinierte Systeme auch bei fast identischen (Anfangs)Bedingungen exponentiell beschleunigt auseinanderlaufen und sich auf gänzlich verschiedene Zustandspfade begeben können. Damit zerfällt die früher angenommene Vorhersagbarkeit dieser Systeme. Es lassen sich nur noch (Attraktions)bereiche angeben, in denen der Systemzustand zu finden sein wird - die genaue Angabe des späteren Systemzustands ist nicht mehr möglich. 'Chaotische Systeme' dieser Art haben erhebliche praktische Bedeutung etwa bei Insektenpopulationen, beim Wettergeschehen und bei Flatterschwingungen von Tragflügeln. Mit chaotischem Verhalten muß daher auch bei 'ganz normalen' Systemen gelegentlich gerechnet werden.

Chaos führt bei Systemuntersuchungen zu einer ersten Möglichkeit der Unbestimmbarkeit zukünftigen Verhaltens. Eine zweite Möglichkeit ergibt sich aus der Tatsache, daß bewußt handelnde Akteure (Individuen oder Organisationen) z.B. willkürlich gegen 'rationale' Handlungsprinzipien verstoßen können und in unerwarteter Weise handeln. Eine dritte Möglichkeit der Unbestimmtheit schließlich ergibt sich aus den Zufälligkeiten der Umwelt, etwa aus einer Unwetterkatastrophe oder einem Erdbeben.

In allen Fällen gilt aber, daß die daraus resultierende Verhaltensänderung eines Systems nicht beliebig sein kann. Systemverhalten hat immer seine Grenzen (Energie- und Ressourcenbeschränkungen, mögliche Verhaltensbereiche). Dies gilt auch in besonderer Weise für das Verhalten von Akteuren. Das mögliche Systemverhalten ist also in jedem Falle abgrenzbar, selbst wenn es nicht genau angebbar sein sollte. Dies hat erhebliche Bedeutung gerade für die Analyse zukünftiger Entwicklungen.

1-3 Grundsätzliches zu Modellen

1-3.1 Modelle für Verhaltensaussagen: Vorteile und Nachteile

Der einfachste und präziseste Weg um zuverlässige Aussagen über das Verhalten eines Systems zu bekommen, ist natürlich, das interessierende System selbst unter verschiedenen Bedingungen zu beobachten. Zwar hat dieses Verfahren erhebliche praktische Bedeutung etwa bei chemischen Experimenten oder bei der Tierbeobachtung, aber in wichtigen anderen Bereichen wiederum ist diese Methode unangebracht, unzulässig oder sogar unmöglich. So würden etwa Versuche zum Aufbau stabiler künstlicher Mischwaldökosysteme Jahrzehnte bis Jahrhunderte dauern, die Flugeigenschaften von Mondlandern können auf der Erde nicht getestet werden, und Großversuche mit der Atmosphäre verbieten sich von selbst. Es existieren aber weite Bereiche der menschlichen Erfahrungswelt, in denen das Verhalten dynamischer Systeme zuverlässig ermittelt werden muß. Hier steht nur der Weg offen, statt am Realsystem zu experimentieren, mit Modellen und Simulationen zu arbeiten.

Die Vorteile der Verwendung von Modellen für Verhaltensaussagen sind vielseitig: Es müssen keine Experimente am Original durchgeführt werden, dieses wird nicht gefährdet; es lassen sich schnelle Ergebnisse erzielen; die Untersuchungen können einen breiteren Verhaltensbereich abdecken, als dies am Realsystem möglich wäre; alternative Entwicklungen lassen sich überprüfen; die Kosten der Untersuchungen sind verhältnismäßig gering, besonders, wenn es sich um die Entwicklung eines Computermodells handelt, das keiner materiellen Umsetzung bedarf.

Der Modellansatz hat selbstverständlich auch seine Nachteile: Das Modell ist schließlich nicht das Original, und prinzipiell bleibt immer die Unsicherheit bestehen, ob das Modell nun tatsächlich das Systemverhalten in allen Aspekten richtig wiedergeben kann.

1-3.2 Das Modell als beschränkt gültige Abbildung

Ein Modell ist immer eine vereinfachte Abbildung eines interessierenden Realitätsausschnitts. Es soll nur für diesen Ausschnitt eine gültige Aussage vermitteln. So ist etwa eine Autobahnkarte von Deutschland ein Modell dieser Fernstraßen, das für die Zwecke der Orientierung eines Autofahrers völlig ausreicht; es ist für diesen Zweck gültig. Ansonsten hat die auf einem Blatt Papier gedruckte Karte fast nichts gemeinsam mit der Geographie des Landes oder der physikalischen Oberfläche der Fahrbahn.

Ein Modell zur Simulation von Verhalten muß selbst dynamisches Verhalten erzeugen können, muß also prinzipiell über die gleichen Elemente verfügen wie jedes dynamische System: Es muß eine Wirkungsstruktur aufweisen mit entsprechenden Systemparametern, und es muß auf Einwirkungen aus der (simulierten) Systemumgebung reagieren können. Oft ist dieses dynamische System nichts weiter als eine mathematische Formel, aus der sich bei entsprechenden Eingaben (die Systemeinwirkungen simulieren) über ihre 'Wirkungsstruktur' ein Systemverhalten ableiten läßt.

Das Modell ist daher nicht das Originalsystem; es kann nur einen begrenzten Verhaltensausschnitt des Originals wiedergeben, der durch den Modellzweck und die entsprechende Modellformulierung bestimmt ist. Die Gefahr besteht aber, daß ein gut funktionierendes Modell dazu verführt, sein Verhalten als das Systemverhalten schlechthin zu interpretieren. Man sollte sich immer an den Unterschied erinnern und nur mit Vorsicht von Modellergebnissen auf Systemverhalten schließen. Dazu gehört, daß man bei der Diskussion des Modells und der Modellergebnisse nicht vom System und Systemverhalten spricht (oder klarmacht, daß man das Modellsystem meint).

1-3.3 Welches Modell für welche Fragestellung? Problemstellung und Modellzweck

Die ursprüngliche Problemstellung umreißt bereits einen bestimmten Fragenbereich, auf den das Modell Antwort geben soll. Das heißt, Antworten auf andere Fragen sind nicht gefordert; der Antwortbereich ist begrenzt. Dieser Antwortbereich bestimmt den Modellzweck. Die Beschränkung des Antwortbereichs und des Modellzwecks ist auch eine Frage der Effizienz. Ein allgemeingültiges Supermodell ist nur mit hohem Aufwand erstellbar und wäre für spezielle Problemstellungen ineffizient. Da mit der Komplexität auch die Fehlermöglichkeiten anwachsen, ist auch zu erwarten, daß für spezielle Fragen die Zuverlässigkeit und Aussagekraft gering sind.

Der Modellzweck ist daher die wichtigste Vorgabe der Modellentwicklung. Je genauer er spezifiziert wird, desto schärfer, präziser und knapper kann die Modellformulierung entwickelt werden. Die präzise Formulierung des Modellzwecks gehört daher an den Beginn der Modellentwicklung; auf sie muß einige Sorgfalt verwendet werden.

1-3.4 Der Abbildungszweck (Modellzweck) bestimmt die Abbildung

Wie die Aufgabenstellung den Modellzweck bestimmt, so bestimmt dieser wiederum Art und Umfang der Modellformulierung. Daraus folgt, daß das gleiche System für unterschiedliche Modellzwecke durch unterschiedliche Modelle abgebildet werden muß. Da eine 1:1-Abbildung von System zu Modell im allgemeinen (außer in einfachsten Fällen) unmöglich ist, ermöglicht erst die durch den Modellzweck erzwungene Fokussierung auf gewisse Aspekte eine effiziente und knappe Darstellungsweise. Selbstverständlich gilt, daß die im Modell vorgenommenen enormen Vereinfachungen gegenüber dem realen System noch zu einem in bezug auf den Modellzweck gültigen Modell führen müssen.

Der Einfluß des Modellzwecks auf die Modellbildung wird deutlich, wenn man z.B. an die Möglichkeiten zur Simulation eines Waldes denkt: Es ergeben sich völlig unterschiedliche Simulationsmodelle, je nachdem, ob der Simulationszweck die Darstellung als forstwirtschaftliche Betriebseinheit, als natürliches Ökosystem, der ökologischen Sukzession, der photosynthetischen Produktion im Tagesablauf oder der Waldwachstumsdynamik in Arten-, Licht- und Nährstoffkonkurrenz ist.

Es empfiehlt sich immer, wegen dieser vielfältigen Möglichkeiten der Systemdarstellung den Modellzweck zu Beginn der Untersuchung sauber zu definieren und schriftlich zu fixieren und sich während der Modellerstellung ständig an diese Aufgabenstellung zu erinnern. Im anderen Falle besteht leicht die Gefahr, daß man sich von einer faszinierenden Modellentwicklung forttragen läßt und daß das schließlich entwickelte Modell die ursprünglich anliegenden Fragen gar nicht mehr beantworten kann.

1-3.5 Die Alternative: Verhalten nachahmen oder System nachbilden

Prinzipiell gibt es zwei Möglichkeiten zur Simulation von Verhalten: Verhalten nachzuahmen oder die Systemstruktur nachzubilden, um damit das Verhalten zu erzeugen. Von praktischer Bedeutung ist als dritte Möglichkeit auch noch eine Mischform zwischen diesen beiden.

Die erste prinzipielle Möglichkeit besteht darin, das **Systemverhalten nachzuahmen** durch ein beliebiges Modellsystem, das lediglich der Anforderung genügen muß, gleiches Verhalten zu zeigen. Dabei ist jede Konstruktion, die das Verhalten des Originals nachahmen kann, akzeptabel. Dieser Ansatz bedeutet, daß das Originalsystem als 'black box' verstanden wird, d.h., daß seine wirkliche Wirkungsstruktur nicht interessiert. Da in diesem Falle nur Verhalten nachgeahmt werden muß, müssen Verhaltensbeobachtungen vorliegen, aber der Datenaufwand beschränkt sich lediglich auf diese.

Die zweite prinzipielle Möglichkeit besteht darin, das Originalsystem in seiner wesentlichen **Systemstruktur im Modell nachzubilden**, wenigstens soweit es für den Modellzweck erforderlich ist. Es sollte dann (in bezug auf den Modellzweck) das gleiche Verhalten wie das Original zeigen. Hier wird also ein Modell des Systems, nicht ein Modell des Verhaltens entwickelt. Das bedeutet, daß die Wirkungsstruktur des Originalsystems erkannt und verstanden werden muß; nur strukturtreue Modelle sind in diesem Falle akzeptabel. Das System wird hier als durchsichtige 'glass box' verstanden. Entsprechend ergeben sich völlig andere Datenanforderungen als im ersten Fall: Im Prinzip sind für die Modellentwicklung Verhaltensbeobachtungen nicht erforderlich; dafür muß die Systemstruktur mit ihren realen Parametern bekannt sein, jedenfalls im durch den Modellzweck beschriebenen Bereich.

Die dritte Möglichkeit ist eine **Mischform** aus beiden Ansätzen, die häufig in der Praxis angewendet wird, wenn Wirkungsstruktur und Parameter nur teilweise ermittelt werden können. Hier wird versucht, die Wirkungsstruktur des Systems nach besten Kenntnissen so darzustellen, daß sich wenigstens Verhaltensgültigkeit (qualitativ korrektes Verhalten) ergibt. Die unbekannten Modellparameter werden dann so angepaßt, daß das Modellverhalten auch numerisch dem bereits beobachteten Verhalten des Originals möglichst genau entspricht (empirische Gültigkeit). Hier wird das Originalsystem also als 'grey box' oder als 'opaque' (halbdurchsichtig) verstanden. Für diese Art der Modellerstellung müssen sowohl Verhaltensbeobachtungen vorliegen wie auch die Wirkungszusammenhänge im System in ihren Grundzügen bekannt sein.

1-3.6 Verhaltensbeschreibung zur Verhaltensnachahmung

Die direkte Beobachtung und **Beschreibung von Verhalten** ohne weitere Analyse des Systems führt zur Beschreibung historischen Verhaltens im Zeitablauf und unter bestimmten Umfeldeinwirkungen. Zeigen die Reaktionen des Systems hier eine gewisse Regelmäßigkeit und Wiederholbarkeit, so kann auf entsprechendes Verhalten unter gleichen Bedingungen auch in der Zukunft geschlossen werden. So läßt sich etwa aus der mehrstündigen sorgfältigen Beobachtung der Zeigerstellung einer Kuckucksuhr als Funktion der Zeit auf den Zeigerstand nach weiteren sechzig Minuten schließen, ohne daß dabei z.B. ein Zusammenhang zur Pendelbewegung festgestellt werden muß. Dieses Ergebnis der Zeitreihenbeobachtung kann in einem entsprechenden mathematischen 'Modell' (z.B. der Zeigerstellung in Abhängigkeit von der Zeit) niedergelegt und zur

'Simulation' von 'Systemverhalten' im Bereich der historischen Meßwerte verwendet werden. Dieses 'Modell' versagt in seiner Aussage allerdings völlig, wenn zwischenzeitlich vorher nicht beobachtete Ereignisse eintreten (z.B. wenn das Pendel angehalten wird oder das Antriebsgewicht den Zimmerboden erreicht).

Der verhaltensbeschreibende Ansatz der Modellbildung hat seine strikte Anwendungsgültigkeit ausschließlich für jene (historischen) Bedingungen, für die Beobachtungen (Datenreihen) vorliegen. In manchen Fällen kann davon ausgegangen werden, daß sich diese Bedingungen nicht oder nur geringfügig ändern, so daß der beschreibende Ansatz dann auch für ähnliche zukünftige Bedingungen in gewissen Grenzen gelten mag. Eine Anwendung dagegen auf stärker abweichende Bedingungen ist prinzipiell unzulässig.

Die offiziellen Vorhersagen der wirtschaftlichen Entwicklung in Deutschland ('Rat der Weisen') z.B. basieren auf dem verhaltensbeschreibenden Ansatz. Das entsprechende Wirtschaftsmodell wird mit den jüngsten Vergangenheitsdaten ständig neu 'geschätzt' (parametrisiert), um so eine Trendprognose aufgrund der jüngsten Vergangenheitsentwicklung abzugeben. Die tatsächlichen Prozesse des Wirtschaftssystems sind dagegen in diesem Modell nicht dargestellt. Damit ist aber auch die zuverlässige Vorhersage von Reaktionen auf 'neuartige' Ereignisse prinzipiell nicht leistbar.

1-3.7 Systembeschreibung zur Verhaltenserklärung

Die Untersuchung des Systems (Systemanalyse), seiner Komponenten und ihrer Verbindungen gestattet es dagegen prinzipiell, auch ausschließlich aus der **Beschreibung der Wirkungsstruktur** das Systemverhalten abzuleiten, ohne daß ein Verhalten je beobachtet worden ist. So läßt sich z.B. aus der Untersuchung einer stillstehenden Kuckucksuhr, der Pendellänge, dem Pendelgewicht, der Zahnraduntersetzungen usw. ohne weiteres ihr Zeitverhalten ableiten (Dynamik des Pendels? Wo stehen die Zeiger 60 Minuten später, wenn die Uhr auf der 12-Uhr-Position gestartet wird? Geht die Uhr vor oder nach? Wann und wie oft ruft der Kuckuck? In welchen Abständen muß die Uhr aufgezogen werden? Wie ändert sich das Zeitverhalten wenn das Pendelgewicht verändert wird? Wie lange läuft die Uhr, nachdem sie aufgezogen worden ist?).

Mit Hilfe der Wirkungsstrukturbeschreibung können diese Verhaltensaussagen natürlich auch dann gemacht werden, wenn die Uhr neu ist und noch nie gelaufen ist: Die Systemstrukturbeschreibung ermöglicht damit im Gegensatz zur Verhaltensbeschreibung prinzipiell auch Aussagen über bisher nicht beobachtetes zukünftiges Verhalten.

Das Ergebnis der Systemstrukturbeobachtung kann (hier z.B.) in einem System (gewöhnlicher) Differentialgleichungen mit der Zeit als unabhängiger Veränderlicher ausgedrückt werden, das sich nun für eine Vielzahl von Parameteruntersuchungen verwenden läßt. Falls dieses Modell die verhaltensbestimmenden Strukturen korrekt abbildet, so ist es (für die Zwecke der gewünschten Systembeschreibung) 'strukturtreu' oder 'strukturgültig'. Da sich aus dieser korrekt abgebildeten Struktur das grundsätzliche Verhalten des Systems (der Pendeluhr) ergibt, ist es auch 'verhaltensgültig'. Falls die realen Parameter (Pendelmasse, Untersetzungen usw.) richtig bestimmt wurden, sollte es auch 'empirisch gültig' sein, d.h. bei Simulation des Systemverhaltens mit dem Modell unter den gleichen Anfangsbedingungen und Umwelteinwirkungen die gleichen zahlenmäßigen Ergebnisse (hier: Uhrzeit) wie das Original zeigen.

Der wirkungsstrukturbeschreibende Ansatz wird wegen seiner prinzipiellen Möglichkeit, Verhalten aus den strukturellen Zusammenhängen zu erklären, auch als (verhaltens)erklärender Ansatz bezeichnet. Seine Gültigkeit ist von vornherein nicht auf historische Verhaltensbeobachtungen gegründet. Er kann daher auch eingesetzt werden, um bisher nicht beobachtetes (zukünftiges) Verhalten als Reaktion auf bisher nicht aufgetretene Bedingungen zu simulieren, die Entwicklungsmöglichkeiten des Systems kennenzulernen und die Bedingungen und Möglichkeiten für Systemwandel zu untersuchen und zu verstehen.

Wettervorhersagen z.B. basieren - unter Verwendung der physikalischen partiellen Differentialgleichungen der Strömungs- und Thermodynamik der Atmosphäre - auf dem wirkungsstrukturbeschreibenden, verhaltenserklärenden Ansatz. Wer würde auch eine Wettervorhersage aufgrund einer Trendprognose etwa aus dem Wetterverlauf der letzten Woche für sinnvoll halten? Das gleiche wirkungsstrukturtreue Wettermodell kann mit der ganzen Bandbreite der im Jahresablauf vorkommenden Wettermeßgrößen in (fast) beliebiger Kombination gefüttert werden, um damit für gegebene Ausgangsbedingungen die resultierenden Wetterbedingungen für einige Tage vorherzusagen. Darüber hinaus kann es auch zur Simulation bisher nicht beobachteter extremer Wetterentwicklungen verwendet werden, wie sie sich etwa nach einer Klimaverschiebung ergeben würden.

Flugsimulatoren z.B. verwenden eine relativ genaue Wirkungsstrukturbeschreibung des dynamischen Systems 'Flugzeug', die u.a. die Bewegungsgleichungen in Richtung und um die drei Raumachsen mit ihrer Abhängigkeit von Anströmungsgeschwindigkeit und -richtung in einem Satz von gewöhnlichen Differentialgleichungen ausdrücken. Mit dieser mathematischen Beschreibung im Hintergrund können realistische Simulatoren gebaut werden, die dem Piloten nicht nur das Üben normaler Starts und Landungen, sondern insbesondere auch von Gefahrenzuständen ermöglichen, in die man freiwillig ein reales Flugzeug nicht führen würde, und die u.U. (gerade bei neuen Flugzeugtypen) noch nie beobachtet worden sind.

1-3.8 Verhaltensbeschreibende Komponenten in verhaltenserklärenden Modellen

Die hier getroffene Modellunterscheidung ist selbstverständlich nicht auf mechanische Systeme beschränkt, sondern gilt generell. Verhaltensbeschreibungen des historischen Energieverbrauchs z.B. werden in Trendprognosen zu Aussagen über zukünftigen Energiebedarf herangezogen, ohne daß dabei der Versuch unternommen wird, Erkenntnisse über Wirkungen im System für Aussagen über die zukünftige Entwicklung zu nutzen. Forstleute z.B. verwenden 'Ertragstafeln', d.h. historische Untersuchungen über den Wachstumverlauf von Waldbäumen, zur Ermittlung vermutlicher zukünftiger Zuwächse, ohne dabei die aktuellen Wirkungen von Umweltschadstoffen und Klimaveränderungen auf die Bäume berücksichtigen zu können.

Systemstrukturbeschreibungen zur Energiebedarfsentwicklung etwa beim privaten Pkw-Verkehr dagegen müssen die wesentlichen Wirkungsbeziehungen und Prozesse mit ihren Verknüpfungen darstellen, die die Entwicklung des Energiebedarfs bestimmt haben und bestimmen werden: Bevölkerungsentwicklung, verfügbare Einkommen, Zeitbudget, Siedlungsstruktur, Sättigungsphänomene, Effizienzverbesserungen bei Fahrzeugantrieben, Verkehrsmittelaufteilung (modal split), Energieträgeraufteilung (energy mix), Umwelt- und Ölpreisentwicklung, internationale Innovation und Konkurrenz, usw.

Für forstwirtschaftliche Zukunftsanalysen (oder Abschätzungen der resultierenden CO_2-Dynamik) für sich rasch verändernde Umweltbedingungen (Schadstoffe, Bodenversaurung, CO_2-Erhöhung, Veränderung von Temperatur, Strahlung, Niederschlägen, usw.) wird in ähnlicher Weise die umfassende Systemstrukturbeschreibung der wachstumsbestimmenden öko-physiologischen Prozesse der Stoff- und Energieumsetzungen in Waldbäumen unumgänglich: Photosynthese, Transpiration, Respiration, Streuzersetzung, Mineralisierung usw.

Trotz der gedanklich eindeutigen Unterscheidung zwischen beschreibenden und erklärenden Modellen sind erklärende Modelle in Reinkultur kaum anzutreffen. Auch sie sind meist - zur Beschreibung einzelner Wirkungszusammenhänge - auf Verhaltensbeschreibung angewiesen. Ein Beispiel ist die Verwendung der (gemessenen) Lichtempfindlichkeitsfunktion der Blatt-Photosynthese; ein anderes der (gemessene) Zusammenhang zwischen Federauslenkung und Federkraft bei einer progressiven (nichtlinearen) Feder.

Schließlich werden bei der Gültigkeitsprüfung erklärender Modelle auch notwendigerweise die Verhaltensbeschreibung und die Systemstrukturbeschreibung miteinander verbunden, indem vorliegende Zeitreihenbeobachtungen verwendet werden, um zu überprüfen, inwieweit das aus der Systemanalyse abgeleitete Verhalten mit dem (unter gewissen Bedingungen) beobachteten Verhalten übereinstimmt, um damit die (Verhaltens- und empirische) Gültigkeit des Modells zu überprüfen.

1-3.9 Anderer Modellansatz, anderer Datenbedarf

'Modell' ist nicht gleich 'Modell'. Wenn von Computermodellen die Rede ist, werden die Unterschiede zwischen beschreibenden und erklärenden Modellen allzuleicht auch selbst von Modellentwicklern übersehen. Nicht nur der Vorgang der Modellentwicklung unterscheidet sich; sondern am Ende der Entwicklung stehen - selbst für das gleiche System - prinzipiell unterschiedliche Modellformulierungen, auch wenn sich die Simulationsergebnisse für gewisse Verhaltensbereiche weitgehend gleichen sollten.

Für die Modellentwickler der verhaltensbeschreibenden Tradition steht im Vordergrund die Anpassung großer Datenmengen aus Zeitreihenbeobachtungen an (meist einfache) mathematische Zusammenhänge, die meist in keiner Beziehung zur realen Wirkungsstruktur des modellierten Systems stehen. Die Parameter dieser mathematischen Beziehungen werden mit Hilfe statistischer Verfahren mit meist hoher Genauigkeit geschätzt, da kleine Differenzen oft für die Güte des Modells entscheidend sind. Definitionsgemäß wird meist kein Versuch unternommen, die Prozesse des realen Systems besser zu verstehen und dieses Verständnis in die Modellformulierung einfließen zu lassen. Die Modellentwicklung ist gekennzeichnet durch aufwendige Datenbeschaffung und Parameterschätzung.

Für die Modellentwickler der wirkungsstrukturbeschreibenden Schule steht im Vordergrund das Erkennen der für das Systemverhalten entscheidenden Prozesse im realen System. Sie müssen sich daher - in Zusammenarbeit mit intimen Systemkennern - sehr gründlich mit Struktur und Funktion des Systems auseinandersetzen. Diese werden z.B. in mathematischen (Differential)Gleichungen beschrieben, deren Formulierung durch das reale System (und nicht durch die vorhandenen Schätzalgorithmen) bestimmt ist und daher beliebig komplex sein kann.

Dabei gilt es allerdings auch, unnötig komplexe Formulierungen zu vermeiden, wenn diese zur Gültigkeit der Modellaussagen nichts wesentliches beisteuern. Die in den Modellgleichungen meist auftauchenden Parameter ergeben sich ausschließlich aus den mit den Meßverfahren der betroffenen Fachdisziplinen bestimmbaren Struktur- und Wirkungsparametern der Einzelprozesse und nicht aus dem Zeitverhalten des realen Gesamtsystems. Der Datenbedarf zur Modellerstellung besteht also aus einer Menge von Daten über Wirkungsbeziehungen in der Systemstruktur und aus den charakteristischen Parametern der verschiedenen Prozesse. Alle Daten sind prinzipiell am Realsystem meßbar oder feststellbar, von der qualitativen Feststellung des Vorhandenseins/ Nichtvorhandenseins einer Wirkbeziehung bis zur quantitativen Messung funktionaler Zusammenhänge. Für die Modellerstellung sind Zeitreihendaten des Systemverhaltens nicht notwendig (wohl aber für die Validierung, die beim beschreibenden Modell ebenfalls einen weiteren unabhängigen Datensatz erfordert).

Beim verhaltensbeschreibenden Modellansatz besteht der Datenbedarf also in einer Vielzahl quantitativer Daten aus der Verhaltensbeobachtung. Beim verhaltenserklärenden Modellansatz beschränkt sich der Datenbedarf auf (meist) **qualitative** Information über die Systemstruktur und auf die Zahlenwerte (meist) weniger realer Parameter. Dies bedeutet, daß verhaltenserklärende Modelle meist mit einem weit geringeren Meß- und Datenaufwand erstellt werden können, der allerdings mit einem höheren Verständnisaufwand bezahlt werden muß. (In diesem steckt natürlich der oft erhebliche Meß- und Analyseaufwand aus früheren Untersuchungen.)

1-3.10 Strukturinformation reduziert den Datenbedarf

Wirkungsstrukturtreue Modelle zur Simulation von Verhalten können, wie gezeigt, prinzipiell ohne bereits vorliegende Verhaltensbeobachtungen entwickelt werden. (Zur Gültigkeitsprüfung sind sowohl bei verhaltensbeschreibenden wie bei strukturtreuen Modellen zusätzliche Verhaltensbeobachtungen erforderlich). Damit entfällt der für beschreibende Modelle typische, meist hohe, kostspielige und zeitraubende Datenbeschaffungsaufwand für Zeitreihendaten, der zusätzlich oft noch spezielle Meßapparaturen und Datenverarbeitungsprozesse voraussetzt. Die Informationsbeschaffung konzentriert sich auf die Erfassung der Wirkungsstruktur und ihrer speziellen Parameter. Sie bleibt damit im jeweiligen systemeigenen Wissensbereich und kann auf die relevanten Datenbestände und das vorhandene Fachwissen zurückgreifen, weitgehend ohne daß neue Datenbeschaffung notwendig wird. (Bei Simulation des Energieversorgungssystems kann z.B. auf die technischen Daten der Energieprozesse und ihre gegenseitigen Verkopplungen zurückgegriffen werden; bei Simulation eines Waldbestandes z.B. auf ökophysiologische Prozesse und Parameter des Pflanzenwachstums.).

Trotz des relativ niedrigen Bedarfs an neuen Daten wird prinzipiell (über den Versuch, die Strukturgültigkeit zu sichern) eine höhere Modellgültigkeit erreicht: dagegen wird bei beschreibenden Modellen nicht einmal der Versuch unternommen, Strukturgültigkeit herzustellen. Die Erklärung für den frappanten Unterschied im Datenaufwand liegt in Unterschieden der Informationsqualität für die Modellbildung. So hat z.B. das richtige Erkennen einer wichtigen Rückkopplung (eine qualitative Information!) etwa für das Verständnis der Eigendynamik und damit für die Modellgültigkeit eine weit höhere Bedeutung als das Vorliegen vieler aufwendig beschaffter Meßreihen.

1-3.11 Zukunftsorientierung erfordert Systemverständnis

Im Hinblick auf Abschätzungen zukünftiger Entwicklungen, die als Reaktionen auf neue Herausforderungen entstehen, wird klar, daß das Nachahmen historischen Systemverhaltens durch Methoden der beschreibenden Modellierung keine verläßliche Hilfe bieten kann. Nur die Methode der wirkungsstrukturtreuen Nachbildung der wesentlichen Prozesse und ihrer systemaren Verknüpfung in der erklärenden Modellierung kann zu besserem Verständnis und wirksamen vorausschauenden Planungen und Entscheidungen führen.

Der in vielen Bereichen (z.B. Ökonomie) fast ausschließlich verwendete verhaltensbeschreibende Ansatz eignet sich prinzipiell nur sehr bedingt für zukunftsbezogene Untersuchungen. Er gilt nur dann, wenn sich die zukünftigen Bedingungen nicht oder nur wenig von den historischen Bedingungen unterscheiden, deren Datenreihen für die Modellerstellung herangezogen wurden. Die tatsächlichen Systemprozesse sind in diesen Modellen nicht abgebildet; diese Modelle können daher auch keine gültigen Antworten für Reaktionen auf andere Bedingungen und insbesondere für tiefgreifenden Wandel geben. Als Zukunftsorientierung dürfen sie daher nur bestenfalls für kurze Übergangsperioden (Trendprognosen) eingesetzt werden. Dieser Schluß verstärkt sich noch durch die Feststellung, daß die Nachahmung beobachteten Verhaltens nur einen kleinen Teil des potentiellen Verhaltens eines Systems erfassen kann.

Wird dagegen mit dem verhaltenserklärenden (strukturtreuen) Ansatz versucht, ein umfassendes Systemverständnis zu erreichen und das Realsystem in Struktur und Funktion getreu zu modellieren, so kann erwartet werden, daß das Modell zuverlässige Aussagen auch in Verhaltensbereichen erbringt, die bisher nicht beobachtet werden konnten. Sind die wesentlichen Systembeziehungen erfaßt worden, so enthält das Modell auch das gleiche potentielle Verhaltensspektrum wie das reale System und damit auch bisher unbeobachtete Möglichkeiten, um auf neue Herausforderungen der Zukunft zu reagieren. Mit dieser Modellart ergeben sich daher auch für weite Zeithorizonte recht weitreichende und zuverlässige Möglichkeiten zur Untersuchung zukünftiger Entwicklungspfade.

Hinter dieser Aussage steckt nicht nur der Unterschied zwischen einer Datenanpassung (im beschreibenden Modell) und einer Strukturdarstellung (im erklärenden Modell), sondern vor allem auch die Tatsache, daß Systemstrukturen charakteristische Eigendynamiken und eine überraschende Verhaltensvielfalt entwickeln können, die im erklärenden Modell miterfaßt wird, im beschreibenden Modell aber nicht abbildbar ist. Auf diese von der Systemstruktur bedingte Eigendynamik wurde bereits hingewiesen.

So bestimmen Rückkopplungen die Eigendynamik des Systems und damit das aktuelle Systemverhalten wie auch den potentiellen Verhaltensspielraum. Hat die Modellentwicklung z.B. zur Identifizierung von gegenseitigen Verkopplungen zweier Zustandsgrößen geführt, so ergeben sich damit qualitativ unterschiedliche Verhaltensmöglichkeiten (periodisch, aperiodisch, stabil abklingend, instabil zunehmend, weitere je nach Verkopplung), die alle unter geeigneten Bedingungen auftreten können. Die korrekte Erfassung der Systemstruktur wird damit zum entscheidenden Schritt einer erfolgreichen (erklärenden) Modellentwicklung. Die Parameter des Systems bestimmen, welcher Ausschnitt des potentiellen Verhaltens normalerweise zu beobachten sein wird. Systemstruktur und Systemparameter gemeinsam legen daher den Verhaltensspielraum des Systems fest und müssen im (erklärenden) Modell korrekt abgebildet sein.

Da also Systemverhalten strukturbedingt ist, ist Strukturgültigkeit eine unabdingbare Voraussetzung für den Versuch, Reaktionen auf neuartige zukünftige Entwicklungen mit Modellsimulationen abzuschätzen. Der Versuch, hier lediglich verhaltensbeschreibende Modelle einzusetzen, wäre unzulässig, da entsprechende Verhaltensbeobachtungen nicht vorliegen können und die Modellanwendung sich dann nur auf Spekulation gründen kann. Werden strukturgültige Modelle verwendet, so ist die Simulation der Verhaltensreaktion auf neuartige zukünftige Entwicklungen nicht nur legitim, sondern es sind auch weitgehend zutreffende und gültige Ergebnisse zu erwarten.

1-3.12 Zuverlässige Verhaltensaussagen durch strukturtreue Kompaktmodelle

Strukturtreue Modellbildung bedeutet nicht, jede Wirkungsverknüpfung im Realsystem auch im Modell im Detail abzubilden. Im Gegenteil: Um die Forderung nach Verhaltensgültigkeit (im gesamten relevanten Verhaltensbereich) zu erfüllen, muß lediglich die essentielle verhaltensbestimmende Wirkungsstruktur herausgearbeitet werden, die in der Praxis oft nur aus einer kleineren Menge wesentlicher Strukturverknüpfungen besteht. Hierbei muß mit Systemkenntnis und Sensitivitätsanalysen gearbeitet werden. Das Ergebnis ist ein Kompaktmodell, daß das kleinstmögliche Simulationsmodell darstellt, das noch über den gesamten interessierenden Verhaltensbereich das gleiche Verhaltensspektrum aufweist wie das Original.

Wo große Modelle unvermeidbar werden, sollten sie modular aus Kompaktmodellen aufgebaut werden, die zunächst einzeln auf ihre Gültigkeit überprüft werden, bevor sie mit anderen Teilmodellen zum Gesamtmodell verkoppelt werden.

1-3.13 Leitwertorientierung zur zuverlässigen Verhaltensabschätzung

Die Untersuchung zukünftiger Entwicklungsmöglichkeiten erfordert die korrekte Einbeziehung auch des zu erwartenden Entscheidungsverhaltens der wesentlichen Akteure (Verbraucher, Unternehmer, internationale Konkurrenten, usw.). Auch hier ist es prinzipiell unzulässig, aus Vergangenheitsverhalten (z.B. Elastizität der Energienachfrage oder Trenduntersuchungen des Energieverbrauchs) auf zukünftiges Verhalten zu schließen. (Das völlige Versagen traditioneller Energieprognosen der '70er Jahre sollte eine eindeutige Warnung sein!). Hieraus darf nun allerdings auch nicht geschlossen werden, daß das Verhalten der Akteure unter neuen Bedingungen völlig 'offen', beliebig und unvorhersehbar ist. Im Gegenteil: Akteure werden sich im Eigeninteresse immer an ihren Leitwerten orientieren müssen. Damit ist aber der Entscheidungsspielraum entsprechend eingeschränkt. Dies läßt sich im strukturtreuen Modell berücksichtigen, so daß auch bei expliziter Einbeziehung der wesentlichen Akteure von einem solchen Modell noch weitgehende Verhaltensgültigkeit zu erwarten ist.

1-3.14 Wo ist generell strukturtreue Systemmodellierung angebracht?

Zur wirkungsstrukturtreuen Systemmodellierung gibt es immer dann keine Alternative, wenn im System Rückkopplungen zwischen Zustandsgrößen eine Rolle spielen, komplexe Vernetzungen und Wirkungsverknüpfungen auftreten, Nicht-Linearitäten (etwa bei Sättigungen und Begrenzungen) das Verhalten bestimmen, Verzweigungen im Verhalten auftreten können, Akteure ihr Verhalten am Systemzustand und an ihren Leitwerten orientieren, oder Verhaltensreaktionen auf bisher nicht aufgetretene Bedingungen verläßlich bestimmt werden sollen. Insbesondere die Untersuchung der Systeme im technisch-ökonomischen und im ökologischen Bereich und ihrer zukünftigen Entwicklungspfade erfordern die systemanalytische Untersuchung ihrer Struktur, die Entwicklung entsprechender simulationsfähiger Computermodelle und die Simulation möglicher Entwicklungspfade für unterschiedliche Szenarien äußerer Einwirkungen.

1-3.15 Modellgültigkeit: Wann kann das Modell das Original vertreten?

Wie generell bei der wissenschaftlichen Theoriebildung, so stehen wir auch bei der Modellbildung vor dem Problem, daß sich die 'Richtigkeit' eines Modells prinzipiell nicht beweisen läßt. Die Tatsache, daß ein Modell in einem bestimmten Anwendungsfall richtige Ergebnisse liefert (d.h. das Verhalten des Originals reproduziert), ist noch kein Beleg dafür, daß es auch in anderen oder sogar unter allen Umständen richtig arbeiten wird. Eindeutig feststellen läßt sich nur, wenn ein Modell (oder eine Theorie) falsch ist, da dann Realität und Simulation auseinanderklaffen. Wir sprechen daher auch nicht von der 'Richtigkeit' eines Modells, lediglich von seiner Gültigkeit für den Modellzweck. Diese ist - vor allem durch Falsifikationsversuche - erhärtbar, aber sie gilt nur bis zum Beweis des Gegenteils. Um zu belegen, daß das Modellsystem das Originalsystem für den Modellzweck vertreten kann, muß Gültigkeit im Hinblick auf vier verschiedene Aspekte belegt werden: Verhaltensgültigkeit, Strukturgültigkeit, empirische Gültigkeit, Anwendungsgültigkeit.

Verhaltensgültigkeit: Hier muß gezeigt werden, daß für die im Rahmen des Modellzwecks liegenden Anfangsbedingungen und Umwelteinwirkungen des Originalsystems das Modellsystem das (qualitativ) gleiche dynamische Verhalten erzeugt.

Strukturgültigkeit: Hier muß gezeigt werden, daß die Wirkungsstruktur des Modells der (für den Modellzweck) essentiellen Wirkungsstruktur des Originals entspricht.

Empirische Gültigkeit: Hier muß gezeigt werden, daß im Bereich des Modellzwecks die numerischen oder logischen Ergebnisse des Modellsystems den empirischen Ergebnissen des Originals bei gleichen Bedingungen entsprechen, bzw. daß sie (bei fehlenden Beobachtungen) konsistent und plausibel sind.

Anwendungsgültigkeit: Hier muß gezeigt werden, daß Modell und Simulationsmöglichkeiten dem Modellzweck und den Anforderungen des Anwenders entsprechen.

1-3.16 Wissenschaftliche Arbeitsweise und Modellbildung

Modellbildung bedeutet immer Vereinfachung, Zusammenfassung, Weglassen, Abstraktion. Modellbildung ist daher prinzipiell nicht möglich ohne Auswahl und Entscheidungsvorgänge. Diese Prozesse lassen sich zwar weitgehend formalisieren und systematisieren, doch fließen hier wie bei jeder Entscheidung Bewertungen ein, die nur teilweise objektivierbar sind. Subjektivität ist also in der Modellbildung unvermeidbar, auch wenn sie sich, wie etwa in der kollektiven Erfahrung eines ganzen Fachgebietes als relativ objektiv darstellen mag. Die in der Modellbildung getroffene Auswahl und Vereinfachung muß jedenfalls durch umfassende Gültigkeitsprüfungen und die damit verbundenen Falsifikationsversuche bestätigt werden.

Obwohl sich die Modellbildung und Simulation besonders häufig dem Vorwurf der Subjektivität ausgesetzt sieht, so unterscheidet sich doch die wissenschaftliche Arbeitsweise der Modellerstellung in keiner Weise vom anderswo akzeptierten wissenschaftlichen Ansatz. Sie muß die gleichen Anforderungen an die Überprüfbarkeit und die Reproduzierbarkeit der Annahmen, Hypothesen, Sätze und Ergebnisse erfüllen. Vollständigkeit und Präzision bei der Berücksichtigung der Fakten sind erforderlich. Es müssen geschlossene Beweisführungen vorliegen. Für die Validierung müssen umfassende Falsifikationsversuche unternommen werden. Und schließlich ist für alles eine vollständige und nachvollziehbare Dokumentation vorzulegen.

Daß sich Modellbildung und Simulation häufig Vorwürfen unwissenschaftlicher Arbeitsweise ausgesetzt sieht, mag sicher einmal damit zusammenhängen, daß die Grundsätze wissenschaftlicher Arbeitsweise tatsächlich gelegentlich nicht eingehalten werden - wie anderswo auch. Zum anderen wird es auch damit zusammenhängen, daß sehr oft interdisziplinär, quer über etablierte Fachgebiete und Schulen hinweg gearbeitet werden muß, um einen komplexen Ausschnitt aus der Realität darzustellen. Fachwissenschaftler finden sich dann nur in Teilen wieder, müssen feststellen, daß man ihre komplexen Detailkenntnisse stark vereinfacht hat, Wirkungen aufgenommen hat, die sie für vernachlässigbar halten, Hypothesen verwendet, die aus anderen Schulen stammen, und daß der Systemwissenschaftler generell ein etwas anderes wissenschaftliches Weltbild hat, dem sie nur teilweise zustimmen können (daß er z.B. die Strukturerkennung für wesentlich hält). Wissenschaftlicher Fortschritt für beide Seiten ergibt sich aus der kritischen Diskussion und Aufarbeitung der Fragen, die von der Modellbildung aufgeworfen werden.

1-3.17 Spektrum dynamischer Systeme und Modelle

Das Spektrum dynamischer Systeme und Modelle läßt sich am besten mit Hilfe einer Liste von Begriffspaaren beschreiben. Dabei sind in der folgenden Liste an erster Stelle die Begriffe aufgeführt, denen der in diesem Buch behandelte Systemansatz am ehesten entspricht.

- Systemerklärend - verhaltensbeschreibend
- Realparameter - Parameteranpassung
- deterministisch - stochastisch
- zeitinvariant - zeitvariant
- zeitkontinuierlich - zeitdiskret
- raumdiskret - raumkontinuierlich
- exogen getrieben - autonom
- numerisch - nicht-numerisch

Systemerklärend - verhaltensbeschreibend: Der Unterschied wurde weiter oben mehrfach verdeutlicht. Das verhaltensbeschreibende Modell verlangt lediglich Verhaltensübereinstimmung zwischen System und Modell. Beim systemerklärenden Modell muß dagegen die (für den Modellzweck) essentielle Wirkungsstruktur des Realsystems nachgebildet werden.

Realparameter - Parameteranpassung: Wenn schon versucht wird, die Wirkungsstruktur des realen Systems konkret zu erfassen, so liegt es auch nahe, mit den im realen System vorkommenden Systemparametern zu arbeiten, die dann in diesem System direkt gemessen werden können. Wo dies nicht möglich ist, muß zur Parameteranpassung gegriffen werden, indem die unbekannten Modellparameter so gewählt werden, daß das

Modellverhalten auch zahlenmäßig mit den Verhaltenswerten des realen Systems übereinstimmt.

Deterministisch - stochastisch: In deterministischen Modellen werden zufällige Veränderungen etwa der Parameter, der Wirkungsbeziehungen zwischen Systemelementen oder der Umwelteinwirkungen ausgeschlossen. In stochastischen Modellen werden solche Einflüsse explizit berücksichtigt, z.B. durch die Angabe von Übergangswahrscheinlichkeiten zwischen Systemzuständen oder zufälliger Schwankungen der Umwelteinwirkungen, etwa von Wettereinflüssen. Stochastische Modelle liefern daher für jeden Simulationslauf unterschiedliche Ergebnisse. Eine große Zahl von Simulationen (Monte-Carlo-Simulation) kann dann einen Überblick darüber verschaffen, welche statistische Verteilung von Verhalten zu erwarten ist, wo die Mittelwerte liegen und mit welchen Streuungen zu rechnen ist.

Oft genug hat es die Modellbildung mit der aggregierten Darstellung des Verhaltens einer Vielzahl von Individuen zu tun (Tier- und Pflanzenpopulationen, Produktion eines Waldes oder eines Feldes als Folge der Photosynthese von Millionen Blättern; die aggregierten Größen Druck, Temperatur und Dichte der Thermodynamik usw.). Die Zufälligkeiten der individuellen Schicksale der Einzelelemente lassen sich aggregiert dann durch statistische Mittelwerte ersetzen, so daß auch hier deterministische Modelle dann das (aggregierte) Verhalten des Realsystems gut annähern.

Zeitinvariant - zeitvariant: Systeme sind zeitinvariant, wenn sich - unter gleichen Anfangsbedingungen und Umwelteinwirkungen - zu einem späteren Zeitpunkt das exakt gleiche Verhalten ergibt. Dies setzt voraus, daß sich zwischenzeitlich Systemstruktur oder Wirkungszusammenhänge nicht verändert haben. Ein Beispiel für zeitvariante Systeme sind Organismen: Ein alter Mensch verhält sich wesentlich anders als ein junger oder gar ein Kind. Zeitvarianz läßt sich durch Einführung zeitvarianter Parameter relativ leicht in die Modellbildung einführen.

Zeitkontinuierlich - zeitdiskret: Die Systeme unserer Erfahrungswelt sind fast alle kontinuierlich, d.h. sie sind zu jedem beliebigen Zeitpunkt definiert und meßbar. Die Zustände zeitdiskreter Systeme dagegen sind nur zu bestimmten diskreten Zeitpunkten definiert und feststellbar. Computer arbeiten zeitdiskret; d.h. sie ändern Zustände in diskreten Zeitschritten. Das bedeutet, daß in Computersimulationsmodellen zeitkontinuierliche Systeme auch nur zeitdiskret dargestellt werden können. Die kontinuierliche Bewegung eines Pendels etwa muß streng genommen durch eine Treppenkurve mit sehr kleinen Stufen dargestellt werden. Da diese notwendige Diskretisierung aber in sehr kleine Schritte aufgeteilt werden kann, die beliebig nahe an das kontinuierliche Verhalten herankommen können, werden wir hier auch von kontinuierlichen Simulationen kontinuierlicher Systeme sprechen.

Raumdiskret - raumkontinuierlich: Reale Systeme können nicht punktförmig sein, sondern haben eine gewisse Ausdehnung im Raum. In manchen Fällen spielt diese räumliche Verteilung für die Dynamik eines Systems keine Rolle. So ist etwa der Druck in einem geschlossenen Gasbehälter an jeder Stelle gleich. Oder: bei der Betrachtung der Bevölkerungsentwicklung einer Stadt spielt deren räumliche Verteilung kaum eine Rolle. Die Photosyntheseproduktion einer Laubkrone läßt sich in einer Größe zusammenfassen, ohne daß es notwendig wäre, auf die räumliche Strukturierung des Blattwerks im Wald einzugehen.

An anderen Stellen wiederum ist die Verteilung von Systemgrößen im Raum und deren zeitliche und räumliche Dynamik für die Simulation von essentieller Bedeutung. So muß etwa bei der Simulation von Luftströmungen an Tragflügeln oder in der Atmosphäre, der Spannungen in komplexen tragenden Teilen oder von Grundwasserströmen das gesamte räumlich und zeitlich variierende Feld der Systemgrößen betrachtet werden. Das setzt - mathematisch gesehen - die Beschreibung mit partiellen Differentialgleichungen voraus, die wiederum mit Simulationsverfahren wie dem Verfahren der finiten Elemente bearbeitet werden können.

Exogen getrieben - autonom: Die uns interessierenden Systeme stehen mit ihrer Umwelt in Verbindung und unterliegen normalerweise entsprechenden Umwelteinwirkungen, die sie selbst nicht beeinflussen können. Sie werden also teilweise von außen (exogen) angetrieben. Autonome Systeme dagegen unterliegen nur den Einflüssen ihrer eigenen Wirkungsstruktur, die Systemzustände zurückkoppelt, so daß sie zu weiteren Zustandsveränderungen führen. Streng genommen kann es völlig autonome Systeme nicht geben, da jede Dynamik einer anfänglichen Auslenkung von einem Gleichgewichtszustand oder der Energiezufuhr bedarf. Mathematisch lassen sich dagegen alle Systeme - auch die exogen getriebenen - als autonome Systeme formulieren, wenn man die Zeit als zusätzliche Zustandsgröße einführt und Umwelteinwirkungen als Funktionen dieser Zustandsgröße umformuliert.

Numerisch - nicht-numerisch: Der Begriff 'Zustand' gilt in einem sehr breiten Sinne. Er gilt sowohl für meßbare und zahlenmäßig angebbare Größen (wie Gewicht, Rauminhalt, Bevölkerungszahl), er gilt aber auch für qualitative Attribute wie rot, heiß, schön usw. Die Dynamik eines Systems muß nicht an meßbare Systemgrößen gebunden sein, sie kann auch durchaus mit der Veränderung von Qualitäten verbunden sein (so etwa die Gelb-Rot-Grün-Dynamik von Verkehrsampeln). (Wir haben es hier übrigens mit einem System zu tun, das nur diskrete Zustände erlaubt.)

Der Versuch, dynamische Modellbildung und Simulation nur auf Bereiche zu beschränken, in denen alle Größen quantifizierbar und numerisch ausdrückbar sind, würde große Bereich dynamischer Systeme, die von erheblichem praktischen Interesse sind (soziale Systeme, ökologische Systeme, Verhaltenssysteme generell) von der dynamischen Simulation ausschließen. Unzulässig ist auch, wie vielfach praktiziert, wenn in den Fällen, in denen nicht-quantifizierbare Größen eine Rolle spielen, diese in einem falschen Verständnis wissenschaftlicher Arbeitsweise als 'unwissenschaftlich' aus der Systembetrachtung herausgelassen werden. So läßt sich z.B. kaum eine gültige Simulation einer Stadtentwicklung erstellen, ohne daß entwicklungsbestimmende Systemgrößen wie etwa 'Wohnqualität', 'Einkaufsattraktivität' usw. explizit in die Untersuchung einbezogen werden.

Diese Einbeziehung auch nicht-numerischer Zustandsgrößen und anderer Systemgrößen ist ein Gebot wissenschaftlicher Vollständigkeit. Die Berücksichtigung derartiger Größen stieß bisher deshalb auf Schwierigkeiten, weil fast ausschließlich numerische Verfahren für die Computersimulation zur Verfügung standen. Inzwischen lassen sich mit modernen Methoden der rechnergestützten Wissensverarbeitung sowohl numerische wie nicht-numerische Komponenten und Zusammenhänge auf der Basis der Methoden der künstlichen Intelligenz und der objektorientierten Programmierung adäquat berücksichtigen und in die Computersimulation miteinbeziehen.

1-4 Modellentwicklung, Simulation, Verhaltensanalyse und Systemänderung

In den vorstehenden Abschnitten wurden einige grundsätzliche Überlegungen zur Modellbildung, zu Systemen und zu Modellen zusammengetragen. Im letzten Abschnitt dieses Kapitels soll nun ein Überblick über den gesamten Prozeß der Systemanalyse von der Modellentwicklung über die Simulation bis zur Verhaltensanalyse und Systemänderung gegeben werden. Dieser Überblick entspricht einerseits dem Arbeitsablauf mit seinen verschiedenen Komponenten, andererseits aber auch den folgenden Kapiteln:

- Entwicklung des Modellkonzepts
- Entwicklung des Simulationsmodells
- Simulation des Systemverhaltens
- Analyse des Modellsystems
- Verhaltensänderung durch Systemänderung.

Wir befassen uns in diesem Buch von jetzt an ausschließlich mit erklärenden Modellen, d.h. Modellen, bei denen eine im Rahmen des Modellzwecks gültige Nachbildung der Wirkungsstruktur versucht wird. Die folgenden Bemerkungen beziehen sich daher in erster Linie auf diese Art von Modellen, sie sind allerdings auch im weiteren Sinne für andere, beschreibende Modellformulierungen gültig.

1-4.1 Entwicklung des Modellkonzepts

Auch wirkungsstrukturtreue Modelle sind notgedrungen skizzenhafte Darstellungen, 'Karikaturen' des Realsystems. Die verwendeten Verkürzungen und Zusammenfassungen sind bestimmt von der Forderung nach Anwendungsgültigkeit des Modells: es soll einen bestimmten Modellzweck erfüllen. Dieser Modellzweck bestimmt weitgehend Art und Umfang von Modellinhalt und Modellaussagen. Das Simulationsmodell eines Waldes zur forstlichen Betriebsplanung unterscheidet sich z.B. erheblich von einem Modell des gleichen Waldes, das zur Untersuchung des Nährstoffkreislaufs entwickelt wurde. Jedes Modell sollte nur für den Zweck verwendet werden, für den es entwickelt wurde. Auch bei der Modellentwicklung hat es sich als nicht zweckmäßig erwiesen, nach Supermodellen zu streben, die für alles und jedes einsetzbar sind: auch hier gibt es keine eierlegende Wollmilchsau.

Die Systemdefinition verlangt eine klare Festlegung der Systemgrenzen, d.h. der Abgrenzung zur Systemumwelt. Die aus der Systemumwelt stammenden oder zu erwartenden Einwirkungen müssen erfaßt und die Eingriffspunkte in der Systemstruktur ermittelt werden.

Während die Verhaltensbeschreibung auf eine umfangreiche Erfassung von Verhaltensdaten angewiesen ist, konzentriert sich die Systemanalyse für die wirkungsstrukturtreue Modellbildung zunächst auf die Definition und Erfassung der verhaltensrelevanten Systemstruktur. In diesem Prozeß arbeiten die Systemanalytiker eng mit Systemkennern und Fachleuten aus den betroffenen Wissensgebieten zusammen, um zu einer gemeinsam getragenen Vorstellung der relevanten Systemstruktur zu kommen. Die gemeinsame Sprache ist im allgemeinen die umgangssprachliche Formulierung des Wissens über Struktur und Funktion des Systems; die erste Modellformulierung wird in dieser Form vorgelegt (Wortmodell).

Aus diesem Wissensbestand werden, jetzt bereits unter Beachtung systemwissenschaftlicher Erkenntnisse, die Wirkungsbeziehungen herausgearbeitet und zur Wirkungsstruktur verknüpft, die auch meist im Wirkungsdiagramm graphisch niedergelegt wird.

Damit ergibt sich jetzt folgendes Arbeitsprogramm, das in Kapitel 2 näher ausgeführt wird:

Definition der Problemstellung und des Modellzwecks: Die Aufgabenstellung muß klar umrissen werden und dient als Grundlage für die Definition des Modellzwecks.

Systemabgrenzung und Definition der Systemgrenzen: Dem Modellzweck entsprechend ist zu definieren, was zum System und was zu seiner Systemumgebung gehört.

Systemkonzept und Wortmodell: Entsprechend der Systemabgrenzung wird das Konzept des Systems entwickelt und in einem Wortmodell erfaßt.

Entwicklung der Wirkungsstruktur: Die Systemelemente und ihre Wirkungsbeziehungen sind herauszuarbeiten und zunächst im Wortmodell und dann im Wirkungsdiagramm niederzulegen.

Qualitative Analyse der Wirkungsstruktur: Die Wirkungsstruktur, insbesondere ihre Kopplungen und ihre aktiven und passiven Elemente, erlaubt eine erste qualitative Analyse des Systemverhaltens.

1-4.2 Entwicklung des Simulationsmodells

Die Wirkungsstruktur beinhaltet lediglich die qualitative Feststellung von Wirkungen (z.B. "A wirkt auf B"). Um ein simulationsfähiges Modell zu erhalten, müssen alle Wirkungsbeziehungen verrechenbar spezifiziert werden (z.B. als multiplikative Verknüpfung mit einem durch Systemparameter gegebenen Faktor, oder durch logische Operationen, etwa bei einer Entscheidungssituation). Für jede Wirkungsbeziehung muß so mit dem Wissen über diesen Einzelaspekt ein verrechenbarer funktionaler Zusammenhang definiert werden. Auch bei diesem Schritt ist fachliches Spezialwissen entscheidend. Aus diesen Einzelschritten ergibt sich schließlich das formalisierte (mathematische und/oder logische), simulationsfähige Modell.

Die Formalisierung wirkungsstrukturtreuer Simulationsmodelle kann auf sehr unterschiedliche Weise mit sehr verschiedenen (allgemeinen oder speziellen) Programmiersprachen erfolgen. Die Art der Formulierung sollte der Problemstellung, dem Modellzweck und dem potentiellen Nutzer angepaßt sein. Da jede Programmsprache ihre eigenen Beschränkungen hat und immer einen bestimmten Denkrahmen vorgibt, sollte Vereinheitlichung (etwa auch über 'Modellbanken') vermieden werden. Es ist möglich, daß in Zukunft objekt-orientierte Programmierverfahren vermehrt Verwendung finden, da sie eine hohe Vielfalt von Formulierungsmöglichkeiten (qualitativ, numerisch, logisch, usw.) zulassen und hohe Flexibilität bei der Modellformulierung, Modellerweiterung, Datenspeicherung und Modelldokumentation bieten.

Es ergeben sich damit die folgenden Arbeitsschritte, die im Kapitel 3 näher ausgeführt werden:

Dimensionale Analyse: Die in der Wirkungsstruktur identifizierten Elemente müssen in ihrer Bedeutung und ihren Dimensionen exakt festgelegt werden.

Ermittlung der funktionalen Beziehungen: Die Wirkungsbeziehungen zwischen den Elementen müssen in ihrer funktionalen Abhängigkeit eindeutig spezifiziert werden, wobei die Dimensionsanalyse als Hilfsmittel einbezogen werden kann.

Quantifizierung: Unter Verwendung der Parameterwerte des realen Systems werden die Wirkungsbeziehungen quantifiziert.

Entwicklung des Simulationsdiagramms: Werden im Wirkungsdiagramm die funktionalen Beziehungen und die Parameterwerte eingetragen, so erhält man das Simulationsdiagramm als Grundlage des Simulationsprogramms.

Simulationsanweisungen und rechenfähiges Modell: Aus den vorher definierten und quantifizierten Wirkungsbeziehungen ergeben sich die Simulationsanweisungen für die Programmierung. Diese können auch direkt aus dem Simulationsdiagramm abgelesen werden. Alle Wirkungsbeziehungen müssen in einer berechenbaren Weise formalisiert werden.

Gültigkeitsprüfung für die Modellstruktur: Es ist zu prüfen, ob die Struktur des Realsystems korrekt im Modell wiedergegeben wurde.

Entwicklung alternativer Darstellungsformen: Es ist zu prüfen, ob sich das zunächst entwickelte Simulationsmodell ohne Gültigkeitseinbußen durch Verändern oder Umformen übersichtlicher oder verständlicher machen läßt. Insbesondere sollte untersucht werden, ob eine Modularisierung möglich und statthaft ist.

Versuch der Kompaktdarstellung: Es ist möglich, daß sich die Systemstruktur auf einfachere elementare Strukturen zurückführen läßt, die die Analyse und die Verallgemeinerbarkeit erleichtern.

1-4.3 Simulation des Systemverhaltens

Nach der Modellprogrammierung und ersten Simulationen mit eingehenden Gültigkeitsprüfungen, die sich vor allem auf die Verläßlichkeit, Sensitivität und Plausibilität der Verhaltensaussagen beziehen müssen, steht das Modell für routinemäßige Simulationen von Entwicklungspfaden zur Verfügung. Während für historische Untersuchungen (etwa als Teil der Gültigkeitsprüfung) die Einwirkungen aus der Systemumwelt festliegen, müssen für zukunftsbezogene Untersuchungen Annahmen über vermutliche Einwirkungen gemacht werden, die in 'Szenarien' zusammengefaßt werden. Für die Qualität der Untersuchung möglicher Entwicklungspfade sind Plausibilität, Konsistenz und Vollständigkeit dieser Szenarien von entscheidender Bedeutung. Die Entwicklung und Absicherung entsprechender Szenarien erfordert noch einmal einen meist erheblichen Untersuchungsaufwand. Mit einigen elementaren Szenarien sollte möglichst das gesamte zukünftig mögliche Einwirkungsspektrum abgedeckt werden, um einen Gesamtüberblick über das mögliche Entwicklungsspektrum zu bekommen.

Ein Vorteil der wirkungsstrukturtreuen Modellierung ist, daß jeder Schritt einer solchen Modellentwicklung bereits einen Erkenntnisgewinn über das untersuchte System bringt, selbst wenn es am Ende nicht zu Simulationen kommen sollte. Mit der Erfassung der Wirkungsbeziehungen und der Wirkungsstruktur stellen sich neue Erkenntnisse über das System und seine Wirkungsweise ein. Die Quantifizierung zwingt, sich über Art und Stärke der Abhängigkeiten Klarheit zu verschaffen. Die Definition konsistenter Szenariensätze fokussiert auf die wesentlichen äußeren Einflüsse und ihre mögliche Entwicklung. Jeder dieser Schritte für sich trägt bereits entscheidend zu besserem Systemverständnis bei.

Hier ergeben sich folgende Arbeitsschritte, die im Kapitel 4 erläutert werden:

Auswahl der Simulationssoftware: Das formalisierte Simulationsmodell enthält **alle** modellspezifischen Angaben. Weitere für die Simulation erforderliche Programmteile können daher aus allgemein einsetzbaren Programmen für die dynamische Simulation kommen. Die Auswahl hängt von der Modellart, dem Rechnertyp, der verwendeten Programmiersprache und persönlichen Präferenzen des Bearbeiters ab.

Eingabe des Modells: Je nach der verwendeten Simulations-Software erfolgt die Eingabe der Modellanweisungen als Programmzeilen, über spezielle Programmieranweisungen, als Beschreibung der Systemblöcke und ihrer Strukturverknüpfungen, über die Tastatur oder den Aufbau eines simulationsfähigen Simulationsdiagramms am Bildschirm mit Hilfe von entsprechenden Symbolen und der Maus.

Wahl des Integrationsverfahrens: Dynamische Modelle der hier behandelten Art reduzieren sich auf Systeme von gewöhnlichen, meist nichtlinearen Differentialgleichungen, die numerisch integriert werden müssen. Hierzu stehen verschiedene Integrationsverfahren zur Verfügung.

Laufzeitparameter: Die Simulation errechnet die dynamische Entwicklung über die Zeit und benötigt daher eine Angabe über den Zeitpunkt des Beginns und Endes der Simulation (in der Modellzeit). Die Wahl der Zeitschrittweite ist für die Geschwindigkeit und Genauigkeit der Simulation von Bedeutung.

Anfangswerte: Die Zustandsgrößen des Modells müssen zu Beginn der Simulation auf Anfangswerte gesetzt werden, die den Anfangswerten des Realsystems unter den Untersuchungsbedingungen entsprechen.

Systemparameter: Zweck von Simulationen ist es u.a., die Reaktionen des Modellsystems auf Veränderungen seiner Systemparameter zu untersuchen. Diese Systemparameter müssen vor Beginn der Simulationsläufe gewählt werden.

Umwelteinwirkungen: Ebenfalls interessiert die Reaktion des Systems auf bestimmte vorgegebene Umwelteinwirkungen, auf historisch beobachtete Bedingungen oder auf für die Zukunft angenommene Entwicklungen. Diese müssen ebenfalls vor der Simulation spezifiziert werden.

Szenarien: Bei komplexeren Systemen ist eine relativ große Zahl von Parametern und Umwelteinwirkungen gleichzeitig zu untersuchen. Da die Zahl der möglichen Variationen groß ist, müssen die das Verhalten beeinflussenden Parametersätze durch in sich schlüssige und untereinander stimmige und plausible Szenarien zusammengefaßt werden. Dies hat gerade für die Untersuchung von Zukunftsperspektiven, für Technikfolgenabschätzungen und für Risikoanalysen besondere Bedeutung.

Ergebnisdarstellung: Die meisten Simulations-Software-Systeme sehen mehrere Möglichkeiten der Ergebnisdarstellung vor, von der einfachen Tabelle bis zu zwei- und dreidimensionalen Graphiken und animierten Darstellungen der Systemdynamik. Hier sind aussagekräftige Darstellungen zu wählen, die dem Benutzer einen raschen und zuverlässigen Überblick über die Systemdynamik verschaffen.

Zustandspfade: Von besonderer Bedeutung ist hierbei die Darstellung der Dynamik der Zustandsgrößen, d.h. der Zustandspfade im Zustandsraum in Abhängigkeit von den gewählten Parametern und Umwelteinwirkungen. Der Pfadvergleich für verschiedene Simulationen ergibt Hinweise auf allgemeines Systemverhalten (Schwingungen, Gleichgewichtspunkte, Zusammenbrüche, Chaos) und auf die Wirkung einzelner Parameter.

Sensitivität: Der Vergleich von Zustandspfaden in Abhängigkeit von Variationen empfindlicher Parameter ergibt Hinweise auf die Sensitivität des Modells und des Systems, auf Unsicherheiten in der Formulierung bzw. auf Veränderung kritischer Parameter.

Gültigkeitsprüfung: Nachdem die Strukturgültigkeit bereits bei der Entwicklung der Wirkungsstruktur und des Simulationsmodells überprüft wurde, konzentriert sich jetzt die weitere Gültigkeitsprüfung auf die Verhaltensgültigkeit, die empirische Gültigkeit und die Anwendungsgültigkeit. Hier muß nachgewiesen werden, daß die simulierte Dynamik mit dem beobachteten oder zu erwartenden Verhalten qualitativ und quantitativ übereinstimmt und daß die Modellergebnisse und der Erkenntnisgewinn den Anwendungsanforderungen (dem Modellzweck) entsprechen.

1-4.4 Analyse des Modellsystems

Mit der Absicherung der Modellgültigkeit und den Simulationen im interessierenden Parameterbereich ist eigentlich die Aufgabe, die dem Systemanalytiker anfangs gestellt war, erfüllt. Es ist aber oft möglich und nützlich, über diese Arbeitsschritte hinauszugehen und zu versuchen, durch weitere Analyse des Modellsystems einen tieferen Einblick in das ganze Spektrum des Verhaltens zu erhalten. Während die Computersimulation den Vorteil hat, daß auch komplexe nicht-lineare Systeme behandelt werden können, die der mathematischen Analyse nicht offenstehen, so hat doch die mathematische Analyse den Vorteil, daß sie zu allgemeinen Verhaltensaussagen über ein System führen kann, die sich mit der Simulation oft nur erahnen, nicht aber gültig belegen lassen. Besondere Bedeutung gewinnt die mathematische Systemanalyse dann, wenn ein generisches Simulationsmodell entwickelt worden ist, d.h. ein Modell, das unter Beibehaltung seiner Struktur auch mit veränderten Systemparametern für andere Anwendungen eingesetzt werden kann. (Ein Beispiel sind generische Simulationsmodelle für Baumwachstum, die nach Parameteränderungen sowohl für Bäume der Tundra wie für Bäume des tropischen Regenwalds einsetzbar sind.)

Ausgangspunkt der mathematischen Systemanalyse sind die Zustandsgleichungen des Systems, d.h., die bei der Systemmodellierung abgeleiteten gewöhnlichen Differentialgleichungen für die Zustandsänderung. Aus diesen Zustandsgleichungen lassen sich Hinweise auf Gleichgewichtspunkte und Attraktoren des Systems, auf Stabilität und plötzliche Verhaltensänderungen gewinnen.

In diesem Bereich stellen sich die folgenden Aufgaben, die im Rahmen der Untersuchungen in Kap. 2 bis 6 teilweise verwendet und für die im Kapitel 7 analytische Ansätze knapp vorgestellt werden:

Gewinnung der Zustandsgleichungen: Zwar sind die Zustandsgleichungen im Prinzip bereits in der Modellformalisierung und den Simulationsanweisungen enthalten, doch erfordert die notwendige kompakte Darstellung meist einige mathematische Kondensationen und Umformungen.

Entwicklung eines generischen Modellsystems: Bei näherer Betrachtung zeigt sich oft, daß über den Spezialfall der speziellen Simulationsaufgabe hinaus die entwickelten Modellgleichungen eine generische Gültigkeit besitzen und sich auf viele verwandte Systeme anwenden lassen. Für die weitere mathematische Untersuchung, deren Ergebnisse ja möglichst allgemeingültig sein sollen, sollte die allgemeinstgültige generische Form der Zustandsgleichungen entwickelt werden.

Gleichgewichtspunkte: Gleichgewicht des Systems herrscht dort, wo die Veränderungsraten der Zustandsgrößen verschwinden. Unter Anwendung dieser mathematischen Bedingung lassen sich die Gleichgewichtspunkte des Systems bestimmen. Sie können stabil oder instabil sein.

Ermittlung weiterer Attraktoren: Außer Gleichgewichtspunkten können höherdimensionale nicht-lineare dynamische Systeme auch gewisse Zustandsbereiche besitzen, auf die der Systemzustand sich bevorzugt hinbewegt (Attraktoren). Die Ermittlung der Gleichgewichtspunkte und Attraktoren gibt wertvolle Hinweise auf das globale Systemverhalten.

Verhalten an Gleichgewichtspunkten, Stabilität: Die Stabilität eines Gleichgewichtspunkts entscheidet sich daran, ob der Systemzustand in der Nähe dieses Punktes die Tendenz hat, sich vom Gleichgewicht zu entfernen oder auf dieses zuzulaufen. Information darüber steckt ebenfalls in den Zustandsgleichungen.

Linearisierung an Gleichgewichtspunkten: Bei nicht-linearen Systemen gestaltet sich die Stabilitätsuntersuchung in der Nähe der Gleichgewichtspunkte schwierig, wenn auf die Untersuchung der vollen nicht-linearen Systemgleichung zurückgegriffen werden muß. Geht man von nur kleinen Abweichungen vom Gleichgewichtspunkt aus, so lassen sich die nicht-linearen Systemgleichungen linearisieren und dann mit den Hilfsmitteln der linearen Systemanalyse untersuchen.

Eigenschaften und Verhalten linearer Systeme: Die Linearisierung ermöglicht, daß die Werkzeuge der linearen Systemanalyse (Eigenwerte, Verhaltensmodi, Stabilität) Anwendung finden können, um auch zum Verständnis nicht-linearer Systeme beizutragen.

Verhaltensänderungen bei Parameteränderung; Katastrophen: Systeme, besonders nicht-lineare Systeme, können bei Parameteränderung ein qualitativ anderes Verhalten zeigen. Da nicht-lineare Systeme mehr als einen Gleichgewichtspunkt haben können, kann das bedeuten, daß sie bei Parameteränderung in eine gänzlich andere stabile Zustandskonstellation springen. Diese Möglichkeiten untersucht die Katastrophentheorie.

1-4.5 Verhaltensänderungen durch Systemänderung

Aufgabe der Modellbildung und Simulation ist selten nur, ein bestehendes System allein auf seine Verhaltensmöglichkeiten zu untersuchen. In den meisten Fällen geht es eher vor allem auch darum, kritische Parameter und Eingriffsmöglichkeiten zu identifizieren, mit denen die Systementwicklung in gewünschte Bahnen gelenkt werden kann. Oft geht es darüber hinaus aber auch darum, ein System, dessen Verhalten sich als instabil oder in anderer Beziehung als unerwünscht erweist, so zu verändern, daß das sich dann ergebende Systemverhalten bestimmte Kriterien (z.B. der Stabilität) erfüllt.

Noch weiterführender ist die Aufgabe, ein dynamisches System durch gezielte Systemveränderungen und Einwirkungen von außen so zu lenken, daß sich daraus ein an irgendwelchen Kriterien gemessenes optimales Verhalten ergibt. Ein Beispiel ist etwa die Bestandesführung eines Waldes, um maximalen Holzertrag in einer vorgegebenen Zeit zu erreichen. Vielfach können Optimierungsmaßnahmen dieser Art auch relativ leicht mit Computersimulationsmodellen untersucht werden.

Mit den entsprechenden Arbeitsschritten befaßt sich das Kapitel 5:

Kriterien der Verhaltensbeurteilung: Voraussetzung für eine Systemoptimierung oder einfach nur für eine 'Verbesserung' des Systemverhaltens ist die Definition entsprechender Beurteilungskriterien. Gelegentlich lassen sich relativ einfache Kriterien finden (z.B. Kostenminimierung); sehr oft aber müssen Systemlösungen einer Vielzahl von Kriterien gleichzeitig genügen. Bei komplexen Entscheidungen sind oft ganze Kriterienhierarchien zu beachten, deren Einzelbeiträge schließlich auf die systemaren Leitwerte der Systemerhaltung und Systementfaltung abbilden.

Kriterien für die Verhaltensbeurteilung gelten teilweise für den jeweiligen Systemzustand (z.B. Grenzwerte), es kann sich aber auch um komplexere Kriterien handeln, die z.B. über einen längeren Zeitraum als Zeitintegrale ausgewertet werden müssen (z.B. Minimierung des Treibstoffverbrauchs einer Satellitensteuerung).

Systemänderungen und Optimierung auf der Suche nach besseren Lösungen: Wird die Zustandsentwicklung (momentan und über einen längeren Zeitraum) an den anlegbaren Kriterien gemessen, so ergeben sich daraus Hinweise auf Systemänderungen, die zu besseren Lösungen führen würden. Im besten Falle kann mathematische Analyse zu einer geschlossenen Lösung führen. Oft wird aber auch die gezielte Suche mit einer größeren Zahl von Simulationen zu annehmbaren Ergebnissen führen. Dieser Weg steht immer offen, ist aber wenig elegant und übersieht möglicherweise weit günstigere Lösungen. Zwischen diesen beiden Wegen stehen numerische Verfahren der Optimierung, die in vielen Bereichen breite Anwendung finden.

Stabilisierung instabiler Systeme durch Parameter- und Strukturänderung: Die Regeltechnik befaßt sich ausschließlich mit dieser Thematik und hat hierfür, vor allem für lineare technische Systeme, ein umfangreiches Instrumentarium entwickelt.

1-4.6 Generische Strukturen; Systemzoo

Bei der Modellbildung stößt man immer wieder in sehr unterschiedlichen Realitätsbereichen auf Systemstrukturen, die sich als generisch gleich erweisen und daher ein gleiches Verhaltensspektrum zeigen. Eine große und wichtige Gruppe, für die ausnahmsweise auch ein ausgefeilter mathematischer Analyseapparat besteht, ist die Gruppe der linearen Systeme beliebiger Dimension. Dagegen zeigen nichtlineare Systeme kein derart verallgemeinerbares generisches Verhalten. Bereits kleine nichtlineare Systeme, die sich oft nur in 'Kleinigkeiten' unterscheiden, zeigen völlig verschiedenes Verhalten.

In verschiedenen Realitätsbereichen finden sich oft generisch gleiche Strukturen. Es lohnt sich, sich mit deren Verhaltensmustern vertraut zu machen. Im Kapitel 6 sind daher eine größere Zahl relativ einfacher, aber grundsätzlich verschiedener Systemmodelle angegeben. Die entsprechenden Modelle sind zusammen mit den Parametern und Ergebnissen von Standardsimulationsläufen vollständig dokumentiert und finden sich als lauffähige Programme im "Systemzoo" auf der beiliegenden Diskette.

2 Vom Wortmodell zum Wirkungsgraph: Zusammenhänge, Struktur, Rückkopplungen

2-0 Überblick

Die erste Phase der (systemerklärenden) Modellbildung hat sich mit dem Erkennen und der Darstellung der verhaltensrelevanten Systemstruktur zu befassen. Es gilt also, die wichtigen Systemgrößen und ihre Verknüpfungen zu identifizieren. Diese Aufgabe erfordert weitgehend qualitatives Arbeiten. Am Ende dieser Arbeit steht ein qualitatives Produkt, der Wirkungsgraph, ein erstes qualitatives Modell. Die Simulation des realen Systems erfordert später eine genauere Spezifizierung und Quantifizierung der Komponenten des Wirkungsgraphen, aber bereits aus seiner Struktur lassen sich qualitative Aussagen über das Systemverhalten ableiten, die erste interessante Aufschlüsse geben können.

In diesem Kapitel befassen wir uns mit dem Prozeß der Erstellung des Wirkungsgraphen (oder Wirkungsdiagramms) und mit Möglichkeiten der Analyse, die erste Aufschlüsse über Systemeigenschaften und Verhalten geben können.

Die Modellentwicklung setzt zunächst eine Problemstellung voraus, aus der sich die Definition des Modellzwecks ergibt. Diese führt zur Definition der Systemgrenze. Der erste Schritt der Modellentwicklung ist die umgangssprachliche Beschreibung der Komponenten und Zusammenhänge, das Wortmodell. Es führt zur Identifizierung der wesentlichen Systemgrößen und der Wirkungsbeziehungen zwischen ihnen, die schließlich im Wirkungsgraph bildlich dargestellt werden. Der Wirkungsgraph ist eine erste Skizze der Systemstruktur, noch ohne Differenzierungen und Quantifizierungen.

Definitionsgemäß zeigt der Wirkungsgraph, wie Wirkungen im (Modell)System weitergegeben werden. Es ist daher reizvoll zu versuchen, aus dieser skizzenhaften Darstellung des Systems bereits Aussagen über mögliches Verhalten abzuleiten. Dies kann über qualitative Betrachtungen, numerische Untersuchungen, logische Deduktion oder mathematische Analyse des Wirkungsgraphen geschehen.

Die qualitative Betrachtung der Wirkungsstruktur erbringt wichtige Erkenntnisse über die im System vorhandenen Rückkopplungskreise und die von ihnen verursachte Dynamik: im allgemeinen Dämpfung bei negativer, Verstärkung bei positiver Rückkopplung. Auch ergeben sich Hinweise über besonders kritische Pfade und Elemente im System.

Über eine erste grobe Quantifizierung der Stärke der Wirkungsbeziehungen wird es möglich, selbst bei zunächst ungenauer Kenntnis der Systemelemente den Vorgang der Fortpflanzung kleiner Störungen im System zu berechnen und aus diesen numerischen Untersuchungen der Pulsdynamik z.B. kritische Systemparameter und Strukturverbindungen zu identifizieren.

Im Wirkungsgraph werden Systemelemente noch nicht weiter spezifiziert; sie werden alle als gleichartig behandelt. Der Wirkungsgraph reduziert sich dann auf ein lineares System, dessen Dynamik und Stabilität mit bekannten Verfahren der Systemanalyse linearer Systeme untersucht werden können. Hier spielen die Eigenwerte der Systemmatrix eine herausragende Rolle; sie führen zu Aussagen über die Stabilität des Wirkungsgraphen und damit zu Hinweisen auf das Systemverhalten (s. Kap. 7).

Läßt sich das Realsystem gültig durch ein lineares Differenzen- oder Differentialgleichungssystem beschreiben oder approximieren, so ist der Wirkungsgraph bereits das Simulationsdiagramm des Systems. In diesem Fall können über die qualitative Analyse hinausgehend auch quantitativ gültige Aussagen über das Systemverhalten gegeben werden. Die qualitative Simulation versucht, diese Möglichkeiten zur System- und Verhaltensbeschreibung auch bei Systemen auszuschöpfen, die zwar klare Strukturzusammenhänge zeigen, deren Größen und Wirkungszusammenhänge aber nur qualitativ und unscharf angegeben werden können.

Im ersten Teil dieses Kapitels (Abschnitt 2-1) befassen wir uns zunächst an einem Beispiel mit der Entwicklung des Wirkungsgraphen. Im zweiten Teil (Abschnitt 2-2) werden Konzepte eingeführt, die eine erste qualitative Analyse gestatten. Im dritten Teil (Abschnitt 2-3) befassen wir uns mit der Dynamik der Fortpflanzung von Störungen im Wirkungsgraphen. In Abschnitt 2-4 werden die Ergebnisse noch einmal kurz zusammengefaßt.

2-1 Erstellung des Wirkungsgraphen

Wir erläutern den Vorgang der Erstellung eines Wirkungsgraphen anhand eines einfachen Beispiels. Wir beginnen mit dem Wortmodell, der Darstellung des Sachverhalts in der Umgangssprache. Aus diesem Wortmodell wird der Wirkungsgraph entwickelt. Der Wirkungsgraph enthält die für das Verhalten bedeutsame Struktur des Systems und läßt damit bereits auch ohne weitere Quantifizierung wesentliche Schlüsse über das Systemverhalten zu. Nach einer Quantifizierung der Stärke der jeweiligen Wirkungsbeziehungen wird bereits eine einfache rechnerische Analyse möglich, die z.B. auch Hinweise über die Weitergabe von Störungen in dem Wirkungsnetz wie auf die mögliche Stabilität oder Instabilität des Systems geben kann.

Da ein Graphenmodell die individuellen Systemelemente aber nur grob vereinfacht und nur in der Nähe eines Ausgangszustands angenähert gültig darstellt, kann bei genaueren Analysen auf eine exaktere Darstellung der Systemkomponenten und ihrer Verknüpfungen nicht verzichtet werden. Das führt zu Systemmodellen, deren Elemente die unterschiedlichsten funktionalen Eigenschaften haben können, und die in komplexer Weise miteinander verknüpft sein können. Im allgemeinen sind sie nichtlinear und mathematischer Analyse nur beschränkt zugänglich. Bei ihrer Untersuchung ist man deswegen im allgemeinen auf die Computersimulation angewiesen. Mit diesem Ausbau eines Wirkungsgraphen zu einem vollständigen Simulationsmodell befassen wir uns im folgenden Kapitel.

Mit der Wahl des Beispiels - wir scheuen uns nicht, gleich ein 'Weltmodell' zu entwickeln - demonstrieren wir neben den Verfahren der Modellbildung und Simulation auch gleich einen gewissen Anspruch der Systemforschung: Sie kann in vielen Fällen, auch in stark vereinfachter Darstellung, Verhaltenstendenzen komplexer Systeme beschreiben, die aus anderen Betrachtungen nicht gewonnen werden können. Mit diesen Erkenntnisgewinnen kann die Systemforschung zu besseren Entscheidungen beitragen.

(Die folgenden Abschnitte entstammen teilweise dem Vorlesungsskript H. Bossel "Dynamische Systeme und Simulation", Gesamthochschule Kassel 1982. Teile dieses Skripts wurden von W. Metzler 1987 ohne Autorenangabe veröffentlicht.)

2-1.1 Arbeitsbeispiel: 'Weltmodell'

Seit dem Weltmodell von Forrester aus dem Jahre 1971 sind eine ganze Reihe von 'Weltmodellen' entwickelt worden, die in unterschiedlichem Detaillierungsgrad und mit verschiedenen Ansätzen versucht haben, die Dynamik der globalen Entwicklung mit Hilfe einiger zentraler Größen zu beschreiben. Stellen diese Modelle auch notgedrungen in vieler Hinsicht komplexe Sachverhalte in gröbster Vereinfachung dar, so kann inzwischen doch kein Zweifel mehr daran bestehen, daß sie die Entwicklung einiger wesentlicher Größen (Bevölkerung, Industrieentwicklung, Umweltbelastungen) mit einiger Verläßlichkeit richtig beschreiben können (Meadows/Meadows/Randers 1992). Für unsere Zwecke sind jedoch auch diese Modelle noch immer viel zu komplex; wir müssen uns hier mit einer sehr viel kompakteren Darstellung begnügen.

Die Systemdarstellung und damit die Modellentwicklung wird wesentlich davon bestimmt, welcher Zweck damit erfüllt werden soll. Man sollte bei jeder Systemuntersuchung den Sinn und Zweck des Unterfangens vorher klären und sich während der Arbeit daran orientieren, sonst besteht die Gefahr, mit einem vorzüglichen Systemmodell zu enden, das aber die ursprünglichen Fragen gar nicht beantworten kann. Wir definieren daher zunächst den Zweck unserer Modellentwicklung.

2-1.2 Zweck des 'Weltmodells'

Das zu entwickelnde 'Weltmodell' soll mit einer möglichst geringen Zahl von Größen qualitativ richtige Aussagen über Entwicklungstendenzen und Entwicklungsdynamik als Folge von Bevölkerungs- und Wirtschaftsentwicklung machen können. Falls sich langfristig instabiles Verhalten andeutet, so soll es Möglichkeiten zur langfristigen Stabilisierung aufzeigen. Konkrete Handlungsanweisungen werden von dem Modell nicht erwartet.

2-1.3 Das Wortmodell

Ausgangspunkt einer jeden Systemuntersuchung ist zunächst eine verbale, umgangsprachliche Beschreibung des darzustellenden Sachverhalts. Dieses Wissen wird aber selten ausreichen, um ein System gültig darzustellen. Fast immer müssen zusätzliche Informationen, wissenschaftliche Untersuchungen, Meßdaten, statistische Erhebungen, Diagramme, Hypothesen usw. die verbale Systembeschreibung ergänzen und präzisieren. Das 'Wortmodell' für unser 'Weltmodell' könnte etwa wie folgt lauten:

"Wir beobachten heute weltweit eine zunehmende Belastung der natürlichen Ressourcen und der natürlichen Umwelt. Die Gründe hierfür sind einerseits eine ständige Zunahme der Bevölkerung, damit auch der Verbräuche der verschiedensten Rohstoffe und der damit verbundenen Abgabe von Abfallstoffen jeder Art am Ende ihrer Nutzung an die Umwelt. Eine wichtige Bestimmungsgröße dieser Ressourcen- und Umweltbelastung ist der spezifische Verbrauch an Rohstoffen und Energie pro Kopf. Dieser spezifische Verbrauch steigt noch tendenziell mit der wachsenden Umweltbelastung (durch wachsende Aufwendungen für Umweltschutz und schwieriger werdende Abbaubedingungen). Mit wachsendem spezifischen Konsum verbessern sich aber auch die Versorgungsmöglichkeiten, was einen entsprechenden Einfluß auf die Bevölkerungsentwicklung hat. Aufgrund der wachsenden Umweltbelastungen mit Schadstoffen, wie auch der schwindenden natürlichen Ressourcenbasis ergeben sich aber auch Rückwirkungen auf die Gesundheit und die Lebenserwartung der Bevölkerung. Die Umweltbelastungen und die Eingriffe in die natürliche Ressourcenbasis führen zu wachsenden gesellschaftlichen Kosten, die wiederum ein zunehmendes gesellschaftliches Handeln erwarten lassen, um schädlichen Entwicklungen zu begegnen."

Wir wollen dieses Wortmodell als Ausgangspunkt nehmen, um verschiedene formalisierte Systemdarstellungen zu gewinnen. Entsprechende Modelle sollen uns neue und zusätzliche Aussagen liefern, die im Wortmodell selbst bisher nicht ausgedrückt sind, die sich aber mit der dort enthaltenden Information aus einem Systemmodell gewinnen lassen.

2-1.4 Die Modellgrößen

Als erstes ist zu klären, welche Größen auch in das Modellsystem übernommen werden müssen, um damit die Entwicklung des Realsystems im Rahmen des Modellierungszwecks einigermaßen gültig beschreiben zu können. Offensichtlich muß die Vielzahl der Größen im Realsystem auf eine kleine Zahl stellvertretender Größen beschränkt werden, ohne daß allerdings verhaltensentscheidende Größen herausgelassen werden.

Dieser Vorgang der Komplexitätsreduktion, der Kondensation auf als wesentlich erkannte Zusammenhänge, der Aggregation vieler Zustandsgrößen in einer stellvertretenden Größe (z.B. Bevölkerung), der Vereinfachung und Zusammenfassung ist bereits bei der Formulierung des Wortmodells geschehen. Wir haben es hier mit einer Reduktion komplexer Zusammenhänge auf ein relativ einfaches Denkmuster zu tun. Dies ist typisch für den menschlichen Informationsverarbeitungsprozeß, der auf Komplexitätsreduktion, Musterbildung und Mustererkennung angewiesen ist.

Da es sich hier prinzipiell um einen subjektiven Informationsverarbeitungsprozeß handelt, der entscheidend durch Vorerfahrungen usw. geprägt ist, besteht durchaus die Möglichkeit, daß das Wortmodell keine adäquate Beschreibung der Realität ist. Wir wollen diese Möglichkeit hier nicht weiter verfolgen, sondern das Wortmodell benutzen, um auf der Basis des dort ausgedrückten Wissens formalisierte Modelle zu erstellen.

In einem ersten Schritt analysieren wir das Wortmodell zunächst auf die dort angesprochenen Größen. Im allgemeinen wird eine solche Betrachtung auch Hinweise auf weitere, im Text selbst nicht erwähnte Größen geben, weil oft als bekannt vorausgesetzte Zusammenhänge angesprochen werden, die dann aber in die Modellbildung u.U. einbezogen werden müssen.

Im vorliegenden Fall lassen sich aufgrund der Textaussagen die folgenden wichtigen Größen erkennen:

(1) Bevölkerung
(2) Umwelt- und Ressourcenbelastungen
(3) spezifischer materieller Verbrauch pro Kopf
(4) gesellschaftliche Kosten
(5) gesellschaftliches Handeln

2-1.5 Wirkungsbeziehungen

Da das Wortmodell eine Erläuterung von Zusammenhängen zwischen den ausgewählten Systemgrößen ist, lassen sich ihm auch die Wirkungsbeziehungen entnehmen, die für die Modellerstellung erforderlich sind.

Bei der Aufstellung der Wirkungsbeziehungen muß auf zwei Punkte besonders geachtet werden:

1. Es werden *nur direkte Wirkungen* betrachtet.
2. Jede Wirkungsbeziehung wird *isoliert betrachtet*, als ob der restliche Teil des Systems 'eingefroren' wäre ('ceteris paribus'-Bedingungen).

Im Wortmodell ist z.B. festgehalten, daß sich bei Verschlechterung der Umweltbedingungen der materielle Aufwand (etwa zur Erzeugung einer Nahrungseinheit) erhöht (weil z.B. Nahrung aus unbelasteten Regionen importiert werden muß). Gleichzeitig ist aber auch zu erwarten, daß die damit wachsenden gesellschaftlichen Kosten zu entsprechendem gesellschaftlichen Handeln (z. B. Umweltschutz und Rezyklierung) führen, die letztendlich den materiellen Aufwand wieder verringern. Für die Zwecke der Wirkungsanalyse wäre es nun nicht richtig, diese Wirkungskette in einer indirekten Wirkungsaussage "Verschlechterung der Umweltbedingungen führt zu Verringerung des materiellen Aufwands" zu verkürzen. Vielmehr muß jede Direktwirkung einzeln aufgeführt werden; die indirekte Aussage folgt dann aus der Verkettung der Direktwirkungen.

Im Text des Wortmodells sind die folgenden direkten Wirkungsbeziehungen angesprochen:

1. Wenn die Bevölkerung wächst, so wächst auch die Umwelt- und Ressourcenbelastung.
2. Wenn die Umwelt- und Ressourcenbelastung wächst, so wächst auch der spezifische materielle Verbrauch.
3. Wenn der spezifische materielle Verbrauch wächst, so wächst auch die Umwelt- und Ressourcenbelastung.
4. Wenn der spezifische materielle Verbrauch sich erhöht (und sich damit die materiellen Bedingungen verbessern), so erhöht sich damit auch die Bevölkerungszahl.
5. Wenn sich die Umwelt- und Ressourcenbelastung erhöht, so vermindert sich die Bevölkerungszahl.
6. Wenn sich die Umwelt- und Ressourcenbelastung erhöht, so erhöhen sich damit auch die gesellschaftlichen Kosten.
7. Wenn sich die die gesellschaftlichen Kosten erhöhen, so ist mit entsprechend mehr gesellschaftlichem Handeln zu rechnen.
8. Gesellschaftliches Handeln wird dafür sorgen, daß bei zu starkem Bevölkerungswachstum dieses reduziert wird.
9. Gesellschaftliches Handeln wird dafür sorgen, daß bei zu hohem spezifischen materiellen Verbrauch dieser reduziert wird.

2-1.6 Logische Deduktion

Das Wortmodell verbindet Wirkungsaussagen zu einem Aussagensystem, das benutzt werden kann, um daraus logisch folgende Schlußfolgerungen zu ziehen. So etwa folgt aus den Aussagen, daß bei hoher Umwelt- und Ressourcenbelastung das daraus resultierende gesellschaftliche Handeln den spezifischen materiellen Verbrauch reduzieren könnte, um damit den Druck auf die Umwelt zu verringern.

Im Prinzip ist bereits beim Wortmodell eine formalisierte Modelldarstellung möglich, die vom Rechner abgearbeitet werden kann, um im Wortmodell implizit enthaltene logische Schlußfolgerungen zu erzeugen. Dies wird dann interessant, wenn das Wortmodell große Mengen von Expertenwissen enthält, das sich nicht mehr auf einfache Weise durchschauen und bearbeiten läßt. Ist dieses Wissen nach einem geeigneten Verfahren verknüpfbar formalisiert worden, so läßt sich der Schlußfolgerungsprozeß mit Verfahren der nichtnumerischen Wissensverarbeitung (bzw. 'künstlichen Intelligenz') auch vom Rechner durchführen.

Aussagen wie die hier gezeigten lassen sich z.B. in der wissensverarbeitenden DEDUC-Sprache darstellen (s. hierzu Bossel/Hornung/Müller-Reißmann 1989).

Ein Teil des Wissens ist in Form von **Regeln** (Implikationen) darstellbar:

> **If** wächst_Bevölkerung(Zeit) **or** wächst_Verbrauch(Zeit)
> **then** wächst_Umweltlast(Zeit).
>
> **If** wächst_Umweltlast(Zeit)
> **then** wächst_Kosten(Zeit), wächst_Handeln(Zeit).
>
> **If** wächst_Handeln(Zeit)
> **then** sinkt_Umweltlast(+Zeit).

Anderes Wissen ist besser durch **Objektstrukturen** abbildbar. Z.B. könnte hier 'Zeit' in Form einer 'Zeitkette' definiert werden ('+ Zeit' ist der nächste Zeitpunkt der Zeitkette):

> gestern, heute, morgen, übermorgen **is** Zeit.

Aussagen über die Ausgangsbedingungen werden als **Prämissen** festgelegt, z.B.:

> wächst_Bevölkerung(heute)

Aus dieser Wissensbasis ermittelt DEDUC die logischen **Schlußfolgerungen** (Konklusionen):

> wächst_Umweltlast(heute)
> wächst_Kosten(heute)
> wächst_Handeln(heute)
> sinkt_Umweltlast(morgen)

Die hier fett gedruckten Worte **if, then, or, is** (sowie **and**) sind feste Schlüsselworte mit entsprechender syntaktischer Bedeutung; alle anderen Begriffe können vom Programmbenutzer nach Belieben gewählt werden.

Dieses Primitivbeispiel soll nur die Arbeitsweise rechnergestützter Wissensverarbeitung demonstrieren; es entspricht nur einem Ausschnitt aus dem Wortmodell. Eine sinnvoll nutzbare nichtnumerische Modelldarstellung verlangt im allgemeinen eine umfangreiche und ausgefeilte Wissensbasis.

Die rechnergestützte Wissensverarbeitung hat Vorteile, wenn eine große Zahl von Wirkungsbeziehungen gleichzeitig beachtet und hieraus logisch korrekte Schlüsse gezogen werden sollen, und wenn es weiter vor allem um qualitative Aussagen, weniger um die Berechnung genauer Zahlenwerte geht.

Dies ist etwa bei Folgenabschätzungen oft gefordert. Abb. 2.1 zeigt einen Ausschnitt aus den Schlußfolgerungen einer ökologischen Folgenabschätzung des Maniokanbaus in Thailand (aus H. Bossel u.a. 1989, S. 62-104). Die Wissensbasis enthielt in diesem Falle 86 zum Teil komplexe Regeln über Zusammenhänge und Wirkungen aus dem Bereich der Landwirtschaft, Ökologie, Wirtschaft und Biologie sowie 20 Objektstrukturen und etwa 40 Prämissen zur Beschreibung der konkreten Ausgangssituation. Diese Wissensbasis ist, je nach Spezifizierung des Ausgangszustands, für sehr unterschiedliche Folgenabschätzungen verwendbar.

Mit der rechnergestützten Wissensverarbeitung verfügen wir über ein Instrument, um qualitative Information (wie Wissen oder Vorstellungen über ein System) in einem Modell zusammenzufügen und dann logisch korrekt zu verarbeiten. Man beachte, daß hier der Rechner fallspezifisch aus dem abgespeicherten Wissen ein 'Modell' konstruiert, in dem er die unter den gegebenen Ausgangsbedingungen verknüpfbaren Aussagen miteinander verkoppelt. Diese Möglichkeit wird besonders in der objekt-orientierten Programmierung auch im numerischen Bereich ausgenutzt, wo die Abarbeitungsprozedur selbst nicht mehr festgelegt werden muß.

Fragen der rechnergestützten Wissensverarbeitung sollen hier nicht weiter verfolgt werden. Wir wenden uns jetzt wieder der Erstellung des Wirkungsgraphen zu. Hierzu sollen zunächst einige Regeln vereinbart werden.

```
pripso Nordosten,Planzeit.
 P ...
  NOT Eigenbedarf(Maniok,Thailand,Zeit)
  Transportweg(Nordosten,EG,Gegenwart)
  Transportweg(Küste,Nordosten,Gegenwart)
  Transportweg(EG,Nordosten,Gegenwart)
  Bevölkwachstum(Thailand,Planzeit)
  Bodenknapp(Thailand,Planzeit)
  Exportmöglich(Maniok,Thailand,Gegenwart)
  Transportweg(Nordosten,Nordosten,Gegenwart)
  NOT Arbeit(Nordosten,Planzeit)
  Armut(Nordosten,Planzeit)
  NOT Düngung(Nordosten,Planzeit)
  Anbauwunsch(Maniok,Nordosten,Planzeit)
  NOT Schädling(Maniok,Thailand,Gegenwart)
  NOT Ernterisiko(Maniok,Thailand,Gegenwart)
  NOT Spritzen(Maniok,Nordosten,Planzeit)
  Exportwunsch(Maniok,Nordosten,EG,Planzeit)
  Absatzmöglich(Maniok,Nordosten,Planzeit)
  Verkaufmöglich(Maniok,Nordosten,EG,Planzeit)
  günstigBedingung(Maniok,Nordosten,Planzeit)
  Anbau(Maniok,Nordosten,Planzeit)
  Produktion(Maniok,Nordosten,Planzeit)
  Einkommen(Nordosten,Planzeit)
  NOT Wasserhaltung(Nordosten,Planzeit)
  sinktErtrag(Maniok,Nordosten,Planzeit)
  Produktion(Tapioka,Nordosten,Planzeit)
  verfügbar(Maniok,Nordosten,Planzeit)
  verfügbar(Tapioka,Nordosten,Planzeit)
  Erosion(Nordosten,Planzeit)
  Flutspitzen(Nordosten,Planzeit)
  Grwasserverlust(Nordosten,Planzeit)
  sinktEinkommen(Nordosten,Planzeit)
  Bodenverlust(Nordosten,Planzeit)
  Seenverlandung(Nordosten,Planzeit)
  Umweltzerstörung(Nordosten,Planzeit)
  Überschwemmung(Nordosten,Planzeit)
  Brunnentrocken(Nordosten,Planzeit)
  Schuldenlast(Nordosten,Planzeit)
  Neulandwunsch(Nordosten,Planzeit)
  Nährstoffverlust(Nordosten,Planzeit)
  Flächenverlust(Nordosten,Planzeit)
  Waldrodung(Nordosten,Planzeit)
  Ertragsverlust(Nordosten,Planzeit)
  Zinslast(Nordosten,Planzeit)
  Artenverlust(Nordosten,Planzeit)
  Waldverlust(Nordosten,Planzeit)
```

Abb. 2.1: Ausschnitt aus den Schlußfolgerungen einer ökologischen Folgenabschätzung des Maniokanbaus in Thailand mit dem wissensverarbeitenden Programm DEDUC. Die Konklusionen beziehen sich auf Folgen, die für die nahe Zukunft ("Planzeit") im Nordosten erwartet werden (aus Bossel/Hornung/Müller-Reißmann 1989).

2-1.7 Der Wirkungsgraph

Die aus dem Wortmodell gewonnenen Wirkungsbeziehungen lassen erkennen, daß die verschiedenen Systemgrößen auf eine relativ komplexe Weise miteinander verknüpft sind. Aus der Betrachtung des Wortmodells oder der darin enthaltenden Wirkungsbeziehungen läßt sich aber ein Überblick über die Zusammenhänge meist nur schwer gewinnen. Diesen Überblick verschafft in einfacher Weise der Wirkungsgraph, der die Systemgrößen und ihre wechselseitigen Wirkungsbeziehungen darstellt. Die Systemgrößen markieren dabei mit ihrem Namen die 'Knoten' des Graphen; die Wirkungen zwischen ihnen werden durch Pfeile in der Wirkungsrichtung dargestellt - die 'Kanten' des Graphen. Werden die Pfeile (Kanten) mit Vorzeichen und Zahlenwerten ('Wichtungen') versehen, um Richtung und Stärke der Wirkungen anzuzeigen, so sprechen wir von 'gewichteten' Graphen.

Der Wirkungsgraph bildet die 'Struktur' des Systems ab. Er ist daher auch die Grundlage für das Simulationsmodell. Wegen seiner Bedeutung für den Erfolg der Modellentwicklung muß der Wirkungsgraph sorgfältig und genau erarbeitet werden. Bei dieser Arbeit sind einige Regeln sorgfältig einzuhalten.

1. Systemgrößen bilden die 'Knoten' des Wirkungsgraphen.

In einem ersten Schritt werden die zu betrachtenden Systemgrößen als Punkte ('Knoten') aufgetragen. Es empfiehlt sich hierbei bereits etwas darauf zu achten, welche Knoten durch Wirkungsbeziehungen besonders stark miteinander verbunden sind. Um allzu viele Überschneidungen zu vermeiden, sollten diese Punkte benachbart sein.

2. Wirkungen bilden die 'Kanten' des Wirkungsgraphen.

In einem zweiten Schritt werden die Wirkungsbeziehungen zwischen den Knoten durch Pfeile gekennzeichnet ('Kanten'). Ein von A nach B verlaufender Pfeil bedeutet: Die Größe A wirkt auf die Größe B.

Wir legen uns hier strikt auf diese Bedeutung fest. Es sollte aber im Auge behalten werden, daß die Pfeildarstellung bei Systemuntersuchungen auch eine andere Bedeutung haben kann, (z.B. "Ereignis B folgt auf Ereignis A", "B ist A untergeordnet" oder "von A fließt etwas nach B"). So werden z.B. in den Diagrammen der Simulationsverfahren DYNAMO und STELLA Pfeile verwendet, um sowohl Wirkungen als auch Flüsse darzustellen - was das Verständnis nicht gerade erleichtert.

3. Ein Plus-Zeichen an einem Wirkungspfeil deutet gleichsinnige, ein Minuszeichen gegensinnige Wirkung an.

Dem Wortmodell kann im allgemeinen entnommen werden, ob mit einem Anwachsen der Größe A die Größe B ebenfalls anwächst oder sich verringert. Die Art dieses Zusammenhangs wird im Wirkungsgraph mit dem Vorzeichen + oder - angegeben. Das Vorzeichen "+" bedeutet dabei eine gleichsinnige Veränderung der Nehmergröße (B) mit einer Veränderung der Gebergröße (A). (Falls A wächst, wächst auch B; falls A kleiner wird, wird auch B kleiner.) Eine gegensinnige Veränderung wird dagegen mit einem "–"-Zeichen gekennzeichnet. (Wenn A wächst, wird B kleiner; wenn A kleiner wird, wird B größer.)

Es ist allgemein üblich, nur gegensinnige Wirkungen mit einem Minuszeichen zu kennzeichnen. Ein fehlendes Vorzeichen bedeutet daher eine gleichsinnige Wirkung.

Bei der Modellentwicklung auf der Grundlage des Wirkungsgraphen muß später beachtet werden, daß die Plus- und Minuszeichen nicht unbedingt Addition oder Subtraktion signalisieren. Auch Verknüpfung durch Multiplikation bzw. Division (und andere mathematische Formulierungen) kann gleich- bzw. gegensinnige Wirkung haben.

4. Im Wirkungsgraph dürfen nur direkte Wirkungen aufgenommen werden.

Bei der Ermittlung der Wirkungsbeziehungen muß sehr darauf geachtet werden, daß es nicht zu unbeabsichtigten Doppelzählungen kommt, weil direkte und indirekte Wirkungen nicht auseinandergehalten werden.

Weiß man z.B., daß sich bei Änderung der Größe A auch B ändert, während B wiederum eine Änderung bei C hervorruft, so führt der (richtige) Schluß "A ändert C" zu der Versuchung, daher auch eine direkte Wirkungsverknüpfung von A nach C einzutragen (falsch). Dies wäre nur zulässig, wenn B sich als eliminierbare Zwischengröße herausstellen würde; die Wirkungsbeziehungen A - B und B - C müßten dann aber gestrichen und durch A - C ersetzt werden.

Der Wirkungsgraph darf daher **nur** die direkten Wirkungsbeziehungen wiedergeben, damit enthält er dann auch die indirekten Wirkungen. Bei der Eintragung jeder Verknüpfung ist daher auch zu fragen, ob sie tatsächlich als direkte Wirkung vorhanden ist, oder ob man nicht eine indirekte Wirkung im Auge hat, die in Wirklichkeit über die Direktwirkungen zwischen weiteren Systemgrößen abläuft.

Davon abgesehen wird es Fälle geben, wo es sich tatsächlich um verschiedene Wirkungen handelt, die getrennt abgebildet werden müssen (z.B. eine Wirkung A - B - C, und eine völlig anders geartete Direktwirkung A - C).

5. Bei der Betrachtung einer Wirkung müssen alle anderen Wirkungsbeziehungen als momentan 'eingefroren' gedacht werden.

Bei der Entwicklung des Wirkungsgraphen besteht die Versuchung, andere gleichzeitig ablaufende Wirkungen mitzudenken. Dies ist nicht nur nicht notwendig, es führt zu Fehlern und ist prinzipiell nicht zulässig. Jede einzelne Wirkungsbeziehung muß unter 'ceteris paribus'-Bedingungen analysiert werden ("die anderen (Wirkungen) bleiben gleich"). Diese isolierte Betrachtung jeder Wirkungsbeziehung ohne gleichzeitige Berücksichtigung anderer Zusammenhänge erleichtert die Arbeit. Das Zusammenspiel der Wirkungen ergibt sich später durch die Zusammenhänge und Rückkopplungen des Wirkungsgraphen.

6. Der Wirkungsgraph gilt nur für einen bestimmten Ausgangszustand; dieser muß eindeutig definiert sein.

In einem System können sich im Laufe der Zeit oder im Laufe seiner Entwicklung Parameter ändern, Wirkungen neu auftreten (oder alte entfallen), oder die Vorzeichen von Wirkungen umkehren. Für verschiedene Stadien der Entwicklung gelten daher möglicherweise verschiedene Wirkungsgraphen. Es ist deshalb notwendig, den Ausgangszustand, für den der Wirkungsgraph gelten soll, eindeutig zu definieren und während der ganzen Entwicklung des Wirkungsgraphen an dieser Definition festzuhalten.

7. Eine ungerade Zahl von Minuszeichen in einer Wirkungskette ergibt eine gegensinnige Gesamtwirkung; eine gerade Zahl eine gleichsinnige Gesamtwirkung.

Aus den Vorzeichen der Wirkungen in einer offenen oder geschlossenen Wirkungskette (Rückkopplung) läßt sich auf den Wirkungssinn vom ersten auf den letzten Knoten schließen. Minuszeichen an zwei Pfeilen einer Wirkungskette bedeuten daher z.B. eine zweimalige Umkehr des ursprünglichen Wirkungssinns, d. h. die Wiederherstellung des ursprünglichen Wirkungssinns. Generell gilt: "Minus mal Minus gleich Plus".

8. Der Wirkungssinn einer Rückkopplungsschleife kann durch ein entsprechendes Vorzeichen in Klammern angedeutet werden.

Das rückgekoppelte Signal eines Rückkopplungskreises hat dann - und nur dann - das gleiche Vorzeichen wie das Ausgangssignal, wenn der Kreis eine gerade Zahl von negativen Vorzeichen (-) besitzt (positive Rückkopplung). Bei einer ungeraden Zahl negativer Vorzeichen im Rückkopplungskreis ergibt sich eine Umkehr des Vorzeichens des Ausgangssignals nach Durchlauf des Rückkopplungskreises (negative Rückkopplung).

Der Wirkungssinn folgt aus der Zahl der negativen Vorzeichen der einzelnen Wirkungsbeziehungen im Rückkopplungskreis (s. Regel 7). Das entsprechende Vorzeichen kann innerhalb der Rückkopplungsschleife in Klammern angegeben werden.

9. Eine negative Rückkopplung bedeutet tendenziell eine Stabilisierung, eine positive Rückkopplung eine Destabilisierung.

Bei negativem Gesamtvorzeichen der Rückkopplungsschleife ist der ursprüngliche Wirkungssinn nach Durchlaufen der Schleife umgekehrt worden. In vielen Fällen (nicht immer!) bedeutet dies eine Dämpfung (d.h. Stabilisierung) der anfänglichen Einwirkung. Bei positivem Vorzeichen ergibt sich dagegen eine Rückkopplungswirkung mit dem gleichen Wirkungssinn der anfänglichen Einwirkung. Dies wird oft (nicht immer!) zur Verstärkung (d.h. Destabilisierung) der ursprünglichen Einwirkung führen. Bei einer genaueren Betrachtung müssen die Wichtungen (= Verstärkungsfaktoren) der Einzelwirkungen berücksichtigt werden (s. unten).

Die Verwendung dieser Regeln soll in einem Beispiel gezeigt werden, das wesentliche Wirkungsbeziehungen bei Klimaveränderungen wiedergibt (Abb. 2.2). Zwischen den vier Systemgrößen globale Durchschnittstemperatur, arktische Eisfläche, Albedo (Rückstrahlung) und Wärmeabsorption bestehen vier Wirkungsbeziehungen:

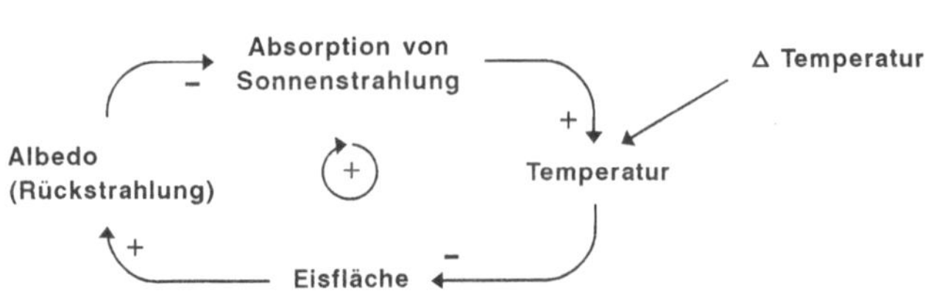

Abb. 2.2: Wirkungsgraph der Zusammenhänge zwischen Einstrahlung, Erwärmung und Eisfläche.

1. Bei Temperaturanstieg(-absinken) verringert (vergrößert) sich die Eisfläche (gegensinnige Wirkung, daher Minuszeichen am Wirkungspfeil).
2. Bei Vergrößerung (Verkleinerung) der Eisfläche vergrößert (verkleinert) sich das Albedo (gleichsinnige Wirkung, daher Pluszeichen am Wirkungspfeil).
3. Bei Vergrößerung (Verkleinerung) des Albedo verringert (vergrößert) sich die Absorption von Sonneneinstrahlung (gegensinnige Wirkung, daher Minuszeichen am Wirkungspfeil).
4. Bei größerer (kleinerer) Absorption von Sonnenstrahlung erhöht (verringert) sich die globale Durchschnittstemperatur (gleichsinnige Wirkung, daher Pluszeichen am Wirkungspfeil).

Ausgangspunkt der Graphenentwicklung ist der gegenwärtige Zustand. Offensichtlich sind die vier Wirkungen in einer Rückkopplungsschleife verbunden, die positives Vorzeichen hat. Es ist daher (in diesem einfachen Schema) tendenziell eine Verstärkung einer ursprünglichen Störung zu erwarten: Wird die Durchschnittstemperatur aus irgendeinem Grund erhöht (verringert), so verstärkt sich über die Rückkopplung dieser Trend noch weiter in Richtung einer Temperaturerhöhung (Temperaturverringerung). Man beachte, daß der Wirkungsgraph mit seinen Vorzeichen sowohl für den Fall der Erwärmung ('Warmzeit') wie für den der Abkühlung ('Eiszeit') gilt.

Unter Verwendung der Regeln läßt sich auch der Wirkungsgraph für das Weltmodell erstellen. Die fünf Systemgrößen sind über die oben ermittelten neun Wirkungsbeziehungen miteinander verknüpft.

Abb. 2.3 zeigt den Wirkungsgraphen für das 'Weltmodell'. Dies ist der erste Schritt in der Formalisierung der verbalen Aussagen des Wortmodells.

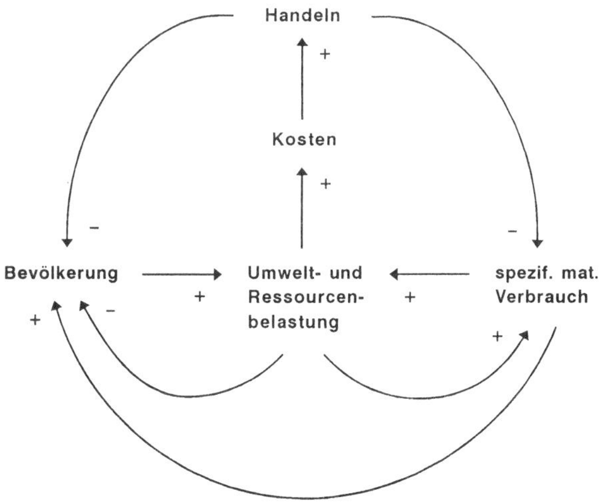

Abb. 2.3: Wirkungsgraph des einfachen 'Weltmodells'.

2-2 Qualitative Analyse des Wirkungsgraphen

2-2.1 Aussagen mit Hilfe des Wirkungsgraphen

Ohne quantifizieren oder rechnen zu müssen, liefert der Wirkungsgraph (z.B. Abb. 2.3) bereits eine Fülle von Informationen, die zu einem besseren Verständnis des Gesamtsystems führen. Bevor man sich allerdings an die Analyse des Graphen macht, sollte zunächst einmal geprüft werden, ob mit einer anderen Darstellung die Zusammenhänge nicht noch etwas übersichtlicher dargestellt werden könnten. Für jeden Graphen gibt es viele verschiedene Möglichkeiten der Darstellung. Vorzuziehen sind meist Darstellungen, die mit möglichst wenig Überkreuzungen der Wirkungspfeile auskommen. In unserem Falle wollen wir für die weitere Diskussion eine etwas andere Darstellung als in Abb. 2.3 wählen. Zunächst führen wir für die fünf Systemgrößen Abkürzungen ein, die wir auch bei späterer Computerbearbeitung verwenden können:

VOLK	Bevölkerung
LAST	Umwelt- und Ressourcenbelastung
KONS	spezifischer materieller Verbrauch (Konsum) pro Kopf
KOST	gesellschaftliche Kosten
HAND	gesellschaftliches Handeln.

Unter Verwendung dieser Abkürzungen zeichnen wir den Wirkungsgraph des Weltmodells neu (Abb. 2.4). Wenn sich auch ein gänzlich anderes Bild ergibt, so hat sich doch an den Wirkungsbeziehungen nichts geändert, wie sich leicht überprüfen läßt. Um einige wichtige Begriffe erläutern zu können, fügen wir noch zwei zusätzliche Knoten und entsprechende Kanten (gestrichelt) hinzu:

KATA	mögliche Katastrophen, die zur Bevölkerungsreduzierung führen
RSIG	Resignation aufgrund der hohen gesellschaftlichen Kosten.

Anhand des Graphen der Abb. 2.4 lassen sich nun einige wichtige Begriffe erläutern.

Folge: Eine Folge ist eine Aufeinanderfolge von Knoten, die u.U. mehrfach durchlaufen werden. In Abb. 2.4 ist die Wirkungskette VOLK - LAST - KONS - LAST eine Folge.

Pfad: Ein Pfad ist eine Folge, bei der alle Knoten jedoch nur einmal durchlaufen werden. In Abb. 2.4 ist die Wirkungskette VOLK - LAST - KONS ein Pfad.

Kreis (Zyklus): Ein Kreis ist ein in sich geschlossener Pfad. In Abb. 2.4 stellt die Verbindung VOLK - LAST - KONS - VOLK einen Kreis dar (Rückkopplung).

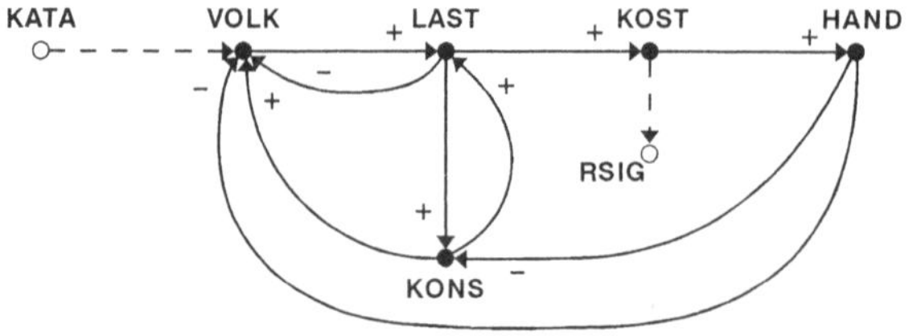

Abb. 2.4: Umgezeichneter Wirkungsgraph des Weltmodells.

Schleife: Eine Schleife ist eine in sich geschlossene Folge. In Abb. 2.4 gilt dies z.B. für die Wirkungskette VOLK - LAST - KONS - LAST - VOLK.

Kritisches Element: Ein kritisches Element ist ein Knoten, durch den eine relativ große Zahl von Verbindungen laufen. Bei Fortfall dieses Knotens würde sich die Struktur und damit der Charakter des Systems wesentlich verändern. In Abb. 2.4 kann vor allem der Knoten 'LAST' als kritisches Element bezeichnet werden.

Kritischer Pfad: Ein kritischer Pfad vereinigt besonders viele Wirkungen, insbesondere als Teil von mehreren (Rückkopplungs-)Kreisen. In Abb. 2.4 ist dies der Fall besonders für die Verbindung VOLK - LAST.

Quelle: Eine Quelle ist ein Element, in das keine Pfade einmünden und von dem nur Pfade ausgehen. In Abb. 2.4 ist der Knoten KATA eine Quelle.

Senke: Eine Senke ist ein Element, in dem ausschließlich Pfade enden, aber von dem keine Pfade ihren Ausgang nehmen. In Abb. 2.4 ist der Knoten RSIG eine Senke.

Erreichbarkeit: Manche Elemente sind über die vorhandenen Pfade nicht von allen Elementen des Systems her erreichbar. In Abb. 2.4 ist der Knoten KATA von keinem der anderen Systemelemente her erreichbar und damit auch nicht beeinflußbar.

2-2.2 Rückkopplungen

Das 'Weltmodell' in Abb. 2.4 hat nicht weniger als sechs Rückkopplungskreise, d.h. Wirkungspfade, die wieder zu ihrem Ausgangspunkt zurückführen:

1) VOLK → LAST → VOLK
2) LAST → KONS → LAST
3) VOLK → LAST → KONS → VOLK
4) LAST → KOST → HAND → KONS → LAST
5) VOLK → LAST → KOST → HAND → VOLK
6) VOLK → LAST → KOST → HAND → KONS → VOLK.

Über den Rückkopplungskreis läuft eine am Anfangspunkt aufgegebene Störung wieder zu diesem zurück. Auf diesem Pfad bleibt sie im allgemeinen nicht unverändert. Sie kann abgeschwächt oder verstärkt werden (wir kommen später darauf zurück); vor allem aber besteht die Möglichkeit, daß sich das Vorzeichen der Störung umkehrt. In Abb. 2.4 führt z.B. eine Zunahme bei VOLK gleichfalls zu einer Zunahme bei LAST (positives Vorzeichen der Wirkungsverbindung). Diese Zunahme bei LAST wird nun aber mit negativen Vorzeichen auf VOLK wieder rückgekoppelt, so daß sich hieraus eine Abnahme bei VOLK ergibt. Da beim Durchlaufen der Rückkopplung das Vorzeichen der Störung umgekehrt wurde, liegt eine negative Rückkopplung vor. Im Gegensatz dazu bleibt beim Durchlaufen der Schleife LAST - KONS - LAST das Vorzeichen der ursprünglichen Störung erhalten, hier besteht eine positive Rückkopplung.

Die tatsächliche Entwicklungsdynamik eines Systems mit Rückkopplungskreisen muß aus einer genaueren numerischen oder analytischen Untersuchung kommen. Im 'Weltmodell' der Abb. 2.4 läßt sich feststellen, daß die Schleifen 2 und 3 einen tendenziell störungsverstärkenden Effekt haben, während die Schleifen 1, 4, 5 und 6 störungsdämpfend wirken. Ob die vier negativen Rückkopplungen ausreichen, um die tendenzielle Instabilität der zwei anderen positiven Rückkopplungen aufzuwiegen, kann nur eine genauere Untersuchung am dynamischen Gesamtmodell zeigen.

2-2.3 Wirkungsmatrix und Quantifizierung

Die im Wirkungsgraphen enthaltene Information läßt sich auch in einer quadratischen Matrix, der sogenannten Wirkungsmatrix, darstellen. Diese Wirkungsmatrix ist zwar weit weniger anschaulich als der Graph selbst, sie ist aber für die weitere numerische oder analytische Bearbeitung eine Voraussetzung.

Um die Wirkungsmatrix aufzubauen, werden zunächst die Zeilen und Spalten mit den Namen der Knoten gekennzeichnet. Die Wirkungsbeziehungen werden dann zunächst durch Plus- bzw. Minus-Zeichen in der Matrix markiert. Wir gehen hier so vor, daß die Zeile einer Matrix die Beiträge der verschiedenen Knoten zur Zustandsänderung an den am Zeilenanfang stehenden Knoten bezeichnet. Abb. 2.5 zeigt die Verknüpfungsmatrix für das 'Weltmodell'. Die Zustandsänderung für VOLK wird diesem Schema entsprechend aus einem negativen Beitrag von LAST, einem positiven Beitrag von KONS und einem negativen Beitrag von HAND ermittelt. Für erste grobe Stabilitätsabschätzungen eignet sich die mit Beträgen von 1 quantifizierte Wirkungsmatrix (im rechten Teil der Abb. 2.5). Stehen z.B. an den Knoten LAST, KONS und HAND jeweils Werte von 1, so ergibt sich hieraus der neue Wert für VOLK mit -1 +1 -1 = -1.

diese Zustandsgröße ergibt sich aus diesen Beiträgen

	VOLK	LAST	KONS	HAND	KOST
VOLK		-	+	-	
LAST	+		+		
KONS		+		-	
HAND					+
KOST		+			

	VOLK	LAST	KONS	HAND	KOST
VOLK	0	-1	+1	-1	0
LAST	+1	0	+1	0	0
KONS	0	+1	0	-1	0
HAND	0	0	0	0	+1
KOST	0	+1	0	0	0

Bsp.: VOLK = -1•LAST + 1•KONS -1•HAND
falls LAST = 1, KONS = 1, HAND = 1:
VOLK = -1

Abb. 2.5: Ungewichtete Verknüpfungsmatrix des Weltmodells.

Da die Verwendung von Beträgen der Größe 1 in der Verknüpfungsmatrix selten auch nur annähernd der Wirklichkeit entspricht und sich andererseits aus der Verwendung dieser Werte kaum Rechenvorteile gegenüber realistischeren Werten ergeben, empfiehlt es sich meist, den weiteren Rechnungen einen genauer quantifizierten Graphen zugrunde zu legen. Wir betrachten hier nur die Wichtung der Kanten mit konstanten Parametern, obwohl prinzipiell auch zeitabhängige Parameter oder komplexere Funktionen der Knotenzustände angegeben werden können.

Bei der Erstellung des gewichteten Graphen muß man sich zunächst darüber klarwerden, ob die Wichtungen sich auf die Zustandsänderungen oder die Zustände des Geberknotens beziehen sollen. Die erste Möglichkeit (Ermittlung der **Pulsfortpflanzung**) bedeutet, daß die Zustandsveränderung an einem Knoten (Nehmerknoten) aus den vorhergehenden Zustandsänderungen seiner Geberknoten berechnet wird, gewichtet mit den vorzeichen-behafteten Wichtungen der entsprechenden Verbindungskanten. Im zweiten Falle (Ermittlung der **Zustandsentwicklung**) wird die Zustandsänderung am Nehmerknoten berechnet aus den Zuständen der Geberknoten selbst, multipliziert mit den Wichtungen der Verbindungskanten.

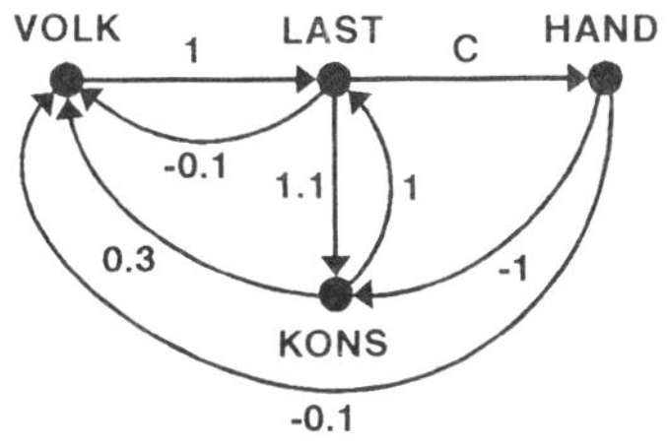

	VOLK	LAST	KONS	HAND
VOLK	0	-0.1	0.3	-0.1
LAST	1	0	1	0
KONS	0	1.1	0	-1
HAND	0	C	0	0

Abb. 2.6: Gewichteter Wirkungsgraph und entsprechende Wirkungsmatrix für das Weltmodell.

Wir entscheiden uns im vorliegenden Falle (Abb. 2.6) für die Berechnung der Pulsfortpflanzung. Es soll also ermittelt werden, wie Änderungen ('Störungspulse') der Zustände der Knoten im Wirkungsgraph weitergegeben werden. So bedeutet die Wichtung +1.1 an der Verbindung LAST - KONS, daß sich bei einer 10%igen Veränderung der Umweltbelastung LAST der materielle Pro-Kopf-Verbrauch KONS um 11% erhöht.

Es ist offensichtlich, daß die Quantifizierung nur in der Nähe eines bestimmten Ausgangszustands ihre Gültigkeit haben wird. Es ist deshalb wichtig, bei der Quantifizierung von einem festgelegten Ausgangszustand auszugehen und dann diesen während des ganzen Wichtungsvorgangs konsequent festzuhalten. Die Aussage jeder **Wichtung** w ist dann wie folgt zu verstehen:

> "Wenn sich am Geberknoten A eine Veränderung um den Wert x (in den Einheiten der Zustandsgröße des Geberknotens) ergibt, dann führt dies am Nehmerknoten zu einer Zustandsveränderung um den Beitrag w·x (in den Einheiten der Zustandsgröße des Nehmerknotens)."

Oft ist es zweckmäßig, als Änderungseinheiten relative Angaben zu nehmen (%).

Bevor wir den Graphen des Weltmodells quantifizieren, stellen wir noch fest, daß die Größe KOST lediglich eine Zwischengröße ist und die beiden Kanten LAST - KOST und KOST - HAND zusammengefaßt werden können zu einer einzigen Kante LAST - HAND. Damit vereinfacht sich der Graph auf 4 Knoten und 8 Kanten.

Die Quantifizierung des Wirkungsgraphen beruht auf den folgenden Annahmen: Alle Zustandsgrößen (Knoten) werden als relative Knoten definiert, mit einem heutigen Ausgangszustand von 100% (in der Analyse selbst spielen die Zustandswerte keine Rolle, da lediglich die Änderungen der Zustandsgröße betrachtet werden). Der quantifizierte Graph der Abb. 2.6 spiegelt die folgenden Annahmen wider:

- Eine Zunahme der Bevölkerung VOLK um 1% führt zu einer Zunahme der Umwelt- und Ressourcenbelastung LAST um ebenfalls 1%.
- Eine Zunahme von LAST um 1%, führt zu einer Zunahme des spezifischen materiellen Verbrauchs KONS um 1.1%. (Hierbei ist berücksichtigt, daß bei zunehmender Umwelt- und Ressourcenbelastung die Aufwendungen für Umweltschutz und Ressourcengewinnung überproportional steigen).
- Eine Zunahme von LAST um 1% führt zu einer Abnahme von VOLK um 0.1% (Gesundheitsschädigungen durch Umweltschadstoffe usw.).

- Eine Zunahme von KONS um 1% führt zu einer Zunahme von LAST um 1%.
- Eine Zunahme von KONS um 1% führt zu einer Zunahme von VOLK um 0.3% (hierin steckt die Annahme, daß mit einer Erhöhung des materiellen Wohlstands auch zunächst noch eine Verbesserung der Lebensbedingungen einhergeht).
- Eine Erhöhung von LAST um 1% führt zu einer zunächst noch nicht weiter spezifizierten Verstärkung gesellschaftlichen Handelns HAND von C%. Wir werden später die Pulsdynamik in Abhängigkeit von diesem Eingriffsparameter C untersuchen.
- Eine Erhöhung von HAND um 1% führt zu einer Absenkung von KONS um ebenfalls 1% (gesellschaftliches Handeln im Bereich von besserer Ressourcennutzung kann wirkungsvoll zu einer Absenkung des spezifischen Verbrauchs führen).
- Eine Erhöhung von HAND um 1% führt zu einer Reduzierung von VOLK um -0.1% (auch erhebliche gesellschaftliche Anstrengungen führen nur zu einer relativ kleinen Absenkung der Bevölkerungszahl).

Mit den Wichtungen der einzelnen Kanten lassen sich aus dem Wirkungsgraph (Abb. 2.6) die Rückkopplungsfaktoren der einzelnen Rückkopplungskreise berechnen:

Rückkopplungskreis 1	VOLK - LAST - VOLK:
Rückkopplungsfaktor	$(+1) \cdot (-0.1) = -0.1$
Rückkopplungskreis 2	LAST - KONS - LAST:
Rückkopplungsfaktor	$(1.1) \cdot (1.0) = 1.1$
Rückkopplungskreis 3	VOLK - LAST - KONS - VOLK:
Rückkopplungsfaktor	$(+1) \cdot (+1.1) \cdot (+0.3) = 0.33.$
Rückkopplungskreis 4	LAST - HAND - KONS - LAST:
Rückkopplungsfaktor	$(+C) \cdot (-1) \cdot (+1) = -C.$
Rückkopplungskreis 5	VOLK - LAST - HAND - VOLK:
Rückkopplungsfaktor	$(+1) \cdot (+C) \cdot (-0.1) = -0.1\,C.$
Rückkopplungskreis 6	VOLK - LAST - HAND - KONS - VOLK:
Rückkopplungsfaktor	$(+1) \cdot (+C) \cdot (-1) \cdot (0.3) = -0.3\,C.$

Falls der Betrag des Rückkopplungsfaktors größer als "1" ist, so wächst offensichtlich beim Durchlaufen des Rückkopplungskreises die anfängliche Störung im Betrag jedesmal um diesen Faktor; der Rückkopplungskreis ist instabil. Außerdem kann noch bei jedem Durchlauf ein Vorzeichenwechsel eintreten. Verringert sich der Betrag der Störung im Laufe der Zeit, so ist der Rückkopplungskreis stabil.

Mit diesen Überlegungen ergeben sich für die einzelnen Rückkopplungskreise (RK) die folgenden Aussagen: RK1 ist für sich genommen stabil, RK2 instabil, RK3 stabil, RK4 stabil für $|C| < 1$ und RK5 stabil für $|C| < 10$. Welche Stabilität sich für das System als Ganzes ergibt, ist aus dieser Analyse allerdings nicht zu erkennen. Hierzu muß eine genaue numerische Untersuchung (Pulsprozeß) oder eine analytische Untersuchung (Eigenwerte der Wirkungsmatrix) gemacht werden. Wir werden darauf zurückkommen.

Aus dem Graph und den Rückkopplungsdaten geht auch hervor, daß durch Änderung einiger Wichtungen (hier besonders: C) eine Veränderung des Rückkopplungsfaktors bzw. des Vorzeichens der Rückkopplung und damit eine Änderung des Stabilitätsverhaltens möglich wäre. Offensichtlich läßt sich das Stabilitätsverhalten des Systems beeinflussen durch (1) Änderungen der Wichtungen, (2) Hinzufügen oder Weglassen von Wirkungsbeziehungen und (3) durch das Hinzufügen oder Weglassen von Knoten mit den dazugehörigen Verbindungen.

Mit den Wichtungen der einzelnen Wirkungen des Wirkungsdiagramms ergibt sich nun die quantifizierte Wirkungsmatrix (Abb. 2.6). Diese quadratische Matrix (auch: Systemmatrix **A**) ist die Grundlage für weitere Untersuchungen zu Struktur und Verhalten des Systems.

2-2.4 Papiercomputer von Vester

Frederic Vester hat einen 'Papiercomputer' angegeben, mit dem sich auf einfache Weise aus der quantifizierten Wirkungsmatrix einige interessante Aussagen über das System gewinnen lassen (F.Vester 1976, S. 61-63. Achtung: Um bei unserer Form der Systemmatrix zu bleiben, werden Zeilen und Spalten der Matrix gegenüber der Vester'schen Beschreibung vertauscht!).

Wir berücksichtigen im folgenden nur die **Stärke** der Wirkungen, nicht ihr Vorzeichen, und bilden die Spalten- und Zeilensummen der Beträge der Wichtungen in der Wirkungsmatrix.

Jede **Spaltensumme** ist die Summe der Wirkungsstärken **einer** Systemgröße. Sie ist daher ein Maß für den aktiven Einfluß einer bestimmten Größe im System. Sie wird daher als Aktivsumme AS bezeichnet.

Jede **Zeilensumme** ist die Summe der Wirkungstärken aller Größen **auf eine** Systemgröße. Sie ist daher ein Maß für die passive Aufnahme von Wirkungen durch eine bestimmte Größe im System. Sie wird daher als Passivsumme PS bezeichnet.

Aus AS und PS lassen sich nun Quotienten und Produkte bilden, die Aufschluß über die relative Bedeutung der verschiedenen Elemente im System geben.

Aktive Elemente sind Elemente, die alle anderen stark beeinflussen, selbst aber wenig beeinflußt werden. Sie haben daher einen hohen Wert $Q = AS/PS$.

Passive Elemente sind Elemente, die alle anderen nur schwach beeinflussen, selbst aber stark beeinflußt werden. Für sie ist der Wert $Q = AS/PS$ relativ gering.

Kritische Elemente sind Elemente, die die anderen Elementen sowohl stark beeinflussen, wie auch von ihnen stark beeinflußt werden. Für sie ist der Wert $P = AS \cdot PS$ hoch.

Puffernde Elemente sind Elemente, die die anderen Elemente nicht nur wenig beeinflussen, sondern außerdem von ihnen auch nur wenig beeinflußt werden. Für sie ist der Wert $P = AS \cdot PS$ besonders niedrig.

Wenn wir diese einfachen Rechnungen an der Wirkungsmatrix des Weltmodells (mit C = 0.3) durchführen (Abb. 2.7) so ergibt sich

aktives Element:	HAND	(Q_{max} = 3.67)
passives Element:	KONS	(Q_{min} = 0.62)
kritisches Element:	LAST	(P_{max} = 3.00)
pufferndes Element:	HAND	(P_{min} = 0.33)

Durch Veränderung von Wichtungen in der Wirkungsmatrix kann man sich leicht davon überzeugen, daß diese Klassifizierung stark von der Wichtungswahl abhängt.

diese Größe wird von diesen Wirkungsbeiträgen verändert

↓ ↓

	VOLK	LAST	KONS	HAND	PS	P=AS*PS
VOLK	0	0.1	0.3	0.1	0.5	0.5
LAST	1	0	1	0	2	3
KONS	0	1.1	0	1	2.1	2.73
HAND	0	C=0.3	0	0	0.3	0.33
AS	1	1.5	1.3	1.1		
Q=AS/PS	2	0.75	0.62	3.67		

PS = Passivsumme
AS = Aktivsumme
Q_{max} = 'aktives Element' (HAND)
Q_{min} = 'passives Element' (KONS)
P_{max} = 'kritisches Element' (LAST)
P_{min} = 'pufferndes Element' (HAND)

Abb. 2.7: Anwendung des Vester'schen Papiercomputers auf das Weltmodell.

2-3 Fortpflanzung von Störungen im Wirkungsgraphen

2-3.1 Rückkopplungsprozesse und Stabilität

Wenn der Wirkungsgraph mit seinen Einzelwirkungen und deren Vorzeichen und Wichtungen bekannt ist, so läßt sich über die Wirkungsketten auch verfolgen, wie eine anfängliche Störung von Knoten zu Knoten weitergegeben wird.

Hat der Wirkungsgraph keine Rückkopplung, so erreicht eine einmalige Störung schließlich auch den letzten erreichbaren Knoten; danach kann keine weitere Veränderung mehr stattfinden. Gibt es aber eine oder mehrere Rückkopplungen, so werden die Folgewirkungen einer einmaligen Anfangsstörung weiter im System 'kreisen'. Entsprechend den Rückkopplungsfaktoren können sie dabei schwächer oder stärker werden. Da Rückkopplungskreise oft einige Wirkungsbeziehungen gemeinsam haben, beeinflussen sich solche Rückkopplungskreise offensichtlich auch gegenseitig. Das dynamische Verhalten eines Wirkungsgraphen in Reaktion auf eine Störung ist daher im allgemeinen erst durch eine genaue Rechnung oder Analyse ermittelbar. Wir befassen uns im folgenden mit Möglichkeiten der Berechnung. Dazu müssen wir zunächst noch einmal das Geschehen in Rückkopplungskreisen betrachten.

Was in Rückkopplungskreisen geschieht, wollen wir uns anhand der Abb. 2.8 verdeutlichen. In diesem einfachen Beispiel haben wir es an dem einzigen Knoten mit einer Zustandsgröße x zu tun, die zunächst einen Anfangswert x_0 besitzt. Der Prozeß beginne zur Zeit $t = 0$. Mit einer Zeitverzögerung von $\Delta t = 1$ werde das 'Geschehen' am Knoten zur Zeit $t = 0$ über den Rückkopplungskreis 'in einer bestimmten Form' wieder an den Knoten zurückgemeldet, um hieraus einen neuen Zustand zur Zeit $t = 1$ zu berechnen. Dieser wiederum dient zur Berechnung des weiteren 'Geschehens' am Knoten zur Zeit $t = 2, 3, \ldots n$, also nach n-fachem Durchlaufen des Rückkopplungskreises. Wir betrachten hier also zunächst zeitdiskrete Prozesse, die in vorgegebenem Zeittakt ablaufen.

Wir haben hier die Art des 'Geschehens' am Knoten wie auch der Rückmeldung zunächst offengelassen, weil prinzipiell verschiedene Möglichkeiten bestehen, die zu unterschiedlichen Ergebnissen führen. Grundsätzlich soll in allen Fällen aber gelten,

neuer Zustand = alter Zustand + Rückmeldung + Störung (von außen)

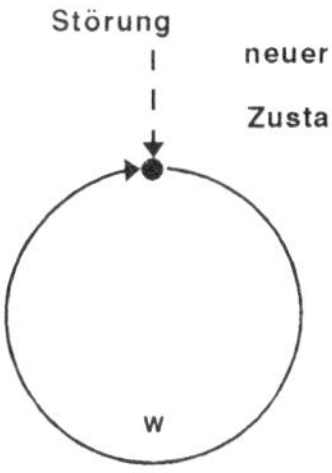

Abb. 2.8: Rückkopplung.

Führen wir ein: neuer Zustand - alter Zustand = Zustandsänderung, so können wir auch schreiben

Zustandsänderung = Rückmeldung + Störung.

Wir wollen hier untersuchen, welche Reaktion sich im Rückkopplungskreis auf eine einmalige Störung zur Zeit $t = 0$ ergibt, die für $t > 0$ wieder verschwindet. Aus diesem Grunde können wir schreiben für die Zeit $t = 0$:

Zustandsänderung = Störung

und für alle Zeiten danach

Zustandsänderung = Rückmeldung.

Was mit einer Störung im Kreis geschieht, hängt also von der Art der Rückmeldung ab. Diese Rückmeldung kann vom Zustand des Knotens oder von der Zustandsänderung am Knoten selbst abhängen. Wir wollen den ersten Fall als **Zustandsrückkopplung**, den zweiten Fall als **Änderungsrückkopplung** bezeichnen. Im allgemeinen Fall liegen in beiden Fällen funktionale Abhängigkeiten vom Zustand bzw. der Zustandsänderung vor. Für unsere Diskussion genügt es, die Fälle zu betrachten, wo Zustand bzw. Zustandsänderungen mit positiver oder negativer Wichtung w rückgemeldet werden. Wir haben also die folgenden Fälle zu unterscheiden:

(1) Zustandsrückkopplung (der alte Zustand bestimmt die neue Zustandsveränderung) oder Änderungsrückkopplung (die alte Zustandsveränderung bestimmt die neue Zustandsveränderung)

(2) positive Rückkopplung (Plus) oder negative Rückkopplung (Minus)

(3) Betrag der Verstärkung (Wichtung w kleiner 1, $w = 1$, w größer 1).

Die Möglichkeiten einer **Zustandsrückkopplung** sind in Abb. 2.9 angedeutet. Wenn wir uns auf die proportionale Abhängigkeit vom Zustand beschränken, so ergibt sich

Zustandsveränderung = Rückmeldung = Wichtung · alter **Zustand.**

'Wichtung' schließt hier Vorzeichen und Betrag ein. Abb. 2.9 (links) zeigt, was hier bei einer positiven Rückkopplung ($w = +1$) zu erwarten ist. Ein anfänglicher Zustand von 1 am Knoten wird nun wiederum als "1" zurückgemeldet. Dieser **Veränderung** von 1 wird nun zum alten Zustand hinzuaddiert, so daß sich ein neuer Zustand von "2" ergibt. Dieser führt wiederum zu einer neuen Rückmeldung von "2". Damit ergibt sich zur Zeit $t = 2$ bereits ein Zustandswert von $2 + 2 = 4$. Zur Zeit $t = 3$ folgt ein Zustand von "8" usw. Das Verhalten ist instabil, die Zustandsgröße nimmt sehr rasch hohe Werte an.

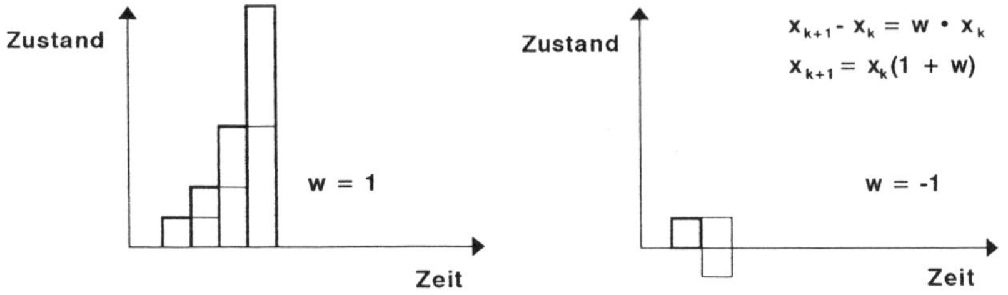

Abb. 2.9: Zustandsrückkopplung im diskreten Prozeß mit Wichtungsbetrag |w| = 1. Links positive Rückkopplung: der Zustandswert verdoppelt sich in jedem Zeitschritt. Rechts negative Rückkopplung: vom Ausgangszustand wird der gleiche Wert abgezogen; danach bleibt der Zustand auf Null.

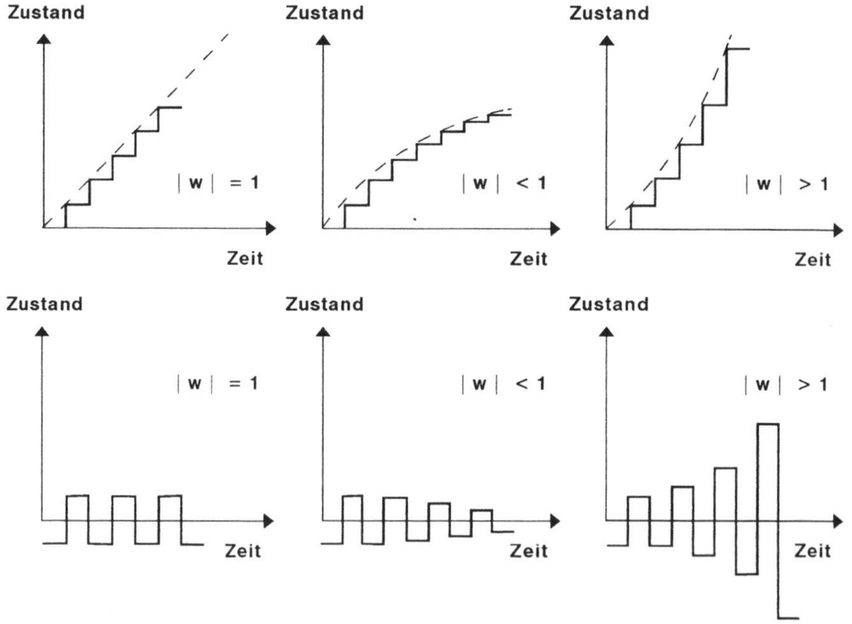

Abb. 2.10: Änderungsrückkopplung im diskreten Prozeß. Der Betrag der Änderung pro Zeitschritt verringert sich ständig, wenn |w| < 1 (Stabilisierung). Bei positiver Rückkopplung (oben) verändert sich der Zustand monoton; bei negativer Rückkopplung kann es zu ständigen Vorzeichenwechseln kommen.

Anders für den Fall negativer Rückkopplung mit w = -1 (s. Abb. 2.9 rechts). In diesem Falle führt ein Anfangswert von 1 zu einer Rückmeldung von -1. Addition dieser Änderung zu dem ursprünglich vorhandenen Zustandswert gibt einen neuen Zustandswert von "0". Dieser Wert führt ebenfalls zu einer Rückmeldung von 0, so daß hiernach die Zustandsgröße den konstanten Wert 0 einnimmt. Das System ist unter dieser Bedingung stabil.

Offensichtlich sind Betrag und Vorzeichen der Wichtung entscheidend für die Störungsdynamik. Der Vorgang der Zustandsrückkopplung läßt sich ausdrücken als

$$x_{k+1} - x_k = w\, x_k$$

wobei x_k Zustand zur Zeit t_k, $k = 0, 1, 2, \ldots$.

Aus dieser Beziehung läßt sich der neue Zustand angeben:

$$x_{k+1} = (1+w)\, x_k$$

Offensichtlich wächst hier der Betrag des Zustands x ständig an, wenn $|1+w| > 1$. Stabile Entwicklungen ergeben sich also nur, wenn $-2 < w < 0$.

Bei der **Änderungsrückkopplung** wird die Rückmeldung aus der Zustandsveränderung am Knoten, nicht aber aus dem Zustand selbst bestimmt. Es gilt also

Zustandsänderung = Rückmeldung = Wichtung · Zustands**veränderung**.

Wir betrachten in Abb. 2.10 (oben) zunächst die positive Änderungsrückkopplung. Im Fall w = +1 führt eine anfängliche Veränderung von +1 zu einer Rückmeldung von ebenfalls +1 und damit zu einer erneuten Veränderung von wiederum +1, so daß bei jedem Durchlauf des Rückkopplungskreises der Wert der Zustandsgröße um 1 erhöht wird. Die Rückmeldung selber verändert sich dabei nicht, sie hat ständig einen Betrag von +1. Ist der Betrag der Wichtung w kleiner 1, so verringert sich der Betrag der Rückmeldung ständig, und der Zustandswert nähert sich einem Grenzwert an. Ist dagegen die Wichtung w größer 1, so wachsen die Beträge der Rückmeldungen ständig weiter an. Es ist hier festzuhalten, daß sich bei der Änderungskopplung trotz des positiven Vorzeichens des Rückkopplungskreises stabiles Verhalten ergeben kann, solange der Rückkopplungsfaktor kleiner 1 ist.

Die negative Änderungsrückkopplung führt zu Oszillationen um den Ausgangszustand, da einer positiven Zustandsänderung eine negative folgt, usw. (Abb. 2.10 unten). Ist die Wichtung w = -1, so führt jede Zustandsveränderung am Knoten zu einer gleichgroßen, aber entgegengesetzten Veränderung durch die Rückmeldung. Da diese gleich der neuen Veränderung ist, führt dies in der nächsten Zeitperiode noch einmal zu einer entsprechenden Umkehr des Ausschlags. Ist der Betrag der Wichtung allerdings kleiner 1, so werden die Ausschläge mit jedem Zeitschritt kleiner und damit im Laufe der Zeit ausgedämpft. Ist die Wichtung w größer 1, so wachsen die hin und her pendelnden Zustandsänderungen ständig. Trotz des negativen Vorzeichens des Rückkopplungskreises zeigt sich in letzterem Falle also instabiles Verhalten, wenn der Betrag der Wichtung größer 1 ist.

Dieser Vorgang der Änderungsrückkopplung läßt sich ausdrücken durch

$$x_{k+1} - x_k = w\,(x_k - x_{k-1}).$$

Wird die Zustandsänderung als Puls definiert

$$p_k \quad = x_x - x_{k-1}$$

so läßt sich die Änderungsrückkopplung auch ausdrücken als Pulsprozeß

$$p_{k+1} \quad = w\, p_k.$$

Offensichtlich wächst hier der Betrag der Zustandsänderung (des Pulses) ständig, wenn $|w| > 1$. Eine stabile Entwicklung kann sich daher nur ergeben, wenn die Wichtung im Bereich $-1 < w < 1$ ist.

In dieser Diskussion des Rückkopplungsverhaltens von Graphen für einen diskreten Zeittakt lassen sich zwei verschiedene Arten von Stabilität unterscheiden. Einmal geht es um die Veränderung der Zustandswerte am Knoten. **Zustandsstabilität** ist dann gegeben, wenn die Folge der Zustandswerte mit zunehmender Zeit einem Grenzwert zustrebt. Hiervon zu unterscheiden ist Pulsstabilität. **Pulsstabilität** ist dann gegeben, wenn die Folge der diskreten Zustandsveränderungen mit der Zeit einem Grenzwert zustrebt. Der Unterschied ist in dem einfachen Rückkopplungskreis der Abb. 2.8 leicht ersichtlich: Im Falle einer Wichtung von $w = +1$ ergibt sich bei der Änderungsrückkopplung bei jedem Durchlauf eine Erhöhung des Zustands um den Betrag 1, während der Rückmeldungswert selbst (der Puls) mit +1 konstant bleibt. Das System ist pulsstabil, während der Zustand keinem Grenzwert zustrebt und daher instabil ist.

Bisher haben wir diskrete Rückkopplungsprozesse betrachtet, bei denen rückgekoppelte Signale nach einer endlichen Zeitverzögerung Δt wieder am Ausgangspunkt erschienen (Abb. 2.8). In diesem Buch befassen wir uns dagegen vor allem mit zeitkontinuierlichen Prozessen, deren Zustände zu jeder Zeit definiert sind. Treten hier Rückkopplungen auf, so sind sie von der Art (Abb. 2.11):

Zustandsänderungs**rate** = Zustandsänderung pro Zeiteinheit
= Rückmeldung = Wichtung · Zustand.

Die Zustandsänderungsrate, d.h. die Zustandsänderung pro Zeiteinheit wird durch das Differential nach der Zeit angegeben, d.h.

$$dx/dt = w \cdot x.$$

Das Zeitverhalten dieses Rückkopplungsprozesses ist durch die Lösung dieser Differentialgleichung beschrieben

$$x \quad = x_0 e^{wt} \qquad e \; = 2.7182818...$$

wobei x_0 = Anfangszustand. Da gilt

$$e^0 \quad = 1$$

und

$$e^a \quad < 1 \quad \text{für} \quad a < 0$$

$$e^a \quad > 1 \quad \text{für} \quad a > 0$$

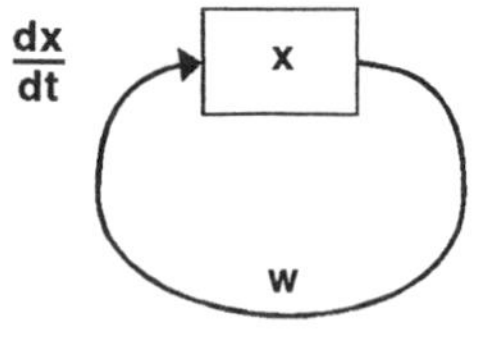

Abb. 2.11: Rückkopplung im kontinuierlichen Prozeß: der Zustand x bestimmt seine Veränderungsrate dx/dt = wx.

so folgt, daß die Wichtung der einfachen kontinuierlichen Rückkopplung (Abb. 2.11) gleich Null sein oder negatives Vorzeichen haben muß, wenn der Prozeß stabil sein soll:

$$w \leq 0 \quad \text{für Stabilität.}$$

Im folgenden verwenden wir diese Überlegungen, um die Fortpflanzung von Störungen im Wirkungsgraphen auf zwei verschiedene Weisen zu untersuchen: erstens als diskreten Pulsprozeß, zweitens als Prozeß kontinuierlicher Zustandsveränderung.

2-3.2 Pulsprozeß im Weltmodell

Um das Zusammenspiel der Rückkopplungskreise in der Wirkungsstruktur und damit die Verhaltensdynamik des Systems als Ganzes zu ermitteln, müssen die Zustandsveränderungen an den einzelnen Knoten als Funktion der Zeit ermittelt werden. Diese Veränderungen ergeben sich aus den Eintragungen der Wirkungsmatrix. So ist etwa die Zustandsänderung am Knoten i gleich der Summe der Wirkungen aller auf ihn einwirkenden Knoten. Diese Wirkungen wieder bestimmen sich aus der Zustandsänderung am betreffenden Knoten mal der Wirkungswichtung.

Diese Betrachtungsweise entspricht dem diskreten Pulsprozeß. Bezeichnen wir die Pulse (Zustandsveränderungen) an den Knoten VOLK, LAST, KONS und HAND mit den Buchstaben V, L, K und H, so ergibt sich für das Weltmodell aus der Wirkungsmatrix (Abb. 2.6) direkt (mit k als fortlaufendem Index der diskreten Zeit):

$$\begin{aligned}
V_{k+1} &= \quad -0.1\,L_k + 0.3\,K_k - 0.1\,H_k \\
L_{k+1} &= 1 \cdot Vk \quad + 1 \cdot K_k \\
K_{k+1} &= \quad +1.1\,L_k \quad - 1 \cdot H_k \\
H_{k+1} &= \quad + C \cdot L_k
\end{aligned}$$

Die Pulse V_k, L_k, K_k und H_k stellen kleine **Störungen** des Ausgangszustands dar, dürfen also nicht mit den Zuständen VOLK, LAST, KONS, HAND verwechselt werden.

Bei der Berechnung eines Pulsprozesses werden an einem oder mehreren Knoten zu vorgegebenen Zeitpunkten Störungen (Pulse) einer bestimmten Größe aufgegeben, und es wird berechnet, wie sich diese Störungen über die verschiedenen Wirkungsverknüpfungen mit der Zeit fortpflanzen. Die Berechnung der Pulsdynamik soll die Frage beantworten, ob anfängliche Störungen im System gedämpft werden, ob sie möglicherweise zu Schwingungen führen oder ob die Störungen immer weiter verstärkt werden.

Der Rechengang folgt also der Vorschrift

$$\mathbf{p}_{k+1} = \mathbf{A}\,\mathbf{p}_k$$

Dies ist die kompakte Vektorform der vier Pulsgleichungen, wobei **A** die Systemmatrix (Abb. 2.6) ist und $\mathbf{p}_k = (V_k, L_k, K_k, H_k)$ der Pulsvektor zum Zeitschritt k.

Für diese Rechnungen verwenden wir das Programm WELTPULS (Programm 2.1). In diesem Programm wird zunächst der Eingriffsparameter C abgefragt. Danach werden Graphikparameter definiert und die Anfangswerte der Knoten festgelegt. (Im Beispiel werden die Störungen an allen Knoten anfangs auf Null und nur bei LAST auf 1 gesetzt). Danach werden in der Zeitschleife die jeweils neuen Pulswerte an den Knoten

```
program weltpuls;    (* H.Bossel: Modellbildung und Simulation 910503 *)
uses crt,graph;
var
   volk,last,kons,tun,volkNeu,lastNeu,konsNeu,tunNeu,C,t:real;
   antwort: string;
   weiter: boolean;
   graphDriver,graphMode: integer;
   sx,sy,xnull,ynull,xscale,yscale: integer;
begin
   weiter := true;
   while (weiter) do
   begin
      clrscr;
      writeln ('PULSDYNAMIK EINES MINI-WELTMODELLS');
      writeln;
      writeln ('Eingriffsparameter C (0.4)');
      readln (C);
      graphDriver := detect;
      initGraph (graphDriver, graphMode, '');
      sx := (getMaxX+1) div 100;
      sy := (getMaxY+1) div 100;
      xnull := round(0*sx);
      ynull := round(50*sy);
      line (xnull+round(100*sx),ynull,xnull,ynull);
      moveTo(xnull,ynull);
      xscale := 1;
      yscale := 100;
      t := 0;
      volk := 0;
      last := 1;  (* Anfangspuls hier*)
      kons := 0;
      tun  := 0;
      while t<101 do
      begin
         line (round(t*xscale*sx),ynull,round(t*xscale*sx),
         round(ynull-last*yscale));
         t := t+1;
         volkNeu := -0.1*last+0.3*kons-0.1*tun;
         lastNeu := 1*volk+1*kons;
         konsNeu := 1.1*last-1*tun;
         tunNeu  := C*last;
         volk := volkNeu;
         last := lastNeu;
         kons := konsNeu;
         tun  := tunNeu;
      end;
      readln;
      closeGraph;
      writeln ('noch mal? (j/n)');
      readln (antwort);
      if (antwort='n') or (antwort='N') then
         weiter := false;
      end;
end.
```

Programm 2.1: WELTPULS.PAS. Pulsdynamik eines Wirkungsgraphen (einfaches 'Weltmodell' als diskretes System).

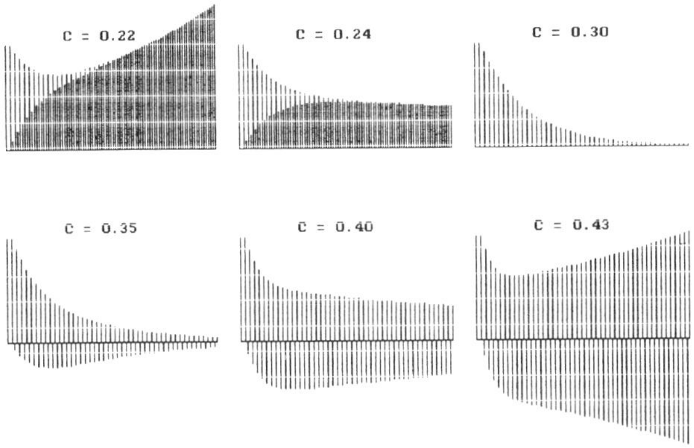

Abb. 2.12: Pulsdynamik des Weltmodells bei verändertem Eingriffsparameter C. Für C = 0.35, 0.40 und 0.43 alterniert die Störung (Puls L bei LAST) zwischen positiven und negativen Werten.

aus den alten Werten und den Wirkungsbeziehungen bestimmt. Das Programm zeichnet die Rechenergebnisse für eine Systemgröße (hier den Puls L bei LAST) zu den diskreten Rechenzeitschritten als vertikale Linie auf.

Die Ergebnisse dieser Rechnungen in Abhängigkeit vom Eingriffsparameter C sind in Abb. 2.12 gezeigt. Wir beobachten dabei folgendes:

Für $C < 0.23$ zeigt sich instabiles, divergierendes Verhalten: Die anfängliche kleine Störung verstärkt sich im Laufe der Zeit ständig. Für $0.23 < C < 0.41$ zeigt sich ein stabiler Bereich, in dem die anfängliche Störung mit der Zeit verschwindet. Hier ändert sich allerdings der Charakter der Pulsdynamik bei zunehmendem C: Während sich zunächst noch eine aperiodische gedämpfte Lösung ergibt, kommt es mit zunehmendem C zu Schwingungen (Vorzeichenwechsel). Für $C > 0.41$ sind diese Schwingungen selbstverstärkend, das System ist instabil. Diese Verhaltens- und Stabilitätsaussagen für die Pulsdynamik sind unabhängig von der Wahl des Anfangspulses (Stärke und Angriffspunkt). Dies ist eine Konsequenz der Linearität des Pulsprozesses $\mathbf{p}_{k+1} = \mathbf{A}\,\mathbf{p}_k$.

Diese Ergebnisse zeigen, daß

(a) das Modellsystem in Abhängigkeit vom Eingriffsparameter C sowohl stabiles wie instabiles, aperiodisches wie periodisches Verhalten zeigen kann,
(b) ein 'optimaler' Wertebereich für C angegeben werden kann, bei dem Störungen rasch ausgedämpft werden,
(c) sowohl zu schwacher Eingriff ($C < 0.23$) wie zu starker Eingriff ($C > 0.41$) zur Störungsverstärkung und Instabilität führen kann,
(d) der Parameterbereich für C, in dem stabile Lösungen zu erwarten sind, relativ klein ist.

Diese Erkenntnisse aus der Untersuchung der Pulsdynamik des Wirkungsgraphen bieten zwar keine konkreten Hinweise zur Lösung globaler Probleme, aber es ist ihnen doch zu entnehmen, daß es wohlbemessener Eingriffe bedarf, um Stabilität zu wahren, und daß sowohl zu schwache Eingriffe als auch zu starkes Durchgreifen das System destabilisieren können.

2-3.3 Kontinuierliche Zustandsveränderung im Weltmodell

Wir haben die Wirkungsmatrix benutzt, um Fortpflanzung von Pulsen im Wirkungsgraph im Zeittakt zu untersuchen. Auch eine andere Betrachtungsweise ist denkbar: Wie verändern sich die Systemzustände kontinuierlich mit der Zeit, wenn die Zustände selbst durch die Wirkungsverknüpfungen des Systems die Zustandsänderungen bestimmen?

Der Einfluß der Zustände auf die Zustandsänderungen ist hier wieder durch die Wirkungsmatrix (= Systemmatrix **A**) gegeben, die aber jetzt anders interpretiert werden muß. Der Rechengang folgt jetzt der Vorschrift

$$d\mathbf{x}/dt = \mathbf{Ax}$$

In dieser Betrachtungsweise bestimmen die Knotenzustände **x** über die Wirkungsmatrix **A** die Veränderungsraten der Zustände d**x**/dt. Aus diesen folgen dann die neuen Zustände durch Integration über den Zeitschritt. Obwohl es sich nun um einen anderen Sachverhalt handelt, für den wir die Systemmatrix neu schätzen müßten, so belassen wir es bei der früheren Systemmatrix. Die Ergebnisse werden voneinander abweichen und damit noch einmal belegen, daß es sich um eine andere Systemformulierung handelt. Uns geht es hier aber nur um die Darstellung des Rechenwegs.

Wenn wir uns überlegen, was die allmähliche Zustandsveränderung (über die Berechnung der Veränderungsraten) bedeutet, so stellen wir fest, daß es einen qualitativen Unterschied zwischen VOLK, LAST und KONS auf der einen, und HAND auf der anderen Seite zu geben scheint. Bevölkerung, Umweltbelastung und spezifischer Konsum sind sicher Zustandsgrößen, die sich nur allmählich ändern werden, während wir das gesellschaftliche Handeln HAND als mehr oder weniger proportional zur Umweltbelastung LAST annehmen können. Damit formulieren wir jetzt das kontinuierliche System wie folgt (s. Abb. 2.13):

$$\begin{aligned} dVOLK/dt &= -0.1 * (1+C) * LAST + 0.3 * KONS \\ dLAST/dt &= 1 * VOLK + 1 * KONS \\ dKONS/dt &= + (1.1-C) * LAST \end{aligned}$$

Die Verwendung von Kästen für die Größen VOLK, LAST und KONS deutet an, daß es sich um Zustandsgrößen handelt, deren Eingänge Raten (d.../dt) darstellen, die über die Zeit integriert werden müssen. (Mehr dazu im folgenden Kapitel).

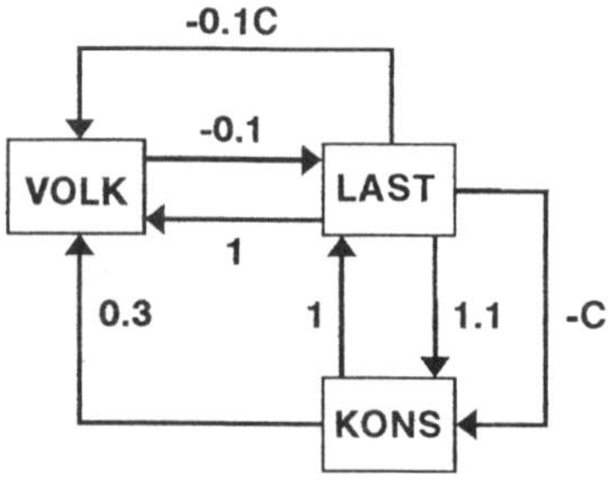

dVOLK/dt = 0•VOLK - (0.1 + 0.1•C)•LAST + 0.3•KONS
dLAST/dt = 1•VOLK + 0•LAST + 1•KONS
dKONS/dt = 0•VOLK + (1.1 - C)•LAST + 0•KONS

Abb. 2.13: Simulationsdiagramm zur Berechnung des Weltmodells als kontinuierliches System.

Die neuen Zustandswerte sollen mit einer einfachen Euler-Cauchy-Integration berechnet werden:

$$\text{VOLK}(t+dt) = \text{VOLK}(t) + (d\text{VOLK}/dt) \cdot dt$$
$$\text{LAST}(t+dt) = \text{LAST}(t) + (d\text{LAST}/dt) \cdot dt$$
$$\text{KONS}(t+dt) = \text{KONS}(t) + (d\text{KONS}/dt) \cdot dt$$

Diese Modellformulierung ist im Programm WELTCONT (Programm 2.2) implementiert, das in seinen wesentlichen Teilen dem Programm WELTPULS gleicht. Obwohl die Zahlenwerte für die Wichtungen beibehalten wurden, ist der Unterschied in der Bedeutung zu beachten: Wo bei WELTPULS eine Wichtung $w = 1$ eine Weitergabe einer (kleinen) Störung in der gleichen Höhe bedeutet, entspricht bei WELTCONT eine Wichtung von $w = 1$ einer Änderungsrate der Zustandsgröße von 100% pro Zeiteinheit. Um die Fehler der numerischen Integration gering zu halten, muß daher mit sehr kleinen Zeitschritten gerechnet werden.

Das Ergebnis der Simulation mit dem kontinuierlichen System WELTCONT zeigt Abb. 2.14 in Abhängigkeit vom Eingriffsparameter C. Auch hier zeigt sich bei kleinerem C-Wert (um $C = 1$) zunächst divergierendes aperiodisches Verhalten, dann bei etwas höherem C-Wert (um $C = 1.09$) Stabilisierung bei periodischem Verhalten (Schwingungen) und schließlich Instabilität bei Schwingungen ständig wachsender Amplitude. Die numerischen Werte zeigen noch einmal, daß es sich hier (trotz der gleichen Wirkungsmatrix, aber wegen einer unterschiedlichen Systemformulierung) um eine andere Betrachtungsweise handelt.

Auch hier ist die Verhaltens- und Stabilitätsaussage von Simulationen der kontinuierlichen Zustandsveränderung des Weltmodells unabhängig von den für die Zustandsgrößen VOLK, LAST und KONS gewählten Anfangswerten (selbst wenn sie negativ sein sollten). Dies ist wieder eine Konsequenz der prinzipiell linearen Formulierung des Zustandsänderungsprozesses

$$dx/dt = \mathbf{A}x.$$

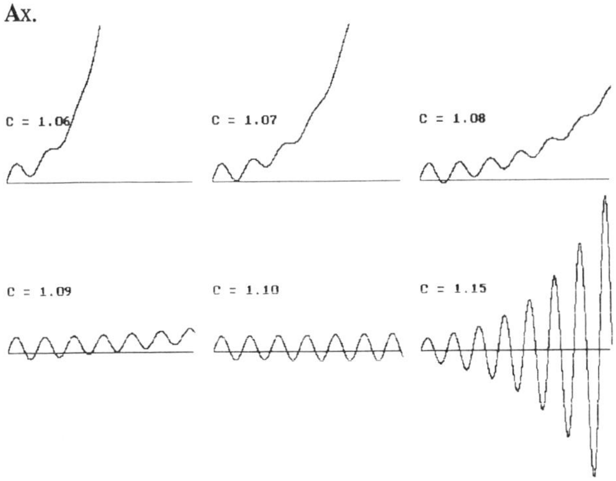

Abb. 2.14: Simulationsergebnisse des kontinuierlichen Weltmodells. Marginale Stabilität zeigt sich in einem nur engen Bereich zwischen Divergenz und Aufschaukeln.

```
program weltcont;    (* H.Bossel: Modellbildung und Simulation 910503 *)
uses crt,graph;
var
   volk,last,kons,tun,volkRate,lastRate,konsRate,tunRate,C,dt,t:real;
   antwort: string;
   weiter: boolean;
   graphDriver,graphMode: integer;
   sx,sy,xnull,ynull: integer;
   xscale,yscale: real;
begin
   weiter := true;
   while (weiter) do
   begin
      clrscr;
      writeln ('DYNAMIK EINES KONTINUIERLICHEN MINI-WELTMODELLS');
      writeln;
      writeln ('Eingriffsparameter C (1.1)');
      readln (C);
      graphDriver := detect;
      initGraph (graphDriver, graphMode, '');
      sx := (getMaxX+1) div 100;
      sy := (getMaxY+1) div 100;
      xnull := round(0*sx);
      ynull := round(50*sy);
      line (xnull+round(100*sx),ynull,xnull,ynull);
      moveTo(xnull,ynull);
      xscale := 1;
      yscale := 5;
      t := 0;
      dt := 0.02;
      volk := 1;
      last := 1;
      kons := 1;
      while t<100 do
      begin
         t := t+dt;
         lineTo (round(t*xscale*sx), round(ynull-last*yscale));
         volkRate := (-0.1-0.1*C)*last+0.3*kons;
         lastRate := +1*volk+1*kons;
         konsRate := (1.1-C)*last;
         volk := volk+volkRate*dt;
         last := last+lastRate*dt;
         kons := kons+konsRate*dt;
      end;
      readln;
      closeGraph;
      writeln ('noch mal? (j/n)');
      readln (antwort);
      if (antwort='n') or (antwort='N') then
         weiter := false;
   end;
end.
```

Programm 2.2: WELTCONT.PAS. Zustandsdynamik eines Wirkungsgraphen (einfaches 'Weltmodell' als kontinuierliches System).

2-3.4 Bedeutung der Verhaltensdynamik des Wirkungsgraphen

Der Wirkungsgraph beschreibt die Wirkungsstruktur eines Systems unter Annahme gleichartiger Elemente an allen Knoten: Halteelemente beim Pulsprozeß (die den neuen Puls als Summe der einlaufenden Pulse ermitteln und nach einem Zeitschritt Δt in der Wirkungskette weitermelden) und Speicherelemente bei der kontinuierlichen Zustandsänderung (die den neuen Zustand als Zeitintegral der einlaufenden Zustandsänderungen ermitteln). Die Verknüpfungen sind in beiden Fällen immer nur additiv, so daß sich die beiden linearen Formulierungen ergeben

$\mathbf{p}_{k+1} = \mathbf{A}\,\mathbf{p}_k$ (Pulsprozeß)

$d\mathbf{x}/dt = \mathbf{A}\,\mathbf{x}$ (kontinuierlicher Prozeß)

Die mathematische Systemanalyse zeigt, daß die Verhaltens- und Stabilitätseigenschaften dieser linearen Systeme **allein** durch die Systemmatrix $\mathbf{A}$ und ihre Eigenwerte gegeben sind (s. Kap. 7).

So ist z.B. der Pulsprozeß (zustands)**stabil**, wenn alle Eigenwerte von $\mathbf{A}$ im Betrag kleiner als 1 sind:

$|\lambda_i| < 1$ (Pulsprozeß)

Der kontinuierliche Prozeß ist **stabil**, wenn die Realteile aller Eigenwerte negativ sind:

$\mathrm{Re}(\lambda_i) < 0$ (kontinuierlicher Prozeß).

(Für $\mathrm{Re}(\lambda_i) = 0$ ergibt sich marginale Stabilität).

(Diese allgemeinen Ergebnisse entsprechen den oben für den eindimensionalen Fall abgeleiteten Ergebnissen zur Stabilität einer Rückkopplung).

Reale Systeme entsprechen in den seltensten Fällen diesen linearen Bedingungen: fast immer treten Elemente unterschiedlicher (mathematischer) Funktion in (auch) nichtlinearen Verknüpfungen auf. (Nichtlineare Verknüpfungen sind z.B. $x \cdot y$, $\sin x$, x^2, $1/x$, usw.). Fast alle der in diesem Buch behandelten Simulationsmodelle sind nichtlinear.

Es stellt sich daher die berechtigte Frage, inwieweit Untersuchungen zum Verhalten eines linearen, aus der Wirkungsstruktur abgeleiteten Modells überhaupt zum Systemverständnis des vollständigen (nichtlinearen) Modells beitragen können.

Die Berechtigung dazu folgt aus der Tatsache, daß in unmittelbarer Nähe eines Ausgangszustands jede beliebige (kontinuierliche) mathematische Funktion durch die linearen Glieder einer Taylor-Reihe approximiert werden kann (s. Kap. 7).

So gelten z.B. für $x << 1$, $y << 1$

$$
\begin{aligned}
(1 \pm x)^n &\approx 1 \pm nx \\
(1 \pm x)^2 &\approx 1 \pm 2x \\
(1 \pm x)^{0.5} &\approx 1 \pm x/2 \\
1/(1+x) &\approx 1 - x \\
e^x &\approx 1 + x \\
\ln(1+x) &\approx x \\
\cos x &\approx 1 \\
\sin x &\approx x \\
(1+x)(1+y) &\approx 1 + x + y \quad \text{usw.}
\end{aligned}
$$

Das bedeutet, daß Systemverhalten in der unmittelbaren Nähe eines Ausgangszustands mit einer linearen Approximation untersucht werden kann, um damit z.B. festzustellen, ob sich stabiles oder instabiles Verhalten ergibt. Grundsätzlich ist aber bei der Verwendung linearer Modelle - wie dem Wirkungsgraphen - Vorsicht geboten, da diese u.U. verhaltensprägende (nichtlineare) Systemeigenheiten nicht wiedergeben können. Die Modellbildung darf daher beim Wirkungsgraphen nicht stehenbleiben, sondern muß sich als nächstes mit den speziellen Eigenschaften der Systemelemente und ihren funktionellen Verknüpfungen befassen. Dies ist wesentlicher Inhalt des nächsten Kapitels.

2-4 Zusammenfassung wichtiger Ergebnisse

Dieses Kapitel hat sich mit der ersten und wichtigsten Phase jeder Modellbildung befaßt, mit der Entwicklung des Wirkungsgraphen. In ihm findet sich die Abbildung der Wirkungsstruktur des darzustellenden Realsystems wieder. Der Wirkungsgraph ist Grundlage und Ausgangspunkt für die Erstellung des Simulationsmodells; er erlaubt aber bereits einige Rückschlüsse auf Systemeigenschaften und Systemverhalten.

Die wichtigsten Ergebnisse werden hier noch einmal zusammengefaßt:

1. Die **Systemabbildung** im Wirkungsgraph ist **abhängig** von der Aufgabenstellung und **vom Modellzweck**. Dieser sollte genau spezifiziert sein. Er bestimmt u.a. die Wahl der Systemgrenze und der Betrachtungsperspektive.

2. Der **Wirkungsgraph** konzentriert sich auf die **Wirkungsstruktur** des Systems, nicht auf die genaue Funktion seiner Elemente. Er ist daher im allgemeinen noch keine vollständige und getreue Abbildung des Realsystems. Mögliche Ausnahme sind lineare Systeme, die ausschließlich aus Zustandsgrößen, multiplikativen Faktoren und additiven Verknüpfungen bestehen.

3. Von einem Wirkungsgraphen sind im allgemeinen (Ausnahme: lineare Systeme) **keine** zuverlässigen und genauen **Verhaltensaussagen** zu erwarten - diese kann erst ein Simulationsmodell erzeugen, das auch die Eigenheiten der Systemelemente und ihrer (oft nichtlinearen) Verknüpfungen richtig und genau wiedergibt.

4. Trotzdem erbringt der Wirkungsgraph bereits eine Vielzahl wichtiger Informationen über das Realsystem. So erscheinen in ihm bereits alle als relevant erkannten Systemgrößen und die **Wirkungsverknüpfungen** zwischen ihnen. Der Wirkungsgraph kann daher u.a. als Grundlage einer schlußfolgernden Wissensverarbeitung verwendet werden.

5. Aus den Wirkungsverknüpfungen lassen sich **Rückkopplungen** erkennen und anhand ihrer Vorzeichen und ungefähren Stärken bereits qualitativ im Hinblick auf ihre Rolle für das Systemverhalten diskutieren.

6. Im Wirkungsgraphen werden **kritische Elemente und Pfade** sichtbar, die entscheidenden Einfluß auf das Systemverhalten haben und die als Einwirkungsorte zur Änderung des Systemverhaltens in Frage kommen.

7. Mit einer ersten groben Quantifizierung der Wirkungsbeziehungen lassen sich unter der Annahme kleiner Störungen (Linearität) einfache Rechnungen über die **Fortpflanzung von Störungen** im System und Aussagen zur Stabilität des Wirkungsgraphen (als erste Approximation des Realsystems) machen.

3 Vom Wirkungsgraph zum mathematischen Modell: Systemgrößen, Funktionen, Prozesse, Quantifizierung

3-0 Überblick

Das Erkennen der verhaltensrelevanten Systemstruktur und ihre Darstellung im Wirkungsgraph stellen die erste Phase der Modellentwicklung dar. Mit ihr haben wir uns im vorangegangenen Kapitel befaßt. Wir haben gesehen, daß der Wirkungsgraph einige qualitative Schlüsse über das dargestellte System zuläßt, aber diese Ergebnisse sind zur Beantwortung konkreter Fragestellungen zur Systementwicklung im allgemeinen weder ausreichend noch zuverlässig genug. Insbesondere haben wir uns bei der Entwicklung des Wirkungsgraphen darauf beschränkt, die Wirkungen zwischen Systemelementen zu erfassen ("A wirkt auf B"), ohne jedoch diese Wirkungen genauer zu spezifizieren und Systemelemente zu differenzieren. Um zuverlässige Antworten auf konkrete Fragen zu erzeugen, ist jedoch die genauere Beschreibung der Systemkomponenten und ihrer funktionellen Verknüpfungen unumgänglich. Erst diese kann zu einem gültigen mathematischen Modell führen, das den Kern eines Simulationsmodells darstellen muß.

In diesem Kapitel befassen wir uns mit dem Prozeß der detaillierten Entwicklung des Simulationsmodells vom Wirkungsgraphen bis zum mathematischen Modell anhand mehrerer Beispiele. Dabei stoßen wir auf notwendige Differenzierungen zwischen Systemgrößen, die näher betrachtet werden müssen.

Wir führen zunächst in Abschnitt 3-1 die Entwicklung des 'Weltmodells' weiter, indem wir auf der in Kap. 2 entwickelten Systemstruktur aufbauen und diese so weit differenzieren, daß die uns (laut Problemstellung und Modellzweck) interessierenden dynamischen Prozesse (qualitativ) richtig beschrieben werden können. Hierbei zeigen sich die Vorteile der Modularisierung, da sich Teilmodelle für Teilsysteme zunächst einzeln entwickeln und ausprüfen lassen, bevor sie, dem Wirkungsgraphen entsprechend, miteinander verkoppelt werden. Wir verwenden für das Weltmodell eine dimensionslose Darstellung in relativen Größen, um die Grunddynamik der 'globalen' Entwicklung unabhängig von konkreten Meßgrößen zu erhalten. Dieser Ansatz soll auch demonstrieren, daß sich dynamische Simulationsmodelle durchaus auch zur Darstellung nur unscharf quantifizierbarer, oder nur in relativen Größen angebbarer Zusammenhänge eignen, wie sie etwa in den Sozialwissenschaften oder der Regionalplanung eine Rolle spielen.

In Abschnitt 3-2 befassen wir uns mit den Typen von Systemelementen, der Grundstruktur dynamischer Systeme und dem Verhalten elementarer Systeme.

Bei der Formulierung der mathematischen Modelle stellen wir fest, daß wir es stets mit nur wenigen, ganz bestimmten Kategorien von Größen zu tun haben:

- Einwirkungen auf das System, die vom System selbst nicht beeinflußt werden
- Zustandsgrößen (Speichergrößen) des Systems
- Veränderungsraten dieser Zustandsgrößen, die sich aus Einwirkungen von außen und aus den Zustandsgrößen selbst ergeben
- Zwischengrößen zwischen Einwirkungen und Zustandsgrößen auf der einen und Veränderungsraten auf der anderen Seite.

Mit diesen Unterscheidungen lassen sich entsprechende Zeichensymbole einführen (Sechseck, Rechteck, Kreis), mit denen sich die mathematischen Modelle als Simulationsdiagramme darstellen lassen. Entweder das Simulationsdiagramm oder die mathematische Modellformulierung kann der Ausgangspunkt für die Simulationsprogrammierung sein.

In Abschnitt 3-3 entwickeln wir die Systemgleichungen für zwei weitere Simulationsmodelle (Pendel und Fischfang) unter Verwendung der dimensionalen Analyse.

In vielen Fällen, besonders in Naturwissenschaft und Technik, reicht die Darstellung in relativen, dimensionslosen Größen nicht aus; es muß dort mit konkreten, meßbaren, dimensionsbehafteten Größen gerechnet werden. Hier muß sorgfältig darauf geachtet werden, daß bei der Modellformulierung die dimensionale Stimmigkeit gewahrt ist: auf den beiden Seiten einer Gleichung müssen die Dimensionen identisch sein. Dimensionale Unstimmigkeit ist ein wichtiges Indiz für Fehler in der Modellformulierung. Darüber hinaus kann aber die Forderung nach dimensionaler Stimmigkeit auch konsequent bei der Modellentwicklung eingesetzt werden, um dimensional zulässige funktionale Zusammenhänge zu finden. Das Verfahren wird hier an zwei Beispielen vorgeführt. Die entsprechenden mathematischen Modelle für das nichtlineare Pendel und ein Fischereiunternehmen werden im nächsten Kapitel in Simulationsmodelle umgesetzt; ihr Verhalten wird dort ausführlich untersucht.

In Abschnitt 3-4 werden die Ergebnisse noch einmal kurz zusammengefaßt.

3-1 Differenzierung eines Modellkonzepts: Beispiel Weltmodell

3-1.1 Differenzierung der Systemgrößen des Weltmodells

Unser Ziel ist es, entsprechend der in Kap. 2 (Abb. 2.13) abgeleiteten Wirkungsstruktur für ein 'Weltmodell' ein Simulationsmodell zu entwickeln, das eine in etwa richtige Beschreibung der globalen Dynamik liefern kann, wie sie sich aus dem Zusammenspiel von Bevölkerungsentwicklung, Umweltbelastung und Konsum ergeben könnte. Dabei interessiert insbesondere auch, welchen Einfluß auf die Gesamtentwicklung gezielte Beeinflussungen der Bevölkerungsentwicklung und der Konsumentwicklung haben könnten (Eingriffsgröße C in Abb. 2.13).

Die Simulationen der Pulsdynamik des Wirkungsgraphen (Abb. 2.6, Programm 2.1 WELTPULS, Abb. 2.12), wie auch der kontinuierlichen Systemdarstellung (Abb. 2.13, Programm 2.2 WELTCONT, Abb. 2.14) haben dabei bereits eindeutig gezeigt, daß eine fehlende Rückwirkung dieser Art auf jeden Fall zu instabiler Entwicklung führt. Eine Stabilisierung trat bei den beiden Systemdarstellungen nur in einem relativ schmalen Bereich des Eingriffsparameters C ein.

Die beiden Systemdarstellungen und ihre konkreten Ergebnisse unterscheiden sich aber völlig: Während bei der Pulsdynamik nur die Fortpflanzung von Systemstörungen betrachtet wird, soll die kontinuierliche Darstellung auch die allmähliche Veränderung der Zustandsgrößen darstellen.

Bei der kontinuierlichen Darstellung wurden beim Weltmodell einfache Beziehungen zwischen Zustandsgrößen und Veränderungsraten angenommen und darüberhinaus noch einfach mit den Wirkungsparametern der Pulsdynamik quantifiziert.

Diese erste Annäherung an ein dynamisches Simulationsmodell ist aber weit - zu weit - von den realen Prozessen entfernt, als daß sie eine auch nur ungefähre Beschreibung der realen Dynamik geben könnte. Wir sehen das z.B. an der Verbindung zwischen LAST und VOLK (mit einer Gewichtung von -0.1) und KONS und VOLK (mit einer Gewichtung von 0.3): Die Vermehrungsrate wäre damit nur von KONS, die Sterberate nur von LAST abhängig. Ganz sicher ist aber die Bevölkerungsentwicklung auch (und in erster Linie) von VOLK selbst abhängig. Wir müssen also die Modellformulierung überdenken und verbessern.

Verzichtet man auf die Annahme kleiner Störungen und linearer (additiver) Verkopplungen von Störungen an den Knoten, so muß man sich mit den verschiedenen Systemgrößen und ihren gegenseitigen funktionalen Abhängigkeiten genauer auseinandersetzen. Hier zeigt sich besonders, daß die verschiedenen Systemgrößen durchaus verschiedene Eigenschaften haben. Wir müssen vor allem unterscheiden:

- **Vorgabegrößen** wie feste Systemparameter oder von der Systementwicklung unabhängige exogene Einwirkungen aus der Systemumwelt.
- **Zustandsgrößen** (Speichergrößen), die zu jedem (Rechen- oder Meß-)Zeitpunkt den Zustand eines Systems angeben. Sie sind nicht durch andere Systemgrößen ausdrückbar oder ersetzbar. Die Zustandsgrößen geben die 'Koordinaten' des Verhaltensraums eines Systems an.
- **Zwischengrößen und Hilfsgrößen.** Diese Größen sind direkt aus den momentanen Werten der Zustandsgrößen oder aus vorgegebenen Parametern und/oder exogenen Einwirkungen berechenbar.

Diese Unterscheidung zwischen Vorgabegrößen, Zustandsgrößen und Zwischengrößen ist für die Systemdarstellung von fundamentaler Bedeutung. Bei der mathematischen Systemdarstellung muß für jede Zustandsgröße eine Differential- bzw. Differenzengleichung geschrieben werden. Für die Zwischengrößen ergeben sich lediglich algebraische Gleichungen. Die Zahl der Zustandsgrößen gibt damit die Dimension des Systems und die Zahl der beschreibenden Differential- bzw. Differenzengleichungen an.

Dem Anfänger fällt die Unterscheidung zwischen Zustandsgrößen und Zwischengrößen erfahrungsgemäß oft nicht leicht. Hierzu deshalb ein oft hilfreicher Hinweis: Die Zustandsgrößen sind diejenigen Systemgrößen, die bei einer gedachten plötzlichen Unterbrechung der dynamischen Entwicklung des Systems ("Einfrieren") registriert werden müßten, um zu einem beliebigen späteren Zeitpunkt das System wieder genau am Unterbrechungspunkt so fortfahren zu lassen, als hätte es die Unterbrechung nie gegeben. Dieses Gedankenexperiment des "Dornröschenschlafs" zeigt, daß hierbei auch an Größen gedacht werden muß, die nicht ohne weiteres auf der Hand liegen. So ist, um beim Beispiel zu bleiben, nicht nur die Stellung der zur Ohrfeige erhobenen Hand des Kochs eine Zustandsgröße, sondern ebenso zusätzlich die kinetische Energie, die zum Zeitpunkt der Verzauberung in der Hand gespeichert war.

In unserem ursprünglichen Weltmodellentwurf (Abb. 2.4) ist die Bevölkerungszahl VOLK eine Zustandsgröße. Ihr Wert ist aus den momentanen Werten der anderen Systemgrößen nicht ermittelbar. Er müßte nach einem Einfrieren des Systems verfügbar bleiben, um zu einem späteren Zeitpunkt die Systementwicklung bruchfrei weiterführen zu können. Ein Maß für diese Zustandsgröße kann entweder die absolute oder eine auf einen bestimmten Zeitpunkt bezogene relative Bevölkerungszahl sein.

Auch die Umwelt- und Ressourcenbelastung LAST ist eine Zustandsgröße. Als Zustandsmaß könnten etwa verwendet werden: die Menge bestimmter Schadstoffe in der Umwelt, die Menge der irreversibel verbrauchten natürlichen Rohstoffe, die Zahl der verschwundenen Arten usw.

Der spezifische materielle Verbrauch pro Kopf KONS ist zwar nach der üblichen Definition eine Verbrauchsrate pro Jahr und damit die Veränderungsrate einer Zustandsgröße, doch soll diese Maßzahl hier tatsächlich einen Zustand kennzeichnen: nämlich die Summe der pro Kopf installierten Kapitalinvestitionen in Form von Anlagen, Infrastruktur, Gebäuden usw., die durch ihr Vorhandensein und ihre Nutzung die entsprechenden Verbräuche hervorrufen. KONS ist also wieder eine Zustandsgröße, die auch nicht aus den momentanen Werten der anderen Systemgrößen berechnet werden kann.

Die Systemgröße gesellschaftliche Kosten KOST (Abb. 2.4) ist dagegen direkt eine Funktion der momentanen Umweltbelastung. Da sie aus dieser bestimmt werden kann, ist KOST auf keinen Fall eine getrennte Zustandsgröße, sondern eine Zwischengröße. Das gleiche gilt auch für die Systemgröße gesellschaftliches Handeln HAND. Dieses Handeln ist wiederum direkt abhängig von den gesellschaftlichen Kosten KOST. HAND ist darum ebenfalls eine Zwischengröße.

Wir haben insgesamt drei Zustandsgrößen identifiziert und müssen daher mit drei Differential- bzw. Differenzengleichungen für VOLK, LAST und KONS rechnen (wie in Abb. 3.1 bzw. Abb. 2.13).

Wir gehen im folgenden modular vor, indem wir zunächst Teilmodelle für die Teilsysteme Bevölkerung, Umweltbelastung und spezifischer Konsum entwickeln und ausprüfen. Erst wenn wir für jede der Komponenten eine gültige Formulierung gefunden haben, kommen wir auf das Gesamtmodell mit den in Abb. 3.1 angegebenen Wirkungsverknüpfungen zwischen den Größen VOLK, LAST und KONS zurück. Die drei entsprechenden Zustandsgrößen werden im folgenden mit V, L und K bezeichnet; für die entsprechenden Teilmodelle übernehmen wir die Namen VOLK, LAST, KONS.

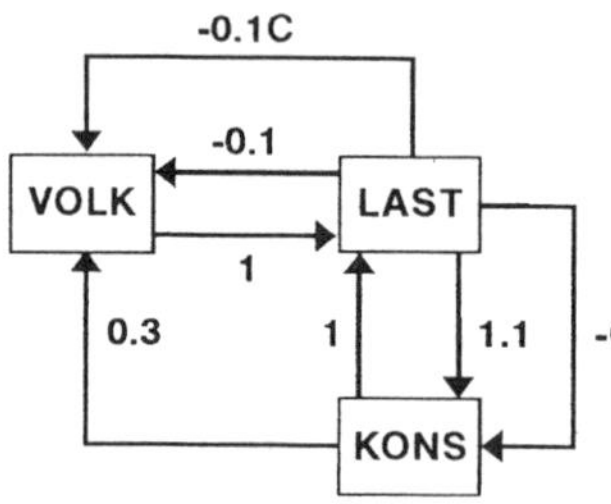

Abb. 3.1: Die Struktur des primitiven Weltmodells als Ausgangspunkt für eine differenziertere Systemanalyse.

3-1.2 Teilmodell Bevölkerungsentwicklung

Kennzeichnend für die Entwicklung einer Bevölkerung (Populationsdynamik) ist die Tatsache, daß sowohl die jährliche Zahl der Geburten wie die jährliche Zahl der Sterbefälle in erster Linie direkt von der Bevölkerungszahl selbst abhängt. Hiermit erhalten wir den Wirkungsgraphen für die Bevölkerungsentwicklung (Abb. 3.2). Er enthält die vier qualitativen Aussagen (Pfeile bzw. Kanten):

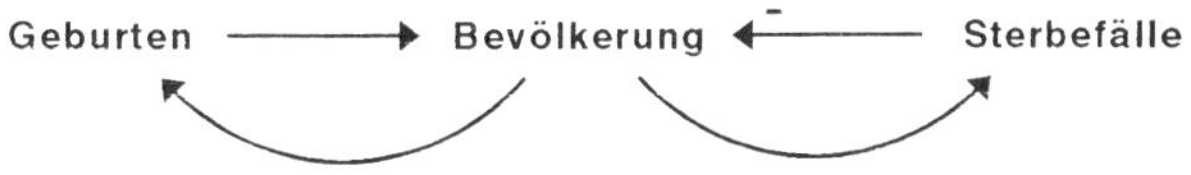

Abb. 3.2: Wirkungsdiagramm des Teilmodells VOLK für die Bevölkerungsentwicklung.

- Je höher die Bevölkerungszahl, um so höher die Zahl der Geburten.
- Je höher die Bevölkerungszahl, um so höher die Zahl der Sterbefälle.
- Je mehr Geburten, um so höher die Bevölkerungszahl.
- Je mehr Sterbefälle, um so kleiner die Bevölkerungszahl (Minuszeichen!).

Bei genauerer Betrachtung ist die jährliche Geburtenzahl von der altersspezifischen Fertilität der Frauen und der Zahl der Frauen in den (gebärfähigen) Altersjahrgängen abhängig, aber dies läßt sich in erster Näherung als eine proportionale Abhängigkeit von der Bevölkerungszahl ausdrücken:

Geburten/Jahr = spez. Geburtenrate * Bevölkerungszahl

Die spezifische Geburtenrate liegt zwischen etwa 1 Prozent pro Jahr (Industrieländer) und 4 Prozent pro Jahr (Entwicklungsländer).

In ähnlicher Weise läßt sich - unter Vernachlässigung der vom Alter abhängigen Mortalität - die jährliche Zahl der Todesfälle als proportionale Abhängigkeit von der Bevölkerungszahl ausdrücken:

Todesfälle/Jahr = spez. Sterberate * Bevölkerungszahl.

Die spezifische Sterberate liegt in allen Ländern bei rund 1 Prozent. (Im Gleichgewichtsfall müßte sie (1/Lebenserwartung) betragen, also z.B. 1/75 = 1.33 Prozent pro Jahr.)

Nach Ablauf eines Jahres läßt sich hiermit die neue Bevölkerungszahl ermitteln aus

neue Bevölkerungszahl = alte Bevölkerungszahl
+ (Geburten/Jahr - Todesfälle/Jahr) * 1 Jahr

Mit B = Geburten/Jahr und D = Todesfälle/Jahr läßt sich diese Beziehung für die Bevölkerungszahl V nach einem Zeitschritt Dt (z.B. Dt = 1 Jahr) auch schreiben als

$$V_{neu} = V_{alt} + (B - D) \cdot Dt \qquad (3.1)$$

Lassen wir hier den Zeitschritt sehr klein werden, so bekommen wir beim Grenzübergang $Dt \to dt \to 0$ einen Ausdruck für die momentane Veränderungsrate der Bevölkerung:

$$dV/dt = B - D \qquad (3.2)$$

Hierbei lassen sich mit der spezifischen Geburtenrate b und der spezifischen Sterberate d die Geburten und Sterbefälle ausdrücken als:

$$B = b \cdot V \qquad (3.3)$$
$$D = d \cdot V \qquad (3.4)$$

Wir haben nun drei Gleichungen für dV/dt, B und D hergeleitet, mit denen sich die Bevölkerungsentwicklung nach Vorgabe eines Anfangswerts für V berechnen läßt. Diese drei Gleichungen entsprechen den drei Begriffen "Bevölkerung", "Geburten" und "Sterbefälle", die wir im Wirkungsgraphen verwenden. Sie sind allerdings von unterschiedlicher Art, und wir müssen daher auch im Simulationsdiagramm als Weiterentwicklung des Wirkungsgraphen entsprechende Unterscheidungen treffen.

Die Gleichungen (3.3) und (3.4) sind algebraisch. Bei algebraischen Gleichungen ergibt sich eine Größe aus beliebigen algebraischen Kombinationen anderer (gleichzeitig definierter) Größen. Für diese Art von Beziehungen zwischen Systemgrößen führen wir den Kreis als kennzeichnendes Symbol ein. Alle in den Kreis zeigenden Wirkungspfeile sind mit der am Kreis angegebenen algebraischen Operation zu verknüpfen. Beispiele zeigt Abb. 3.3.

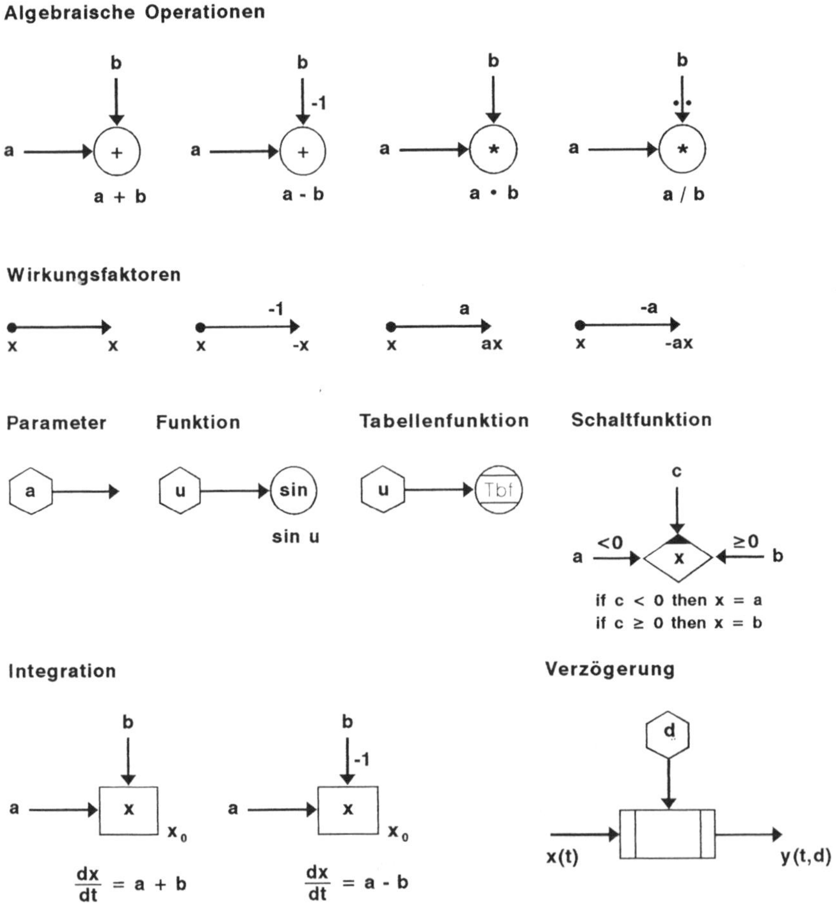

Abb. 3.3: Zeichen und Symbole für Simulationsdiagramme.

Die Gleichung (3.2) beschreibt die momentane Veränderung der Zustandsgröße V und ermöglicht es, nach Vorgabe des Anfangswertes für V die weitere Entwicklung dieser Größe mit Hilfe der beiden anderen Gleichungen (3.3) und (3.4) zu berechnen.

Generell folgt (vgl. Gl. 3.1 und Gl. 3.2) für eine Zustandsgröße Z zur Zeit (t+Dt) näherungsweise

$$Z_{t+Dt} = Z_t + (dZ/dt)_t \cdot Dt \qquad (3.5)$$

D.h. der neue Zustand Z zur Zeit (t+Dt) wird aus dem alten Zustand zur Zeit t und der zum Zeitpunkt t herrschenden Veränderungsrate $(dZ/dt)_t$ berechnet.

Diese Formulierung ist Grundlage der numerischen Integration nach Euler und Cauchy. Wir werden sie im folgenden immer wieder verwenden. Mit dieser allgemeinen Integrationsformel im Hintergrund (oder einer anderen, genaueren wie z.B. Runge-Kutta-Verfahren) genügt uns jetzt die Angabe der Veränderungsrate dZ/dt (d.h. der Differentialgleichung; hier Gl.(3.2)) sowie eines Anfangswerts zur vollständigen Spezifizierung des Modells.

Für die Operation der Zeitintegration der Veränderungsraten einer Zustandsgröße zur Ermittlung des neuen Wert der Zustandsgröße führen wir als eigenes Symbol den rechteckigen Kasten ein. (Dieser symbolisiert einen Behälter oder Speicher). Alle in den Kasten zeigenden Pfeile sind als (additive) Beiträge zur Veränderungsrate der Zustandsgröße zu verstehen. Der Anfangswert der Zustandsgröße sollte am Kasten vermerkt sein. Abb. 3.3 erläutert diese Übereinkunft.

Schließlich übernehmen wir noch aus den Wirkungsgraphen die vorzeichenbehafteten Gewichtungen von Verbindungen: Multiplikationsfaktoren mit ihren Vorzeichen werden direkt an die Verbindungspfeile geschrieben. Wo ein Pfeil ohne Wichtung gezeichnet ist, bedeutet das eine Wichtung mit +1, d.h. keine Veränderung des ursprünglichen Werts und Vorzeichens (Abb. 3.3).

Mit diesen Symboldefinitionen können wir nun die Gl. (3.1 - 3.4) in ein entsprechendes Simulationsdiagramm übersetzen (Abb. 3.4). Wir stellen dabei generell fest:

- Jeder Block entspricht einer Systemgleichung und umgekehrt.
- Jeder Kasten entspricht (der Integration) einer Zustandsgröße bzw. der Differentialgleichung für die Zustandsgröße.
- Jeder Kreis entspricht einer algebraischen Gleichung.
- Jedes Sechseck entspricht einer Vorgabegröße.

Offensichtlich entsprechen sich also das System der Modellgleichungen auf der einen Seite und das Simulationsdiagramm mit den Blöcken auf der anderen. Das Simulationsprogramm läßt sich sowohl aus dem einen wie aus dem anderen entwickeln. Insbeson-

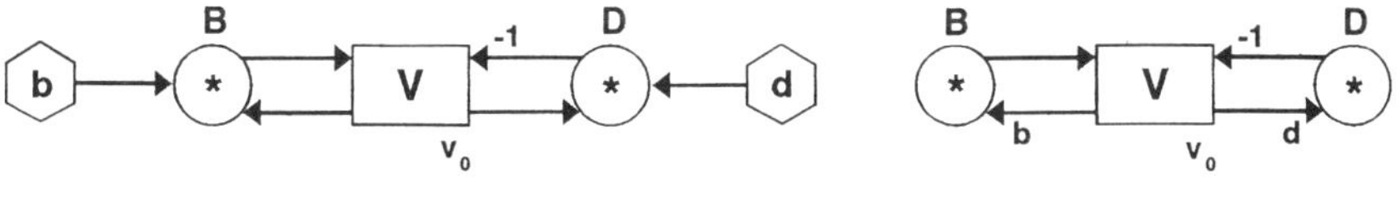

Abb. 3.4: Simulationsdiagramm des Teilmodells VOLK für die Bevölkerungsentwicklung in zwei gleichwertigen Darstellungen.

dere bedeutet dies, daß - bei direkter Entwicklung des Simulationsdiagramms aus dem Wirkungsgraph - eine mathematische Formulierung für die Umsetzung in ein Simulationsprogramm nicht erforderlich ist. Dies wird für viele Modellentwickler eine Erleichterung sein. Wir werden dieses Verfahren im folgenden immer wieder verwenden.

Wir haben nun das Teilmodell für die Bevölkerungsentwicklung formuliert (Gl. 3.2 - 3.4) und als Simulationsdiagramm (Abb. 3.4) dargestellt. Es bleibt zu überprüfen, daß diese Formulierung ein akzeptables Ergebnis erbringt und für die Zwecke unseres Weltmodells eingesetzt werden kann.

Wir können hierzu mit den Gl. (3.1), (3.3) und (3.4) bzw. (3.5), (3.2 - 3.4) ein kleines Rechenprogramm schreiben (programmierbarer Taschenrechner genügt) und für verschiedene b, d und V_0 Rechnungen durchführen. In diesem Fall läßt sich aber auch (mit dem Anfangswert V_0) direkt die analytische Lösung angeben

$$V_t = V_0 \cdot e^{(b-d)t}$$

was sich durch Differenzierung (dV/dt) und Einsetzen von V_t leicht überprüfen läßt. Wir erhalten also, je nach dem Vorzeichen von (b-d), exponentielles Wachstum oder exponentiellen Schwund.

Wie bereits angemerkt, kommt es uns hier darauf an, die Grunddynamik des modellierten Systems zu ermitteln. Wir können daher mit relativen (dimensionslosen) Zustandsgrößen arbeiten. Wir wählen also einen Normalzustand von "1" und befassen uns im folgenden mit den Veränderungen von diesem ursprünglichen Zustand. Wir wählen die folgenden Quantifizierungen:

$$\begin{aligned} V_0 &= 1 \quad [-] \\ b &= 0.03 \quad [1/\text{Jahr}] \\ d &= 0.01 \quad [1/\text{Jahr}] \end{aligned} \qquad (3.6)$$

Die spezifischen Veränderungsraten der Zustandsgrößen haben die Dimension [1/Zeiteinheit]. Wir verwenden hier die Dimension 'Jahr' für die Zeit, um die simulierte Dynamik mit der Realität besser vergleichen zu können.

3-1.3 Teilmodell Umweltbelastung

Die meisten Umweltbelastungen können im Lauf der Zeit durch ökologische Prozesse in Boden, Gewässern und Atmosphäre abgebaut werden. Wichtige Ausnahmen sind vom Menschen geschaffene schwer oder nicht abbaubare Chemiestoffe, mit denen die Organismen keine evolutionäre Erfahrung haben. Für die abbaubaren Stoffe gilt, daß sie mit einer bestimmten Rate - also einem bestimmten Prozentsatz pro Zeiteinheit - abgebaut werden können, solange das Ökosystem nicht überlastet worden ist. Lediglich die Zerfallsrate radioaktiver Stoffe ist völlig unbeeinflußbar und daher auch völlig unabhängig von der Stoffmenge und den konkreten Umweltbedingungen.

Ökologische Abbauprozesse haben immer eine Kapazitätsbegrenzung, die durch die Grenzen der jeweilig notwendigen ökologischen Bedingungen (z.B. Nährstoff-, Licht-, und Wasserbeschränkungen) gegeben sind. Bei Überlastung kann der Abbau bestenfalls an dieser möglichen Grenze operieren; oft ist aber auch mit einem Systemzusammenbruch und einer wesentlichen Verschlechterung der Abbaubedingungen zu rechnen.

für L < L*: $\frac{dL}{dt} = S - aL$ für L ≥ L*: $\frac{dL}{dt} = S - aL^*$

Abb. 3.5: Simulationsdiagramme des Teilmodells LAST für die Entwicklung der Umweltbelastungen. Links: unterkritische Belastung; rechts: überkritische Belastung.

Im Teilmodell für die Umweltbelastung müssen wir daher zwei Verhaltensmöglichkeiten berücksichtigen (Abb. 3.5). Liegt die vorhandene Umweltbelastung unter einem kritischen Wert, so ist der Abbau der Umweltbelastung pro Zeiteinheit proportional zur vorhandenen Umweltbelastung. Liegt die Belastung dagegen über dem kritischen Wert, so kann pro Zeiteinheit nur noch die (konstante) Menge abgebaut werden, die der Kapazitätsgrenze entspricht. Die ständige Belastung pro Zeiteinheit mit neuen Schadstoffen S ist in Abb. 3.5 als exogene (von außen bestimmte) Einwirkung vorgegeben. Generell stellen wir exogene Größen in Simulationsdiagrammen als Sechsecke dar (Abb. 3.3).

Mit den Bezeichnungen L für Umweltbelastung und a für die spezifische Abbaurate erhalten wir nun zwei verschiedene Formulierungen für die beiden Abbaubereiche:

Für Belastung unter der Kapazitätsgrenze L* gilt:

$$dL/dt = S - a \cdot L \qquad (3.7)$$

Bei Belastung über der Kapazitätsgrenze L* bleibt der Abbau auf dem konstanten Wert $a \cdot L^*$ 'hängen':

$$dL/dt = S - a \cdot L^* \qquad (3.8)$$

Wir müssen hier also im Simulationsmodell eine Schaltfunktion vorsehen, die in Abhängigkeit von der Umweltbelastung L auf die entsprechende Formulierung (3.7) oder (3.8) für den Abbau schaltet.

Da wir später noch den Kehrwert der relativen Umweltbelastung benötigen, der ein Maß für die relative Umweltqualität Q ist

$$Q = L^*/L$$

so können wir diesen auch bei der Formulierung der Differentialgleichungen für L verwenden:

Für Belastung unter der Kapazitätsgrenze L*:

$$dL/dt = S - a \cdot L$$

Für Belastung über der Kapazitätsgrenze L*:

$$\begin{aligned} dL/dt &= S - a \cdot L^* = S - a \cdot L \cdot (L^*/L) \\ &= S - a \cdot L \cdot Q \end{aligned} \qquad (3.8')$$

In dieser Formulierung kann die 'Grundstruktur' (S-a·L) also bleiben; es wird lediglich bei Überschreiten der Kapazitätsgrenze der Qualitätsfaktor Q (< 1) hinzumultipliziert.

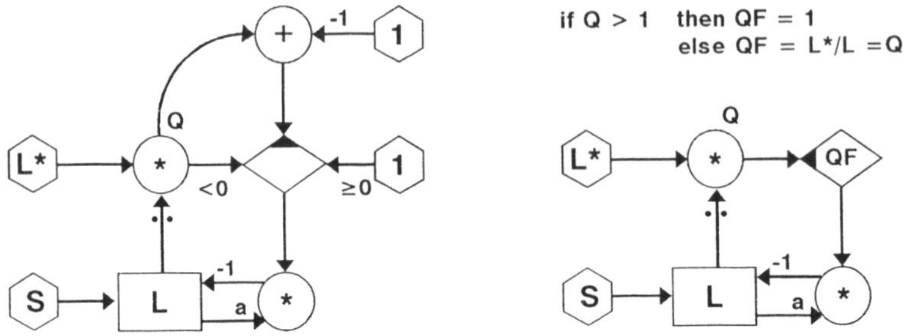

Abb. 3.6: Simulationsdiagramm des Teilmodells LAST mit Strukturumschaltung bei überkritischer Umweltbelastung. Links: Darstellung im Detail; rechts: verkürzte Darstellung der Schaltfunktion.

Als Symbol für Schaltfunktionen verwenden wir den Rhombus (Abb. 3.3 und Abb. 3.6). Zwar läßt sich die Schaltfunktion symbolisch so darstellen, daß dieser Darstellung alle Einzelheiten für die Programmierung direkt zu entnehmen sind (Abb. 3.6a), doch empfiehlt sich oft die Verwendung der vereinfachten Form (Abb. 3.6b), bei der die Schaltfunktion selbst als logischer Ausdruck angegeben wird. Für das Teilmodell Umweltbelastung ergibt sich damit folgendes Verhalten:

Wenn der Schadstoffeintrag den kritischen Wert $a \cdot L^*$ überschreitet, so kommt es zu einem ständigen Anwachsen der Umweltbelastung.

Dagegen stabilisiert sich das System unabhängig vom Ausgangszustand im Fließgleichgewicht (Abbau = Eintrag), wenn der Schadstoffeintrag S die kritische Belastung $a \cdot L^*$ nicht überschreitet.

Da wir mit relativen Zustandsgrößen arbeiten wollen, setzen wir im Weltmodell die Kapazitätsgrenze $L^* = 1$. Für den Anfangswert der Umweltbelastung und die spezifische Abbaurate wählen wir die folgenden Quantifizierungen:

$$L_0 = 1 \quad [-]$$
$$a = 0.1 \quad [1/\text{Jahr}] \qquad (3.9)$$

d.h. normalerweise wird 1/10 der Umweltbelastung pro Jahr abgebaut; die Zeitkonstante der Umweltbelastung ist daher $1/a = 10$ Jahre. (Die Zeitkonstante ist der Kehrwert der spezifischen Veränderungsrate).

3-1.4 Teilmodell Entwicklung des spezifischen Konsums

Die Entwicklung des spezifischen Konsums ist weitgehend 'autokatalytisch', d.h. es besteht eine positive Rückkopplung zwischen dem Konsumniveau und seiner Wachstumsrate. In der Statistik zeigt sich dies im (relativ beständigen) Wachstum etwa des Bruttoinlandsprodukts pro Kopf in vielen Ländern. Diese in Abb. 3.7a gezeigte Struktur führt bei konstanter Wachstumsrate c zu exponentiellem Wachstum des spezifischen Konsumniveaus.

$$dK/dt = c \cdot K$$

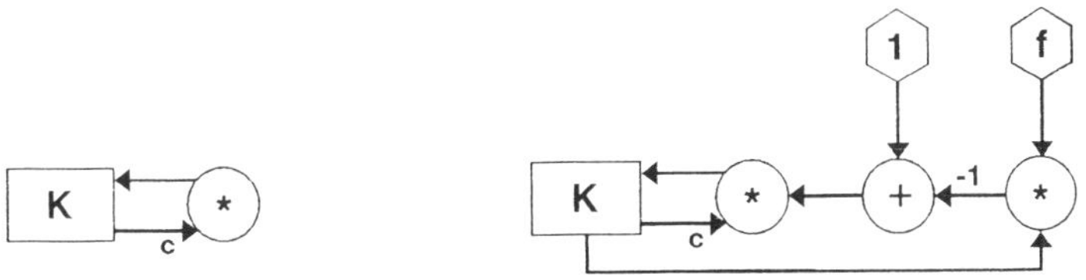

Abb. 3.7: Simulationsdiagramm des Teilmodells KONS für die Entwicklung des spezifischen Konsums. Links: unbegrenztes Wachstum; rechts: logistisches Wachstum bis an einen Grenzwert 1/f.

Exponentielles Wachstum kann es auch beim Konsumniveau auf Dauer nicht geben, da die notwendigen Material- und Energieflüsse und insbesondere die damit verbundenen Umweltbelastungen an Grenzen stoßen, die ohne Zusammenbruch des Gesamtsystems nicht überschritten werden können. Wir müssen also auch hier eine mehr oder weniger realistische Wachstumsbegrenzung einführen. Sinnvoll ist die Vorstellung einer Kapazitätsgrenze und die Modifizierung der Wachstumsrate in einer Weise, daß sie sich bei Annäherung an die Kapazitätsgrenze K^* auf Null reduziert. Dies kann erreicht werden durch den 'logistischen' Ansatz

$$dK/dt = c \cdot K \cdot (1 - f \cdot K) \tag{3.10}$$

Dabei bestimmt der Kapazitätsfaktor $f = (1/K^*)$, auf welchem Konsumniveau Sättigung eintritt; bei $f = 0.1$ hört das Wachstum z.B. auf, wenn sich K dem Wert 10 nähert.

Diese Grundstruktur verwenden wir auch für das Weltmodell. Sie ist in Abb. 3.7b wiedergegeben. Wie V und L, so soll auch K in relativen Einheiten angegeben werden. Den Anfangswert und die spezifische Wachstumsrate des Konsums quantifizieren wir mit

$$\begin{aligned} K_0 &= 1 \quad [-] \\ c &= 0.05 \quad [1/\text{Jahr}] \end{aligned} \tag{3.11}$$

Der Sättigungsfaktor f bleibt zunächst undefiniert; wir werden ihn über die Kopplung mit den anderen Teilmodellen bestimmen.

3-1.5 Verkopplung der Teilmodelle

Die drei Teilmodelle für die Entwicklung von Bevölkerung, Umweltbelastung und Konsum sollen nun in der Weise verkoppelt werden, wie das in der ursprünglich entwickelten Wirkungsstruktur (Abb. 3.1) vorgesehen war. Dabei ist noch einmal im einzelnen kritisch zu prüfen, wie diese Verkopplung genau auszusehen hat, d.h. wie welche der verschiedenen Größen eines Teilmodells mit welcher Größe eines anderen Teilmodells zu verkoppeln ist. Bei den folgenden Betrachtungen muß im Auge behalten werden, daß wir V, L und K als relative Größen definiert haben, deren Werte sich in der Größenordnung von "1" bewegen sollen.

Wir beginnen mit der Verkopplung von LAST nach VOLK (Gewichtung -0.1 C). Diese war intendiert als Maßnahme zur Bevölkerungskontrolle in Reaktion auf hohe Umweltbelastung. Sie muß daher bei der Geburtenrate ansetzen. Ausgangspunkt ist zweckmäßigerweise der bereits definierte Umweltqualitätsfaktor $Q = L^*/L = 1/L$. Bei sinkender Umweltqualität würde dann die Geburtenrate entsprechend verringert. Die Stärke der Wirkung ist durch den Faktor g zu beeinflussen.

Die zweite Kopplung von LAST nach VOLK (Gewichtung -0.1) sollte den gesundheitsschädlichen Einfluß der Umweltbelastung durch Verringerung der mittleren Lebenserwartung beschreiben. Sie muß deshalb von L auf die Sterberate wirken: je höher die Umweltbelastung, um so höher die Sterberate. Da der Normalwert von L in der Größenordnung von 1 liegt, benutzen wir L direkt (Gewichtung 1) als Faktor für die Sterberate.

Die Kopplung von VOLK nach LAST kann nur in Verbindung mit der Kopplung von KONS nach LAST gesehen werden. Der Schadstoffeintrag hängt sowohl von der Bevölkerungsgröße wie von der Höhe des spezifischen Konsums ab und ist damit proportional zum Produkt $(V \cdot K)$. Als Wichtungsfaktor wird $e = 0.02$ angesetzt. Das bedeutet z.B., daß bei $V = 5$ und $K = 1$ der Schadstoffeintrag gerade dem höchstmöglichen Abbau von $(a \cdot L^*) = (0.1) \cdot 1$ entspricht.

Die Kopplung von KONS nach VOLK sollte eine Erhöhung der Zahl der (überlebenden) Kinder pro Familie bei wachsendem materiellen Wohlstand darstellen. Ähnlich wie bei der Verbindung von L auf die Sterberate ist es auch hier sinnvoll, K direkt auf die Geburtenrate wirken zu lassen, mit Gewichtung 1.

Die Kopplung von LAST nach KONS sollte darstellen, daß sich mit einer Erhöhung der Umweltbelastung auch der spezifische Konsum erhöht (durch aufwendigere Umweltschutz- und Abbaumaßnahmen, durch höheren Aufwand für Dünger und Biozide, durch erschwerte Rohstoffgewinnung usw.). Das bedeutet, daß L auf die Wachstumsrate von K wirkt. Auch hier kann wieder ein einfacher proportionaler Einfluß mit Gewichtung 1 angenommen werden.

Die noch verbleibende Kopplung von LAST nach KONS mit der von der Eingriffstärke abhängigen Gewichtung soll bewirken, daß das Wachstum des Konsumniveaus eine Grenze findet. Es ist deshalb hier sinnvoll, L mit dem Sättigungsterm so zu verkoppeln, daß die Wichtung der Verkopplung durch den Kapazitätsfaktor f im Teilmodell für die Konsumentwicklung (Abb. 3.7) ausgedrückt wird. Bei fehlendem Eingriff, also $f = 0$, entfällt die Sättigung und der Konsum wächst exponentiell.

Das Gesamtmodell mit seinen Teilmodellen und Verkopplungen ist in Abb. 3.8a dargestellt. Wir erkennen hier die vorher entwickelten Teilmodelle wieder. Wird die jetzt übernommene Verkopplung der Teilmodelle noch einmal gezeichnet (Abb. 3.8b) und mit der ursprünglich entwickelten Wirkungsstruktur (Abb. 3.1) verglichen, so zeigt sich Übereinstimmung - bis auf die multiplikative Verknüpfung von VOLK und KONS mit LAST. Aus der Diskussion nichtlinearer Verkopplungen in Kap. 2-3.4 (vgl. die Linearisierung des Räuber-Beute-Modells, Kap. 7-1.12) wissen wir inzwischen, daß (für den Fall, daß eine Linearisierung zulässig ist) sich eine multiplikative Verknüpfung zweier Größen durch Linearisierung in zwei (additive) Einzelverbindungen auflösen läßt. Damit ergibt sich dann (von den Gewichtungen abgesehen) wieder der Wirkungsgraph der Abb. 3.1. Die Grundstruktur des einfachen linearen Graphen der Abb. 3.1 und des nichtlinearen Modells der Abb. 3.8 entsprechen sich daher.

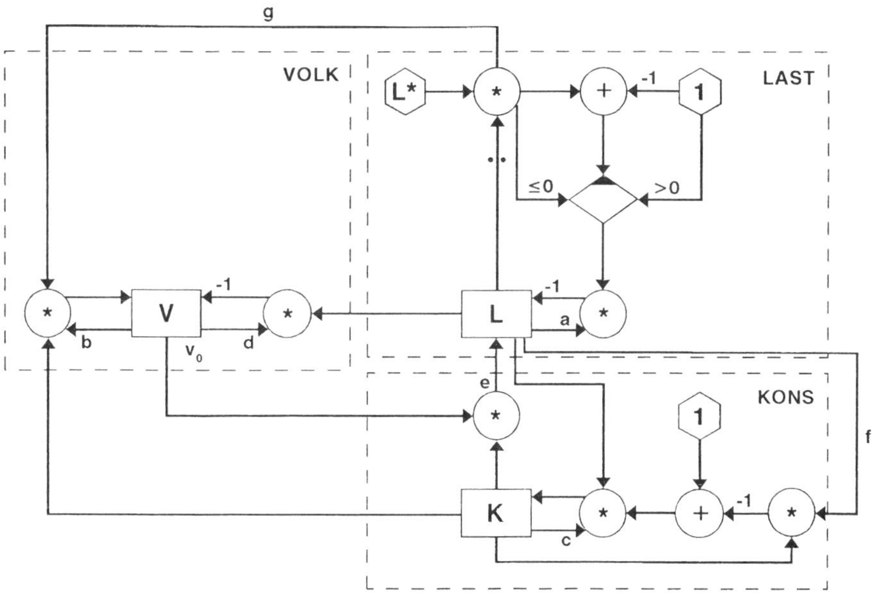

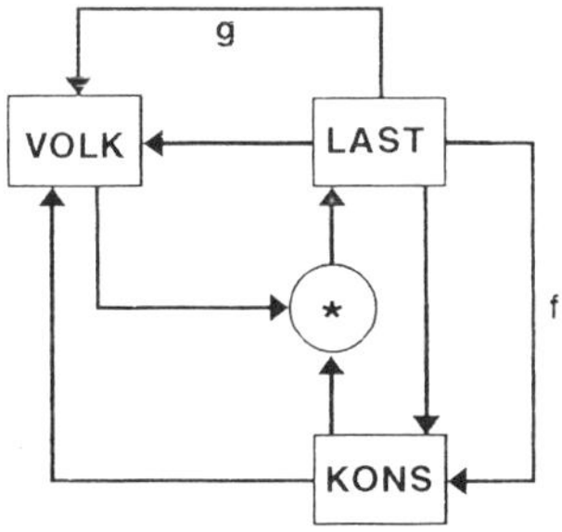

Abb. 3.8: Das Weltmodell nach Verkopplung der Teilmodelle VOLK, LAST und KONS. Oben: Simulationsdiagramm; unten: Verkopplungsstruktur der Teilmodelle.

Wir erhalten jetzt für das Gesamtsystem die folgenden nichtlinearen Differentialgleichungen - am einfachsten direkt durch Abschreiben aus Abb. 3.8a:

$$dV/dt = b \cdot V \cdot g \cdot (L^*/L) \cdot K - d \cdot V \cdot L \qquad (3.12a)$$

$$dL/dt = e \cdot K \cdot V - a \cdot L^* \quad (\text{für } L > L^*) \qquad (3.12b)$$

$$dL/dt = e \cdot K \cdot V - a \cdot L \quad (\text{für } L \leq L^*)$$

$$dK/dt = c \cdot K \cdot L\,(1 - K \cdot L \cdot f) \qquad (3.12c)$$

mit den Anfangsbedingungen

$$V_0 = 1,\; L_0 = 1,\; K_0 = 1 \qquad (3.12d)$$

und den Parametern

$$a = 0.1, \; b = 0.03, \; c = 0.05, \; d = 0.01, \; e = 0.02 \qquad (3.12e)$$

Der Eingriffsparameter g sollte in der Nähe von 1 gewählt werden; der Eingriffsparameter f kann zwischen etwa 0 und 10 liegen.

3-1.6 Simulationen mit einem einfachen Simulationsprogramm

Wir wollen - zunächst unter Verzicht auf professionelle Simulations-Software - mit dem mathematischen Modell (Gl. 3.12) ein Simulationsprogramm erstellen, das uns einen ersten raschen Einblick in das Systemverhalten geben soll. Wir können hier auf das bereits früher verwendete Programm WELTCONT (Programm 2.2) zurückgreifen, bei dem wir nur die neuen Modellgleichungen und einige kleine Ergänzungen einfügen müssen. Das neue Programm WELTSIM (Programm 3.1) zeichnet außerdem die Ergebnisse für die drei Zustandsgrößen als Zeitkurven auf (dünner Strich: Umweltbelastung L, mittlerer Strich: Bevölkerung V, dicker Strich: Konsumniveau K).

Wir setzen in den folgenden Läufen den die Geburtenrate beeinflussenden Eingriffsparameter g durchweg auf 1 und experimentieren mit verschiedenen Eingriffsparametern f, d.h. mit dem Sättigungsniveau für den spezifischen Konsum.

Für unbeschränktes Wachstum (f = 0) ergibt sich nach etwa drei Jahrzehnten relativ langsamen Wachstums von V, L und K ein explosionsartiges Anwachsen des spezifischen Konsums und der Umweltbelastung. Dies führt zu ziemlich plötzlichem Zusammenbruch der Bevölkerung (Abb. 3.9a).

Auch bei sehr niedrigen Werten von f (f < 0.1) zeigt sich diese Tendenz zu plötzlichem explosionsartigen Anwachsen von K und L mit nachfolgendem Zusammenbruch der Bevölkerung. Die Bevölkerung bleibt danach so lange auf einem Wert nahe Null, bis die Umweltbelastung wieder so weit abgebaut ist, daß ein neuer Wachstumsschub möglich ist. Hieraus ergibt sich ein stark gedämpftes periodisches Verhalten des Modells. Abb. 3.9b zeigt einen entsprechenden Lauf über 500 Jahre für f = 0.03. Hier zeigt das Modell eine Periode von etwa 120 Jahren.

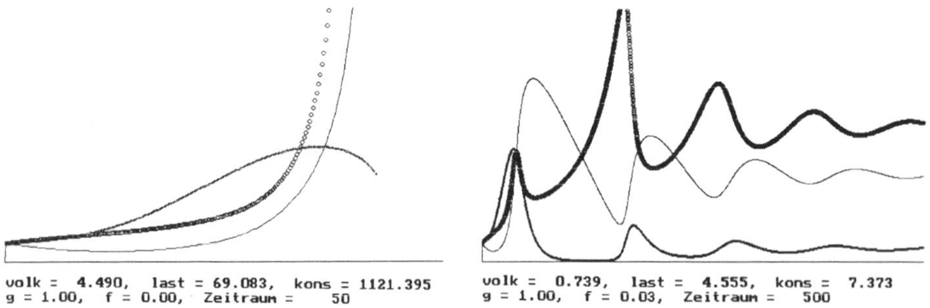

Abb. 3.9: Simulationsergebnisse des Weltmodells. Links: Zusammenbruch bei unbeschränktem Wachstum. Rechts: Starke Schwingungen, wenn der Konsumanstieg nur wenig gedämpft ist.

```
program weltsim;    (* H.Bossel: Modellbildung und Simulation 910512 *)
uses crt,graph,scrcopy;
var
   volk,last,kons,tun,volkRate,lastRate,konsRate,tunRate,f,g,dt,t:real;
   qual,abbau,a,b,c,d,e,final,xscale,yscale: real;
   antwort,volkstr,laststr,konsstr,fstr,gstr,finstr: string;
   weiter,drucken,PrinterOK: boolean;
   graphDriver,graphMode,sx,sy,xnull,ynull: integer;
begin
   weiter := true;
   while (weiter) do
   begin
      clrscr;
      writeln ('DYNAMIK EINES NICHTLINEAREN MINI-WELTMODELLS');
      writeln;
      writeln ('Eingriffsparameter g (1)');
      readln (g);
      writeln ('Eingriffsparameter f (0.1)');
      readln (f);
      writeln ('Zeitraum [Jahre] (200)');
      readln (final);
      graphDriver := detect;
      initGraph (graphDriver, graphMode, '');
      sx := (getMaxX+1) div 100;
      sy := (getMaxY+1) div 100;
      xnull := round(0*sx);            {Nullpunkt}
      ynull := round(90*sy);
      line (xnull+round(100*sx),ynull,xnull,ynull);
      moveTo(xnull,ynull);
      xscale := 100/final;             {Skalierung}
      yscale := 20;
      t := 0;                          {Parameter}
      a := 0.1;  b := 0.03;  c := 0.05;  d := 0.01;  e := 0.02;
      dt := 0.2;
      volk := 1;  last := 1;  kons := 1; {Anfangswerte}
      while t<final do                 {Zeitschleife-Beginn}
      begin
         t := t+dt;
         lineTo (round(t*xscale*sx), round(ynull-last*yscale));
         circle (round(t*xscale*sx), round(ynull-volk*yscale),1);
         circle (round(t*xscale*sx), round(ynull-kons*yscale),3);
         moveTo (round(t*xscale*sx), round(ynull-last*yscale));
         qual := 1/last;
         volkRate := b*volk*g*qual*kons - d*volk*last;
         if qual>=1 then               {Zustandsgleichungen (Raten)}
            abbau := a*last else
            abbau := a*last*qual;
         lastRate := e*kons*volk - abbau;
         konsRate := c*kons*last*(1-(kons*last*f));
         volk := volk+volkRate*dt;     {numerische Integration}
         last := last+lastRate*dt;
         kons := kons+konsRate*dt;
         if (volk+last+kons)>1000 then t:=final;
      end;
      str(volk:6:3,volkstr); str(last:6:3,laststr); str(kons:6:3,konsstr);
      str(g:3:2,gstr); str(f:3:2,fstr); str(final:5:0,finstr);
      OutTextXY (xnull, ynull+10,'volk = '+volkstr+',  last = '+laststr+',  kons = '+konsstr);
      OutTextXY (xnull, ynull+20,'g = '+gstr+',  f = '+fstr+',  Zeitraum = '+finstr);
      if drucken=true then graf24(40,3,3,PrinterOK);
      readln;  closeGraph;
      writeln ('noch mal? (j/n)');  readln (antwort);
      if (antwort='n') or (antwort='N') then
         weiter := false;
      writeln ('drucken? (j/n)');
      readln (antwort);
      if (antwort='n') or (antwort='N') then
         drucken := false
         else drucken := true;
   end;
end.
```

Programm 3.1: WELTSIM.PAS. Simulationsmodell eines kontinuierlichen Systems ('Weltmodell').

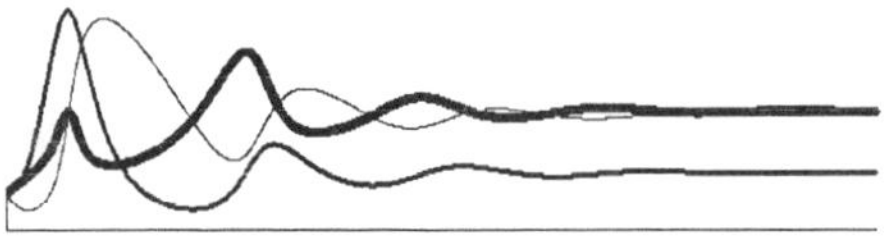

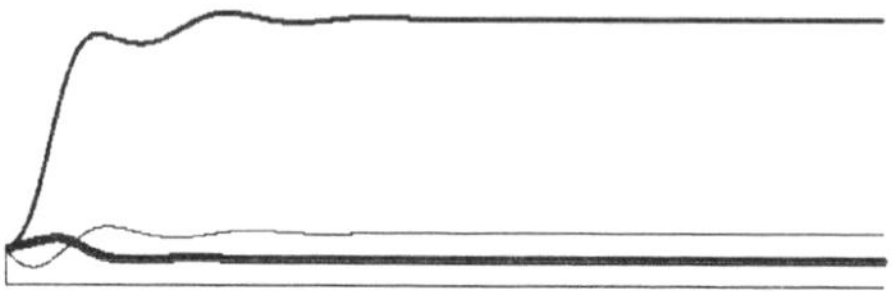

Abb. 3.10: Simulationsergebnisse des Weltmodells bei stärker gedämpftem Konsumanstieg. Die Gleichgewichtswerte sind stark vom Sättigungsparameter f abhängig.

Erst wenn der Eingriffsparameter f über 0.1 anwächst, ergibt sich etwas weniger dramatisches Verhalten (Abb. 3.10). In diesen Läufen zeigt sich nun sehr deutlich auch ein Einschwingen auf einen Gleichgewichtspunkt mit konstanten Werten für die drei Zustandsgrößen. Wir finden die folgenden Gleichgewichtswerte:

Eingriffsparameter	f	V	L	K
	0.1	1.558	3.119	3.208
	0.5	4.543	1.817	1.101
	1.0	7.211	1.442	0.693

Es zeigt sich, daß ein hohes Konsumniveau mit einer niedrigen Bevölkerung im Gleichgewicht einhergeht, während ein niedrigeres Konsumniveau eine höhere Bevölkerungszahl ermöglicht.

3-1.7 Gültigkeit der Modellformulierung

Das Modell WELTSIM verhält sich im großen und ganzen plausibel. Dieser erste Eindruck darf aber nie dazu verleiten, den Modellergebnissen nun ohne weitere Überprüfung von Modell und Ergebnissen bedingungslos zu glauben oder sie gar zur Grundlage wichtiger Entscheidungen zu machen.

Zunächst muß noch einmal überprüft werden, ob die mathematische Ableitung und die Programmierung der Gleichungen fehlerfrei sind. Danach müssen - im Rahmen des vorgegebenen Modellzwecks - die Strukturgültigkeit, die Verhaltensgültigkeit, die empirische Gültigkeit und die Anwendungsgültigkeit überprüft werden.

Der **Strukturgültigkeit** galt bei der Entwicklung der Teilmodelle und ihrer Verkopplung hauptsächlich unsere Aufmerksamkeit. Für den zu Beginn von Kap. 2 festgelegten Modellzweck, "mit einer möglichst geringen Zahl von Größen qualitativ richtige Aussagen" zu machen, erscheint die Formulierung ausreichend und strukturell gültig zu sein.

Die **Verhaltensgültigkeit** des Modells ergibt sich wesentlich aus der Struktur, den gewählten Komponenten und ihren Verknüpfungen; sie ist damit auch mit der Strukturgültigkeit verbunden. Die Verhaltensgültigkeit fordert darüber hinaus aber auch ein mit dem Realsystem vergleichbares Verhalten bei Wahl realistischer Systemparameter (hier die Konstanten a bis e). Prüfpunkte sind hier z.B.

- Geschwindigkeit von Veränderungsprozessen
- Schwingungsperioden
- Maximal- und Minimalwerte
- Phasenverschiebungen zwischen Zustandsgrößen
- Gleichgewichtswerte
- Stabilitätsverhalten
- Verhalten unter extremen Bedingungen
- Plausibilität

Unter diesen Gesichtspunkten betrachtet, sind die Ergebnisse von WELTSIM nicht implausibel. Im Rahmen des Modellzwecks schließen wir auf Verhaltensgültigkeit.

Eine **empirische Gültigkeit**, d.h. zahlenmäßige Übereinstimmung mit der Realität, ist dagegen auf keinen Fall gegeben. (Aus den Simulationen dürfen daher keine konkreten Schlüsse gezogen werden!) Hierfür hätte das Modell nicht nur in realen Größen mit meßbaren Entsprechungen im Realsystem formuliert werden müssen. Auch die Parameter, vor allem aber die Zusammenhänge (etwa der Einfluß der Umweltbelastung auf die Geburtenrate) hätten wesentlich genauer (und komplexer) erfaßt und formuliert werden müssen.

Die **Anwendungsgültigkeit** wiederum - als einfaches didaktisches Modell zur Demonstration der dynamischen Effekte elementarer Zusammenhänge zwischen der Umwelt und der menschlichen Gesellschaft - dürfte gegeben sein.

Wir werden auf die Modellbildung mit realen, dimensionsbehafteten Größen zurückkommen, nachdem wir uns im nächsten Abschnitt mit einigen grundsätzlichen Betrachtungen über Systemgrößen beschäftigt haben.

3-2 Systemelemente und Elementarsysteme

3-2.1 Differenzierung der Systemelemente

Bei der Betrachtung von Wirkungsgraphen in Kap. 2 und der sorgfältigeren Formulierung des 'Weltmodells' im vorstehenden Abschnitt 3.1 ist klar geworden, daß für eine zuverlässige Ermittlung der Dynamik eines Systems zwischen grundsätzlich andersartigen Typen von Systemelementen unterschieden werden muß:

1. **Vorgabegrößen,** d.h. **Parameter** und **exogene Einwirkungen** (Sechsecksymbol), d.h. Größen, die auf das System einwirken, aber von diesem nicht beeinflußt und verändert werden können.
2. **Zustandsgrößen** (Rechtecksymbol), d.h. Speichergrößen, in denen sich der gegenwärtige Zustand eines Systems auch als Ausdruck seiner Geschichte widerspiegelt.
3. **Zwischengrößen** (Kreis- oder Ellipsesymbol), d.h. Größen, die jederzeit direkt aus Vorgabe- und/oder Zustandsgrößen ermittelt werden können. Die Veränderungsraten der Zustandsgrößen gehören zu dieser Kategorie.

Bevor wir uns in folgenden Abschnitten mit der Erstellung weiterer Simulationsmodelle befassen, sollen jetzt zunächst (mit den Erfahrungen aus der Erstellung des Weltmodells)

- die Systemelement-Typen
- die grundsätzliche Art ihrer Verknüpfung
- oft auftretende elementare Systemstrukturen und ihre Verhaltenseigenschaften

genauer beschrieben werden. Kenntnisse der charakteristischen Verhaltensweisen der verschiedenen Systemelemente und gewisser, einfacher, immer wiederkehrender elementarer Systemstrukturen erleichtern das Verständnis und die Beurteilung auch komplexer dynamischer Systeme wesentlich.

Die verschiedenen Systemelement-Typen wurden bereits in Abb. 3.3 mit Hinweisen für die Darstellung der Wirkungsverknüpfungen (durch gewichtete Pfeile) vorgestellt. Im folgenden werden die Besonderheiten der drei Kategorien von Systemgrößen ausführlicher erläutert.

Vorgabegrößen

Vorgabegrößen, d.h. Umwelteinwirkungen, Systemparameter und Anfangszustände zeichnen sich dadurch aus, daß sie von der Entwicklung des Systems unabhängig bleiben und daher keine Systemgrößen als Eingänge haben können. Sie können sich **nur** als Funktion der Zeit verändern, falls sie nicht sowieso konstant bleiben. Diese mögliche Abhängigkeit von der Zeit geht im Simulationsdiagramm aus der Funktionsangabe hervor; sie wird nicht weiter (etwa durch eine Eingangspfeil "t") gekennzeichnet. Für das Simulationsdiagramm gilt daher: Exogene Größen (Sechsecke) dürfen keine Eingangspfeile aufweisen.

Die Zeitfunktionen sind vom konkreten Anwendungsfall abhängig und können prinzipiell beliebiger Natur sein. Liegt der Zeitverlauf als Datenreihe vor (z.B. Wetterdaten), so ist die Verwendung einer Tabellenfunktion sinnvoll. Läßt sich die Funktion durch einen (komplexen) mathematischen Ausdruck angeben, so kennzeichnen wir den Block mit einem Namen und fügen dem Simulationsdiagramm die entsprechende Angabe der Zeitfunktion bei. Werden einfache Zeitfunktionen verwendet, so können entsprechende Bezeichnungen zusammen mit den erforderlichen Parametern direkt an die entsprechenden Sechseckblöcke geschrieben werden.

Gelegentlich muß die Zeit t selbst in Berechnungen eingeführt werden. Wir kennzeichnen sie als einen Sechseckblock mit der Bezeichnung TIME.

Muß ein exogener Systemeingang erst aus einem komplexen mathematischen Ausdruck berechnet werden, so kann auch hierfür ein Simulationsdiagramm mit dem im folgenden für die Berechnung der Zwischengrößen beschriebenen Verfahren entwickelt werden. Auch hier werden nur die direkten Vorgaben (Zeitfunktionen und Parameter) durch Sechsecke gekennzeichnet.

Zustandsgrößen

Zustandsgrößen sind immer auch Speichergrößen. Im Systemdiagramm werden sie daher durch einen rechteckigen Kasten ('Behälter') dargestellt, mit dem sich aber noch eine Rechenvorschrift verbinden muß. Zwei Arten von Speichergrößen sind von Bedeutung: Integratoren und Verzögerungen.

Der **Integrator** begegnet uns zur Darstellung von Systemzuständen weitaus am häufigsten. Er wird im Systemdiagramm durch ein Rechteck gekennzeichnet. Der Integrator hat die Aufgabe, ausgehend von einem vorgegebenen Anfangszustand aus den laufenden Veränderungen einer Zustandsgröße (Zugänge und Abgänge des Bestandes) ständig den aktuellen Zustand zu ermitteln. Ein einfaches Beispiel zur Funktion eines Integrators ist ein Behälter mit regulierbarem Zufluß und Abfluß (z.B. Badewanne).

Wir können die Rechenvorschrift für einen Integrator an diesem Beispiel entwickeln, wenn wir uns zunächst vorstellen, daß sich die Einstellungen der Ventile nur zu diskreten Zeitpunkten im Zeitabstand Dt ändern lassen. Dann folgt der neue Systemzustand zum Zeitpunkt t + Dt aus dem alten Systemzustand zum Zeitpunkt t und dem Nettozufluß in der Zeit zwischen t und t + Dt, der sich aus der Ventileinstellung zur Zeit t (Zu- bzw. Abflußrate) und der Zeitdauer Dt ergibt:

neuer Zustand = alter Zustand + Zustandsveränderungsrate * Zeitschritt

$$z(t + Dt) = z(t) + dz(t)/dt \cdot Dt \qquad (3.13)$$

Bei kontinuierlichen Systemen, bei denen sich die Zustandsraten in jedem Augenblick ändern können, ergibt sich durch den Übergang $Dt \rightarrow dt \rightarrow 0$ hieraus der neue Zustand als Integration, mit z_0 als Anfangswert:

$$z(t) = z_0 + {}_0\int^t (dz/dt)\, dt \qquad (3.14)$$

Die jeweilige Zustandsrate (dz/dt) folgt hierbei aus der systemspezifischen Zustandsfunktion **f**. Sie wird getrennt ermittelt und bildet den Eingang des Integrators. In der Systemdarstellung werden daher alle in den Integratorblock mündenden Pfeile als Zustandsraten aufgefaßt. Die Anfangswerte des Integrators werden daher symbolisch anders dargestellt (Angabe neben dem Zustandskasten oder als Vorgabegröße (Sechseck)).

Bei der Simulation sind wir auf numerische Integration angewiesen. Hierfür existieren bewährte Verfahren, die sich hinsichtlich ihrer numerischen Genauigkeit und Stabilität unterscheiden. Für die Mehrzahl der Anwendungen der Systemdynamik ist dabei das einfachste Verfahren, die Euler-Cauchy-Integration, völlig ausreichend. Sie entspricht der Gl. (3.13). Bei ihr wird vorausgesetzt, daß die Zustandsraten während des Rechenschritts (der Zeitperiode von t bis t + Dt) konstant auf dem Wert zu Beginn der Periode (Zeit t) verbleiben. Hieraus ergibt sich ein numerischer Fehler, da in der Realität sich die Zustandsraten zwischenzeitlich verändern können. Der Fehler wird kleiner, wenn die Rechenschrittweite verringert wird. Allerdings stellen sich bei zu kleiner Schrittweite lange Rechenzeiten und Rundungsfehler ein, die das Ergebnis wieder verfälschen können. Hier ist also ein sinnvoller Kompromiß zu finden. Als Faustregel hat sich bewährt, die Rechenschrittweite auf etwa 1/20 der kleinsten Zeitkonstanten bzw. 1/100 der kleinsten Schwingungsperiode im System zu setzen.

Die Rechenvorschrift für den Integratorblock (Zustandsgröße z) lautet daher:

$$z(t + Dt) = z(t) + (dz/dt)_t \cdot Dt$$

oder, als Programmanweisung

$$Z := Z + RATE * DT \qquad (3.15)$$

Gelegentlich müssen Systeme simuliert werden, bei denen gleichzeitig sehr schnell ablaufende Vorgänge (kleine Zeitkonstante) und sehr langsam ablaufende Vorgänge (große Zeitkonstante) eine Rolle spielen (Beispiel Baumwachstum: Stomataregulation in Minuten, Biomassezuwachs in Jahren). Hier muß man entweder (mit dem Euler-Cauchy-Verfahren) sehr lange Rechenzeiten und Ungenauigkeiten in Kauf nehmen, oder man verwendet effizientere und genauere Verfahren, die selbständig eine optimale Schrittweitenanpassung vornehmen, oder man zerlegt das System in 'schnelle' und 'langsame' Bestandteile und berechnet nur die schnellen Prozesse mit kleiner Schrittweite, oder man ermittelt aus getrennten Simulationen der schnellen Prozesse aggregierte Verhaltensfunktionen, die man dann anstelle dieser Prozesse einfügt.

Auch **Verzögerungen** müssen (frühere) Systemzustände speichern. Wir verwenden für sie daher ebenfalls das Rechtecksymbol, jetzt mit zusätzlichen Querstrichen (Abb. 3.3). Verzögerungen können auf verschiedene Weise bewerkstelligt werden; von simulationstechnischer Bedeutung sind Haltespeicher und exponentielle Verzögerungen.

Der **Haltespeicher** hat die Aufgabe, einen ihm zur Zeit t gemeldeten Zustand erst zu einem späteren Zeitpunkt $t + T$ weiterzugeben, wobei T die Verzögerungszeit ist. Anders formuliert: er gibt erst zum Zeitpunkt t den ihm zum Zeitpunkt $(t - T)$ gemeldeten Zustand weiter. Offensichtlich bedeutet dies, daß er auch die zwischenzeitlich gemeldeten Zustände behalten muß, um sie später richtig weiterzugeben. (Dies kann eine große Zahl von Speichergrößen in der Simulation bedeuten.) Der Haltespeicher ist z.B. zur Darstellung von Transportverzögerungen wichtig (Transportband, Bahntransport, usw.), bei denen das Gut selbst keine Zustandsveränderung erfährt.

Bei der **exponentiellen Verzögerung** entsteht der Verzögerungseffekt durch einen Integrator mit einer negativen Rückkopplung. Die Verzögerungszeit entspricht dabei dem Kehrwert des Rückkopplungsfaktors: Eine geringe Rückkopplung ergibt z.B. eine relativ lange Verzögerung. Die exponentielle Verzögerung unterscheidet sich grundsätzlich von der Verzögerung durch den Haltespeicher: Die Verzögerungszeit ist nur ein mittlerer Verzögerungswert; tatsächlich läßt die exponentielle Verzögerung bereits vom ersten Moment an Information über den neuen Zustand durch. Der große rechentechnische Vorteil der exponentiellen Verzögerung ist, daß zu ihrer Darstellung (im Gegensatz zum Haltespeicher) nur wenige Zustandsgrößen (meist 1 oder 3) erforderlich sind.

Zwischengrößen

Alle Größen, die nicht Vorgabe- oder Zustandsgrößen sind, können jederzeit aus den momentanen Werten von Vorgabe- und/oder Zustandsgrößen durch algebraische Rechenoperationen berechnet werden.

Für die Funktionsblöcke der **algebraischen Rechnung** (Kreise oder Ellipsen) gilt grundsätzlich, daß sie 1. jeder mindestens einen Eingang (in den Kreis zeigender Pfeil) haben müssen, daß 2. die Funktionsspezifikation (neben oder im Kreissymbol) anzeigt, welche Operation mit diesen **Eingangsgrößen** durchzuführen ist und daß 3. jeder Block nur eine einzige Ausgangsgröße haben kann (diese kann natürlich in verschiedene Blöcke gemeldet werden).

Am häufigsten finden die Blöcke der Grundrechenarten Verwendung: Addierer (Subtraktion wird durch negatives Vorzeichen am entsprechenden Eingangspfeil angezeigt) und Multiplizierer (Division wird durch das Divisionszeichen ":" am entsprechenden Eingangspfeil angezeigt). Andere algebraische Operationen oder Funktionen (einschließlich Tabellenfunktionen) werden nach Bedarf im oder am Blocksymbol (Kreis oder Ellipse) angezeigt (Abb. 3.3). Es kann sich dabei auch um die Darstellung ganzer Teilprozesse handeln, wobei allerdings für jede Ausgangsgröße ein eigener Systemblock definiert werden muß.

Für **logische Operationen** wird zweckmäßigerweise ein eigenes Symbol (Rhombus) verwendet. Der Eingang der Entscheidungsgröße wird dabei mit einem Punkt oder einer 'schwarzen Ecke' gekennzeichnet (Abb. 3.3).

Die Veränderungsraten der Zustandsgrößen (die Zustandsfunktion **f**) wie auch die beobachtbaren Ausgangsgrößen (der Ausgangsvektor **v**) müssen im allgemeinsten Fall als algebraische Funktionen der Eingangsgrößen **u**, der Zustandsgrößen **z** und der Zeit t berechnet werden, wobei gelegentlich auch logische Funktionen verwendet und Zusammenhänge als Tabellenfunktionen vorgegeben werden müssen.

Bei einigermaßen realistischen Systemdarstellungen können sich hier leicht recht komplexe algebraische Wirkungsketten und Wirkungsnetze ergeben, die u.U. nicht mehr leicht zu überschauen sind. Diese algebraischen Berechnungsnetze dürfen keine algebraischen Schleifen enthalten: falls Rückkopplungsschleifen auftreten, müssen sie über eine Zustandsgröße (bzw. einen Haltespeicher) führen. Weitere Beschränkungen gibt es nicht: Die Wahl der Elemente oder Verknüpfungen richtet sich allein nach den im abzubildenden Realsystem festgestellten Wirkungsbeziehungen. Dies bedeutet auch ausdrücklich die Verwendung nichtlinearer Beziehungen.

Bei einer mathematischen Formulierung der Zustandsfunktion **f** und der Ausgangsfunktion **g** würde man versuchen, bei komplexen (algebraischen) Wirkungsnetzen durch Umformung und Zusammenfassung zu möglichst kompakten Ausdrücken zu gelangen. Diese Vorgehensweise hat bei der Modellbildung wesentliche Nachteile und selten Vorteile und ist daher normalerweise nicht zu empfehlen. Der Rechen- und Speicheraufwand wird durch die Zusammenfassung praktisch nicht reduziert, dagegen geht oft die Überschaubarkeit der Systemdarstellung verloren und das Systemverständnis wird meist erheblich erschwert. Es empfiehlt sich daher meist, im Simulationsdiagramm die im Wortmodell und im Wirkungsdiagramm identifizierten Elemente und Verbindungen zu belassen, selbst wenn sich ihre Zusammenfassung zu komplexeren Ausdrücken und entsprechenden Systemblöcken anbietet.

Von dieser Regel kann abgewichen werden, wenn (a) sich bei sehr komplexen Systemen die Notwendigkeit ergibt, durch Zusammenfassung von Teilprozessen die Übersichtlichkeit zu erhöhen, oder wenn (b) der gleiche Teilprozeß mehrfach im System erscheint und dann zweckmäßigerweise durch einen eigenen Systemblock beschrieben wird, oder wenn (c) ein Teilprozeß aus relativ trivialen und gut bekannten Schritten besteht, deren vollständige Darstellung zum Systemverständnis nichts beitragen würde. In diesen Fällen kann der Teilprozeß durch einen eigenen Systemblock (Kreis) mit den entsprechenden Eingängen und Ausgangsverbindungen dargestellt werden. Dieser Block wird dann in einem entsprechenden Unterprogramm berechnet. Für jede erforderliche Ausgangsgröße muß ein eigener Systemblock definiert werden.

3-2.2 Elementares Blockdiagramm eines dynamischen Systems

Wenn wir ein System als 'schwarzen Kasten' von außen betrachten (Abb. 3.11), so sind für uns nur zwei Arten von Größen erkennbar: diejenigen, die als Eingangsgrößen aus der Systemumwelt in das System hineinwirken (**Umwelteinwirkungen** u_i) und diejenigen, die als Ausgangsgrößen außerhalb des Systems feststellbar sind und an denen sich das Verhalten des Systems beobachten läßt (**Verhaltensgrößen** v_j). Die verschiedenen Eingangs- und Ausgangsgrößen lassen sich in einem Umweltvektor **u** und einem Verhal-

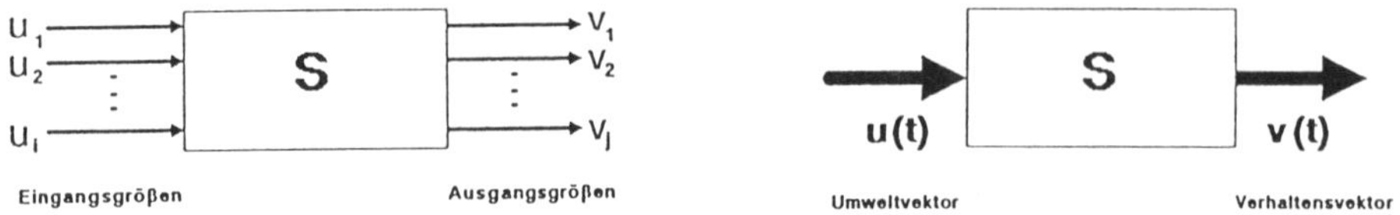

Abb. 3.11: System als 'Schwarzer Kasten' mit Umwelteinwirkungen **u** (Eingangsgrößen, Inputs) und Verhaltensgrößen **v** (Ausgangsgrößen, Outputs). Rechts: Vektordarstellung (aus Bossel 1987/89).

tensvektor $\mathbf{v}$ zusammenfassen. Zunächst stellt sich also das System als ein Transformator dar, der Umwelteinwirkungen $\mathbf{u}$ in Verhalten $\mathbf{v}$ umformt. Sowohl Umwelteinwirkungen wie auch Verhalten sind Funktionen der Zeit, also $\mathbf{u}(t)$ und $\mathbf{v}(t)$.

Bei systemdynamischen Modellen begnügen wir uns nicht mit einer Beschreibung des Verhaltens des schwarzen Kastens, sondern versuchen, die wesentlichen verhaltensprägenden Elemente und Zusammenhänge im System selbst zu ermitteln und das Realsystem möglichst strukturgetreu im Systemmodell nachzubilden. Wir müssen uns also darum bemühen, den Inhalt des schwarzen Kastens zu ermitteln und seine Funktionsweise zu ergründen.

Bei dieser Analyse des Systems und seines Verhaltens spielen, wie uns jetzt mehrfach deutlich geworden ist, die **Zustandsgrößen** z_n eine zentrale Rolle. Auch diese Größen können wir wieder in einem Vektor $\mathbf{z}$ zusammenfassen, der sich mit der Zeit verändert: $\mathbf{z}(t)$.

Um die Zustandsentwicklung über die Zeit zu ermitteln, müssen wir ansetzen, daß sich der Zustand $\mathbf{z}(t)$ sowohl aus den Umwelteinwirkungen $\mathbf{u}(t)$ wie auch - über Rückkopplungen - aus dem Zustand selbst ergibt. Auch diese Zustandsermittlung kann wiederum zeitabhängig sein, weil sich etwa gewisse Parameter mit der Zeit ändern. Generell müssen wir also zunächst ansetzen:

$$\mathbf{z}(t) = \mathbf{F}(\mathbf{z}(t), \mathbf{u}(t), t)$$

Diese Formulierung verlangt die Erfüllung einer simultanen Bedingung für $\mathbf{z}$, $\mathbf{u}$ und t, d.h. der Zustand zur Zeit t ergibt sich nicht nur aus dem Eingangssignal, sondern auch aus der gleichzeitigen Rückkopplung des noch zu ermittelnden Zustands. Die Aufgabe ist zwar durch Iteration lösbar, doch kann ein reales System wegen endlicher Übertragungsgeschwindigkeiten, Systemträgheiten usw. sich normalerweise nicht in dieser Weise verhalten. Der neue Zustand zur Zeit $t + Dt$ wird sich also eher aus den Bedingungen zu einem kurz vorherliegenden Zeitpunkt t ergeben (der kleine Zeitschritt zwischen den zwei Zeitpunkten ist mit Dt bezeichnet). Damit ergibt sich die Zustandsgleichung:

$$\mathbf{z}(t + Dt) = \mathbf{F}(\mathbf{z}(t), \mathbf{u}(t), t)$$

Der neue Zustand kann bei dieser Formulierung sofort berechnet werden. Voraussetzung ist, daß der vorhergehende Zustand noch gespeichert ist und für die Berechnung verwendet werden kann: Für diese Systemdarstellung wird also ein Speicher für jede Zustandsgröße benötigt. Man beachte, daß sich hier zwangsläufig eine strukturelle Übereinstimmung mit den Zustandsgrößen realer Systeme ergibt: Auch diese sind immer Speichergrößen! Weiter entspricht dieses Bild generell dem in diskreten dynamischen Systemen ablaufenden Prozeß und besonders der numerischen Rechnung auf Digitalrechnern, auf die wir bei unseren Simulationen angewiesen sind.

Bei einem kontinuierlichen System sind **z** und **u** ständig verfügbar, nicht nur zu Zeitpunkten im Abstand Dt. Ist **F** stetig und differenzierbar, so läßt sich der Zustand zum Zeitpunkt t + Dt auch angenähert darstellen als

$$\mathbf{z}(t + Dt) = \mathbf{z}(t) + (d\mathbf{F}/dt) \cdot Dt, \text{ bzw.}$$

$$\mathbf{z}(t + Dt) - \mathbf{z}(t) = (d\mathbf{F}/dt) \cdot Dt = \mathbf{f} \cdot Dt$$

wobei jetzt **f** als (d**F**/dt) definiert ist.

Division durch Dt und der Übergang Dt → dt → 0 ergeben die **Zustandsgleichung**:

$$d\mathbf{z}/dt = \mathbf{f}(\mathbf{z}(t),\mathbf{u}(t),t) \qquad (3.16)$$

Das, was wir als Verhalten des Systems beobachten (Verhaltensvektor **v**(t)), wird vor allem eine Funktion der Zustandsgröße **z**(t) des Systems sein. Es kann sich aber auch, wenigstens zum Teil, um eine einfache 'Durchleitung' und Verstärkung oder Abminderung von Eingangssignalen **u**(t) handeln. Die Zusammensetzung des Verhaltensvektors aus diesen Komponenten wird sich im allgemeinen Falle auch mit der Zeit verändern (z.B. durch Verschleiß oder Alterung von Übertragungskomponenten), so daß wir generell als **Ausgangsgleichung** ansetzen müssen:

$$\mathbf{v}(t) = \mathbf{g}(\mathbf{z}(t),\mathbf{u}(t),t) \qquad (3.17)$$

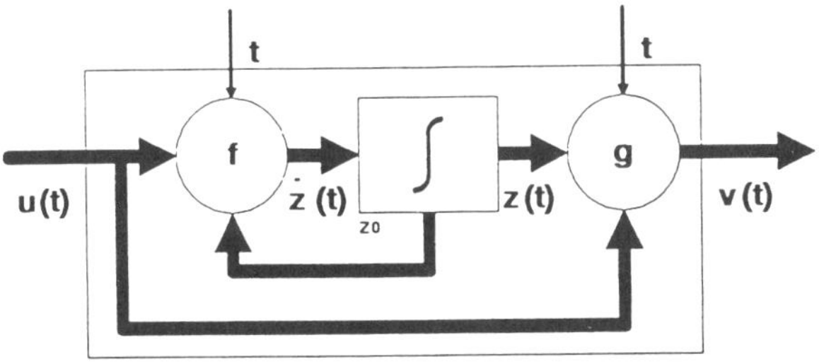

Abb. 3.12: Allgemeines Blockdiagramm für beliebige dynamische Systeme (Vektorgrößen) (aus Bossel 1987/89).

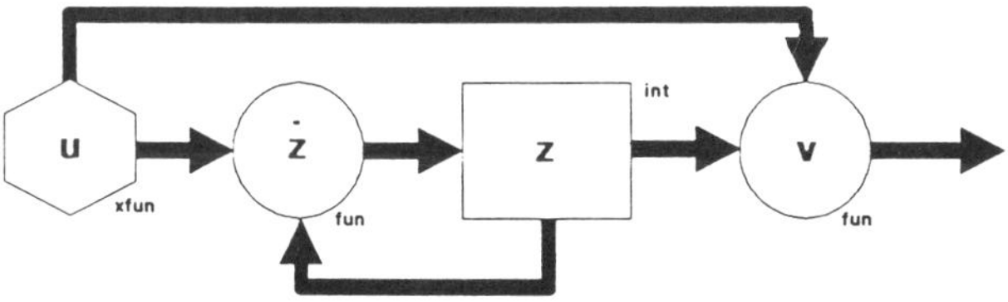

Abb. 3.13: Allgemeines Simulationsdiagramm für beliebige dynamische Systeme (Vektorgrößen) (aus Bossel 1987/89).

Mit diesen Überlegungen können wir jetzt das allgemeine Blockdiagramm für beliebige kontinuierliche dynamische Systeme aufzeichnen, die auch nichtlinear sein und zeitabhängige Parameter haben können (Abb. 3.12). Auch beliebig komplexe Modelle der Systemdynamik entsprechen diesem Schema.

Die entsprechenden **Rechenschritte**, die auch in einer Computersimulation durchgeführt werden müssen (siehe Abb. 3.13), fassen wir hier noch einmal zusammen:

(1) Vorgabe der **Anfangswerte** der Zustandsgrößen $\mathbf{z}_0 = z_1(t_0), z_2(t_0), ..., z_n(t_0)$ und aller **festen Parameter.**
Für jeden Zeitpunkt t des Simulationszeitraums (Zeitschleife):

(2) Ermittlung der **aktuellen Eingangsgrößen** (Umweltwirkungen) $\mathbf{u}(t)$.

(3) Ermittlung etwaiger **zeitabhängiger Parameter.**

(4) Berechnung der **Veränderungsraten** der Zustandsgrößen:

$$d\mathbf{z}/dt = \mathbf{f}(\mathbf{z}(t),\mathbf{u}(t),t)$$

(5) **Integration**, um die Zustandsgrößen zu erhalten:

$$\mathbf{z}(t) = \mathbf{z}_0 + {}_0\int^t (d\mathbf{z}/dt)\, dt$$

(6) Berechnung der **Ausgangsgrößen** (Verhaltensgrößen) $\mathbf{v}(t)$:

$$\mathbf{v}(t) = \mathbf{g}(\mathbf{z}(t),\mathbf{u}(t),t)$$

Wir stellen fest, daß die entwicklungsbestimmenden Eigenheiten eines Systems **alle** in der (generell nichtlinearen) Vektorfunktion **f**, d.h. in den Veränderungsraten der Zustandsgrößen enthalten sind. Die Ausgangsfunktion **g** hat dagegen keine Wirkungen auf die Systementwicklung; sie stellt nur die internen Vorgänge nach außen dar.

Die entscheidende Rolle der Zustandsgrößen wird auch aus Abb. 3.12 und den zugehörigen Gleichungen wieder deutlich: Bei Vorgabe der zeitabhängigen Parameter, der Umweltfunktionen $\mathbf{u}(t)$ und der Anfangswerte der Zustandsgrößen $\mathbf{z}$ läßt sich die weitere Entwicklung des (deterministischen) Systems berechnen: Weitere Größen müssen nicht bekannt sein. Insbesondere folgen mit den vorgegebenen Funktionen **f** und **g** alle $\mathbf{z}(t)$ und $\mathbf{v}(t)$ aus diesen Größen. Umgekehrt genügt es, bei einer Unterbrechung lediglich die Zustandsgrößen zu speichern.

Wir haben hier bewußt nicht ständig zwischen dem realen dynamischen System und dem entsprechenden dynamischen Simulationsmodell unterschieden. Die Analyse gilt für beide: Beide sind dynamische Systeme.

3-2.3 Systemzustand und Zustandsgrößen

Für die Modellbildung und Simulation sind die Auswahl der Zustandsgrößen und die Ermittlung des zeitabhängigen Systemzustands von zentraler Bedeutung. Wir müssen uns mit diesen Begriffen daher noch etwas eingehender befassen.

Ein System, das von früheren Zuständen völlig unabhängig ist, also erinnerungslos und trägheitsfrei ist, kann (im Rahmen seiner physikalischen Grenzen) durch den Eingangsvektor $\mathbf{u}$ (t) ohne Verzögerung in jeden beliebigen neuen Zustand versetzt werden. Solche Systeme sind in der Realität recht selten (Annäherungen sind: Widerstandsnetzwerk, Tragwerkskonstruktion, mechanische Schreibmaschine).

Die meisten Systeme sind nicht erinnerungslos bzw. trägheitsfrei, da der augenblickliche Zustand des Systems den sofortigen Übergang auf einen beliebigen anderen Zustand nicht zuläßt.

Beispiele:

- Ein voller Stausee kann nicht im nächsten Augenblick halb leer sein.
- Ein Zimmer läßt sich nicht urplötzlich aufheizen.
- Ein in Ruhe befindliches Fahrzeug kann nicht im nächsten Augenblick mit 100 km/h fahren.

In diesen und ähnlichen Fällen bestimmt offensichtlich der bisherige Systemzustand zusammen mit den exogenen Eingängen den neuen Zustand. Im Gegensatz zu den **eingangsbestimmten Systemen** (trägheitsfreie, erinnerungslose Systeme) bezeichnen wir die trägheitsbehafteten Systeme als **zustandsbestimmte Systeme**.

Es stellt sich nun die wichtige Frage, was denn bei diesen Systemen über den alten Zustand bekannt sein muß, um den neuen Zustand ermitteln zu können. Offensichtlich kommen hierfür nicht alle Systemgrößen in Betracht, da ja einige, wie oben erwähnt, durch algebraische Verknüpfungen mit anderen Systemgrößen direkt berechnet werden können. Wir bezeichnen die gesuchten Systemgrößen als Zustandsgrößen.

Zustandsgrößen (Zustandsvariablen) sind die kleinste Menge endogener zeitveränderlicher Systemgrößen, die die vollständige Beschreibung des Systemzustands (im Rahmen der Beschreibungsaufgabe) ermöglichen.

Eine Zustandsgröße ist im allgemeinen nicht eindeutig. Gleichwertige Darstellungen des gleichen Systems durch andere Zustandsgrößen sind möglich. Bei anderer, aber gleichwertiger Darstellung bleibt die Zahl der Zustandsgrößen immer gleich.

Die **Ordnung** oder **Dimension** n eines Systems ist die Zahl seiner Zustandsgrößen, d.h. der kleinsten Menge von Systemgrößen, die die vollständige Beschreibung des Systemzustands ermöglichen, siehe oben.

Beispiel: Um die zeitliche Veränderung des Wasserinhalts einer Badewanne zu beschreiben, können als Zustandsgrößen gewählt werden:

- die Höhe H des eingelaufenen Wassers,
- sein Volumen V oder
- seine Masse M.

Entsprechend lassen sich die Zuflüsse bzw. Abflüsse in Wasserhöhe pro Zeit, Volumen pro Zeit oder Masse pro Zeit angeben. Ist die jeweilige Zustandsgröße bekannt, so lassen sich die anderen Systemgrößen hieraus sofort (über entsprechende Umrechnungsfaktoren) berechnen. Aus dem Wasserstand folgen Wasservolumen und Masse, aus dem Wasservolumen folgen der Wasserstand und die Masse, aus der Wassermasse folgen das Volumen und der Wasserstand. Das System hat **einen** Speicher, damit **eine** Zustandsgröße; seine Dimension ist deshalb '1', bzw. es ist ein System 1. Ordnung.

Der **Systemzustand** ist die kleinste Menge der gegenwärtigen Information über ein System, deren Kenntnis zusammen mit der Kenntnis der zeitabhängigen Eingangsfunktionen (bei einem deterministischen System) die Bestimmung der weiteren Systementwicklung ermöglicht.

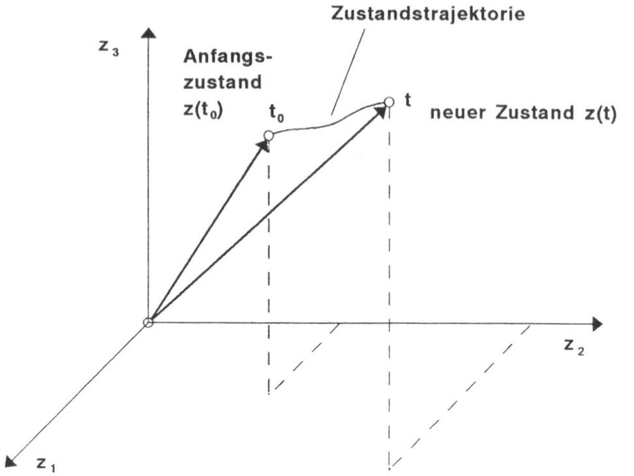

Abb. 3.14: Zustandsvektoren und Zustandsübergang im Zustandsraum.

Der **Zustandsvektor** ist der Vektor der Zustandsgrößen im Zustandsraum. Verändert sich der Systemzustand, so wandert die Spitze des Zustandsvektors an einen anderen Punkt des Zustandsraumes (s. Abb. 3.14).

Der **Zustandsraum** ist der Raum, der von den n Koordinaten des Zustandsvektors **z** aufgespannt wird. Der jeweilige Systemzustand bildet einen Punkt in diesem Koordinatenraum (= Spitze des Zustandsvektors) (siehe Abb. 3.14).

Im Zustandsraum erscheint t als Parameter. Es ist üblich, für den Zustandsraum in zwei Zustandskoordinaten den Begriff **'Phasenebene'** (Zustandsebene) zu verwenden.

Bei der Systemdarstellung ist wegen der Nicht-Eindeutigkeit der Zustandsgrößen und der oft komplexen Wirkungsbeziehungen die Bestimmung der Zustandsgrößen oft nicht ganz leicht. Kandidaten für Zustandsgrößen sind alle Speicher oder Bestandesgrößen (z.B. Populationen, Energie, Materie, Information) sowie alle Verzögerungs- oder Trägheitsglieder (z.B. Transportverzögerungen, Förderbänder, Warteschlangen usw.). Bei der Auswahl von Zustandsgrößen ist darauf zu achten, daß nicht Speichergrößen einbezogen werden, die direkt aus Zustandsgrößen ermittelt werden können.

Die Wahl der Zustandsgrößen beeinflußt auch die Systemdarstellung. Durch geschickte Wahl von Zustandsgrößen kann eine besonders einfache Systemdarstellung erreicht werden. So läßt sich z.B. bei linearen Systemen eine allgemeine Systemdarstellung durch Transformation mit der Eigenvektormatrix (Modalmatrix) in eine kanonische Darstellung mit entkoppelten Teilsystemen erster Ordnung überführen. Wir kommen in Kap. 7.3 darauf zurück.

Da der durch die Zustandsgrößen zur Zeit t_0 gegebene Systemzustand **z** (t_0) zusammen mit dem Eingangsvektor **u** (t_0, t) über den Zeitschritt (t_0, t) es erlaubt, den neuen Systemzustand zur Zeit t zu ermitteln, gilt dies auch für eine beliebige Zahl aufeinanderfolgender Zeitschritte. Daraus folgt:

Satz: Der Zustandsvektor **z**, bzw. jede der n Zustandsgrößen z_i können (bei deterministischen Systemen) zu jedem Zeitpunkt $t > t_o$ eindeutig bestimmt werden, wenn

1. die Anfangszustände $z_i (t_o)$ für jede Zustandsgröße z_i bekannt sind,
2. der Eingangsvektor **u** (t_o, t) im Intervall (t_o, t) gegeben ist und
3. die Zustandsfunktion **f** = **f** (**z**,**u**,t) gegeben ist.

Praktisch bedeutet dies, daß zur Berechnung des dynamischen Verhaltens eines Systems außer dem Eingangsvektor **u** (t_o, t) die Inhalte aller **Speicher** und/oder die Zustände aller **Trägheitsglieder** zu einem bestimmten Zeitpunkt bekannt sein müssen. Diese Erkenntnis kann im übrigen auch zur Ermittlung der Zustandsgrößen verwendet werden, indem nach den Zuständen gesucht wird, die registriert werden müßten, um das System zu einem späteren Zeitpunkt so fortfahren zu lassen, als ob nichts gewesen wäre (Dornröschenproblem).

Beispiele:

- Bei einem Produktionssystem müßten z.B. als Anfangsbedingungen registriert werden: die Bestände der Materialspeicher und Informationsspeicher, die Bandbeladung, die Geschwindigkeiten und Beladung der Fertigungsautomaten usw.
- Bei einem Waldökosystem müßten als Anfangsbedingungen u.a. registriert werden: das Nährstoffdepot im Boden, der vorhandene Biomassebestand, die Menge der organischen Auflage.

Bei der Betrachtung dynamischer Systeme müssen wir zwischen kontinuierlichen Systemen und diskreten Systemen unterscheiden. Die Zustände kontinuierlicher Systeme sind zu jedem Zeitpunkt definiert; die Zustände diskreter Systeme nur zu bestimmten Zeitpunkten. Die Systemgleichungen, analytischen Lösungen und Stabilitätsbedingungen beider Systemtypen unterscheiden sich (s. Kap. 7). Wir behandeln in diesem Buch fast ausschließlich kontinuierliche Systeme.

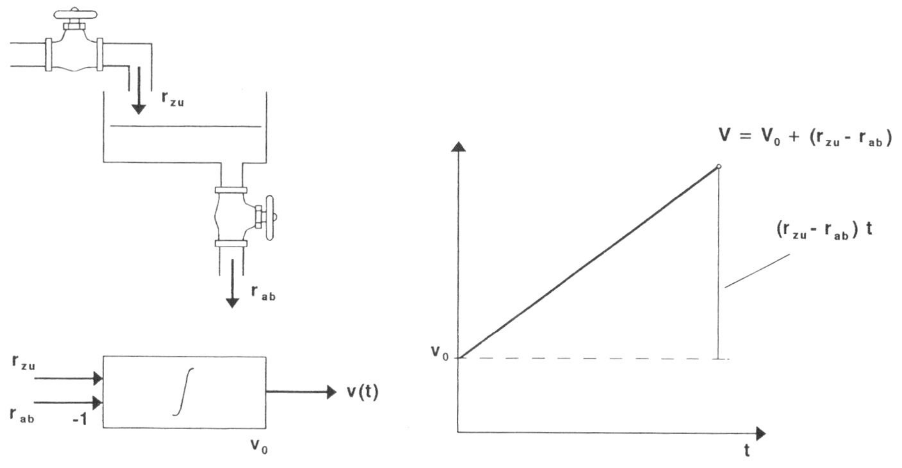

Abb. 3.15: Kontinuierliches Ein-Speichersystem mit konstantem Zufluß und konstantem Abfluß.

Beispiel: Kontinuierliches System

Abb. 3.15 zeigt einen Wasserbehälter mit einem regelbaren Zufluß und einem regelbaren Abfluß. Es gilt die Zustandsgleichung:

$$dV/dt = r_z - r_{ab} \qquad \text{bzw.}$$

$$V(t) = V_o + {}_o\int^t (r_{zu} - r_{ab})\,dt$$

Hierbei ist V_o der vorgegebene Anfangswert im Behälter, r_{zu} und r_{ab} sind die (im allgemeinen zeitabhängigen) Zufluß- bzw. Abflußraten (Volumen pro Zeiteinheit). Falls die Zufluß- und Abflußraten über die Zeit von 0 bis t konstant bleiben, ergibt die Integration sofort

$$V(t) = V_o + (r_{zu} - r_{ab})\,t$$

d.h., das Volumen steigt oder sinkt linear mit der Zeit und proportional zur Differenz zwischen Zu- und Abflußrate. Abb. 3.15 zeigt die Volumenveränderung für den Fall, daß die Zuflußrate größer als die Abflußrate ist. Die Zustandsgleichung läßt sich auch in dem Blockdiagramm in Abb. 3.15 darstellen. Der Wasserspeicher erscheint hier als Integrator mit einem Anfangswert V_o, dem Eingang $V' = r_{zu} - r_{ab}$ und dem Ausgang V (t). Zu- und Abflußrate werden in diesem Falle exogen vorgegeben; in dieser einfachen Formulierung besteht keine Rückkopplung zwischen der gespeicherten Wassermenge und der Kapazität des Behälters. Bei den Annahmen der Abb. 3.15 würde der Speicher nach einiger Zeit offensichtlich überlaufen.

Beispiel: Diskretes System

Wir betrachten ein Sparguthaben, dessen Zinsberechnung jährlich aufgrund des letzten Kontostands erfolge. Damit ergibt sich der neue Kontostand zu:

$$\begin{aligned} V(k+1) &= V(k) + r\,V(k) \cdot T \\ &= (1 + rT)\,V_k \end{aligned}$$

Hierbei ist V der Kontostand, r der Zinssatz pro Jahr, T die Zeitperiode, nach der die Kontoberechnung stattfindet (hier gleich 1 Jahr). Mit einem Kontostand von 1 im Jahr 0 beginnend, läßt sich mit dieser Zustandsgleichung der Kontostand in zukünftigen Jahren errechnen:

$$\begin{aligned} V_1 &= (1 + r)\,V_0 \\ V_2 &= (1 + r)^2\,V_0 = (1+r)\,V_1 = (1+r)\,(1+r)\,V_0 = (1+r)^2\,V_0 \\ &\ldots \\ V_k &= (1 + r)^k\,V_0 \end{aligned}$$

Die Lösung ist nur für die diskreten Zeitpunkte $k = 0, 1, 2$ usw. definiert. Ihr Verlauf ist in Abb. 3.16 gezeigt. Es handelt sich um eine geometrische Reihe, und damit um geometrisches Wachstum des Sparguthabens.

Das Blockschaltbild für dieses Beispiel zeigt ebenfalls die Abb. 3.16. Hierbei ist nun zu beachten, daß der Zuwachs nicht mehr wie im vorigen Beispiel exogen vorgegeben und konstant ist, sondern daß er als Funktion des Speicherinhalts sich verändert und zu jedem Zeitpunkt neu berechnet werden muß.

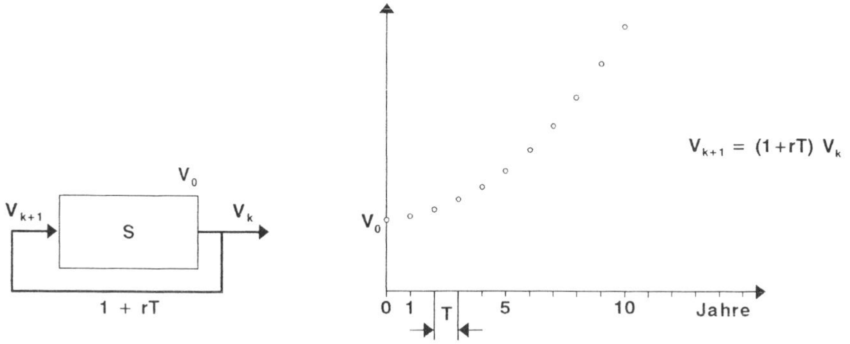

Abb. 3.16: Diskretes Ein-Speichersystem mit einem (jährlichen) Zuwachs, der proportional zum jeweiligen Bestand ist.

3-2.4 Einige elementare Systeme und ihr Verhalten

Mit den in Abb. 3.3 eingeführten Blocksymbolen können dynamische Systemmodelle beliebiger Komplexität aufgebaut werden, die beliebige Teilprozesse enthalten können. Die meisten dynamischen Systeme verdanken ihr spezifisches Verhalten aber einigen wenigen recht elementaren Systemstrukturen. Es ist daher sinnvoll, daß wir uns zunächst mit einigen einfachen elementaren Systemen und ihrem Verhalten befassen, um sie in größeren Systemen wiedererkennen und deren, durch ihre elementaren Systemkomponenten bedingten Verhaltenseigenschaften besser verstehen zu können. Einige der im folgenden besprochenen Elementarsysteme sind uns im 'Weltmodell' bereits begegnet (exponentielles Wachstum, logistisches Wachstum, exponentielle Verzögerung, schwingungsfähiges System). Die hier besprochenen Systeme können alle (außer System nullter Ordnung) mit Modellen im 'Systemzoo' (Kap. 6 und Diskette) genauer untersucht werden.

Es ist zweckmäßig, eine Einteilung der Systeme nach der Zahl ihrer Speicher (Zustandsgrößen) vorzunehmen. Systeme 0-ter Ordnung haben keine Speicher und damit keine Erinnerung an frühere Zustände. Eingangssignale werden ohne Verzögerung weitergegeben; die Ausgangssignale ergeben sich durch algebraische Verknüpfungen entsprechend den Elementen und Wirkungsbeziehungen des Systems. Die Systemantwort ist (außer durch die Systemstruktur) völlig durch die augenblicklichen Systemeingänge bestimmt. Es handelt sich hier um **eingangsbestimmte Systeme**.

Ein System erster Ordnung hat einen Speicher, ein System zweiter Ordnung zwei Speicher und generell ein System n-ter Ordnung n Speicher. Da jedem Speicher eine Zustandsgleichung erster Ordnung entspricht, müssen für ein System n-ter Ordnung n Zustandsgleichungen erster Ordnung geschrieben werden. Mathematisch ist dies im übrigen äquivalent einer einzigen Differential- oder Differenzengleichung n-ter Ordnung. Im allgemeinen ist es jedoch einfacher, mit n Gleichungen erster Ordnung zu arbeiten. Die Zustandsraummethode, auf die wir im im Kap. 7 noch weiter eingehen werden, beruht auf diesem Ansatz. Systeme mit Speichern sind **zustandsbestimmt**.

a) speicherloses System (Transformator)

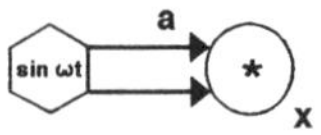

$$x = a \sin^2 \omega t$$

b) Exponentielles Wachstum

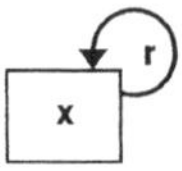

$$\dot{x} = r\,x$$

c) Logistisches Wachstum

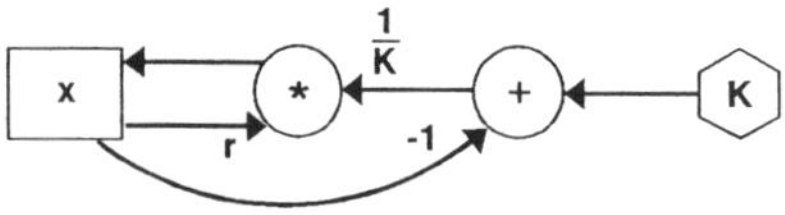

$$\dot{x} = r\,x\,(1 - x/K)$$

d) Exponentielle Verzögerung

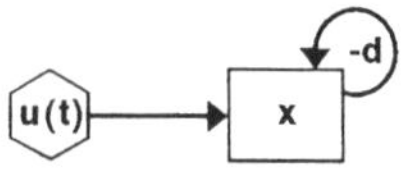

$$\dot{x} = u(t) - dx$$

e) Linearer Schwinger

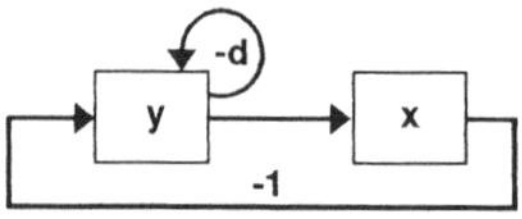

$$\dot{x} = y$$
$$\dot{y} = -x - dy$$

f) Bistabiler Schwinger

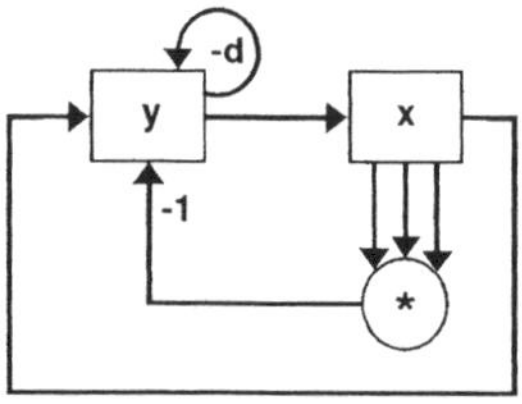

$$\dot{x} = y$$
$$\dot{y} = x - x^3 - dy$$
$$= x\,(1 - x^2) - dy$$

g) Chaotischer bistabiler Schwinger

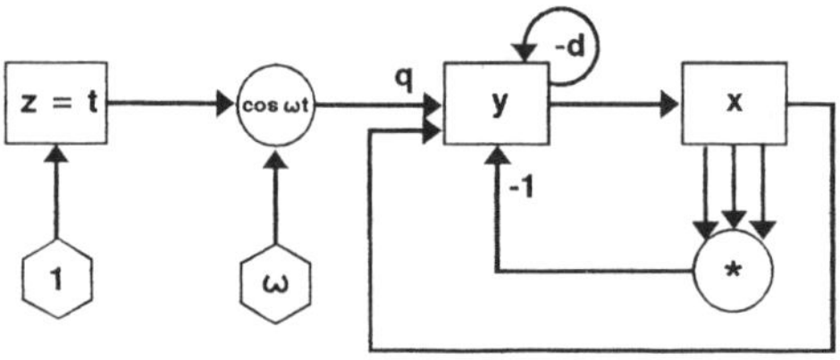

$$\dot{x} = y$$
$$\dot{y} = x - x^3 + dy + \cos \omega z$$
$$\dot{z} = 1$$

$$(z = t)$$

Abb. 3.17: Simulationsdiagramme und Systemgleichungen einiger elementarer dynamischer Systeme.

(1) Speicherloses System

Die Grundstruktur eines speicherlosen Systems (nullter Ordnung) zeigt Abb. 3.17a: das Simulationsdiagramm darf nur Blöcke für Vorgabegrößen (Sechsecke) und Zwischengrößen (Kreise) enthalten, die zusammen der Verhaltensgleichung (Ausgangsgleichung)

$$\mathbf{v}(t) = \mathbf{g}(\mathbf{u}, t)$$

entsprechen. In einem speicherlosen System werden Eingangsgrößen durch algebraische oder logische Anweisungen lediglich transformiert; der jeweilige Wert der Ausgangsgrößen $\mathbf{v}(t)$ läßt sich mit diesen Beziehungen jederzeit angeben. Da Zustandsgrößen nicht vorhanden sind, hat die Entwicklungsgeschichte des Systems keinerlei Einfluß auf das augenblickliche Verhalten; dieses ergibt sich direkt und sofort aus den augenblicklichen Umwelteinwirkungen $\mathbf{u}(t)$.

Das Beispiel in Abb. 3.17a zeigt eine (nichtlineare) Berechnung einer Ausgangsgröße v aus einer zeitabhängigen Sinusschwingung als Eingangsgröße u:

$$v(t) = a \sin^2(wt)$$

(2) Exponentielles Wachstum

Die Grundstruktur für exponentielles Wachstum (oder exponentiellen Zerfall) zeigt Abb. 3.17b (System erster Ordnung). Diese Struktur ist sehr typisch für alle Prozesse bei denen die Zustandsveränderung vom Zustand des Systems selbst abhängt. So ist z.B. die Zahl der Geburten und Sterbefälle in einer Population proportional zu den spezifischen Geburten- und Sterberaten b und d und zur Größe der Population x. Anstatt Zuwachsraten und Verlustraten getrennt zu berücksichtigen, kann die Nettowachstumsrate als Differenz der positiven und negativen Wachstumsbeiträge gebildet werden: $r = b - d$. Bei dieser Grundstruktur, die sich bei sehr vielen natürlichen Prozessen findet (Wachstum, Zerfall) hängt die Entwicklungsdynamik ganz vom Vorzeichen der Nettowachstumsrate ab: falls es negativ ist, nimmt der Bestand exponentiell ab; ist es positiv, nimmt er beschleunigt (exponentiell) zu.

$$dx/dt = (b - d)\, x = r\, x$$

Dieses System kann mit dem Modell M 102 "Exponentielles Wachstum und Zerfall" im Systemzoo genauer untersucht werden.

(3) Logistisches Wachstum

Die Grundstruktur für logistisches Wachstum zeigt Abb. 3.17c (System erster Ordnung). Bei diesem System ist die Wachstumsrate abhängig von den noch bestehenden Wachstumsmöglichkeiten. Solange die Zustandsgröße (z.B. Population) noch sehr viel kleiner als die Tragfähigkeit k der Umwelt ist, gibt es kaum eine Wachstumsbeschränkung, und die Population vermehrt sich exponentiell. Wenn der Bestand dann aber in die Nähe des möglichen Maximalbestands k kommt, vermindert sich der noch bestehende Freiraum (k-x) gegen Null. Mit dieser Differenz wird der exponentielle Wachstumsterm (r x) multipliziert, so daß die Wachstumrate der Population schließlich auf Null zurückgeht, wenn der Bestand an seine Kapazitätsgrenze kommt. Dieses einfache nichtlineare System, das (z. T. mit gewissen Abwandlungen) in vielen ökologischen, ökonomischen, sozialen, physikalischen und technischen Prozessen zu finden ist, zeigt eine typische S-förmige (logistische) Entwicklung.

$$dx/dt = r\,x\,(1 - x/k)$$

Dieses System kann mit den Modellen M 107 "Logistisches Wachstum bei konstanter Ernte" und M 108 "Logistisches Wachstum mit bestandsabhängiger Ernte" im Systemzoo genauer untersucht werden.

(4) Exponentielle Verzögerung (exponentielles Leck)

Die Grundstruktur der exponentiellen Verzögerung zeigt Abb. 3.17d (System erster Ordnung). Bei vielen Prozessen sind die Verluste einer Zustandsgröße proportional zum jeweiligen Bestand. So zerfallen z.B. Chemikalien oder radioaktive Stoffe mit einer gewissen (konstanten) spezifischen Zerfallsrate (d). Die absolute Veränderungsrate des Stoffes ist dann proportional zu d und zum jeweiligen Bestand. Ähnliches gilt etwa für die Versickerung von Stoffen (z.B. Mineraldünger) im Boden. Die Dynamik des Systems kann man sich anhand einer Badewanne mit einem undichten Stopfen vorstellen: wenn die Wasserhöhe (der Bestand) niedrig ist, wird wenig, wenn sie hoch ist, viel ausfließen. Wenn man bei zunächst leerer Badewanne den Wasserhahn auf einen konstanten Zulauf $u > d \cdot x$ einstellt, werden die Leckverluste durch den undichten Stopfen solange zunehmen, bis die Leckverluste genau dem Zulauf entsprechen. Ist dieser Punkt erreicht, so bleibt die Wasserhöhe konstant: das System hat einen Zustand des Fließgleichgewichts erreicht. Der gleiche Einstellvorgang findet statt, wenn die Zulaufrate u(t) eine Funktion der Zeit ist. Bei dieser Elementarstruktur stellt sich also der Zustand x mit einer gewissen Verzögerung auf die Umwelteinwirkung u(t) ein. Die Verzögerung ist dabei umso größer, je kleiner die spezifische Leckrate d ist. Als Maß der Verzögerung benutzt man die Zeitkonstante $T = 1/d$.

$$dx/dt = u(t) - d\,x$$

Dieses System kann mit dem Modell M 103 "Exponentielle Verzögerung" im Systemzoo ausführlicher (vor allem unter Verwendung verschiedener Testfunktionen u(t)) untersucht werden.

(5) Linearer Schwinger

Die Grundstruktur des linearen Schwingers zeigt die Abb. 3.17e (System zweiter Ordnung). Wenn der Zustand einer ersten Zustandsgröße die Veränderungsrate einer zweiten bestimmt und diese wiederum die Veränderungsrate der ersten, so haben wir eine über zwei Zustandsgrößen laufende Rückkopplung. Bei einer an einer Feder aufgehängten Masse bestimmt z. B. die Federauslenkung (Zustandsgröße entsprechend der potentiellen Energie) die Federkraft, diese die Beschleunigung der Masse und damit ihre Geschwindigkeit (Zustandsgröße entsprechend der kinetischen Energie), und diese wieder den Ort der Masse und damit die Federauslenkung. Ist der Rückkopplungskreis negativ, kann das System schwingen. (Beim Feder-Masse-System bewirkt eine Auslenkung eine entgegengesetzte Rückstellkraft). Generell sind bei über mindestens zwei Zustandsgrößen laufenden Rückkopplungen Schwingungen zu erwarten, so auch bei nichtlinearen Zustandsfunktionen (Räuber-Beute-Systeme sind ein Beispiel). Hat keine der Zustandsgrößen eine Dämpfung, so gilt für den harmonischen Schwinger mit der Kopplungsstärke c:

$$dx/dt = y$$
$$dy/dt = -\,cx$$

Führt man eine (exponentielle) Dämpfung (proportional zu einer der Zustandsgrößen) ein (s. (4) 'Exponentielles Leck'), so werden Schwingungen gedämpft und nach einiger Zeit ganz verschwinden. Bei realen Systemen muß das immer erwartet werden, falls nicht eine Energie- oder Stoffzufuhr ständig die Verluste wettmacht. Die Systemgleichungen sind dann

$$dx/dt = y$$
$$dy/dt = -cx - dy$$

Je nach Wert und Vorzeichen von Kopplungsstärke c und Dämpfung d zeigt dieses System sehr unterschiedliches Verhalten. Untersucht man das Verhalten in Abhängigkeit von c und d (z.B. mit dem Systemzoo-Programm M 203 "Linearer Schwinger"; Achtung: dort gelten umgekehrte Vorzeichen für c und d), so zeigt sich folgendes (Abb. 7.6):

- Stabiles Verhalten ergibt sich nur, wenn $d > 0$ und $c > 0$.
- Schwingungen stellen sich ein, wenn $c > (d^2/4)$.

Im Phasendiagramm (x,y) ergeben sich charakteristische Verhaltensbilder in Abhängigkeit von c und d, die sich wie folgt kategorisieren lassen:

- Sattel (immer instabil)
- Knoten (stabil oder instabil)
- Strudel (stabil oder instabil)
- Senke (stabil)
- Quelle (instabil)
- Wirbel (marginal stabil)

Sie sind für die Untersuchung von Systemen von grundsätzlicher Bedeutung, da sich in der Nähe von Gleichgewichtspunkten auch nichtlineare Systeme (meist) durch ihre Linearisierungen ersetzen lassen, um dort das örtliche Verhalten zu untersuchen (s. Kap. 7.1). Beim autonomen linearen System (wie hier) sind diese Gleichgewichtspunkte immer bei $x = 0, y = 0$. Die Stabilitätsaussagen sind dann unabhängig von den Anfangsbedingungen.

Dieses System kann mit dem Modell M 203 "Linearer Schwinger" im Systemzoo genauer untersucht werden. Bei diesem Modell werden für jede Parameterwahl die Eigenwerte sowie der Verhaltenstyp und seine Stabilität angegeben.

(6) Bistabiler Schwinger

Die Grundstruktur eines bistabilen Schwingers zeigt Abb. 3.17f (System zweiter Ordnung; Duffing-System). Auch hier gibt es wieder eine dämpfende Eigenkopplung an einer Zustandsgröße und eine (lineare) Kopplung zwischen beiden Zustandsgrößen, diesmal allerdings mit positivem Vorzeichen. Zusätzlich gibt es eine nichtlineare (kubische) Kopplung zwischen beiden Zustandsgrößen mit negativem Vorzeichen.

$$dx/dt = y$$
$$dy/dt = x - x^3 - dy = x\,(1 - x^2) - dy$$

Aus der letzteren Formulierung wird klar, daß die Kopplung von x nach y negativ wird wenn $|x| > 1$. Die Zustandsbilder (x, y) für dieses System zeigen jetzt ein recht eigenartiges Verhalten (Abb. M 220, Kap. 6): Das System hat zwei stabile Gleichgewichtspunkte (Strudel bei $x = \pm 1, y = 0$) und einen instabilen Gleichgewichtspunkt (Sattel bei $x = 0, y = 0$). Ist die Zustandsamplitude groß genug und die Dämpfung d klein, so schwingt das System um die Gleichgewichtspunkte herum. Nähert sich die Zustandsbahn den Gleichgewichtspunkten, so läuft sie schließlich auf einen der beiden stabilen Gleichgewichtspunkte zu. An welchem Punkt das System (bei gegebener Dämpfung) zur Ruhe kommt, hängt ganz von den Anfangsbedingungen ab.

Im Gegensatz zu linearen Systemen können nichtlineare Systeme also mehrere Gleichgewichtspunkte mit unterschiedlichem Stabilitätsverhalten haben; der Gleichgewichtszustand ist daher oft nicht unabhängig von den Anfangsbedingungen. Schließlich kann es außer Gleichgewichtspunkten auch Grenzzyklen und Gleichgewichtsflächen höherer Ordnung (Grenzzyklen um Grenzzyklen: Tori) geben, auf denen ein System stabil schwingen kann.

Dieses System kann mit dem Modell M 220 "Bistabiler Schwinger" im Systemzoo genauer untersucht werden.

(7) Chaotischer bistabiler Schwinger

Die Grundstruktur eines chaotischen bistabilen Schwingers zeigt Abb. 3.17g (System dritter Ordnung; periodisch erregtes Duffing-System). Hier wird der bistabile Schwinger durch eine zeitabhängige Cosinus-Funktion angeregt. Um das System autonom (ohne exogenen Antrieb) zu formulieren, wird die Zeit als neue Zustandsgröße z eingeführt:

$$dx/dt = y$$
$$dy/dt = x - x^3 - d \cdot y + q \cos(\omega z)$$
$$dz/dt = 1$$

z entspricht genau der Zeit t, da

$$z = \int_0^t (dz/dt)\, dt = \int_0^t (1)\, dt = t$$

In gewissen Parameterbereichen ergibt sich jetzt chaotisches Verhalten - exponentielles Auseinanderlaufen zweier eng benachbarter Zustandsbahnen auf geometrisch komplexen 'chaotischen Attraktoren', so daß sich trotz der deterministischen Zustandsgleichungen keine genaue Angabe über die Zustandsentwicklung mehr machen läßt.

Dieses System kann mit dem Modell M 221 "Chaotischer bistabiler Schwinger" im Systemzoo genauer untersucht werden.

Diese wenigen Beispiele werden ein gewisses Bild von den komplexen Verhaltensmöglichkeiten selbst strukturell einfacher Systeme vermittelt haben. Oft bestimmen relativ einfache Strukturen dieser Art auch wesentlich das Verhalten sehr viel höher dimensionaler Systeme oder Systemmodelle. Eine Aufgabe der Systemanalyse ist es daher, auch bei komplexen Systemen kompakte, verhaltensrelevante 'Kern'strukturen herauszuarbeiten.

3-2.5 Eigenschaften und Verhalten von Zustandsgrößen

Wir fassen hier einige allgemeine Beobachtungen über Zustandsgrößen und Systeme zusammen, die bei der Beurteilung deterministischer Systeme nützlich sind. Die Bemerkungen gelten in erster Linie für kontinuierliche Systeme; mögliche Abweichungen bei diskreten Systemen sind vermerkt.

(1) Speichergrößen sind immer Zustandsgrößen.

(2) Aus den Zuständen der Speicher **z** (t) und dem Eingangsvektor **u** (t) können alle anderen Systemgrößen zur Zeit t einschließlich der Veränderungsraten **z**′(t) der Zustände bestimmt werden.

(3) Die Anfangszustände (Speicherinhalte) müssen für die Berechnung der weiteren Systementwicklung bekannt sein. In den Speichergrößen steckt die 'Erinnerung' des Systems an vergangene Zustände.

(4) Im allgemeinen (Ausnahme: chaotische Systeme) kann davon ausgegangen werden, daß nach langer Zeit beim nichtautonomen System der ursprüngliche Anfangszustand kaum noch einen Einfluß auf das Systemverhalten hat, weil inzwischen die Effekte der Eingangsfunktionen das Systemverhalten dominieren.

(5) Die Zustandsfunktionen $\mathbf{f} = d\mathbf{z}/dt$ geben die Veränderungsraten der Speicherinhalte als Funktion der gegenwärtigen Zustandsgrößen **z**, des Eingangsvektors **u** und u.U. der Zeit t wieder. Es sind dies algebraische Ausdrücke, die linear oder nichtlinear in den Zustandsgrößen sein können.

(6) Der neue Speicherzustand folgt (beim kontinuierlichen System) aus der Veränderungsrate, dem Zeitintervall, über die sie wirkt und dem alten Zustand durch Integration. Die Zustandsberechnung zerfällt somit in einen algebraischen Teil (Berechnung von $\mathbf{z}' = \mathbf{f}(\mathbf{z}, \mathbf{u}, t)$) und in eine Integration über die Zeit.

(7) Veränderungsraten lassen sich als Zu- oder Abflüsse der Speichergröße pro Zeiteinheit auffassen. Sie haben immer die Dimension [Speichergröße/Zeiteinheit].

(8) Der Speicherinhalt wächst, solange die Summe der Zuflüsse größer ist als die Summe der Abflüsse. Bei gleichbleibendem Zufluß kann daher der Speicherinhalt auch wachsen, wenn sich lediglich die Abflußrate etwas verringert.

(9) Auch bei hohen Veränderungsraten kann der Speicherinhalt nicht sofort drastisch verändert werden: Speicher (Zustandsgrößen) wirken daher tendenziell als Trägheiten (Puffer, Verzögerungen). Sie bewirken eine gewisse Entkopplung von den durch andere Zustandsgrößen bestimmten Systemteilen und gegenüber plötzlichen Störungen.

(10) Die Zustandsveränderungsrate $d\mathbf{z}/dt$ ist oft vom Zustand **z**(t) selbst abhängig (Rückkopplung); d.h. die Zufluß- bzw. Abflußraten von Speichern sind oft von deren Inhalt abhängig.

(11) Negative Rückkopplungen führen (in kontinuierlichen Systemen) tendenziell zur Annäherung an einen Gleichgewichtszustand und damit zur Stabilisierung. Gleichzeitig verhindern oder erschweren sie aber auch unter Umständen notwendige Veränderungen im System.

(12) Positive Rückkopplungen sind (in kontinuierlichen Systemen) dagegen selbstverstärkend und können z.B. zu exponentiellem Wachstum führen. Wegen ihrer 'autokatalytischen' Wirkung haben sie für das Anstoßen von Veränderungen wie auch für Wachstumsprozesse große Bedeutung, müssen dann aber durch andere negative Rückkopplungen kompensiert werden, um explosives, zerstörerisches Wachstum zu vermeiden.

(13) Die dynamische Entwicklung einer Zustandsgröße ist oft sowohl von negativer als auch von positiver Rückkopplung bestimmt. Das resultierende Verhalten hängt davon ab, welche Rückkopplung jeweils dominiert.

(14) Im allgemeinen wird die durch eine negative Rückkopplung geregelte Zustandsveränderungsrate um so kleiner, je näher der Zustand am Gleichgewicht ist.

(15) Rückkopplungen sind oft nichtlinear abhängig vom Systemzustand. Solche Nichtlinearitäten können die relative Dominanz von Rückkopplungen im Laufe der Entwicklung verändern, was grundlegende Verhaltensänderungen des Systems zur Folge haben kann.

(16) Wird das Rückkopplungssignal verzögert (z.B. durch eine zwischengeschaltete Zustandsgröße oder ein Verzögerungsglied), so wird die Zustandsveränderung durch einen verzögerten, nicht mehr aktuellen Zustandswert bestimmt. Hieraus kann sich ein Hinausschießen über den Gleichgewichtszustand ergeben. Dies wird ebenfalls verzögert korrigiert, so daß es zu Schwingungen kommen kann.

(17) Bei einem kontinuierlichen System können daher Schwingungen auftreten, wenn mindestens ein Speicher und eine Verzögerung bzw. ein zweiter Speicher im System vorhanden sind.

(18) Im Gegensatz dazu können bei einem diskreten System Schwingungen bereits bei einem einzigen Speicher auftreten. Bei diesen Systemen kann bei negativer Rückkopplung eine Vorzeichenumkehr im nächsten Schritt erfolgen, die im übernächsten Schritt eine weitere Vorzeichenumkehr zur Folge hat usw. (siehe hierzu Abb 2.10 in Kapitel 2).

(19) Gewisse autonome nichtlineare Systeme mit mehr als zwei Zustandsgrößen können chaotisches Verhalten zeigen.

(20) Gleiche Systemstrukturen führen zu gleichem Verhalten, selbst wenn die Systeme von ihren physischen Elementen her grundverschieden sind. Die physikalisch völlig verschiedenen Systeme der Abb. 3.18 z.B. haben identische Systemstruktur und können mit dem gleichen Blockschaltbild und den gleichen Gleichungen wiedergegeben werden.

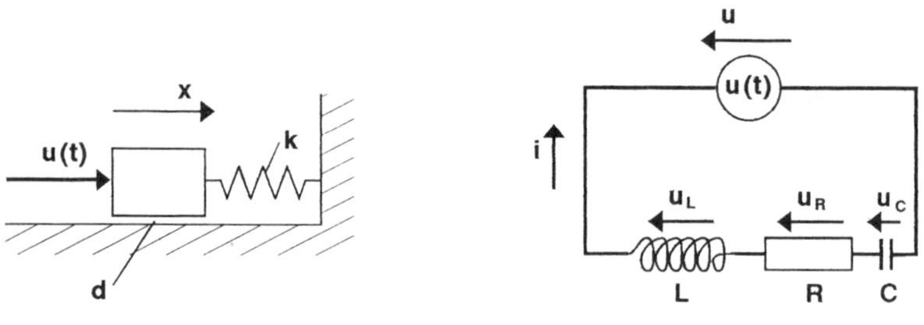

$$m\ddot{x} + c\dot{x} + kx = u$$

$$L\,(di/dt) + R\,i + (1/C)\int i\,dt = u$$

$$L\,\ddot{q} + R\,\dot{q} + (1/C)\,q = u$$

Abb. 3.18: Physikalisch völlig verschiedene Systeme können identische Systemstruktur haben.

3-3 Modellentwicklung und dimensionale Analyse

3-3.1 Die Bedingung dimensionaler Stimmigkeit als Hilfe bei der Modellentwicklung

Mathematische Ausdrücke aus dimensionsbehafteten Größen sind nur dann korrekt, wenn die angegebenen Operationen nicht nur für die Werte dieser Größen, sondern auch für ihre Dimensionen stimmen. Diese Stimmigkeit muß auch bei der Modellentwicklung überprüft und strikt eingehalten werden. Die Bedingung der dimensionalen Stimmigkeit kann aber auch verwendet werden, um daraus wichtige Hinweise für die Modellformulierung zu erhalten.

Beispiel: Es sei eine Gesamtenergiemenge E_t einer Masse m als Summe einer potentiellen Energie E_p und einer kinetischen Energie E_k zu berechnen:

$$E_t = E_p + E_k$$

Die potentielle Energie einer von der Höhe Null auf die Höhe h im Gravitationsfeld der Erde (Erdbeschleunigung g) angehobenen Masse m ist allgemein gegeben durch die Formel

$$E_p = m\,g\,h$$

Hierbei können die Einheiten für m, g und h auf der rechten Seite beliebig sein, solange die Energieeinheit der linken Seite in den entsprechenden Einheiten ausgedrückt ist: Auf beiden Seiten der Gleichung muß also die gleiche (Energie)Einheit stehen:

$$E_p\,[\text{Energieeinheit}_1] = m\,[\text{Masseneinheit}_1]\cdot g\,[\text{Beschleunigungseinheit}_1] \cdot h\,[\text{Einheit der Höhendifferenz}_1]$$

Für die kinetische Energie einer sich mit der Geschwindigkeit v bewegenden Masse m gilt allgemein

$$E_k = m\,(v^2/2)$$

d.h. die Energieeinheit der linken Seite ergibt sich aus den (zunächst beliebigen) Einheiten der rechten Seite mit

$$E_k\,[\text{Energieeinheit}_2] = m\,[\text{Masseneinheit}_2]\cdot(1/2)\cdot v^2\,[(\text{Geschwindigkeitseinheit}_2)^2]$$

Die Energieeinheit der linken Seite (Ergebnis) ist für jede der beiden Gleichungen diejenige, die sich aus der Multiplikation der Dimensionen der Größen auf der rechten Seite ergibt. Für die potentielle Energie gilt also

$$[\text{Energieeinheit}_1] = [\text{Masseneinheit}_1]\cdot[\text{Beschleunigungseinheit}_1]\cdot[\text{Längeneinheit}_1]$$

und für die kinetische Energie

$$[\text{Energieeinheit}_2] = [\text{Masseneinheit}_2]\cdot[(\text{Geschwindigkeitseinheit}_2)^2]$$

Um die beiden Energiebeiträge addieren zu können, muß sein

$$[\text{Energieeinheit}_1] = [\text{Energieeinheit}_2]$$

Das bedeutet nicht unbedingt, daß das System der Maßeinheiten$_1$, das zum Ergebnis für die potentielle Energie in der Energieeinheit$_1$ führt, identisch sein muß mit dem System der Maßeinheiten$_2$, in dem die kinetische Energie (jetzt in der gleichen Energieeinheit$_1$) berechnet wurde. Dies ist bei der Modellbildung oft nicht zweckmäßig, da oft Originaldaten verwendet werden müssen, die in fachspezifischen Maßeinheiten ermittelt wurden. So werden etwa Energieflüsse der Photosynthese von Pflanzenphysiologen in Milligramm CO_2-Austausch pro Quadratdezimeter Blattfläche und Stunde [$mgCO_2 \cdot dm^{-2} \cdot h^{-1}$] angegeben, während der Forstplaner sich für entsprechende Werte in Tonnen Trockensubstanz pro Hektar und Jahr [$t_{OTS} \cdot ha^{-1} \cdot a^{-1}$] interessiert.

Die notwendigen Umrechnungen müssen sorgfältig durchgeführt werden, da sich hier leicht grobe Fehler einschleichen können, die bei der Modellüberprüfung nicht gleich auffallen, da ja die Gleichungen zu stimmen scheinen.

Im Fall der Berechnung der Gesamtenergie sei beispielhaft die Masse M in metrischen Tonnen [t], die Erdbeschleunigung g in [m/s^2], die Höhendifferenz H (z.B. zur Minimalhöhe im System) in Kilometern [km] und die Geschwindigkeit V in [km/h] angegeben. Werden die entsprechenden Zahlenwerte einfach in die Formel

$$E_t = M\,g\,H + (1/2)\,M\,V^2$$

eingesetzt, so zeigt sich erst durch eine Dimensionsüberprüfung, daß die Anwendung der Gleichung in dieser Form nicht zulässig ist:

$$E_t\,[?] = M\,[t] \cdot g\,[m/s^2] \cdot H\,[km] + (1/2) \cdot M\,[t] \cdot V^2\,[(km/h)^2]$$

Offensichtlich sind hier zunächst einige Umrechnungen vorzunehmen, bevor die Zahlenwerte für M, g, H und V in die Gleichung eingesetzt werden können.

Wir legen zunächst die Energieeinheit fest, in der die potentielle und die kinetische Energie ausgedrückt werden sollen. Wir wählen dafür das Joule [J]. Unter Verwendung des Newton [N] als (abgeleitete) Krafteinheit gilt im internationalen SI-System:

$$1\,[J] = 1\,[Nm] = 1\,[kg\,(m/s^2)] \cdot [m] = 1\,[kg\,(m^2/s^2)]$$

Weiter gilt: 1 [t] = 1000 [kg] und 1 [km] = 1000 [m]. Die Erdbeschleunigung g ist eine Systemkonstante, die im SI-System ausgedrückt ist durch

$$g = 9.81\,[m/s^2]$$

Damit erhalten wir für die potentielle Energie [J] als Funktion der Größen M [t] und H [km]

$$\begin{aligned} E_p\,[J] &= M\,[t] \cdot 1000\,[kg/t] \cdot 9.81\,[m/s^2] \cdot H\,[km] \cdot 1000\,[m/km] \\ &= (9.81 \cdot 10^6 \cdot M \cdot H)\,[kg\,m^2/s^2] \\ &= (9.81 \cdot 10^6 \cdot M \cdot H)\,[J] \end{aligned}$$

Damit steht jetzt auf beiden Seiten der Gleichung die gleiche Dimension. Die Gleichung gilt natürlich nur für den Fall, daß (wie hier vorausgesetzt) M in [t] und H in [km] angegeben werden.

Für die Umrechnung des Ausdrucks für die kinetische Energie müssen wir zusätzlich beachten, daß eine Stunde 60·60 = 3600 Sekunden entspricht:

$$\begin{aligned} E_k\,[J] &= (1/2) \cdot M\,[t] \cdot 1000\,[kg/t] \cdot V^2\,[(km/h)^2] \cdot (1000\,[m/km])^2 \cdot (3600\,[s/h])^{-2} \\ &= (0.5 \cdot 10^3 \cdot 10^6 \cdot 3.6^{-2} \cdot 10^{-6} \cdot M \cdot V^2)\,[kg\,m^2/s^2] \\ &= (38.58 \cdot M \cdot V^2)\,[J] \end{aligned}$$

Diese Formel gilt nur, falls M in [t] und V in [km/h] angegeben sind.

Für die Gesamtenergie [J] ergibt sich jetzt für die Berechnung aus M [t], H [km], V [km/h]

$$E_t\,[J] = (9.81 \cdot 10^6\, M \cdot H) + (38.58 \cdot M \cdot V^2)$$

Die Verwendung der Formel

$$E_t\,[J] = (m\,g\,h) + (0.5\,m\,v^2)$$

wäre nur zulässig, wenn für alle Größen von vornherein in sich konsistente SI-Größen verwendet würden, wenn also m in [kg], g als 9.81 [m/s²], h in [m] und v in [m/s] angegeben wären. Dann ergäbe sich

$$E_t\,[J] = (9.81\,[m/s^2] \cdot m\,[kg] \cdot h\,[m]) + (0.5\,m\,[kg] \cdot v^2\,[(m/s)^2]$$
$$= (9.81\,m\,h + 0.5\,m\,v^2)\,[kg\,m^2/s^2]$$

Da über die Definition der Krafteinheit Newton gilt

$$1\,[J] = 1\,[N\,m] = 1\,[(kg\,m/s^2) \cdot m] = 1\,[kg\,m^2/s^2]$$

steht hier also auf beiden Seiten der Gleichung die gleiche Einheit [J].

Bei der Modellentwicklung haben wir uns bisher nur mit der funktionalen Verkopplung von Systemgrößen befaßt, ohne uns um die Einhaltung der dimensionalen Stimmigkeit zu kümmern. Dabei wurde stillschweigend vorausgesetzt, daß alle Größen in miteinander kompatiblen und konsistenten Einheiten (etwa im SI-System) angegeben sind. Dies ist im allgemeinen nicht der Fall, und jede Modellentwicklung muß daher von einer sorgfältigen Überprüfung der dimensionalen Stimmigkeit begleitet sein.

Diese Überprüfung kann auch konkrete Hinweise für die Modellformulierung liefern. Die Dimensionsanalyse ist daher ein wichtiges Hilfsmittel der Modellentwicklung.

Beispiel: Das Wortmodell für die kinetische Energie einer Masse würde z.B. ergeben

- "Je größer die Masse, um so größer die kinetische Energie".
- "Je größer die Geschwindigkeit, um so größer die kinetische Energie".

Eine erste naive Modellformulierung könnte daher sein

$$E_k = A \cdot m \cdot v$$

wobei A ein noch zu bestimmender Faktor wäre. Die Dimensionsprüfung

$$E_k\,[J] = E_k\,[kg\,m^2/s^2] = A\,[?] \cdot m\,[kg] \cdot v\,[m/s]$$

ergibt sofort, daß A die Dimension [m/s] haben müßte, um die Dimensionsgleichung zu erfüllen. Dies ist ein Hinweis darauf, daß v in der 2. Potenz verwendet werden sollte, also

$$E_k\,[J] = a\,[-] \cdot m\,[kg] \cdot v^2\,[(m/s)^2]$$

Es verbleibt jetzt noch eine dimensionslose Wichtung a, die aus anderen Überlegungen oder Untersuchungen (z.B. aus dem Zeitintegral des Impulses mv) zu ermitteln wäre (a = 1/2).

Wir werden die Wirkungsanalyse und die Dimensionsanalyse jetzt verwenden, um die Bewegungsgleichungen für das Kreispendel zu entwickeln.

3-3.2 Modellentwicklung für das Kreispendel: Modellzweck und Wortmodell

An einem (etwa an einer Wand montierten) festen Drehlager mit horizontaler Achse sei ein Stab montiert, an dessen äußerem Ende sich ein schweres Gewicht befindet. Hebt man das Gewicht an, oder gibt man ihm eine Anfangsgeschwindigkeit, bevor man es losläßt, so führt es für eine Weile pendelnde Bewegungen um den Drehpunkt aus, die allmählich immer geringere Ausschläge haben. Schließlich bleibt das Pendel im unteren Ruhepunkt stehen. Ist die Anfangsgeschwindigkeit hoch, so wird das Pendel zunächst um den Drehpunkt rotieren, bis seine Geschwindigkeit sich soweit verringert hat, daß es den oberen Totpunkt nicht mehr durchlaufen kann. Danach ergibt sich wieder eine pendelnde Bewegung bis zum Stillstand.

Offensichtlich ist die Bewegung nicht ganz einfach zu beschreiben: Wir haben es mit zwei qualitativ verschiedenen Bewegungen zu tun (Rotieren mit gleicher Drehrichtung und Pendeln mit wechselnder Drehrichtung). Während der Rotation und während des Pendelns ändert sich die Geschwindigkeit ständig. Die Richtung der Antriebskraft (die Schwerkraft) ändert sich fortlaufend in bezug auf die Bewegungsrichtung. Pendel und Stab werden durch ihren Luftwiderstand gebremst. Dieser hängt von Form und Querschnittsfläche von Stab und Pendel ab, wie auch von der (temperatur- und dichteabhängigen) Zähigkeit der Luft. Die Reibung des Drehlagers bremst ebenfalls die Drehbewegung; sie ist durch die Qualität des Lagers und die Viskosität des Schmierstoffs bestimmt. Der Stab wird, besonders wenn es sich um ein schweres Gewicht handelt, ständig gestreckt und gestaucht, womit sich der Pendelradius (leicht) ändert.

Selbst dieses einfache System zeigt also bei genauerer Betrachtung eine Vielzahl von Komplikationen. Die erste Aufgabe der Modellbildung ist daher immer zunächst die Untersuchung und (vorläufige) Entscheidung darüber, welche Effekte nun tatsächlich verhaltensentscheidend sind, welche wenig Einfluß haben und vernachlässigt werden können und welche durch vereinfachende Annahmen noch zuverlässig beschreibbar gemacht werden können. Oft kann diese Entscheidung a priori nicht belegt werden, da die genauere Untersuchung des Systems ja noch nicht durchgeführt worden ist. Es muß also zunächst einmal mit Hypothesen gearbeitet werden, die erst durch die Untersuchungsergebnisse gerechtfertigt oder widerlegt werden können. Die Auswahl der Vereinfachungen und Hypothesen hängt auch weitgehend vom Modellzweck ab: Zur Ableitung der genauen Gleichungen für ein Pendelchronometer müßte sehr viel präziser und detaillierter gearbeitet werden als für die Ableitung der Gleichungen der Bewegung eines idealisierten und vereinfachten Systems.

Modellzweck: *Ziel der folgenden Überlegungen soll sein, die Bewegungsgleichungen - das mathematische Modell - für die Bewegung eines idealisierten Kreispendels abzuleiten. Die Bewegung soll dabei im gesamten Bewegungsbereich korrekt beschrieben werden.*

Beim Kreispendel kann zunächst vermutet (und muß später belegt) werden, daß ein stark idealisiertes Pendel gleicher Masse und gleicher Stablänge eine Bewegung zeigen wird, die dem des realen Pendels weitgehend entspricht. Daher die Annahmen:

- Die Masse ist punktförmig am Stabende konzentriert.
- Der Stab ist völlig starr, gewichtslos und hat keinen Luftwiderstand.
- Das Drehlager ist reibungslos.
- Die Reynolds-Zahl an der Pendelmasse sei klein, so daß die Bewegung im laminaren Bereich bleibt (Strömungswiderstand wächst linear mit der Geschwindigkeit an).

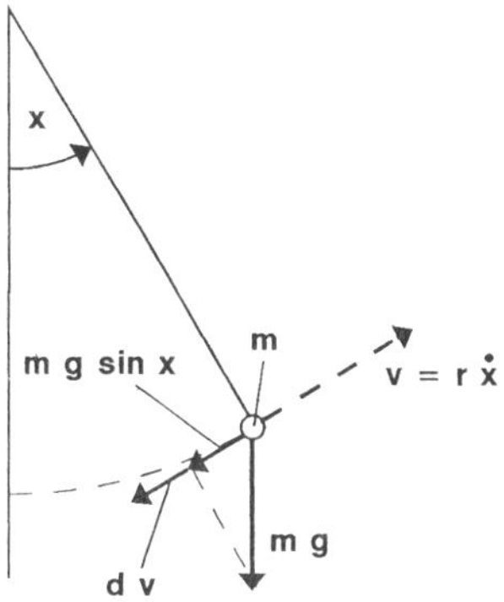

Abb. 3.19: Kräfte und Parameter beim Pendel.

Diese vereinfachenden Annahmen berücksichtigen wir im **Wortmodell**, das die Grundlage für die weitere Modellentwicklung sein wird. Das idealisierte zu beschreibende System ist in Abb. 3.19 skizziert. Wir stellen aus Überlegungen und bekannten Tatsachen die folgenden Aussagen zusammen:

- Wegen der starren Aufhängung ist die Bewegung genau auf eine Kreisbahn mit Radius r beschränkt.
- Wegen der starren Aufhängung kann es nur Bewegungskomponenten (Geschwindigkeit, Beschleunigung) tangential zum Kreis geben; in radialer Richtung sind alle Bewegungskomponenten gleich Null.
- Die Position auf der Kreisbahn ist eindeutig durch den Drehwinkel von der Ausgangsposition in Ruhelage bestimmt (x in Bogengrad).
- Die Winkelgeschwindigkeit auf der Kreisbahn ist die momentane Rate der Veränderung der Winkelposition (die Ableitung nach der Zeit dx/dt).
- Die Bahngeschwindigkeit der Pendelmasse m ist gleich der Winkelgeschwindigkeit mal dem Radius: $v = (dx/dt) \cdot r$
- Auf die Masse wirkt ein Strömungswiderstand entgegen der Bewegungsrichtung.
- Der Strömungswiderstand sei proportional zur Bahngeschwindigkeit.
- Der Strömungswiderstand sei proportional zur kinematischen Zähigkeit des Fluids, in dem die Bewegung stattfindet.
- Der Zähigkeitseffekt kann zusammen mit den Widerstandseffekten der Querschnittsfläche und dem Widerstandsbeiwert der Pendelmasse zu einer 'Dämpfungskonstante' c zusammengefaßt werden, so daß die Widerstandskraft $c \cdot r \cdot dx/dt$ beträgt.
- Auf die Pendelmasse wirkt immer die Schwerkraft m g (proportional zur Pendelmasse m und zur Gravitationskonstanten g) in Richtung des Erdmittelpunkts.
- Die einzige bewegungsrelevante Komponente dieser 'Rückstellkraft' ist die in Bahnrichtung, d.h. m g sin x (Abb. 3.19).
- Auf die Pendelmasse wirken daher zwei Kräfte: (1) die Dämpfungskraft des Strömungswiderstands, (2) die Rückstellkraft der Erdanziehung.

- Die an der Pendelmasse wirkende Beschleunigung ergibt sich aus diesen beiden Kräften.
- Die Beschleunigung ist proportional zur Beschleunigungskraft.
- Die Beschleunigung ist umgekehrt proportional zur Pendelmasse.
- Die Winkelbeschleunigung ist proportional zur Beschleunigung der Pendelmasse, aber umgekehrt proportional zum Radius. (Bei gleicher Massenbeschleunigung und doppeltem Radius ergibt sich der gleiche Bahngeschwindigkeitszuwachs pro Zeiteinheit, aber der halbe Winkelgeschwindigkeitszuwachs).
- Eine positive Winkelbeschleunigung führt zu wachsender Winkelgeschwindigkeit.
- Eine positive Winkelgeschwindigkeit führt zu wachsendem Winkel.

In diesem Wortmodell haben wir jetzt alle Informationen über das System gesammelt, die für die weitere Modellentwicklung wichtig zu sein scheinen. Im Idealfall enthält das Wortmodell alle notwendigen und hinreichenden Informationen, aber im Normalfall wird es zunächst auch Überflüssiges enthalten und außerdem bei der Modellentwicklung noch weiter ergänzt werden müssen.

3-3.3 Entwicklung des Wirkungsgraphen für das Kreispendel

Das Wortmodell ist die Basis für den Wirkungsgraphen, in dem die Systemgrößen und ihre Wirkungsstruktur darzustellen sind. Es empfiehlt sich, zunächst eine Liste der Systemgrößen anzulegen, die im Wortmodell eine Rolle spielen. Wir finden hier:

Radius	Bahngeschwindigkeit
Masse	Schwerkraft-Bahnkomponente
Gravitationskonstante	Dämpfungskraft
Dämpfungskonstante	Beschleunigungskraft
Winkel	Massenbeschleunigung
Winkelgeschwindigkeit	
Winkelbeschleunigung	

Hierbei sind Radius, Masse, Gravitationskonstante und Dämpfungskonstante konstante Systemparameter. Die anderen Größen sind sich ständig verändernde Systemgrößen.

Wir beginnen mit einer beliebigen Systemgröße und stellen mit Hilfe des Wortmodells fest, welche anderen Größen auf sie einwirken. Dabei finden wir hier die folgenden Wirkungspfade:

- Der Pendelwinkel verändert sich, wenn die Winkelgeschwindigkeit ungleich Null ist.
- Die Winkelgeschwindigkeit verändert sich, wenn eine Winkelbeschleunigung vorliegt.
- Die Winkelbeschleunigung ist abhängig von der Beschleunigung der Pendelmasse und dem Radius; größerer Radius bringt kleinere Winkelbeschleunigung.
- Die Beschleunigung hängt von der Masse des Pendels ab: bei gleicher Beschleunigungskraft bedeutet größere Masse eine kleinere Beschleunigung.

- Eine Verzögerung (negative Beschleunigung) der Pendelmasse wird durch die Dämpfungskraft bewirkt.
- Die Dämpfungskraft wird verursacht durch die Bahngeschwindigkeit des Pendels; sie hängt von der Dämpfungskonstanten ab.
- Die Bahngeschwindigkeit ist eine Funktion von Winkelgeschwindigkeit und Radius.
- Eine Beschleunigung wird außerdem durch die Bahnkomponente der Schwerkraft bewirkt.
- Die Bahnkomponente der Schwerkraft ist abhängig von der Pendelmasse, der Gravitationskonstante und der Schwerkraftkomponente in der augenblicklichen Bahnrichtung.

Diese 'atomaren' Wirkungsbeziehungen lassen sich nun leicht in Form eines Wirkungsgraphen auftragen (Abb. 3.20). In diesem Bild sind auch die im Wortmodell festgestellten gegensinnigen Wirkungen durch Minuszeichen angedeutet.

3-3.4 Größen, Dimensionen, Zusammenhänge beim Kreispendel

Im nächsten Schritt verwenden wir den Wirkungsgraph zur Herleitung der mathematischen Ausdrücke für die Beziehungen zwischen den Systemgrößen. Für jeden Knoten, d.h. jede Systemgröße ist eine eigene Beziehung herzuleiten. Zunächst führen wir Abkürzungen für jede der Größen ein, notieren die jeweilige Maßeinheit und schreiben die Zahlenwerte von bereits bekannten Parametern auf.

r	Radius	[m]	vorzugebener Parameter
m	Masse	[kg]	vorzugebener Parameter
d	Dämpfungskonstante	[?]*	vorzugebener Parameter
g	Gravitationskonstante	$[m/s^2]$	g = 9.81 (physik.Konstante)
x	Winkel	[1]	Winkel in Bogengrad:
x'	Winkelgeschwindigkeit	[1/s]	1 rad = $180/\pi$ = 57.3 Grad
x''	Winkelbeschleunigung	$[1/s^2]$	
v	Bahngeschwindigkeit	[m/s]	
F_b	Beschleunigungskraft	$[N = kg\ m/s^2]$	
F_g	Bahnkomp.d.Schwerkraft	[N]	
F_d	Dämpfungskraft	[N]	
b	Beschleunigung	$[m/s^2]$	
sin x	Projektion in Bahnrichtung	[1]	

(* Die Dimension von d bleibt hier zunächst offen und wird über die folgende Dimensionsanalyse bestimmt [N/(m/s)].)

Wir zeichnen jetzt noch einmal die Wirkungsstruktur der Abb. 3.20 (einschließlich der Vorzeichen) und tragen jetzt an den entsprechenden Knoten die Abkürzungen für die Größen und die Dimensionen ein (Abb. 3.21).

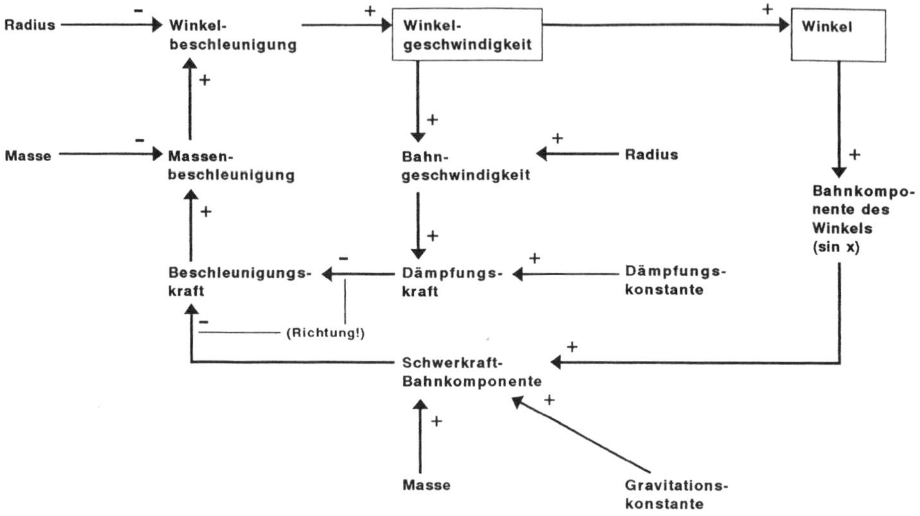

Abb. 3.20: Wirkungsgraph der Systemgrößen der Pendeldynamik.

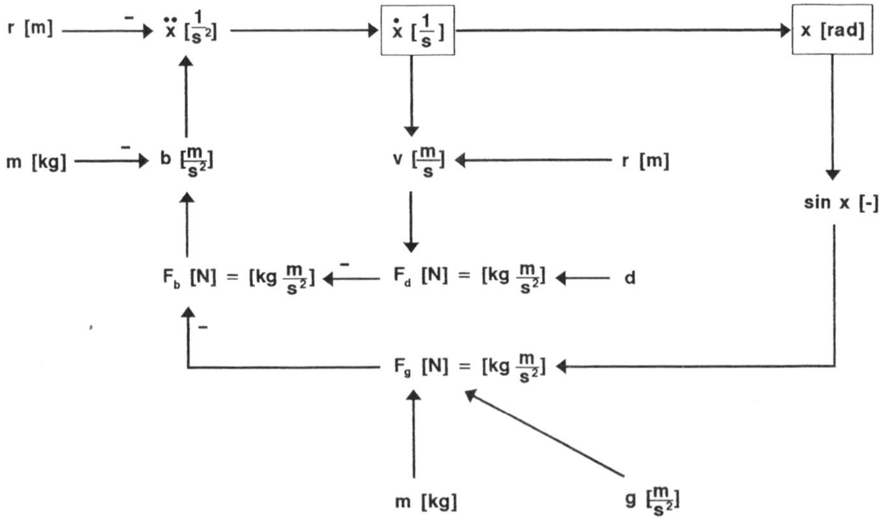

Abb. 3.21: Wirkungsgraph der Pendeldynamik mit Kurzbezeichnungen und Dimensionen.

Aus diesem Graphen lesen wir jetzt an jedem Knoten die Wirkungsbeziehungen zusammen mit den Dimensionen der Größen ab. Wir verwenden dabei das Zeichen & als zunächst nicht spezifizierten algebraischen Operator zwischen den Größen. Die richtige algebraische Operation bestimmen wir mit Hilfe der Dimensionsanalyse.

Für die Größe x'' gilt:

$$x''\ [1/s^2] \quad = r\ [m]\ \&\ b\ [m/s^2]$$

Die Gleichung läßt sich nur erfüllen wenn

$$x'' = b / r$$

Diese Formulierung erfüllt auch die Forderung der gegensinnigen Wirkung von r auf x''.

Für b gilt

$$b\ [m/s^2] = m\ [kg]\ \&\ F_b\ [kg\ m/s^2]$$

woraus folgt

$$b = F_b / m$$

Auch hier ist die gegensinnige Wirkung von m gewährleistet.

Die Größe F_b ergibt sich aus

$$F_b\ [N] \quad = F_d\ [N]\ \&\ F_g\ [N]$$

Offensichtlich kann es sich hier nur um eine Summe handeln. Dabei müssen aber die Vorzeichen des Wirkungsdiagramms beachtet werden. Es folgt

$$F_b = - F_d - F_g$$

(Winkelgeschwindigkeit, Winkelbeschleunigung und Beschleunigungskraft werden in der positiven x-Richtung (Winkel) ebenfalls positiv gerechnet. Dämpfungskraft und Schwerkraftkomponenten wirken bei der aufsteigenden Bewegung des Pendels $(x > 0)$ der Bewegung entgegen und haben daher negative Vorzeichen.)

Für F_d ergibt sich

$$F_d\ [N] \quad = d\ [?]\ \&\ v\ [m/s]$$

Da vorher festgelegt wurde, daß die Dämpfungskraft proportional zur Bahngeschwindigkeit sein soll, ergibt sich die Dimension von d mit d [N/(m/s)] und

$$F_d = d \cdot v$$

Die Größe F_g folgt aus der Wirkungsbeziehung

$$F_g\ [N = kg\ m/s^2] = \sin x\ [1]\ \&\ g\ [m/s^2]\ \&\ m\ [kg]$$

Dies ist durch einfache Multiplikation erfüllt, daher

$$F_g = \sin x \cdot g \cdot m$$

Für v ergibt sich

$$v\ [m/s] \quad = x'\ [1/s]\ \&\ r\ [m]$$

also

$$v = x' \cdot r$$

Es bleiben jetzt in der Abb. 3.21 noch die Wirkungsbeziehungen

$$x' \, [1/s] \leftarrow x'' \, [1/s^2]$$

und

$$x \, [1] \leftarrow x' \, [1/s]$$

Offensichtlich gibt es keine algebraische Beziehung, die hier zu einer Gleichung (mit gleichen Dimensionen auf beiden Seiten) führen könnte. Die Operation ist also von anderer Art; der Unterschied in der Zeitdimension gibt einen Hinweis. Tatsächlich haben wir es hier mit der Zeitintegration von Zustandsgrößen zu tun. Die Rechenvorschriften

$$x' \, [1/s] = \int x'' \, [1/s^2] \, dt \, [s]$$

und

$$x \, [1] = \int x' \, [1/s] \, dt \, [s]$$

zeigen wieder dimensionale Stimmigkeit. Die beiden Größen sind Zustandsgrößen und müssen ermittelt werden aus Integrationen über die Zeit (hier: Anfangszeit $t = 0$ gesetzt) und vorgegebenen Anfangswerten x'_0 und x_0 :

$$x' = x'_0 + {}_0\int^t x'' \, dt$$

und

$$x = x_0 + {}_0\int^t x' \, dt$$

Damit haben wir für alle Systemgrößen dimensional stimmige mathematische Formulierungen entwickelt. Wir fassen jetzt die Modellgleichungen noch einmal zusammen und verwenden sie zur Aufstellung des Simulationsdiagramms (Abb. 3.22).

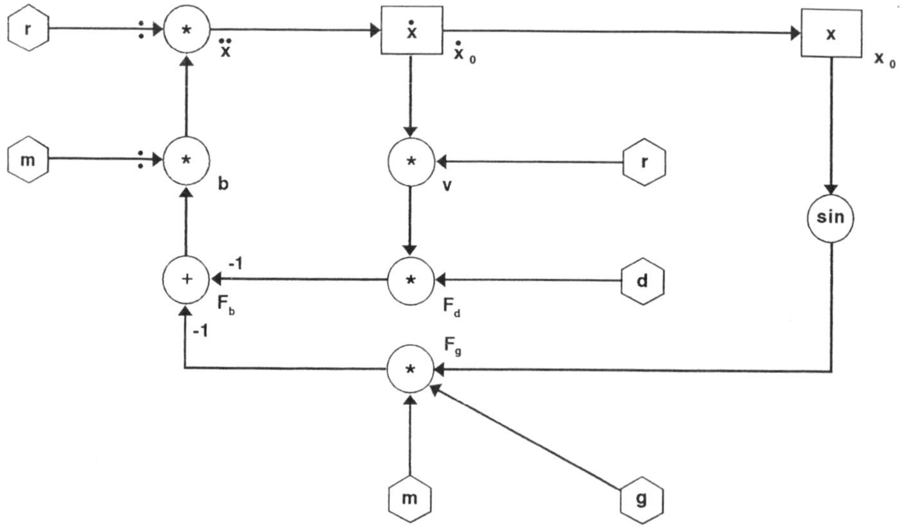

Abb. 3.22: Simulationsdiagramm der unbeschränkten (auch rotierenden) Pendelbewegung.

3-3.5 Modellgleichungen und Simulationsdiagramm für das Kreispendel (PENDEL)

1. Parameter

$g = 9.81$	$[m/s^2]$	
$m = 1$	[kg]	(Vorgabe, Systemparameter)
$r = 1$	[m]	(Vorgabe, Systemparameter)
$d = ?$	[N/(m/s)]	(Szenarioparameter)

2. Anfangswerte der Zustandsgrößen

$x'_0 = ?$	[1/s]	(anfängliche Winkelgeschwindigkeit)
$x_0 = ?$	[1]	(anfänglicher Winkel in Bogengrad)

3. Algebraische Größen

$$v = r\,x'$$
$$F_g = m\,g\,\sin x$$
$$F_d = d\,v$$
$$F_b = -F_d - F_g$$
$$b = F_b / m$$
$$x'' = b / r$$

4. Zustandsgrößen und Zustandsgleichungen

Die Zustandsgrößen folgen aus den Anfangswerten und dem Zeitintegral der Veränderungsraten:

$$x' = x'_0 + \int_0^t x''\,dt$$
$$x = x_0 + \int_0^t x'\,dt$$

Es genügt daher die Angabe der Differentialgleichungen der Zustandsänderungen (Zustandsgleichungen). Mit den Umbenennungen $x_1 = x$ und $x_2 = x' = dx/dt$ folgt:

$$dx_1/dt = x'_1 = x_2$$
$$dx_2/dt = x'_2 = b/r$$

Mit diesen Modellgleichungen entwickeln wir jetzt auf der Basis des Wirkungsgraphen (Abb. 3.21) das Simulationsdiagramm (Abb. 3.22), das die Anweisungen an jedem Knoten in 'Blöcken' zusammenfaßt, die sich in Typ und Funktion unterscheiden. Die Blocksymbole waren in Abb. 3.3 dargestellt und erläutert worden.

Wir bemerken hier wieder, daß die Blocksymbole genau den vorkommenden Typen von Systemgrößen entsprechen:

- *Sechsecke* zeigen vorgegebene feste oder zeitveränderliche exogene Größen (Systemparameter, Szenarioparameter, exogene Einwirkungen) an. Auch Anfangswerte können mit diesem Symbol vorgegeben werden; meist werden sie aber direkt an die 'Kästen' der entsprechenden Zustandsgrößen geschrieben.

- *Kreise* (oder Ovale) zeigen Zwischengrößen an, die immer aus Zustandsgrößen, exogenen Größen und/oder vorgelagerten Zwischengrößen algebraisch berechenbar sind. Die gelegentlich vorkommenden, durch Rhomben gekennzeichneten logischen Funktionen sind ebenfalls Zwischengrößen.
- *Rechtecke* ('Kästen') zeigen Zustandsgrößen an. Bei zeitkontinuierlichen Systemen ergibt sich die Zustandsgröße aus ihrem vorgegebenen Anfangswert und der Zeitintegration ihrer Eingänge. Die Eingänge eines Kastens (Pfeile in den Kasten) stellen daher die Beiträge zur Veränderungsrate des Zustands dar; ihre Summe ist die Differentialgleichung dieser Zustandsgröße

  dz/dt = Summe der Ratenbeiträge

Wenn die Zeiteinheit t des Modells die Dimension [dim t] und die Zustandsgröße z die Dimension [dim z] haben, so müssen alle Ratenbeiträge (alle in den Kasten wirkenden Pfeile) die Dimension [(dim z)/(dim t)] haben.

Nach Eintragen der entsprechenden Blöcke mit ihren Namen und Funktionsbezeichnungen in den Wirkungsgraph Abb. 3.21 ergibt sich nun das Simulationsdiagramm in Abb. 3.22. Dieses Diagramm enthält die gleiche Information wie der Satz von Modellgleichungen. Es kann daher auch direkt der Ausgangspunkt der Simulation sein, ohne daß das Modell in seiner mathematischen Formulierung vorliegen muß.

Dieses Diagramm ließe sich noch etwas vereinfachen, indem (entsprechend der Übereinkunft in Abb. 3.3) multiplikative Parameter einfach als Wichtungen an Wirkungspfeile geschrieben werden. Das hat allerdings den Nachteil, daß Parameter nicht mehr direkt (durch das Sechsecksymbol) ins Auge fallen. Parameter sind aber die 'Knöpfe', an denen gedreht werden kann, um das Systemverhalten zu beeinflussen. Das direkte Anschreiben als Wichtung sollte daher Größen vorbehalten werden, die nicht verändert werden können oder sollen (z.B. die Gravitationskonstante).

In der Praxis und mit etwas Übung wird das Simulationsdiagramm meist direkt aus dem Wirkungsgraph entwickelt, durch Definition der Wirkungsfunktionen an jedem Knoten, Quantifizierung der Beziehungen und Eintragen eines entsprechenden Blocks in die Wirkungsstruktur. Die mathematischen Gleichungen müssen dann also, wenn sie für die Programmierung oder die Dokumentation gebraucht werden, aus dem Simulationsdiagramm abgeschrieben werden. Hier empfiehlt es sich wieder, in der oben angegebenen Reihenfolge vorzugehen:

(1) Parameter und exogene Größen (Sechsecke)
(2) Anfangswerte der Zustandsgrößen (an den Rechtecken)
(3) Algebraische Gleichungen (Kreise) und u.U. logische Funktionen (Rhomben) für die Zwischengrößen
(4) Zustandsgleichungen (Rechtecke), d.h. Differentialgleichungen für die Zustände

Die Reihenfolge der Berechnung spielt nur bei den algebraischen Gleichungen eine Rolle, da hier Größen zum gleichen Zeitpunkt berechnet werden müssen. Hier müssen die Gleichungen in der Reihenfolge der Wirkungsflüsse aufgestellt werden, d.h. von den exogenen Größen (Sechsecken) und Zustandsgrößen (Rechtecken) in Pfeilrichtung über eventuelle Zwischengrößen (Kreise) hin zu den Zustandsgrößen.

Wird dieser Vorgang z.B. für das Simulationsdiagramm Abb. 3.22 durchgeführt, so erhalten wir wieder genau den oben angegebenen Satz von Modellgleichungen.

3-3.6 Kondensation des mathematischen Modells des Kreispendels

Der Mathematiker wird normalerweise versuchen, die algebraischen Gleichungen des Modells zusammenzufassen und direkt in die Zustandsgleichungen einzuarbeiten, um das gesamte Modell dann als ein kompaktes System von Differentialgleichungen zu erhalten. Für die mathematische Analyse (soweit sie möglich ist), insbesondere aber auch zur Klärung der elementaren Wirkungsstruktur des Systems, ist dieses Vorgehen sinnvoll. Zur Untersuchung realer Systeme aber ist es meist notwendig, auch mit dem Modell relativ nahe an den Größen und Parametern des realen Systems zu bleiben, um die Wirkungen der Systemgrößen und Parameter besser identifizieren und verfolgen zu können. Die Kondensation erschwert dann eher das Arbeiten mit dem Modell und das Verständnis seines Verhaltens, auch wenn sie mathematisch möglich wäre.

Wenn wir die Modellgleichungen des Kreispendels nacheinander einsetzen, erhalten wir schließlich eine sehr knappe Systemdarstellung:

$$\begin{aligned} F_b &= - F_d - F_g \\ &= - m\, g \sin x - v\, d \\ &= - m\, g \sin x - r\, d\, x' \end{aligned}$$

Weiter ist wegen $b = F_b/m$ und $x'' = b/r$

$$F_b = m\, b = m\, x''\, r$$

und damit ergibt sich

$$m\, x''\, r + m\, g \sin x + r\, d\, x' = 0 \qquad \text{bzw.}$$

$$x'' + (d/m)\, x' + (g/r) \sin x = 0$$

Dies ist die Differentialgleichung 2. Ordnung für das Kreispendel. Sie ist nichtlinear wegen des Terms $\sin x$. Zur vollständigen Spezifizierung der Aufgabe müssen auch hier noch die Anfangswerte x'_0 und x_0 vorgegeben werden.

Auch für dieses mathematische Modell können wir mit den Symbolen der Abb. 3.3 wieder ein Simulationsdiagramm aufzeichnen (Abb. 3.23a). Wir beginnen mit der Zustandsgröße x, die als einzigen Eingang ihre Veränderungsrate x' hat. Diese ergibt sich wiederum aus der Integration der Veränderungsrate x''. Wie diese (algebraisch) zu berechnen ist, ergibt sich aus der gerade abgeleiteten Differentialgleichung 2. Ordnung durch Umstellung:

$$x'' = - (d/m)\, x' - (g/r) \sin x$$

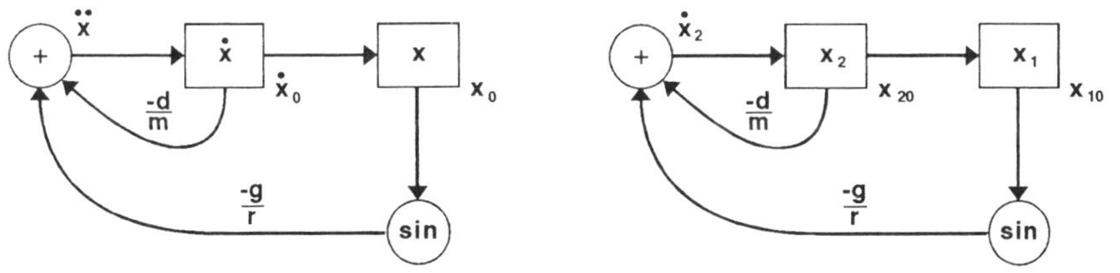

Abb. 3.23: Kompaktdarstellung des Pendelsystems. Vermeidung der zweiten Ableitung (links) durch Einführung neuer Zustandsgrößen (rechts).

Wir müssen also im Diagramm entsprechende Rückkopplungen von x' auf x'' und von x auf x'' einführen. Die erste Rückkopplung ist linear in x', mit der Gewichtung $(-d/m)$. Bei der zweiten muß zunächst der nichtlineare Term $\sin x$ bestimmt werden, bevor das Ergebnis mit $(-g/r)$ gewichtet wird.

Offensichtlich ist hier x' neben x ebenfalls eine Zustandsgröße. Wir können daher auch eine Umbenennung vornehmen:

$$x = x_1$$

und

$$x'_1 = x_2$$

Damit ergibt sich jetzt das Simulationsdiagram Abb. 3.23b. Wenn wir jetzt hieraus die Zustandsgleichungen für die zwei Kästen ablesen, so zeigt sich, daß wir jetzt ein System von **zwei** Differentialgleichungen **1. Ordnung** erhalten:

$$x'_1 = x_2 \tag{3.18a}$$

$$x'_2 = -(d/m)\,x_2 - (g/r)\sin x_1 \tag{3.18b}$$

mit den Anfangsbedingungen $x_{10} = x_0$ und $x_{20} = x'_0$.

Wir haben hier das gleiche Simulationsmodell in mehreren äquivalenten Darstellungsformen kennengelernt, die ineinander überführt werden können und die identische Ergebnisse liefern:

(1) ausführliches Simulationsdiagramm
(2) Satz von Simulationsgleichungen (Spezifikation von Parametern und exogenen Größen, algebraischen Gleichungen und Differentialgleichungen)
(3) Eine Differentialgleichung n-ter Ordnung
(4) n Differentialgleichungen 1. Ordnung
(5) kompaktes Simulationsdiagramm

Auf die Simulation des Verhaltens des Kreispendels unter Verwendung dieser Formulierungen kommen wir im nächsten Kapitel zurück.

3-3.7 Modellentwicklung und dimensionale Analyse im allgemeinen Fall

Das für das Kreispendel vorgeführte Verfahren der Modellentwicklung läßt sich in jedem beliebigen Aufgabenbereich anwenden - gleich, ob es sich um 'harte' mathematische Modelle aus dem naturwissenschaftlichen Bereich mit international definierten Maßeinheiten oder ob es sich um 'weiche' Formulierungen etwa aus dem sozialwissenschaftlichen Bereich mit ad hoc definierten qualitativen Größen handelt. In allen Fällen gilt, daß die Dimensionen - welche auch immer - auf beiden Seiten eines algebraischen Ausdrucks übereinstimmen müssen. In allen Fällen kann diese Forderung daher auch dazu verwendet werden, die Form einer algebraischen Abhängigkeit oder die fehlende Dimension einer Größe einer Gleichung zu finden.

Selbst wenn das Modell nur dimensionslose Größen enthalten sollte, so gilt die Forderung noch für die 'dimensionslosen Dimensionen' der Größen selbst: auch diese müssen auf beiden Seiten einer (dimensionslosen) Gleichung noch übereinstimmen.

Beispiel: Werden eine relative (dimensionslose) Bevölkerungszahl und ein relativer (dimensionsloser) Autobesitz pro Kopf definiert, so muß der sich aus dem Produkt ergebende relative (dimensionslose, d.l.) Gesamtautobesitz immer noch die korrekte (dimensionslose) 'Dimension' besitzen

$$[\text{d.l.Gesamtautobesitz}] = [\text{d.l.Bevölkerungszahl}] \cdot [\text{d.l.Autobesitz pro Kopf}]$$

Insbesondere gilt diese Bedingung auch für die Zustandsraten: Diese müssen auch hier die Dimension der Zustandsgröße pro Zeiteinheit besitzen, selbst wenn es sich um eine relative (dimensionslose) Zeiteinheit handeln sollte.

Im folgenden Beispiel soll noch einmal der Modellentwicklungsprozeß für einen Fall durchlaufen werden, bei dem die Dimensionen der Systemgrößen zum Teil vom Modellentwickler selbst erst festgelegt werden müssen.

3-3.8 Modellentwicklung zur Dynamik des Fischfangs: Wortmodell und Wirkungsgraph

Wir beginnen mit einer **Systembeschreibung**:

In einem großen Binnensee wird Fischfang betrieben. Ohne Fischfang würde die Fischpopulation bis an ihre Kapazitätsgrenze wachsen. Diese Kapazitätsgrenze ist eine gegebene Größe, die vor allem vom Nährstoffangebot im Wasser und dem sich daraus ergebenden Wachstum von Algen, Phytoplankton und Zooplankton bestimmt ist. Die Reproduktionsprozesse der Fische (Laichen, Brut, Aufzucht) begrenzen die maximale spezifische Wachstumsrate der Fischpopulation.

Die Fangchancen der Fischer sind abhängig von der Zahl ihrer Boote. Pro Boot wird unter günstigen Bedingungen jährlich eine bestimmte Menge Fisch gefangen. Im Betrieb verursachen die Boote dabei bestimmte Unterhalts- und Betriebskosten. Die Fischer versuchen, ihren Nettoverdienst zu maximieren und investieren einen Teil etwaiger Überschüsse in den Kauf neuer Boote. Damit werden z.T. unbrauchbar gewordene ältere Boote ersetzt, z.T. wird damit aber auch die Bootszahl vergrößert, um die Fangmenge und den Verdienst zu erhöhen. Wenn - wegen zu geringen Fängen und/oder zu geringen Preisen für Fisch - keine Überschüsse erwirtschaftet werden können, werden keine neuen Boote erworben und der Bootsbestand verringert sich durch altersbedingte Stillegung.

Erste Überlegungen (aus der Sicht der Fischer) zeigen hier, daß die Fangmenge und damit der Verdienst gering sein werden, wenn entweder nur wenige oder aber zu viele Boote zum Fang ausfahren. Es wird also wahrscheinlich ein Optimum für die Zahl der Boote geben, das aber von den finanziellen Bedingungen (Fischpreis und Bootsunkosten) abhängen wird. Für die Fischer wäre es wichtig, diese Bedingungen zu kennen, um den Fischfang gemeinsam so zu regeln, daß (1) es weder zu einem ökologischen Zusammenbruch (der Fischpopulation) noch einem ökonomischen Zusammenbruch (der Fischereibetriebe) kommt und (2) sich eine nachhaltige (dauerhafte) Bewirtschaftung des Binnensees unter optimalen ökonomischen Bedingungen ergibt. Da es sich hier um relativ komplexe miteinander verwobene ökologische und ökonomische Prozesse handelt, ist die Entwicklung eines mathematischen Modells für die Computersimulation unter verschiedenen angenommenen Bedingungen und für die Suche nach einer optimalen Lösung angebracht.

Hieraus ergibt sich der **Modellzweck:** *Das Modell soll bei Berücksichtigung der ökologischen Bedingungen der Populationsdynamik der Fische unter Fangbedingungen, sowie der ökonomischen Bedingungen der Fischereibetriebe die Dynamik des Fischfangs so darstellen, daß die Ergebnisse als Entscheidungshilfe verwendet werden können. Insbesondere soll sich auch ein Überblick über die Verhaltensmöglichkeiten (z.B. ökologische und ökonomische Zusammenbrüche) ergeben.*

Unter Beachtung dieses Modellzwecks können wir nun Informationen zum **Wortmodell** sammeln. Diese werden zum Teil aus der Systembeschreibung stammen, zum Teil müssen darüber hinaus aber noch ergänzende Informationen beschafft werden, um Wissenslücken in den Wirkungspfaden zu schließen.

Im Teilmodell für die Fischpopulation bestehen die folgenden wichtigen Zusammenhänge:

- Der Nettozuwachs der Fischpopulation hängt von der Populationsgröße, der fischartspezifischen maximalen spezifischen Zuwachsrate und der spezifischen Mortalität der Fische ab (1/mittlere Lebenserwartung).
- Zusätzlich vermindert sich die Fischpopulation durch die jährlichen Fänge.
- Die Fischpopulation kann bis zu einer von den ökologischen Bedingungen vorgegebenen Kapazitätsgrenze anwachsen. Nähert sich die Population dieser Grenze, so reduziert sich der jährliche Nettozuwachs allmählich auf Null.

Im Teilmodell für die Bootsflotte bestehen die folgenden Wirkungsbeziehungen:

- Die Bootszahl erhöht sich durch die Zahl der jährlichen Neuerwerbungen.
- Die Bootszahl vermindert sich durch die Zahl der jährlichen Stillegungen von (alten) Booten.
- Die maximal mögliche jährliche Fangmenge der Flotte (Fangpotential) bestimmt sich aus der Zahl der aktiven Boote und der maximalen jährlichen Fangmenge pro Boot.
- Die tatsächliche jährliche Fangmenge hängt vom Fangpotential und der von den Booten angetroffenen relativen Fischdichte ab.
- Der jährliche (Brutto-)Erlös errechnet sich aus der jährlichen Fangmenge mal dem erzielten Fischpreis.
- Das Nettoeinkommen ergibt sich aus dem Erlös nach Abzug der Unterhalts- und Betriebskosten für die Boote.
- Die jährlichen Unterhalts- und Betriebskosten errechnen sich aus der Zahl der Boote und den spezifischen Kosten pro Boot.
- Nur ein gewisser Teil des jährlichen Nettoeinkommens steht für Investitionsmittel für neue Boote zur Verfügung.
- Die Zahl der jährlich neu erworbenen Boote bestimmt sich aus den verfügbaren Investitionsmitteln und den spezifischen Kosten für neue Boote.

Mit diesen Informationen läßt sich nun der **Wirkungsgraph** in Abb. 3.24 entwickeln. Wir haben hier gleich die Fischpopulation und die Zahl der Boote als Zustandsgrößen gekennzeichnet (Kasten).

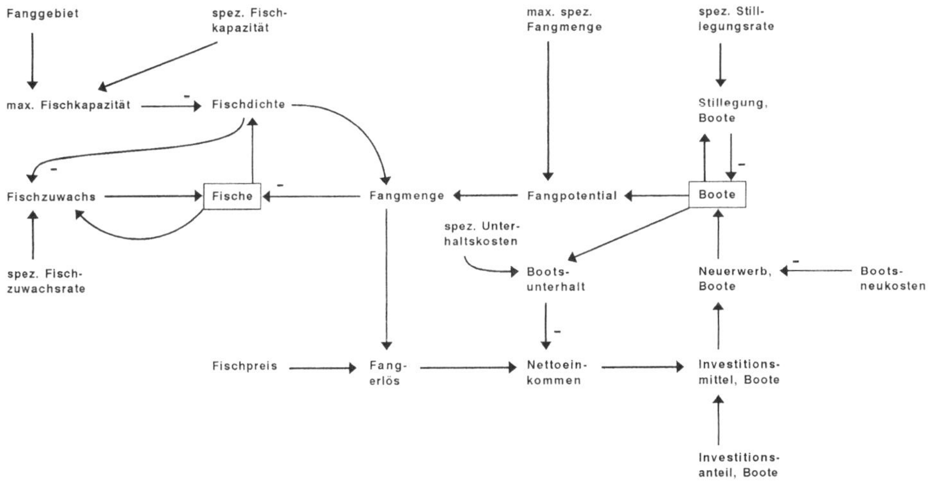

Abb. 3.24: Wirkungsgraph der Systemgrößen der Fischfangdynamik.

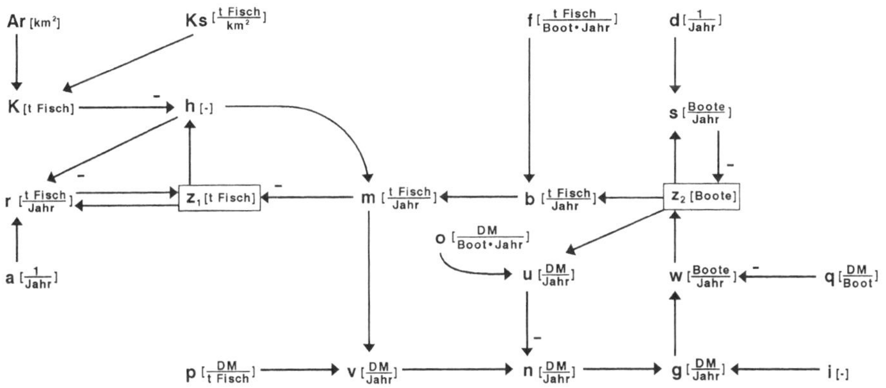

Abb. 3.25: Wirkungsgraph mit den Kurzbezeichnungen und Dimensionen der Systemgrößen der Fischfangdynamik.

3-3.9 Größen, Dimensionen, Zusammenhänge bei der Fischfangdynamik

Anhand des Wirkungsgraphen machen wir uns wieder eine Liste der Systemgrößen, ihrer Dimensionen und ihrer mathematischen Kurzbezeichnungen, die wir für die weiteren Untersuchungen verwenden wollen. Bei der Auswahl der Bezeichnungen sollte man sich von praktischen Überlegungen leiten lassen. Wir wollen hier ein-buchstabige Größen verwenden, um die mathematischen Manipulationen überschaubarer zu machen. Wo dies nicht notwendig ist, empfiehlt sich die Verwendung längerer aber selbsterklärender Namen. Dies erleicht das Verständnis der Anweisungen in Simulationsprogrammen erheblich.

Beispiel: Im folgenden werden die spezifischen Betriebskosten mit "o" bezeichnet. Im Programm leichter lesbar ist "spez Betriebskosten" (Kap. 4 und 5).

Für die Bearbeitung der Aufgabe seien die folgenden Systemparameter vorgegeben (a = Jahr):

Ar	Fanggebiet	1000	[km²]
Ks	spez. Fischkapazität	100	[t Fisch/km²]
k	max. Fischkapazität	Ar.Ks	[t Fisch]
a	max. spez. Fischzuwachsrate	1	[1/a]
f	max. spez. Fangmenge	100	[tFisch/(Boot·a)]
o	spez.Unterhaltskosten	50000	[DM/(Boot·a)]
q	Bootsneukosten	100000	[DM/Boot]
d	spez. Stillegungsrate d. Boote	1/15	[1/a]
1/d	Bootslebensdauer	15	[1/a]
i	Investionsanteil f. Boote	1/2	[-]
p	Fischpreis	1000	[DM/t Fisch]

Die restlichen Systemgrößen verändern sich während der Simulation:

z_1	Fische (Anfangswert)	5000	[t Fisch]
z_2	Boote (Anfangswert)	100	[Boote]
h	Fischdichte		[-]
r	Fischzuwachs		[t Fisch/a]
b	Fangpotential		[t Fisch/a]
m	Fangmenge		[t Fisch/a]
v	Fangerlös		[DM/a]
u	Bootsunterhalt		[DM/a]
n	Nettoeinkommen		[DM/a]
g	Investitionsmittel - Boote		[DM/a]
w	Neuerwerb - Boote		[Boote/a]
s	Stillegung - Boote		[Boote/a]

Wir zeichnen noch einmal die Wirkungsstruktur aus Abb. 3.24 ab und tragen jetzt aber an den Knoten die Abkürzungen und die Dimensionen ein (Abb. 3.25). Unter Beachtung der gegensinnigen Wirkungen (Minuszeichen) und der Dimensionen in den Wirkzusammenhängen an jedem Knoten erhalten wir jetzt die folgenden Beziehungen:

Fischdichte	$h = z_1 / k$	[-]
Fischzuwachs	$r = a z_1 (1 - h)$	[t Fisch/a]
Fangpotential	$b = f z_2$	[t Fisch/a]
Fangmenge	$m = b h$	[t Fisch/a]
Fangerlös	$v = p m$	[DM/a]
Bootsunterhalt	$u = o z_2$	[DM/a]
Nettoeinkommen	$n = v - u$	[DM/a]
Investitionsmittel - Boote	$g = i n$	[DM/a]
Neuerwerb - Boote	$w = g / q$	[Boote/a]
Stillegung - Boote	$s = d z_2$	[Boote/a]

3-3.10 Modellgleichungen und Simulationsdiagramm zur Fischfangdynamik (FISHFANG)

Wir stellen jetzt noch einmal alle Daten und Gleichungen für das Simulationsmodell zusammen:

1. Parameter

Ar	=	100	[km^2]
Ks	=	100	[t Fisch/km^2]
k	=	Ar.Ks	[t Fisch]
a	=	1	[1/a]
f	=	100	[t Fisch/(Boot·a)]
o	=	50000	[DM/(Boot·a)]
q	=	100000	[DM/Boot]
d	=	1/15	[1/a]
i	=	1/2	[-]
p	=	1000	[DM/t Fisch]

(Diese Vorgaben sind teilweise bei Szenariountersuchungen zu ändern.)

2. Anfangswerte der Zustandsgrößen

z_{10}	=	5000	[t/Fisch]
z_{20}	=	100	[Boote]

(bei Szenariountersuchungen zu ändern)

3. Algebraische Zwischengrößen

$$
\begin{aligned}
h &= z_1 / k \\
r &= a\, z_1 (1 - h) \\
b &= f\, z_2 \\
m &= b\, h \\
v &= p\, m \\
u &= o\, z_2 \\
n &= v - u \\
g &= i\, n \\
w &= g / q \\
s &= d\, z_2
\end{aligned}
$$

4. Zustandsgleichungen

$$
\begin{aligned}
dz_1/dt &= z'_1 = r - m \\
dz_2/dt &= z'_2 = w - s
\end{aligned}
$$

Mit diesen Beziehungen läßt sich nun mit der Struktur des Wirkungsgraphen das Simulationsdiagramm aufzeichnen (Abb. 3.26). Dieses enthält alle für die Simulation notwendigen Informationen. Parameter und Anfangswerte sind der obigen Liste zu entnehmen. Wir könnten damit das Simulationsprogramm erstellen und Simulationen durchführen. Bei diesem Modell führt aber die Kondensation zu interessanten Erkenntnissen über die Systemstruktur, so daß wir zunächst noch eine kompakte Darstellung entwickeln wollen.

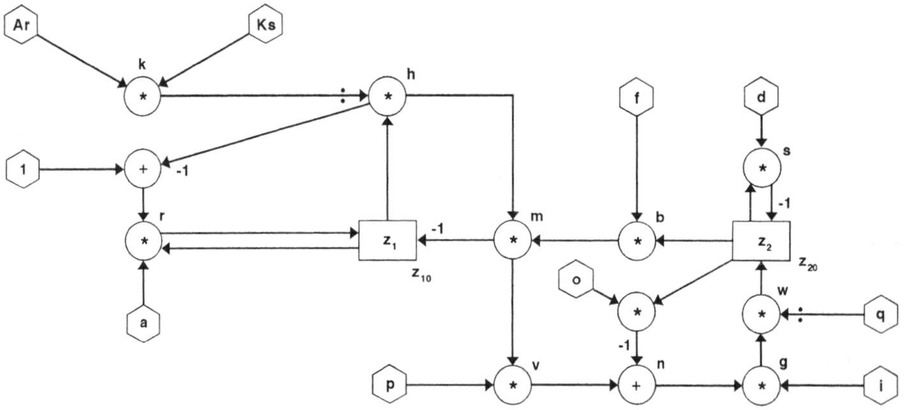

Abb. 3.26: Simulationsdiagramm zur Berechnung der Fischfangdynamik.

3-3.11 Kondensation des Fischfangmodells zur generischen Räuber-Beute-Struktur

Aus dem Simulationsdiagramm lassen sich die Differentialgleichungen für die beiden Zustandsgrößen z_1 und z_2 abschreiben. Wir erhalten für die Fischpopulation z_1

$$dz_1/dt = a\, z_1\, (1 - z_1/k) - f\, (z_1/k)\, z_2$$

und für die Anzahl der Boote

$$dz_2/dt = (p\, f\, (z_1/k)\, z_2 - o\, z_2)\, i\, /\, q - d\, z_2$$

Wenn wir einführen

$$c = (p\, i)/q$$

$$e = (o\, i)/q + d$$

so lassen sich die Zustandsgleichungen des Modellsystems schreiben als

$$z_1' = a\, z_1\, (1 - z_1/k) - f\, z_2\, z_1/k \qquad (3.19a)$$

$$z_2' = c\, f\, z_2\, z_1/k - e\, z_2 \qquad (3.19b)$$

Dieses System hat genau die Struktur des klassischen Räuber-Beute-Systems von Lotka und Volterra mit logistischer Sättigung bei der Beute (vgl. Modell M 207 "Räuber-Beute-System mit Kapazitätsgrenze" im Systemzoo und Kap. 6):

$$x' = A\, x\, (1-x) - B\, x\, y \qquad (3.20a)$$

$$y' = C\, x\, y - D\, y \qquad (3.20b)$$

Der erste Teil der ersten Gleichung entspricht dem logistischen Wachstum der Beute. Der zweite Teil entspricht den Fangverlusten; er hängt sowohl von der Population der Räuber wie der der Beute ab. Der erste Teil der zweiten Gleichung zeigt den entsprechenden Gewinn der Räuber, der zweite den Verlust durch Eigenverbrauch.

Wenn wir ein Simulationsdiagramm für die Kompaktdarstellung des Fischfangmodells zeichnen (Abb. 3.27), so wird diese generische Struktur noch deutlicher: Auf der linken Seite der Zustandsgröße z_1 erscheint die Struktur des logistischen Wachstums (vgl. Abb. 3.17c). An der Zustandsgröße z_2 sehen wir die für exponentiellen Zerfall typische Eigenkopplung. Beide Zustandsgrößen sind multiplikativ (nichtlinear!) miteinander verkoppelt. Das Resultat dieser Verkopplung bedeutet einen Verlust für die Beute und einen Gewinn für den Räuber.

Mit der Simulation dieses Systems und der Analyse seines Verhaltens werden wir uns im nächsten Kapitel beschäftigen.

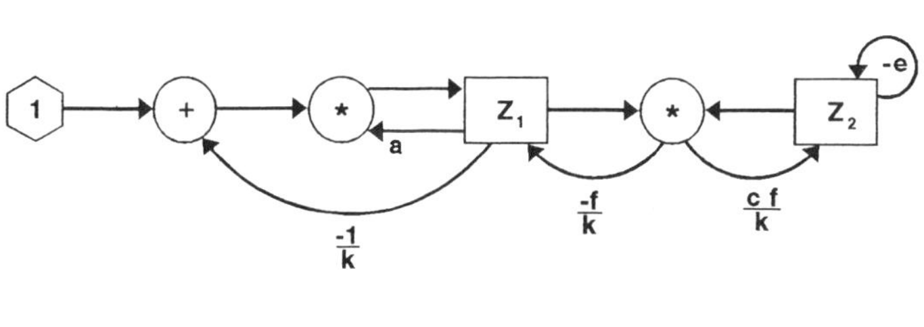

Abb. 3.27: Kompaktdarstellung des Fischfangsystems. Die Struktur ist identisch mit der des Räuber-Beute-Systems bei begrenzter Beutekapazität.

3-3.12 Zustandsgleichungen mit normierten Zustandsgrößen

Systeme können generisch gleiche Struktur zeigen und sich dennoch in ihren zahlenmäßigen Ergebnissen unterscheiden. Um das Verhalten solcher Systeme besser vergleichen zu können, empfiehlt sich die Verwendung normierter Zustandsgrößen. Die Zustandsgrößen werden also auf einen Referenzwert bezogen, so daß jede normierte Zustandsgröße dimensionslos wird und einen Wert der Größenordnung "1" erhält.

Bei diesem Verfahren muß beachtet werden, daß sich hierbei normalerweise die Koeffizienten in den Differentialgleichungen ändern. Das Ersetzen der ursprünglichen dimensionsbehafteten Größen in den Zustandsgleichungen durch die neuen dimensionslosen normierten Größen muß sorgfältig durchgeführt werden, um die korrekten Koeffizienten in den neuen Zustandsgleichungen zu erhalten.

Das allgemeine Verfahren ist wie folgt:

Die ursprünglichen Zustandsgrößen z_i werden jeweils durch entsprechende Bezugszustände k_i (der gleichen Dimension!) normiert (z.B. Gleichgewichtszustände), um die neuen dimensionslosen normierten Zustandsgrößen x_i zu erhalten:

$$x_i = z_i/k_i \quad \text{bzw.}$$

$$z_i = k_i x_i .$$

Diese Ausdrücke werden für die z_i in die ursprünglichen Zustandsgleichungen eingesetzt.

$$dz_i/dt = k_i\, dx_i/dt = f_i\,(z_1, z_2, \ldots z_i, \mathbf{u}, t) \tag{3.21}$$

wird dann zu

$$k_i\, dx_i/dt = f_i\,(k_1 z_1, k_2 z_2, \ldots k_i z_i .., \mathbf{u}, t) \quad \text{bzw.}$$

$$dx_i/dt = (1/k_i)\, f_i\,(k_1 z_1, k_2 z_2, \ldots k_i z_i .., \mathbf{u}, t) \tag{3.22}$$

Beispiel: Beim Fischfangmodell bietet sich an, die Fischpopulation z_1 mit ihrer Kapazitätsgrenze k und die Bootszahl z_2 mit einer 'Normalanzahl' j zu normieren und damit eine normierte Fischpopulation x und eine normierte Bootszahl y zu definieren:

$$x = z_1/k, \quad y = z_2/j \quad \text{bzw.}$$

$$z_1 = k\,x, \quad z_2 = j\,y$$

Werden diese Definitionen in die Zustandsgleichungen (3.19) eingesetzt, so ergibt sich für die normierten Zustandsgleichungen

$$dx/dt = x' = ax\,(1 - x) - (j/k) \cdot f \cdot xy \tag{3.23a}$$

$$dy/dt = y' = c \cdot f \cdot xy - e\,y \tag{3.23b}$$

Man beachte, daß die generische Struktur erhalten blieb, die Koeffizienten der Terme sich aber geändert haben. Mit

$$A = a \qquad B = (j/k) \cdot f$$

$$C = cf \qquad D = e$$

ergeben sich wieder die generischen Zustandsgleichungen (3.20) des Räuber-Beute-Systems.

3-3.13 Dimensionslose Zustandsgleichungen, normierte Zustände und normierte Zeit

Generisch gleiche Systeme können sehr unterschiedliche Zeitdynamiken besitzen. Um die Ergebnisse auch im Hinblick auf das Zeitverhalten besser vergleichbar zu machen, empfiehlt sich außer der Normierung der Zustandsgrößen auch die Normierung der Zeit durch Einführung der dimensionslosen Zeit.

$$\tau = t/T$$

Hierbei ist T eine charakteristische Zeit (z.B. die Länge einer normalen Schwingungsperiode). Damit wird

$$t = T\tau \quad \text{und} \quad dt = T\, d\tau$$

Wird nun in den Zustandsgleichungen (3.22) dt ersetzt, so ergeben sich die dimensionslosen Zustandsgleichungen

$$dx_i/d\tau = (T/k_i)\, f_i\, (k_1 z_1, k_2 z_2, \ldots k_i z_i \ldots, \mathbf{u}, t)$$

Hier haben jetzt sowohl die normierten Zustandsgrößen x_i wie die normierte Zeit die Größenordnung "1".

Beispiel: Einführung der dimensionslosen Zeit $\tau = t/T$ in das normierte Fischfangmodell (Gl. 3.23) führt zu den dimensionslosen Zustandsgleichungen

$$dx/d\tau = T \cdot a x\, (1 - x) - T \cdot (j/k) \cdot f \cdot xy \qquad (3.24a)$$

$$dy/d\tau = T \cdot c \cdot f \cdot xy - T \cdot e \cdot y \qquad (3.24b)$$

Wieder ist die generische Struktur erhalten geblieben; nur die Koeffizienten der Terme haben sich geändert. Jetzt ergeben sich mit

$$A = Ta \qquad B = T\,(j/k)\, f$$

$$C = Tcf \qquad D = Te$$

wieder die generischen Zustandsgleichungen (3.20) des Räuber-Beute-Systems.

Die Verwendung normierter und dimensionsloser Zustandsgleichungen hat große Bedeutung für die Analyse und den Vergleich von Systemstruktur und Systemverhalten. In den Modellsystemen des Systemzoos in Kap. 6 werden fast ausschließlich normierte Zustandsgleichungen verwendet. Aus den dort berechneten normierten Zustandsgrößen x_i folgen die fallspezifischen dimensionsbehafteten Zustandsgrößen z_i nach Multiplikation mit den Bezugszuständen k_i

$$z_i = k_i x_i$$

Die dimensionsbehaftete Zeit t folgt aus der dimensionslosen Zeit τ nach Multiplikation mit der Bezugszeit T

$$t = T\tau$$

Die normierten Zustandsgleichungen müssen durch Einsetzen von

$$x_i = z_i/k_i \quad \text{und} \quad \tau = t/T$$

in die Zustandsgleichungen (dz_i/dt) für die dimensionsbehafteten z_i und t umformuliert werden.

3-4 Zusammenfassung wichtiger Ergebnisse

Während im Kapitel 2 die Wirkungsstruktur von Systemen im Vordergrund stand, haben wir uns in diesem Kapitel mit der genaueren Beschreibung von Systemen befaßt. Diese verlangt, daß die unterschiedliche Natur der Systemelemente und der zwischen ihnen ablaufenden Prozesse explizit berücksichtigt wird. Die korrekte Beschreibung der Wirkungen im System setzt auch dimensionale Stimmigkeit der entwickelten Modellbeziehungen voraus. Das Endprodukt der Modellentwicklung sind mathematische Beziehungen oder ein äquivalentes Systemdiagramm, die beide als Ausgangspunkt für die Programmierung eines Simulationsmodells dienen können. Die Untersuchungen konzentrierten sich auf kontinuierliche deterministische dynamische Systeme.

Die wichtigsten Ergebnisse werden hier noch einmal zusammengefaßt:

1. Der Wirkungsgraph kann nur bei linearen Systemen direkt als Grundlage eines Simulationsmodells genommen werden. Bei allgemeinen Systemen ist die im Wirkungsgraphen entwickelte **Wirkungsstruktur der Ausgangspunkt** für eine differenziertere Betrachtung, bei der Systemelemente und Wirkungsprozesse genauer erfaßt werden müssen.

2. In dynamischen Systemen sind drei verschiedene Kategorien von Systemgrößen zu unterscheiden:

   Vorgabegrößen (Parameter, Anfangswerte der Zustandsgrößen und exogene Einwirkungen $\mathbf{u}(t)$ aus der Systemumwelt; Sechsecksymbol), die nicht von der Systementwicklung bestimmt werden;

   Zustandsgrößen $\mathbf{z}(t)$ (Speichergrößen, Gedächtnisgrößen des Systems; Rechtecksymbol), in denen sich die Entwicklung des Systems niederschlägt und die sich (im allgemeinen) nur kontinuierlich über ihre Zustandsveränderungsraten verändern;

   Zwischengrößen (Kreis- oder Ellipsensymbol), die sich jederzeit aus Vorgabegrößen, Zustandsgrößen und/oder anderen (vorgelagerten) Zwischengrößen ermitteln lassen.

3. Generell lassen sich alle dynamischen Systeme mit Eingängen $\mathbf{u}(t)$ und Ausgängen $\mathbf{v}(t)$ durch eine **Zustandsgleichung** und eine **Ausgangsgleichung** beschreiben

   $$\mathbf{z}(t) = \mathbf{F}(\mathbf{z}, \mathbf{u}, t)$$
   $$\mathbf{v}(t) = \mathbf{g}(\mathbf{z}, \mathbf{u}, t)$$

4. Bei **kontinuierlichen Systemen** (zu jedem Zeitpunkt definiert) kann die Zustandsgleichung als Differentialgleichung für die Zustandsänderungsraten $d\mathbf{z}/dt$ geschrieben werden. Dann sind die **Systemgleichungen**

   $$d\mathbf{z}/dt = \mathbf{f}(\mathbf{z}, \mathbf{u}, t)$$
   $$\mathbf{v}(t) = \mathbf{g}(\mathbf{z}, \mathbf{u}, t)$$

   Das entsprechende **allgemeine Systemdiagramm** ist in Abb. 3.12 wiedergegeben. Die Ableitung nach der Zeit wird in diesem Buch oft durch einen Strich gekennzeichnet: $z' = dz/dt$.

5. Beim kontinuierlichen dynamischen System sind die **Zustandsfunktion** $\mathbf{f}$ und die **Verhaltensfunktion** $\mathbf{g}$ jederzeit durch **algebraische** (und/oder logische) **Operationen** ermittelbar.

6. Beim kontinuierlichen dynamischen System muß der **Systemzustand** $\mathbf{z}(t)$ **durch Integration** der Veränderungsraten $d\mathbf{z}/dt$ über die Zeit ermittelt werden. Im einfachsten Fall erfolgt dies mit der numerischen Integration nach Euler und Cauchy über den Zeitschritt Dt:

$$\mathbf{z}_{neu} = \mathbf{z}_{alt} + (d\mathbf{z}/dt)_{neu} \cdot Dt$$

7. Das **Verhalten dynamischer Systeme** wird wesentlich von der Zahl der Zustandsgrößen und der Art der Rückkopplungen zwischen ihnen bestimmt. So können Systeme mit zwei oder mehr Zustandsgrößen schwingen; bei drei oder mehr Zustandsgrößen kann sich chaotisches Verhalten einstellen.
8. Alle Zustandsgleichungen (**f** oder **F**) und alle Ausgangsgleichungen (**g**) müssen **dimensional stimmig** formuliert sein: auf beiden Seiten der Gleichungen müssen die gleichen Dimensionen stehen. Diese Bedingung kann bei der Formulierung der Modellbeziehungen helfen.
9. Werden die Modellgleichungen durch Einführung von Bezugsgrößen normiert, so ergeben sich normierte **dimensionslose Gleichungssysteme**, die für den Vergleich von Systemen und die mathematische Analyse eine bessere Ausgangsbasis bieten.
10. Die **Gültigkeit** eines Simulationsmodells muß an vier Kriterien gemessen werden: (1) Strukturgültigkeit, (2) Verhaltensgültigkeit, (3) empirische Gültigkeit, (4) Anwendungsgültigkeit.
11. Wo möglich, sollten Simulationsmodelle **modular entwickelt** werden. Jeder Teilmodul sollte individuell auf Gültigkeit überprüft werden, bevor er mit anderen Moduln und dem Gesamtmodell verkoppelt wird.

Hinweise zu den Programmen auf der Begleitdiskette

Auf der Diskette befinden sich

- der Systemzoo (deutsch) mit 50 Simulationsmodellen (ZOODEU.EXE)
- alle in den Kapiteln 2 bis 5 besprochenen und dokumentierten Simulationsmodelle im TurboPascal-Quellcode (*.PAS oder *.MOD)
- zwei SIMPAS-Programmiermuster (MODLMUST.TXT und RAEUBER.MOD)
- die SIMPAS-Simulationsumgebung (SIMPAS.PAS, BASE.TPU) SIMUL.TPU)

Alle Programme sind lauffähig auf IBM-DOS Rechnern (oder entsprechenden Emulationen auf anderen Rechnern).

Das Systemzoo-Programm ZOODEU.EXE enthält bereits alle üblichen Graphiktreiber und ist ohne weitere Vorbereitungen direkt lauffähig (Aufruf aus DOS: ZOODEU). (TurboPascal ist hierzu nicht erforderlich). Die 50 verschiedenen Simulationsmodelle lassen sich über Menüs ansprechen, die nach Programmaufruf erscheinen. Der Systemzoo verwendet SIMPAS als Simulationsumgebung; die Bearbeitungsmöglichkeiten sind also mit den in den folgenden Kapiteln besprochenen Abläufen identisch. Parameterdokumentationen und tabellarische oder graphische Ergebnisse auf dem Bildschirm können auf einem angeschlossenen graphikfähigen Drucker ausgedruckt werden.

Mit ZOODEU können auch die in den folgenden Kapiteln besprochenen Simulationen direkt durchgeführt werden, ohne daß hierzu die Modelle mit SIMPAS und TurboPascal erst kompiliert werden müssen.

Die mit *.PAS gekennzeichneten Simulationsmodelle sind ohne SIMPAS direkt unter TurboPascal (beliebige Version) lauffähig.

Die mit *.MOD gekennzeichneten Simulationsmodelle sind Modelleinheiten für SIMPAS. Vor Gebrauch mit SIMPAS muß jede Modelleinheit als MODEL.PAS kopiert werden. Danach kann sie zusammen mit SIMPAS.PAS, BASE.TPU und SIMUL.TPU unter TurboPascal zu einem lauffähigen Simulationsprogramm (SIMPAS.EXE) kompiliert werden.

Hierbei muß streng darauf geachtet werden, daß beim Kompilieren nur die SIMPAS-TPU's verwendet werden, die der benutzten TurboPascal-Version entsprechen. Diese SIMPAS-TPU's stehen auf der Diskette in jeweils gekennzeichneten Verzeichnissen SIMPAS50, SIMPAS55, SIMPAS60 usw., entsprechend TurboPascal 5.0, 5.5, 6.0 usw. Wenn Sie also mit TurboPascal 5.5 arbeiten wollen, dürfen Sie nur BASE.TPU, SIMUL.TPU und SCRCOPY.TPU aus dem Verzeichnis SIMPAS55 verwenden.

Die Verwendung der SIMPAS-Simulationsumgebung wird in Kap. 4-1 und 4-2 in Einzelheiten erläutert.

4 Vom mathematischen Modell zur Simulation: Programmierung, Parameter, Zustandspfade und Sensitivität

4-0 Einführung und Überblick

In den vorangegangenen Kapiteln galt unsere Aufmerksamkeit vor allem der Modellentwicklung. Einige der kleinen Modelle wurden mit einfachen Simulationsprogrammen berechnet. Diese Programme erzeugten lediglich den qualitativen Zeitverlauf. Für genauere Untersuchungen müßten sie erheblich ausgebaut werden.

Prinzipiell ist es natürlich möglich, für jede Simulationsaufgabe mit einer allgemein einsetzbaren Programmiersprache ein eigenes vollständiges Programm zu entwickeln, das alle gewünschten Aufgaben der Eingabe, Berechnung, Auswertung und Ergebnisdarstellung übernehmen kann. Aber der Blick auf die vorangegangenen Programmierbeispiele zeigt bereits, wie ineffizient ein solcher Ansatz sein muß: Bei typischen Simulationen beträgt der Anteil der Programmzeilen, die das eigentliche Simulationsmodell spezifizieren, lediglich wenige Prozent des gesamten Programmieraufwands für das vollständige lauffähige Simulationsprogramm.

Die jeweilige Neuprogrammierung der gesamten Simulationssoftware macht daher keinen Sinn. Wir haben deshalb auch die Simulation des Kreispendels und der Fischfangdynamik bisher aufgeschoben und werden sie nun mit geeigneter Software nachholen.

Die Verwendung allgemein einsetzbarer Simulationsprogramme ist vor allem aus zwei Gründen möglich und sinnvoll: Unabhängig vom Inhalt eines Simulationsmodells sind

(1) die notwendigen Modellspezifikationen gleichartig
(2) die notwendigen Bearbeitungsaufgaben gleichartig.

Wir hatten in Kap. 3 gesehen, daß sich völlig unabhängig vom Modellinhalt die notwendigen Modellspezifikationen immer in drei Kategorien einteilen lassen, die wir im Simulationsdiagramm auch durch unterschiedliche Symbole gekennzeichnet haben:

(1) Parameter und exogene Größen als **Vorgabegrößen**, die entweder konstant oder zeitabhängig sein können (Sechsecke)
(2) **Zustandsgrößen** (Rechtecke) und ihre Anfangswerte
(3) **Zwischengrößen**, d.h. algebraische (und u.U. auch logische) Beziehungen (Kreise, bzw. Rhomben), darunter auch Zustandsgleichungen für die Veränderungsraten der Zustandsgrößen.

Eine allgemein einsetzbare Simulationssoftware muß also Modellinformation in diesen drei Kategorien aufnehmen können; der konkrete Inhalt ist für das Bearbeitungsprogramm völlig ohne Belang. Es kann daher für beliebige Simulationsaufgaben (der Klasse 'Dynamische Systeme') eingesetzt werden. Der Programmieraufwand bleibt dann auf die Eingabe der Modellinformation beschränkt.

Ähnliches gilt auch von der Bearbeitungsseite her: Unabhängig vom konkreten Modellinhalt sind immer die gleichen Bearbeitungsaufgaben zu erfüllen:

(1) Eingabe und Veränderung von Parametern und Anfangswerten
(2) Ausgabe von Simulationsergebnissen in numerischer Form (Tabellen)
(3) Ausgabe von Simulationsergebnissen in graphischer Form (im Zeitverlauf oder im Zustandsraum)
(4) Gestaltung der Ausgabeformate durch den Benutzer
(5) Modelländerungen.

Zu diesen immer notwendigen Bearbeitungsaufgaben kommen noch weitere Aufgaben hinzu, die eine Simulationssoftware ebenfalls erfüllen sollte:

(6) Mehrfachsimulationen zur Ermittlung der Parameterempfindlichkeit
(7) Mehrfachsimulationen zur 'Globalanalyse' des Modellverhaltens im gesamten möglichen Zustandsbereich.

Inzwischen steht dem Benutzer eine breite Palette von Simulationsverfahren zur Verfügung. Sie reicht von der Eigenentwicklung in einer gängigen Programmiersprache bis zum maus-gesteuerten Zeichnen des Simulationsdiagramms auf dem Bildschirm und der programmierten Abfrage aller notwendigen Modellinformationen durch den Rechner. Es lassen sich vor allem folgende Gruppen von Simulationsansätzen unterscheiden:

(1) **Eigenentwicklung:** Der Modellentwickler schreibt für die Simulationsaufgabe ein eigenes Programm in einer ihm geläufigen allgemein einsetzbaren Programmiersprache wie Fortran, Basic, Pascal oder C. Der Vorteil besteht darin, daß er das Programm und seine Möglichkeiten ganz nach den eigenen Anforderungen gestalten kann. Der schwerwiegende Nachteil ist hier, daß der hohe Aufwand für ein anspruchsvolles Programm sich nur lohnt, wenn spezielle Aufgaben erfüllt werden müssen, die von vorhandenen Simulationsumgebungen nicht geleistet werden können.

(2) **Simulationsverfahren mit einer gängigen Programmiersprache als Modellsprache:** In diesem Fall schreibt der Modellentwickler lediglich den Programmteil für das Modell in einer allgemein einsetzbaren Programmiersprache. Für die gesamte Simulationsumgebung wird eine vorhandene Software verwendet, mit deren 'Innereien' sich der Benutzer nicht beschäftigen muß. Beispiele sind DYSYS und DYSAS für Basic (Bossel 1987/89) und SIMPAS für Turbo-Pascal, das wir hier verwenden werden. Der Vorteil dieses Ansatzes ist, daß der Benutzer in einer ihm vertrauten Programmiersprache arbeiten kann und daß er bei der Modellerstellung alle Möglichkeiten nutzen kann, die ihm diese Sprache bietet, einschließlich spezieller, u.U. selbstentwickelter Funktionen und Prozeduren. Der Nachteil des Ansatzes ist, daß ein Minimum an Programmierkenntnissen erforderlich ist.

(3) **Simulationsverfahren in einer speziellen Programmiersprache als Modellsprache:** Hier muß der Benutzer das Modell in einer auf die Erfordernisse der Simulation abgestellten speziellen Programmiersprache formulieren. Beispiele sind die weitverbreiteten Simulationssprachen CSMP und DYNAMO. Der Vorteil dieser Verfahren liegt in der meist einfachen Programmierung der Simulationsaufgabe. Ein Nachteil ist, daß eine spezielle Simulationssprache gelernt werden muß, die im allgemeinen mit den vorgesehenen Funktionen im Vergleich zu einer allgemein einsetzbaren Programmiersprache nur eine begrenzte Zahl von Programmiermöglichkeiten bietet.

(4) **Interaktive Modellerstellung ohne Programmieraufwand:** Die für die Modellerstellung notwendige Information ist (1) struktureller Natur (Information über Verknüpfungen), (2) qualitativer Natur (Information über den Funktionstyp der Systemelemente), (3) quantitativer Natur (Parameterwerte, Funktionsverläufe). Es liegt daher nahe, diese mit möglichst benutzerfreundlichen Mitteln von der Simulationssoftware abfragen und zu einem lauffähigen Simulationsmodell verknüpfen zu lassen. Das bedeutet etwa die graphische Eingabe der Modellstruktur und die gezielte Abfrage noch nicht definierter Modellzusammenhänge und Parameter. Dieser Weg wird z.B. mit der Simulationsumgebung STELLA beschritten, auf die später eingegangen werden soll. Dieser Ansatz hat den Vorteil, daß der Benutzer von jeglicher Programmierung entlastet ist. Dies birgt andererseits den Nachteil, daß er mit seiner Modellformulierung strikt an die Möglichkeiten des Programms gebunden ist (die allerdings sehr umfassend sein können).

Von den vier Ansätzen werden die Eigenprogrammierung (1) und die Verwendung spezieller Simulations-Programmiersprachen (3) in Zukunft geringere Bedeutung haben, weshalb wir hier nicht weiter auf sie eingehen werden. Dagegen ist einerseits die Verwendung von Simulationssoftware mit einer gängigen Programmiersprache zur Modellprogrammierung (2) interessant, weil sie besonders flexibel und portierbar ist und geringen Hardware- und Softwareaufwand erfordert. Andererseits wird die Bedeutung benutzerfreundlicher graphisch-interaktiver Modellerstellungsverfahren (4) in Zukunft erheblich wachsen.

Wir befassen uns daher in diesem Kapitel in Abschnitt 4-1 zunächst mit der auf Turbo-Pascal basierenden SIMPAS Simulationsumgebung (Ansatz 2) und ihren Möglichkeiten. In Abschnitt 4-2 wird mit SIMPAS ein Simulationsmodell der Kreispendel-Dynamik erstellt. An diesem Beispiel werden alle Bearbeitungsmöglichkeiten von SIMPAS demonstriert. Auch in Abschnitt 4-3 wird wieder SIMPAS verwendet, um das Simulationsmodell der Fischfangdynamik aufzubauen und zu fahren. Hier befassen wir uns auch ausführlicher mit der Ermittlung der Gleichgewichtspunkte des Systems. In Abschnitt 4-4 wird die interaktive graphische Modellumgebung STELLA (Ansatz 4) vorgestellt und verwendet, um ein Simulationsmodell zur Fischfangdynamik aufzubauen und zu betreiben. In Abschnitt 4-5 werden die wichtigsten Ergebnisse des Kapitels noch einmal zusammengefaßt.

Hinweis: Alle SIMPAS-Modelle dieses Buchs finden sich lauffähig im Programm ZOODEU.EXE auf der Begleitdiskette. Aufruf: ZOODEU (aus DOS).

4-1 Simulationsumgebung für eine Standard-Programmiersprache: SIMPAS

4-1.1 Überblick

Die Simulationsumgebung SIMPAS (**Sim**ulation of **P**rocesses **a**nd **S**ystems) ist in TurboPascal für IBM-DOS Rechner geschrieben. Das Programmsystem läuft auf allen DOS-Rechnern mit beliebigen Bildschirmen. SIMPAS erlaubt es, auf einfache Weise Simulationsmodelle mit vielfältigen interaktiven Arbeitsmöglichkeiten auszustatten, die von der interaktiven Parameterabfrage über Simulation, Globalanalyse und Sensitivitätsuntersuchung bis zur graphischen Ergebnisdarstellung und gedruckten Dokumentation reichen.

Simulationsmodelle werden als eigene Modelleinheit MODEL.PAS erstellt und dann mit den SIMPAS Programmteilen SIMPAS.PAS, BASE.TPU und SIMUL.TPU unter TurboPascal zu einem für sich lauffähigen Programm SIMPAS.EXE zusammengebunden. Damit bestehen drei Möglichkeiten der Verwendung von SIMPAS-Modellen:

(1) Simulationen aus DOS (ohne TurboPascal) mit für sich lauffähigen kompilierten Modellen (MODELLNAME.EXE). Dies ermöglicht komplexe Simulationen ohne spezielle Software-Unterstützung auch auf einfachen DOS-Rechnern. Das Modell selbst kann dann nicht geändert werden, aber über die interaktive Abfrage können umfangreiche Änderungsmöglichkeiten vorgesehen werden.

(2) Aufbau von Simulationsprogrammen aus bereits vorhandenen Modelleinheiten (MODEL.PAS oder MODEL.TPU), u.U. nach Änderung des Originalmodells. Das Zusammenbinden mit den anderen SIMPAS-Einheiten zu einem für sich lauffähigen Simulationsprogramm (SIMPAS.EXE) muß unter TurboPascal geschehen. Die Modelleinheiten können unter TurboPascal beliebig geändert werden. Für diese Art der Modellarbeit ist also TurboPascal eine Voraussetzung.

(3) Erstellung beliebiger Simulationsmodelle durch Programmieren entsprechender Modelleinheiten in TurboPascal und Zusammenbinden mit den anderen SIMPAS-Einheiten zu einem für sich lauffähigen Modell (SIMPAS.EXE).

Bevor die Erstellung von SIMPAS Modelleinheiten für das Kreispendel und die Fischfangdynamik erläutert wird (Fall 3), soll zunächst die Verwendung von SIMPAS bei bereits vorhandener Modelleinheit (Fälle 1 und 2) beschrieben werden.

4-1.2 Verwendung kompilierter SIMPAS-Simulationsprogramme

Bereits in TurboPascal kompilierte Simulationsprogramme (MODELLNAME.EXE) können durch Aufruf von <MODELLNAME> direkt aus DOS gestartet werden. Vorher muß <GRAPHICS> aus DOS aufgerufen worden sein, um die Bildschirmgraphik zu ermöglichen. Außerdem (nicht bei ZOODEU) müssen der spezielle Graphiktreiber für den verwendeten Bildschirm (z.B. EGAVGA.BGI) und die Datei TRIP.CHR, die den Schriftsatz (TRIP font) definiert, im gleichen Verzeichnis stehen.

Beispiel (auf Diskette): ZOODEU.EXE. Das Programm wird durch Eintippen von ZOODEU (unter DOS) gestartet. (ZOODEU ermöglicht den Zugriff auf 50 kompilierte SIMPAS-Modelle mit deutschen Modell-Texten, s. Kap. 6).

4-1.3 Erstellung eines SIMPAS-Simulationsprogramms bei vorhandenem Modell

Voraussetzung ist hier, daß das Simulationsmodell bereits entwickelt wurde (s.u.) und als TurboPascal-Quellprogramm vorliegt. Es empfiehlt sich, dieses Programm als <MODELLNAME.MOD> abzuspeichern. (Beispiel auf der Diskette: RAEUBER.MOD).

Für die Erstellung des Simulationsprogramms wird das interessierende TurboPascal-Modell umkopiert:

copy <MODELLNAME.MOD> MODEL.PAS

Der Name MODEL.PAS ist zwingend notwendig für SIMPAS!

Für die weitere Arbeit werden benötigt:

Allgemein: GRAPHICS.COM
TurboPascal: TURBO.EXE, TURBO.TPL, GRAPH.TPU
passende Graphiktreiber: CGA.BGI, EGAVGA.BGI, HERC.BGI o.ä.
Schriftsatz: TRIP.CHR (Graphiktreiber und Schriftsatz bei TurboPascal)
SIMPAS: SIMPAS.PAS, BASE.TPU, SIMUL.TPU,
Simulationsmodell: MODEL.PAS

Hierbei muß darauf geachtet werden, daß die SIMPAS-TPU's (BASE.TPU, SIMUL.TPU) unter der TurboPascal-Version kompiliert wurden, mit der gearbeitet werden soll (z.B. 5.0, 5.5, 6.0 oder 7.0).

Diese Programme sollten alle unter dem gleichen Verzeichnis geladen sein (sonst müssen entsprechende Pfade definiert werden). Jetzt wird (aus DOS) TurboPascal mit SIMPAS aufgerufen durch

TURBO SIMPAS

Am Bildschirm erscheint das kurze SIMPAS Quellprogramm unter dem TurboPascal Menü. Im Menü RUN anklicken. TurboPascal sollte dann das gesamte Simulationsprogramm kompilieren und laufen lassen. (U.U. vorher noch unter dem Menüpunkt COMPILE die "destination" auf "disk" umstellen).
(Üben Sie diesen Vorgang mit dem Programm RAEUBER.MOD auf der Diskette).

4-1.4 Interaktives Arbeiten mit SIMPAS

SIMPAS ist weitgehend selbsterklärend. Die wenigen Texte sind in Englisch. Ein normaler Durchlauf ist durch Drücken der RETURN bzw. ENTER-Taste an den verschiedenen Wahlpunkten zu erreichen. Gezielte Wahl der jeweils angegebenen Wahlmöglichkeiten führt zu anderen Bearbeitungsmöglichkeiten. Wo ein Parameterwert erwartet wird, wird bei Drücken von RETURN bzw. ENTER der (angezeigte) Voreinstellungswert übernommen, wenn kein neuer Wert angegeben wurde. (Die angezeigten Werte müssen also nicht eingegeben werden).

Sollen Tabellen oder Graphiken ausgedruckt werden, so muß anfangs die richtige Druckereinstellung gewählt werden. Der Ausdruck wird durch gleichzeitiges Drücken von CONTROL und P veranlaßt, falls nicht ein mit <Shift> <PrtScr> ansprechbares Druckprogramm (z.B. HPSCREEN) verwendet werden kann.

Simulationsläufe können vorzeitig durch Drücken der ESC-Taste beendet werden.

Beim Arbeiten mit den Simulationen der Kreispendel- und Fischfangdynamik kommen wir auf die vielfältigen interaktiven Bearbeitungsmöglichkeiten zurück.

4-1.5 Erstellung einer SIMPAS Modelleinheit

Ein SIMPAS Simulationsmodell wird nach dem in Programm 4.1 (Anhang) gezeigten Schema als TurboPascal Unit aufgebaut. In der UNIT MODEL können alle Möglichkeiten verwendet werden, die TurboPascal bietet, einschließlich der Verwendung weiterer vom Nutzer geschriebener Funktionen, Prozeduren oder Units. Zusätzlich können die Tabellenfunktion TableFunction, die Verzögerungsfunktionen Delay1 und Delay3 und die Testfunktionen Pulse, Step und Ramp verwendet werden (s. unten). Mit der Event-Funktion können Ereignisse gesetzt werden.

Die UNIT MODEL **muß** das in Programm 4.1 (Anhang) gezeigte Format haben; die (hier und in den Modellbeispielen gezeigte) Notation muß genau eingehalten werden! Bei der Modellentwicklung orientiert man sich am besten an den Beispielen auf der Diskette (*.MOD) oder an den im folgenden noch genauer besprochenen Modellen für das Kreispendel und die Fischfangdynamik.

4-1.6 Tabellenfunktion TableFunction

Funktionsausgang, Funktionseingang und Zahlenpaare werden in der Prozedur InitialInfo wie folgt definiert (s.a. Beispiel in RAEUBER.MOD):

TableFunction[<Nr. der Tbf>] :=
  '<Name der Ausgangsgröße y> : <Name der Eingangsgröße x>'
  + '/x_1,y_1/x_2,y_2/.../x_n,y_n//';

Die /x_i,y_i/ sind zusammengehörende Wertepaare der Tabellenfunktion.

Der Funktionsaufruf im Programm erfolgt durch Verwendung von

Tbf(<Nr. der Tbf>,<Name der Eingangsgröße im Programm>)

Beispiel:

TableFunction [1]: = 'AusgangY : EingangX '+'/0,0/0.7, 2.1/.../4, 0.5//';
Y := Tbf(1, X);

Bei der Verwendung der Tabellenfunktion ist folgendes zu beachten:

(1) Jede in einer Simulation verwendete Tabellenfunktion muß eine eigene Identifikation <Nr. der Tbf> haben.
(2) Die Wertepaare können in beliebigen Abständen (der Eingangsgröße, hier X) voneinander definiert sein.
(3) Die Wertepaare müssen in der positiven X-Richtung geordnet sein (wie in einer normalen Tabelle).
(4) Zwischen Wertepaaren wird linear interpoliert.
(5) Liegen Eingangswerte X der Tabellenfunktion außerhalb des in der Tabelle definierten Bereichs, so meldet die Tabellenfunktion den ersten bzw. letzten Tabellenwert als Ergebnis.

4-1.7 Verzögerungsfunktionen Delay1 und Delay3

Es handelt sich um exponentielle Verzögerungen 1. oder 3. Ordnung, deren Ausgänge das gleiche Zeitintegral erbringen (gleiche, aber verzögerte 'Wirkung') wie die Eingangsvariable. Sie werden im Programm aufgerufen durch Verwendung von Delay1 oder Delay3 (s.a. Beispiel im Modell M 216 "Lagerbestand, Verkauf, Bestellung" im Systemzoo):

Delay3(<Nr. der Verzögerung>,<Verzögerungszeit>,
<Name der Eingangsgröße im Programm>)

Beispiel:

```
X := Delay3(1,DelT,U);
```

Intern wird die exponentielle Verzögerung 1. Ordnung des Signals u als Zustandsgröße mit einer negativen Rückkopplung der Stärke (1/T) berechnet, wobei T die Verzögerungszeit (Zeitkonstante) ist:

$$dz_0/dt := u - (1/T)\, z_0$$
$$\text{Delay1} := (1/T)\, z_0$$

mit dem Anfangswert

$$z_{00} := u_0 T$$

Bei der exponentiellen Verzögerung 3. Ordnung werden drei Zustandsgrößen verwendet:

$$dz_1/dt := u - (3/T)\, z_1$$
$$dz_2/dt := (3/T)\, (z_1 - z_2)$$
$$dz_3/dt := (3/T)\, (z_2 - z_3)$$
$$\text{Delay3} := (3/T)\, z_3$$

Die Anfangswerte werden berechnet aus

$$z_{10} = u_0\, T/3$$
$$z_{20} = u_0\, T/3$$
$$z_{30} = u_0\, T/3$$

4-1.8 Testfunktionen Pulse, Step, Ramp, Sin

Bei der Untersuchung des Systemverhaltens, insbesondere der Reaktion auf äußere Einwirkungen, spielen die Pulsfunktion Pulse, die Sprungfunktion Step, die Rampenfunktion Ramp und die Sinusfunktion Sin eine wichtige Rolle.

In SIMPAS wird für die **Sinusfunktion** die vorhandene TurboPascal Funktion Sin(X: real) verwendet, wobei X in Bogengrad ausgedrückt sein muß. Die anderen Funktionen werden in SIMPAS definiert.

Beispiel:

```
U := Sin (0.5 * time);
```

Die **Pulsfunktion** Pulse wird im SIMPAS-Modell (Procedure ModelEqs) aufgerufen durch

Pulse (<Pulsfläche>, <Pulsbeginn>, <Pulsintervall>)

Beispiel:

U := Pulse (1, 10, 5);

Dies definiert hier einen Einheitspuls (Pulsfläche = 1), der zur Zeit t = 10 beginnt und dann alle 5 Zeiteinheiten wiederholt wird.

Die Argumente der Pulse-Funktion können auch als (reale) Variablen vorgegeben werden:

U := Pulse (vp, tp, ti);

Die **Sprungfunktion** Step wird im SIMPAS-Modell (Procedure ModelEqs) aufgerufen durch

Step (<Sprunghöhe>, <Sprungzeit>)

Beispiel:

U := Step (1, 10);

Diese Funktion definiert einen zur Zeit t = 10 einsetzenden Sprung der Höhe "1". Allgemeiner:

U := Step (hs, ts);

wobei Sprunghöhe hs und Sprungzeit ts reale Größen sein müssen.

Die **Rampenfunktion** Ramp wird im SIMPAS-Modell (Procedure ModelEqs) aufgerufen durch

Ramp (<Rampensteigung>, <Rampenzeit>);

Beispiel:

U := Ramp (0.5, 5);

definiert eine zur Zeit t = 5 einsetzende Rampe der Steigung 0.5.

Allgemeiner:

U := Ramp (sr, tr);

wobei Rampensteigung sr und Rampenzeit tr reale Größen sein müssen.

Durch Addition verschiedener Testfunktionen lassen sich sehr vielfältige und komplexe Testsignale erzeugen. Wo dies nicht ausreicht, kann auch eine entsprechende zeitabhängige **Tabellenfunktion** als Testfunktion verwendet werden. Eine vorher definierte Tabellenfunktion Nr. 3 z.B. kann als Funktion der Zeit aufgerufen werden durch

U := Tbf(3, time);

4-1.9 Ereignisse Event

In Simulationsmodellen muß oft die Möglichkeit vorgesehen werden, daß gewisse Ereignisse auftreten, von denen dann die weitere Entwicklung abhängt.

In SIMPAS sind Boole'sche Variablen Event [i] vorgesehen, die vor Beginn der Simulation zunächst alle automatisch auf "false" gesetzt werden. Im Laufe der Simulation besteht dann die Möglichkeit, die Event [i] auf "true" (oder später wieder auf "false") zu setzen und damit weitere Ereignisfolgen zu steuern.

Beispiel: Darstellung der Folgen von Windbruch in einem Wald:

```
if Sturm then Event [1] := true;
if Event [1] then
      begin
         BruchHolz:= 0.3 * StammHolz;
         Event [1]  := false;
      end;
```

Mit der vorletzten Programmzeile wird sichergestellt, daß das (Sturm)Ereignis nur einmal zu Windbruch führt.

4-1.10 Numerische Integration

Die SIMPAS-Version auf der Diskette zum Buch verwendet normalerweise die genauere Runge-Kutta-Integration (s. Kap. 7-1.6). Für den Normalfall steht auch das Euler-Cauchy-Verfahren zur numerischen Integration zur Verfügung:

$$z_{neu} = z_{alt} + (dz/dt)_{alt} \cdot \Delta t \qquad \text{bzw. State } [i]_{neu} = \text{State } [i]_{alt} + \text{Rate } [i]_{alt} * \text{TimeStep}$$

Für die Modelle dieses Buchs ist das Verfahren ausreichend schnell und genau - vorausgesetzt, daß die Schrittweite klein genug gewählt wurde. Hier ist oft ein Kompromiß zwischen hoher Rechengenauigkeit und Rechenzeitbedarf zu schließen. Für sehr exakte Analysen und für sogenannte 'steife' Systeme (mit sehr unterschiedlichen Zeitkonstanten ihrer charakteristischen Prozesse) ist die Euler-Cauchy-Integration nicht geeignet. Hier muß auf andere Verfahren zurückgegriffen werden (siehe hierzu z.B. Press u.a. 1988, S. 547-577, 777-792).

Beim Euler-Cauchy-Verfahren muß die Schrittweite (TimeStep) so gewählt werden, daß etwa mindestens 20 bis 100 Rechenschritte auf eine signifikante Änderung der Zustandsgröße entfallen (z.B. auf eine halbe Sinus-Schwingung).

Durch Variation der Schrittweite muß immer auf eine etwaige Abhängigkeit der Rechenergebnisse von der Schrittweite geprüft werden. Die Schrittweite ist so klein zu wählen, daß der beobachtete Rechenfehler nicht signifikant ist.

4-1.11 Verwendung von SIMPAS-Funktionen

Die Verwendung der Pulsfunktion Pulse, der Sprungfunktion Step, der Rampenfunktion Ramp, der Tabellenfunktion Tbf, der Sinusfunktion Sin und der Verzögerungsfunktionen Delay1 und Delay3 soll an einem mit SIMPAS programmierten Beispiel gezeigt werden. Wir verwenden die Testfunktionen zur Definition von Eingangssignalen X, die dann mit der exponentiellen Verzögerung 1. und 3. Ordnung verzögert werden. Wir definieren Signale mit gleichen positiven und negativen Anteilen, so daß sich jeweils ein Zeitintegral von Null ergibt. Daß dies auch für die verzögerten Signale gilt, überprüfen wir durch Integration über die Zeit. Alle Signale beginnen zur Zeit t = 1.

Das Puls-Signal wird aus zwei entgegengesetzten Pulsfunktionen zusammengesetzt:

X := Pulse (1, 1, 0) + Pulse (-1, 2, 0);

Das Sprungsignal mit einem positiven und einem negativen Teil wird aus drei Sprungfunktionen konstruiert:

X := Step (1, 1) - Step (2, 2) + Step (1, 3);

Das Rampensignal mit einem positiven und einem negativen 'Zacken' läßt sich durch Addition von vier Rampenfunktionen aufbauen:

X := Ramp (1, 1) - Ramp (2, 1.5) + Ramp (2, 2.5) - Ramp (1, 3);

Mit der Tabellenfunktion wird das folgende Signal definiert:

Table Function [1] := 'X : Zeit'
+ '/0, 0/1, 0/1.2, 1/1,5, 0.2/2, 0/2.5, -0.2/2.8, -1/3, 0/4, 0//'

Das Sinussignal soll eine einzige vollständige Schwingung im Zeitraum 1 < t < 3 erbringen, daher

X := sin (pi * (Time - 1))

Um jeweils eine andere Testfunktion auswählen zu können, nehmen wir eine entsprechende Abfrage auf:

ParamQuestion [1] := '1-Pulse, 2-Step, 3-Ramp, 4-Sin, 5-Tbf : (5) [-]';

Die Antwort wird im Modellteil eingeführt und steuert dann (über "if ... then" - Anweisungen) die Signalauswahl:

Select := round (ParamAnswer [1]);

Die Verzögerungen 1. und 3. Ordnung des Signals X mit einer Verzögerungszeit von DelT werden berechnet mit

Y1 := Delay1(1,DelT,X)

und

Y3 := Delay3(1,DelT,X)

Diese Verzögerungen verändern das Signal X; die Zeitintegrale von Y1 und Y3 müssen aber gleich dem Zeitintegral der unverzögerten Funktion X sein. Um das zu überprüfen, integrieren wir das Eingangssignal und die beiden verzögerten Signale:

Rate[1] := X;
Rate[2] := Y1;
Rate[3] := Y3;

In der Ergebnisausgabe erscheinen automatisch die drei Zustandsgrößen State[1] = IntX, State[2] = IntY1 und State[3] = IntY3 als Integrale aus Rate[1], Rate[2] und Rate[3]. Es müssen entsprechende Bezeichnungen, Anfangswerte und Dimensionen (dimensionslos = [-]) angegeben werden:

StateVariable[1] := 'Integral von X, unverzögert: (0) [-]';
StateVariable[2] := 'Integral von X mit Delay1: (0) [-]';
StateVariable[3] := 'Integral von X mit Delay3: (0) [-]';

Zusätzlich sollen noch die Werte von X, Y1 und Y3 ausgegeben werden:

OutVarText[1] := 'Signal: [-]';
OutVarText[2] := 'Signal mit Delay1: [-]';
OutVarText[3] := 'Signal mit Delay3: [-]';

Zu diesen Texten gehören die entsprechenden Variablendefinitionen:

OutVariable[1] := X;
OutVariable[2] := Y1;
OutVariable[3] := Y3;

Um die Wirkung von unterschiedlichen Verzögerungszeiten beobachten zu können, nehmen wir die Verzögerungszeit DelT mit einer Voreinstellung von 1 als Szenarioparameter in die interaktive Abfrage auf:

ScenaQuestion[1] := 'Verzögerungszeit: (1) [-]';

Im Modellteil (Prozedur ModelEqs) muß dann stehen:

DelT := ScenaAnswer[1];

Für die Laufzeiteinstellung sehen wir vor:

Start := 0;
Final := 10;
TimeStep := 0.01;

Das entsprechende Programm FUNDEMO ist in Programm 4.2 (Anhang) gezeigt. Simulationsergebnisse sind in Abb. 4.1 wiedergegeben. Hier zeigt sich deutlich eine starke und unterschiedliche Verzerrung des Ausgangssignals durch die Verzögerungsfunktionen. Die 'Wirkung' des ursprünglichen Signals bleibt allerdings auch nach der Verzögerung gewahrt, wie die Integralergebnisse zeigen.

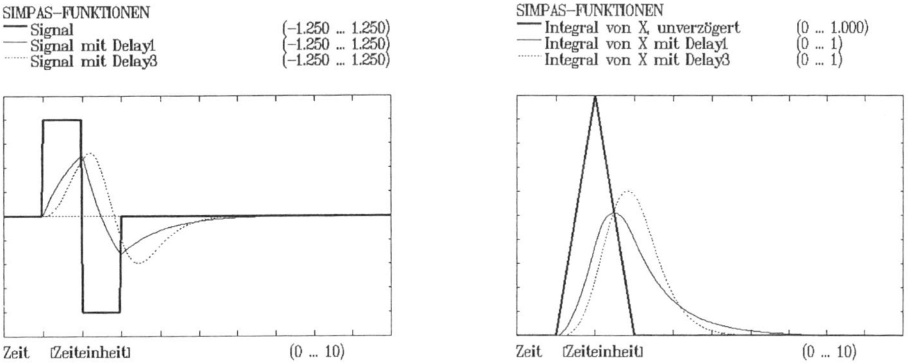

Abb. 4.1: Demonstration von SIMPAS-Funktionen mit der Model Unit FUNDEMO. Verzögerung einer Rechteckwelle mit Delay1 und Delay3 und Integration der entsprechenden Signale.

4-2 Simulation der Kreispendel-Dynamik mit SIMPAS

4-2.1 Aufbau des SIMPAS-Modells aus dem Simulationsdiagramm

Am Anfang steht die entweder im Simulationsdiagramm oder in den entsprechenden Modellgleichungen zusammengefaßte Modellbeschreibung mit den Komponenten

(1) Parameter und exogene Größen (Sechsecke)
(2) Zustandsgrößen (Rechtecke) und deren Anfangswerte
(3) Zwischengrößen, die sich aus Parametern, exogenen Größen, Zustandsgrößen und u.U. anderen Zwischengrößen algebraisch oder logisch ermitteln lassen
(4) Veränderungsraten der Zustandsgrößen, die aus (1), (2) und (3) folgen und den Systemzustand des nächsten Zeitschritts bestimmen.

Für das Kreispendel ergaben sich aus den Überlegungen in Kap. 3 (Abb. 3.22 und Gleichungssatz PENDEL in Kap. 3-3.5) die entsprechenden Beziehungen für das Simulationsmodell. Zur besseren Lesbarkeit des Programms führen wir hier wieder umgangssprachliche Bezeichnungen ein.

Am einfachsten läßt sich eine neue Modelleinheit durch Modifizieren einer ähnlichen, bereits vorhandenen Modelleinheit mit dem TurboPascal Texteditor oder einem textverarbeitenden Programm erstellen. Der neu zu entwickelnden Modelleinheit geben wir für die weitere Verwendung mit SIMPAS den Namen MODEL.PAS.

(1) Parameter

Da die Dynamik für ein breites Parameterspektrum untersuchbar sein sollte, ist es zweckmäßig, alle potentiell interessanten Parameter in die Abfrage aufzunehmen. Hierbei ist es wieder sinnvoll, zwischen relativ festeren Systemparametern (ParamQuestion) und häufiger zu ändernden Szenarioparametern (ScenaQuestion) zu unterscheiden. Parameter, die unter allen Umständen unverändert bleiben (hier die Gravitationskonstante), werden direkt im Programm definiert. Beim Kreispendel entscheiden wir uns dafür, Pendelmasse und Pendelradius als Systemparameter, die Dämpfung aber als Szenarioparameter abzufragen. Das führt zu den folgenden Programmzeilen in der Prozedur InitialInfo (Voreinstellungen in runden Klammern):

```
ParamQuestion[1] := 'Masse: (1) [kg]';
ParamQuestion[2] := 'Radius: (1) [m]';
ScenaQuestion[1] := 'Dämpfung: (1) [N/(m/s)]';
```

Die Zeichenketten in '...' enthalten die am Bildschirm gestellte Frage, den Voreinstellungswert und die Dimension der abgefragten Größe. Um die Antworten in die Modellgleichungen einzuführen, müssen sie am Anfang des Simulationslaufs dorthin übertragen werden. In die Prozedur ModelEqs setzen wir daher ein:

```
if Time=Start then
begin
   Masse       :=  ParamAnswer[1];
   Radius      :=  ParamAnswer[2];
   Daempfung   :=  ScenaAnswer[1];
   Gravitation :=  9.81;
end;
```

An dieser Stelle wurde auch die Gravitationskonstante definiert.

(2) Zustandsgrößen und Anfangswerte

In der Prozedur InitialInfo sind zunächst die Zustandsgrößen, ihre in Ausdrucken zu verwendenden Bezeichnungen, ihre Anfangswerte und ihre Dimensionen anzugeben:

```
StateVariable[1]        := 'Winkel: (0) [Bogengrad]';
StateVariable[2]        := 'Winkelgeschwindigkeit: (10) [1/s]';
```

In den Modellgleichungen (Prozedur ModelEqs) werden die entsprechenden im Programm verwendeten Namen eingeführt (die Ableitung von State[i] ist Rate [i]):

```
Winkel                  := State[1];
Winkelgeschwindigkeit   := State[2];
```

(3) Zwischengrößen

Die Berechnung der Zwischengrößen aus Parametern und Zustandsgrößen (sowie u.U. von anderen Zwischengrößen) erfolgt in der Prozedur ModelEqs. Wir fügen hier ein:

```
Bahngeschwindigkeit     := Radius * Winkelgeschwindigkeit;
Anziehungskraft         := Masse * Gravitation * sin(Winkel);
Daempfungskraft         := Daempfung * Bahngeschwindigkeit;
Beschleunigungskraft    := -Anziehungskraft - Daempfungskraft;
Beschleunigung          := Beschleunigungskraft / Masse;
Winkelbeschleunigung    := Beschleunigung / Radius;
```

Hierbei ist zu beachten, daß jede Größe aus vorher definierten Größen berechenbar sein muß. Hieraus ergibt sich die Reihenfolge der Gleichungen.

(4) Zustandsveränderungsraten

Die Zustandsgleichungen werden in der Prozedur ModelEqs eingesetzt:

```
Rate[1]                 := Winkelgeschwindigkeit;
Rate[2]                 := Winkelbeschleunigung;
```

Die rechten Seiten ergeben sich aus den vorher ermittelten Zwischengrößen.

(5) Zusätzliche Größen, Laufzeitinformation und weitere Modellinformation

Für die möglichst realistische Darstellung der Pendelbewegung ist es interessant, die Pendelposition im Raum in Abhängigkeit von der Zeit darstellen zu können. Wir fügen daher in der Prozedur ModelEqs noch die Berechnung der horizontalen und vertikalen Position ein:

```
horizontal              := Radius * sin(Winkel);
vertikal                := Radius * (1 - cos(Winkel));
```

Diese Größen werden als Ergebnisgrößen definiert:

```
OutVariable[1]          := horizontal;
OutVariable[2]          := vertikal;
```

Entsprechende Ausgabetexte müssen in der Prozedur InitialInfo vorgesehen werden:

```
OutVarText[1]           := 'horizontale Position: [m]';
OutVarText[2]           := 'vertikale Position: [m]';
```

In der Prozedur InitialInfo müssen noch Anfangszeit, Endzeit und Schrittweite der Simulation angegeben werden:

```
Start        := 0;
Final        := 10;
TimeStep     := 0.02;
```

Die Schrittweite (TimeStep) muß sich an der verwendeten Integrationsmethode (hier: Euler-Cauchy) und an der Dynamik des Modells orientieren (s. hierzu die Faustregel im Abschnitt 4-1.10 'Numerische Integration'). Die Zeit ist für die Modellprogrammierung als 'Time' verfügbar.

Für die Ergebnisausgabe sind ebenfalls in der Prozedur InitialInfo noch ein Modelltitel, eine Kurzbeschreibung, die Zeiteinheit und der Modellautor (mit Datum) anzugeben:

```
Title        := 'KREISPENDEL';
Description  := 'nichtlineare gedämpfte Schwingung';
TimeUnit     := 'Sekunden';
Author       := 'H.Bossel: Modellbildung und Simulation 910612';
```

Schließlich wird noch (unter 'var') die vollständige Auflistung aller vom Benutzer definierten Größen mit der entsprechenden Typendeklaration benötigt:

```
var
   Winkel, Winkelgeschwindigkeit, Winkelbeschleunigung,
   Masse, Radius, Gravitation, Daempfung, Bahngeschwindigkeit,
   Anziehungskraft, Daempfungskraft, Beschleunigungskraft,
   Beschleunigung, horizontal, vertikal: real;
```

Diese Aufzählung kann auch in Form einer übersichtlichen Liste geschrieben werden, in der (in Kommentar-Klammern) auch Dimensionen und Erläuterungen angegeben werden.

Damit ist das Simulationsmodell für das Kreispendel spezifiziert. Die entsprechende TurboPascal Unit PENDEL.MOD ist in Programm 4.3 vollständig aufgeführt.

4-2.2 Aufbau des lauffähigen Simulationsprogramms

Bevor die Modelleinheit als Unit MODEL.PAS weiter verwendet wird, ist es zweckmäßig, sie noch einmal mit einem entsprechenden Namen wegzuspeichern. Wir kennzeichnen alle SIMPAS-Modelle mit der Bezeichnung *.MOD. Das Modell für das Kreispendel speichern wir daher ab mit

```
copy MODEL.PAS  PENDEL.MOD
```

Jetzt wird TurboPascal mit SIMPAS aufgerufen:

```
TURBO SIMPAS
```

Es erscheint der TurboPascal Bildschirm mit dem kurzen SIMPAS Hauptprogramm. Im Menu in der Kopfzeile stellen wir unter "Compile" die "Destination" auf "Disk" (mit Return). Danach wählen wir "Run" an. Das gesamte Simulationsprogramm wird nun kompiliert und - falls es fehlerfrei ist - vom Rechner gestartet. Falls MODEL.PAS noch Programmierfehler enthält, müssen sie in der üblichen Weise (als TurboPascal Pro-

```
UNIT MODEL;   (* PENDEL.MOD H.Bossel: Modellbildung und Simulation 910612 *)

INTERFACE
   uses Base,Crt,Graph;
   procedure InitialInfo;
   procedure ModelEqs;
   procedure Summary;

IMPLEMENTATION
   var
      Winkel, Winkelgeschwindigkeit, Winkelbeschleunigung,
      Masse, Radius, Gravitation, Daempfung, Bahngeschwindigkeit,
      Anziehungskraft, Daempfungskraft, Beschleunigungskraft,
      Beschleunigung, horizontal, vertikal: real;
   procedure InitialInfo;
   begin
      Title       := 'KREISPENDEL';
      Description := 'nichtlineare gedämpfte Schwingung';
      TimeUnit    := 'Sekunden';
      Author      := 'H.Bossel: Modellbildung und Simulation 910612';

      StateVariable[1] := 'Winkel: (0) [Bogengrad]';
      StateVariable[2] := 'Winkelgeschwindigkeit: (10) [1/s]';
      ParamQuestion[1] := 'Masse: (1) [kg]';
      ParamQuestion[2] := 'Radius: (1) [m]';
      ScenaQuestion[1] := 'Dämpfung: (1) [N/(m/s)]';
      OutVarText[1]    := 'vertikale Position: [m]';
      OutVarText[2]    := 'horizontale Position: [m]';

      Start            := 0;
      Final            := 10;
      TimeStep         := 0.02;
   end;

   procedure ModelEqs;
   begin
      if Time=Start then
      begin
         Masse       := ParamAnswer[1];
         Radius      := ParamAnswer[2];
         Daempfung   := ScenaAnswer[1];
         Gravitation := 9.81;
      end;
      Winkel                := State[1];
      Winkelgeschwindigkeit:= State[2];

      Bahngeschwindigkeit  := Radius * Winkelgeschwindigkeit;
      Anziehungskraft      := Masse * Gravitation * sin(Winkel);
      Daempfungskraft      := Daempfung * Bahngeschwindigkeit;
      Beschleunigungskraft := - Anziehungskraft - Daempfungskraft;
      Beschleunigung       := Beschleunigungskraft / Masse;
      Winkelbeschleunigung := Beschleunigung / Radius;
      horizontal           := Radius * sin(Winkel);
      vertikal             := Radius * (1 - cos(Winkel));
      OutVariable[1]       := vertikal;
      OutVariable[2]       := horizontal;

      Rate[1] := Winkelgeschwindigkeit;
      Rate[2] := Winkelbeschleunigung;
   end;
   procedure Summary; begin end;
end.
```

Programm 4.3: PENDEL.MOD. SIMPAS-Modelleinheit zur Simulation der Dynamik eines Rotationspendels.

gramm) behoben werden. Das lauffähige Simulationsprogramm steht als SIMPAS.EXE im aktuellen Verzeichnis auf Diskette oder Festplatte. Es sollte bei nächster Gelegenheit in PENDEL.EXE umbenannt werden:

rename SIMPAS.EXE PENDEL.EXE

Dieses Simulationsprogramm ist jetzt unabhängig von TurboPascal verwendbar. Um etwa auf einem anderen Rechner verwendet zu werden, müssen lediglich zusätzlich noch der entsprechende Bildschirmtreiber (z.B. EGAVGA.BGI) und der Schriftsatz TRIP font (TRIP.CHR) aus der TurboPascal Bibliothek geladen werden. Alle folgenden Läufe werden mit PENDEL.EXE gemacht.

4-2.3 Standardlauf und interaktive Benutzung

Von der DOS-Ebene aus wird das Simulationsprogramm mit dem Aufruf PENDEL gestartet. In der linken oberen Ecke des Bildschirms erscheint zunächst die Frage

SIMPAS in schwarz-weiß (0) oder Farbe (1)?

Die Voreinstellung ist für einen Farbbildschirm. In diesem Falle genügt das Drücken von RETURN. Geben Sie "0" und RETURN ein, falls Sie einen einfarbigen Bildschirm haben oder falls Sie Schwarz-Weiß-Ausdrucke der Graphiken benötigen. In diesem Falle werden Kurven durch Strichmuster unterschieden.

Als nächstes erscheint kurz der SIMPAS-Titelbildschirm. Auf dem nächsten Bildschirm folgt die Kurzbeschreibung des Modells mit kurzen Hinweisen für die SIMPAS-Benutzung:

RETURN-Taste für den normalen Simulationslauf verwenden (Voreinstellung)
ESCAPE-Taste zum vorzeitigen Abbrechen von Simulationen verwenden
CTRL P-Eingabe zum Bildschirm-Ausdruck mit Nadeldruckern verwenden

Im allgemeinen entspricht die Verwendung von RETURN der 'normalen' oder 'häufigsten' Verwendungsweise des Programms. Wenn es sich um eine Parameterauswahl handelt, werden die auf dem Bildschirm angegebenen Voreinstellungen durch Eingabe von RETURN aktiviert. Parameterwerte sollten daher nur eingegeben werden, falls sie sich von den Angaben auf dem Bildschirm unterscheiden.

Am unteren Rand des Bildschirms findet sich die Frage

DRUCKER-Anschluß angeben:
0 - kein, 1 - 9-Nadeldrucker, 2 - 24-Nadeldrucker, 3 - Laser/Desk Jet

Falls kein Drucker verwendet werden soll (Voreinstellung), ist RETURN (oder "0" und RETURN) zu drücken. Mit der Auswahl von "1" und "2" lassen sich die meisten gängigen 9-Nadel- und 24-Nadeldrucker ansprechen (insbesondere die EPSON FX und LQ-Baureihe). Mit Nadeldruckern können Sie die Simulationsparameter, die Ergebnistabellen, zwei- und drei-dimensionale Graphiken und die Tabellenfunktionen ausdrucken, wenn Sie gleichzeitig die CTLR-Taste und P drücken.

Bildschirmausdrucke lassen sich auch mit anderen Programmen erzeugen, wie z.B. HPSCREEN (für Hewlett Packard LaserJet und DeskJet Drucker) oder CAPTURE (für WORD). In diesem Falle wird anstelle von CTRL P die <PrtScr>-Taste verwendet.

Wird jetzt RETURN gedrückt, so erscheint der Bildschirm SIMULATIONSPARAMETER. Zu Dokumentationszwecken findet sich in der ersten Zeile der Name des Modells sowie das Datum und die Uhrzeit. In der Liste sind alle System- und Simulationsparameter aufgeführt, die vom Modellbenutzer verändert werden können, unter Angabe ihrer Maßeinheiten und der momentanen Einstellung (normalerweise der Voreinstellungswert). Falls die Parameterliste so lang ist, daß nicht alle Parameter gleichzeitig gezeigt werden können, kann die Liste mit der Pfeiltaste 'abgerollt' werden (es erscheint dann ein entsprechender Hinweis auf dem Bildschirm.

Die Simulationsparameter werden in der folgenden Reihenfolge gezeigt:

Systemparameter
Szenarioparameter
Anfangswerte der Zustandsgrößen
Laufzeitparameter.

Beim Simulationsmodell PENDEL erscheint die folgende Liste am Bildschirm:

Masse	[kg]	1.000
Radius	[m]	1.000
Dämpfung	[N/(m/s)]	1.000
Winkel	[Bogengrad]	0
Winkelgeschwindigkeit	[1/s]	10.000
Beginn der Simulation	[Sekunden]	0
Ende der Simulation	[Sekunden]	10.000
Rechenschrittweite	[Sekunden]	2.00E-02

Falls ein Drucker angeschlossen und richtig initialisiert wurde, kann jetzt ein Ausdruck erzeugt werden durch gleichzeitiges Drücken von CTRL und "P" (oder <PrtScr>).

Alle aufgeführten Parameter können hier verändert werden. Die Vorgehensweise wird weiter unten erläutert. Hier bestätigen wir diese Voreinstellungen mit RETURN.

Der nächste Bildschirm BEARBEITUNGSSCHRITT ermöglicht eine Auswahl zwischen:

Simulation mit Euler-Cauchy
Simulation mit Runge-Kutta
Parameterempfindlichkeit
Globalverhalten
Tabellenfunktionen
Beenden

Der Markierungsbalken steht hier auf der Voreinstellung "Simulation mit Runge-Kutta". Die Wahl der "Simulation mit Euler-Cauchy" würde zu einer rascheren, aber weniger genauen Simulation führen. Die anderen Funktionen werden weiter unten ausführlicher erläutert: "Parameterempfindlichkeit" erlaubt die Untersuchung der Empfindlichkeit des Modellverhaltens auf veränderte (System- oder Szenario-)Parameter und Anfangswerte. "Globalverhalten" erlaubt die Untersuchung des globalen Modellverhaltens in Abhängigkeit von den Anfangsbedingungen der Zustandsgrößen. "Tabellenfunktionen" zeigt die im Modell enthaltenen Tabellenfunktion als Diagramme und Tabellen (PENDEL enthält keine Tabellenfunktion, aber Sie können sich z.B. im Modell FUNDEMO die Tabellenfunktion zeigen lassen).

Wenn Sie jetzt RETURN drücken, wenn der Markierungsbalken auf "Simulation mit Runge-Kutta" steht, so wird die Runge-Kutta-Simulation gestartet. Nach Beendigung der Simulation zeigt der nächste Bildschirm die Abfrage:

Weiter mit ERGEBNISDARSTELLUNG?
Ja, weitere Ergebnisse des Laufs
Nein, neue Simulation oder Ende

Die "Ja"-Option ist wieder als Voreinstellung markiert, und die Eingabe von RETURN führt daher zu den Ergebnissen des Simulationslaufs. Der nächste Bildschirm WAHL DER AUSGABEGRÖSSEN UND SKALEN erlaubt sowohl die Auswahl der Ausgabegrößen wie auch der Maßstäbe, die in graphischen Darstellungen verwendet werden sollen. Die Variablen werden immer in der folgenden Reihenfolge aufgeführt:

Zeit
(alle) Zustandsgrößen
ausgewählte zusätzliche Ausgabegrößen

Bis zu fünf dieser Größen (falls vorhanden) können für gleichzeitige Ausgabe angewählt werden. In unserem Falle zeigt sich auf dem Bildschirm die Liste:

Zeit	[Sekunden]	0	10.000
Winkel	[Bogengrad]	0	7.669
Winkelgeschwindigkeit	[1/s]	-3.128	10.000
vertikale Position	[m]	5.46E-12	2.000
horizontale Position	[m]	-0.997	0.990

Zusammen mit den Namen der Ausgabegrößen und ihren Maßeinheiten sind die während der Simulation berechneten Maximum- und Minimum-Werte aufgeführt, die später als Hinweise bei der Wahl der Maßstäbe verwendet werden können. Falls der Benutzer an dieser Stelle keine Veränderung vornimmt und lediglich RETURN drückt, werden die ersten fünf Größen automatisch ausgewählt. Falls weniger als fünf Größen interessieren, muß der Benutzer sie individuell auswählen (siehe unten).

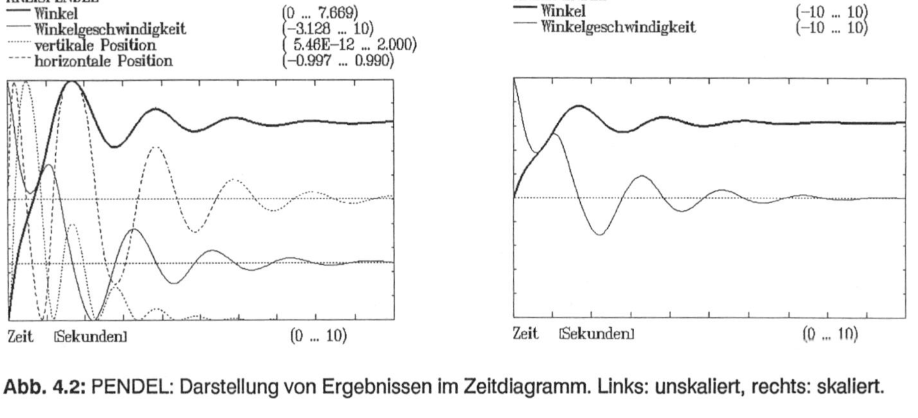

Abb. 4.2: PENDEL: Darstellung von Ergebnissen im Zeitdiagramm. Links: unskaliert, rechts: skaliert.

Wird jetzt RETURN gedrückt, so zeigt der nächste Bildschirm

ERGEBNISDARSTELLUNG:
Tabelle
zweidimensionales Bild
dreidimensionales Bild

Der Markierungsbalken steht auf der zweiten Option; Drücken von RETURN erzeugt deshalb eine zweidimensionale Ergebnisgraphik mit Winkel, Winkelgeschwindigkeit, vertikaler und horizontaler Position als Funktion der Zeit (Abb. 4.2a). Jede dieser Kurven läuft über die gesamte Höhe des Diagramms; der untere bzw. obere Rand entspricht den in der vorangehenden Tabelle angegebenen Minimum- und Maximum-Werten. Für die Winkelgeschwindigkeit und die horizontale Position wird die Null-Linie gezeigt, da beide Größen sowohl positive wie negative Werte haben. Wegen der 'krummen' Maßstäbe und der Vielzahl von Größen ist die Darstellung in dieser Form nicht sehr übersichtlich. Wir kommen auf die Auswahl und Skalierung der Größen zurück; zunächst wollen wir uns noch mit der Ergebnisausgabe als Tabelle befassen.

Drücken von RETURN bringt uns zum Bildschirm ERGEBNISDARSTELLUNG zurück und ein zweites Drücken von RETURN führt wieder zum Bildschirm WAHL DER AUSGABEGRÖSSEN UND SKALEN mit der Liste der AUSGABEGRÖSSEN. Ein weiteres Drücken von RETURN führt zur Wahlmöglichkeit für die ERGEBNISDARSTELLUNG. Um die Ergebnisse als Tabelle zu zeigen, bewegen wir den Markierungsbalken mit der "Rauf"-Pfeiltaste von "zweidimensionales Bild" auf "Tabelle" und drücken wieder RETURN.

Der nächste Bildschirm zeigt jetzt eine Tabelle mit den Simulationsergebnissen für (1) Zeit (erste Spalte), (2) Winkel, (3) Winkelgeschwindigkeit, (4) vertikale Position und (5) horizontale Position (Abb. 4.3). Die Tabelle enthält den Modellnamen, die Namen und Dimensionen der gezeigten Variablen und (normalerweise) elf Zeilen Ergebnisse, die den gewählten Zeitabschnitt in zehn gleichen Schritten abdecken.

SIMPAS speichert bei jeder Simulation die Ergebnisse für 250+1 Zeitschritte. Alle diese Ergebnisse sind für die Ausgabe verfügbar, wenn ein entsprechend kleines Zeitintervall bei der Auswahl der Skalen gewählt worden ist.

KREISPENDEL

Zeit	Winkel	Winkelgeschwi ndigkeit	vertikale Pos ition	horizontale P osition
[Sekunden]	[Bogengrad]	[1/s]	[m]	[m]
0	0	10.000	5.46E-12	0
1.000	5.409	5.310	0.359	-0.767
2.000	7.233	-2.507	0.418	0.813
3.000	5.646	1.215	0.196	-0.595
4.000	6.683	-0.621	7.90E-02	0.390
5.000	6.036	0.326	3.04E-02	-0.245
6.000	6.435	-0.172	1.15E-02	0.151
7.000	6.190	8.98E-02	4.32E-03	-9.28E-02
8.000	6.340	-4.58E-02	1.61E-03	5.67E-02
9.000	6.249	2.25E-02	5.96E-04	-3.45E-02
10.000	6.304	-1.04E-02	2.20E-04	2.10E-02

Abb. 4.3: PENDEL: Tabellarische Darstellung der Ergebnisse für ausgewählte Größen.

Wir wollen jetzt die Option für die Ergebnisauswahl und Skalierung für die Gestaltung der graphischen Ergebnisausgabe verwenden. Mit RETURN verlassen wir die Tabellendarstellung und wählen im nächsten Bildschirm "Ja, weitere Ergebnisse des Laufs". Beim Bildschirm WAHL DER AUSGABEGRÖSSEN UND SKALEN verwenden wir den "Runter"-Pfeil und RETURN, um wieder in die Liste der Veränderlichen zu springen und den Zeitabschnitt auf 0 bis 10 zu verändern. Wenn der Cursor wieder in der ersten Spalte (unter dem Rhombus) sitzt, können wir die Markierung mit den "Runter"- und "Rauf"-Pfeil-Tasten verschieben.

Die Markierungen in der ersten Spalte zeigen an, welche der Ausgabegrößen für die Ausgabe ausgewählt worden sind:
- der Rhombus markiert die Veränderliche, die auf der horizontalen Achse (Abszisse) aufgetragen werden soll,
- der Stern markiert (bis zu vier) Veränderliche, die auf der vertikalen Achse (Ordinate) aufgetragen werden sollen.

Alle Größen können auf jeder der beiden Achsen aufgetragen werden; sie müssen lediglich entsprechend markiert werden. Die Markierungen können (solange der Cursor in der ersten Spalte steht) durch Drücken der RETURN-Taste gesetzt oder gelöscht werden. Ein Stern wird durch Verwendung der "Links"-Pfeil-Taste in einen Rhombus verwandelt.

Bevor wir bestimmte Variable für die Graphiken auswählen, sollen erst alle Größen auf zweckmäßige Maßstäbe skaliert werden. Jede Größe kann nach Bedarf skaliert werden, indem der Cursor mit der Pfeil-Taste zunächst auf den Namen der Variablen und dann auf ihren Minimum- und Maximum-Wert bewegt wird. Wir wählen hier die folgenden Bereiche: für den Winkel (-10 bis 10), für die Winkelgeschwindigkeit (-10 bis 10), für die vertikale Position (0 bis 2) und für die horizontale Position (-1 bis 1). (Diese Auswahl führt zu einer gemeinsamen Null-Linie für die verschiedenen Kurven und erleichtert damit den Vergleich).

Wir wollen zunächst eine Graphik des "Winkels" und der "Winkelgeschwindigkeit" als Funktion der Zeit erzeugen. Das bedeutet, daß die "vertikale Position" und "horizontale Position", die jetzt auch noch mit einem Sternchen gekennzeichnet sind, 'abgewählt' werden müssen. Wir löschen den Stern vor diesen Größen unter Verwendung der Pfeil-Tasten und der RETURN-Taste. Nach Drücken der ESC-Taste springt der Cursor wieder in das "OK"-Feld. Wir bestätigen diese Auswahl mit RETURN und wählen im nächsten Bild zur ERGEBNISDARSTELLUNG das "zweidimensionale Bild". Die Eingabe von RETURN erzeugt jetzt die Zeitgraphik für die zwei Veränderlichen "Winkel" und "Winkelgeschwindigkeit" in Abb. 4.2b.

Diese Graphik zeigt nun deutlich, daß unter den gegebenen Anfangsbedingungen (hohe Winkelgeschwindigkeit am unteren Totpunkt) das Pendel einen vollen Umlauf macht und dann nach gedämpfter pendelnder Bewegung zur Ruhe kommt. Der Ruhewinkel des Pendels kann über die Maßstabsmarkierung am rechten Rand der Graphik abgelesen werden (ungefähr 6.3). Das entspricht einem vollen Kreis ($2\pi = 6.28$). Dieses Ergebnis bestätigt sich auch aus der Tabelle (Abb. 4.3). Man beachte, daß das Pendel zur Zeit $t = 10$ noch nicht ganz zur Ruhe gekommen ist.

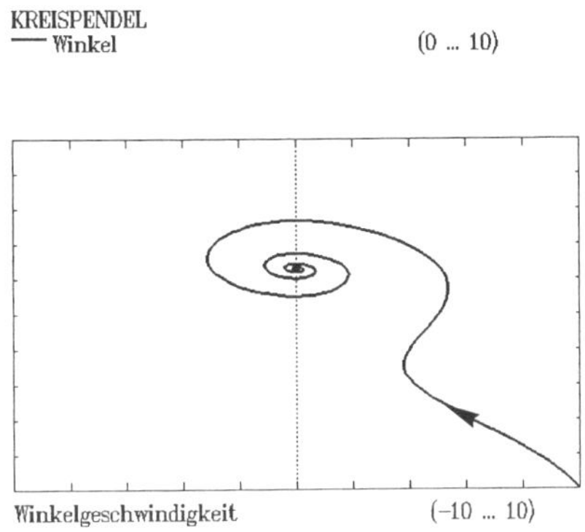

Abb. 4.4: PENDEL: Phasenbild (Zustandsdiagramm) von Winkel und Winkelgeschwindigkeit.

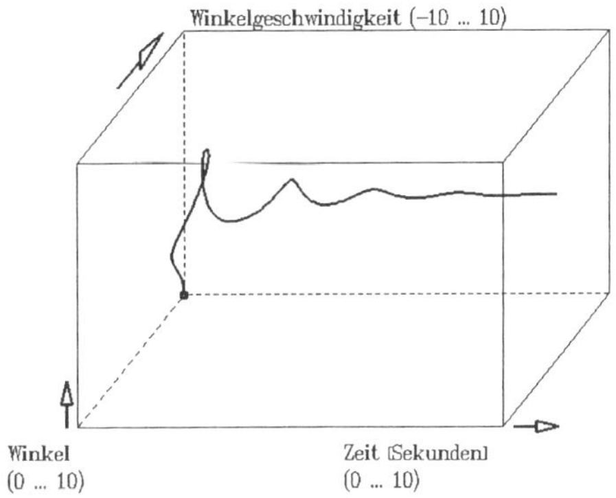

Abb. 4.5: PENDEL: Dreidimensionale Darstellung der Zustände (Winkel und Winkelgeschwindigkeit) als Funktion der Zeit.

Eine andere Darstellung dieses Prozesses ergibt sich im Phasendiagramm (Abb. 4.4). Wir können dieses Bild erhalten, indem wir den Winkelbereich (von 0 bis 10) verändern, die "Zeit" abwählen und "Winkel" und "Winkelgeschwindigkeit" anwählen, wobei wir die "Winkelgeschwindigkeit" mit dem Rhombus markieren, um sie der horizontalen Achse zuzuordnen. Wenn wir jetzt das "zweidimensionale Bild" unter ERGEBNISDARSTELLUNG wählen, so sehen wir eine Spiralbewegung der zwei Zustandsgrößen, die auf einen Gleichgewichtspunkt mit Geschwindigkeit 0 und Winkel 2 π zuläuft. Im Phasenbild ergibt sich eine zeitabhängige Zustandstrajektorie, in der Zeit als implizite Variable erscheint. Nach einer vollen Kreisbewegung wird die Bewegung vom unteren Totpunkt bei 2 π eingefangen; die spiralige Bewegung stellt die Pendelbewegung mit positiver und negativer Winkelgeschwindigkeit um den unteren Totpunkt dar.

Diese Bewegung wird in der dreidimensionalen Darstellung noch etwas anschaulicher. Mit RETURN gehen wir wieder zurück zu WAHL DER AUSGABEGRÖSSEN UND SKALEN und markieren jetzt "Zeit" mit dem Rhombus und "Winkel" und "Winkelgeschwindigkeit" mit dem Stern. Bei der Frage nach der ERGEBNISDARSTELLUNG wählen wir "dreidimensionales Bild" und erhalten den 'Korkenzieher' in Abb. 4.5. Die gedämpfte Bewegung um den Gleichgewichtspunkt wird auch hier deutlich. Die Abb. 4.4 stellt die zweidimensionale Ansicht der Abb. 4.5 beim Blick von rechts in Richtung der negativen Zeitachse dar. Um die Visualisierung zu erleichtern, erscheinen Zeitschnitte nach dem Drücken von RETURN, wobei ein kleiner Kreis den Punkt markiert, wo die Zustandstrajektorie den Zeitschnitt 'durchsticht'.

Eine realistischere Darstellung der Pendelbewegung kann man erzeugen, wenn man unter WAHL DER AUSGABEGRÖSSEN UND SKALEN die Größen "Zeit", "vertikale Position" und "horizontale Position" anwählt, wobei jetzt die "Zeit" mit dem Rhombus als horizontale Achse markiert wird. Bei der Darstellung als "dreidimensionales Bild" (Abb. 4.6) ist jetzt deutlich zu sehen, daß das Pendel seine Bewegung am unteren Totpunkt mit hoher Winkelgeschwindigkeit beginnt, sich durch einen vollen Kreis bewegt, dann aber den oberen Totpunkt nicht mehr erreicht und daraufhin mit einer stark gedämpften Bewegung hin- und herpendelt, die schließlich an der Ruheposition am unteren Totpunkt endet.

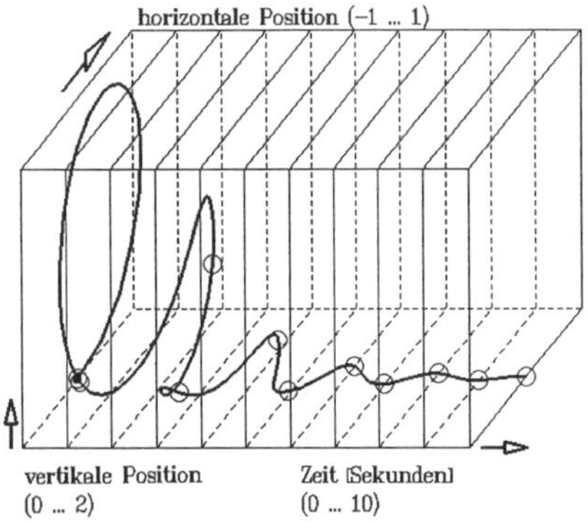

Masse [kg]	1.000
Radius [m]	1.000
Dämpfung [N/(m/s)]	1.000
Winkel [Bogengrad]	0
Winkelgeschwindigkeit [1/s]	10.000
Beginn der Simulation [Sekunden]	0
Ende der Simulation [Sekunden]	10.000
Rechenschrittweite [Sekunden]	2.00E-02

Abb. 4.6: PENDEL: Dreidimensionale Darstellung der Position der Pendelmasse als Funktion der Zeit.

4-2.4 Parameteränderung

Um das Systemverhalten unter veränderten Bedingungen zu untersuchen, müssen wir die Voreinstellungswerte in der Liste der SIMULATIONSPARAMETER verändern, die vor Simulationsbeginn am Bildschirm erscheint. Um die Vorgehensweise zu zeigen, verlassen wir die dreidimensionelle Darstellung mit RETURN. Das führt uns zu der Frage "Weiter mit ERGEBNISDARSTELLUNG?". Diesmal verschieben wir den Markierungsbalken auf "Nein, neue Simulation oder Ende", drücken RETURN, wählen "Weitermachen" in der Abfrage FORTSETZUNG und kommen so zurück zum Anfangsbild SIMULATIONSPARAMETER.

Hier können wir nun die Parameter "Masse", "Radius", "Dämpfung", die Anfangswerte der Zustandsgrößen "Winkel" und "Winkelgeschwindigkeit", den Beginn und das Ende der Simulation und die Rechenschrittweite verändern. Wir wollen die Wirkung stärkerer Dämpfung auf die Pendelbewegung untersuchen. Um den Prozeß einzuleiten, bewegen wir die Markierung vom "OK"-Feld auf das "Ändern"-Feld mit der "Runter"-Pfeil-Taste. Die Eingabe von RETURN bewegt den Cursor zum ersten Stern auf der Parameterliste. Die Markierung läßt sich jetzt aufwärts oder abwärts mit den "Rauf"- und "Runter"-Pfeil-Tasten bewegen, um den Parameter zu erreichen, der verändert werden soll. Wir bewegen die Markierung auf "Dämpfung", benutzen die "Rechts"-Pfeil-Taste, um den Parameterwert (1.000) anzuwählen und verändern ihn auf "2". Mit der ESC-Taste beenden wir die Auswahl und bestätigen sie mit RETURN. Das führt uns wieder zur Auswahl des BEARBEITUNGSSCHRITTs, wo wir (mit RETURN) die "Simulation mit Runge-Kutta" auswählen. Nach Abschluß der Simulation verwenden wir RETURN, um zum Bildschirm WAHL DER AUSGABEGRÖSSEN UND SKALEN zu kommen. Beachten Sie, daß die Auswahl und die Maßstäbe der Größen, die wir bei der vorangegangenen Untersuchung verwendet haben, erhalten geblieben sind. Das erlaubt einen schnellen Vergleich der Ergebnisse verschiedener Simulationsläufe, ohne daß die Variablen wieder neu gewählt und skaliert werden müssen. Wir lassen diese Einstellung unverändert, verwenden RETURN, um zur Auswahl der ERGEBNISDARSTELLUNG zu kommen und wählen dort "dreidimensionalcs Bild".

Abb. 4.7a zeigt die dreidimensionale Darstellung der Pendelbewegung für den Fall stärkerer Dämpfung; man vergleiche dies mit Abb. 4.6. Wir stellen fest, daß hier die Dämpfung das Pendel daran hindert, den oberen Totpunkt zu erreichen. Das Pendel fällt daraufhin zurück und kommt relativ rasch am unteren Totpunkt zum Stillstand. Um eine Graphik des Zeitverlaufs von Winkel und Winkelgeschwindigkeit zu erhalten gehen wir auf WAHL DER AUSGABEGRÖSSEN UND SKALEN zurück, entfernen die Sterne von "vertikale Position" und "horizontale Position", markieren "Winkel" und "Winkelgeschwindigkeit" und verändern den "Winkel"-Bereich von (-5 bis 5). Das zweidimensionale Bild dieser Größen als Funktion der Zeit ist in Abb. 4.7b gezeigt. Der Gleichgewichtswinkel ist jetzt = 0; die stark gedämpfte Pendelbewegung kommt am unteren Totpunkt zur Ruhe, ohne daß das Pendel einen vollen Kreis durchlaufen hat. Die stark gedämpfte Zustandsspirale kann auch in dem zweidimensionalen Phasendiagramm (wie in Abb. 4.4) gut gezeigt werden.

Wenn Parameter verändert werden, so verändern sich oft auch die Simulationsergebnisse erheblich, und die in früheren Läufen verwendete Skalierung der Ausgabegrößen ist dann nicht mehr angemessen. Um passende Minimum- und Maximumwerte für die neuen Maßstabsbereiche zu finden, können die Minimum- und Maximumwerte der laufenden Simulationsergebnisse als Richtwert verwendet werden. Der Maßstabsbereich kann auf diese Minimum- und Maximumwerte im Bildschirm WAHL DER AUSGABEGRÖSSEN UND SKALEN zurückgesetzt werden. Um diese Möglichkeit zu zeigen, gehen wir zu diesem Bildschirm und bewegen den Cursor vom "OK"-Feld auf das "Ändern"-Feld mit der "Runter"-Pfeil-Taste. Am unteren Rand des Bildschirms erscheint jetzt kurz der Hinweis: "

für min/max Skalierung, jetzt "0" und <return> eingeben!"

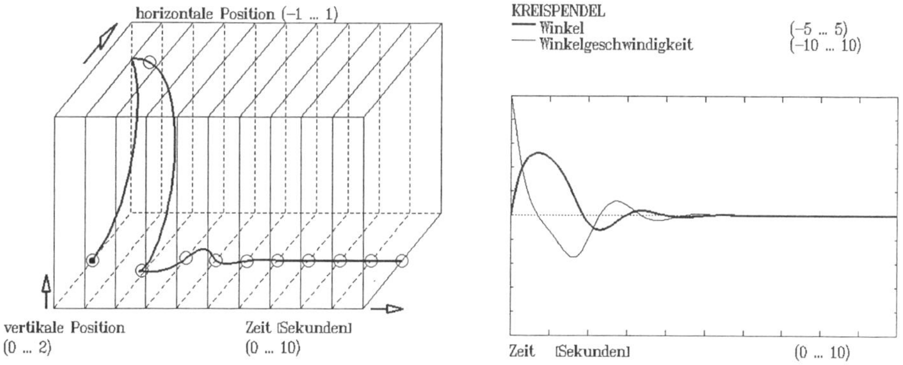

Abb. 4.7: PENDEL: Pendelbewegung für höhere Dämpfung (d=2).

Wenn wir jetzt "0" (Null) eingeben und RETURN drücken, verändern sich alle Minimum- und Maximum-Werte der Ausgabegrößen. Wenn wir das "zweidimensionale Bild" für die ERGEBNISDARSTELLUNG auswählen, so stellen wir fest, daß die Graphiken in ihrem neuen Min-/Max-Bereich gezeichnet worden sind. Die neuen Minima und Maxima können jetzt für die Neuwahl der Maßstabsbereiche verwendet werden.

4-2.5 Parameterempfindlichkeit

In der Praxis steht am Beginn der Arbeit mit einem neuen Modell zunächst eine Erkundungsphase, in der erst einmal das Verhalten im gesamten möglichen Parameterbereich untersucht werden muß, oft für eine ganze Reihe bestimmter Parameterkombinationen ('Szenarien'). Wegen der Vielzahl der Läufe ist es dann lästig, jedesmal eine individuelle Parameterauswahl und nach dem Lauf eine individuelle Skalierung durchführen zu müssen, bevor untereinander vergleichbare Graphiken erzeugt werden können. SIMPAS sieht daher zwei Möglichkeiten vor, um die Ergebnisse mehrerer Simulationsläufe in Abhängigkeit ausgewählter Parameter in einer Darstellung im gleichen Maßstab zeigen zu können:

(1) Der Einfluß von **System- und Szenarioparametern** kann mit der Option "Parameterempfindlichkeit" ermittelt werden.
(2) Der Einfluß der **Anfangsbedingungen** kann mit der Option "Globalverhalten" untersucht werden.

Für die weitere Arbeit setzen wir am einfachsten durch einen Neuaufruf des Modells PENDEL die Parameter wieder auf die Voreinstellungen zurück. Die Abhängigkeit des Verhaltens von den System- und Szenarioparametern läßt sich untersuchen, nachdem bei BEARBEITUNGSSCHRITT die Auswahl "Parameterempfindlichkeit" getroffen worden ist. Falls wir sofort nach dem Neustart diese Wahl treffen, so erscheint kurz eine Warnung "Zuerst eine Simulation!" (um SIMPAS korrekt zu initialisieren); danach springt die Markierung wieder auf "Simulation mit Runge-Kutta". Um die zur Untersuchung der Parameterempfindlichkeit notwendigen Mehrfach-Simulationen etwas zu beschleunigen, wählen wir "Simulation mit Euler-Cauchy" und nehmen dafür einen gewissen Genauigkeitsverlust in Kauf. Nach dieser einen anfänglichen Simulation gehen wir gleich wieder auf den BEARBEITUNGSSCHRITT-Bildschirm zurück durch Wahl von "Nein, neue Simulation oder Ende" bei der Frage "Weiter mit ERGEBNISDARSTELLUNG?" Unter FORTSETZUNG wählen wir "Weitermachen", überspringen mit RETURN die SIMULATIONSPARAMETER und wählen nun wieder BEARBEITUNGSSCHRITT die "Parameterempfindlichkeit".

Der erste Bildschirm zur PARAMETEREMPFINDLICHKEIT legt eine Liste der verfügbaren Parameter, ihrer Maßeinheiten und vorgewählter Minimum- und Maximum-Werte für den Untersuchungsbereich in der folgenden Reihenfolge vor:

Systemparameter
Szenarioparameter
Anfangsbedingungen

Durch das blinkende Wort "PARAMETER" wird der Benutzer veranlaßt, einen der Parameter durch Setzen des Sterns anzuwählen und das Minimum und das Maximum des Parameterbereichs zu bestimmen. Dieser Bereich wird von SIMPAS in fünf gleiche Abschnitte unterteilt. SIMPAS wählt als Voreinstellung den Bereich von 0.5 bis 2.5 mal der normalen Voreinstellung, aber der Benutzer kann diesen Bereich nach Belieben verändern.

In unserem Falle steht jetzt auf dem Bildschirm die Liste der Parameter

Masse	[kg]	0.500	2.500
Radius	[m]	0.500	2.500
Dämpfung	[N/(m/s)]	0.500	2.500
Winkel	[Bogengrad]	0	0
Winkelgeschwindigkeit	[1/s]	5.000	25.000

Wir wollen nun den Einfluß der Dämpfung auf das Verhalten des Modells untersuchen. Um den Auswahlstern zu verschieben und den Parameterbereich zu verändern, bewegen wir wieder den Cursor vom "OK"-Feld auf das "Ändern"-Feld mit der "Runter"-Pfeil-Taste und drücken RETURN. Der Cursor steht jetzt unter dem Stern in der Parameterliste. Wir entfernen den Stern durch Drücken von RETURN, verwenden die "Runter"-Pfeil-Taste, um (mit RETURN) die "Dämpfung" mit dem Stern zu markieren und verändern schließlich den Bereich von (0.5 bis 2.5) auf ein Minimum von "0" und ein Maximum von "2". Damit können wir den Bereich von ungedämpfter bis stark gedämpfter Bewegung untersuchen. Wenn wir diese Auswahl durch Drücken von ESC eingeben, erscheint kurz der Hinweis:

"Kann dies zur TEILUNG DURCH NULL führen?"

Hier sollte der Benutzer überprüfen, ob beim ausgewählten Parameter der Wert "0" erlaubt ist, d.h., ob der Parameter nicht etwa als Nenner-Faktor in einer Modellgleichung auftaucht. (Das würde zum Abstürzen der Simulation führen.) Falls in dieser Hinsicht keine Gefahr besteht, kann der Benutzer fortfahren, ohne auf die Warnung zu reagieren. Falls die Warnung berechtigt ist, kann der Auswahlprozeß wiederholt werden, um einen anderen Parameterbereich (der "0" ausschließt) festzulegen. Um den Auswahlprozeß abzuschließen, wird wieder die ESC-Taste gedrückt und die Auswahl mit RETURN bestätigt.

Auf dem zweiten Bildschirm zur PARAMETEREMPFINDLICHKEIT erscheint die Liste der verfügbaren Ausgabegrößen mit ihren Maßeinheiten und den Minimum- und Maximum-Werten des Graphikbereichs. Die Größen sind in der folgenden Reihenfolge gezeigt:

Zeit
Zustandsgrößen
zusätzliche Ausgabegrößen

Man beachte, daß die Minimum- und Maximum-Werte identisch mit den Bereichen im Bildschirm AUSGABEGRÖSSEN UND SKALIERUNG sind. Dem Benutzer ist allerdings freigestellt, für die Parameterempfindlichkeits-Graphiken andere Darstellungsbereiche zu wählen.

Mit dem blinkenden Wort "AUSGABEGRÖSSEN" wird der Benutzer darauf hingewiesen, zwei der Ausgabegrößen für die graphische Darstellung zu wählen. Wie auch auf den anderen Diagrammen wird die Variable für die horizontale Achse mit einem Rhombus markiert, während die Variable für die vertikale Achse durch den Stern ausgewählt wird.

Zur Untersuchung der Parameterempfindlichkeit verändern wir die Minimum- und Maximum-Werte in der Liste der Ausgabegrößen wie folgt:

Zeit	[Sekunden]	0	10.000
Winkel	[Bogengrad]	-5.000	15.000
Winkelgeschwindigkeit	[1/s]	-10.000	10
vertikale Position	[m]	0	2.000
horizontale Position	[m]	-1	1.000

Wir wählen "Winkel" als horizontale Variable durch Markierung mit einem Rhombus und "Winkelgeschwindigkeit" als die Größe für die vertikale Achse durch Markieren mit einem Stern. Die Auswahl wird wieder durch ESC und RETURN beendet.

Auf dem Bildschirm erscheinen nun die Ergebnisse von fünf verschiedenen Simulationen (Abb. 4.8). Der für die Dämpfung ausgewählte Parameterbereich ist nun in fünf gleichgroße Intervalle aufgeteilt worden. Die Parameter der fünf Kurven sind oberhalb des Diagrammes angegeben:

Parameter: Dämpfung
0 0.500 1 1.500 2

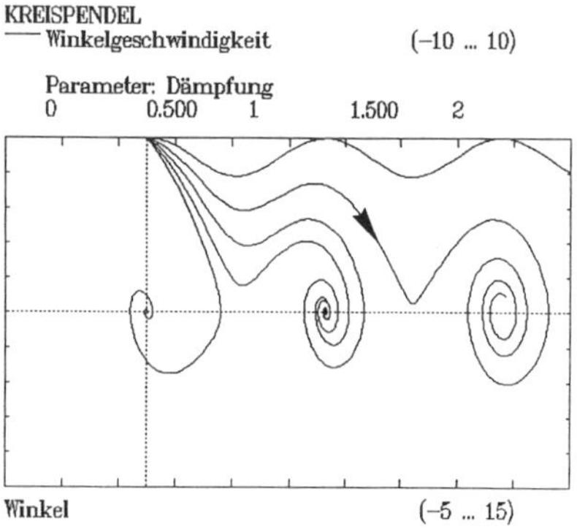

Abb. 4.8: PENDEL: Untersuchungen der Parameterempfindlichkeit in bezug auf den Dämpfungsparameter im Phasendiagramm.

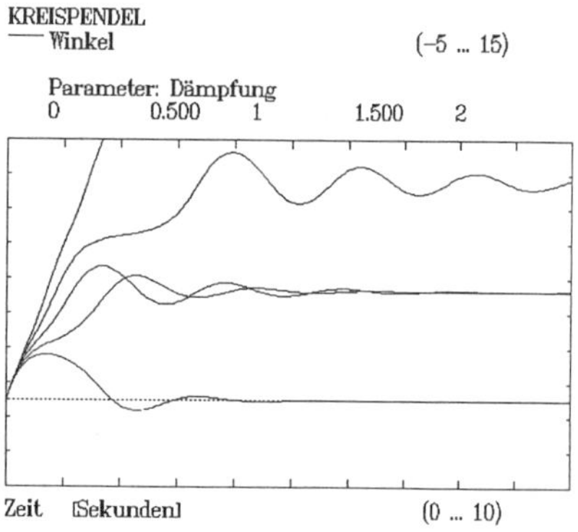

Abb. 4.9: PENDEL: Untersuchungen der Parameterempfindlichkeit in bezug auf den Dämpfungsparameter im Zeitdiagramm.

Das Phasenbild (Abb. 4.8) zeigt, in Abhängigkeit von der Parameterwahl, unterschiedliche Lösungstypen: Die ungedämpfte Bewegung (obere Kurve für d = 0) besteht in einer fortlaufenden kreisenden Bewegung, die nicht zur Ruhe kommen wird. Die Winkelgeschwindigkeit ändert sich (annähernd) sinusförmig während des Kreisens. Bei leichter Dämpfung (d = 0.5) macht das Pendel zwei Kreisumläufe, bevor es (beim unteren Totpunkt bei 4 π) zur Ruhe kommt. Ist die Dämpfung größer (d = 1 und 1.5), so schafft es nur einen vollen Umlauf, bevor es (beim unteren Totpunkt bei 2 π) ausschwingt. Bei noch etwas größerer Dämpfung (d = 2) kommt das Pendel nicht mehr über den oberen Totpunkt hinweg und kommt mit stark gedämpftem Pendeln (beim unteren Totpunkt) zur Ruhe. Ist schließlich die Dämpfung sehr hoch (d = 5 und höher), so hört das Pendeln völlig auf; das Pendel bewegt sich lediglich auf den unteren Totpunkt zu, ohne vor dem Stillstand die Pendelrichtung noch einmal zu verändern. Eine andere Darstellung der gleichen Bewegungen ergibt sich durch Auswahl der Zeit für die horizontale Achse und des Winkels für die vertikale Achse (Abb. 4.9). Hier wird die Rolle der Dämpfung für das Abklingen der Bewegung noch etwas offensichtlicher.

4-2.6 Globale Verhaltensuntersuchung

Nichtlineare Systeme zeigen oft eine Abhängigkeit des qualitativen Verhaltens von den Anfangsbedingungen, so etwa unterschiedliche Attraktionsbereiche, die unterschiedliches Stabilitätsverhalten zeigen können. Für einen bestimmten Satz von Anfangsbedingungen bewegt sich das System z.B. auf einen stabilen Gleichgewichtspunkt zu; für einen anderen Satz von Anfangsbedingungen bleibt es instabil. Mit SIMPAS ist es leicht möglich, die Abhängigkeit der Ergebnisse von den Anfangswerten der Zustandsgrößen nach Wahl der Option "Globalverhalten" im Bildschirm BEARBEITUNGSSCHRITT zu untersuchen.

Die Auswahl "Globalverhalten" führt zunächst zu einem ersten Bildschirm WAHL DER ZUSTANDSGRÖSSEN UND DES ZUSTANDSBEREICHS. Hier werden alle Zustandsgrößen, ihre Maßeinheiten und die Minima und Maxima des zu untersuchenden Zustandsbereichs angegeben (die Voreinstellung entspricht der in AUSGABEGRÖSSEN UND SKALIERUNG). Die graphische Ausgabe im Modus "Globalverhalten" besteht aus Phasenbildern, d.h. es können je zwei Zustandsgrößen ausgewählt und auf der horizontalen und vertikalen Achse dargestellt werden. Die Option "Globalverhalten" ist daher vor allem nützlich, wenn das Modell nur über zwei Zustandsgrößen verfügt - in diesem Falle erscheint das gesamte Systemverhalten in einem einzigen Diagramm. Falls das System mehr als zwei Zustandsgrößen hat, wird die Interpretation des Zustandsbilds schwierig, da es nur eine zweidimensionale Projektion eines mehrdimensionalen Systems zeigt.

Im vorliegenden Beispiel verändern wir den Minimum-/Maximum-Bereich der Zustandsgrößen wie folgt:

Winkel	[Bogengrad]	-10.000	10.000
Winkelgeschwindigkeit	[1/s]	-10.000	10.000

Wenn diese Bereiche ausgewählt werden, die sich über den Nullpunkt erstrecken, so erscheint am Bildschirm kurz die Frage "Kann dies zur TEILUNG DURCH NULL führen?" In diesem Falle können wird die Warnung mit gutem Gewissen übergehen, weil beide Zustandsgrößen im Modell nicht im Nenner erscheinen.

Wir markieren "Winkel" mit dem Rhombus zur Darstellung auf der horizontalen Achse und "Winkelgeschwindigkeit" mit dem Stern für die Darstellung auf der horizontalen Achse. Nach Drücken der ESC- und RETURN-Tasten, erscheint ein Auswahlmenu am Bildschirm:

> RASTER der Anfangswerte:
> 5*5 Punkte
> 10*10 Punkte
> 20*20 Punkte

SIMPAS legt einen entsprechend groben oder feinen Raster über den angegebenen Bereich der Zustandsgrößen, der vorher durch die Minimum- und Maximum-Werte definiert wurde. Die Zustandswerte, die diesen Rasterpunkten entsprechen, werden dann als Anfangswerte für die einzelnen Simulationen der Globalanalyse verwendet. Die Zustandstrajektoren werden für jede Simulation einzeln im Phasenbild gezeigt. Es ist zu beachten, daß die Auswahl der "5*5 Punkte" die Berechnung von $(5+1) \cdot (5+1) = 36$ Simulationen bedeutet, die Auswahl von "10*10" bedeutet 121 Simulationen, und die Auswahl von "20*20" bedeutet 441 Simulationen. Wir wählen die durch den Markierungsbalken markierte Voreinstellung "5*5" mit RETURN. Der nächste Bildschirm zeigt jetzt die Auswahl

> LÄNGE der Simulation:
> normale Simulation
> 1/10 der Normallänge
> 1/50 der Normallänge

Diese Auswahl bezieht sich auf die Länge der einzelnen Simulationen. Die Wahl von "normale Simulation" beläßt es bei der Voreinstellung für die Simulationszeit. Die Wahl von "1/10 der Normallänge" reduziert diese Zeit auf 1/10, die Auswahl "1/50 der Normallänge" reduziert die Simulationszeit auf 1/50. Damit können auch auf einem engen Gitter (z.B. 20*20) noch in kurzer Zeit die Richtungen der Zustandstrajektorien ermittelt werden.

Wir wählen hier zunächst die normale Simulationslänge (mit RETURN). Am Bildschirm werden dann die Lösungskurven für jede der (36) Anfangswertkombinationen gezeichnet (Abb. 4.10). Wir sehen hier eine deutliche Abhängigkeit von den Anfangswerten: Bei hoher anfänglicher Winkelgeschwindigkeit ergibt sich vor dem gedämpften Pendeln wieder mehrfaches Kreisen, d.h. ein 'Wandern' zu einem Gleichgewichtspunkt bei einem Mehrfachen von $(2\,\pi)$. Ist die Winkelgeschwindigkeit anfangs niedrig, so bleibt das Pendel in seinem ursprünglichen Attraktionsbereich und pendelt nur gedämpft hin und her - was im Bild einer spiraligen Bewegung entspricht.

In diesem Phasendiagramm erscheinen die unteren Totpunkte (bei $2\,n\,\pi$, $n = 0, \pm1, \pm2...$) als stabile Strudel. Sie 'fangen die Bewegung in ihrer Umgebung ein'. Dagegen stellen die oberen Totpunkte (bei $2\,(n+1)\,\pi$, $n = 0, \pm1, \pm2...$) Sättel dar, auf die die Bewegung zunächst zuläuft. Ist der Betrag der Geschwindigkeit am oberen Totpunkt noch größer als Null, so geht die Bewegung über diesen Totpunkt hinweg. Sinkt er vorher auf Null, so kehrt sich die Bewegung in eine Pendelbewegung um. Der obere Totpunkt ist instabil: bei kleinster Störung aus diesem Gleichgewichtspunkt bewegt sich das Pendel auf den unteren Totpunkt zu.

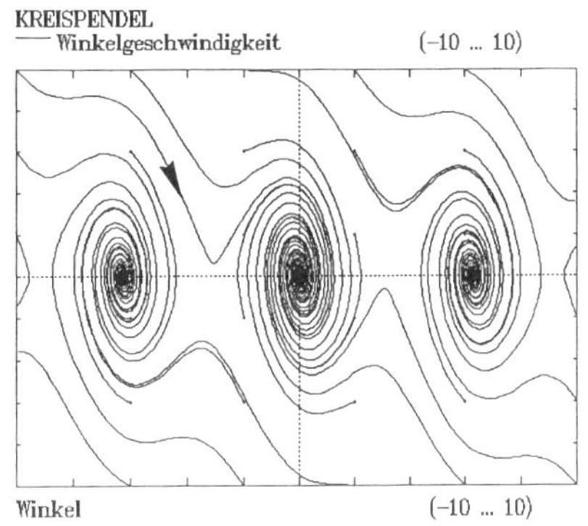

Abb. 4.10: PENDEL: Untersuchung des Globalverhaltens in Abhängigkeit von verschiedenen Anfangsbedingungen der zwei Zustandsgrößen (Winkel und Winkelgeschwindigkeit).

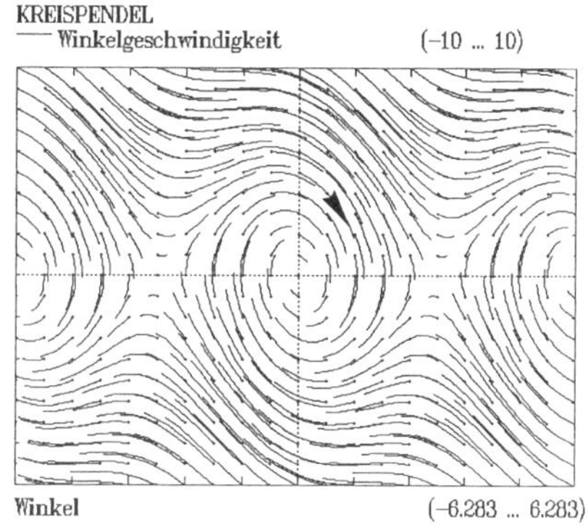

Abb. 4.11: PENDEL: Genauere Untersuchung des Lösungsfelds im Zustandsraum. Die unteren Totpunkte sind jetzt in der Mitte und am rechten und am linken Rand und die oberen Totpunkte jeweils dazwischen.

Um das Lösungsfeld noch etwas genauer zu untersuchen, wählen wir den Winkelbereich so, daß er von (-2 π bis 2 π) d.h. von (-6.283 bis 6.283) reicht. Außerdem verwenden wir jetzt die feinere Gittereinteilung (20*20) und die kurze Simulationszeit (1/50). Damit liegen dann der untere Totpunkt (nullter Ordnung) in der Mitte des Bildes, die unteren Totpunkte erster Ordnung genau auf dem Bildrand und die oberen Totpunkte (erster Ordnung) jeweils in der Mitte dazwischen (Abb. 4.11). Verfolgt man jetzt die Richtung der einzelnen 'Windfähnchen', so ergibt sich hieraus das Bewegungsbild für beliebige Anfangspunkte. Beginnt die Bewegung z.B. in der linken oberen Ecke des Phasenbildes (im unteren Totpunkt mit $x = -2\pi$, $x' = 10$), so führt sie zunächst unter erheblicher Verlangsamung der Geschwindigkeit zum oberen Totpunkt und darüber hinaus, um dann nach einigen Pendelbewegungen am unteren Totpunkt zu enden.

An der Länge der Windfähnchen ist die Geschwindigkeit der Bewegung im Zustandsraum, d.h. die Gesamtveränderungsrate dr deutlich zu erkennen, wobei hier gilt:

$$(dr)^2 = (dx)^2 + (dx')^2$$

In Abb. 4.11 ist deutlich zu sehen, daß diese Veränderung an den oberen und unteren Totpunkten (bei $x = 0, \pm\pi, \pm 2\pi$) verschwindet: diese Punkte sind Gleichgewichtspunkte. Offensichtlich unterscheiden sie sich aber hinsichtlich der Bewegung in ihrer Nähe: wir haben bereits Strudel und Sättel identifiziert. Um die Bewegung in der Nähe der Gleichgewichtspunkte genauer zu untersuchen, fokussieren wir weiter auf ihre unmittelbare Nähe.

Wir wählen also wieder "Globalverhalten" an und geben jetzt entsprechende Zustandsbereiche an. Für den unteren Totpunkt wählen wir den Winkelbereich (-0.02 bis 0.02) und den Winkelgeschwindigkeitsbereich (-0.05 bis 0.05), ein 20*20-Gitter und die kürzeste Simulationszeit (1/50). Wir erhalten das Lösungsfeld der Abb. 4.12. Dies zeigt deutlich den Strudelcharakter dieses Gleichgewichtspunkts: alle Fähnchen zeigen immer nach innen. Die Gesamtveränderungsrate (Fähnchenlänge) verringert sich radial mit Annäherung an den unteren Totpunkt; dort verschwindet sie völlig.

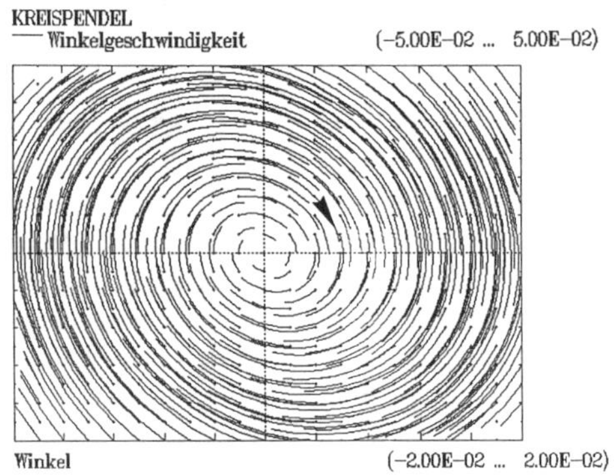

Abb. 4.12: PENDEL: Genauere Untersuchung des Lösungsfelds in der Nähe des unteren Totpunkts: Strudel.

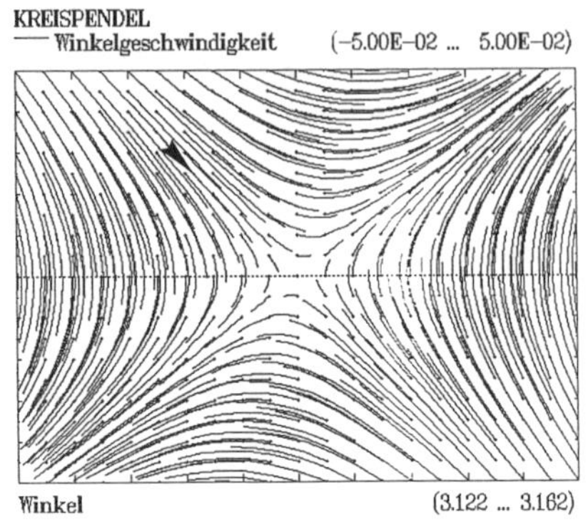

Abb. 4.13: PENDEL: Genauere Untersuchung des Lösungsfelds in der Nähe des oberen Totpunkts: Sattel.

Der nächste obere Totpunkt liegt bei π = 3.14159. Wir wählen den Winkelbereich (3.12159 bis 3.16159) und wieder den Winkelgeschwindigkeitsbereich (-0.05 bis 0.05). Für das gleiche Gitter wie in Abb. 4.12 bekommen wir jetzt die Zustandstrajektorien am oberen Totpunkt in Abb. 4.13. Hier ist jetzt deutlich zu erkennen, daß die Gesamtveränderungsrate am Totpunkt zwar verschwindet, daß aber die Bewegung nach anfänglichem Zulaufen auf den Totpunkt dann abbiegt und sich wieder von ihm wegbewegt. Diese Bewegung ist charakteristisch für einen Sattel.

4-2.7 Zusammenfassung der Beobachtungen am Kreispendelmodell

Wir haben hier mit dem Modell des Kreispendels die Bearbeitungsmöglichkeiten von SIMPAS demonstriert und dabei eine Reihe von Beobachtungen zum Verhalten eines dynamischen Systems gemacht, die später noch vertieft werden sollen:

(1) Das Verhalten eines dynamischen Systems ist abhängig von der Wahl seiner Parameter und Anfangswerte (beim nichtlinearen System).

(2) Ein (nichtlineares) System kann mehrere Gleichgewichtspunkte haben, an denen sein 'Antrieb', d.h. alle Veränderungsraten verschwinden. Wird dieser Zustand einmal erreicht, so ergeben sich keine Veränderungen mehr (falls das System ungestört bleibt).

(3) Gleichgewichtspunkte können stabil oder instabil sein. Bei kleiner Auslenkung aus einem stabilen Gleichgewichtspunkt führt die Bewegung wieder in diesen zurück. Bei einem instabilen Gleichgewichtspunkt führt die kleinste Auslenkung zu weiterem und beschleunigtem Weglaufen von diesem Punkt.

(4) Das gleiche System kann - je nach Wahl der Parameter und Anfangswerte - qualitativ verschiedene Verhaltensmodi zeigen. Beim Pendel ist sowohl kreisende, wie pendelnde, wie langsame aperiodische Bewegung möglich.

(5) Die Bewegung und das Abklingen von Schwingungen werden durch die Dämpfung des Systems stark bestimmt. Bei kleiner Dämpfung ergeben sich Schwingungen; bei hoher Dämpfung zeigt sich aperiodische Bewegung.

4-3 Simulation der Fischfangdynamik mit SIMPAS

4-3.1 Aufbau des SIMPAS-Modells aus dem Simulationsdiagramm

Die vollständige Modellformulierung für das Fischfangmodell ist in Kap. 3 entwickelt worden und wurde im Simulationsdiagramm Abb. 3.26 bzw. in den Modellgleichungen FISHFANG in Kap. 3-3.10 vollständig angegeben. Um die mathematische Formulierung zu vereinfachen, hatten wir dort einbuchstabige Symbolnamen verwendet. Um das Modellprogramm leichter verständlich zu machen, empfiehlt sich aber auch hier die Verwendung selbsterklärender Langnamen. Wir halten uns bei der Auswahl der Bezeichnungen an die Liste im Abschnitt 3-3.9.

(1) Parameter

Wir teilen die Modellparameter ein in Festparameter, Systemparameter und Szenarioparameter. Die das Gebiet beschreibenden Festparameter legen wir direkt in der Prozedur InitialInfo fest; die Dimensionen vermerken wir hier als Kommentar in geschweiften Klammern.

```
Fanggebiet            := 100; {km²}
spezFischkapazitaet   := 100; {t Fisch/km²}
maxFischkapazitaet    := Fanggebiet * spezFischkapazitaet; {t Fisch}
```

In die Abfrage nehmen wir als Systemparameter relativ feststehende Parameter auf:

```
ParamQuestion[1]   := 'maxSpezFischzuwachsrate: (1) [1/Jahr]';
ParamQuestion[2]   := 'spezUnterhaltskosten: (50000) [DM/(Boot.Jahr)]';
ParamQuestion[3]   := 'BootsNeukosten: (100000) [DM/Boot]';
ParamQuestion[4]   := 'Bootslebensdauer: (15) [Jahre]';
```

Als Szenarioparameter nehmen wir in die Abfrage diejenigen Parameter auf, die unsicher und/oder prinzipiell variabel sind (z.B. Fischpreis), oder die als variable Entscheidungsparameter besondere Bedeutung haben (z.B. Investitionsanteil_Boote).

```
ScenaQuestion[1]   := 'maxSpezFangmenge: (100) [t Fisch/(Boot.Jahr)]';
ScenaQuestion[2]   := 'Fischpreis: (1000) [DM/t Fisch]';
ScenaQuestion[3]   := 'Investitionsanteil_Boote: (0.5) [-]';
```

Nachdem die Ergebnisse der Abfrage vorliegen, müssen die Antworten mit den richtigen Bezeichnungen in das Programm eingefügt werden. Da die Parameter für die Dauer einer Simulation konstant bleiben sollen, werden sie beim ersten Simulationsschritt in die Prozedur ModelEqs eingeführt:

```
if Time=Start then
begin
  maxSpezFischzuwachsrate  := ParamAnswer[1];
  spezUnterhaltskosten     := ParamAnswer[2];
  Bootsneukosten           := ParamAnswer[3];
  Bootslebensdauer         := ParamAnswer[4];
  spezStillegungsrate      := 1/Bootslebensdauer;
  maxSpezFangmenge         := ScenaAnswer[1];
  Fischpreis               := ScenaAnswer[2];
  Investitionsanteil_Boote := ScenaAnswer[3];
end;
```

(2) Zustandsgrößen und Anfangswerte

In der Prozedur InitialInfo sind zunächst die Zustandsgrößen mit ihren Bezeichnungen, Voreinstellungen und Dimensionen anzugeben:

```
StateVariable[1]:= 'Fische: (5000) [t Fisch]';
StateVariable[2]:= 'Boote: (100) [Boote]';
```

In der Prozedur ModelEqs werden die entsprechenden Variablennamen eingeführt, die in den Modellgleichungen verwendet werden:

```
Fische  := State[1];
Boote   := State[2];
```

(3) Zwischengrößen

Die algebraische Berechnung der Zwischengrößen aus Parametern, Zustandsgrößen und u.U. anderen Zwischengrößen wird in der Prozedur ModelEqs untergebracht:

```
Fischdichte                := Fische / maxFischkapazitaet;
Fischzuwachs               := maxSpezFischzuwachsrate *Fische*(1-Fischdichte);
Fangpotential              := maxSpezFangmenge * Boote;
Fangmenge                  := Fangpotential * Fischdichte;
Fangerloes                 := Fischpreis * Fangmenge;
Bootsunterhalt             := spezUnterhaltskosten * Boote;
Nettoeinkommen             := Fangerloes - Bootsunterhalt;
Investitionsmittel_Boote   := Investitionsanteil_Boote * Nettoeinkommen;
Neuerwerb_Boote            := Investitionsmittel_Boote / Bootsneukosten;
Stillegung_Boote           := spezStillegungsrate * Boote;
```

Hierbei ist darauf geachtet worden, daß jede Größe aus vorher definierten Größen (Parametern, Zustandsgrößen und bereits im gleichen Zeitschritt ermittelten Zwischengrößen) berechnet werden kann.

(4) Zustandsveränderungsraten

Die Zustandsgleichungen müssen in der Prozedur ModelEqs auf die Berechnung der Zwischengrößen folgen:

```
Rate[1]   := Fischzuwachs - Fangmenge;
Rate[2]   := Neuerwerb_Boote - Stillegung_Boote;
```

Die Größen der rechten Seiten sind vorher ermittelte Zwischengrößen.

(5) Laufzeitinformation und weitere Modellinformation

Anfangszeit, Endzeit und Schrittweite der Simulation werden in der Prozedur InitialInfo definiert:

```
Start     := 0;
Final     := 20;
TimeStep  := 0.02;
```

Zur Beurteilung der Simulationsergebnisse interessiert neben den automatisch ausgegebenen Zustandsgrößen noch die jährliche Fangmenge. Diese muß daher nach ihrer Berechnung in der Prozedur ModelEqs als OutVariable deklariert werden:

```
OutVariable[1] := Fangmenge;
```

Bezeichnung und Dimension dieser Größe sind in der Prozedur InitialInfo anzugeben:

```
OutVarText[1] := 'Fangmenge: [t Fisch/Jahr]';
```

In der Prozedur InitialInfo müssen noch in jedem Falle die folgenden vier Angaben zum Modell gemacht werden:

```
Title       := 'FISCHFANG-DYNAMIK';
Description := 'Fischpopulation und Fischereiflotte';
TimeUnit    := 'Jahre';
Author      := 'H.Bossel: Modellbildung und Simulation 910612';
```

Schließlich sind noch (hinter IMPLEMENTATION unter "var") alle verwendeten Größen aufzuführen und mit der entsprechenden Typendeklaration zu versehen.

Damit ist das Simulationsmodell der Fischfangdynamik spezifiziert. Die entsprechende TurboPascal Unit FISHFANG.MOD zur Verwendung mit SIMPAS ist in Programm 4.4 vollständig aufgelistet.

4-3.2 Aufbau des lauffähigen Simulationsprogramms

Das Verfahren wurde beim Pendel-Modell erläutert. Das Modell sollte als FISHFANG.MOD abgespeichert werden und als MODEL.PAS für die Kompilierung mit SIMPAS verfügbar sein. Danach wird TURBO SIMPAS aufgerufen, die Kompilierung wird auf "Disk" umgeschaltet und "RUN" wird angewählt. Eventuelle Programmierfehler werden in der TurboPascal Umgebung beseitigt. Das kompilierte Simulationsprogramm SIMPAS.EXE wird in FISHFANG.EXE umbenannt und steht dann für die weitere Arbeit zur Verfügung.

4-3.3 Standardlauf des Fischfang-Modells

Wir untersuchen zunächst das Modellverhalten mit den Parametern der Voreinstellung. Hierzu rufen wir von DOS aus FISHFANG auf und gehen dann durch wiederholte Eingabe von RETURN ohne Eingaben über die Abfrage direkt zur Simulation. Wenn danach (bei ERGEBNISDARSTELLUNG) die Simulationsergebnisse verfügbar sind, skalieren wir zunächst bei WAHL DER AUSGABEGRÖSSEN UND SKALEN die Ergebnisse auf runde Zahlen, z.B.: Fische (0 bis 10000), Boote (0 bis 100), Fangmenge (0 bis 5000). Hier wie auch in anderen Simulationen empfiehlt es sich dringend, den Nullpunkt als die untere Grenze der Darstellung zu wählen, da sonst sich leicht ein falscher Eindruck von den Ergebnissen und dem dynamischen Verhalten des Systems festsetzt.

Wir betrachten zunächst die zeitabhängige Darstellung der Ergebnisse (Zeit als horizontale Achse; Fische, Boote und Fangmenge vertikal) (Abb. 4.14). Nach anfänglich starkem Rückgang vom Anfangswert 5000 [t Fisch] auf ein Minimum von etwa 3000 erholt sich die Fischpopulation wieder und stabilisiert sich langfristig bei einem Wert von etwa 6300. Die Bootszahl sinkt rasch von ihrem Anfangswert von 100 auf etwa 36, wo sie sich stabilisiert. Die jährliche Fangmenge geht von ihrem Anfangswert von 5000 [t Fisch/a] sehr rasch zurück auf ein Minimum von etwa 1800, stabilisiert sich dann aber ebenfalls bei etwa 2300. Die genauen Werte lassen sich in 2-Jahres-Schritten der tabellarischen Darstellung der Ergebnisse entnehmen.

```
UNIT MODEL;    (* FISHFANG.MOD H.Bossel: Modellbildung und Simulation 910612 *)

INTERFACE
   uses Base,Crt,Graph;
   procedure InitialInfo;
   procedure ModelEqs;
   procedure Summary;

IMPLEMENTATION

   var
      Fische, Boote, Fanggebiet, spezFischkapazitaet, maxFischkapazitaet,
      maxSpezFischzuwachsrate, spezUnterhaltskosten, Bootsneukosten,
      Bootslebensdauer, spezStillegungsrate, maxSpezFangmenge, Fischpreis,
      Investitionsanteil_Boote, Fischdichte, Fischzuwachs, Fangpotential,
      Fangmenge, Fangerloes, Bootsunterhalt, Nettoeinkommen, Fangchance,
      Investitionsmittel_Boote, Neuerwerb_Boote, Stillegung_Boote,
      MaxBootszahl: real;
      p, i, q, o, d, k, f, a, c, e, FischGP, BootGP: real;
      Ortungstechnik: boolean;

   procedure InitialInfo;
   begin
      Title       := 'FISCHFANG-DYNAMIK';
      Description := 'Fischpopulation und Fischereiflotte';
      TimeUnit    := 'Jahre';
      Author      := 'H.Bossel: Modellbildung und Simulation 910612';

      StateVariable[1]    := 'Fische: (5000) [t Fisch]';
      StateVariable[2]    := 'Boote: (100) [Boote]';
      Fanggebiet          := 100; {km²}
      spezFischkapazitaet := 100; {t Fisch/km²}
      maxFischkapazitaet  := Fanggebiet * spezFischkapazitaet; {t Fisch}
      Fangchance          := 0.8;

      ParamQuestion[1] := 'maxSpezFischzuwachsrate: (1) [1/Jahr]';
      ParamQuestion[2] := 'spezUnterhaltskosten: (50000) [DM/(Boot.Jahr)]';
      ParamQuestion[3] := 'BootsNeukosten: (100000) [DM/Boot]';
      ParamQuestion[4] := 'Bootslebensdauer: (15) [Jahre]';

      ScenaQuestion[1] := 'maxSpezFangmenge: (100) [t Fisch/(Boot.Jahr)]';
      ScenaQuestion[2] := 'Fischpreis: (1000) [DM/t Fisch]';
      ScenaQuestion[3] := 'Investitionsanteil_Boote: (0.5) [-]';
      ScenaQuestion[4] := 'Ortungstechnik (0/1): (0) [-]';
      ScenaQuestion[5] := 'Maximale Bootszahl: (1000) [Boote]';

      OutVarText[1] := 'Fangmenge: [t Fisch/Jahr]';

      Start          := 0;
      Final          := 20;
      TimeStep       := 0.02;
   end;

   procedure ModelEqs;
   begin
      if Time=Start then
      begin
         maxSpezFischzuwachsrate  := ParamAnswer[1];
         spezUnterhaltskosten     := ParamAnswer[2];
         Bootsneukosten           := ParamAnswer[3];
         Bootslebensdauer         := ParamAnswer[4];
         spezStillegungsrate      := 1/Bootslebensdauer;
         maxSpezFangmenge         := ScenaAnswer[1];
         Fischpreis               := ScenaAnswer[2];
         Investitionsanteil_Boote := ScenaAnswer[3];
         if ScenaAnswer[4] = 1 then
                  Ortungstechnik := true
             else Ortungstechnik := false;
         MaxBootszahl             := ScenaAnswer[5];
      end;
```

```
      if State[1]<0 then State[1] := 0;
      Fische := State[1];
      Boote  := State[2];

      Fischdichte      := Fische / maxFischkapazitaet;
      Fischzuwachs     := maxSpezFischzuwachsrate * Fische * (1 - Fischdichte);
      Fangpotential    := maxSpezFangmenge * Boote;
      if not Ortungstechnik then
         Fangmenge     := Fangpotential * Fischdichte;
      if Ortungstechnik then
         if Fische>0 then
            Fangmenge := Fangpotential * Fangchance
         else Fangmenge := 0;
      Fangerloes       := Fischpreis * Fangmenge;
      Bootsunterhalt   := spezUnterhaltskosten * Boote;
      Nettoeinkommen   := Fangerloes - Bootsunterhalt;
      Investitionsmittel_Boote := Investitionsanteil_Boote * Nettoeinkommen;
      Neuerwerb_Boote  := Investitionsmittel_Boote / Bootsneukosten;
      if Boote>MaxBootszahl then
         Neuerwerb_Boote := 0;
      Stillegung_Boote := spezStillegungsrate * Boote;

      Rate[1] := Fischzuwachs - Fangmenge;
      Rate[2] := Neuerwerb_Boote - Stillegung_Boote;
      OutVariable[1] := Fangmenge;
   end;

   procedure Summary;
   begin
      p := Fischpreis;
      i := Investitionsanteil_Boote;
      q := Bootsneukosten;
      o := spezUnterhaltskosten;
      d := spezStillegungsrate;
      k := maxFischkapazitaet;
      f := maxSpezFangmenge;
      a := maxSpezFischzuwachsrate;
      c := p*i/q;
      e := o*i/q+d;
      FischGP := k*e/(f*c);
      BootGP  := (k*a/f)*(1-e/(f*c));
      if BootGP <= 0 then
      begin
         FischGP := k;
         BootGP  := 0;
      end;
      ClrScr;
      writeln;
      writeln (title);
      writeln;
      writeln ('Gleichgewichtspunkte:');
      writeln;
      writeln ('Fische [t Fisch] :  ', FischGP:6:0);
      writeln ('Boote  [Boote]   :  ', BootGP:6:0);
      readln;
   end;

end.
```

Programm 4.4: FISHFANG.MOD. SIMPAS-Modelleinheit zur Simulation der Dynamik des Fischfangs.

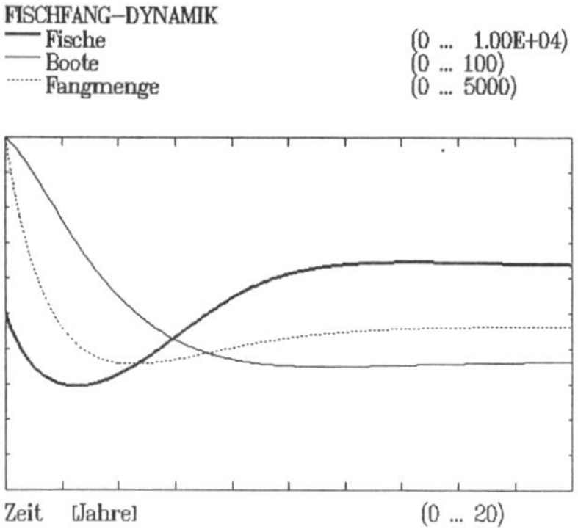

*	maxSpezFischzuwachsrate [1/Jahr]	1.000
	spezUnterhaltskosten [DM/(Boot.Jahr)]	5.00E+04
	BootsNeukosten [DM/Boot]	1.00E+05
	Bootslebensdauer [Jahre]	15.000
	maxSpezFangmenge [t Fisch/(Boot.Jahr)	100.000
	Fischpreis [DM/t Fisch]	1000.000
	Investitionsanteil_Boote [-]	0.500
	Ortungstechnik (0/1) [-]	0
	Maximale Bootszahl [Boote]	1000.000
	Fische [t Fisch]	5000.000
	Boote [Boote]	100.000
	Beginn der Simulation [Jahre]	0
	Ende der Simulation [Jahre]	20.000
	Rechenschrittweite [Jahre]	2.00E-02

Abb. 4.14: FISHFANG: Zeitdiagramm der Simulationsergebnisse des Standardlaufs.

Offensichtlich stellt sich das System mit diesen Voreinstellungen nach etwa einem Jahrzehnt auf ein Fließgleichgewicht ein, bei dem sich die Zustandsgrößen 'Fische' und 'Boote' nicht mehr verändern, und Verluste (durch Fischfang und Bootsverschrottung) genau durch Gewinne (durch Fischnachwuchs und Bootsanschaffungen) kompensiert werden. Auch das Phasendiagramm (mit Fischen als horizontaler, Booten als vertikaler Achse) macht deutlich, daß sich das System rasch auf einen stabilen Gleichgewichtspunkt zubewegt.

4-3.4 Verhalten bei Parameteränderungen

Um das Verhalten des Modells genauer kennenzulernen, müssen die Einflüsse der verschiedenen Parameter genauer untersucht werden. Wir könnten über die Abfrage einzelne Parameter oder Parameterkombinationen ändern, doch ist dies eine zeitraubende Arbeitsweise, die sich nicht gut für umfangreiche systematische Untersuchungen eignet. Hierzu sollten eher die Möglichkeiten zur globalen Verhaltensuntersuchung und zur Untersuchung der Parameterempfindlichkeit genutzt werden.

Bei der Frage zur ERGEBNISDARSTELLUNG steigen wir daher mit "Nein..." aus der Darstellung der Simulationsergebnisse wieder aus und steuern zunächst ohne Parameteränderungen in der Abfrage bei BEARBEITUNGSSCHRITT die Untersuchung des Globalverhaltens in Abhängigkeit von den Anfangsbedingungen an. Wir wählen 'Fische' für die horizontale, 'Boote' für die vertikale Bildachse. Die Bereiche für Fische (0 bis 10000) und Boote (0 bis 100) lassen wir auf den jetzt eingestellten Werten stehen. Mit einem Raster 5*5 und normaler Simulationszeit erhalten wir die Darstellung in Abb. 4.15. Hier zeigt sich deutlich, daß unabhängig von den Anfangsbedingungen in diesem Bereich der Systemzustand immer auf den stabilen Gleichgewichtspunkt bei (etwa) 37 Booten und 6300 t Fisch zusteuert. Ist etwa die anfängliche Bootszahl sehr hoch, so reduziert sich diese rasch, bis es wieder zu einem Anwachsen und zur Stabilisierung der Fischpopulation kommt. Ist die anfängliche Fischpopulation sehr hoch, so wird diese durch den Fischfang sehr rasch auf den Gleichgewichtswert dezimiert.

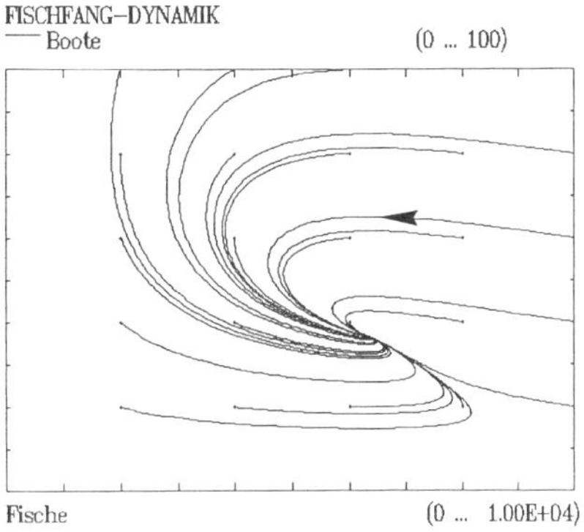

Abb. 4.15: FISHFANG: Untersuchung der globalen Dynamik im Zustandsraum für die Parameter der Voreinstellung. Alle Zustandspfade streben auf einen Gleichgewichtspunkt zu.

Nachdem wir den Überblick über das Globalverhalten für die Parameterwerte der Voreinstellung haben und festgestellt haben, daß es von einem stabilen Knoten (degenerierter Strudel) bestimmt ist, interessiert uns jetzt, wie sich das Bild verändert, wenn einzelne Parameter verändert werden. Für Parameteränderungen kommen in erster Linie die Szenarioparameter in Betracht, d.h. hier die maximale spezifische Fangmenge der Boote, der Fischpreis und der Investitionsanteil zum Erwerb neuer Boote. Um Einschwingvorgänge bei Gleichgewichtspunkten bei den folgenden Arbeitschritten besser verfolgen zu können, verändern wir zunächst noch unter SIMULATIONS-PARAMETER den Anfangswert der Boote auf 25 und das Ende der Simulation auf 50 [Jahre].

Um das Systemverhalten bei veränderten Parametern zu untersuchen, wählen wir bei BEARBEITUNGSSCHRITT die "Parameterempfindlichkeit" an. Zunächst untersuchen wir den Einfluß des Parameters "maxSpezFangmenge" im Bereich von 50 bis 250 [t Fisch/(Boot.Jahr)]. Zur Darstellung der Ergebnisse wählen wir unter AUSGABE-GRÖSSEN wieder Fische (0 bis 10000) und Boote, stellen aber hier für die folgenden Untersuchungen den Bootsbereich auf (0 bis 50) um. In Abb. 4.16 zeigt sich folgendes: Bei geringer spezifischer Fangmenge (50) verringert sich die Bootszahl bis auf Null, was das Anwachsen der Fischpopulation bis zur Kapazitätsgrenze zur Folge hat. In diesem Fall trägt sich der Fischfang offensichtlich ökonomisch nicht; die Fischer haben nicht genügend Mittel für Neuinvestitionen übrig. Wird die spezifische Fangmenge erhöht

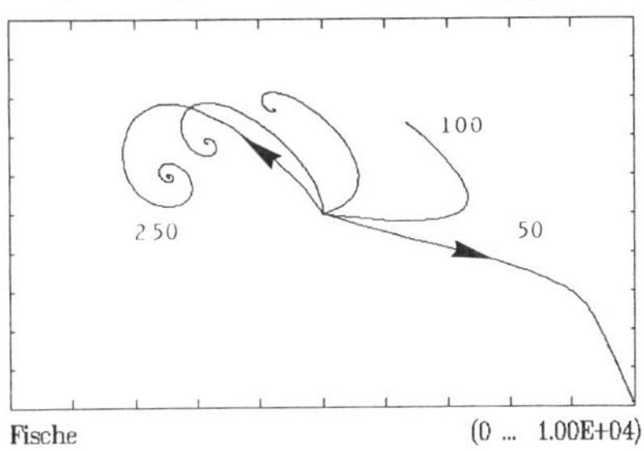

Abb. 4.16: FISHFANG: Veränderung der globalen Dynamik bei Parameteränderung. Ist die maxSpezFangmenge der Boote zu klein, so kommt der Fischfang aus ökonomischen Gründen zum Erliegen.

(auf 100), so ergibt sich der bereits ermittelte Gleichgewichtspunkt bei 6300 t Fisch und 36 Booten, der aperiodisch erreicht wird. Wird die spezifische Fangmenge noch weiter erhöht (auf 150 bis 250), so verschiebt sich der Gleichgewichtspunkt mit wachsender spezifischer Fangmenge zu kleinerer Fischpopulation und geringerer Bootszahl. Außerdem stellt sich jetzt eine sehr stark gedämpfte Schwingung um den Gleichgewichtspunkt ein: bevor dieser Punkt erreicht wird, geht die Fischpopulation erst extrem zurück. Das System stabilisiert sich aber auch an diesen Gleichgewichtspunkten.

In ähnlicher Weise untersuchen wir auch die Empfindlichkeit des Modellverhaltens in bezug auf den Fischpreis in der PARAMETER Liste. Wir geben hier den Bereich (500 bis 2500) an, wählen wieder das Zustandsbild für Fische und Boote (jetzt 0 bis 100) und erhalten das Ergebnis in Abb. 4.17. Hier zeigt sich jetzt, daß sich bei höherem Fischpreis eine größere Bootsflotte halten kann, allerdings bei dann reduzierter Fischpopulation.

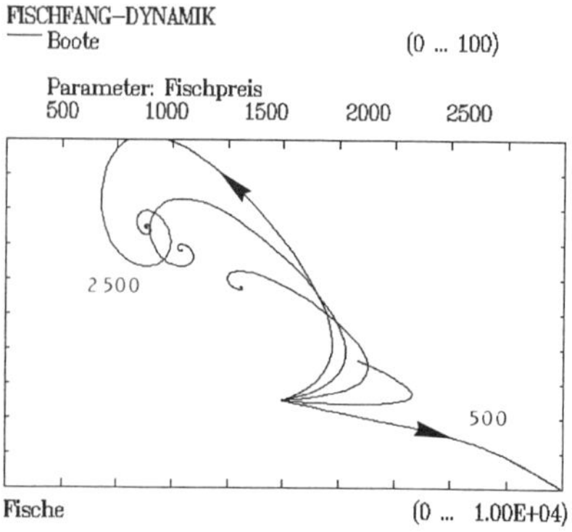

Abb. 4.17: FISHFANG: Veränderung der globalen Dynamik bei Parameteränderung. Ist der Fischpreis zu gering, so führen die ökonomischen Bedingungen zum Erliegen des Fischfangs.

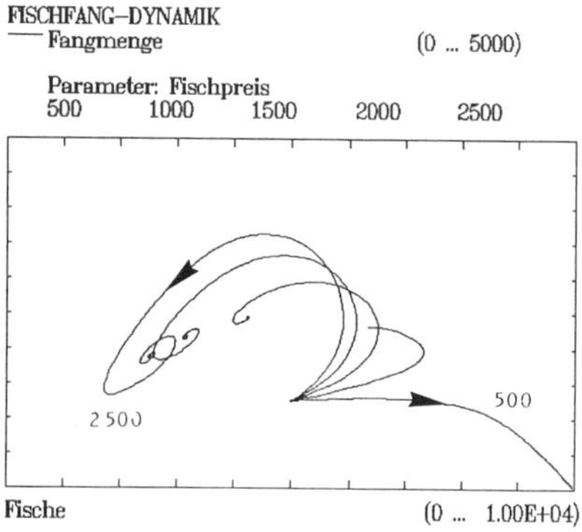

Abb. 4.18: FISHFANG: Untersuchung der unter Gleichgewichtsbedingungen erzielbaren Fangmenge in Abhängigkeit vom Fischpreis.

Hier stellt sich nun die Frage, welche jährlichen Fischfänge unter diesen Bedingungen erzielt werden. Wir gehen daher noch einmal zurück zu "Parameterempfindlichkeit", wählen wieder den Fischpreis im Bereich (500 bis 2500) als Parameter, nehmen aber diesmal bei AUSGABEGRÖSSEN für die Horizontalachse die Fischmenge (0 bis 10000) und für die Vertikalachse die Fangmenge (0 bis 5000). Hier zeigt sich nun deutlich (Abb. 4.18), daß die (nachhaltig erzielbare) Fangmenge bei einem Fischpreis von etwa 1250 [DM/t Fisch] ein Optimum hat (von etwa 2500 [t Fisch/Jahr]): bei höherem wie auch bei niedrigerem Fischpreis ist der Ertrag geringer. Sinkt der Fischpreis unter ein Minimum (rd. DM 900/t Fisch), so ist die Fischerei ökonomisch nicht überlebensfähig. (Vor Vergleichen mit realen Zahlen sei gewarnt, da wir hier lediglich die Verhaltensweisen eines sehr einfachen Modells mit fiktiven Parametern untersuchen!).

Wir haben hier nur bei zwei Parametern die Parameterempfindlichkeit des Fischfang-Modells untersucht. Weitere interessante Ergebnisse werden sich beim Arbeiten mit anderen Parametern ergeben, so etwa bei Veränderung der maximalen spezifischen Fischzuwachsrate oder der ökonomischen Parameter. Um sich mit Hilfe des Simulationsmodells an eine (unter einem gegebenen Bewertungsaspekt) günstige Lösung heranzutasten, können mit Hilfe der Sensitivitätsuntersuchungen die in Frage kommenden Parameterbereiche besser und schneller eingegrenzt werden. Die Analyse des Globalverhaltens bringt dann mit dem Bild der möglichen Zustandspfade einen umfassenden Überblick über die Verhaltensmöglichkeiten des Systems für diese Parameterwahl.

4-3.5 Modifizierung des Fischfang-Modells für dichte-unabhängige Fangmenge

Bei allen Simulationen mit dem Fischfang-Modell (Programm 4.4) beobachten wir zwar gelegentlich (bei ungünstigen ökonomischen Bedingungen) ein 'Aussterben' der Bootsflotte, aber nie einen vollständigen Zusammenbruch der Fischpopulation. Die Erklärung hierfür finden wir im Simulationsdiagramm (Abb. 3.26) wie auch in den dazugehörigen Gleichungen (FISHFANG in Kap. 3-3.10) bzw. der Modellformulierung in Programm 4.4: Die Fangmenge ist abhängig von der Fischdichte

```
Fangmenge   := Fangpotential * Fischdichte;
```

Das bedeutet, daß bei abnehmender Fischdichte (und entsprechend abnehmender Fischpopulation) die Fangmenge schließlich gegen Null geht. Dies hat aber entsprechende ökonomische Konsequenzen für die Fischereibetriebe: Die Bootsflotte geht ebenfalls stark zurück, damit reduziert sich die Fangmenge weiter. Die Fischpopulation wird damit vor dem völligen Zusammenbruch bewahrt. Schließlich stellt sich zwischen Fischpopulation und Bootszahl immer ein Gleichgewicht ein. Dieses Verhalten läßt sich durch Simulationen und Untersuchungen der Parameterempfindlichkeit z.B. für hohe Werte der maximalen spezifischen Fangmenge gut zeigen.

Die hier verwendete implizite Annahme, daß die Fische gleichmäßig über das Fanggebiet verteilt sind, entspricht bei vielen wirtschaftlich interessanten Fischarten nicht der Realität. Diese treten oft in Fischschwärmen auf, die mit modernen Techniken gut zu orten sind. Das bedeutet aber, daß die Fangmenge nicht mehr von der (durchschnittlichen) Fischdichte, sondern nur noch von der Güte der Ortungstechnik und der Fangkapazität der Flotte abhängt.

```
Fangmenge   := Fangpotential * Fangchance;
```

Damit ändert sich aber das Systemverhalten grundlegend, wie wir sehen werden.

Um das Fischfang-Modell entsprechend zu modifizieren, führen wir in der Prozedur InitialInfo zuächst zwei neue Abfrageparameter und die 'Fangchance' ein, die berücksichtigt, daß auch bei ausgefeilter Ortungstechnik die Fangmenge geringer ist als das vorhandene Fangpotential:

```
Fangchance          := 0.8;
ScenaQuestion[4]    := 'Ortungstechnik (0/1): (0) [-]';
ScenaQuestion[5]    := 'Maximale Bootszahl: (1000) [Boote]';
```

Entsprechende Antworten müssen beim ersten Zeitschritt in die Prozedur ModelEqs eingeführt werden:

```
if ScenaAnswer[4] = 1 then
   Ortungstechnik        := true
   else Ortungstechnik   := false;
```

Abhängig vom Vorhandensein oder Nichtvorhandensein einer leistungsfähigen Ortungstechnik ergeben sich dann die unterschiedlichen Möglichkeiten, die in der Prozedur ModelEqs einzusetzen sind:

```
if not Ortungstechnik then
   Fangmenge := Fangpotential * Fischdichte;
if Ortungstechnik then
   if Fische>0 then
      Fangmenge := Fangpotential * Fangchance
      else Fangmenge := 0;
```

Weiter muß noch (in ModelEqs) berücksichtigt werden, daß der Fischbestand nicht negativ werden kann (bei der dichteabhängigen Fangmenge ist dies von vornherein unmöglich) und daß u. U. die maximale Bootszahl beschränkt bleiben muß, um Überfischen zu verhindern:

```
if State[1]<0 then State[1] := 0;
if Boote>MaxBootszahl then
   Neuerwerb_Boote := 0;
```

Programm 4.4 enthält bereits diese Änderungen. (Es enthält außerdem in der Prozedur Summary die Berechnung der Gleichgewichtspunkte, auf die wir noch zu sprechen kommen).

4-3.6 Simulationsergebnisse für dichte-unabhängigen Fischfang

Um uns einen ersten Überblick über das Verhalten des geänderten Modells zu verschaffen, untersuchen wir zunächst das globale Verhalten mit den vorhandenen Voreinstellungen und dem Parameter "Ortungstechnik = 1". Hier zeigt sich sofort, daß unabhängig von den Anfangsbedingungen die Fischpopulation immer (durch Überfischen) zusammenbricht. Um diesen Zusammenbruch zu vermeiden, bieten sich zunächst zwei Möglichkeiten an: (1) Begrenzung der Fangmenge pro Boot und (2) Begrenzung der Bootszahl.

Wir untersuchen zunächst mit "Parameterempfindlichkeit" den Einfluß des Parameters "maxSpezFangmenge [t Fisch/(Boot.Jahr]" im Bereich (0 bis 60). Die entsprechenden Zustandspfade werden im Zustandsbild für Fische (0 bis 10000) und Boote (0 bis 125) dargestellt (Abb. 4.19). Das Bild zeigt, daß es bei diesen Parameterbedingungen keinen Kompromiß gibt: entweder die Bootsflotte verschwindet aus ökonomischen Gründen (bei Fangmenge 0 bis etwa 45), oder die Fischpopulation verschwindet durch Überfischen, wenn die Fangmenge größer 45 ist. (Die kritische Größe der Fangmenge läßt sich durch Verfeinern des Parameterintervalls genauer auf etwa 46.1 eingrenzen).

Untersuchen wir auf ähnliche Weise die Wirkung allein einer Begrenzung der Bootszahl, so können wir feststellen, daß auch hier (mit den Parametern der Voreinstellung) die Fischpopulation immer zusammenbricht, wenn die anfängliche Bootszahl relativ groß ist. Ist die anfängliche Bootszahl dagegen klein, so läuft das Modell auf einen stabilen Zustand ein, wenn die Bootszahl auf einen niedrigen Wert begrenzt bleibt.

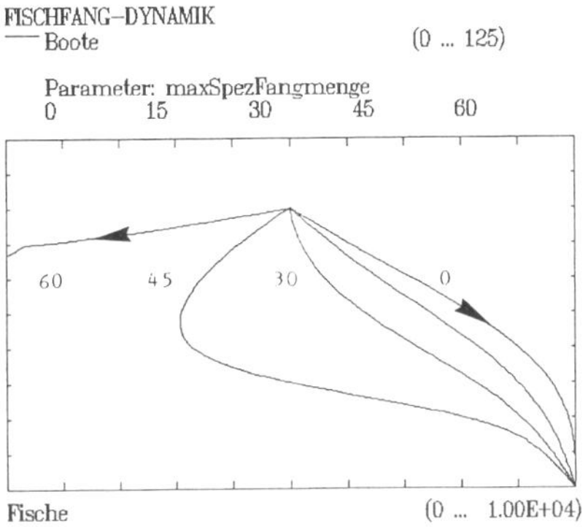

Abb. 4.19: FISHFANG mit Ortung: Bei hochentwickelter Fischortungstechnik gibt es (ohne Fangbegrenzungen) keinen Kompromiß: entweder die Fischpopulation verschwindet durch Überfischen, oder die Fischerei muß aus ökonomischen Gründen aufgegeben werden.

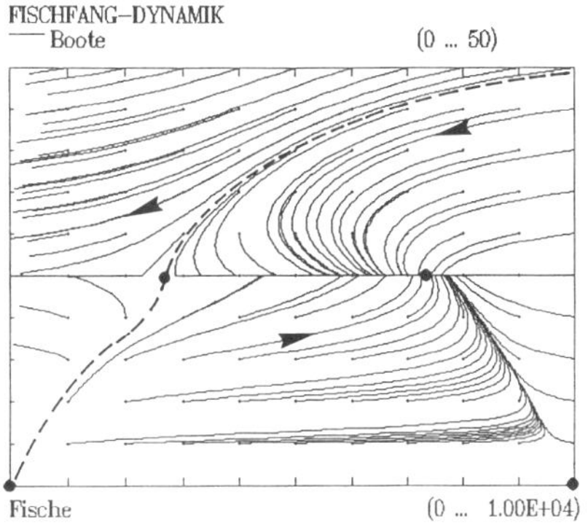

Abb. 4.20: FISHFANG mit Ortung: Untersuchung des Globalverhaltens bei Begrenzung der maximalen Bootszahl auf 25. In Abhängigkeit vom Anfangszustand für Fische und Boote zeigt sich jetzt entweder ein Einlaufen auf einen stabilen Gleichgewichtszustand oder der Zusammenbruch der Fischpopulation.

Die weitere Analyse des offensichtlich komplexen Globalverhaltens des Modellsystems unternehmen wir mit der Option "Globalverhalten", nachdem wir vorher (unter SIMULATIONSPARAMETER) eine Maximale Bootszahl von 25 eingegeben haben. Unter WAHL DER ZUSTANDSGRÖSSEN UND DES ZUSTANDSBEREICHS wählen wir Fische (0 bis 10000) und Boote (0 bis 50). Wir erhalten das komplexe Bild der Zustandspfade in Abb. 4.20. Es zeigt sich, daß es tatsächlich einen stabilen Bereich gibt (im rechten unteren Teil des Bildes, unterhalb der gestrichelten Linie): Alle Zustandspfade laufen dort auf die Bootsobergrenze zu (25 Boote). Die Fischpopulation stellt sich auf einen Wert von 7236 ein (der in diesem Bild nicht zu erkennen ist). Liegen die Anfangswerte dagegen im linken oberen Teil des Zustandsbildes, oberhalb der gestrichelt eingezeichneten Linie, so bricht die Fischpopulation immer zusammen.

Auch hier interessieren wieder die Fangmengen, die nachhaltig erreicht werden können. Wir setzen den Anfangswert für Boote auf 10 und untersuchen dann die Parameterempfindlichkeit der Bootsobergrenze im Bereich 0 bis 40 Boote und zeichnen das Ergebnis für die jährliche Fangmenge im Zeitverlauf (Abb. 4.21). Wir stellen hier (und bei weiterer Verfeinerung des Untersuchungsbereichs) fest, daß sich für Bootsobergrenzen, die etwas unter 32 liegen, ein stabiler Zustand mit einem konstanten und nachhaltigen Fischertrag ergibt. Wird dagegen die Bootsobergrenze auf 32 oder darüber erhöht, so bricht das Modellsystem nach etwa 4 Jahrzehnten wegen Überfischens zusammen. Das Bedenkliche ist hier allerdings, daß der maximale Ertrag (von 2500 [t Fisch/Jahr]) genau mit dem kritischen Grenzwert für die Bootszahl zusammentrifft, der den Zusammenbruch hervorruft. Aus ökonomischen Gründen würde man in der Nähe dieses Maximalertrags operieren wollen; bei einer leichten Überschreitung der zulässigen Fangquote würde das System aber bereits zusammenbrechen. Der nachhaltige Maximalertrag ist übrigens genau so hoch wie beim dichteabhängigen Fischfang, außer daß sich dort das System selbst stabilisiert und ein Überfischen nicht zum Zusammenbruch führen kann.

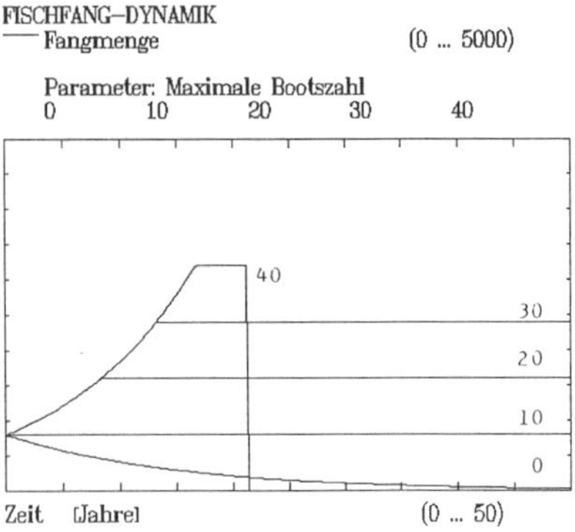

maxSpezFischzuwachsrate [1/Jahr]	1.000
spezUnterhaltskosten [DM/(Boot.Jahr)]	5.00E+04
BootsNeukosten [DM/Boot]	1.00E+05
Bootslebensdauer [Jahre]	15.000
maxSpezFangmenge [t Fisch/(Boot.Jahr)	100.000
Fischpreis [DM/t Fisch]	1000.000
Investitionsanteil_Boote [-]	0.500
Ortungstechnik (0/1) [-]	1.000
Maximale Bootszahl [Boote]	25.000
Fische [t Fisch]	5000.000
Boote [Boote]	10.000
Beginn der Simulation [Jahre]	0
Ende der Simulation [Jahre]	50.000
Rechenschrittweite [Jahre]	2.00E-02

Abb. 4.21: FISHFANG mit Ortung: Untersuchung der nachhaltig erzielbaren Fangmenge in Abhängigkeit von der maximalen Bootszahl. Der maximale Ertrag ergibt sich genau an der Zusammenbruchsgrenze!

4-3.7 Gleichgewichtspunkte des Fischfangmodells

In diesen Simulationsbeispielen wird wieder die Bedeutung der Gleichgewichtspunkte des Systems (oder Modells) deutlich. Um einschätzen zu können, ob ein System überhaupt zu einem stabilen Zustand des Fließgleichgewichts fähig ist, müssen die Gleichgewichtspunkte und das Verhalten in ihrer Nähe bekannt sein: Laufen alle Zustandsbahnen auf den Gleichgewichtspunkt zu, so ist er stabil. Entfernen sie sich von ihm, so ist dort kein stabiler Systemzustand möglich. Bei diesen Untersuchungen kann, wie gezeigt, die Simulation (insbesondere die Globalanalyse und die Sensitivitätsanalyse) von großer Hilfe sein. Einfacher wäre es allerdings, wenn sich ohne das Herantasten über viele Simulationsläufe die Gleichgewichtspunkte eines Systems und die dort herrschenden Stabilitätsbedingungen direkt bestimmen ließen. Dies ist mit Hilfe der Zustandsgleichungen tatsächlich möglich.

Am Gleichgewichtspunkt ist das System in Ruhe, der Zustand verändert sich nicht. Alle Ableitungen der Zustandsgrößen nach der Zeit müssen daher identisch Null sein. Aus den dann verbleibenden algebraischen Gleichungen lassen sich die Zustandswerte am Gleichgewichtspunkt ermitteln.

In Kap. 3-3.11 hatten wir mit den dort verwendeten Abkürzungen die zwei **Zustandsgleichungen des dichteabhängigen Fischfangmodells** abgeleitet (Gl. 3.19):

$$z_1' = a\, z_1 (1 - z_1/k) - f\, z_2\, z_1/k$$
$$z_2' = c\, f\, z_2\, z_1/k - e\, z_2$$

wobei

$$c = (p\, i)/q$$
$$e = (o\, i)/q + d$$

Hieraus ergeben sich mit der Bedingung

$z_1' = 0, \qquad z_2' = 0$ am Gleichgewichtspunkt

die Koordinaten der **Gleichgewichtspunkte** für das dichteabhängige Fischfangmodell:

$$\begin{aligned} z_{1GP3} &= (k\, e)/(f\, c) & z_{1GP1} &= 0 \\ &= (k/f)\,[(o\, i)/q + d]/(p\, i/q) \\ z_{2GP3} &= (k\, a/f)\,[1 - e/(f\, c)] & z_{1GP1} &= 0 \\ &= (k\, a/f)\,[1 - \{(o\, i)/q + d\}/\{f\, p\, i/q\}] \end{aligned}$$

Da 'negative' Boote in der Realität nicht auftreten, gilt

$z_{1GP2} = k \qquad$ für $\quad z_{2GP2} <= 0$

Setzen wir in diese Beziehungen die Parameterwerte der Voreinstellungen ein, so erhalten wir die Zustandskoordinaten des Gleichgewichtspunkts

$z_{1GP3} = 6333$ [t Fisch]
$z_{2GP3} = 37$ [Boote]

Wird das Modell wie oben modifiziert, um die Fangmenge von der Fischdichte unabhängig zu machen, so muß die Verknüpfung $m = h\, b$ in Abb. 3.26 bzw. den Modellgleichungen FISHFANG in Kap. 3-3.10 ersetzt werden durch

$$m = x\, b$$

wobei x die Fangchance bezeichnet. Die **Zustandsgleichungen für das dichteunabhängige Fischfangmodell** werden nun

$$\begin{aligned} z_1' &= a\, z_1\, (1 - z_1/k) - x\, f\, z_2 \\ z_2' &= c\, f\, x\, z_2 - z_2\, e \end{aligned}$$

Mit der Gleichgewichtsbedingung $z_1' = z_2' = 0$ folgen hieraus die Zustandskoordinaten des Gleichgewichtspunkts für das dichteunabhängige Fischfangmodell

$z_{1GP1} = 0$
$z_{2GP1} = 0$

d.h. dieses System hat überhaupt keinen 'freien' Gleichgewichtspunkt mit nicht verschwindenden Zustandsgrößen. Ein **Gleichgewichtspunkt** läßt sich allerdings 'erzwingen' durch Festlegen der Bootszahlgrenze $z_{2GP} = y$. Das bedeutet, daß die Zustandsgleichung für z_2 (an diesem Punkt) überflüssig wird. Setzen wir das entsprechende y in die Gleichgewichtsbedingung für z_{1GP} ein, so erhalten wir die Bedingung

$$a\, z_{1GP}\, (1 - z_{1GP}/k) = x\, y\, f$$

Diese quadratische Gleichung für z_{1GP} hat die Lösung

$$z_{1GP3,4} = [k/(2\, a)]\, [a \pm (a^2 - 4\, a\, x\, y\, f/k)^{1/2}]$$

Reelle Lösungen ergeben sich für $a >= 4\, x\, y\, f/k$. Der Parameter a ist die maximale spezifische Fischzuwachsrate. Setzen wir die bisher verwendeten Parameterwerte der Voreinstellungen ein, so ist diese kritische Zuwachsrate

$$\begin{aligned} a_{kr} &= 4\, x\, y\, f/\, k \\ &= 4 * \text{Fangchance} * \text{Bootsgrenze} * \text{maxSpezFangmenge/maxFischkapazitaet} \\ &= 4\, (0.8)\, (25)\, (100)\, /\, 10000 = 0.8 \end{aligned}$$

Die Fischzuwachsrate muß bei dieser Parameterkonstellation also größer als 0.8 sein, um ein Gleichgewicht zu erhalten. Für den in den bisherigen Simulationen angenommenen Wert von a = 1 erhalten wir zwei Gleichgewichtswerte für den Fischbestand

$$\begin{aligned} z_{1GP} &= (10000/2)\,[1 \pm (1 - 0.8)^{1/2}] \\ &= 5000\,[1 \pm (0.2)^{1/2}] \\ &= 5000\,[1 \pm 0.4472] \end{aligned}$$

d.h.

$$z_{1GP3} = 7236 \qquad z_{1GP4} = 2764$$
$$z_{2GP3} = 25 \qquad z_{2GP4} = 25$$

Der Gleichgewichtspunkt z_{1GP3} läßt sich durch die Simulation des dichteunabhängigen Modells (Ortungstechnik = 1) sofort bestätigen (Ergebnistabelle). Es handelt sich hier offensichtlich um einen stabilen Knoten, der sich in Abb. 4.20 deutlich zeigt. Um den anderen Gleichgewichtspunkt z_{1GP4} zu erkennen, müssen wir die Abb. 4.20 noch einmal genauer betrachten. Hier kreuzt die die beiden Verhaltensbereiche (Zusammenbruch der Fischpopulation oben links, Erhalt der Fischpopulation unten rechts) trennende 'Separatrix' die horizontale Linie des konstanten Bootsgrenzbestands (hier: 25). Liegt der Anfangszustand links vom Kreuzungspunkt mit der Separatrix auf der Bootsgrenze, so würde er nach links laufen (Zusammenbruch der Fischpopulation). Läge er rechts vom Kreuzungspunkt, würde er auf den stabilen Gleichgewichtspunkt z_{1GP3} zulaufen. Bei diesem Kreuzungspunkt muß es sich also um den zweiten Gleichgewichtspunkt z_{1GP4} handeln. Offensichtlich ist dieser ein Sattel und damit instabil.

Diese Vermutung können wir mit dem Simulationsmodell genauer untersuchen, indem wir mit der Globalanalyse den Zustandsraum um z_{1GP4} genauer betrachten. Hierbei empfiehlt es sich, möglichst einen Simulationspunkt auf diesen Punkt zu legen. Wir wählen daher für Fische den Bereich (2764 ± 100) und für Boote den Bereich (25 ± 0.5). Das Bild der Zustandpfade in diesem Bereich bestätigt die Vermutung: es handelt sich um den zweiten Gleichgewichtspunkt, einen Sattel. (Zur genaueren Simulation sollte eine kleinere Schrittweite gewählt werden).

Da wir für dieses Modell die Lage der Gleichgewichtspunkte analytisch bestimmen konnten, können wir sie auch für jede Parameterkombination im Simulationsprogramm selbst berechnen. Wir ersetzen daher die (bisher leere) Prozedur Summary im SIMPAS Simulationsmodell durch die am Ende von Programm 4.4 aufgelistete Prozedur Summary. Sie berechnet die Lage der Gleichgewichtspunkte und gibt deren Werte nach jedem Simulationslauf aus.

4-3.8 Zusammenfassung der Beobachtungen am Fischfangmodell

Das Fischfangmodell hat uns zu einigen Einsichten zum Verhalten dynamischer Systeme im allgemeinen und zur wirtschaftlichen Nutzung ökologischer System im besonderen verholfen, die hier noch einmal zusammengefaßt werden sollen.

(1) Bei nichtlinearen Systemen muß sich die Untersuchung des Verhaltens auf den gesamten möglichen Zustandsbereich erstrecken (Globalanalyse der möglichen Zustandsbahnen), da das Verhalten von mehreren (stabilen und instabilen) Gleichgewichtspunkten (allgemeiner: Attraktoren) bestimmt sein kann, die getrennte Einzugsbereiche haben.

(2) Das Globalverhalten kann (auch und gerade in seiner qualitativen Ausprägung) stark parameterabhängig sein. Wenn analytische Untersuchungen schwierig oder nicht möglich sind (wie meist bei nichtlinearen Systemen), sind umfangreiche Simulations- und Sensitivitätsuntersuchungen erforderlich.

(3) Gleichgewichtszustände können aus den Zustands(raten)gleichungen ermittelt werden: die Ableitungen aller Zustandsgrößen nach der Zeit müssen am Gleichgewichtspunkt verschwinden.

(4) Die Stabilität eines Gleichgewichtspunkts zeigt sich aus dem Verlauf der Zustandsbahnen in seiner Umgebung: Bei einem stabilen Gleichgewichtspunkt verlassen keine Zustandsbahnen eine um den Punkt in seiner unmittelbaren Umgebung gezogene Oberfläche.

(5) Eine 'geringfügige' Veränderung in einem System kann eine gravierende qualitative Änderung des Verhaltens und der Stabilitätsbedingungen zur Folge haben. Im Fischfangbeispiel verändert sich das ursprüngliche System (beuteabhängige Fangrate) mit einem stabilen Gleichgewichtspunkt nur durch Einführung einer besseren Ortungstechnik in ein System (beuteunabhängige Fangrate mit Fangflottenbegrenzung) mit einem instabilen und einem stabilen Bereich.

(6) Die Einführung einer besseren (Ortungs)Technik kann destabilisierend wirken, da sie eine (unbemerkte) Strukturveränderung des Systems hervorruft. Während das Fischfangsystem mit der beuteabhängigen Fangrate selbststabilisierend war, läßt es sich bei besserer Ortungstechnik nur noch durch die strikte Begrenzung der Fangflotte vor dem Zusammenbruch bewahren - die Einführung von Fanggrenzen pro Boot reicht zur Stabilisierung nicht aus.

(7) Ist die Ausbeutungrate eines ökologischen (regenerativen) Systems ("Beute") direkt abhängig vom noch vorhandenen Ressourcenbestand und ist außerdem die Existenz des Ausbeuters ("Räubers") *ausschließlich* von dieser Ressource abhängig, so kann sich ein stabiles Gleichgewicht (ohne Zusammenbruch) entwickeln.

(8) Kann der Ausbeuter auf eine andere Ressource ausweichen, so kann es zur vollständigen Ausbeutung und zum Zusammenbruch der Beuteressource kommen. (Zur Stabilisierung der Nutzung natürlicher Ressourcen dürften daher nur Unternehmen zugelassen werden, denen Ausweichmöglichkeiten auf andere wirtschaftliche Betätigungen unmöglich gemacht werden, und die beim Zusammenbruch einer Ressource ebenfalls alles verlieren würden).

(9) Falls die Fangmenge (hier: durch bessere Ortungstechnik) unabhängig vom Beutebestand wird, kann das System nur durch strikte Einhaltung einer maximalen Fangrate (hier: Bootszahl*Fangmenge/Boot) stabilisiert werden, die unterhalb der Regenerationsrate des Beutebestands liegen muß.

(10) In diesem Fall entspricht der maximale nachhaltige Ertrag der kritischen Nutzungsrate: bei geringster Übernutzung, oder bei geringstem Rückgang der Regenerationsrate der Beute bricht das System zusammen. Stabilisierung dieses Systems erfordert eine Nutzung in sicherem Abstand vom maximalen Ertragswert.

(11) Bei der Nutzung regenerativer Systeme kann die Einführung einer besseren Technik destabilisierend wirken und zusätzliche Stabilisierungsanstrengungen erfordern, ohne Vorteile beim nachhaltigen Ertrag zu bringen.

4-4 Simulationsumgebung für graphisch-interaktive Bearbeitung: STELLA

4-4.1 Übersicht über den STELLA-Ansatz

Eigenschaften und Verhalten eines Systems sind durch seine Struktur bestimmt: das haben auch die Modellbeispiele deutlich gezeigt. Vor allem sind es die Rückkopplungsschleifen, die einem System seine charakteristische Dynamik geben. Wir haben daher die Strukturentwicklung vom Wortmodell über den Wirkungsgraph bis zum Simulationsdiagramm in den Vordergrund gestellt. Obwohl ein Satz von Differentialgleichungen (mit den ergänzenden algebraischen Gleichungen) die gleiche Information enthält wie sein äquivalentes Simulationsdiagramm, so ist doch die graphische Darstellung der Modellstruktur ungleich anschaulicher für alle außer für den professionellen Mathematiker, leichter veränderbar und ergänzbar, eher geeignet als gemeinsame Diskussionsgrundlage, einfacher und unmißverständlicher an andere vermittelbar.

Aus diesen Gründen wurden Wirkungsgraph und Simulationsdiagramm hier in den Mittelpunkt gestellt: die mathematischen Beziehungen lassen sich daraus leicht und rasch ableiten, falls sie benötigt werden. Die Modellentwicklung findet dann mit dem Zeichenstift auf einem Blatt Papier statt, ohne daß mathematische Formeln aufgeschrieben werden müssen. Diese Entwicklung ist meist iterativ: Wirkungsbeziehungen werden hypothetisiert, eingezeichnet, in ihren Wirkungen untersucht, wieder verändert oder gelöscht. Bei größeren Modellen kann diese Arbeit des ständigen Änderns und Neuzeichnens die Freude an der Modellentwicklung verderben: Schon manches Simulationsmodell verdankt seine letztendliche Gestalt der Tatsache, daß seine Entwickler es leid waren, das komplexe Diagramm noch einmal zu ändern.

Es liegt daher nahe, die Möglichkeiten des computer-unterstützten Entwurfs auch für die Entwicklung von Simulationen zu nutzen. Hierzu wurde STELLA (Systems Thinking, Experiential Learning Laboratory) entwickelt (High Performance Systems, Hanover, NH 03755, USA). STELLA ist bisher nur für den Apple Macintosh verfügbar. Die folgenden Untersuchungen wurden mit STELLA II durchgeführt.

STELLA unterscheidet sich von SIMPAS (und anderen Simulationsverfahren) in erster Linie durch die interaktive Eingabe des Strukturdiagramms und die damit gegebenen graphischen Änderungs- und Ergänzungsmöglichkeiten. Dieses Strukturdiagramm ist dann die Grundlage der gezielten Abfrage noch nicht spezifizierter Blocknamen, Beziehungen und Parameterwerte durch den Rechner. Auf diese Weise wird der Benutzer zur vollständigen Spezifizierung des Modells veranlaßt, bis es schließlich lauffähig ist. Nach wie vor müssen die mathematischen Beziehungen an jedem Modellelement getrennt einprogrammiert werden. (Auf der Basis der hier angegebenen Methode der Entwicklung vollständig spezifizierter Simulationsdiagramme wäre es auch möglich, diesen Programmierschritt vom Rechner ausführen zu lassen. Dies wurde bereits mit dem GRIPS Programm über interaktive Lichtgriffel-Eingabe erreicht (Hudetz 1977)).

STELLA verwendet eine Modelldarstellung, die sich von den hier verwendeten Simulationsdiagrammen leicht unterscheidet. Wenn man sich die Unterschiede einmal klar gemacht hat, dürfte das Umschalten von der einen in die andere Diagrammform keine Probleme bereiten.

Die von uns verwendete Diagrammform orientiert sich durchweg und ausschließlich an den Wirkungen zwischen Systemelementen. Jeder Pfeil zeigt eine Wirkung an, die vom Geberelement zum Nehmerelement gerichtet ist. Diese Wirkungsstruktur wird zunächst im Wirkungsgraph erfaßt und bleibt erhalten, wenn daraus das Simulationsdiagramm entwickelt wird. Die Gestalt der Struktur ändert sich also in der Darstellung im Laufe der Modellentwicklung nicht.

Die in STELLA verwendete Diagrammform geht auf die System Dynamics Methode von J. Forrester (Industrial Dynamics (1961), Principles of Systems (1968)) zurück, für die auch die weitverbreitete Simulationssprache DYNAMO entwickelt wurde. Wichtiges Kennzeichen dieser Methode ist die explizite Darstellung der "Flüsse" der einzelnen Zustandsgrößen. Diese Zuflüsse und Abflüsse werden durch "Ventile" geregelt, deren Einstellung durch entsprechende Systemgrößen veränderbar ist. Die Diagramme stellen daher in einem Bild zwei getrennte Vorgänge dar: 1. die Zu- und Abflüsse von Zustandsgrößen und 2. die Wirkbeziehungen im System, die diese Zu- und Abflußraten verändern. Zwar werden diese beiden Vorgänge in STELLA graphisch unterschieden (Doppelstrich für Flüsse), doch ist bei dieser Darstellung die Verbindung zur Struktur des Wirkungsgraphen oft nicht sofort ersichtlich. Erfahrungsgemäß verwirrt der Sprung vom Wirkungsgraph zum System Dynamics Diagramm, weshalb wir uns beim Simulationsdiagramm konsequent nur an die Wirkungsbeziehungen halten.

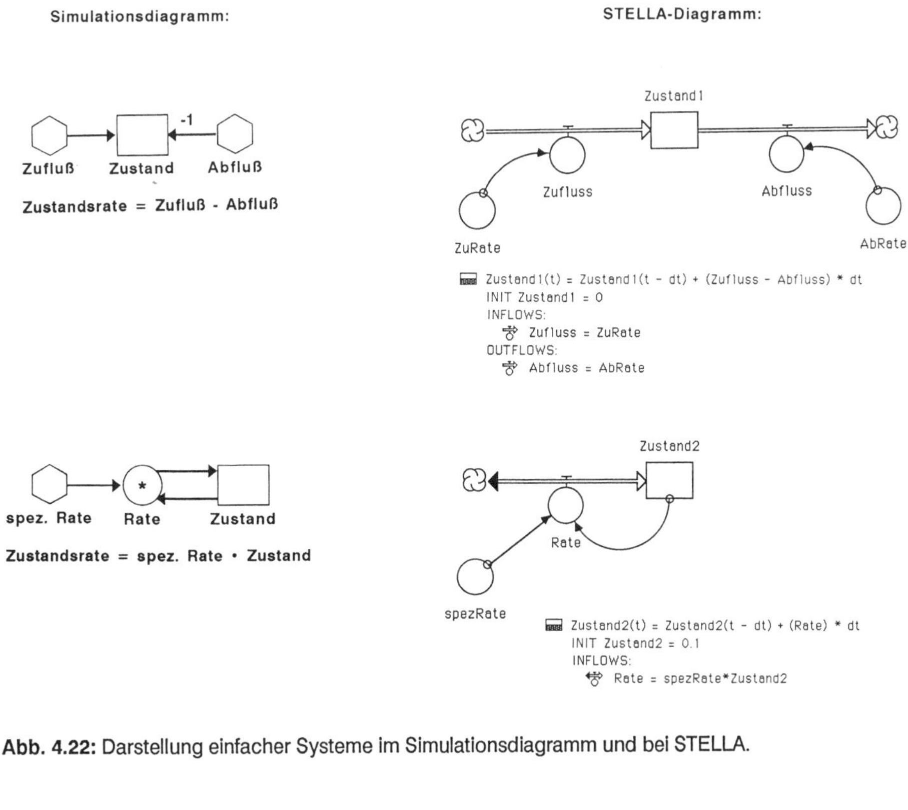

Abb. 4.22: Darstellung einfacher Systeme im Simulationsdiagramm und bei STELLA.

Die wesentlichen Unterschiede zwischen beiden Darstellungsformen sind in Abb. 4.22 verdeutlicht. Die STELLA/DYNAMO Darstellung des Vorgangs: "Ein Zustand verändert sich durch seinen Zufluß und Abfluß" (Beispiel: Badewanne) läßt den von einem Ventil geregelten Zufluß wie auch den ebenfalls von einem Ventil geregelten Abfluß erkennen. Diese Flüsse fließen in "Rohren" von einer undefinierten Quelle ("Wolke") in eine weitere undefinierte (außerhalb der Systemgrenze liegende) Senke ("Wolke").

Die Darstellung im Simulationsdiagramm orientiert sich dagegen nur an den Wirkungen: Der Zufluß wirkt auf den Zustand ebenso wie der Abfluß. Werden beide als positive Größen definiert, so ist die Abflußrate mit (-1) zu multiplizieren, bevor sie in der Differentialgleichung für den Zustand berücksichtigt wird. (Man erinnere sich daran, daß in einen Zustands'kasten' zeigende Größen Zustandsveränderungsraten angeben).

Im STELLA-Diagramm hat also die Pfeilrichtung der Flüsse nichts mit der Wirkungsrichtung zu tun: die Zu- und Abflüsse wirken unabhängig von ihrer Richtung immer auf den Zustand.

Da Veränderungsraten oft positiv oder negativ sein können, Zustandsflüsse also in einen Zustandskasten hinein oder aus ihm herausfließen können, haben Flüsse in der STELLA-Darstellung oft Pfeile in beiden Richtungen, wie im zweiten Beispiel der Abb. 4.22 gezeigt. Dieses Beispiel zeigt den Vorgang "Die Veränderung des Zustands ist proportional zum Zustand und einer spezifischen Veränderungsrate" - der bekannte Vorgang exponentiellen Wachstums oder Schwundes. Im Simulationsdiagramm ist hier wieder die Wirkungsstruktur klar erkennbar.

Wegen der Notwendigkeit, die Flüsse entweder als "Uniflow" oder als "Biflow" und zusätzlich noch durch eine (Haupt)Flußrichtung spezifizieren zu müssen, bestehen leider bei STELLA gravierende Fehlermöglichkeiten. Diese Fehler lassen sich bei der Modellerstellung oft nicht leicht finden.

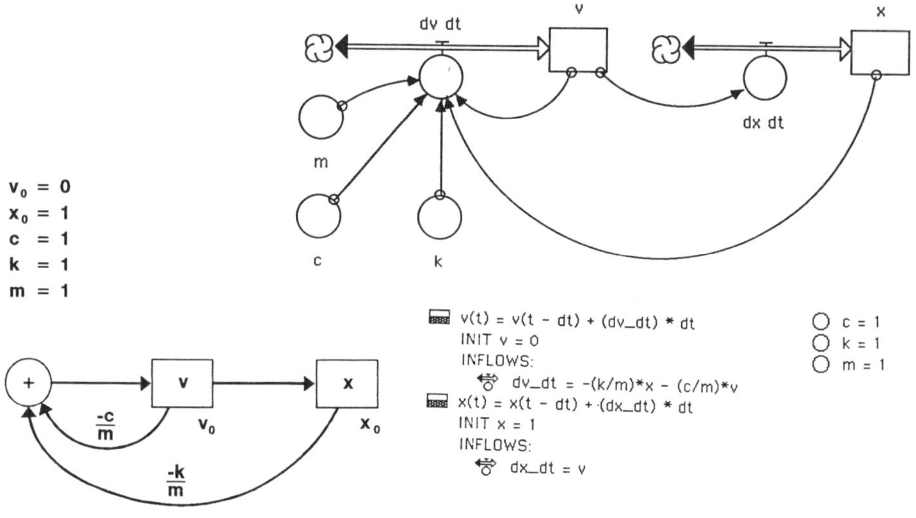

Abb. 4.23: Simulationsdiagramm und STELLA-Diagramm des Feder-Masse-Dämpfer-Systems.

In Abb. 4.23 zeigen wir das Simulationsdiagramm und das entsprechende STELLA-Strukturdiagramm für das Feder-Masse-Dämpfung-System. Hier zeigen sich wieder die charakteristischen Unterschiede der beiden Darstellungen. Beim Simulationsdiagramm müssen nur noch die Anfangswerte und Parameter (u.U. in der interaktiven Abfrage) spezifiziert werden. Beim STELLA-Diagramm ist die zusätzliche Angabe aller mathematischen Beziehungen erforderlich (die - im Gegensatz zum Simulationsdiagramm - aus dem STELLA-Diagramm nicht zu ersehen sind).

Bei STELLA wird zwischen exogenen Parametern oder Funktionen und Zwischengrößen symbolisch nicht unterschieden: beide werden mit Kreisen gekennzeichnet, wobei die exogenen Größen allerdings keine Eingänge haben. Weiter ist jeder Block nur durch seinen Namen, nicht aber durch die mathematische Funktion gekennzeichnet, die die Eingänge verbindet. Aus dem Strukturbild sind also die Modellformulierungen noch nicht zu entnehmen. Zu jedem STELLA-Strukturbild gehört daher noch der entsprechende Satz von Modellgleichungen (der im Simulationsdiagramm direkt zu entnehmen ist und nicht gesondert angegeben werden muß).

Die Modellgleichungen für die einzelnen Modellgrößen (Kreise) können als normale mathematische Ausdrücke geschrieben werden, wobei knapp 60 spezielle Funktionen und einige logische Ausdrücke verwendet werden können. Nicht analytisch ausdrückbare Zusammenhänge können als graphische (Tabellen)Funktionen angegeben werden. Auch für diskrete Modelle stehen spezielle Symbole und Funktionen bereit. Mit diesen Möglichkeiten lassen sich die Anforderungen für ein breites Spektrum dynamischer Modelle abdecken. Anforderungen, die über diese Möglichkeiten hinausgehen, können allerdings nicht erfüllt werden, da eine Programmiermöglichkeit mit einer allgemein einsetzbaren Sprache (wie bei SIMPAS mit TurboPascal) nicht verfügbar ist.

Der Arbeitsablauf mit STELLA sieht zunächst die Eingabe des Strukturbildes vor. Danach werden die Blöcke einzeln durch Eingabe der dort geltenden mathematischen Ausdrücke spezifiziert, wobei für die Modelldokumentation auch Erläuterungen usw. eingegeben werden können. Nach der vollständigen Spezifizierung, Angabe der Laufzeitparameter und Wahl der Ergebnisgrößen erfolgt die Simulation. Die einzelnen Systemgrößen lassen sich anwählen und als Zeitdiagramme, Phasendiagramme und Tabellen ausgeben. Die Ergebnisse mehrerer Simulationsläufe lassen sich zur Untersuchung der Parameterempfindlichkeit in einem Bild zusammenfassen und vergleichen. Veränderungen von Parametern und Struktur sind leicht und schnell durchführbar. Strukturbilder, Modellgleichungen und Dokumentation, Graphiken und Ergebnistabellen lassen sich ausdrucken, so daß eine leichte und vollständige Dokumentation des Modells und der Simulationsergebnisse möglich ist. Die Modelle können abgespeichert und jederzeit wieder verwendet werden. Dies setzt allerdings das Arbeiten unter STELLA voraus: das Erzeugen eigenständig lauffähiger (.EXE) Programme (wie bei SIMPAS) ist nicht möglich. Auch ist der Rechenzeitaufwand bei vergleichbaren Rechnern bei STELLA ungleich größer. Da STELLA nicht über die umfangreichen Bearbeitungs- und Darstellungsmöglichkeiten wie etwa SIMPAS verfügt, ist die umfassende Untersuchung des Systemverhaltens mit STELLA selbst bei noch relativ kleinen Modellen (wie etwa dem Fischfang-Modell) bereits zeitaufwendig und umständlich.

Im folgenden bearbeiten wir die beiden Simulationsmodelle für das Kreispendel und für die Fischfangdynamik noch einmal mit STELLA, um die Möglichkeiten dieses Programmsystems zu demonstrieren.

4-4.2 Simulation der Kreispendeldynamik mit STELLA

Voraussetzung für das Arbeiten mit STELLA ist das Strukturdiagramm entsprechend den STELLA-Konventionen. Da wir mit der Modellentwicklung für das Kreispendel nicht wieder ganz von vorn beginnen wollen, übersetzen wir hier das Simulationsdiagramm (Abb. 3.22), führen aber zum besseren Modellverständnis die auch beim SIMPAS-Modell verwendeten Langnamen ein (Programm 4.3). Das sich damit ergebende STELLA-Strukturbild zeigt die Abb. 4.24.

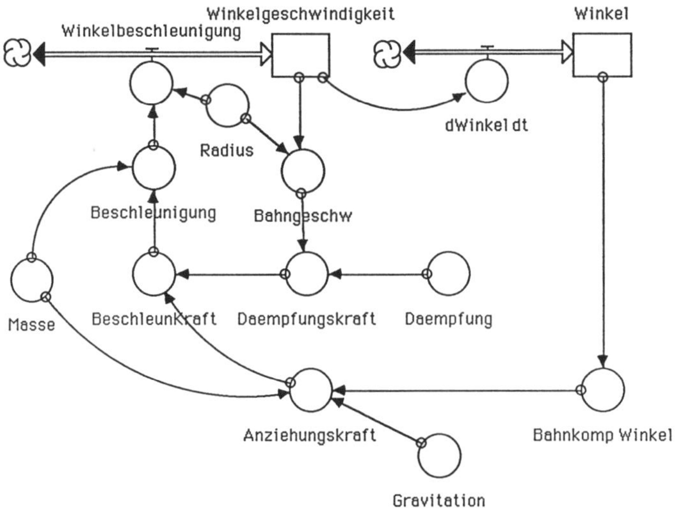


```
Winkel(t) = Winkel(t - dt) + (dWinkel_dt) * dt
  INIT Winkel = 0
  INFLOWS:
    dWinkel_dt = Winkelgeschwindigkeit
Winkelgeschwindigkeit(t) = Winkelgeschwindigkeit(t - dt) + (Winkelbeschleunigung)
  * dt
  INIT Winkelgeschwindigkeit = 10
  INFLOWS:
    Winkelbeschleunigung = Beschleunigung/Radius
O Anziehungskraft = Masse*Gravitation*Bahnkomp_Winkel
O Bahngeschw = Radius*Winkelgeschwindigkeit
O Bahnkomp_Winkel = SIN(Winkel)
O Beschleunigung = BeschleunKraft/Masse
O BeschleunKraft = -Anziehungskraft-Daempfungskraft
O Daempfung = 1
O Daempfungskraft = Daempfung*Bahngeschw
O Gravitation = 9.81
O Masse = 1
O Radius = 1
```

Abb. 4.24: STELLA-Strukturdiagramm für das Pendelsystem und STELLA-Ausdruck der Systemgleichungen. Die Bezeichnungen entsprechen denen im SIMPAS-Modell PENDEL.

Um ein STELLA-Strukturbild auf dem Bildschirm zu zeichnen, werden die entsprechenden Bildsymbole am STELLA-Bildrand mit der Maus angeklickt und an die gewünschte Stelle auf dem Bildschirm gesetzt. Die Blockbezeichnungen werden dabei gleich angegeben. Danach werden die Bildsymbole mit Pfeilen entsprechend der Modellstruktur verbunden. Solange die an jedem Block geltenden Beziehungen noch nicht spezifiziert worden sind, erscheint ein Fragezeichen im Block. Die Blöcke werden nun nacheinander angesprochen (Doppelklick). Es erscheint dann ein 'Formular', das die auf den jeweiligen Block wirkenden Größen (die mit ihm verbundene andere Blöcke) nennt und die 'Tastatur' eines Taschenrechners und eine Liste der STELLA-Funktionen zeigt. Durch Eingabe auf der Tastatur oder Anklicken der entsprechenden Größen, Zahlen, algebraischen und STELLA-Funktionen können auch komplizierte mathematische Ausdrücke eingegeben werden. Für die Zustandsgrößen müssen die Anfangswerte angegeben werden. Abhängigkeiten zweier Größen, die nicht mathematisch formalisierbar sind, können als graphische (Tabellen)Funktionen eingegeben werden, indem entweder Tabellenwerte angegeben, oder die Funktion mit der Maus direkt auf den Bildschirm gezeichnet wird.

Wenn wir die Struktur mit dem Simulationsdiagramm (Abb. 3.22) vergleichen, stellen wir weitgehende Ähnlichkeit fest. Der wesentliche Unterschied besteht in der Darstellung der Flüsse bei STELLA und in der Verwendung des Kreissymbols auch für die exogenen Größen. In Abb. 4.24 sind auch die eingegebenen Modellgleichungen dokumentiert. Die Modellgrößen sind hier alphabetisch geordnet, wobei die Zustandsgrößen zuerst aufgeführt sind.

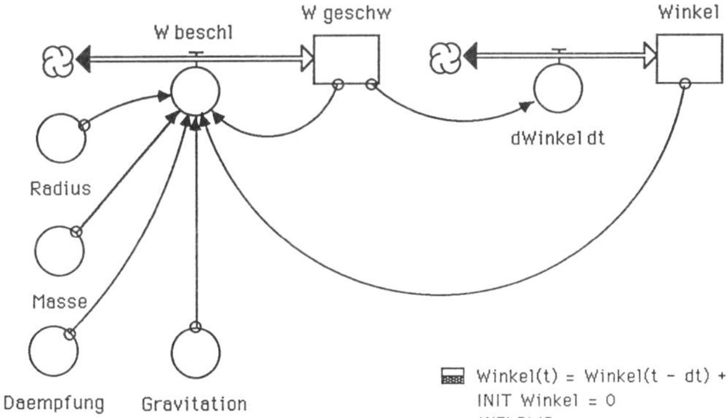


```
Winkel(t) = Winkel(t - dt) + (dWinkel_dt) * dt
INIT Winkel = 0
INFLOWS:
    dWinkel_dt = W_geschw
W_geschw(t) = W_geschw(t - dt) + (W_beschl) * dt
INIT W_geschw = 10
INFLOWS:
    W_beschl = -(Daempfung/Masse)*W_geschw -
        (Gravitation/Radius)*sin(Winkel)
Daempfung = 1
Gravitation = 9.81
Masse = 1
Radius = 1
```

Abb. 4.25: Kompaktdarstellung des Pendelsystems; STELLA-Diagramm und Systemgleichungen.

In Abb. 4.24 wurde für jede der Systemgrößen ein einzelner Block verwendet. Dies ist notwendig, wenn jede diese Größen für die Ergebnisdarstellung verfügbar sein soll. Außerdem erhöht es in vielen Fällen die Transparenz des Modells. Die Modellstruktur wird allerdings oft überschaubarer, wenn Größen algebraisch in nur wenigen Blöcken zusammengefaßt werden. Ein Beispiel hierfür gibt Abb. 4.25. Hier werden lediglich die Zustandsraten (und die Parameter) als Blöcke gezeigt; die entsprechenden Berechnungsangaben sind in den Modellgleichungen gemacht, die getrennt dokumentiert sind. Das Modell in Abb. 4.25 ist (bis auf die Darstellung) völlig identisch mit dem in Abb. 4.24. Allerdings dürfte in der kompakteren Form die Rückkopplungsstruktur leichter zu überschauen sein. In beiden Fällen muß darauf geachtet werden, daß die Flüsse in der angegebenen Weise als 'Biflow' spezifiziert werden.

Nach der Eingabe und Überprüfung des Strukturdiagramms und aller Modellgleichungen kann simuliert werden. Hierzu müssen zunächst (unter den Menü-Punkten "Run" und danach "Time Specs") die Laufzeitdaten gesetzt werden (Beginn, Ende, Rechenschrittweite, Tabellenschrittweite). Weiter müssen (unter Menü-Punkt "Windows") die Art der Ergebnisdarstellung und die Ausgabegrößen ausgewählt werden. Hier können auch die Min und Max Werte für die Darstellung angegeben werden. Über "Graph Pad" können Zeitkurven und Phasenkurven ("Scatter Plot") erzeugt werden, über "Table Pad" können die Ergebnisse tabellarisch dargestellt werden, und über "Sensitivity" können Mehrfachläufe erzeugt werden, wobei ein ausgewählter Parameter (oder Anfangsbedingung) in einem angebenen Bereich variiert wird. (Dies entspricht "Parameter Sensitivity" bei SIMPAS). Nach dieser Auswahl kann die Simulation mit "Run" (bei Einfachsimulation) oder "S-Run" (bei Sensitivitätsuntersuchung) unter dem Menüpunkt "Run" gestartet werden. Die Simulation kann in einer animierten Darstellung des Strukturbilds betrachtet werden, bei der sich die 'Behälter' der Zustandsgrößen entsprechend den Simulationsergebnissen füllen oder entleeren und die 'Flüsse', Zwischengrößen und Parameter durch entsprechende Zeigerstellungen von 'Tachos' angezeigt werden. Die gesamte Modelldokumentation und alle Ergebnisse sind abspeicherbar und können damit auch später wieder (mit STELLA) aufgerufen und betrachtet werden.

Page 1

Time	Winkel	W geschw
0,000000	0,000000	10,000000
1,000000	5,528307	5,401604
2,000000	7,281897	-2,758917
3,000000	5,542541	1,447278
4,000000	6,792700	-0,812942
5,000000	5,938890	0,481657
6,000000	6,514580	-0,294217
7,000000	6,127987	0,182311
8,000000	6,387171	-0,113533
9,000000	6,213560	0,070698
10,000000	6,329778	-0,043896

16:56 Uhr 8.3.1992 Kreispendel: (1)

Abb. 4.26: Tabellarische Darstellung der Simulationsergebnisse des Pendelsystems (Standardlauf) mit STELLA.

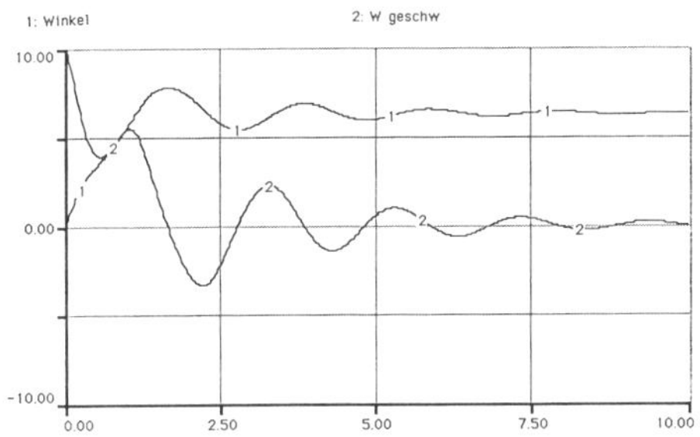

Abb. 4.27: Zeitkurven der Simulationsergebnisse des Pendelsystems (Standardlauf) mit STELLA.

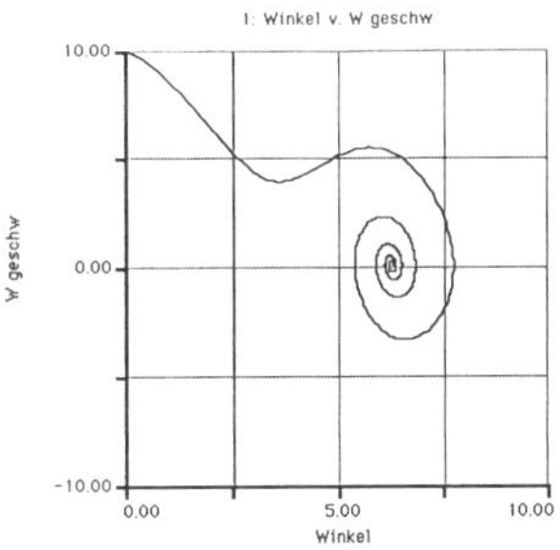

Abb. 4.28: Phasenbild der Simulationsergebnisse des Pendelsystems (Standardlauf) mit STELLA.

Abb. 4.26 zeigt zunächst die tabellarische Darstellung der Simulationsergebnisse des Standardlaufs für das Kreispendel. Der Vergleich mit den SIMPAS-Ergebnissen (Abb. 4.2) zeigt nur geringe (rundungsbedingte) Unterschiede. STELLA-Zeitkurven für einen weiteren Simulationslauf unter gleichen Bedingungen sind in Abb. 4.27 wiedergegeben; es entspricht dem SIMPAS-Bild in Abb. 4.3. Das Phasendiagramm eines weiteren Laufs unter den gleichen Bedingungen ist in Abb. 4.28 gezeigt; es entspricht dem SIMPAS-Bild Abb. 4.4. Das Ergebnis einer Sensitivitätsuntersuchung mit der Dämpfung als Parameter zeigt die Abb. 4.29. Sie entspricht der SIMPAS-Darstellung in Abb. 4.9. In STELLA sind Sensitivitätsuntersuchungen nur mit Zeitdiagrammen möglich.

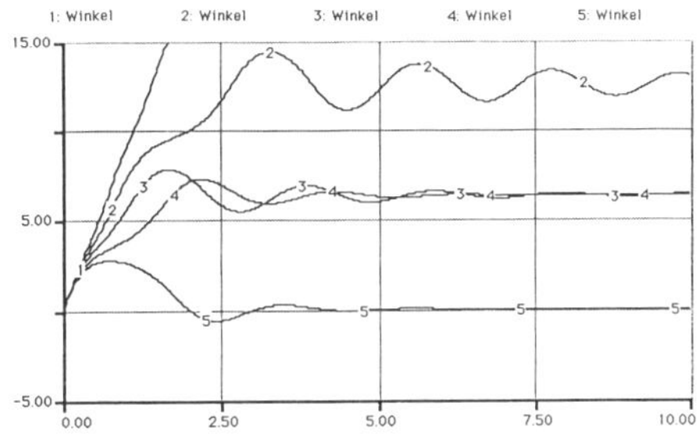

Abb. 4.29: Sensitivitätsuntersuchung des Pendelsystems in bezug auf den Dämpfungsparameter mit STELLA.

Mit diesen Darstellungen sind die Möglichkeiten von STELLA erschöpft. Bei der Untersuchung des Modellverhaltens erweist es sich als besonders hinderlich, daß andere Ergebnisdarstellungen ein und desselben Simulationslaufs neben der Neudefinition der Darstellung auch einen neuen Simulationslauf erfordern. Sollen Parameter geändert werden, müssen im Strukturdiagramm die entsprechenden Blöcke angeklickt und in den Formularen geändert werden. Da selbst auf leistungsfähigen Rechnern lange Rechenzeiten erforderlich sind, können umfangreiche Sensitivitätsuntersuchungen kaum durchgeführt werden. Hier empfiehlt sich u.U. ein kombiniertes Vorgehen: Die interaktive Modellerstellung kann am Bildschirm mit STELLA erfolgen. Sobald die Modellstruktur feststeht, werden die Modellgleichungen nach SIMPAS übergeben. Das Modellverhalten kann dann mit den umfangreichen Möglichkeiten der interaktiven Parameterabfrage, Simulation, Sensitivitätsuntersuchung und Globalanalyse rasch und umfassend untersucht werden.

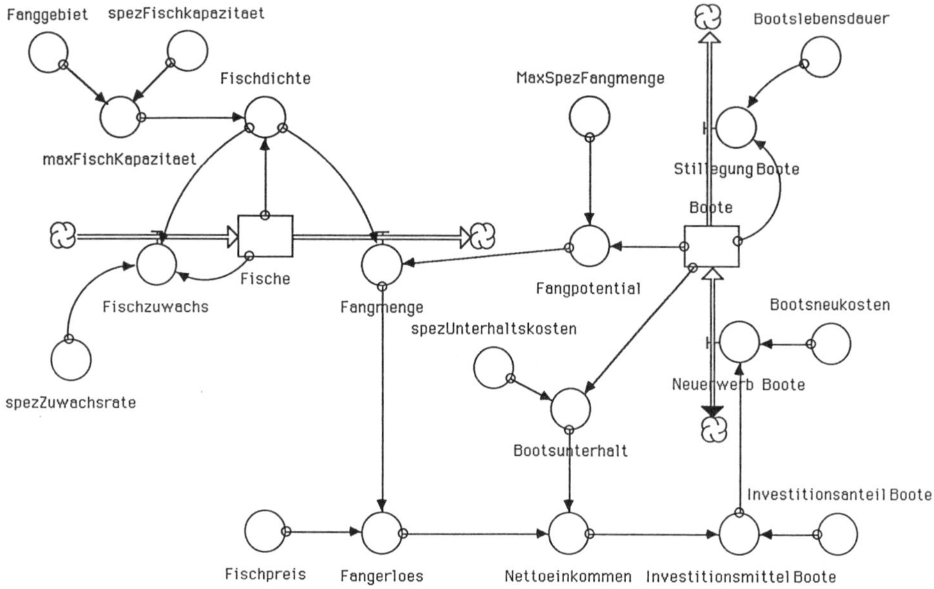


```
Boote(t) = Boote(t - dt) + (Neuerwerb_Boote - Stillegung_Boote) * dt
INIT Boote = 100
INFLOWS:
  Neuerwerb_Boote = Investitionsmittel_Boote/Bootsneukosten
OUTFLOWS:
  Stillegung_Boote = Boote/Bootslebensdauer
Fische(t) = Fische(t - dt) + (Fischzuwachs - Fangmenge) * dt
INIT Fische = 5000
INFLOWS:
  Fischzuwachs = spezZuwachsrate*Fische*(1-Fischdichte)
OUTFLOWS:
  Fangmenge = Fangpotential*Fischdichte
Bootslebensdauer = 15
Bootsneukosten = 100000
Bootsunterhalt = spezUnterhaltskosten*Boote
Fangerloes = Fischpreis*Fangmenge
Fanggebiet = 100
Fangpotential = MaxSpezFangmenge*Boote
Fischdichte = Fische/maxFischKapazitaet
Fischpreis = 1000
Investitionsanteil_Boote = 0.5
Investitionsmittel_Boote = Investitionsanteil_Boote*Nettoeinkommen
maxFischKapazitaet = Fanggebiet*spezFischkapazitaet
MaxSpezFangmenge = 100
Nettoeinkommen = Fangerloes-Bootsunterhalt
spezFischkapazitaet = 100
spezUnterhaltskosten = 50000
spezZuwachsrate = 1
```

Abb. 4.30: STELLA-Strukturdiagramm für das Fischfangsystem und STELLA-Ausdruck der Systemgleichungen. Die Bezeichnungen entsprechen denen des SIMPAS-Modells FISHFANG.

4-4.3 Simulation der Fischfangdynamik mit STELLA

Auch bei der STELLA-Version des Modells der Fischfangdynamik verwenden wir wieder die bei der SIMPAS-Version verwendeten Langnamen. Auf der Grundlage des Simulationsdiagramms (Abb. 3.26) bzw. des SIMPAS-Simulationsprogramms (Programm 4.4) läßt sich das STELLA-Strukturbild rasch erstellen (Abb. 4.30). Bis auf die Darstellung der Flüsse im STELLA-Bild zeigt sich weitgehende Übereinstimmung mit dem Simulationsdiagramm. Allerdings muß die im Simulationsdiagramm vollständig enthaltene Modellformulierung bei STELLA noch getrennt eingegeben werden. Die STELLA-Modellgleichungen sind ebenfalls in Abb. 4.30 aufgeführt. Auch hier ließe sich wieder mit den kondensierten Differentialgleichungen (3.19) in Kap. 3-3.11 eine kompaktere Systemdarstellung (analog zu Abb. 3.27) angeben, die die generische Systemstruktur noch 'aufgeräumter' und übersichtlicher zeigen würde. Da bei negativem Nettoeinkommen auch eine beschleunigte Stillegung von Booten durch 'negativen' Neuerwerb möglich sein soll, muß die Rate 'Neuerwerb - Boote' in der gezeigten Weise als 'Biflow' spezifiziert werden.

Das Ergebnis des Standardlaufs zeigt Abb. 4.31. Es entspricht auch in der Skalierung dem SIMPAS-Bild in Abb. 4.14. In einem Sensitivitätslauf wurde die Abhängigkeit des Simulationsergebnisses von der spezifischen Fangmenge der Boote untersucht (Abb. 4.32).

Alle weiteren Untersuchungen, so etwa die zum Globalverhalten des Modells bei dichteunabhängigem Fischfang (vgl. SIMPAS-Bild in Abb. 4.20), lassen sich mit STELLA nur mühsam und unter großem Zeitaufwand durchführen. Sensitivitätsuntersuchungen durch Mehrfachsimulationen im Zustandsraum sind nicht möglich. STELLA hat eindeutig seine starke Seite bei der interaktiven Modellerstellung, nicht bei der umfassenden Modelluntersuchung.

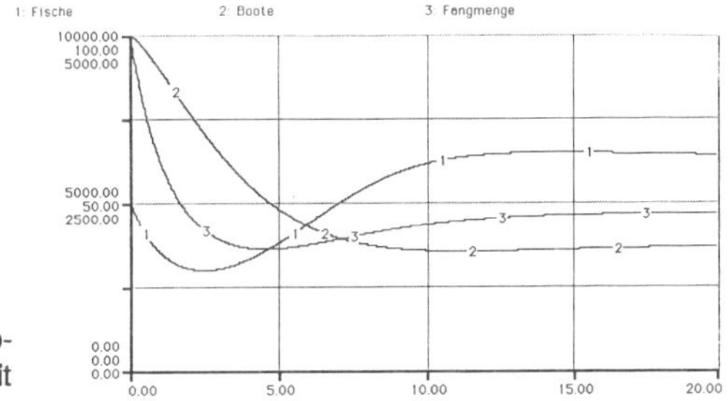

Abb. 4.31: Zeitkurven der Simulationsergebnisse des Fischfangsystems (Standardlauf) mit STELLA.

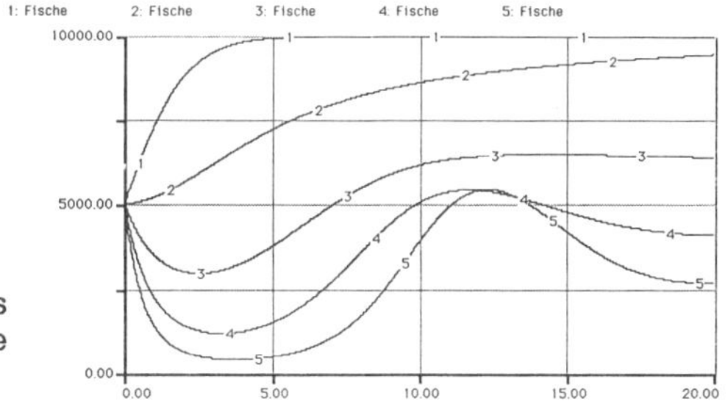

Abb. 4.32: Sensitivitätsuntersuchung des Fischfangmodells in bezug auf die spezifische Fangmenge der Boote.

4-5 Zusammenfassung der Ergebnisse

Die in Kap. 3 begonnene Entwicklung der Simulationsmodelle für das Kreispendel und die Fischfangdynamik wurde in diesem Kapitel mit lauffähigen Simulationsmodellen abgeschlossen, die wir mit zwei verschiedenen Programmsystemen über ein breites Parameter- und Verhaltensspektrum untersucht haben. Wenn wir jetzt noch einmal die Ergebnisse jedes Modells mit dem in Kap. 3 definierten Modellzweck vergleichen, so können wir feststellen, daß die ursprüngliche Aufgabe erfüllt worden ist.

Die Modellentwicklung wird oft an dieser Stelle abgeschlossen werden. Wir haben aber bei unserer Arbeit immer wieder Ansatzpunkte für weitergehende Untersuchungen gefunden. Diese Fragen sollen in den folgenden Kapiteln aufgenommen werden:

- Wie läßt sich das Systemverhalten - gerade in der Nähe der Gleichgewichtspunkte - auch analytisch beschreiben, damit man zu allgemeingültigen Aussagen kommen kann, ohne auf aufwendige Simulationen angewiesen zu sein?
- Lassen sich auf der Grundlage der Zustandsgleichungen Aussagen zum Stabilitätsverhalten machen? Da uns besonders interessiert, unter welchen Umständen ein System instabil werden kann, muß vor allem das Verhalten in der Nähe von Gleichgewichtspunkten untersucht werden.
- Lassen sich Wege finden, um ein instabiles oder marginal stabiles System mit geringem Aufwand so zu verändern, daß es auch bei Störungen stabiles Verhalten zeigt? Kann man z.B. das Pendelsystem so verändern, daß es auch in seinem oberen Totpunkt noch stabil ist?
- Wie verhalten sich Systeme, wenn sie ständigen, vor allem periodischen Einwirkungen von außen ausgesetzt sind? Wie verträgt sich das mit ihrer durch die Systemstruktur bestimmten Eigendynamik? Können solche Einflüsse von außen ein sonst stabiles System instabil werden lassen?
- Wie läßt sich ein komplexes System so steuern, daß es (an vorgegebenen Kriterien gemessen) 'optimales' Verhalten erbringt? Wie muß man z.B. ein komplexes System regenerativer Ressourcen (wie ein Fischfanggebiet) so bewirtschaften, daß die Fischpopulationen nicht zusammenbrechen, die Artenvielfalt erhalten bleibt und trotzdem ein nachhaltiger hoher gleichbleibender Ertrag erzielt wird?
- Können dynamische Systeme noch qualitativ andere Verhaltensweisen zeigen, als wir sie bisher in den Simulationen angetroffen haben? Was sind chaotische Systeme? Wie kann es gelegentlich bei kleiner Strukturänderung zu radikaler Verhaltensänderung ('Katastrophe') kommen?

Wir haben jetzt den Prozeß der Modellbildung und Simulation mehrfach durchlaufen. Die einzelnen Phasen und Schritte der Modellentwicklung sind in Abb. 4.33 noch einmal zusammengestellt.

Die wichtigsten Ergebnisse dieses Kapitels werden hier noch einmal zusammengefaßt:

1. **Simulationsmodelle** dynamischer Systeme haben alle einen prinzipiell **gleichen Aufbau** mit gleichartigen Komponenten (Vorgabegrößen, Zustandsgrößen, Zwischengrößen einschließlich Veränderungsraten). Daher stellen sich die prinzipiell gleichen Anforderungen bei der Bearbeitung.

2. Unabhängig vom konkreten Inhalt (dem eigentlichen Modell) kann daher **allgemein einsetzbare Simulations-Software** entwickelt werden. Eine Vielzahl solcher Programmsysteme steht für unterschiedliche Rechnersysteme und Anwendungen zur Verfügung; viele verwenden eine eigene Simulationssprache.

3. Für die **Simulationspraxis** sind besonders **zwei Ansätze** interessant: (1) Die Verwendung von Simulationssystemen, die verbreitete Programmiersprachen mit allen ihren Möglichkeiten benutzen, und (2) bildschirmorientierte Simulationssysteme, die alle Möglichkeiten interaktiver Graphik auch für die Modellbildung bereitstellen. Beide Ansätze wurden hier verwendet.

4. Herausragendes Kennzeichen der meisten realitätsnahen Simulationsmodelle ist ihre **Nichtlinearität**. Sie stehen daher der mathematischen Analyse (meist) nicht offen und können nur durch **Computersimulation** untersucht werden.

5. Das Verhalten solcher Systeme ist in oft überraschender Weise abhängig von Parametereinstellungen, Anfangswerten, Umwelteinwirkungen und Strukturänderungen. Die umfassende Analyse erfordert daher eine Vielzahl von Simulationsläufen über das ganze Spektrum möglicher Parameterkonstellationen und Anfangswerte. Simulationssysteme sollten daher nicht nur einzelne Simulationsläufe gestatten, sondern müssen auch Vielfachsimulationen zur **Globalanalyse** und Untersuchung der **Parametersensitivitäten** erlauben.

6. Besonderes Interesse gilt den **Gleichgewichtszuständen** eines Systems, die sich ermitteln lassen aus der Bedingung

   $$dz/dt = 0$$

   sowie dem dynamischen Verhalten in der Nähe der Gleichgewichtszustände (Stabilität, Instabilität). Dies zeigt sich am Verlauf der Zustandsbahnen. Oft ist eine Linearisierung am Gleichgewichtspunkt und die mathematische Untersuchung der Stabilität des lokal gültigen linearen Ersatzsystems möglich.

Phasen der Modellentwicklung

1. Entwicklung des Modellkonzepts

- Aufgabenstellung erfassen
- Modellzweck definieren
- 'normales' Verhaltensmuster (Referenzverhalten) überlegen

2. Modellentwicklung

- System im Detail verbal beschreiben (Wortmodell)
- Systemgrenze ziehen
- wichtige Teilsysteme und ihre Wirkungsbeziehungen identifizieren
- Wirkungsstruktur entwickeln
- Zustandsgrößen ermitteln
- Systemelemente und ihre Funktionen spezifizieren
- Wirkungsverknüpfungen identifizieren und quantifizieren
- Rückkopplungen erfassen
- exogene Parameter und Einflüsse bestimmen und quantifizieren
- Anfangsbedingungen und freie Parameter für Referenzverhalten wählen
- mit geeignetem Simulationsverfahren programmieren

3. Modellprüfung

- Modellstruktur an Systemstruktur überprüfen (Strukturgültigkeit)
- Programmierfehler ausmerzen
- Referenzlauf erzeugen (u.U. Änderung der freien Parameter)
- über den möglichen Parameter- und Verhaltensbereich testen (Plausibilität und Robustheit)
- Verhaltensweisen überprüfen (Verhaltensgültigkeit)
- mit Beobachtungen vergleichen (Zeitreihen) (empirische Gültigkeit)
- Parametersensitivität überprüfen
- Szenariountersuchungen (realistische Parameterkombinationen)
- Wirkungen von Maßnahmen und Eingriffen untersuchen
- Folgen möglicher/notwendiger Strukturänderungen untersuchen

4. Ergebnisvermittlung

- Modell auf die 'essentielle' Struktur kondensieren
- verhaltensbestimmende Rückkopplungsschleifen identifizieren
- Verhaltensweisen begründen

Abb. 4.33: Phasen der Modellentwicklung und Modellprüfung.

5 Von der Systemsimulation zur Systemveränderung: Verhaltensbewertung, Szenarien, Optimierung, Regelung

5-0 Einführung und Überblick

In den vorangegangenen Kapiteln wurde schrittweise der Prozeß der Modellentwicklung durchlaufen, von der anfänglichen Aufgabenstellung bis hin zu Simulationsläufen mit einem (im Rahmen der Aufgabenstellung) gültigen Modell. Nach diesen Schritten steht ein Werkzeug zur Verfügung, mit dem wir - je nach Parameterwahl - meist das ganze Verhaltensspektrum untersuchen können. Damit erweitert sich unser Systemverständnis enorm. Simulationen mit dem Modell bringen neue Erkenntnisse über das System.

Die Ergebnisse können aber auch zur Erkenntnis führen, daß das Systemverhalten inakzeptabel, unbefriedigend oder einfach nur recht undurchschaubar ist. So mag sich z.B. auch unter 'normalen' Bedingungen instabiles Verhalten zeigen, oder Zustandswerte bleiben hinter den Anforderungen zurück, oder die Vielzahl freier Parameter macht eine systematische Suche nach guten Lösungen fast unmöglich. Diese Probleme stellen sich vor allem dann, wenn die Modellentwicklung nicht nur der Nachbildung eines bestehenden Systems und seines Verhaltens galt, sondern wenn das Simulationsmodell verwendet werden soll, um damit Maßnahmen für 'besseres' Systemverhalten zu finden. Hier stellen sich vor allem drei Aufgaben:

(1) **Pfadanalyse**: Auffinden und vergleichende Bewertung der Entwicklungspfade eines Systems, die sich aus alternativen, jeweils in sich konsistenten Parameterkonstellationen ergeben. Diese Parameterkonstellationen können in zeitabhängigen 'Szenarien' vorgegeben sein. (Beispiel: Untersuchung und vergleichende Bewertung der globalen Bevölkerungs- und Umweltentwicklung bei unterschiedlichen Szenarien für Art, Zeitpunkt und Stärke von Maßnahmen der Geburtenkontrolle, Ressourcenersparnis und Konsumbeschränkung.)

(2) **Optimierung**: Herausfinden der (u.U. zeitabhängigen) Parametereinstellungen, die zu einem (nach vorgegebenen Bewertungskriterien) optimalen Ergebnis des Systemverhaltens führt. (Beispiel: Auffinden einer Fangstrategie, die zu nachhaltigen maximalen wirtschaftlichen Erträgen - ohne Zusammenbruch der Fischpopulation - führt.)

(3) **Stabilisierung und Regelung**: Bestimmen der notwendigen Strukturveränderung oder Strukturergänzung eines Systems mit zunächst unbefriedigenden Stabilitätseigenschaften. (Beispiel: Einbau zusätzlicher negativer Rückkopplungen zur raschen Stabilisierung des Kreispendels an seinem oberen (instabilen) Totpunkt.)

Wir werden uns in diesem Kapitel mit diesen drei Untersuchungsaspekten anhand der genannten Beispiele befassen. Hierfür stehen jetzt die bereits entwickelten Simulationsmodelle WELTSIM, FISHFANG und PENDEL zur Verfügung, die wir leicht mit SIMPAS oder STELLA untersuchen, verändern und ergänzen können.

Bei diesen Aufgaben hat die Bewertung des Systemverhaltens und der Ergebnisse eine zentrale Bedeutung. Was ist etwa unter einer 'inakzeptablen Entwicklung', einem 'optimalen Ertrag' oder einem 'guten Stabilitätsverhalten' zu verstehen? Solche Bewertungsergebnisse können erst ernst genommen werden, wenn sie nicht einfach die gefühlsmäßige Einschätzung des Beobachters wiedergeben, sondern auf einer formalen und reproduzierbaren systematischen Bewertung gründen. Das erfordert, daß Bewertungskriterien und Bewertungsverfahren sauber und vollständig definiert werden. Mit dem Bewertungsaspekt werden wir uns zunächst befassen.

5-1 Kriterien und Bewertung des Systemverhaltens

5-1.1 Orientoren, Indikatoren, Kriterien

Die Betrachtungen dieses Kapitels gelten generell nicht nur für Modelle als Abbildungen von Systemen, sondern auch für Systeme selbst. Ein Modell muß also nicht unbedingt vorliegen. Wir sprechen daher im folgenden meist von Systemen und Systemverhalten (als übergeordnete Begriffe).

Die Beurteilung von Systemverhalten und Simulationsergebnissen setzt die Verwendung entsprechender Maßstäbe - Kriterien - voraus. Bei einer ersten ad-hoc-Beurteilung werden wir oft genug ein Ergebnis als 'gut', ein anderes als 'schlecht' empfinden, ohne uns über den angelegten Maßstab genauer im klaren zu sein. Intuitive Beurteilungen dieser Art sind nicht belegbar, nicht reproduzierbar und von anderen kaum nachvollziehbar. Sie können, falls sie etwa auf Erfahrung basieren, gelegentlich zur ersten Orientierung und Sichtung oder als eine anfängliche Suchheuristik beim Sondieren möglicher Lösungen dienen. Für die systematische vergleichende Bewertung oder die Suche nach 'optimalen' Lösungen sind aber sauber definierte Bewertungskriterien und nachvollziehbar angelegte Bewertungsverfahren unumgänglich.

Die Beurteilung einer Systementwicklung setzt immer zweierlei voraus:

1. müssen **Beurteilungskriterien** für alle interessierenden Systemaspekte vorliegen und
2. muß der **Systemzustand** in bezug auf alle interessierenden Systemaspekte zu dem Zeitpunkt bekannt sein, für den die Beurteilung gilt.

Beurteilungskriterien und Zustandsbeschreibung müssen sich also direkt entsprechen: Eine unvollständige Zustandsbeschreibung etwa, bei der der Zustand im Hinblick auf ein als notwendig erachtetes Kriterium nicht beurteilt werden kann, ist ebenso unzulässig wie ein unvollständiger Kriteriensatz, der es nicht erlaubt, etwa eine existentielle Bedrohung des Systems zu erkennen.

Die Gesamtheit der Kriterien, an denen sich eine Systementwicklung zu orientieren hat. bezeichen wir im folgenden als **Orientoren.** Orientoren sind Aspekte, Begriffe oder Dimensionen (wie 'Freiheit'), die ein zu beachtendes Kriterium, nicht aber dessen gewünschte Ausprägung bezeichnen.

Um eine Systementwicklung im Hinblick auf anlegbare Orientoren beurteilen zu können, muß der Systemzustand auf die Orientierungsdimensionen abgebildet und es müssen Ist-Werte (Indikatoren) des Systemzustands mit entsprechenden Sollwerten im 'Orientierungsraum' verglichen werden können.

Bei der Beurteilung der Systementwicklung spielen grundsätzlich drei unterschiedliche Sollwert-Vorgaben eine wichtige Rolle:

(1) **Beschränkungen**, die Zustandsgrößen, (abgeleitete) Systemgrößen, deren Endzustände, die Zeitdauer des Vorgangs oder Steuereingriffe auf zulässige Bereiche begrenzen;

(2) **Gütemaße**, die es ermöglichen, innerhalb der zulässigen Lösungen 'bessere' von 'schlechteren' Zustandsentwicklungen zu unterscheiden und u.U. auch nach 'optimalen' Lösungen zu suchen;

(3) **Wichtungen**, die bei mehreren Gütekriterien eine zusammenfassende Beurteilung ermöglichen sollen.

Die Beurteilung von Systemverhalten wird bei realitätsnahen Problemen fast immer dadurch erschwert, daß mehrere Beschränkungen und Gütemaße gleichzeitig zu beachten sind. Während es bei 'strengen' Beschränkungen keine Kompromisse geben kann, hängt die Gesamtbeurteilung einer Systementwicklung bei mehreren anzulegenden Gütemaßen aber entscheidend davon ab, welche relativen Wichtungen einzelnen Kriterien zugemessen werden.

Es ist durchaus möglich, daß für die Beurteilung als notwendig erachtete Kriterien in den routinemäßig beobachteten Systemgrößen oder in den im Simulationsmodell verwendeten Größen zunächst keine Entsprechung finden. Systemgrößen oder Funktionen von Systemgrößen, für die Sollwerte definiert und mit Istwerten verglichen werden können, bezeichnen wir als **Indikatorgrößen (Indikatoren)**. Wo nicht alle Indikatorgrößen bereits beobachtet oder berechnet werden, müssen also die Systembeobachtung oder das Simulationsmodell erweitert werden. Bei der Beurteilung eines realen Systems sind dann weitere Indikatorgrößen zu beobachten, oder es müssen aus vorhandenen Beobachtungsgrößen die notwendigen Indikatorgrößen gebildet werden. Bei der Simulation müssen u.U. zusätzliche Modellformulierungen eingeführt werden, aus denen sich die notwendigen Indikatorgrößen ergeben.

Ein Beispiel zur Verdeutlichung dieser Begriffe: Bei der Beurteilung der globalen Entwicklung (der realen Welt oder eines 'Weltmodells') werden u.a. Orientoren und die entsprechenden Indikatoren zu den folgenden (zunächst nur vage definierten) Aspekten eine Rolle spielen: Lebenserwartung, Ernährungsstand, Gesundheitsgefährdung durch Umweltbelastung, Umweltzustand, Wohlstand, Ressourcenverbrauch, sozialer Fortschritt. Um zu einer Gesamtbeurteilung zu kommen, müssen Indikatoren mit entsprechenden Sollwerten definiert werden, an denen durch Vergleich mit den Istwerten der Indikatoren die Erfüllung der Orientoren konkret überprüft werden kann. (Die folgenden Überlegungen sind nur als Beispiele zu verstehen.)

Orientor: Lebenserwartung.
Sollwertvorgabe: "Mittlere Lebenserwartung darf nicht kleiner als 60 Jahre sein."
Indikator: Aktuelle mittlere Lebenserwartung (der benachteiligsten Bevölkerungsgruppe).

Orientor: Ernährungsstand.
Sollwertvorgabe: "Tägliche Aufnahme von Nahrungsenergie darf 8000 kJ/Tag pro Person nicht unterschreiten."
Indikator: Aktuelles mittleres tägliches Nahrungsangebot pro Person (der benachteiligsten Bevölkerungsgruppe).

Orientor: Gesundheitsgefährdung durch Umweltbelastung.
Sollwertvorgabe: "Nitratbelastung des Trinkwassers darf 50 mg/l nicht überschreiten." (u. U. weitere Orientoren in anderen Umweltbereichen).
Indikator: Maximum der (jahreszeitlich schwankenden) Nitratkonzentration im höchstbelasteten Gebiet.

Orientor: Umweltzustand.
Sollwertvorgabe: "Die Regenerationsfähigkeit der Umwelt muß erhalten bleiben."
Indikator: Nachhaltigkeit der wesentlichen verschieden gewichteten Umweltnutzungen, ausgedrückt durch die Erhaltung von Schlüsselpopulationen (Pflanzenwelt, Tierwelt), über lange Zeiträume (Fließgleichgewicht).

Orientor: Wohlstand.
Sollwertvorgabe: "Erreichen eines (definierten) Mindestwohlstands in kürzester Zeit."
Indikator: Abstand zwischen Wohlstandsziel und aktuellem Wohlstand, integriert über die Zeit. Dieses Zeitintegral wird durch die optimale Lösung minimiert.

Orientor: Ressourcenverbrauch.
Sollwertvorgabe: "Der kumulierte Verbrauch nichterneuerbarer Ressourcen ist in einer gegebenen Zeitspanne auf ein unumgängliches Minimum zu reduzieren."
Indikator: Zeitintegral des Jahresverbrauchs in der gegebenen Zeitspanne, unter Berücksichtigung auch vorübergehend hoher Verbräuche für Investitionen, die zur Verbrauchssenkung später führen (z.B. Investitionen für rationelle Energienutzung). Die optimale Lösung minimiert dieses Zeitintegral.

Orientor: sozialer Fortschritt.
Sollwertvorgabe: "Möglichst rasches Erreichen einer (bestimmten) hohen durchschnittlichen Lebenserwartung und eines (bestimmten) hohen durchschnittlichen Wohlstands."
Indikator: Zeitintegral der gewichteten Summe der (normierten) Diskrepanzen zwischen aktuellem und erwünschtem Stand. Die optimale Lösung minimiert dieses Zeitintegral.

Wir stoßen hier wieder auf die drei oben erwähnten Arten von Sollwert-Vorgaben:

- **Beschränkungen** (Grenzen, die nicht überschritten werden dürfen, wie hier bei Lebenserwartung, Ernährungsstand, Umweltzustand und Gesundheitsgefährdung durch Umweltbelastung)
- **Gütemaße** (Minimierung oder Maximierung von Zeitintegralen wie hier bei Wohlstand, Ressourcenverbrauch und sozialer Fortschritt)
- **Wichtungen** (unterschiedliche relative Berücksichtigung verschiedener Komponenten, wie hier bei Umweltzustand und sozialer Fortschritt).

Woher stammen die Kriterien zur Beurteilung einer Systementwicklung? Offensichtlich haben sie einen Einfluß auf Art und Umfang der Systembeobachtung bzw. der Modellerstellung: Werden andere Kriterien für wichtig gehalten, so verschiebt sich die Beobachtungs-, Beschreibungs- und Bewertungsperspektive. Die Auswahl der Kriterien ist zum einen vom unmittelbaren Bewertungs- und Begründungsinteresse des Untersuchenden, zum anderen aber auch von seinem System- und Problemverständnis geprägt. Sie ist mithin nur selten eindeutig. Gerade bei kritischen Systemuntersuchungen ist es aber unbedingt erforderlich, daß sich alle am Ergebnis Interessierten - auch und gerade, wenn sie verschiedenen (politischen) Lagern angehören - auf gleiche Bewertungskriterien und Verfahren einigen. Nur so sind Mißverständnisse und unfruchtbare Bewertungsstreite weitgehend zu vermeiden, auch wenn dann von den verschiedenen Lagern unterschiedliche (aber offengelegte) Gewichtungen für die verschiedenen Kriterien angesetzt werden.

In vielen Fällen der Systembeurteilung ist die Kriterienauswahl nicht strittig. Das gilt ganz besonders bei Systemen, in denen Zustände und Zustandsraten durchweg in der gleichen 'Währung' angegeben werden können. Bei Wirtschaftlichkeitsbetrachtungen etwa werden Zustände in Geldwerten (Investitionswerte, Rücklagen, Auftragswerte), Zustandsraten in Geldströmen (Einnahmen, Ausgaben, Abschreibungen, Investitionsraten) angegeben. Bei Produktionsprozessen und anderen technischen Prozessen spielen Bestände von Energie und/oder Material und ihre Veränderungsraten (Leistung, Materialflüsse) eine Rolle. In diesen Fällen lassen sich (im Hinblick auf den Systemerfolg) unumstrittene Beurteilungskriterien etwa der Profitmaximierung oder der Verbrauchsminimierung für Energie- und/oder Rohstoffe formulieren.

Oft genug wird aber der Fehler gemacht, solche 'Ein-Kriterien-Beurteilungen' auch auf Systeme auszudehnen, deren Kriterienraum von vornherein multidimensional ist, und bei denen daher die Systemvorgänge prinzipiell nicht in einer einzigen 'Systemwährung' (einem einzigen Kriterium) aufgerechnet werden dürfen. Ein Beispiel ist der Versuch, etwa bei Straßenbaumaßnahmen ökologische Auswirkungen (z.B. Verlust eines Waldgebiets) ökonomisch zu bewerten, indem etwa der 'Erholungswert' (über die potentielle Erhöhung des Lebenseinkommens durch bessere Gesundheit der Spaziergänger) oder der Wert einer vom Aussterben bedrohten Pflanzenart (über ihren potentiellen ökonomischen Nutzen als pharmazeutisches Produkt) monetarisiert wird.

Viele lehnen derartige Nutzwertanalysen intuitiv ab, ohne das recht begründen zu können. Ihnen wird oft genug 'Irrationalität' vorgeworfen. Wir wollen uns im folgenden von der systemtheoretischen Seite mit der Beurteilung von Systemverhalten befassen. Dabei zeigt sich, daß die einkriteriale Betrachtungsweise im allgemeinen prinzipiell unzulässig ist und nur in Sonderfällen (wie den genannten Wirtschaftlichkeits- oder Effizienzbetrachtungen) legitim angewendet werden kann.

5-1.2 Systemverhalten und Orientierungstheorie

Wir haben in Kap. 3 die allgemeine Form der Systemgleichungen eines beliebigen (kontinuierlichen deterministischen) dynamischen Systems kennengelernt:

$$d\mathbf{z}/dt = \mathbf{f}(\mathbf{z}, \mathbf{u}, t)$$

$$\mathbf{v} = \mathbf{g}(\mathbf{z}, \mathbf{u}, t)$$

Hierbei ist $\mathbf{z}$ der Zustandvektor, $\mathbf{u}$ der Vektor der Umwelteinwirkungen, $\mathbf{v}$ der Vektor der Verhaltensgrößen, t die Zeit, $\mathbf{f}$ die Zustands(vektor)funktion und $\mathbf{g}$ die Verhaltens(vektor)funktion. Der Zusammenhang zwischen diesen Größen und Funktionen ist in Abb. 3.12 und 3.13 verdeutlicht. Das Verhalten des Systems zeigt sich nach außen nur durch die Größen $\mathbf{v}$. Es ist bestimmt einmal durch eine direkte 'Durchleitung' (u.U. nach algebraischer Umformung) von Umwelteinwirkungen $\mathbf{u}$ auf das System und zum anderen durch die internen Zustandsgrößen $\mathbf{z}$ des Systems, die teilweise aus Umwelteinwirkungen $\mathbf{u}$, teilweise vor allem aber auch durch sich selbst (über Rückkopplungen im System) bestimmt werden. Zustandsfunktion $\mathbf{f}$ und Verhaltensfunktion $\mathbf{g}$ können auch noch direkt von der Zeit abhängig sein (z.B. Alterung).

Diese grundsätzlichen Zusammenhänge gelten für beliebige (zustandsbestimmte) dynamische Systeme, sowohl für einfache mechanische Regelsysteme wie auch für hochkomplexe und intelligente Systeme wie etwa menschliche Individuen und Organisationen.

Die Entwicklung zustandsbestimmter Systeme, für die die obige Formulierung der Zustands- und Verhaltensgleichung gilt, ist nur teilweise durch äußere Einflüsse **u** bedingt. Die Eigendynamik ihrer Zustandsgrößen **z** gibt diesen Systemen ein gewisses Maß von autonomer Eigenentwicklung. Die Systementwicklung wird damit vom System selbst abhängig. Das bedeutet, daß sich in der Zustandsfunktion **f** und der Verhaltensfunktion **g** neben der momentanen Verhaltensreaktion auch teilweise die Chancen und Gefahren der langfristigen Systementwicklung verbergen. Bei den folgenden Betrachtungen gehen wir daher von der Vorstellung aus, daß ein bereits bewährtes zustandsbestimmtes System im Laufe seiner evolutionären, individuellen, sozialen oder technischen Entwicklung mit einer Kombination von Zustands- und Verhaltensfunktion ausgestattet worden ist, die ihm erlaubt, seinen Systemzweck längerfristig adäquat zu erfüllen.

Um diesen Systemzweck zu erfüllen, muß sich jedes System in seiner Umwelt behaupten können. Es darf also nicht bereits bei ganz 'normalen' Umwelteinflüssen seine Funktion aufgeben, zusammenbrechen und u.U. zerstört werden. Im Gegenteil, von 'intelligenteren' Systemen sollte sogar verlangt werden, daß sie auch mit gänzlich neuen, stark veränderten Umweltbedingungen noch zurecht kommen.

Diese 'selbstverständlichen' Bedingungen führen zu ganz bestimmten Anforderungen an Verhalten und Leistung zustandsbestimmter dynamischer Systeme. Sie lassen sich als Entwurfskriterien angeben. Wegen ihrer grundsätzlichen Bedeutung für Systeme und Systemverhalten generell bezeichnen wir sie als **Leitwerte**. Entscheidend ist, wie sich zeigen wird, daß jeder einzelne dieser Leitwerte Bedeutung für die Systementwicklung hat und vom System (bewußt oder unbewußt) berücksichtigt werden sollte: Nichtbeachtung wird mit Existenzgefährdung bestraft.

Die für die Selbsterhaltung (und u.U. auch Entfaltung) eines Systems notwendige gleichzeitige Beachtung mehrerer Leitwerte kann auf unterschiedliche Weisen sichergestellt werden, die mit der Entwicklungsstufe des Systems zusammenhängen:

(1) Bei einfachen, strukturstarren Systemen mit konstanten Parametern (Technik, einfache Organismen) müssen die entsprechenden Leitwerte bereits im Systementwurf bzw. der evolutionären Erprobung und Entwicklung beachtet worden sein. Nur Systeme, die eine ausreichende Leitwerterfüllung bieten, bewähren sich auf Dauer. Im Verhalten des Systems selbst gibt es aber keinen expliziten Leitwertbezug mehr.

(2) Bei komplexeren selbstorganisierenden Systemen, die zur Parameterveränderung und zum Strukturwandel fähig sind, muß sich dieser Wandel zwangsläufig an den Leitwerten orientieren. Diese Orientierung kann durch die Realität selbst erzwungen werden (Versuch und Irrtum, Bewährung), sie kann aber auch (bewußt oder unbewußt) durch Antizipation der Umweltreaktion erfolgen. Bei unbewußt agierenden Systemen wird die Leitwertbeachtung also langfristig von der Umwelt 'durchgesetzt': Es überleben auf Dauer nur Systeme, die eine ausreichende Leitwerterfüllung bieten.

(3) Bei bewußt handelnden selbstorganisierenden Systemen (Mensch, menschliche Organisationen und Institutionen) ist durchaus zu erwarten, daß Verhaltensentscheidungen sich nicht oder nur teilweise an Leitwerterfordernissen orientieren. Die Beurteilung von Entscheidungs- und Entwicklungsalternativen im Hinblick auf die zu erwartende Leitwerterfüllung kann hier aber eine wertvolle Entscheidungshilfe bieten.

Im folgenden sprechen wir immer wieder von den 'Interessen des Systems', auch wenn es sich um Systeme handelt, die keiner eigenen Überlegung fähig sind. Wir meinen damit Interessen, die einem System von einem Beobachter zugeschrieben werden können, solange das System seinen (durch Systemstruktur und Systemelemente bestimmten) Systemzweck erfüllt.

In der folgenden Untersuchung ist zu beachten, daß die Zuordnungen von Anforderungen zu gewissen Leitwerten nicht immer ganz eindeutig getroffen werden können. In erster Linie kommt es aber darauf an, daß alle relevanten Orientierungsaspekte berücksichtigt werden, und dies wird durch das Verfahren abgesichert.

5-1.3 Existenz in der normalen Umwelt

Ein System existiert im Rahmen seiner Systemidentität, solange es seinem Systemzweck entsprechend funktioniert. Das setzt aber voraus, daß sich seine Zustandsgrößen in gewissen Grenzen halten oder bewegen:

$$\mathbf{z}_{min} \leq \mathbf{z} \leq \mathbf{z}_{max}$$

Aus dieser Überlegung leiten wir als erstes einen Leitwert **Existenz** ab. Er steht für ein implizites Systeminteresse an seiner unmittelbaren Existenz.

Dieser Leitwert führt unmittelbar zu Anforderungen an System (interne Komponente) und Umwelt (externe Komponente):

1. In der Systemumwelt dürfen keine Bedingungen auftreten, die **z** (spontan) aus dem sicheren Bereich bringen können, d.h. die Umwelteinwirkungen müssen sich in einem sicheren Bereich bewegen

$$\mathbf{u}_{min} \leq \mathbf{u} \leq \mathbf{u}_{max}$$

2. Ist dies nicht der Fall, so muß das System über einen entsprechenden Schutz (Umschließung) verfügen, der schädliche Umwelteinflüsse fernhält oder filtert.
3. Die Systemstruktur selbst darf nicht zu existenzbedrohenden Zuständen führen.

Beispiele

zu 1: Die meisten Lebewesen können unter Wüstenbedingungen (Temperatur, Wassermangel) nicht existieren.

zu 2: Der Druckrumpf eines Verkehrsflugzeugs schützt die Passagiere vor extremer Kälte, niedrigem Luftdruck und Sauerstoffmangel in der Reiseflughöhe von 11 km.

zu 3: Der Herzschlag-Regelprozeß darf nicht fehlerhaft sein (wie beim plötzlichen Kindstod).

5-1.4 Wirksamkeit bei der Beschaffung knapper Ressourcen

Systemverhalten kostet immer Energie; bei lebenden Systemen ist Leben selbst immer mit Energiedurchsatz verbunden. Unter (teilweiser) Verwendung ihrer Arbeitsfähigkeit (Exergie) wird die aufgenommene Energie nach der Umformung wieder als gleich hohe Energiemenge geringerer Arbeitsfähigkeit an die Umwelt abgegeben. Dies ist gleichbedeutend mit einer Entropieabgabe an die Umwelt. Reale dynamische Systeme sind daher immer auf Energiezufuhr aus ihrer Umwelt angewiesen - es sind 'offene' Systeme. (Das gilt auch für den Sonderfall der einmaligen Versorgung mit einem für die Lebensdauer des Systems ausreichenden Energiespeicher). Der Exergieverbrauch für Funktion und Lebensvorgänge des Systems darf über eine längere Zeit gesehen nicht den Inhalt der Exergiespeicher und die Aufnahme von Exergie überschreiten.

Diese Mindestforderung der Energieeffizienz läßt sich auf andere mit der Umwelt ausgetauschte Stoff- oder Tauschmittelströme (Geld, Waren, Dienstleistungen, 'Gefallen') verallgemeinern: in jedem Fall sollte die Bilanz positiv sein. Der erzielte Erfolg muß den Aufwand lohnen. Kein System kann auf Dauer mehr ausgeben, als es einnimmt. Je besser das Verhältnis von Wirkung zu Aufwand ist, umso höher ist die 'Wirksamkeit'. Das Verhältnis muß und wird nicht in jedem Moment 'stimmen'. Es ist auch nur zu verlangen, daß die Wirksamkeitsbilanz über einen längeren Zeitabschnitt positiv bleibt. Abweichungen können umso eher und umso länger verkraftet werden, je größer die entsprechenden Speicher des Systems sind. Ist T die überbrückbare Speicherzeit, so gilt z.B. für Energie die Bedingung

$$\int_0^T \text{(Exergiegewinn aus der Umwelt) } dt$$
$$\geq \int_0^T \text{(Exergieaufwand für die Exergiebeschaffung) } dt$$

Bei diesen Überlegungen ist zu beachten, daß es für das System normalerweise nicht darum geht, daß seine eigenen Prozesse und seine Interaktionen mit seiner Umwelt mit höchster Effizienz ablaufen, sondern nur darum, daß sie wirksam sind und auf Dauer weniger kosten als sie einbringen.

Wenn wir das elementare Systemdiagramm (3.12) unter diesem Gesichtspunkt betrachten, so stellen wir fest, daß der Leitwert **Wirksamkeit** wieder eine die Prozesse im System betreffende (interne) und eine die Interaktion mit der Umwelt betreffende (externe) Komponente hat:

1. Die interne Systemstruktur (d.h. die Zustandsfunktion **f**) muß eine wirksame Nutzung der für die Systemerhaltung und -Entfaltung notwendigen und verfügbaren Ressourcen einschließlich der verfügbaren Zeit ermöglichen.
2. Das äußere Verhalten des Systems $\mathbf{v} = \mathbf{g}(\mathbf{u}, \mathbf{z}, t)$ als Konsequenz von Umwelteinwirkung **u** und Systemzustand **z** muß (im Sinne des Systems) wirksame Eingriffe in die spezifische Systemumwelt U gestatten (u.a. auch: die richtige Handlung zur richtigen Zeit).

Beispiele

zu 1: Wird der innere Reibungsaufwand einer Behörde zu hoch, so kann sie ihre ursprüngliche Aufgabe kaum noch erfüllen.

zu 2: Die Werbeanstrengungen eines Unternehmens sollten auch zu entsprechenden Umsatzsteigerungen führen.

5-1.5 Handlungsfreiheit im Umgang mit Umweltvielfalt

Allgemein hat eine (vom System wahrnehmbare) Systemumwelt eine gewisse Umweltvielfalt V_u von (zeitveränderlichen) Umwelteinwirkungen $\mathbf{u}_i$, auf die das System mit einer gewissen Zustandsvielfalt V_z mit entsprechenden Zuständen $\mathbf{z}_k$ und mit einer gewissen Verhaltensvielfalt V_v mit entsprechenden Verhaltensweisen $\mathbf{v}_j$ reagieren kann.

Im allgemeinen Fall wird die vom System wahrnehmbare Umweltvielfalt die Systemvielfalt bei weitem übersteigen. Der Leitwert **Handlungsfreiheit** soll es dem System ermöglichen, sich vor Überforderung durch die Umweltvielfalt zu schützen. Dies kann auf verschiedene Weisen geschehen, die wieder interne und externe Komponenten haben.

1. Das System reagiert mit einer angemessenen Reaktion $\mathbf{z}_k$ aus seinem Zustandsfunktions-Repertoire.
2. Das System versucht über eine angemessene Verhaltensreaktion $\mathbf{v}_j$ aus seinem Verhaltensrepertoire Einfluß auf die Umwelt zu nehmen, so daß diese in einen Bereich verschoben wird, der mit der Systemvielfalt bewältigt werden kann.

Beispiele:

zu 1: Ist die gewohnte Nahrungsquelle nicht verfügbar, kann auf eine andere (schlechter schmeckende, schlechter verdauliche, schwieriger erreichbare) ausgewichen werden.

zu 2: Aggression eines Tieres bei Bedrohung durch einen unterlegenen Angreifer; Flucht bei Bedrohung durch einen überlegenen Angreifer.

5-1.6 Sicherheit vor Umweltschwankungen

Umwelteinwirkungen sind im allgemeinen nicht nur vielfältig, sondern auch in ihrer Ausprägung zeitvariabel, zufälligen Veränderungen unterworfen und damit unsicher.

Der Systemzustand darf nicht in kritischer Weise von nicht absehbaren Veränderungen der Umwelt abhängen. Der Leitwert **Sicherheit** soll hierfür Sorge tragen. Die Sicherheitsforderung hat zwei Aspekte:

(1) **weitgehende Unabhängigkeit** von instabilen Umweltfaktoren
(2) **Stabilität der Umweltfaktoren** von denen das System abhängig bleibt.

Den verschiedenartigen Bedrohungen der Sicherheit des Systems muß mit jeweils angepaßten, prinzipiell verschiedenen Maßnahmen begegnet werden. Sie beziehen sich wieder entweder auf interne Prozesse im System oder auf gezielte Veränderungen seiner externen Umwelt.

1. Weitgehende Abkopplung von instabilen Umweltfaktoren durch (teilweise) Isolierung, selektive Aufnahme oder Sättigungseffekte.
2. Schaffung einer selbststabilisierenden Struktur (mit regelnden Rückkopplungen) und Absicherung gegen ein 'Umkippen' in instabile Attraktionsbereiche.
3. Abpufferung durch Speicher zum Auffangen von Überlasten und Überbrücken von Versorgungslücken.

4. Die Entschärfung potentiell gefährlicher Bedrohungen aus der Umwelt. Dies ist gleichbedeutend mit einer Veränderung der Umwelteinwirkungen **u** durch gezieltes Verhalten **v**.
5. Das Aufsuchen einer Umwelt mit höherer Sicherheit für das System. Das ist offensichtlich nur möglich, wenn die Umwelt eine räumliche Differenzierung aufweist.

Beispiele:

zu 1: Schutz vor instabiler Witterung durch Bau eines Hauses.

zu 2: Drehzahlbegrenzung bei Dampfmaschinen durch Fliehkraftregler.

zu 3: Trinkwasser- und Lebensmittelspeicher, besonders in Kriegszeiten; Lagerhaltung.

zu 4: Deichbau; Versuch der Ausrottung von Raubtieren und Pflanzenschädlingen.

zu 5: Asylsuche; ökologische Nische.

5-1.7 Wandlungsfähigkeit zur Anpassung an veränderte Umwelt

Wenn ein System sich bedrohlichen Einwirkungen aus seiner Umwelt nicht entziehen kann, bleibt ihm nur noch die Möglichkeit, das eigene System so zu verändern, daß es besser mit den Einwirkungen aus der Umwelt zurechtkommt. Grundsätzlich stehen ihm zur Erfüllung des Leitwerts **Wandlungsfähigkeit** zwei Wege offen:

1. Veränderung der Verhaltensfunktion **g**(**z**, **u**, t), so daß bei gleichem Zustandsvektor **z** ein verändertes Verhalten **v** resultiert, das mit den (veränderten) Umwelteinwirkungen **u** besser zurechtkommt.
2. Veränderung der Zustandsfunktion **f**(**z**, **u**, t), so daß sich aus den (veränderten) Umwelteinwirkungen **u** ein anderer (besser angepaßter) Zustandsvektor **z** ergibt.

Beispiele:

zu 1: Zusätzliche Vertragsabschlüsse eines vom Erdölimport abhängigen Landes mit unterschiedlichen Lieferländern.

zu 2: Umbau des Energiesystems auf regenerative Energieträger und bessere Energienutzung.

Während sich bei einem Verhaltenswandel (**g**) das System im Kern nicht ändert, geht mit einer Änderung der Struktur der Zustandsfunktion **f** eine grundsätzliche Systemveränderung einher. Die Zustandsfunktion **f** ist der 'Kern' des Systems und bestimmt seine Identität. Nach einer solchen strukturellen Veränderung ist das System nicht mehr das 'alte'; es hat seine Systemidentität verändert.

Wandlungsfähigkeit bietet oft die einzige Möglichkeit, um mit veränderten Umweltbedingungen fertig zu werden. Dabei ist deutlich zwischen 'Parameterveränderung' und 'Strukturwandel' zu unterscheiden. Parameterveränderungen sichern das System meist nur für einen beschränkten Zeitraum oder bei kleineren Umweltveränderungen. Strukturwandel dagegen erlaubt eine evolutionäre Anpassung an Umweltveränderungen. Meist wird es sich hierbei um Ko-evolution handeln, da die Systemveränderung auch einen verändernden Einfluß auf die Umwelt ausübt.

Der Leitwert Wandlungsfähigkeit erinnert daran, daß ein System in einer sich verändernden Umwelt die Fähigkeit haben sollte, Struktur und Verhalten grundlegend zu ändern. Wie das im einzelnen zu geschehen hat, muß offenbleiben; es setzt jedenfalls die Fähigkeit zur Selbstorganisation voraus. Trotzdem lassen sich Hinweise auf Bedingungen geben, die Wandlungsfähigkeit erleichtern, wie

- vielseitig verwendbare Strukturelemente
- Vielfalt innerhalb der Systemstruktur
- Redundante, aber physisch anders geartete Prozesse
- Dezentralität und Teilautonomie
- rechtzeitige Untersuchung systemarer Alternativen und erforderlicher Wandlungsprozesse, u.a.

5-1.8 Berücksichtigung anderer Systeme in der Systemumwelt

Die bisherigen Betrachtungen beschränkten sich auf ein einzelnes System, das sich in seiner Systemumwelt bewähren muß. In der Realität ist eine solche Situation selten. Fast immer setzen sich die äußeren Einwirkungen **u** auf ein System zusammen aus Einwirkungen $\mathbf{u}_u$ aus der 'unsystemaren' Umwelt und Einwirkungen $\mathbf{u}_p$, die vom Verhalten $\mathbf{v}_p$ anderer Partnersysteme in der gemeinsamen Umwelt herrühren:

$$\mathbf{u} = \mathbf{u}_u + \mathbf{u}_p(\mathbf{v}_p)$$

D.h. ein System wird im allgemeinen auch auf das Verhalten anderer Systeme reagieren müssen. Prinzipiell ändert das zunächst nichts an unserem Gesamtbild vom Systemverhalten: die Einwirkungen eines anderen Systems sind lediglich ein Teil der anfallenden Umwelteinwirkungen und müssen wie diese verarbeitet werden.

Aus der Beobachtung lebender Systeme wissen wir aber, daß gerade bei höher entwickelten Systemen sich die Berücksichtigung anderer Systeme nicht in der Berücksichtigung ihrer Umweltwirkungen erschöpft. Wir stellen vielmehr eine sehr selektive Beachtung des Verhaltens anderer Systeme und gänzlich unterschiedliche Reaktionen auf ihr Verhalten fest. Offensichtlich haben wir es mit einer weiteren Leitwertdimension **Rücksichtnahme** zu tun, die die verschiedenen Partnersysteme der Umwelt mit unterschiedlichen Gewichtungen behandelt.

Beispiele:

- Verhaltensänderung eines Tieres bei Erscheinen eines Freßfeindes
- aufopferndes Brutverhalten
- Verhalten der Individuen eines Insektenstaats oder einer Tiersippe bei Angriff oder Verteidigung

Rücksichtnahme erfordert zunächst (1) (bewußtes oder unbewußtes) Erkennen des Partnersystems in seiner spezifischen Situation und (2) (bewußte oder unbewußte) Antizipation der (mindestens) kurzfristigen weiteren Entwicklung.

Von Rücksichtnahme können wir aber erst sprechen, wenn die Beachtung des anderen Systems über die 'normale' Berücksichtigung als einer von vielen Umweltfaktoren hinausgeht, wenn also die Systeminteressen des anderen Systems auch mit einer gewissen Gewichtung neben den eigenen berücksichtigt werden.

Dabei muß es sich durchaus nicht nur um direkt und unmittelbar interagierende Systeme handeln. Aus ihrem Verhalten schließend, können wir Organismen oft zuschreiben, daß sie sich an der Erhaltung der Art, also zukünftigen Generationen orientieren. Bei Menschen und den von ihnen geführten Organisationen und Institutionen wissen wir es genau: Sie können sich (u.a. durch Simulationen) ein Bild der Konsequenzen ihrer Handlungen für heutige und zukünftige (lebende und unbelebte) Systeme machen. Wo sie handeln müssen und damit Schicksale beeinflussen, stellt sich die Frage der Rücksichtnahme auf andere, heute und in der Zukunft. Damit kommt das Problem der relativen Gewichtung der Interessen anderer - und damit Ethik - sofort ins Spiel. Menschliches (bewußtes) Handeln ist daher ohne Ethik nicht möglich.

'Ethik' ist dabei nur der Hinweis, daß die Interessen anderer Systeme mit bestimmten relativen Gewichtungen in die eigenen Überlegungen einbezogen werden. Diese relativen Gewichtungen können vom nackten Egoismus zum aufopfernden Altruismus reichen: Als bewußtes Wesen hat der Mensch die Qual der Wahl.

Es spricht allerdings einiges dafür, daß die Wahl nicht ganz so offen ist, wie oft vermutet: Wenn wir nämlich Menschheit, natürlicher Umwelt und menschlicher Kultur als permanenten Systemen Erhaltungswert zubilligen, dann müssen wir konsequenterweise uns sowohl für die Interessen heutiger als auch zukünftiger Teilsysteme partnerschaftlich einsetzen.

Der Leitwert Rücksichtnahme hat an zwei Stellen Einfluß auf das Systemverhalten:

1. Eine selektive Wahrnehmung und Reaktion setzt eine entsprechend angelegte Zustandsfunktion **f** voraus.
2. Zur Einwirkung (oder Reaktion) auf andere steht nur der Weg über das eigene Verhalten **v** offen.

5-1.9 Leitwerte, Orientierung und Beurteilung von Systemverhalten

Als wesentliche Aussage ergibt sich aus unseren Überlegungen:

Aus der Interaktion eines (zustandsbestimmten) dynamischen Systems mit seiner vielfältigen und veränderlichen Umwelt wie auch aus seiner durch Zustandsfunktion **f** und Verhaltensfunktion **g** bestimmten grundlegenden Systemstruktur ergeben sich ganz bestimmte Anforderungen an den konkreten Systementwurf wie auch an das Systemverhalten (Leitwerte), um die Systemerhaltung und Systementfaltung (bei selbstorganisierenden Systemen) zu gewährleisten.

Diese Leitwerte des Systementwurfs und der Systemorientierung sind

- Existenz
- Wirksamkeit
- Handlungsfreiheit
- Sicherheit
- Wandlungsfähigekit
- Rücksichtnahme.

Im Hinblick auf Systemuntersuchungen ergeben sich hieraus u.a. folgende Schlußfolgerungen:

1. Bei bereits lange existierenden 'bewährten' Systemen (Organismen, Ökosystemen, sozialen Organisationen) ist davon auszugehen, daß sich im Laufe ihrer Evolution die Zustandsfunktion **f** und Verhaltensfunktion **g** im Zusammenspiel mit der (bisherigen) Umwelt **u** so entwickelt haben, daß eine ausreichende Leitwerterfüllung gegeben ist.
2. Bei der Neuentwicklung von Systemen müssen Zustandsfunktion **f** und Verhaltensfunktion **g** so 'konstruiert' werden, daß im Zusammenspiel mit der gegebenen Umwelt eine ausreichende Leitwerterfüllung gegeben ist.
3. Das Verhalten zustandsbestimmter Systeme muß sich (multikriterial) an allen mit den Leitwerten umrissenen Aspekten orientieren.
4. Bei unbewußt agierenden Systemen wird diese Leitwertorientierung durch die Umwelt erzwungen - Nichtbeachtung bedeutet Erhaltungs- und Entfaltungsnachteile und langfristig Untergang des Systems.
5. Bewußt agierende Systeme können unterschiedliche (ethische) Wichtungen auf die Leitwertkategorien, auf abgeleitete Orientoren und auf die Interessen von Partnersystemen legen. Hieraus ergibt sich unterschiedliches Verhalten. Systemerhaltung und -entfaltung verlangen aber auch hier langfristig ein Mindestmaß abgestimmter Leitwerterfüllung.
6. Entwicklungsplanung, Optimierung wie auch Systemveränderung zur Stabilisierung usw. sollten sich an der Leitwerterfüllung der betroffenen Systeme orientieren.

Aus der Ableitung der sechs Leitwerte dürfte klar geworden sein, daß es sich jedesmal um einen andersartigen Gesichtspunkt handelt, und daß für die Erhaltung und Entfaltung des Systems ein gewisses Minimum jedes dieser Leitwerte erfüllt sein muß. Das bedeutet vor allem auch, daß Leitwerterfüllungen nicht miteinander verrechnet werden können, solange noch Defizite herrschen: ein Defizit bei 'Handlungsfreiheit' kann z.B. nicht durch ein Überangebot von 'Sicherheit' kompensiert werden. Diese Zusammenhänge drückt der Leitwertstern in Abb. 5.1 aus: ein System ist dann auf Dauer nicht lebens- und entfaltungsfähig, wenn auch nur einer der Leitwerte defizitär ist.

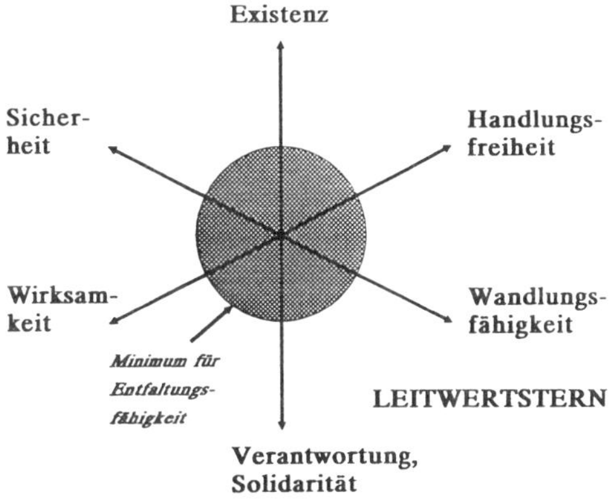

Abb. 5.1: Leitwertstern. Um Existenz- und Entfaltungsfähigkeit eines Systems nachhaltig zu sichern, muß ein Minimum jedes Leitwerts erfüllt sein (aus Bossel 1990).

Erst wenn das notwendige Minimum aller Leitwerte gesichert ist, kann daran gedacht werden, den (subjektiven) Nutzen von noch besserer Leitwerterfüllung in den verschiedenen Kategorien miteinander zu vergleichen und u.U. auf weitere Steigerung einer bestimmten Leitwerterfüllung zu verzichten, um dafür Steigerung bei einer anderen Leitwerterfüllung zu erzielen. Beispiel: ein gut funktionierender Betrieb verzichtet auf weitere absichernde Rücklagen (Sicherheit) und investiert in energiesparenden Anlagen, um seine Energie- und Kosteneffizienz (Wirksamkeit) zu erhöhen.

Wir haben es also bei der Beurteilung und Orientierung von Systemverhalten mit einem zweistufigen Bewertungsvorgang zu tun, wobei sich beide Stufen im Ansatz grundsätzlich unterscheiden:

(1) Zunächst muß für jeden Leitwert einzeln ein bestimmtes Minimum an Erfüllung gewährleistet sein. Solange das nicht der Fall ist, muß sich die Aufmerksamkeit den Defiziten einzeln zuwenden.

(2) Erst wenn die Minimalerfüllung aller Leitwerte garantiert ist, kann ein Nutzen- oder Zufriedenheitsindex maximiert werden, in dem jetzt alle Leitwert(über)-erfüllungen mit Wichtungen erscheinen und so gegeneinander verrechnet werden können.

Auch hier stoßen wir also wieder auf

1. **Beschränkungen**, die auf jeden Fall einzeln eingehalten werden müssen und nicht miteinander verrechenbar sind;
2. **Gütemaße**, in denen über das Minimum hinausgehende Beiträge auf gleiche 'Währung' (z.B. 'Nutzen') umgerechnet und miteinander verrechnet werden können;
3. **Wichtungen**, die das relative Gewicht einzelner Beiträge in Gütekriterien bestimmen.

In den folgenden Simulationsbeispielen für die 'Miniwelt', das Fischfangsystem und die Stabilisierung des Kreispendels im oberen Totpunkt verwenden wir diese grundsätzlichen Überlegungen und Bewertungsansätze. Eine Zusammenstellung von Literatur zur Orientierungstheorie findet sich in Bossel/Hornung/Müller-Reißmann 1989 (176-183). Eine konsequente Anwendung des Orientierungsansatzes auf die Pfadbewertung und Steuerung eines Weltmodells ist in Bossel/Strobel 1978 (191-212) zu finden. Der Zusammenhang mit menschlichen Werten und Handeln ist dargelegt in Bossel 1978.

5-2 Szenarien und Pfadanalyse

5-2.1 Überblick

Die Pfadanalyse eines Simulationsmodells, d.h. die Untersuchung und vergleichende Bewertung verschiedener möglicher Entwicklungspfade, stellt sich als eine erste wichtige Aufgabe. Zwar läßt sich durch viel herumprobierendes Simulieren allmählich auch ein Überblick über die Verhaltensweisen eines Systems gewinnen, doch ist ein systematischer Ansatz immer vorzuziehen. Die Leitwerttheorie bietet ein immer und für beliebige Systeme anwendbares Gerüst für systematische Untersuchungen.

Die erste Aufgabe der Szenarien- und Pfadanalyse besteht darin, trotz der Vielzahl der unsicheren oder einstellbaren, oft auch zeitabhängigen Parameter die wesentlichen Entwicklungspfade des Systems relativ rasch zu erkennen, ohne daß dabei wichtige andere Entwicklungsalternativen übersehen werden. Die Effizienz dieses Versuchs, einen umfassenden Überblick über das gesamte Systemverhalten zu bekommen, hängt wesentlich davon ab, inwieweit die Parameterkonstellationen zu in sich konsistenten und plausiblen 'Szenarien' gebündelt werden können.

Die zweite Aufgabe der Szenarien- und Pfadanalyse ist es, die verschiedenen plausiblen Entwicklungspfade vergleichend zu bewerten, so daß klar wird, welcher Pfad (oder welche Pfadgruppe) vorzugsweise anzusteuern ist. Bei diesem Schritt sind Bewertungskriterien einzubauen, die die Erhaltungs- und Entfaltungsinteressen des betrachteten Systems (und u.U. auch die Interessen seines Bewirtschafters) widerspiegeln. Um hier zu einem umfassenden Bewertungsansatz zu kommen, werden die Leitwertkonzepte der Orientierungstheorie benötigt.

In diesem Abschnitt wenden wir uns noch einmal dem in Kap. 3 behandelten Miniwelt-Modell zu (Abb. 3.8 und Gl. 3.12 in Kap. 3-1.5). Wir werden es zunächst in SIMPAS programmieren. Dann werden wir uns überlegen, welche Kriterien wir für die Beurteilung der Systementwicklung formulieren können, und welche Indikatoren wir aus den Modellgrößen bilden können, um die jeweilige Kriterienerfüllung zu überprüfen. Die Berechnung der Kriterienerfüllung muß zusätzlich zu den Modellgleichungen programmiert werden. Danach werden wir zwei verschiedene Szenarien für die zukünftige Systementwicklung entwerfen, in denen jeweils in sich konsistente und plausible zeitliche Entwicklungen der System- und Szenarioparameter festgelegt sind. Die entsprechenden Simulationsläufe erzeugen nun nicht nur den zeitlichen Verlauf der interessierenden Systemgrößen, sondern außerdem den zeitlichen Ablauf der Kriterienerfüllungen. Mit diesen Informationen ist eine vergleichende Bewertung der zwei Entwicklungspfade möglich.

5-2.2 Systemgrößen und Simulationsmodell der Miniwelt (WELTSIMP)

In Kapitel 3 wurden die Modellgleichungen für ein Miniwelt-System abgeleitet, mit dem die wesentlichen Zusammenhänge zwischen Bevölkerungsentwicklung, Konsum und Umweltbelastung untersucht werden können (Abb. 3.8 und Gl. 3.12 a-e).

Um auch hier das Simulationsmodell leichter lesbar zu machen, ersetzen wir die in Kap. 3 verwendeten Kurzzeichen durch entsprechende Langnamen. Da es um die eher qualitative Analyse von Zusammenhängen und Entwicklungen geht, werden weiterhin dimensionslose relative Zustandsgrößen verwendet, während als Zeiteinheit das Jahr gewählt wird. Die folgenden neuen Bezeichnungen werden verwendet:

V =	Bevoelkerung	[-] :	Bevölkerungszahl
K =	Konsum	[-] :	spez. materieller Jahresverbrauch pro Kopf
L =	Umweltlast	[-] :	Umweltbelastung
a =	Regenerationsrate	$[a^{-1}]$:	spez. Regenerationsrate der Umwelt
b =	Geburtenrate	$[a^{-1}]$:	spez. Geburtenrate
c =	Konsumrate	$[a^{-1}]$:	spez. Konsumsteigerungsrate
d =	Sterberate	$[a^{-1}]$:	spez. Sterberate
e =	Umweltlastrate	$[a^{-1}]$:	spez. Umweltbelastungsrate/Produkteinheit

K_c =	Geburtenkontrolle [-]:	Umwelteinfluß auf Geburten
K_b =	Konsumkontrolle [-]:	Umwelteinfluß auf Konsumniveau-Steigerung

Um das Modell durchschaubarer zu machen, werden weitere Bezeichnungen für Zwischengrößen eingeführt:

Qualitaet	[-]:	Umweltqualität
Geburten	$[a^{-1}]$:	Geburten pro Jahr
Sterbefaelle	$[a^{-1}]$:	Sterbefälle pro Jahr
Zerstoerung	$[a^{-1}]$:	Umweltzerstörung pro Jahr
Regeneration	$[a^{-1}]$:	Umweltregeneration pro Jahr
Sparen	[-] :	Einfluß auf Konsum-Wachstumsrate
Steigerung	$[a^{-1}]$:	Konsum-Wachstum pro Jahr

Damit ergeben sich (aus Abb. 3.8 und Gl. 3.12 a-e) die folgenden Beziehungen (mit den Voreinstellungen für Parameter und Anfangswerte):

1. Parameter

Geburtenrate = 0.03
Sterberate = 0.01
Regenerationsrate = 0.1
Konsumrate = 0.05
Umweltlastrate = 0.02
Geburtenkontrolle = 1.0
Konsumkontrolle = 0.1

2. Anfangswerte der Zustandsgrößen

Bevoelkerung_0 = 1
Konsum_0 = 1
Umweltlast_0 = 1

3. Algebraische Zwischengrößen

Qualitaet = 1/Umweltlast
Geburten = Geburtenrate * Bevoelkerung * Qualitaet * Konsum * Geburtenkontrolle
Sterbefaelle = Sterberate * Bevoelkerung * Umweltlast
Zerstoerung = Umweltlastrate * Bevoelkerung * Konsum
Sparen = 1 - KonsumKontrolle * Umweltlast * Konsum
Steigerung = Konsumrate * Konsum * Umweltlast * Sparen
if Qualitaet < 1 then Erneuerung = Qualitaet
if Qualitaet > = 1 then Erneuerung = 1
Regeneration = Regenerationsrate * Umweltlast * Erneuerung

4. Zustandsgleichungen

d(Bevoelkerung)/dt = Geburten - Sterbefaelle
d(Konsum)/dt = Steigerung
d(Umweltlast)/dt = Zerstoerung - Regeneration

5. Laufzeitparameter

Start = 0
Final = 500
TimeStep = 0.2

Das STELLA-Strukturbild für dieses Modell zeigt Abb. 5.2. Auch hier muß wieder genau auf die korrekte Richtung der 'Flüsse' geachtet werden ('Biflow' bei 'Steigerung'!) Die SIMPAS Modelleinheit WELTSIMP ist in Programm 5.1 wiedergeben. Abb. 5.3 zeigt das Simulationsergebnis für den Standardlauf (vgl. Abb. 3.10a).

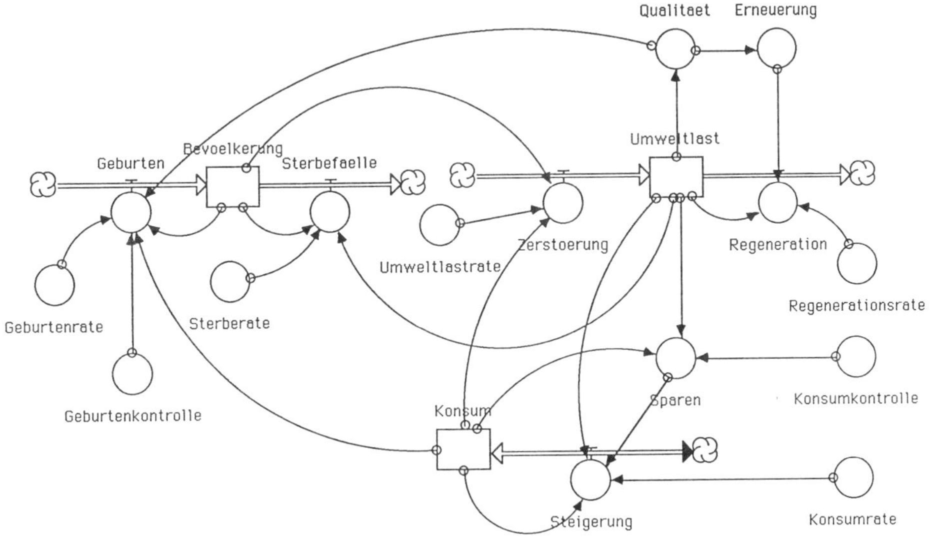


```
Bevoelkerung(t) = Bevoelkerung(t - dt) + (Geburten - Sterbefaelle) * dt
INIT Bevoelkerung = 1
INFLOWS:
  Geburten = Geburtenrate*Bevoelkerung*Qualitaet*Konsum*Geburtenkontrolle
OUTFLOWS:
  Sterbefaelle = Sterberate*Bevoelkerung*Umweltlast
Konsum(t) = Konsum(t - dt) + (Steigerung) * dt
INIT Konsum = 1
INFLOWS:
  Steigerung = Konsumrate*Konsum*Sparen*Umweltlast
Umweltlast(t) = Umweltlast(t - dt) + (Zerstoerung - Regeneration) * dt
INIT Umweltlast = 1
INFLOWS:
  Zerstoerung = Umweltlastrate*Bevoelkerung*Konsum
OUTFLOWS:
  Regeneration = Regenerationsrate*Umweltlast*Erneuerung
Erneuerung = if(Qualitaet<1) then Qualitaet else 1
Geburtenkontrolle = 1
Geburtenrate = 0.03
Konsumkontrolle = 0.1
Konsumrate = 0.05
Qualitaet = 1/Umweltlast
Regenerationsrate = 0.1
Sparen = 1-Konsumkontrolle*Umweltlast*Konsum
Sterberate = 0.01
Umweltlastrate = 0.02
```

Abb. 5.2: STELLA-Strukturdiagramm für das Mini-Weltmodell und STELLA-Ausdruck der Systemgleichungen. Die Bezeichnungen entsprechen denen des SIMPAS-Modells WELTSIMP.

```
UNIT MODEL;   (* WELTSIMP.MOD H.Bossel: Modellbildung und Simulation 910813 *)
INTERFACE
   uses Base,Crt,Graph;
   procedure InitialInfo;
   procedure ModelEqs;
   procedure Summary;
IMPLEMENTATION
   var
      Bevoelkerung, Konsum, Umweltlast, Regenerationsrate, Geburtenrate,
      Konsumrate, Sterberate, Umweltlastrate, Geburtenkontrolle,
      Konsumkontrolle, Qualitaet, Geburten, Sterbefaelle, Zerstoerung,
      Regeneration, Sparen, Steigerung, Erneuerung: real;

   procedure InitialInfo;
   begin
      Title       := 'MINI-WELTMODELL';
      Description := 'Dynamik von Bevoelkerung, Konsum, Umwelt';
      TimeUnit    := 'Jahre';
      Author      := 'H.Bossel 910512, 910813';

      StateVariable[1] := 'Bevoelkerung: (1) [rel]';
      StateVariable[2] := 'Konsum: (1) [rel]';
      StateVariable[3] := 'Umweltlast: (1) [rel]';

      ParamQuestion[1] := 'Regenerationsrate: (0.1) [1/Jahr]';
      ParamQuestion[2] := 'Umweltlastrate: (0.02) [1/Jahr]';
      ScenaQuestion[1] := 'Geburtenrate: (0.03) [1/Jahr]';
      ScenaQuestion[2] := 'Konsumrate: (0.05) [1/Jahr]';
      ScenaQuestion[3] := 'Geburtenkontrolle: (1.0) [-]';
      ScenaQuestion[4] := 'Konsumkontrolle: (0.1) [-]';
      Sterberate       := 0.01;

      Start            := 0;
      Final            := 100;
      TimeStep         := 0.2;
   end;

   procedure ModelEqs;
   begin
      if Time=Start then
      begin
         Regenerationsrate := ParamAnswer[1];
         Umweltlastrate    := ParamAnswer[2];
         Geburtenrate      := ScenaAnswer[1];
         Konsumrate        := ScenaAnswer[2];
         Geburtenkontrolle := ScenaAnswer[3];
         Konsumkontrolle   := ScenaAnswer[4];
      end;
      Bevoelkerung := State[1];
      Konsum       := State[2];
      Umweltlast   := State[3];

      Qualitaet    := 1/Umweltlast;
      Geburten     := Geburtenrate*Bevoelkerung*Qualitaet*Konsum;
      Sterbefaelle := Sterberate*Bevoelkerung*Umweltlast;
      Zerstoerung  := Umweltlastrate*Bevoelkerung*Konsum;
      Sparen       := 1 - Konsumkontrolle*Umweltlast*Konsum;
      Steigerung   := Konsumrate*Konsum*Umweltlast*Sparen;
      if Qualitaet <  1 then Erneuerung := Qualitaet;
      if Qualitaet >= 1 then Erneuerung := 1;
      Regeneration := Regenerationsrate*Umweltlast*Erneuerung;

      Rate[1]      := Geburten - Sterbefaelle;
      Rate[2]      := Steigerung;
      Rate[3]      := Zerstoerung - Regeneration;
   end;

   procedure Summary; begin end;
end.
```

Programm 5.1: WELTSIMP.MOD. SIMPAS-Modelleinheit zur Simulation eines einfachen 'Weltmodells'.

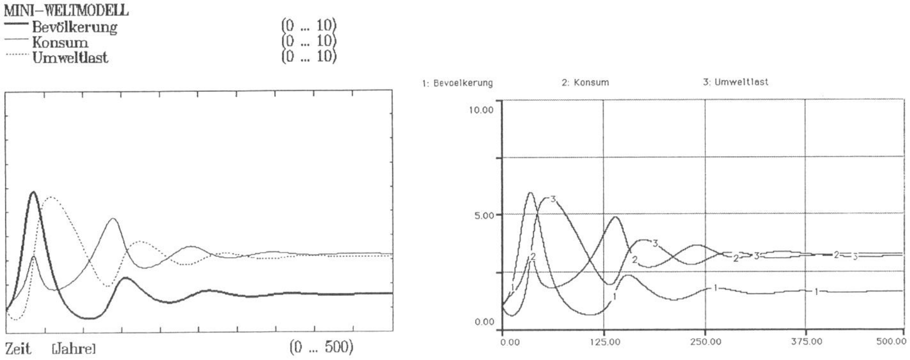

Abb. 5.3: WELTSIMP: Zeitkurven der Simulationsergebnisse des Standardszenarios des Mini-Weltmodells in SIMPAS (links) und STELLA (rechts). Die Ergebnisse entsprechen denen des einfachen Simulationsmodells WELTSIM in TurboPascal (Abb. 3.10a).

5-2.3 Kriterien und Indikatoren der Systementwicklung

Um die Ergebnisse verschiedener Simulationsläufe in ihrer Bedeutung für das simulierte System abschätzen zu können, müssen sie auf seine Leitwertdimensionen abgebildet werden. Nach unseren früheren Überlegungen zur Leitwertorientierung sind dabei zwei Aspekte getrennt zu betrachten:

1. muß überprüft werden, ob alle Leitwerte ausreichend erfüllt sind;
2. ist die Güte der Leitwerterfüllung (einzeln oder aggregiert) auszuweisen.

Aus den simulierten Systementwicklungen ist dann diejenige am günstigsten, die 1. die Minimalbedingungen aller Leitwerte einzeln erfüllt und 2. gleichzeitig (mit der geforderten Wichtung der Leitwerte) die insgesamt beste Leitwerterfüllung liefert.

Um diese Berechnungen mit dem Simulationsmodell WELTSIMP durchführen zu können, müssen wir noch entsprechende Bewertungszusammenhänge definieren und in das Modell einführen. Die folgende Implementierung des Verfahrens erhebt keinen Anspruch auf Vollständigkeit, wie auch das Modell WELTSIMP nur als grobes Abbild gewertet werden darf. Es geht hier lediglich um die Demonstration des Verfahrens.

Die zwei wesentlichen Akteure in WELTSIMP, deren Entwicklung für die Leitwerte des Gesamtsystems von erheblicher Bedeutung ist, sind die Bevölkerung und die Umwelt. Bei der Formulierung der Bewertungen müssen wir deren Interessen im Auge behalten. Um alle für das Gesamtsystem wichtigen Gesichtspunkte zu berücksichtigen, orientieren wir uns an den Leitwertdimensionen. Die verwendeten Beziehungen sind lediglich als Beispiele zu verstehen; andere Formulierungen wären möglich.

Existenz: Eine Bevölkerung hört auf als Volk zu existieren, wenn ihre Zahl unter einen kritischen Wert fällt. Ähnlich verliert Umwelt ihre Identität (als uns vertraute Umwelt), wenn ihre Qualität unter ein Minimum sinkt. Wir setzen daher die Beschränkungen

Bevoelkerung	> 0.1 !
Qualitaet	> 0.1 !

Das Ausrufungszeichen ist als "soll sein..." zu lesen. Fallen die Größen unter diesen Wert, so ist eine nicht tolerierbare Bedrohung des Leitwerts 'Existenz' zu melden.

Wirksamkeit, Effizienz: Als Maße für die Effizienz kommen hier z.B. in Betracht das Verhältnis der Umweltregeneration zur Umweltzerstörung, sowie das Verhältnis der Umweltqualität zum Konsumniveau. Wir verwenden hier die Beschränkungen

Regeneration/Zerstoerung	> 0.95	!
Qualitaet/Konsum	> 0.4	!

Bei kleineren Werten ist Verletzung des Leitwerts 'Wirksamkeit' zu melden.

Handlungsfreiheit: Wenn wir annehmen, daß das Konsumniveau materielle Möglichkeiten vermittelt, so kann es als Indikator für diese Leitwerterfüllung genommen werden. Die Handlungsfreiheit wird eingeschränkt, wenn die Umweltqualität schlecht wird (und ihre Verbesserung Mittel beansprucht). Weiter muß eine zu geringe Lebenserwartung als Einschränkung der Handlungsfreiheit verstanden werden. Wir verwenden daher die Beschränkungen

Konsum	> 0.8	!
Qualitaet	> 0.5	!
Sterbefaelle/Bevoelkerung	< 0.02	!

Die letztere Bedingung entspricht einer mittleren Lebenserwartung von 50 Jahren. Unter- bzw. Überschreitungen der Werte bedeuten Verletzung der 'Handlungsfreiheit'.

Sicherheit: Sicherheitsbedrohend ist es, wenn die Zahl der Sterbefälle die der Geburten überschreitet, die Bevölkerung also tendenziell ausstirbt. Sicherheitsbedrohend ist es aber auch, wenn die Bevölkerung sehr stark anwächst. Eine weitere Sicherheitsbedrohung folgt aus einer zunehmenden Zerstörung der Umwelt. Wir formulieren daher die Beschränkungen:

Sterbefaelle/Geburten	> 0.9	!
Sterbefaelle/Geburten	< 1.1	!
Regeneration/Zerstoerung	> 0.95	!

Wandlungsfähigkeit: Das System wird wandlungsfähiger sein, wenn z.B. die Umweltqualität relativ gut ist, die Bevölkerung nicht allzu groß ist und die Konsumsteigerung bei ausreichendem Konsumniveau nur gering oder negativ ist. Wir formulieren daher die Beschränkungen:

Qualitaet	> 0.5	!
Bevölkerung	< 4	!
Steigerung	< 0.02	!
Konsum	> 0.5	!

Rücksichtnahme: Im Modell ist die Umwelt vor völliger Zerstörung teilweise geschützt, da dies auch eine starke Verminderung der Bevölkerung bedeuten würde. Hier ist aber vorstellbar, daß aus ethischen Gründen, die über eigennützige Überlegungen hinausgehen, die Bewahrung der Umwelt als Wert für sich erwünscht ist. Als Beschränkung läßt sich hier z.B. formulieren:

Qualitaet	> 0.5	!

Bei kleineren Werten wird Verletzung des Leitwerts 'Rücksichtnahme' angezeigt.

Diese Bedingungen werden über Tabellenfunktionenen in das WELTSIMP-Modell eingefügt (s. Modell WELTWERT, Programm 5.2). In diesen Tabellenfunktionen wird hier vereinfachend angenommen, daß bei Erfüllung der oben formulierten Bedingungen der Beitrag zur Leitwerterfüllung mit zunehmender Verbesserung linear bis auf einen Maximalwert von "1" ansteigt. Man beachte, daß gelegentlich mehrere Bedingungen gleichzeitig erfüllt sein müssen, um das Minimum eines Leitwerts abzudecken. Der Leitwert gilt als nicht erfüllt, wenn auch nur eine dieser Bedingungen nicht erfüllt ist. Als Beispiel für die Verwendung von Tabellenfunktionen für die Ermittlung von Beiträgen zur Leitwerterfüllung ist in Abb. 5.4 Tabellenfunktion Nr. 6 wiedergegeben.

Um ein Maß für den Gesamtzustand der Leitwerterfüllung zu haben, addieren wir hier einfach die gewichteten Leitwertbeiträge zu einer Gesamtsumme und dividieren durch die Zahl der Leitwerte. Die Wichtungen sind Einschätzungen, die die Bedeutung jeder Leitwertdimension für die Gesamtentwicklung wiedergeben sollen.

$$\text{SATIS} = (W_{EXIS} * \text{EXIS} + W_{EFFI} * \text{EFFI} + W_{FREE} * \text{FREE} + W_{SECU} * \text{SECU} + W_{ADAP} * \text{ADAP} + W_{SOLI} * \text{SOLI}) / 6$$

Die Gesamtbefriedigung ist hier mit SATIS (satisfaction) bezeichnet. Die W_n sind Wichtungen (im Programm WELTWERT sind alle $W_n = 1$). Die Leitwerte sind mit entsprechenden Kürzeln abgekürzt: Existenz (EXIS), Wirksamkeit (EFFI), Handlungsfreiheit (FREE), Sicherheit (SECU), Wandlungsfähigkeit (ADAP), Rücksichtnahme (SOLI). Diese Berechnung der 'Befriedigung' ist in das WELTWERT-Modell (Programm 5.2) eingefügt.

Sowohl die einzelnen Leitwertbeiträge wie auch der Wert für die Gesamtbefriedigung werden durch Division durch die Zahl der Einzelbeiträge auf "1" normiert. So gibt es hier z.B. drei Einzelbeiträge (FREE1, FREE2, FREE3) zur Erfüllung des Leitwerts Handlungsfreiheit. Die Leitwerterfüllung FREE wird daher berechnet aus:

$$\text{FREE} = (\text{FREE1} + \text{FREE2} + \text{FREE3}) / 3$$

Falls auch nur einer dieser Beiträge nicht erfüllt (gleich Null) ist, wird die Leitwerterfüllung insgesamt auf Null gesetzt. Die obige Formulierung gilt daher nur wenn

$$\text{FREE1} * \text{FREE2} * \text{FREE3} > 0$$

Alle anderen Leitwertbeiträge werden sinngemäß behandelt (s. Modell WELTWERT in Programm 5.2).

MINI-WELT MIT ORIENTIERUNG - Tabellenfunktion Nr.6

FREE2 (out)

als Funktion von Qualitaet (in)

in	out
0	0
0.500	0
1.000	1.000
2.000	1.000

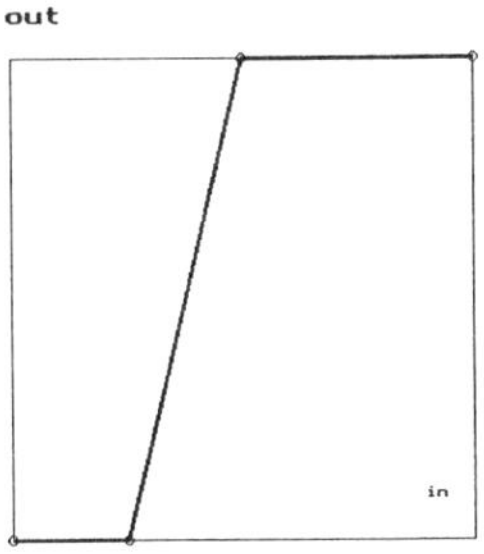

Abb. 5.4: WELTWERT: Tabellenfunktion für den Zusammenhang zwischen Umweltqualität und dem Leitwert 'Handlungsfreiheit'.

```
UNIT MODEL;   (* WELTWERT.MOD H.Bossel: Modellbildung und Simulation 910813 *)

INTERFACE
   uses Base,Crt,Graph;
   procedure InitialInfo;
   procedure ModelEqs;
   procedure Summary;

IMPLEMENTATION

   var
      Bevoelkerung, Konsum, Umweltlast, Regenerationsrate, Geburtenrate,
      Konsumrate, Sterberate, Umweltlastrate, Geburtenkontrolle,
      Konsumkontrolle, Qualitaet, Geburten, Sterbefaelle, Zerstoerung,
      Regeneration, Sparen, Steigerung, Erneuerung: real;
      EXIS1, EXIS2, EFFI1, EFFI2, FREE1, FREE2, FREE3, SECU1, SECU2,
      ADAP1, ADAP2, ADAP3, ADAP4, SOLI1, EXIS, EFFI, FREE, SECU, ADAP,
      SOLI, SATIS: real;

   procedure InitialInfo;
   begin
      Title       := 'MINI-WELTMODELL MIT LEITWERTORIENTIERUNG';
      Description := 'Dynamik von Bevoelkerung, Konsum, Umwelt';
      TimeUnit    := 'Jahre';
      Author      := 'H.Bossel 910512, 910813';

      StateVariable[1]  := 'Bevoelkerung: (1) [rel]';
      StateVariable[2]  := 'Konsum: (1) [rel]';
      StateVariable[3]  := 'Umweltlast: (1) [rel]';

      ParamQuestion[1]  := 'Regenerationsrate: (0.1) [1/Jahr]';
      ParamQuestion[2]  := 'Umweltlastrate: (0.02) [1/Jahr]';
      ScenaQuestion[1]  := 'Geburtenrate: (0.03) [1/Jahr]';
      ScenaQuestion[2]  := 'Konsumrate: (0.05) [1/Jahr]';
      ScenaQuestion[3]  := 'Geburtenkontrolle: (1.0) [-]';
      ScenaQuestion[4]  := 'Konsumkontrolle: (0.1) [-]';
      Sterberate        := 0.01;

      {Tabellenfunktionen für die Orientierung:}
      TableFunction[1]  := 'EXIS1 : Bevoelkerung /0.1,0/0.2,1//';
      TableFunction[2]  := 'EXIS2 : Qualitaet /0.1,0/0.2,1//';
      TableFunction[3]  := 'EFFI1 : Regeneration_Zerstoerung /0.95,0/1.5,1//';
      TableFunction[4]  := 'EFFI2 : Qualitaet_Konsum /0.4,0/1,1//';
      TableFunction[5]  := 'FREE1 : Konsum /0.8,0/2,1//';
      TableFunction[6]  := 'FREE2 : Qualitaet /0.5,0/1,1//';
      TableFunction[7]  := 'FREE3 : Sterbefaelle_Bevoelkerung /0.01,1/0.03,0//';
      TableFunction[8]  := 'SECU1 : Sterbefaelle_Geburten /0.9,0/1,1/1.1,0//';
      TableFunction[9]  := 'SECU2 : Regeneration_Zerstoerung /0.95,0/1.2,1//';
      TableFunction[10] := 'ADAP1 : Qualitaet /0.5,0/1.5,1//';
      TableFunction[11] := 'ADAP2 : Bevoelkerung /1.5,1/4,0//';
      TableFunction[12] := 'ADAP3 : Steigerung /0.01,1/0.02,0//';
      TableFunction[13] := 'ADAP4 : Konsum /0.5,0/2,1//';
      TableFunction[14] := 'SOLI1 : Bevoelkerung /0.5,0/1,1//';

      OutVarText[1]     := 'Leitwerterfüllung, gesamt: [-]';
      OutVarText[2]     := 'Existenz: [-]';
      OutVarText[3]     := 'Wirksamkeit: [-]';
      OutVarText[4]     := 'Handlungsfreiheit: [-]';
      OutVarText[5]     := 'Sicherheit: [-]';
      OutVarText[6]     := 'Wandlungsfähigkeit: [-]';
      OutVarText[7]     := 'Rücksichtnahme: [-]';

      Start             := 0;
      Final             := 100;
      TimeStep          := 0.2;
   end;
```

```
   procedure ModelEqs;
   begin
      if Time=Start then
      begin
         Regenerationsrate := ParamAnswer[1];
         Umweltlastrate    := ParamAnswer[2];
         Geburtenrate      := ScenaAnswer[1];
         Konsumrate        := ScenaAnswer[2];
         Geburtenkontrolle := ScenaAnswer[3];
         Konsumkontrolle   := ScenaAnswer[4];
      end;
      Bevoelkerung := State[1];
      Konsum       := State[2];
      Umweltlast   := State[3];

      Qualitaet    := 1/Umweltlast;
      Geburten     := Geburtenrate*Bevoelkerung*Qualitaet*Konsum*Geburtenkontrolle;
      Sterbefaelle := Sterberate*Bevoelkerung*Umweltlast;
      Zerstoerung  := Umweltlastrate*Bevoelkerung*Konsum;
      Sparen       := 1 - Konsumkontrolle*Umweltlast*Konsum;
      Steigerung   := Konsumrate*Konsum*Umweltlast*Sparen;
      if Qualitaet <  1 then Erneuerung := Qualitaet;
      if Qualitaet >= 1 then Erneuerung := 1;
      Regeneration := Regenerationsrate*Umweltlast*Erneuerung;

      Rate[1]      := Geburten - Sterbefaelle;
      Rate[2]      := Steigerung;
      Rate[3]      := Zerstoerung - Regeneration;

      {Orientierungsteil:}
      EXIS1 := Tbf(1,Bevoelkerung);
      EXIS2 := Tbf(2,Qualitaet);
      EFFI1 := Tbf(3,Regeneration/Zerstoerung);
      EFFI2 := Tbf(4,Qualitaet/Konsum);
      FREE1 := Tbf(5,Konsum);
      FREE2 := Tbf(6,Qualitaet);
      FREE3 := Tbf(7,Sterbefaelle/Bevoelkerung);
      SECU1 := Tbf(8,Sterbefaelle/Geburten);
      SECU2 := Tbf(9,Regeneration/Zerstoerung);
      ADAP1 := Tbf(10,Qualitaet);
      ADAP2 := Tbf(11,Bevoelkerung);
      ADAP3 := Tbf(12,Steigerung);
      ADAP4 := Tbf(13,Konsum);
      SOLI1 := Tbf(14,Qualitaet);
      if (EXIS1*EXIS2>0)
         then EXIS := (EXIS1+EXIS2)/2 else EXIS := 0;
      if (EFFI1*EFFI2>0)
         then EFFI := (EFFI1+EFFI2)/2 else EFFI := 0;
      if (FREE1*FREE2*FREE3>0)
         then FREE := (FREE1+FREE2+FREE3)/3 else FREE := 0;
      if (SECU1*SECU2>0)
         then SECU := (SECU1+SECU2)/2 else SECU := 0;
      if (ADAP1*ADAP2*ADAP3*ADAP4>0)
         then ADAP := (ADAP1+ADAP2+ADAP3+ADAP4)/4 else ADAP := 0;
      if (SOLI1>0)
         then SOLI := SOLI1 else SOLI := 0;
      SATIS := (EXIS+EFFI+FREE+SECU+ADAP+SOLI)/6;
      Outvariable[1] := SATIS;
      Outvariable[2] := EXIS;
      Outvariable[3] := EFFI;
      Outvariable[4] := FREE;
      Outvariable[5] := SECU;
      Outvariable[6] := ADAP;
      Outvariable[7] := SOLI;
   end;

   procedure Summary; begin end;
end.
```

Programm 5.2: WELTWERT.MOD. SIMPAS-Modelleinheit für ein einfaches 'Weltmodell' mit Leitwertorientierung.

5-2.4 Szenarienentwürfe und Simulationsläufe

Das Verhalten von Systemen ist teilweise durch Systemparameter und Szenarienparameter bestimmt, die beide wiederum zeitabhängig sein können. Während Systemparameter im allgemeinen bekannt sind (oder als bekannte Systemcharakteristika vorausgesetzt werden), gilt dies nicht für die Parameter, die Umwelteinflüsse auf das System beschreiben. Einwirkungen aus der Umwelt sind definitionsgemäß nicht durch das System beeinflußt; Aussagen über ihre Größe und Veränderung müssen daher aus anderen Quellen als der Systemdarstellung stammen. Im allgemeinen bleibt nur die Möglichkeit, gut begründete Annahmen über die zukünftige Entwicklung dieser Größen zu machen. Dabei muß aber das Bündel der Annahmen über die Einwirkungen aus der Systemumgebung in sich plausibel und konsistent sein. Beliebige Parameterkombinationen sind in der Praxis selten zu finden. Aus kombinatorischen Gründen zwingt die Praxis auch zur Bündelung von Annahmen.

In sich konsistente und plausible Annahmen über die zukünftige Entwicklung systembeeinflussender exogener Größen bezeichnen wir als 'Szenarien'. Die effiziente und umfassende Nutzung der Aussagemöglichkeiten gerade großer Simulationsmodelle ist nur über die Formulierung von Szenarien möglich. Ihrer Entwicklung muß daher einige Aufmerksamkeit gewidmet werden.

Zur Verdeutlichung einige Beispiele: Bei der Formulierung von Szenarien der möglichen zukünftigen Entwicklung der landwirtschaftlichen Produktion kann z.B. nicht von ökologischem Landbau basierend auf Monokulturen in viehlosen Großbetrieben auf der einen Seite und Massentierhaltung auf der anderen Seite ausgegangen werden. Bei der Simulation eines Gefahrenzustands im Landeanflug eines Verkehrsflugzeuges sind nur ganz bestimmte Parameterkonstellationen (Szenarien) zulässig.

In unserem einfachen Mini-Weltmodell wurden vier Szenarioparameter aufgenommen:

Geburtenrate
Konsumrate
Geburtenkontrolle
Konsumkontrolle

Bereits diese vier Parameter würden eine riesige Zahl möglicher Kombinationen erlauben, die aber größtenteils nicht plausibel sein würden (etwa: niedrige Geburtenrate bei fehlender Geburtenkontrolle). Um einige grundsätzliche Verhaltenstendenzen des Modells zu zeigen, überlegen wir uns im folgenden zwei unterschiedliche Szenarien, die einen Einblick in die Breite des Verhaltensspektrums des Modells unter uns interessierenden Bedingungen geben könnten.

Es ist üblich, Szenarien zusammenfassende, möglichst aussagekräftige Kurzbezeichnungen zu geben. Ein erster Szenarienkandidat ist immer die (überraschungsfreie) Weiterführung gegenwärtiger Bedingungen (Standard-Szenario, Referenz-Szenario, Status-Quo-Szenario).

Der Blick auf die Berechnung der Geburtenzahl 'Geburten' zeigt, daß dort Geburtenrate und Geburtenkontrolle als Faktoren auftauchen. Es genügt also, nur einen dieser Parameter zu verändern. Wir setzen daher Geburtenkontrolle = 1 (kein Einfluß) und beschränken uns auf Annahmen über die verbleibenden drei Parameter.

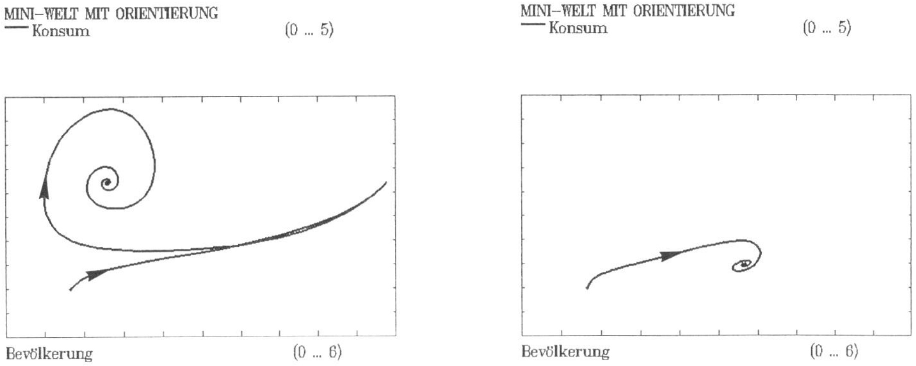

Abb. 5.5: WELTWERT: Phasenbilder der Zustandsgrößen Bevölkerung und spezifischer Konsum für das Standardszenario (links) und das Beschränkungsszenario (rechts).

Die im Modell als Voreinstellungen vorgesehenen Werte sollten bereits gegenwärtigen Bedingungen, d.h. dem **Standard-Szenario** entsprechen:

Geburtenrate	= 0.03	[1/Jahr]
Konsumrate	= 0.05	[1/Jahr]
Konsumkontrolle	= 0.1	[-]

Als Kontrast bietet sich die Untersuchung eines Szenarios an, bei dem die Geburtenrate sich an der Sterberate orientiert, die einer hohen Lebenserwartung entspricht, und bei dem die weitere Konsumsteigerung begrenzt ist. Bei konstanter Bevölkerung entspricht eine Lebenserwartung von 80 Jahren einer Sterberate von 1/80 = 0.0125, die dann gleich der Geburtenrate sein muß. Die Konsumkontrolle, aus deren Kehrwert sich im Modell der Sättigungswert des materiellen Konsums ergibt, sei gleichzeitig verfünffacht. Für das entsprechende **Beschränkungsszenario** nehmen wir daher an:

Geburtenrate	= 0.0125	[1/Jahr]
Konsumrate	= 0.05	[1/Jahr]
Konsumkontrolle	= 0.5	[-]

Die unterschiedliche Verhaltenschararakteristik der beiden Simulationsläufe zeigt sich sehr deutlich in den beiden entsprechenden Zustandsbildern in Abb. 5.5a und 5.5b. Beim **Standardszenario** wachsen Bevölkerung und Konsum zunächst stark an (bis auf einen maximalen Bevölkerungswert von 5.932). Dann bricht die hohe Bevölkerungszahl rasch zusammen, und das Gleichgewicht schwingt sich bei einem Bevölkerungswert von 1.55, einem Konsumwert von 3.22 und einer Umweltbelastung von 3.01 ein. Werden die drei Zustandsgrößen über der Zeit aufgetragen (Abb. 5.3), so zeigt sich, daß die mit dem Konsumanstieg zeitverzögert anwachsende Umweltbelastung zu dem Zusammenbruch der Bevölkerung führt.

Beim **Beschränkungsszenario** (Abb. 5.6) gibt es einen solchen Zusammenbruch nicht. Bevölkerung und Konsum wachsen relativ kontinuierlich und schwingen sich auf Gleichgewichtswerte von Bevölkerung = 3.933 und Konsum = 1.473 ein. Der Verlauf der drei Zustandsgrößen über der Zeit zeigt auch bei der Umweltbelastung nur eine allmähliche Veränderung auf einen Gleichgewichtswert von 1.357.

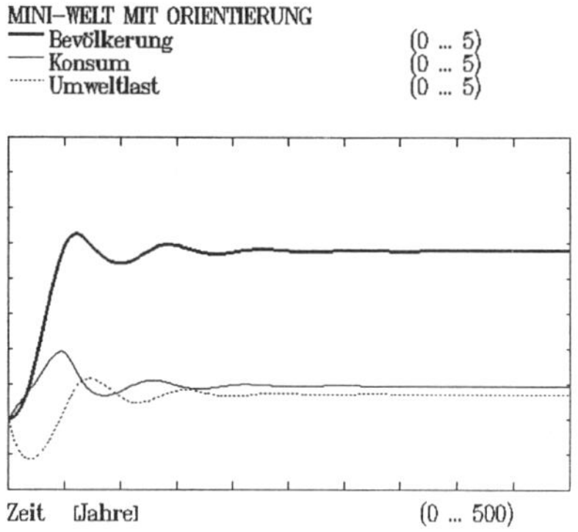

* Regenerationsrate [1/Jahr]	0.100
Umweltlastrate [1/Jahr]	2.00E-02
Geburtenrate [1/Jahr]	1.25E-02
Konsumrate [1/Jahr]	5.00E-02
Geburtenkontrolle [-]	1.000
Konsumkontrolle [-]	0.500
Bevölkerung [rel]	1.000
Konsum [rel]	1.000
Umweltlast [rel]	1.000
Beginn der Simulation [Jahre]	0
Ende der Simulation [Jahre]	500.000
Rechenschrittweite [Jahre]	0.200

Abb. 5.6: WELTWERT: Zeitkurven der Simulationsergebnisse für das Beschränkungsszenario.

5-2.5 Vergleichende Bewertung der Simulationsläufe

Die vergleichende Bewertung der zwei Simulationsläufe ist schwierig, solange man eine Bewertung lediglich über einen Vergleich der Zustandsgrößen versucht. Welche Kombinationen von Zustandswerten sind 'besser' oder 'schlechter' als andere? Welche Werte der Zustandsgrößen sind noch zulässig, welche nicht?

Mit der Abbildung des jeweiligen Systemzustands auf die Leitwerte und der Ermittlung der jeweiligen Leitwerterfüllung vereinfacht sich diese Aufgabe, das Verhalten im Hinblick auf die Gesamtinteressen des Systems zu beurteilen. Die Zusammenhänge zwischen den Modellgrößen (Indikatoren) mit den Leitwerten (Orientoren) wurden für das Mini-Weltmodell in den Tabellenfunktionen festgelegt.

Die Simulationsergebnisse für beide Szenarien lassen sich durch Ausdrucken der Leitwerterfüllungen (hier in Abständen von 50 Simulationsjahren) gut vergleichen (Abb. 5.7a und 5.7b). In beiden Fällen ist für die gesamte Simulationsperiode die Existenz des Systems gesichert, aber die anderen Leitwerterfüllungen unterscheiden sich enorm.

Beim Standardszenario sind fast während der gesamten Simulationsperiode (von 500 Jahren) alle Leitwerte außer Existenz nicht erfüllt. Beim Beschränkungsszenario dagegen gibt es nur anfangs (bei Sicherheit und Wandlungsfähigkeit) Probleme; danach pendeln sich die Leitwerterfüllungen auf akzeptable Werte ein.

Dieses Ergebnis gibt einen deutlichen Hinweis darauf, daß das Beschränkungsszenario für unsere Miniwelt große Vorteile hätte. Damit ist aber noch nicht gesagt, daß dieses Beschränkungsszenario die beste Entwicklungsmöglichkeit im Hinblick auf die Leitwerterfüllungen bietet. Hier bietet sich nun der Vergleich der Gesamtbefriedigung bei verschiedenen Szenarien an, um gezielt nach weiteren Verbesserungsmöglichkeiten zu suchen.

In Abb. 5.8 ist die Entwicklung der Gesamt-Leitwerterfüllung (SATIS) mit der SIMPAS-Option 'Parameterempfindlichkeit' in der Nähe des Ausgangsszenarios (Beschränkung) genauer untersucht worden. Wir stellen hier fest, daß sich noch weitere Verbes-

MINI-WELT MIT ORIENTIERUNG

Existenz	Wirksamkeit	Handlungsfreiheit	Sicherheit	Wandlungsfähigkeit
[-]	[-]	[-]	[-]	[-]
1.000	1.000	0.722	0	0
0.911	0	0	0	0
1.000	0	0	0	0
1.000	0	0	0	0
1.000	0	0	0	0
1.000	0	0	0	0
1.000	0	0	0	0
1.000	0	0	0.236	0
1.000	0	0	0.446	0
1.000	0	0	0.505	0
1.000	0	0	0.556	0

MINI-WELT MIT ORIENTIERUNG

Existenz	Wirksamkeit	Handlungsfreiheit	Sicherheit	Wandlungsfähigkeit
[-]	[-]	[-]	[-]	[-]
1.000	1.000	0.722	0	0
1.000	0	0.881	0	0.639
1.000	0.264	0.619	0.795	0.543
1.000	8.85E-02	0.593	0.178	0.519
1.000	0.134	0.638	0.348	0.540
1.000	0.134	0.610	0.490	0.529
1.000	0.125	0.622	0.554	0.533
1.000	0.131	0.618	0.599	0.532
1.000	0.128	0.619	0.595	0.532
1.000	0.129	0.619	0.596	0.532
1.000	0.129	0.619	0.598	0.532

Abb. 5.7: WELTWERT: Vergleich der Leitwerterfüllungen beim Standardszenario (oben) und beim Beschränkungsszenario (unten).

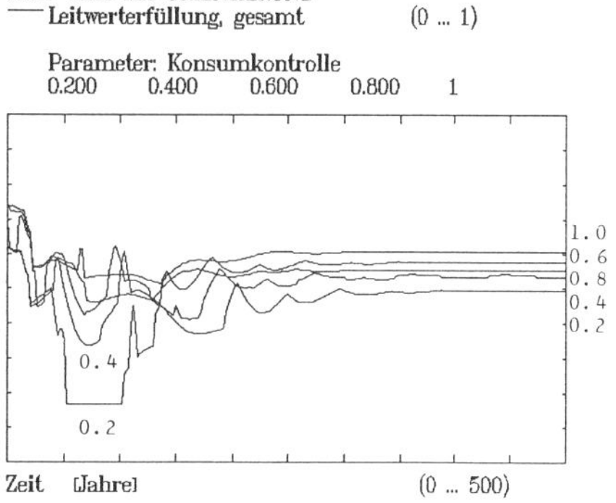

Abb. 5.8: WELTWERT: Entwicklung der Gesamt-Leitwerterfüllung beim Beschränkungsszenario in Abhängigkeit vom Parameter Konsumkontrolle.

serungen durch eine weitere Erhöhung der Konsumkontrolle (Senkung des Sättigungsniveaus) erreichen lassen. Die Zustandsbilder für die drei Zustandsgrößen zeigen deutlich (Abb. 5.9a und 5.9b), daß diese Systemzustände mit guter Leitwerterfüllung durchaus verschiedenen Kombinationen von Bevölkerung, Konsum und Umweltlast im Gleichgewichtszustand entsprechen.

Im Beispiel der Miniwelt wurden die Szenarioparameter im (simulierten) Zeitverlauf nicht verändert. Für viele praktische Untersuchungen ist diese Annahme konstanter Parameter nicht realistisch. So ist z.B. realistischer von einem allmählichen Absinken der spezifischen Geburtenrate von einem heutigen hohen auf einen späteren niedrigen Gleichgewichtswert auszugehen. Oder: die Einführung energie- und ressourcensparender Techniken ändert den Konsumsättigungswert (über die Konsumkontrolle) rasch in einem bestimmten Zeitabschnitt.

Zeitabhängigkeiten der Parameter lassen sich auf einfache Weise durch zeitabhängige Tabellenfunktionen berücksichtigen. Die weitere Bearbeitung der Simulationsläufe, insbesondere die vergleichende Ermittlung der Leitwerterfüllung, ist identisch mit dem gerade beschriebenen Weg.

Mit Untersuchungen dieser Art auf der Suche nach der 'besseren' Lösung befaßt sich auch der nächste Kapitelabschnitt.

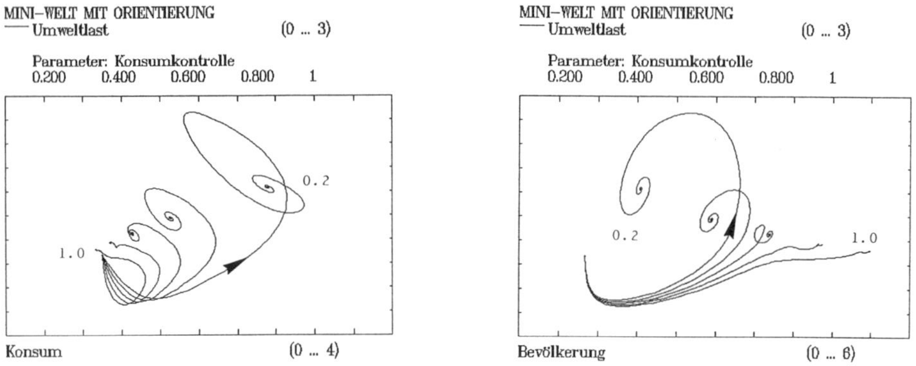

Abb. 5.9: WELTWERT: Abhängigkeit der Gleichgewichtspunkte für Umweltbelastung, spezifischer Konsum und Bevölkerung vom Parameter Konsumkontrolle im Beschränkungsszenario.

5-3 Optimierung

5-3.1 Überblick

Hinter der Entwicklung eines Simulationsmodells steckt oft genug der Wunsch, eine Steuerungs-, Verwaltungs- oder Bewirtschaftungsaufgabe 'optimal' zu lösen. Tatsächlich ist es in vielen praktischen Fällen möglich, ein eindeutiges Gütekriterium zu definieren, dessen jeweilige Erfüllung mit entsprechenden Indikatorgrößen aus dem Modellsystem jederzeit zu berechnen ist. Es verbleibt dann noch die Aufgabe, eine systematische Suche nach derjenigen Parameterkonstellation zu programmieren, die eine optimale Lösung unter Beachtung der vorgegebenen Beschränkungen (auch: 'Nebenbedingungen') liefert, bei der das Gütekriterium einen maximalen (oder minimalen) Wert aufweist. Hierzu stehen eine größere Zahl numerischer Verfahren zur Verfügung, mit denen wir uns hier aber nicht auseinandersetzen werden. Hierzu sei auf die umfangreiche Literatur zur Optimierung verwiesen.

Für die verschiedenen möglichen Parameterkonstellationen eines Systems ergeben sich unterschiedliche Gütewerte. Bei zwei Parametern lassen sich die Gütewerte als 'Höhe' über der jeweiligen Parameter-Koordinatenkombination auftragen, so daß ein 'Gütegebirge' mit 'Bergspitzen' und 'Tälern' entsteht. Aufgabe des Optimierungsprogramms ist es dann, möglichst rasch die höchsten Spitzen ausfindig zu machen. Die meisten Programme sondieren zunächst den ganzen Parameterbereich und konzentrieren sich dann auf Gebiete, in denen 'Bergspitzen' vermutet werden können. Nach diesen wird dann lokal gesucht, z.B. mit der Methode der größten Steigung, bei der das Programm dem höchsten Veränderungsgradienten folgt, bis es (auf der Bergspitze) keine Verbesserungen oder nur noch Verschlechterungen in weiteren Versuchen feststellen kann. Allerdings muß geprüft werden, ob es sich hier nicht nur um ein lokales Optimum handelt.

Ein anderer Ansatz zur numerischen Optimierung (Evolutionsstrategie) orientiert sich an Vorgängen der Evolution (Schwefel 1977). Hier werden die Parameter gleichzeitig um kleine zufällige Beträge verändert. Wenn Verbesserungen des Gütekriteriums eintreten, werden die erfolgreichen Parameter übernommen und dienen als Ausgangspunkt für die weitere Suche.

In vielen praktischen Fällen müssen nicht nur eine Vielzahl von Beschränkungen gleichzeitig eingehalten werden, sondern es müssen gleichzeitig auch noch mehrere Gütekriterien beachtet werden, die prinzipiell nicht auf ein einziges Kriterium aggregiert werden können (Beispiel: Gewinnmaximierung bei minimaler ökologischer Belastung und maximalen Sozialleistungen). Wir hatten bei der Beschäftigung mit den Leitwerten gesehen, daß derartige Aggregationen grundsätzlich nicht zulässig sind, solange nicht das notwendige Minimum jeder Leitwerterfüllung gewährleistet ist. Erst wenn dies erfüllt ist, dürfen zusammenfassende Gütekriterien definiert werden, wobei das Ergebnis der Aggregation aber von den gewählten Wichtungen abhängt. Mit den Fragen der Optimierung unter gleichzeitiger Beachtung mehrerer Gütekriterien befaßt sich die Polyoptimierung (z.B. Peschel/Riedel 1976).

Wir werden uns hier lediglich mit der Formulierung der Optimierungsaufgabe unter Verwendung eines dynamischen Simulationsmodells befassen, d.h. der Formulierung eines anwendbaren Gütekriteriums und der einzuhaltenden Beschränkungen, sowie der Definition von Indikatorgrößen zur Berechnung des Werts des Gütekriteriums. Mit diesen Ergänzungen zum Simulationsmodell kann dann die systematische Suche nach dem Optimum (oder den Optima) beginnen. Wir werden hier nur eine manuelle heuristische Suche durchführen, um das Verfahren zu erläutern. Dabei wollen wir für das Modell der Fischfangdynamik optimale Bewirtschaftungsstrategien suchen.

5-3.2 Beschränkungen und Gütekriterien für die Fischfang-Optimierung

Wir hatten in Kap. 4 zwei Varianten des Fischfang-Modells untersucht. In der ersten Fassung war die Fangmenge abhängig von der jeweiligen Fischdichte. Bei Überfischen ging die Fangmenge soweit zurück, daß wegen der geringen Fangerlöse auch die Bootsflotte reduziert wurde, so daß sich die Fischpopulation allmählich wieder erholen konnte. Einen vollständigen Zusammenbruch der Fischpopulation konnte es daher nicht geben; das System ist inhärent stabil.

In der zweiten Fassung wurde eine bessere Ortungstechnik eingeführt, mit der auch bei geringer Fischdichte noch verbleibende Restbestände aufgespürt und wirtschaftlich genutzt werden können - bis die Population soweit reduziert worden ist, das sie sich nicht mehr erholen kann. Dieses System war inhärent instabil und konnte erst durch eine Begrenzung der Fischereiflotte stabilisiert werden. Selbst dann ist aber ein Zusammenbruch möglich, wenn die Fischpopulation - z.B. durch natürliche Einflüsse - unter eine gewisse kritische Grenze fällt. Bei diesem dichteunabhängigen Fischfang wäre also von vornherein der Leitwert 'Sicherheit' nur dann erfüllbar, wenn strikte Einhaltung von Fangnormen gesichert wäre und das System außerdem auch nicht den geringsten natürlichen Schwankungen unterläge. Da diese Bedingungen nicht realistisch sind, besteht für diese Lösung immer das Risiko des plötzlichen katastrophalen Zusammenbruchs.

Bei der Optimierungsaufgabe stellt sich als erstes die Frage, was optimiert werden soll. Allein vom Standpunkt der Versorgung einer Bevölkerung her wäre der Fischertrag zu maximieren. Betrachtet man dagegen ein Fischereiunternehmen für sich, so stünde sicher der ökonomische Erfolg und damit die Profitmaximierung im Vordergrund.

Hier folgt aber sofort die Frage nach dem Zeithorizont der Optimierung: Über ein Jahr, ein Jahrzehnt, ein Jahrhundert, für immer? Offensichtlich entscheidet sich hieran bereits das Ergebnis: Wenn der Zeitraum begrenzt ist, wird die Optimierung immer dazu führen, daß am Ende der Periode noch alle erreichbaren Restbestände ausgebeutet werden. Wenn wir einen optimalen Fischertrag 'für immer', d.h. 'Nachhaltigkeit' fordern, so bedeutet das eine Dauernutzung an einem Gleichgewichtspunkt, bei dem sich die Zustandsgrößen im Fließgleichgewicht befinden.

Als Bedingung für die nachhaltige Nutzung des Systems können wir daher die Nachhaltigkeitsbeschränkung einführen:

$$\begin{aligned} d(\text{Fische})/dt &= 0\,! \\ d(\text{Boote})/dt &= 0\,! \end{aligned} \qquad (K_0)$$

mit der Nebenbedingung, daß Fische > 0, d.h. daß die Fische nicht verschwinden.

Die Maximierung der nachhaltigen Fangmenge ohne Beachtung der ökonomischen Bedingungen der Fischer ist sicher keine realistische Lösung. Wir könnten diesen Fall (z.B. einer staatlich subventionierten Fangflotte) simulieren, indem wir alle ökonomischen Berechnungen entfernen und die Bootszuwachsrate direkt an die Fangmenge koppeln. (Die Bootsverlustrate durch Alterung und Verschrottung bleibt).

Unter Wirtschaftlichkeitsbedingungen wäre dagegen der nachhaltige Nettogewinn (Profit) zu maximieren. Da Nachhaltigkeit das Verharren an einem Gleichgewichtspunkt bedeutet, so wäre dann auch die Profitrate konstant (Profit pro Zeiteinheit). Für das optimale Ergebnis am Gleichgewichtspunkt gilt dann die Forderung, daß die Profitrate (der jährliche Nettogewinn) ein Maximum erreichen soll.

$$\text{Profitrate}_{GP} = \text{max!} \qquad (K_1)$$

Das Optimierungsproblem kann übrigens immer auf entweder ein Minimierungs- oder ein Maximierungsproblem zurückgeführt werden, da

$$\max (X)! = \min (-X)!$$

Normalerweise wird der Anfangszustand der Untersuchung recht weit vom späteren Gleichgewichtspunkt entfernt liegen. Es gibt dann eine Vielzahl von möglichen Zustandspfaden, die zum Gleichgewichtspunkt führen. Man denke etwa an die stärker oder schwächer gedämpften Schwingungen des Kreispendels, bevor es zum Stillstand kommt. Beim Fischfang könnten sich für die verschiedenen Pfade verschiedene Entwicklungen der Profitrate ergeben, die in der Anfangsphase bis zum Erreichen des Gleichgewichtspunkts zu insgesamt unterschiedlichem Gesamtprofit führen. Daher könnte als Optimierungskriterium auch ein Zeitintegral formuliert werden:

$$\int_{t=0}^{T} \text{Profitrate}(t)\, dt = \text{max!} \qquad (K_2)$$

Hierbei ist T die Zeitspanne bis zum Erreichen einer definierten Annäherung an den Gleichgewichtspunkt mit Profitrate_{GP}. Auch T könnte als Gütekriterium dienen:

$$T = \text{min!} \qquad (K_3)$$

Um Versorgungsprobleme zu berücksichtigen, könnte als weiteres Kriterium gelten

$$\text{Fangmenge}_{GP} = \text{max!} \qquad (K_4)$$

oder auch wieder zur Optimierung des Einschwingvorgangs

$$\int_{t=0}^{T} \text{Fangmenge}(t)\, dt = \text{max!} \qquad (K_5)$$

Es wird deutlich, daß je nach Bewirtschaftungsinteresse verschiedene Formulierungen von Gütekriterien (hier: K_1 bis K_5) möglich und sinnvoll sein können, und daß u.U. mehrere Gütekriterien gleichzeitig optimiert werden müssen. Das ist nur möglich, wenn über eine gewichtete Summe der Kriterien Kompromisse gemacht werden können.

Da die einzelnen Kriterienbeiträge K_i sehr unterschiedliche Größenordnungen haben können, müssen sie zunächst auf ihre möglichen Maximalwerte oder andere Vergleichswerte K_i^* normiert werden, bevor die gewichtete Kriteriensumme gebildet wird. Um auch diese wieder zu normieren, wird sie durch die Summe der Wichtungen geteilt:

$$k = \Sigma_i\, w_i \cdot (K_i / K_i^*) \,/\, \Sigma\, w_i \qquad (5.1)$$

Das (dimensionslose) Gütekriterium k hat nun etwa die Größenordnung "1". Durch Multiplikation mit 100 würde sich ein Index in der Größenordnung "100" ergeben.

Die Optimierungsvorschrift könnte dann lauten

$$k = \text{max!}$$

Falls einzelne Teilkriterien K_j minimiert werden sollen, so ist in Gl. (5.1) der jeweilige Term (K_j/K_j^*) durch $(1 - (K_j/K_j^*))$ zu ersetzen.

5-3.3 Ergänzungen des Simulationsmodells für Optimierungsuntersuchungen

Um mit dem Fischfang-Modell Unterschiede zwischen einer Fangmengenoptimierung und einer Wirtschaftlichkeits-Optimierung zeigen und auch Kompromißlösungen zwischen beiden Ansätzen untersuchen zu können, formulieren wir nach Gl. (5.1) einen (dimensionslosen) Güteindex (Größenordnung "100"):

```
Guete := 100 * ((Mengenwichtung * relFangmenge) + (Profitwichtung * relProfitrate))
         /(Mengenwichtung + Profitwichtung);
```

Hierbei verwenden wir zur Definition der normierten Größen 'relFangmenge' und 'relProfitrate' (in der Prozedur ModelEqs) eine jährliche Fangmenge entsprechend der maximalen Fischkapazität (Fischpopulation an der Kapazitätsgrenze):

```
relFangmenge    := Fangmenge/maxFischkapazitaet;
relProfitrate   := Profitrate/(Fischpreis*maxFischkapazitaet);
```

Diese Berechnung wird in das Modell FISHFANG (Programm 4.4) eingesetzt.

Die Kriterienwichtungen sehen wir als Szenarioparameter in der Abfrage vor.

```
ScenaQuestion[6]  := 'Mengenwichtung: (0) [-]';
ScenaQuestion[7]  := 'Profitwichtung: (1) [-]';
```

Entsprechende Umbenennungen müssen in der Prozedur ModelEqs erscheinen:

```
Mengenwichtung  := ScenaAnswer[6];
Profitwichtung  := ScenaAnswer[7];
```

Die Berechnung der Profitrate muß neu in das Modell eingefügt werden (ModelEqs):

```
Profitrate      := Nettoeinkommen - Investitionsmittel_Boote;
```

Sie und der Güteindex sollen als Ergebnisgröße verfügbar sein:

```
OutVariable[2]  := Profitrate;
OutVariable[3]  := Guete;
```

und müssen daher auch in der Prozedur InitialInfo definiert sein:

```
OutVarText[2]   := 'Profitrate: [DM/Jahr]';
OutVarText[3]   := 'Güteindex: [-]';
```

Mit diesen Ergänzungen im Fischfang-Modell (Modell FISHOPT, Programm 5.3) lassen sich nun Simulationsläufe mit unterschiedlichen Wichtungen für Fangmenge und Profitrate durchführen. Da hier Optima aus einer Vielzahl von Läufen gewonnen werden müssen (ein formales Optimierungsprogramm wird nicht verwendet), benutzen wir die SIMPAS-Option "Parameterempfindlichkeit", die die Ergebnisse von jeweils 5 Simulationen im Vergleich bringt.

Dazu muß zunächst noch geklärt werden, für welche Parameter die Optimierung durchgeführt werden soll. Prinzipiell stehen alle System- und Szenarioparameter (mit Ausnahme der Wichtungen) zur Verfügung. Wir wollen hier aber annehmen, daß bis auf den Nettoerlös-Anteil, der in den Neuerwerb von Booten gesteckt wird (Investitionsanteil_Boote) alle anderen Parameter feste Konstanten sind. Wir verändern hier also nur diesen Parameter und die relativen Wichtungen der Fangmenge bzw. des Profits auf der Suche nach optimalen Lösungen.

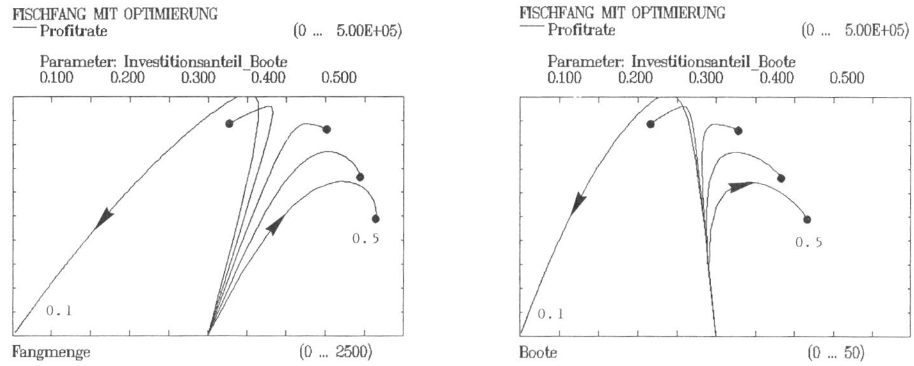

Abb. 5.10: FISHOPT ohne Ortung: Abhängigkeit der Gleichgewichtswerte der Profitrate und der Fangmenge (links) bzw. Bootszahl (rechts) vom Investitionsanteil_Boote. Maximale Profitrate bei einem Investitionsanteil von etwa 0.25.

5-3.4 Suche nach optimalem Investitionsanteil bei Fischfang ohne Ortungstechnik

Für ein nach Wirtschaftlichkeitsgesichtspunkten arbeitendes Fischereiunternehmen wäre als wichtige Frage zu klären, wieviel Prozent des jährlichen Gewinns (hier: Nettoeinkommen) unter Gleichgewichtsbedingungen wieder in die Neuanschaffung von Booten investiert werden sollten. Eine hohe Bootszahl bedeutet hohe Unterhalts- und Betriebskosten und beschneidet damit den höheren Gewinn, den eine größere Bootsflotte bringen kann; eine zu geringe Bootszahl liefert nur eine geringe Fangmenge und damit ebenfalls geringen Gewinn.

Für die folgenden Untersuchungen verwenden wir zunächst die Standardeinstellungen des Modells FISHOPT (Programm 5.3). Beim dichteabhängigen Fischfang ist (wie in Kap. 4. gezeigt) nicht zu befürchten, daß selbst bei großer Bootszahl die Fischpopulation zusammenbricht.

Werden die Orte der Gleichgewichtswerte für unterschiedliche Investitionsanteile in der Darstellung der Profitrate in Abhängigkeit von der Fangmenge und der Bootszahl miteinander durch Kurven verbunden (Abb. 5.10a und b), so zeigt sich deutlich ein Maximum der Profitrate (etwa 470'000 DM/Jahr) bei einem Investitionsanteil von 0.25 (25%) und einer Bootszahl von 23. Die erzielte Fangmenge (bei 1800 t Fisch/Jahr) liegt dann aber erheblich unter der 'unter Einsatz aller Kräfte' (und bei Vernachlässigung ökonomischer Gesichtspunkte) erreichbaren Fangmenge von 2500, bei einem Investitionsanteil von 1 (100%) und 43 Booten.

Wie sich das Optimum verschiebt, wenn die Kriterien 'Profit' und 'Fangmenge' unterschiedlich gewichtet werden, zeigen Abb. 5.11a und b. Wird die Fangmenge fünfmal so hoch bewertet wie der Profit, so verschiebt sich das Optimum des Güteindex zu einem hohen Investitionsanteil von > 0.9 und einer entsprechend hohen Bootszahl von etwa 45 (Abb. 5.11a). Wird umgekehrt der Profit fünfmal so hoch bewertet wie die Fangmenge, so liegt das Optimum des Investitionsanteils bei etwa 0.3 mit einer Bootszahl von etwa 27 (Abb. 5.11b). Das Ergebnis ist also sehr deutlich abhängig von den Wichtungen der verschiedenen Kriterien im für die Optimierung benutzten Güteindex.

```
UNIT MODEL;   (* FISHOPT.MOD H.Bossel: Modellbildung und Simulation 910612, 910814 *)

INTERFACE
   uses Base,Crt,Graph;
   procedure InitialInfo;
   procedure ModelEqs;
   procedure Summary;

IMPLEMENTATION
   var
      Fische, Boote, Fanggebiet, spezFischkapazitaet, maxFischkapazitaet, maxSpezFischzuwachsrate,
      spezUnterhaltskosten, Bootsneukosten, Bootslebensdauer, spezStillegungsrate, maxSpezFangmenge,
      Fischpreis, Investitionsanteil_Boote, Fischdichte, Fischzuwachs, Fangpotential, Fangmenge,
      Fangerloes, Bootsunterhalt, Nettoeinkommen, Fangchance, Investitionsmittel_Boote,
      Neuerwerb_Boote, Stillegung_Boote, MaxBootszahl, Mengenwichtung, Profitwichtung,
      Profitrate, relFangmenge, relProfitrate, Guete: real;
      p, i, q, o, d, k, f, a, c, e, FischGP, BootGP: real;
      Ortungstechnik: boolean;

   procedure InitialInfo;
   begin
      Title       := 'FISCHFANG-DYNAMIK MIT OPTIMIERUNGSKRITERIEN';
      Description := 'Fischpopulation, Fischereiflotte, Kriterien mit Wichtung';
      TimeUnit    := 'Jahre';
      Author      := 'H.Bossel: Modellbildung und Simulation 910612, 910814';

      StateVariable[1]    := 'Fische: (5000) [t Fisch]';
      StateVariable[2]    := 'Boote: (100) [Boote]';
      Fanggebiet          := 100; {km²}
      spezFischkapazitaet := 100; {t Fisch/km²}
      maxFischkapazitaet  := Fanggebiet * spezFischkapazitaet; {t Fisch}
      Fangchance          := 0.8;

      ParamQuestion[1] := 'maxSpezFischzuwachsrate: (1) [1/Jahr]';
      ParamQuestion[2] := 'spezUnterhaltskosten: (50000) [DM/(Boot.Jahr)]';
      ParamQuestion[3] := 'BootsNeukosten: (100000) [DM/Boot]';
      ParamQuestion[4] := 'Bootslebensdauer: (15) [Jahre]';

      ScenaQuestion[1] := 'maxSpezFangmenge: (100) [t Fisch/(Boot.Jahr)]';
      ScenaQuestion[2] := 'Fischpreis: (1000) [DM/t Fisch]';
      ScenaQuestion[3] := 'Investitionsanteil_Boote: (0.5) [-]';
      ScenaQuestion[4] := 'Ortungstechnik (0/1): (0) [-]';
      ScenaQuestion[5] := 'Maximale Bootszahl: (1000) [Boote]';
      ScenaQuestion[6] := 'Mengenwichtung: (0) [-]';
      ScenaQuestion[7] := 'Profitwichtung: (1) [-]';

      OutVarText[1] := 'Fangmenge: [t Fisch/Jahr]';
      OutVarText[2] := 'Profitrate: [DM/Jahr]';
      OutVarText[3] := 'Güteindex: [-]';
      Start         := 0;
      Final         := 20;
      TimeStep      := 0.02;
   end;

   procedure ModelEqs;
   begin
      if Time=Start then
      begin
         maxSpezFischzuwachsrate  := ParamAnswer[1];
         spezUnterhaltskosten     := ParamAnswer[2];
         Bootsneukosten           := ParamAnswer[3];
         Bootslebensdauer         := ParamAnswer[4];
         spezStillegungsrate      := 1/Bootslebensdauer;
         maxSpezFangmenge         := ScenaAnswer[1];
         Fischpreis               := ScenaAnswer[2];
         Investitionsanteil_Boote := ScenaAnswer[3];
         if ScenaAnswer[4] = 1 then
                  Ortungstechnik := true
            else Ortungstechnik := false;
         MaxBootszahl             := ScenaAnswer[5];
         Mengenwichtung           := ScenaAnswer[6];
         Profitwichtung           := ScenaAnswer[7];
      end;
```

```
        if State[1]<0 then State[1] := 0;
        Fische := State[1];
        Boote  := State[2];

        Fischdichte      := Fische / maxFischkapazitaet;
        Fischzuwachs     := maxSpezFischzuwachsrate * Fische * (1 - Fischdichte);
        Fangpotential    := maxSpezFangmenge * Boote;
        if not Ortungstechnik then
           Fangmenge     := Fangpotential * Fischdichte;
        if Ortungstechnik then
           if Fische>0 then
              Fangmenge := Fangpotential * Fangchance
           else Fangmenge := 0;
        Fangerloes       := Fischpreis * Fangmenge;
        Bootsunterhalt   := spezUnterhaltskosten * Boote;
        Nettoeinkommen   := Fangerloes - Bootsunterhalt;
        Investitionsmittel_Boote := Investitionsanteil_Boote * Nettoeinkommen;
        Neuerwerb_Boote  := Investitionsmittel_Boote / Bootsneukosten;
        if Boote>MaxBootszahl then
           Neuerwerb_Boote := 0;
        Stillegung_Boote := spezStillegungsrate * Boote;
        Profitrate       := Nettoeinkommen - Investitionsmittel_Boote;
        relFangmenge     := Fangmenge/maxFischkapazitaet;
        relProfitrate    := Profitrate/(Fischpreis*maxFischkapazitaet);
        Guete := ((Mengenwichtung*relFangmenge)+(Profitwichtung*relProfitrate))
                 *100/(Mengenwichtung+Profitwichtung);

        Rate[1]          := Fischzuwachs - Fangmenge;
        Rate[2]          := Neuerwerb_Boote - Stillegung_Boote;
        OutVariable[1]   := Fangmenge;
        OutVariable[2]   := Profitrate;
        OutVariable[3]   := Guete;
     end;

     procedure Summary;
     begin
        p := Fischpreis;
        i := Investitionsanteil_Boote;
        q := Bootsneukosten;
        o := spezUnterhaltskosten;
        d := spezStillegungsrate;
        k := maxFischkapazitaet;
        f := maxSpezFangmenge;
        a := maxSpezFischzuwachsrate;
        c := p*i/q;
        e := o*i/q+d;
        FischGP := k*e/(f*c);
        BootGP  := (k*a/f)*(1-e/(f*c));
        if BootGP <= 0 then
        begin
           FischGP := k;
           BootGP  := 0;
        end;
        ClrScr;
        writeln;
        writeln (title);
        writeln;
        writeln ('Gleichgewichtspunkte:');
        writeln;
        writeln ('Fische [t Fisch] :  ', FischGP:6:0);
        writeln ('Boote  [Boote]   :  ', BootGP:6:0);
        readln;
     end;
  end.
```

Programm 5.3: FISHOPT.MOD. SIMPAS-Modelleinheit mit Gütekriterien und Kriteriengewichtung zur Optimierung von Entscheidungsparametern des Fischfangmodells.

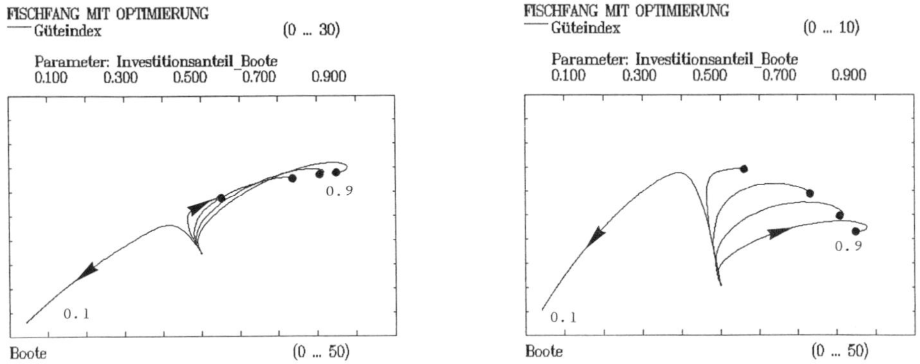

Abb. 5.11: FISHOPT ohne Ortung: Verschiebung des optimalen Werts für den Güteindex in Abhängigkeit von der relativen Wichtung von Fangmenge (links: 5, rechts: 1) und Profit (links: 1, rechts: 5).

5-3.5 Suche nach optimalem Investitionsanteil bei Fischfang mit Ortungstechnik

Wird eine Ortungstechnik verwendet, so verändert sich das Verhalten des Fischfangsystems radikal, wie in Kap. 4 gezeigt wurde. Man vergleiche hierzu die Zustandsbilder 4.15 und 4.20. Beim (dichteabhängigen) Fischfang ohne Ortungstechnik kann die Fischpopulation nicht zusammenbrechen (Abb. 4.15). Beim (dichteunabhängigen) Fischfang mit Ortungstechnik dagegen kann nur eine strikte Begrenzung der Bootszahl zu einem Gleichgewichtszustand mit nachhaltiger Nutzung führen (Abb. 4.20). Ist anfangs der Fischbestand noch klein, so bricht auch bei anfangs noch geringerer Bootszahl der Fischbestand völlig zusammen. In den folgenden Untersuchungen wählen wir daher einen geringen Anfangswert von 10 für die Bootszahl und optimieren ausschließlich im Hinblick auf die Profitrate. Die 'Ortungstechnik' wird auf "1" gesetzt, die Zeitgrenze auf 100 Jahre.

Wir grenzen zunächst wieder den Investitionsanteil für eine optimale Profitrate ein und suchen dann nach der Bootszahlgrenze, die maximalen Profit verspricht. Wird die Bootszahl zunächst auf 25 begrenzt, so ergibt sich ein optimaler Investitionsanteil von etwa 0.3. Mit diesem Wert werden die weiteren Untersuchungen durchgeführt. Wird die Profitrate über der Fischpopulation aufgetragen (Abb. 5.12) so zeigt sich (für Bootszahlen von 30 bis 34) ein Profitanstieg, der aber bei einer Bootszahl von $\geq$ 32 nicht zu einer stabilen Gleichgewichtslösung, sondern zu einem Zusammenbruch der Fischpopulation führt. Das optimale Ergebnis ergibt sich bei einer Begrenzung der Bootszahl auf 31 mit einer Profitrate von etwa 680'000 DM/Jahr.

Der Vergleich mit der Optimierung des dichteabhängigen Fischfangs (Profitrate 470'000, 23 Boote), zeigt ein wesentlich günstigeres ökonomisches Ergebnis bei Einsatz der Ortungstechnik, doch wird dies erkauft durch Bewirtschaftung an der Stabilitätsgrenze des Systems. Geringes Überfischen führt hier zum Zusammenbruch der Fischpopulation (und damit zum Zusammenbruch der Fischereiindustrie). Setzen wir eine Obergrenze von 30 Booten an, so zeigt die Untersuchung der Abhängigkeit der Profitrate vom Fischpreis (Abb. 5.13) einen stark nichtlinearen Zusammenhang: Unter einem Preis von 800 DM/t Fisch rentiert sich der Fischfang nicht mehr.

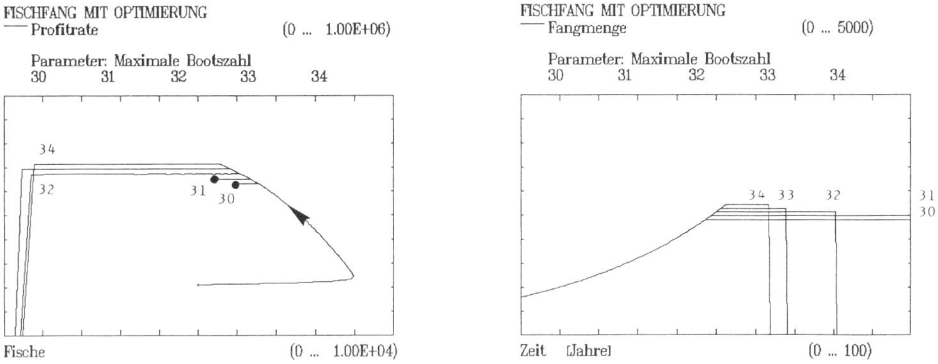

Abb. 5.12: FISHOPT mit Ortung: Profitrate und Nachhaltigkeit in Abhängigkeit vom Parameter maximale Bootszahl. Das optimale Ergebnis zeigt sich genau an der Stabilitätsgrenze.

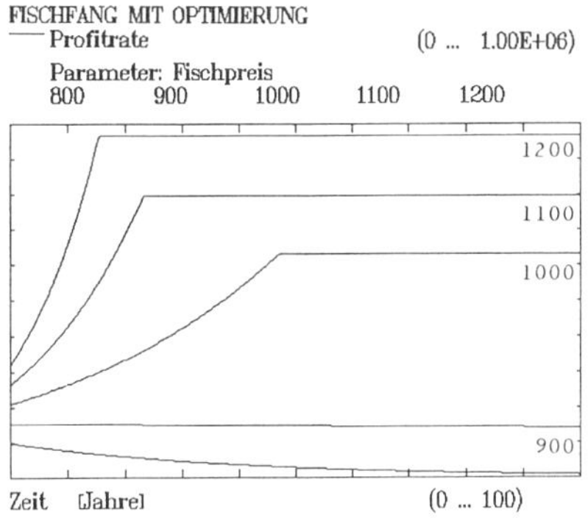

* maxSpezFischzuwachsrate [1/Jahr]	1.000
spezUnterhaltskosten [DM/(Boot.Jahr)]	5.00E+04
BootsNeukosten [DM/Boot]	1.00E+05
Bootslebensdauer [Jahre]	15.000
maxSpezFangmenge [t Fisch/(Boot.Jahr)	100.000
Fischpreis [DM/t Fisch]	1000.000
Investitionsanteil_Boote [-]	0.300
Ortungstechnik (0/1) [-]	1.000
Maximale Bootszahl [Boote]	30.000
Mengenwichtung [-]	0
Profitwichtung [-]	1.000
Fische [t Fisch]	5000.000
Boote [Boote]	10.000
Beginn der Simulation [Jahre]	0
Ende der Simulation [Jahre]	100.000
Rechenschrittweite [Jahre]	2.00E-02

Abb. 5.13: FISHOPT mit Ortung: Starke nichtlineare Abhängigkeit der Profitrate vom Fischpreis.

5-3.6 Optimierung über einen Zeitpfad

Bei den hier gezeigten Beispielen haben wir nach optimalen Parameterwerten unter Gleichgewichtsbedingungen gesucht, ohne dabei die Entwicklung vom Ausgangszustand zum Gleichgewichtszustand zu berücksichtigen. In der Realität wird man meist auch den Übergangspfad vom Ausgangszustand zum Gleichgewichtszustand in die Untersuchung einbeziehen müssen. Um die Bedingungen (Parametereinstellungen) zu finden, die etwa die Übergangsperiode möglichst kurz und die Gewinnsumme möglichst hoch werden lassen, muß ein Güteindex aus einem entsprechend gewichteten Zeitintegral gebildet werden, das bis zum Erreichen des erstrebten Gleichgewichtszustands (z.B. einer angestrebten Zahl von Booten) optimiert werden soll. Z.B.

$$\text{Uebergangsguete} := \int_0^T (\text{Profitwichtung} * \text{relProfitrate} - \text{Zeitwichtung})\, dt \;/ (\text{Zeitwichtung} + \text{Profitwichtung})$$

Die Bildung zeitintegrierter Gütekriterien wurde bereits am Beginn dieses Abschnitts behandelt. Das negative Vorzeichen berücksichtigt, daß der Zeitbeitrag minimiert werden soll; der Gesamtindex ist daher zu maximieren.

5-4 Stabilisierung und Regelung

5-4.1 Überblick

Bei der Evolution natürlicher Systeme hat die systemnotwendige Orientierung an den Leitwerten dafür gesorgt, daß nur Systeme (Organismen, Ökosysteme) mit einer im allgemeinen robusten adaptiven Regelung überlebten. Durch menschliche Eingriffe und andere indirekt vom Menschen verursachte Einwirkungen (z.B. Umweltbelastungen) werden diese Regelmechanismen aber oft gestört oder zerstört und können ihre Regelfunktion nicht mehr wahrnehmen. So muß der Mensch etwa bei den vom ihm massiv veränderten Systemen in der Land- und Forstwirtschaft ständig regelnd und stabilisierend eingreifen, um diese Systeme im gewünschten Zustand zu halten (Schädlings- und Unkrautbekämpfung, Bewässerung, Düngung, Erosionsschutz).

Die Regelungs- und Stabilisierungsaufgabe stellt sich noch direkter bei vielen technischen Systemen, die ohne eine spezielle Strukturergänzung durch regelnde Komponenten oder ein spezielles Regelsystem hoffnungslos instabil wären und nicht sicher verwendet werden könnten. Beispiele sind: Flugzeuge, chemische Reaktoren, Atomkraftwerke. Nicht immer gelingt es dabei inhärente Stabilität zu erreichen, die auch bei Ausfall aller Leistungsquellen noch bestehen bleibt (wie etwa bei Flugzeugen durch sorgfältige Abstimmung der verschiedenen Kräfte und Momente).

Festzuhalten bleibt, daß instabile System durch entsprechende Strukturergänzungen prinzipiell stabilisiert werden können. Mit dieser wichtigen Aufgabe der Analyse und Synthese von Regelsystemen befaßt sich die Regeltheorie.

Die Aufgabe, ein System durch eine Strukturergänzung zu stabilisieren, steht in direktem Bezug zu den Leitwerten. In erster Linie soll die Strukturergänzung die Sicherheit (Leitwert) des Systems durch Wahrung seiner Stabilität gewährleisten und damit auch die Existenz (Leitwert) garantieren. Der Regelvorgang selbst soll effizient sein, d.h. rasch und mit möglichst geringem Energieaufwand verlaufen (Leitwert Wirksamkeit). Nach Möglichkeit sollte sich das Regelsystem an veränderliche Umweltbedingungen anpassen können (Adaptivität, Wandlungsfähigkeit). Die Regelung soll Handlungsfreiheit (Leitwert) verschaffen, so daß sich etwa der Betreiber (z.B. Pilot) als Teil des Gesamtsystems nicht ständig mit Stabilisierungsaufgaben herumschlagen muß, sondern sich anderen Aufgaben widmen kann.

In diesem Abschnitt befassen wir uns mit der Stabilisierung eines anfangs hoffnungslos instabilen Systems, nämlich des (in Kapitel 3 und 4 besprochenen) Kreispendels an seinem oberen Totpunkt. Wir werden uns zunächst eine Strukturergänzung überlegen, die zu einer Stabilisierung führen könnte. Für diese neue Struktur werden dann die Bewegungsgleichungen abgeleitet, die sich als hochgradig nichtlinear herausstellen. Da wir davon ausgehen, daß uns die Stabilisierungsaufgabe gelingen wird und das Pendel dann bei seinen Bewegungen in der Nähe des oberen Totpunkts verbleibt, können wir die Bewegungsgleichungen durch Linearisierung wesentlich vereinfachen. Wir entwerfen dann eine Regelfunktion, die von den Zustandsgrößen des Systems abhängt und lassen deren Parameter zunächst offen. Damit haben wir die notwendigen Gleichungen für das entsprechende Simulationsmodell. In mehrfachen Simulationen suchen wir nach Kombinationen von Regelparametern, die ein gutes Stabilitätsverhalten bringen. Dabei hilft die Einführung eines Gütekriteriums für die Effizienz der Regelung (minimaler Energieverbrauch).

5-4.2 Stabilisierung durch geänderte Systemstruktur: Systemgleichungen

Aus Erfahrung (Balancieren eines Besenstiels) wissen wir, daß ein instabiles System wie das Kreispendel an seinem oberen Totpunkt stabilisiert werden kann, wenn der Drehpunkt geschickt und rechtzeitig so zur Seite bewegt wird, daß diese Bewegung der Fallbewegung entgegenkommt und sie auffängt. Eine Verschiebung des Drehpunkts ist also zur Stabilisierung notwendig und muß im geänderten System und seinen Bewegungsgleichungen eine Rolle spielen.

Um das Pendel zu stabilisieren, könnten wir es mit seinem Drehpunkt mittels eines Kippgelenks auf einem kleinen Wagen montieren, dessen Räder von einem kleinen (batteriegetriebenen) Elektromotor vorwärts und rückwärts angetrieben werden können. (Wir wollen hier vereinfachend annehmen, daß das Pendel sich nur in einer Ebene bewegen kann). Am Wagen und am Pendel sind Sensoren montiert, die Informationen über den jeweiligen Zustand des Systems an einen Regler weitergeben, der wiederum den Elektroantrieb entsprechend steuert. Die relevanten Zustandsgrößen und die Reaktion des Reglers darauf müssen wir im folgenden noch bestimmen.

Zunächst einmal stellen wir fest, daß unser System komplizierter geworden ist, und die Beschreibung durch die Systemgleichungen des nichtlinearen Kreispendels nicht mehr ausreicht. Das Gesamtsystem besteht aus dem Pendel **und** dem Wagen mit seinem über ein Regelsystem gesteuerten Antrieb. Da der Wagen eine bestimmte Masse hat, die bei jeder Korrektur der Stabbewegung ebenfalls beschleunigt (oder verzögert) werden muß, müssen wir nun Wagen und Pendel als eine dynamische Einheit betrachten und die Bewegungsgleichungen entsprechend neu ableiten.

Dieses System ist in Abb. 5.14 skizziert. Das Pendel der Länge L mit der Pendelmasse m ist an seinem unteren Ende auf einem Wagen der Masse M gelagert, so daß es in einer Ebene (Papierebene) um den Winkel ß kippen kann. Um die Kippbewegung aufzufangen, kann der Wagen durch eine Regelkraft u in der x-Richtung (Papierebene) nach links oder rechts verschoben werden. Es ist eine Regelfunktion zu finden, die in Reaktion auf die Kipp- und Fahrbewegung zu einer stabilisierenden Regelkraft u(t) führt.

Die Bewegungsgleichungen ergeben sich aus der (üblichen) Bedingung, daß die Summen der Kräfte und Momente sowohl am Pendel wie auch am Wagen verschwinden müssen. Zur Herleitung wird das Gesamtsystem am Kipplager 'aufgeschnitten', wobei dann die dort herrschenden Reaktionskräfte in horizontaler Richtung H und vertikaler Richtung V entsprechend berücksichtigt werden müssen.

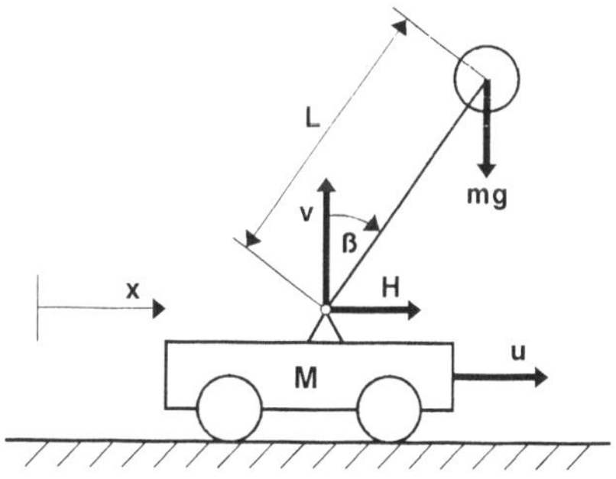

Abb. 5.14: Realisierung des Balanzierens eines umgekehrten Pendels durch einen über die Kippbewegung geregelten Wagen.

Die horizontale Beschleunigungskraft am Wagen ist gleich der Regelkraft minus der vom Pendel herrührenden horizontalen Auflagerkraft. Am Pendel selbst ist diese horizontale Auflagerkraft wiederum gleich der Horizontalkomponente der Beschleunigungskraft des Stabschwerpunkts. Die vertikale Beschleunigungskraft am Pendelschwerpunkt ergibt sich aus der vertikalen Auflagerkraft minus der im Pendelschwerpunkt angreifenden Gewichtskraft des Pendels. Um die Dynamik vollständig zu erfassen, muß schließlich noch die Momentensumme um den Pendelschwerpunkt gebildet werden: Das Beschleunigungsmoment folgt aus der Summe der Momente, die sich aus der vertikalen bzw. horizontalen Auflagerkraft und ihrem jeweiligen Abstand vom Pendelschwerpunkt ergeben.

Kräfte am Wagen (nur horizontal):

$$u - H = M\, d^2x/dt^2$$

Kräfte am Stab:

$$H = m\, d^2(x + L \sin ß)/dt^2$$

$$V - mg = m\, d^2(L \cos ß)/dt^2$$

Momentensumme um den Pendelschwerpunkt:

$$V L \sin ß - H L \cos ß = I\, d^2ß/dt^2$$

Hier steht auf der rechten Seite das Produkt des Trägheitsmoment des Pendels mit der Winkelbeschleunigung. Wenn wir annehmen, daß die Pendelmasse in einer Kugel vom Radius r konzentriert und der Stab gewichtslos ist, so ist

$$I = (2/5)\, m\, r^2$$

(Für einen Stab der Masse m und Länge L wäre $I = (1/12)\, m\, L^2$).

In den Gleichungen für die horizontalen und vertikalen Kräfte am Pendel stehen die zweiten Ableitungen der Stabschwerpunktkoordinaten nach der Zeit. Werden diese Ausdrücke ausdifferenziert, so ergeben sich jetzt insgesamt vier recht komplizierte Bewegungsgleichungen für die Unbekannten ß, x, V und H. Die nichtlinearen Ausdrücke in diesen Gleichungen machen die mathematische Analyse fast unmöglich.

An dieser Stelle müssen wir uns daran erinnern, was der Zweck der Untersuchung ist: Es geht schließlich nicht um die präzise Beschreibung der komplexen Bewegungsabläufe etwa auch für große Kippwinkel, sondern es soll ein Regler gefunden werden, der diese Auslenkungen von vornherein möglichst klein hält. Wenn wir also davon ausgehen, daß uns dies gelingen wird, so können wir das Gleichungssystem erheblich vereinfachen, indem wir annehmen, daß der Winkel sich zwar ständig verändert, daß aber sein Betrag dank der Regelung immer sehr klein bleibt (wenige Winkelgrade).

Unter diesen Bedingungen gilt bekanntermaßen, daß der Sinus eines kleinen Winkels etwa gleich dem Winkel (in Bogengrad!) selbst, der Cosinus aber etwa 1 wird. Führen wir diese Annahmen in das Gleichungssystem ein, so ergeben sich bereits erhebliche Vereinfachungen. In den Gleichungen tauchen aber immer noch nichtlineare Terme auf. Es handelt sich hier um Produkte des Kippwinkels und seiner ersten und zweiten Ableitungen (Winkelgeschwindigkeit und Winkelbeschleunigung).

Da wir von der Annahme ausgehen, daß der Winkel immer relativ klein bleibt, so wird auch die Winkelgeschwindigkeit relativ klein sein. Werden zwei derartig kleine Größen miteinander multipliziert, so ist das Produkt erst recht sehr klein und kann daher für die Zwecke der Untersuchung vernachlässigt werden. Damit bekommen wir nun vier relativ einfache Gleichungen, aus denen sich außerdem noch die Auflagekräfte H und V eliminieren lassen, so daß noch zwei Differentialgleichungen für ß und x übrigbleiben:

$$(I + m L^2)\, d^2ß/dt^2 + m L\, d^2x/dt^2 - m g L ß = 0$$

$$m L\, d^2ß/dt^2 + (m + M)\, d^2x/dt^2 = u$$

Werden diese Gleichungen nach den höchsten Ableitungen aufgelöst, so ergeben sich die Systemgleichungen in der einfachen Form

$$d^2ß/dt^2 = a ß + b u$$

$$d^2x/dt^2 = c ß + d u$$

Hierbei wurden die folgenden Abkürzungen verwendet:

$$A = I (m + M) + m M L^2$$

$$a = g (m + M) m L / A$$

$$b = - m L / A$$

$$c = - g m^2 L^2 / A$$

$$d = (I + m L^2) / A$$

(Zur Herleitung der Systemgleichungen s. Bossel 1987/1989 (206-207).)

Die zwei abgeleiteten Differentialgleichungen zweiter Ordnung sagen aus, daß die Winkelbeschleunigung sich aus dem jeweiligen Kippwinkel ß und der Regelkraft u ergibt, während die Fahrbeschleunigung des Wagens sich ebenfalls aus dem Kippwinkel und der Regelkraft berechnet. Offensichtlich sind der jeweilige Kippwinkel und die Fahrposition Zustandsgrößen des Systems. Da sich aber beide nur durch zweifache Integration der Winkelbeschleunigung bzw. der Fahrbeschleunigung ergeben, so verstecken sich in dieser Formulierung noch als weitere Zustandsgrößen die Winkelgeschwindigkeit und die Fahrgeschwindigkeit.

In den Systemgleichungen ist die Reglerfunktion u bislang noch undefiniert. Um eine Regelung durchführen zu können, muß der Regler über den Zustand des Systems informiert sein. Prinzipiell ist daher zunächst anzunehmen, daß jede der vier Zustandsgrößen in den Regler gekoppelt wird. Wenn wir ansetzen, daß u eine lineare Funktion von Winkel ß, Winkelgeschwindigkeit dß/dt, Position x und Geschwindigkeit dx/dt ist,

$$u = k_ß ß + k_{ßt}\, dß/dt + k_x x + k_{xt}\, dx/dt$$

dann sind die Systemgleichungen linear und erlauben (auch) eine analytische Lösung. Im folgenden befassen wir uns allerdings nur mit der Simulation, d.h. der numerischen Integration dieses Systems.

Die Ableitung ergab zwei Differentialgleichungen jeweils zweiter Ordnung, d.h. ein System vierter Ordnung, das sich auch durch vier Differentialgleichungen jeweils erster Ordnung ausdrücken läßt. Mit

$$z_1 = ß,\ z_2 = dß/dt,\ z_3 = x,\ z_4 = dx/dt$$

ergibt sich das System

$$dz_1/dt = z_2 \qquad (5.2)$$
$$dz_2/dt = a\,z_1 + b\,u$$
$$dz_3/dt = z_4$$
$$dz_4/dt = c\,z_1 + d\,u$$

mit der Reglerfunktion

$$u = k_ß\,z_1 + k_{ßt}\,z_2 + k_x\,z_3 + k_{xt}\,z_4 \qquad (5.3)$$

Für die Simulation verwenden wir die Systemgleichungen in dieser Form.

Das hier gezeigte Verfahren der Entwicklung der Systemgleichungen ist von grundlegender Bedeutung. Es hat immer die folgenden Schritte:

(1) Ableitung der vollständigen (meist nichtlinearen) Bewegungsgleichungen unter Verwendung der relevanten physikalischen Beziehungen.

(2) Vereinfachung des gefundenen Systems von Differentialgleichungen durch die Annahme kleiner Störungen von einem Ausgangspunkt (Arbeitspunkt). Die Produkte der Störungen oder ihrer Ableitungen werden dann sehr klein und können vernachlässigt werden, so daß sich ein lineares Gleichungssystem ergibt.

Das dynamische Verhalten (in der Nähe des (Gleichgewichts)Punkts für den die Linearisierung gilt) kann selbstverständlich erst analysiert oder simuliert werden, wenn die Regelfunktion u genau beschrieben worden ist.

5-4.3 Simulationsmodell für das stabilisierte Pendelsystem (BALANCE)

Mit den Systemgleichungen (5.2) und der angenommenen linearen Reglerfunktion (5.3) läßt sich das Simulationsdiagramm zeichnen (Abb. 5.15). Aus den konstanten Parameterwerten des Systems (m, M, L und g) ergeben sich das Trägheitsmoment des Pendels I sowie die vier Koeffizienten a, b, c und d. Diese Größen müssen nur einmal zu Beginn der Simulation ermittelt werden. Im Simulationsdiagramm stehen sie als multiplikative Wichtungen. Die Regelparamter werden in der interaktiven Abfrage ermittelt.

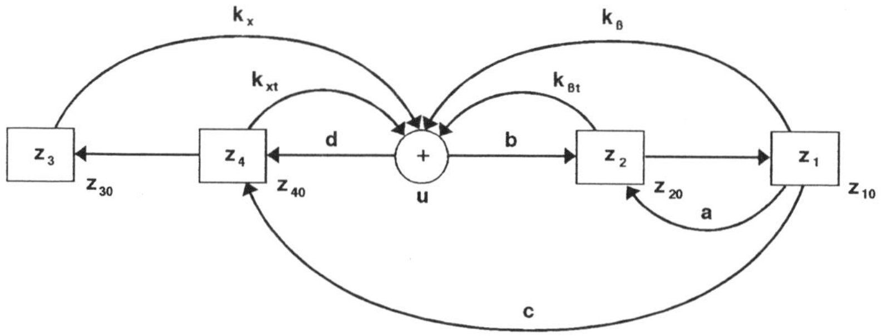

Abb. 5.15: Simulationsdiagramm für die Kipp- und Fahrbewegung des umgekehrten Pendels und ihre Regelung und Stabilisierung.

Um die Reaktion des Systems auf zufällige Störungen untersuchen zu können, führen wir noch eine zufällige Störkraft s ein, die (wie u) horizontal auf den Wagen wirkt, aber zu jedem Simulationszeitpunkt mittels Zufallsgenerator ermittelt wird. Die maximale Störamplitude wird vom Benutzer bei der Abfrage bestimmt.

Mit Hilfe des Simulationsdiagramms läßt sich nun die Modelleinheit für die Simulation mit SIMPAS leicht schreiben (Modell BALANCE.MOD, Programm 5.4). Zur besseren Einschätzung des Regelerfolgs wird hier noch die momentan notwendige Regelleistung berechnet, die sich als Produkt aus Regelkraft und Fahrgeschwindigkeit ergibt (u*xt). Das Integral dieser Leistung über die Zeit ergibt die insgesamt aufgewendete Regelarbeit; diese wird daher als weitere Zustandsgröße geführt.

1. Parameter

g	= 9.81	Gravitationskonstante, m/s^2
L	= 1	Pendellänge, m
mw	= 1	Wagenmasse, kg
rp	= 0.05	Pendelmasse-Radius, m
kw	= 100	Winkel-Rückkopplungsfaktor, N/rad
kwt	= 30	Winkelgeschw.-Rückkopp.faktor, N/(rad s)
kx	= 3	Weg-Rückkopplungsfaktor, N/m
kxt	= 10	Geschwind.-Rückkopplungsfaktor, N/(m/s)
mp	= 1	Pendelmasse, kg
amp	= 0	Störamplitude, N

Berechnete Konstanten:

ii	= $2*mp*rp^2/5$	Trägheitsmoment für Kugel
aa	= $ii*(mp+mw)+mp*mw*L^2$	
a	= g*(mp+mw)*mp*L/aa	
b	= -mp*L/aa	
c	= $-g*mp^2*L^2/aa$	
d	= $(ii + mp * L^2)/aa$	

2. Anfangswerte der Zustandsgrößen

z_1	= w = 0.2	Winkel, rad
z_2	= wt = 0	Winkelgeschwindigkeit, rad/s
z_3	= x = 0	Position, m
z_4	= xt = 0	Geschwindigkeit, m/s
z_5	= ar = 0	Regelarbeit, Nm

3. Algebraische Zwischengrößen

s	= amp*(2*random-1)	Störungsfunktion, N
u	= kw*w + kwt*wt + kx*x + kxt*xt	Reglerfunktion, N
wtt	= a*w + b*(u+s)	d^2w/dt^2, rad/s^2
xtt	= c*w + d*(u+s)	d^2x/dt^2, m/s^2

4. Zustandsgleichungen

dz_1/dt	= wt
dz_2/dt	= wtt
dz_3/dt	= xt
dz_4/dt	= xtt
dz_5/dt	= abs(u*xt)

5. Laufzeitparameter

Start	= 0
Final	= 10
TimeStep	= 0.04

```
UNIT MODEL;
(* BALANCE.MOD H.Bossel: Systemdynamik 1987, Modellbildung und Simulation 910824 *)

INTERFACE
   uses Base,Crt,Graph;
   procedure InitialInfo;
   procedure ModelEqs;
   procedure Summary;

IMPLEMENTATION

   var
      a, aa, amp, ar, b, c, d, g, ii, kw, kwt, kx, kxt, l, mp, mw, rp, s, u,
      w, wt, wtt, x, xt, xtt: real;

   procedure InitialInfo;
   begin
      Title       := 'BALANCE-REGLER';
      Description := 'Stabilisierung eines instabilen Pendelsystems';
      TimeUnit    := 'Sekunden';
      Author      := 'H.Bossel: Systemdynamik 1987, 910824';

      StateVariable[1] := 'Winkel: (0.2) [rad]';
      StateVariable[2] := 'Winkelgeschwindigkeit: (0) [rad/s]';
      StateVariable[3] := 'Weg: (0) [m]';
      StateVariable[4] := 'Geschwindigkeit: (0) [m/s]';
      StateVariable[5] := 'Regelarbeit: (0) [Nm]';
      ParamQuestion[1] := 'Winkel-Rückkopplungsfaktor: (100) [N/rad]';
      ParamQuestion[2] := 'Winkelgeschw.-Rückkopplungsfaktor: (30) [N/(rad/s)]';
      ParamQuestion[3] := 'Weg-Rückkopplungsfaktor: (3) [N/m]';
      ParamQuestion[4] := 'Geschwindigkeits-Rückkopplungsfaktor: (10) [N/(m/s)]';
      ParamQuestion[5] := 'Pendelmasse: (1) [kg]';
      ScenaQuestion[1] := 'Störamplitude: (0) [N]';
      OutVarText[1]    := 'Regelkraft: [N]';
      OutVarText[2]    := 'Störkraft: [N]';
      OutVarText[3]    := 'Regelleistung: [Nm/s]';
      Start            := 0;
      Final            := 10;
      TimeStep         := 0.04;
   end;

   procedure ModelEqs;
   begin
      if Time=Start then
      begin
         g   := 9.81;  {Gravitionskonstante, m/s²}
         l   := 1; {Pendellänge, m}
         mw  := 1; {Wagenmasse, kg}
         rp  := 0.05; {Pendelmasse-Radius, m}
         kw  := ParamAnswer[1];
         kwt := ParamAnswer[2];
         kx  := ParamAnswer[3];
         kxt := ParamAnswer[4];
         mp  := ParamAnswer[5];
         amp := ScenaAnswer[1];
         {Berechnung von Systemkonstanten:}
         ii  := 2*mp*rp*rp/5;  {kugelförmige Pendelmasse}
         aa  := ii*(mp+mw)+mp*mw*l*l;
         a   := g*(mp+mw)*mp*l/aa;
         b   := -mp*l/aa;
         c   := -g*mp*mp*l*l/aa;
         d   := (ii+mp*l*l)/aa;
         randomize;
      end;
      w   := State[1];
      wt  := State[2];
      x   := State[3];
      xt  := State[4];
      ar  := State[5];
      s   := amp*(2*random-1);  {Störungsfunktion}
      u   := kw*w + kwt*wt + kx*x + kxt*xt; {Reglerfunktion}
      wtt := a*w + b*(u+s);
      xtt := c*w + d*(u+s);
      Outvariable [1] := u;
```

```
      Outvariable [2] := s;
      Outvariable [3] := abs(u*xt);

      Rate[1] := wt;
      Rate[2] := wtt;
      Rate[3] := xt;
      Rate[4] := xtt;
      Rate[5] := abs(u*xt);
   end;

   procedure Summary;
   var
      lx, ly: real; info, kwstr, kwtstr, kxstr, kxtstr, arstr: string;
      i, n, sx, sy, xw, yw, xp, yp, rr: integer;
      GraphMode: integer;
   begin
      GraphMode := GetGraphMode;
      SetGraphMode(Graphmode);
      sx := (GetMaxX+1) div 100;
      sy := (GetMaxY+1) div 100;
      line (0*sx, 90*sy, 100*sx, 90*sy);
      n := 0;
      repeat
         line (n*sx*100 div 20, 90*sy, n*sx*100 div 20, 93*sy);
         n := n+1;
      until n=21;
      line (10*sx*100 div 20, 90*sy, 10*sx*100 div 20, 96*sy);
      str(kw:3:0,kwstr); str(kwt:3:0,kwtstr);
      str(kx:3:0,kxstr); str(kxt:3:0,kxtstr);
      info := 'Reglerfunktion: u = ' +kwstr +'*w + ' +kwtstr +'*dw/dt + '
           +kxstr +'*x + '+ kxtstr+ '*dx/dt';
      OutTextXY(0*sx,5*sy,info);
      str(ar:6:3,arstr);
      info := 'Regelarbeit [Nm]  = ' + arstr;
      OutTextXY(0*sx,10*sy,info);
      repeat
         i := 0;
         repeat
            i := i+1;
            w := Result[2,i];
            x := Result[4,i];
            lx := l*sin(w);
            ly := l*cos(w);
            xw := 50*sx + round(x*50*sx);  {Wagenposition}
            yw := 85*sy;
            xp := xw + round(lx*50*sx); {Pendelmassenposition}
            yp := yw - round(ly*66*sy);
            rr := round(rp*sx*50);

            SetColor(15);
            Line (xw,yw,xp,yp);
            Circle(xp,yp,rr);
            Circle (xw,yw,4);
            Rectangle (xw-5*sx,yw,xw+5*sx,yw+4*sy);
            Delay (15);
            SetColor(0);
            Line (xw,yw,xp,yp);
            Circle(xp,yp,rr);
            Circle (xw,yw,4);
            Rectangle (xw-5*sx,yw,xw+5*sx,yw+4*sy);
         until i=250;
      until KeyPressed;
      readln;
      RestoreCrtMode;
   end;

end.
```

Programm 5.4: BALANCE.MOD. SIMPAS-Modelleinheit zur Simulation der Kipp- und Fahrdynamik des umgekehrten Pendels und der Regelung des Balanziervorgangs.

Um ein anschaulicheres Bild des Stabilisierungsvorgangs und der Einflüsse der verschiedenen Parameter zu bekommen, ergänzen wir die Standarddarstellungen der Ergebnisse in SIMPAS durch eine zusätzliche graphische Animation. Für zusätzliche, vom Benutzer geschriebene Programme dieser Art ist die Prozedur Summary in der Unit Model vorgesehen, die wir bisher kaum verwendet haben.

Um die Graphikdarstellung an unterschiedliche Bildschirme anzupassen, wird zunächst (mit GetGraphMode) die in SIMPAS bereits verwendete Einstellung ermittelt (s. Programm 5.4 für BALANCE.MOD). Mit SetGraphMode wird dann die Bildschirmgraphik entsprechend aktiviert. Danach werden die Maßstabsfaktoren sx und sy für diese Bildschirmeinstellung ermittelt. Bei der Graphikprogrammierung werden alle Längen in der x- und y-Richtung in Prozent der Bildschirmbreite bzw. -höhe angegeben und mit den Maßstabsfaktoren sx bzw. sy multipliert.

Zunächst wird die horizontale Ebene (als Linie) gezeichnet, auf der der Wagen mit dem Pendel 'gleitet'. Die Linie wird mit einer Maßstabseinteilung versehen. Am oberen Teil des Bildschirms werden die momentan verwendete Reglerfunktion und die aufgewendete Regelarbeit angezeigt.

Danach werden in einer 'repeat...until i=250'-Schleife nacheinander in den aufeinanderfolgenden Zeitschritten die während der Simulation berechneten Werte für die Zustandsgrößen Winkel w und Position x gelesen, um daraus Position und Kippwinkel des Pendels, bzw. die Position des Drehpunkts und des Pendelmassen-Schwerpunkts zu ermitteln. Mit diesen Daten lassen sich der Wagen und das Pendel in ihrer augenblicklichen Lage zeichnen. Um eine (ungefähre) Darstellung in Realzeit zu erhalten, wird das jeweilige Bild um 15 Millisekunden verzögert, bevor es wieder gelöscht und ein neues gezeichnet wird. Die Animation wird solange wiederholt, bis der Benutzer durch Drücken einer Taste die Animation abbricht, um wieder in das Simulationsprogramm zurückzukehren.

Für vom Benutzer geschriebene Programme dieser Art ist es wichtig zu wissen, wo die während der Simulation gespeicherten Werte zu finden sind. Sie werden von SIMPAS nach dem folgenden Schema gespeichert:

Result[1,i]	= (Simulations)Zeit
Result[2,i]	= Zustandsgröße State[1]
Result[3,i]	= Zustandsgröße State[2]
Result[n+1,i]	= Zustandsgröße State[n]
Result[N+1,i]	= letzte Zustandsgröße State[N]
Result[N+1+1,i]	= Outvariable[1]
Result[N+1+2,i]	= Outvariable[2]
Result[N+1+m,i]	= Outvariable[m]
Result[N+1+M,i]	= letzte Outvariable[M]

Hierbei ist

i = laufender Index, 1, 2, ... i, ..., 251
i = 1 entspricht dem Zeitpunkt START
i = 251 entspricht dem Zeitpunkt FINAL

Diese Größen können in der Prozedur Summary in beliebiger Weise verwendet werden für weitere Rechnungen, Zusammenfassungen oder für graphische Darstellungen.

5-4.4 Simulationsläufe und Suche nach 'guten' Regelparametern

Die Voreinstellungen des Modells entsprechen einer relativ guten Lösung des Regelproblems für das umgekehrte instabile Pendel. Dies läßt sich am einfachsten durch Betrachtung der Animation feststellen. Nach Aufruf des (kompilierten) Modells gehen wir über SIMULATIONSPARAMETER und "Simulation ..." (im BEARBEITUNGSSCHRITT) zu "weiter mit ERGEBNISDARSTELLUNG" und wählen dort "Nein, keine Simulation oder Ende". Daraufhin wird am Bildschirm die animierte Darstellung der Balancierbewegungen des Stabes und des Regelwagens gezeigt. Die ständige Wiederholung dieser Darstellung wird durch Drücken einer Taste unterbrochen. Es erscheint dann die Frage FORTSETZUNG. Mit "weitermachen" gelangen wir wieder an den Anfang der Simulation und können z.B. jetzt einzelne Parameter ändern.

Es zeigt sich, daß die Auswahl der Regelparameter nur in gewissen Bereichen zu stabilen Lösungen führt, und daß auch in diesen Grenzen Veränderungen der Regelparameter zu deutlich anderem dynamischen Verhalten des Systems führen. Hiervon sollte man sich durch einiges Experimentieren mit den vier Regelparametern überzeugen. Auch die Veränderung der Pendelmasse hat eine starke Änderung der Dynamik zur Folge. Werden zufällige Störungen der Wagenbewegung als 'Szenario' aufgenommen, so fällt dem Regelsystem mit zunehmender Stärke der Störungen das Ausregeln schwerer, bis es schließlich diese Aufgabe nicht mehr erfüllen kann.

Das Regelverhalten läßt sich besonders gut im Zustandsdiagramm von Weg und Winkel beurteilen (Abb. 5.16). In dieser Abbildung wurde der Einfluß des Geschwindigkeits-Rückkopplungsparameters auf das Verhalten untersucht (mit der Option "Parameterempfindlichkeit"). Es zeigt sich in diesen Fällen, daß der Kippwinkel relativ rasch auf Null reduziert wird, während die Positionsauslenkung dabei groß werden kann und dann auch nur langsam auf Null reduziert wird. (Hier besonders langsam für $k_{xt} = 5$).

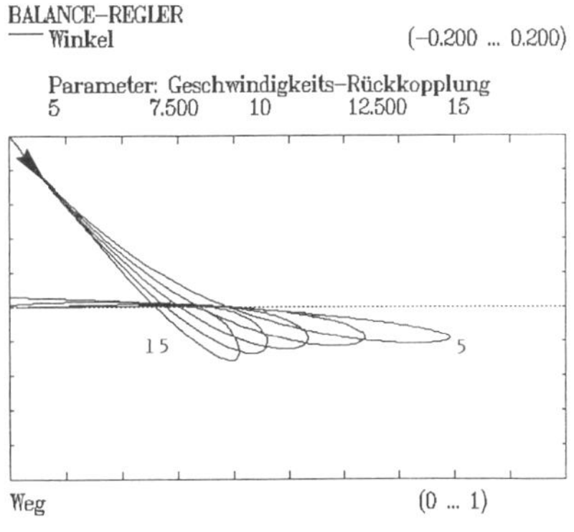

Abb. 5.16: BALANCE: Zustandsdiagramm für Weg und Winkel in Abhängigkeit vom Geschwindigkeits-Rückkopplungsparameter. Die Positionsregelung ist erheblich langsamer als die Kippwinkelregelung.

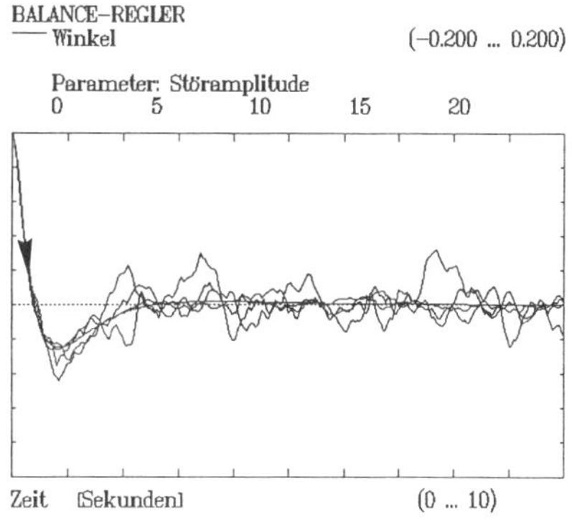

Abb. 5.17: BALANCE: Einfluß zufälliger Störungen auf die Zeitpfade des Kippwinkels. Mit zunehmender Störamplitude wird die Stabilisierung schwieriger.

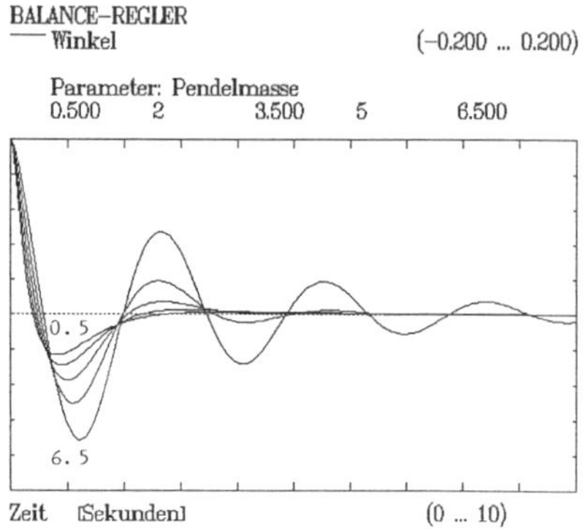

Abb. 5.18: BALANCE: Einfluß der Pendelmasse auf die Stabilisierung der Kippbewegung. Mit zunehmender Masse werden die Kippausschläge größer und schwieriger zu dämpfen.

Wie das System auf unterschiedliche Störamplituden reagiert, zeigt sich z.B. im Vergleich der Zeitpfade für den Kippwinkel (Abb. 5.17). Das Grundverhalten entspricht zwar dem ungestörten System, doch überlagert sich die Reaktion auf die ständigen zufälligen Störungen. Jedenfalls zeigt sich, daß der Regler nicht nur die ursprüngliche Aufgabe meistert, das fallende Pendel abzufangen und in die senkrechte Position zurückzubringen, sondern daß er außerdem noch mit weiteren Störungen in gewissen Grenzen fertigwerden kann. In den meisten realen Anwendungen muß dies von einem Regelsystem verlangt werden.

Der Einfluß der Pendelmasse zeigt sich deutlich im Zeitbild des Winkels (Abb. 5.18): Mit wachsender Pendelmasse werden die Ausschläge größer. Beim Überschreiten einer kritischen Masse ist das System (mit konstanten Regelparametern) nicht mehr zu stabilisieren.

Mit der Option "Parameterempfindlichkeit" läßt sich auch rasch ein Überblick über die Wirkungen unterschiedlicher Regelparameter verschaffen. In Abb. 5.19a und 5.19b wird der Einfluß der Rückkopplungsfaktoren für Winkel und Winkelgeschwindigkeit auf das Zeitverhalten des Kippwinkels untersucht. In Abb. 5.20a und 5.20b sind Zeit

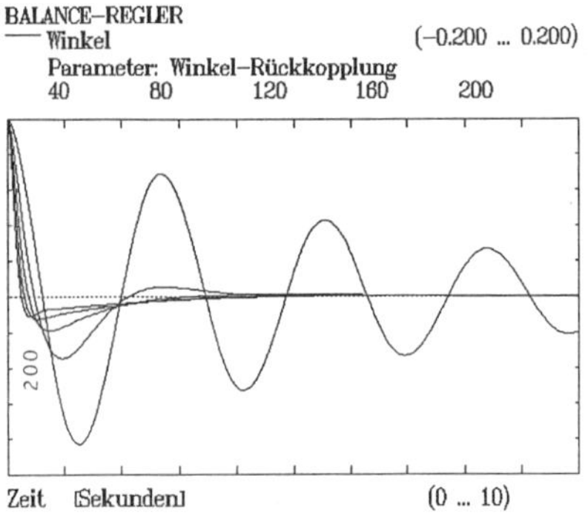

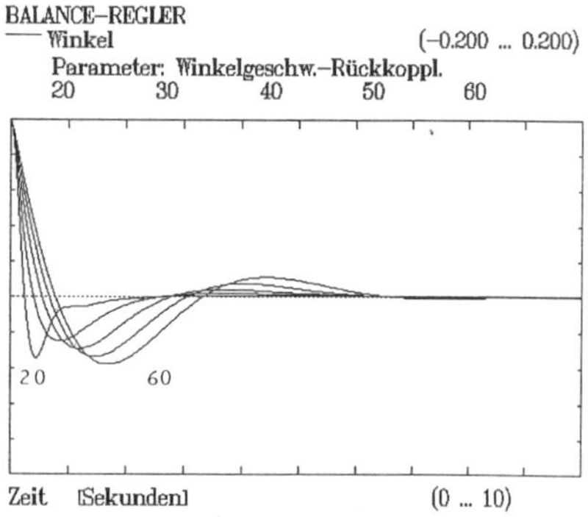

Abb. 5.19: BALANCE: Einfluß der Rückkopplungsparameter für Winkel (links) und Winkelgeschwindigkeit (rechts) auf die Kippbewegung. Stabile Lösungen zeigen sich nur in einem gewissen Parameterbereich; die Regelparameter können nur im Zusammenspiel optimiert werden.

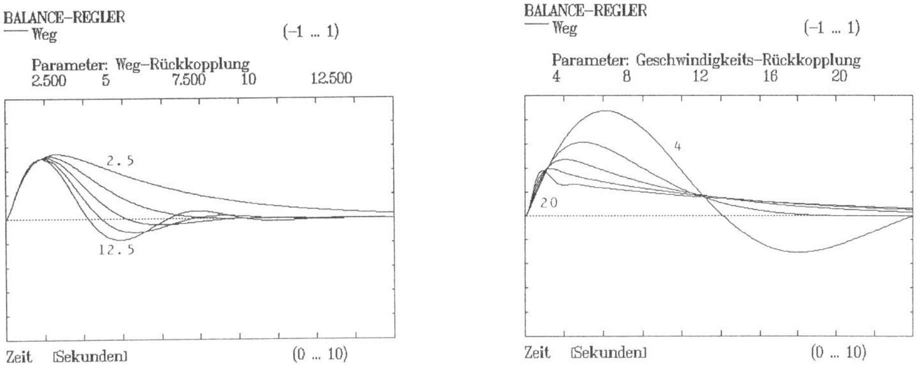

Abb. 5.20: BALANCE: Einfluß der Rückkopplungsparameter für Weg (links) und Geschwindigkeit (rechts) auf die Fahrposition. Akzeptable und stabile Lösungen zeigen sich nur in einem gewissen Parameterbereich.

kurven für die Wagenposition in Abhängigkeit von den Rückkopplungsfaktoren für Weg und Geschwindigkeit gezeigt. Wenn wir aus diesen Diagrammen die jeweils günstigsten Parameterwerte (für schnelle Rückführung) nehmen, erweist sich allerdings die damit gebildete Regelfunktion als destabilisierend. Dies ist ein Hinweis darauf, daß die Parameter nicht unabhängig voneinander optimiert werden können.

Bei der Suche nach 'guten' oder sogar 'optimalen' Einstellungen für die Regelparameter müssen wir uns darüber klar werden, welche Kriterien wir bei der Beurteilung anlegen wollen. Soll das Pendel möglichst rasch wieder senkrecht stehen? Muß der Wagen rasch wieder zum Nullpunkt zurückgebracht werden? Muß beides gleichzeitig erreicht werden, oder kann die Positionsregelung wesentlich länger dauern als die Winkelregelung (wie in den Beispielen)? Darf das System überschwingen? Soll der Arbeitsaufwand für den Regelvorgang (die aufgewendete Energiemenge) minimiert werden?

Um hier verschiedene Regellösungen besser vergleichen zu können, ist es angebracht, Kriterien zu formulieren, mit denen der Erfolg des Regelvorgangs gemessen und verglichen werden kann. Beispiele: Zeitkonstante (Anfangssteigung) der Rückstellung, Überschwingmaß, Dämpfungsmaß, Leistungsintegral. Da es bei vielen Regelvorgängen darauf ankommt, eine wirksame Regelung mit möglichst geringem Energieaufwand zu betreiben, verwenden wir hier für den Vergleich verschiedener Regelfunktionen die zur Stabilisierung der anfänglichen Störung aufzubringende Energiemenge, d.h. die Regelarbeit als Zeitintegral der Regelleistung.

Die Abbildungen 5.21a und 5.21b zeigen deutlich, daß in Abhängigkeit von der Wahl der Regelparameter erhebliche Unterschiede im Energiebedarf des Regelsystems bestehen können. Bei Veränderung des Winkelgeschwindigkeits-Rückkopplungsfaktors k_{wt} (Abb. 5.21b) ergeben sich die folgenden Energieverbräuche (Regelarbeit) zur Stabilisierung der anfänglichen Störung von 0.2 rad:

k_{wt}	20	30	40	50	60	
Regelarbeit	1.857	1.078	1.133	1.491	1.969	[Nm]

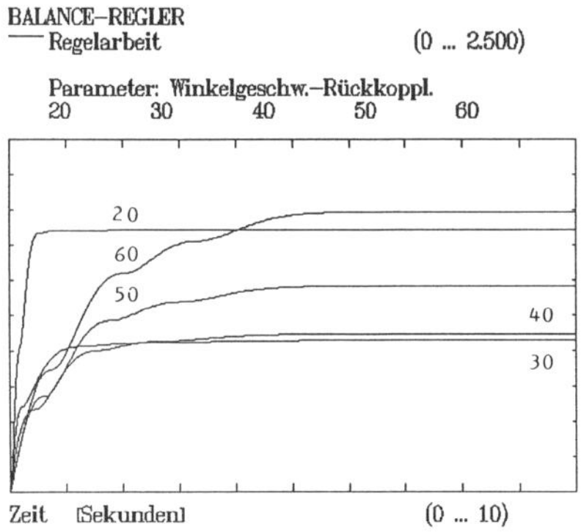

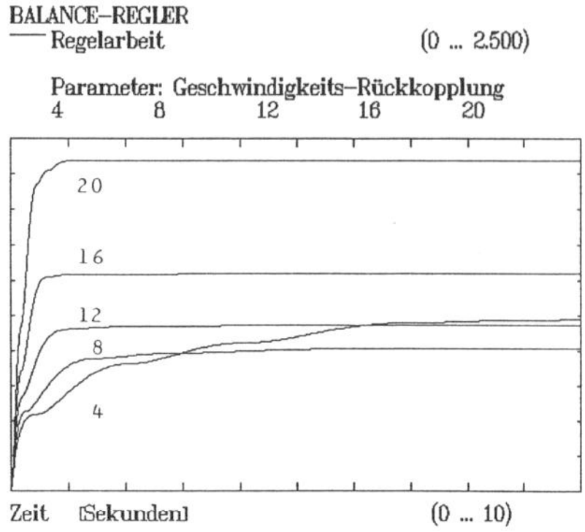

Abb. 5.21: BALANCE: Optimierung der Regelparameter für Winkelgeschwindigkeit (links) und Fahrgeschwindigkeit (rechts) durch Minimierung der für die Stabilisierung erforderlichen Regelarbeit.

Hier zeigt sich ein Optimumwert für die Regelarbeit von 1.078 bei k_{wt} = 30; bei k_{wt} = 20 und 60 ist der Energieaufwand fast zwei mal so hoch. Große Unterschiede zeigen sich auch bei der Variation des Geschwindigkeits-Rückkopplungsfaktors k_{xt} (Abb. 5.21b).

Die weitere Suche nach der energetisch besseren Lösung zeigt, daß mit der Wahl der Regelparameter k_w = 100, k_{wt} = 30, k_x = 1, k_{xt} = 7.5 der Energiebedarf für die Regelaufgabe noch auf 0.707 verringert werden kann, ohne daß sich die Qualität und Dynamik der Regelung wesentlich ändern. Offensichtlich haben Untersuchungen dieser Art in vielen technischen Anwendungen erhebliche Bedeutung; mit Hilfe der Simulation und der Verwendung entsprechender Beurteilungskriterien sind sie leicht möglich.

5-5 Zusammenfassung wichtiger Ergebnisse

Mit der Erstellung eines Simulationsmodells und einigen Simulationsläufen ist die ursprüngliche Aufgabe, ein System besser zu verstehen und sein Verhalten zu 'verbessern', meist nur zum Teil gelöst. Eine nachvollziehbare Antwort auf die Frage, was 'besser' sei, kommt an der Definition von Bewertungskriterien und der Festlegung eines Bewertungsverfahrens nicht vorbei. Das Bewertungsproblem stellt sich nicht nur bei der Beurteilung von Simulationsergebnissen, sondern auch des Verhaltens realer Systeme. Es hat nicht nur für einen Beobachter Bedeutung, sondern es betrifft auch die Entwicklung des Systems selbst und seine Fähigkeit, auf Umwelteinwirkungen angemessen zu reagieren.

Mit diesen Fragen haben wir uns in diesem Kapitel befaßt. Dabei zeigte sich, daß die grundlegende Struktur eines dynamischen Systems und seine Einbettung in seine Systemumwelt bereits bestimmte Anforderungen stellen, die erfüllt werden müssen, wenn das System funktionsfähig und entfaltungsfähig bleiben soll. Die daraus ableitbaren 'Leitwerte' geben ein Bewertungsgerüst ab, das bei den wichtigen Aufgaben der Bewertung alternativer Entwicklungspfade, der Suche nach 'optimalen' Lösungen und der Stabilisierung instabiler Systeme von Bedeutung ist. Diese Aspekte wurden an drei Simulationsmodellen beispielhaft untersucht.

Wichtige Ergebnisse werden hier noch einmal zusammengefaßt:

1. Jedes mit seiner Umwelt interagierende dynamische System läßt sich grundsätzlich durch eine **Zustandsfunktion f(z, u,** t) und eine **Verhaltensfunktion g(z, u,** t) beschreiben, in der die inneren Systembeziehungen wie auch die Interaktionen mit der Umwelt festgelegt sind (Abb. 3.12).
2. Diese Systemzusammenhänge bedingen bestimmte **Anforderungen** an den 'Entwurf' des Systems, wenn es in seiner Systemumwelt bestehen soll. Diese Anforderungen werden als 'Leitwerte' bezeichnet.
3. Die **Leitwerte** von offenen (mit der Umwelt interagierenden) Systemen sind:
   Existenz
   Wirksamkeit
   Handlungsfreiheit
   Sicherheit
   Wandlungsfähigkeit
   Rücksichtnahme
4. Diese Leitwertdimensionen sind voneinander **unabhängig** und nicht gegenseitig substituierbar.
5. Ein System ist in seiner Umwelt nur auf Dauer **existenz- und entfaltungsfähig,** wenn jeder der Leitwerte ein Minimum an Beachtung und Erfüllung findet.
6. Die Verkürzung des Bewertungsproblems auf ein einziges Gütekriterium oder auf einen die Leitwertdimensionen nicht vollständig abdeckenden Kriteriensatz ist nur zulässig, wenn die notwendige **minimale Erfüllung aller Leitwerte** gewährleistet ist.
7. Die **vergleichende Bewertung** unterschiedlicher Systementwicklungen (Entwicklungspfade für unterschiedliche Szenarien) sollte auf den Leitwert-Überlegungen begründet sein.
8. Auch **Systemoptimierungen** müssen sich an den Leitwert-Überlegungen orientieren.
9. Die **Systemstabilisierung** durch Systemveränderung (Strukturergänzung mit Regelungsfunktion) dient dazu, ein existenzbedrohendes Defizit der Leitwerterfüllung (vor allem 'Sicherheit') zu beseitigen.
10. Die Beurteilung einer Systementwicklung setzt die Beobachtung von **Indikatoren,** d.h. bestimmten Systemgrößen voraus, für die Sollwerte definiert sein müssen.
11. Die Auswahl der Indikatoren muß möglichst **vollständig** sein, d.h. ein umfassendes Bild des momentanten Systemzustands liefern.
12. Zur Beurteilung und Bewertung von Systemzuständen müssen **Orientoren,** d.h. verschiedene Beurteilungskriterien definiert sein.
13. Bei der Bewertung wird der **Systemzustand** (ausgedrückt durch die Istwerte der Indikatoren) **auf die 'Systeminteressen'** (ausgedrückt durch die Orientoren) **abgebildet.**
14. Die **Auswahl der Orientoren** muß die Interessen des Systems (und seines Bewirtschafters) umfassend widerspiegeln.

15. Für die Beurteilung einer Systementwicklung sind **drei Arten von Kriterien** erforderlich, die sich in ihrer Anwendung grundsätzlich unterscheiden: Beschränkungen, Gütemaße, Wichtungen.

16. Bei Nichterfüllung von **Beschränkungen** muß sich die **Aufmerksamkeit** auf diese **Lücken** konzentrieren. Kompensation eines Defizits durch Übererfüllung anderer Aspekte ist im allgemeinen nicht möglich. Insbesondere gilt dies für die Leitwerte.

17. **Gütemaße**, die unterschiedliche Kriterienerfüllungen miteinander verrechenbar machen, können erst bei Erfüllung aller Beschränkungen (z.B. Leitwerterfüllung) sinnvoll verwendet werden.

18. **Wichtungen** von Kriterien geben die subjektive Einschätzung ihrer relativen Bedeutung wieder.

19. **Szenarien** sind plausible und (möglichst) in sich konsistente Annahmen über das gesamte Bündel zukünftiger exogener Einflüsse, die ein System in seiner Entwicklung bestimmen können.

20. **Entwicklungspfade**, die sich aufgrund unterschiedlicher Szenarien ergeben, werden durch die systematische Abbildung der zustandsbeschreibenden Indikatoren auf relevante Orientoren besser vergleichbar und bewertbar gemacht.

21. Abbildung der **Systementwicklung** auf die Leitwerte läßt systembedrohende (Fehl)-Entwicklungen rasch und rechtzeitig erkennen.

22. **Optimierung** erfordert (außer der Festlegung einzuhaltender Beschränkungen) die Definition eines Gütemaßes, in das wiederum verschiedene Einzelkriterien mit unterschiedlichen Wichtungen eingehen können.

23. Das **Optimierungsergebnis** hängt immer von der Definition des Gütemaßes, der Auswahl der Einzelkriterien und ihrer relativen Gewichtung ab.

24. Systeme mit zunächst unbefriedigendem oder instabilen Verhalten können durch gezielte **Strukturänderung** (meist: Einbau von Rückkopplungen) in ihrem Verhalten verbessert oder stabilisiert werden.

25. Untersuchungen zur **Regelung und Stabilisierung** setzen voraus, daß die Systemgleichungen des (veränderten) Systems bekannt sind.

26. Zur Untersuchung des in einem engen Zustandsbereich geregelten Verhaltens können die vollständigen **Systemgleichungen** meist wesentlich **vereinfacht** werden (Linearisierung, Vernachlässigung kleiner Größen).

27. Das Regelverhalten ist abhängig von der Wahl der **Reglerfunktion** und ihrer **Regelparameter**.

28. Zur (vergleichenden) **Beurteilung des Regelverhaltens** müssen (wie bei der Optimierung) aussagekräftige Einzelkriterien und Gütemaße aus gewichteten Einzelkriterien definiert werden, die aus Indikatoren des Systemzustands zu berechnen sind. Auch hier hängt das Ergebnis von den gewählten Wichtungen ab.

29. Die (unvermeidbaren) subjektiven Elemente eines Bewertungsvorgangs werden durch **formale Bewertungsverfahren** mit sauber definierten Kriterien und Wichtungen besser erkennbar und diskutierbar.

6 Systemzoo: Simulationsmodelle elementarer dynamischer Systeme

6-0 Überblick und Bearbeitungshinweise

Wir haben uns bisher fast ausschließlich mit nur drei verschiedenen Simulationsmodellen befaßt, an denen die Verfahren der Modellentwicklung, Modellprogrammierung, Simulation und Verhaltensuntersuchung demonstriert wurden: das Weltmodell, das Rotationspendel und das Fischereiunternehmen. Diese drei Modelle wurden durch nichtlineare Differentialgleichungen mit zwei bzw. drei Zustandsgrößen beschrieben. Obwohl noch relativ einfach, zeigten sie bereits recht komplexes Verhalten, das dazu noch stark von Parametern und Anfangswerten abhing. Um einen Überblick über die möglichen Verhaltensformen, Gleichgewichtszustände und Stabilitätsbereiche zu erhalten, wurde mit den SIMPAS-Optionen "Parameterempfindlichkeit" und "Globalverhalten" die Verhaltensabhängigkeit von Parametern und Anfangsbedingungen untersucht. Mit diesen drei Modellen konnten die wichtigsten Aspekte der Untersuchung nichtlinearer (und linearer) dynamischer Systeme beispielhaft vorgeführt werden.

Zwar ist dieser Untersuchungsansatz auf andere dynamische Systeme verallgemeinerbar, doch gilt dies kaum für die jeweils gefundenen konkreten Ergebnisse. Anders als lineare Systeme, die alle zur gleichen Systemart gehören und gleiche verallgemeinerbare Verhaltensweisen zeigen, unterscheiden sich nichtlineare Systeme selbst bei kleinen Strukturunterschieden in ihrem Verhalten oft so gründlich, daß wir sie zu einer jeweils eigenen Systemart rechnen müssen.

Um interessante und typische Vertreter verschiedener Systemarten ausführlich in den Eigenarten ihrer Struktur und ihres Verhaltens studieren zu können, wurden hier insgesamt 50 Simulationsmodelle in einem 'Systemzoo' zusammengestellt. Auf der Begleitdiskette sind diese Simulationsmodelle in der SIMPAS-Software eingebettet, so daß sie unter sehr verschiedenen Gesichtspunkten umfassend untersucht werden können.

Bei der Auswahl wurde darauf geachtet, daß möglichst 'elementare' Systeme aufgenommen wurden, d.h. Systemstrukturen, die bei der realitätsnahen Systemmodellierung eine immer wiederkehrende Bedeutung haben und die möglichst auch wichtige Prozesse unserer alltäglichen Erfahrung ('Alltagsdynamiken') beschreiben. Auf mathematische Kuriositäten, die keine Entsprechung in der Realität haben, wurde verzichtet. Die Sammlung beschränkt sich auf Systeme mit höchstens vier Zustandsgrößen. Viele der 'Systemtiere' finden sich als Teilsysteme in komplexeren Systemen. Darauf wurde bereits mehrfach bei der Entwicklung der drei genannten Modelle im ersten Teil des Buchs hingewiesen, die wichtige Elementarsysteme enthielten (exponentielles Wachstum oder Zerfall, logistisches Wachstum, Verzögerung, Schwingungskopplung, Räuber-Beute-Beziehung). Die Kenntnis von Struktur und Verhalten nichtlinearer Elementarsysteme kann daher das Verständnis auch sehr viel komplexerer Systeme sehr erleichtern.

Im Systemzoo werden meist normierte Modelle verwendet, bei denen die Zustandsgrößen durch Bezug auf eine Referenzgröße normiert wurden, so daß das Ergebnis sich in der Größenordnung "1" bewegt. Dies erlaubt einen besseren Vergleich von Systemen mit gleicher Systemstruktur aber sehr unterschiedlicher Parametrisierung. In Kap. 3-3.12-13 wurde gezeigt, wie von der einen in die andere Formulierung umgerechnet werden kann. Alle hier mit normierten Größen formulierten Modelle sind daher auch auf entsprechende konkrete, zahlenmäßig aber ganz andere Zusammenhänge anwendbar.

Auf den folgenden Seiten finden sich die vollständigen Dokumentationen für jedes der 43 neuen Modelle des Systemzoos (7 Modelle wurden in den vorangegangenen Kapiteln dokumentiert). Die angegebenen Simulationsdiagramme, Systemgleichungen und Parameterlisten ermöglichen die Untersuchung auch unabhängig von der SIMPAS-Einbettung im Systemzoo auf der Begleitdiskette, auf der alle 50 Modelle zu finden sind (Aufruf ZOODEU aus DOS).

Jede Modelldokumentation umfaßt die folgenden Punkte:

0. Bezeichnung
1. Beschreibung
2. Vorkommen
3. Strukturbesonderheiten
4. Verhaltensbesonderheiten
5. Kritische Parameter
6. Referenzlauf
7. Bearbeitungshinweise
8. Literaturhinweise
9. Systemdiagramm und Systemgleichungen
10. SIMPAS-Ausdrucke für
    - Simulationsergebnisse in graphischer Darstellung
    - Parameter-Voreinstellung
    - Gleichgewichtspunkte

Die Modelle sind nach der Zahl ihrer Zustandsgrößen (erste Ziffer) geordnet. Im ersten Teil (6-1) finden sich **Elementarsysteme mit einer Zustandsgröße:**

101 Einfache Integration
102 Exponentielles Wachstum und Zerfall
103 Exponentielle Verzögerung erster Ordnung
104 Zeitabhängiges exponentielles Wachstum
105 Geburt und Tod: einfache Bevölkerungsdynamik
106 Überlastung eines Speichers
107 Logistisches Wachstum bei konstanter Ernte
108 Logistisches Wachstum bei bestandsabhängiger Ernte
109 Dichteabhängiges Wachstum (Michaelis-Menten)
110 Tägliche Photoproduktion eines Pflanzenbestands

Alle diese Prozesse spielen eine wichtige Rolle in unserer Umwelt und Alltagserfahrung. Schwingungen können bei diesen eindimensionalen Systemen nicht auftreten.

Im zweiten Teil (6-2) werden **Elementarsysteme mit zwei Zustandsgrößen** vorgestellt:

201 Zweifache Integration und exponentielle Verzögerung 2. Ordnung
202 Übergang zwischen zwei Zuständen
203 Linearer Schwinger 2. Ordnung
204 Eskalation ('Teufelskreis', 'Spirale')
205 Abhängigkeit

206 Räuber-Beute-System ohne Kapazitätsbegrenzung
207 Räuber-Beute-System mit Kapazitätsgrenze
208 Konkurrenz
209 Tourismus und Umwelt
210 Übernutzung und Zusammenbruch
211 Waldwachstum
212 Entdeckung und Ausbeutung von Rohstoffen
213 Tragödie der Allmende
214 Nachhaltige Nutzung erneuerbarer Ressourcen
215 Gestörtes Fließgleichgewicht: CO2-Dynamik der Atmosphäre
216 Lagerbestand, Verkauf, Bestellung
217 Produktionszyklus
218 Rotationspendel
219 Schwinger mit Grenzzyklus: Van der Pol
220 Bistabiler Schwinger: Duffing
221 Chaotischer bistabiler Schwinger: erregter Duffing-Schwinger

Auch die meisten dieser Systeme spielen in unserer Umwelt- und Alltagserfahrung wichtige Rollen. Bei den meisten sind wegen der über zwei Zustandsgrößen laufenden Rückkopplungen Schwingungen möglich.

Im dritten Teil (6-3) finden sich weitere **Elementarsysteme mit drei bis vier Zustandsgrößen:**

301 Dreifache Integration und exponentielle Verzögerung 3. Ordnung
302 Bevölkerungsdynamik mit drei Generationen
303 Linearer Schwinger 3. Ordnung
304 Miniwelt: Konsum, Bevölkerung, Umweltbelastung
305 Räuberpopulation mit zwei Beutepopulationen
306 Beutepopulation mit zwei Räuberpopulationen
307 Vögel, Insekten, Wald und Grasland
308 Nährstoffkreislauf und Pflanzenkonkurrenz
309 Chaotischer Attraktor: Rössler
310 Wärme, Wetter und Chaos: Lorenz
311 Verkoppelte Dynamos und Chaos
312 Balanzieren eines umgekehrten Pendels

Bei Systemen mit drei oder mehr Zustandsgrößen kommt zur Schwingungsneigung gelegentlich die Möglichkeit chaotischen Verhaltens hinzu.

Die SIMPAS-Einbettung dieses Systemzoos auf der Begleitdiskette bietet die Möglichkeit, diese Systeme umfassend auf ihre Verhaltenseigenheiten zu untersuchen. Alle Systeme sind mit Voreinstellungen versehen, die bereits gewisse charakteristische Eigenheiten demonstrieren. Darüber hinaus werden bei jeder Modelldokumentation unter dem Punkt "7. Bearbeitungshinweise" Vorschläge für eigene interessante Untersuchungen gemacht.

In Ergänzung dieser speziellen Vorschläge gelten für alle Modelle die folgenden allgemeinen Arbeitsvorschläge:

(1) Untersuchen Sie zunächst das Verhalten des Referenzlaufs (mit den gegebenen Voreinstellungen) mit den verschiedenen Darstellungsmöglichkeiten von SIMPAS.

(2) Untersuchen Sie die Abhängigkeit der Systementwicklung besonders von den in der Dokumentation genannten 'kritischen' Parametern (mit der Option "Parameterempfindlichkeit").

(3) Untersuchen Sie dabei Parameterbereiche gründlicher, in denen sich Verzweigungen des Systemverhaltens beobachten lassen (z.B. Stabilität/Instabilität, Gleichgewicht/Zusammenbruch), oder in denen andere interessante Effekte auftreten.

(4) Untersuchen Sie das Globalverhalten im gesamten (relevanten) Zustandsraum (x, y, z) (mit der Option "Globalverhalten") für den Referenzfall und/oder interessante Parameterkombinationen. Achten Sie besonders auf Gleichgewichtspunkte im Zustandsbild und schließen Sie aus den Zustandsbahnen auf Stabilität/Instabilität.

(5) Berechnen Sie (analytisch) aus den Zustandsgleichungen die Lage der Gleichgewichtspunkte in Abhängigkeit von den Parametern mit der Bedingung, daß alle Zustandsveränderungsraten verschwinden müssen ($dz/dt = 0$). Vergleichen Sie das theoretische Ergebnis mit den Simulationsergebnissen (für gleiche Parameterwahl).

(6) Linearisieren Sie die nichtlinearen Zustandsgleichungen an den Gleichgewichtspunkten und untersuchen Sie dort das Verhalten des entsprechenden linearisierten Ersatzsystems mit dem Modell des 'Linearen Schwingers' (gleicher Ordnung), indem Sie die entsprechenden Systemparameter einsetzen. Können Sie das an den Gleichgewichtspunkten des Originalsystems beobachtete Verhalten mit dem linearisierten System und seinen Eigenwerten bestätigen?

(Die Vorschläge (5) und (6) beziehen sich vor allem auf zweidimensionale Systeme und sind für besonders Interessierte mit etwas mathematischem Geschick gedacht).

6-1 Dynamische Systeme mit einer Zustandsgröße

101 Einfache Integration
102 Exponentielles Wachstum und Zerfall
103 Exponentielle Verzögerung erster Ordnung
104 Zeitabhängiges exponentielles Wachstum
105 Geburt und Tod: einfache Bevölkerungsdynamik
106 Überlastung eines Speichers
107 Logistisches Wachstum bei konstanter Ernte
108 Logistisches Wachstum bei bestandsabhängiger Ernte
109 Dichteabhängiges Wachstum (Michaelis-Menten)
110 Tägliche Photoproduktion eines Pflanzenbestands

EINFACHE INTEGRATION M 101

1. **Beschreibung:** Veränderung eines Speicherinhalts in Abhängigkeit von einer zeitveränderlichen Veränderungsrate u(t) und einem Anfangswert z_0. Der Vorgang beschreibt jede Art von Speichern mit zeitabhängigen kontinuierlichen Ein- und Austrägen. Schwankungen der Zu- und Abflußraten werden durch den Speicher ausgeglichen.

2. **Vorkommen:** Bestände und Speicher jeder Art; Populationen, Populationsklassen.

3. **Strukturbesonderheiten:** Keine Rückkopplung des Bestands auf die Zu- oder Abflußrate. Die Zustandsveränderung u(t) ist völlig abhängig von den exogen bestimmten Zu- oder Abflußraten; sie kann positiv (Zufluß) oder negativ (Abfluß) sein.

4. **Verhaltensbesonderheiten:** Die Integration akkumuliert die laufenden Zu- und Abflußraten über die Zeit. Der Zustand (Speicherinhalt) ändert sich entsprechend.

5. **Kritische Parameter:** Die (absolute) Zustandsveränderung ist abhängig von Vorzeichen und Stärke der Zustandsveränderungsrate u(t). Die relative Zustandsveränderung ist auf den jeweiligen Zustand zu beziehen und ist daher auch von diesem abhängig.

6. **Referenzlauf:** Die Testfunktion Pulsfolge (hier: Pulse (1,1,1)) führt zu einer sprunghaften Erhöhung des Zustands durch jeden Einzelpuls. Daraus ergibt sich eine stufenförmige Veränderung des Systemzustands. Jeder Puls der Stärke 1 (Pulsfläche = 1) erhöht den Zustand um 1.

7. **Bearbeitungshinweise:** Bestätigen Sie die analytischen Integrationsformeln: Konstanter Zufluß führt zu einem linear wachsenden Zustand; linear ansteigender Zuwachs führt zu einem quadratisch wachsenden Zustand; die Integration einer Sinusfunktion führt zu einer Cosinusfunktion.

8. **Literatur:** -

EINFACHE INTEGRATION M 101

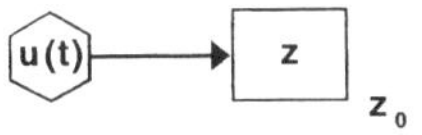

SYSTEMGLEICHUNGEN

```
u := Pulse(p,tp,i) + Step(s,ts) + Ramp(r,tr) + q*sin(2*pi*w*time)
dz/dt := u
```

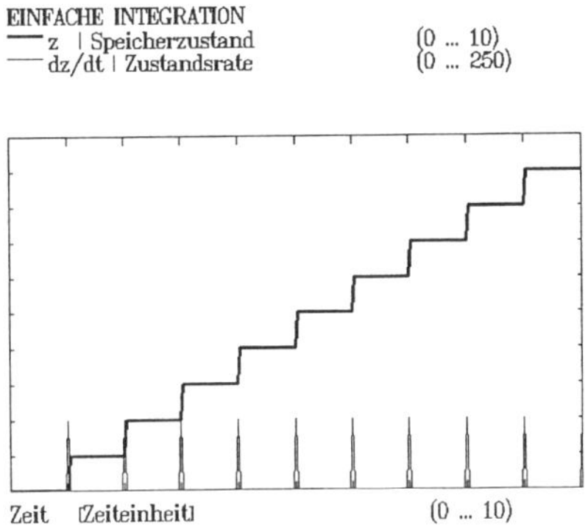

*	k	Speicherkapazität [Einheit]	1000.000
	p	PULSE Pulsfläche [Einheit*Zeit]	1.000
	tp	Anfangspuls zur Zeit [Zeit]	1.000
	i	Pulsintervall [Zeit]	1.000
	s	STEP Sprunghöhe [Einheit/Zeit]	0
	ts	Sprung zur Zeit [Zeit]	1.000
	r	RAMP Rampensteigung [Einheit/Zeit²]	0
	tr	Rampenbeginn zur Zeit [Zeit]	1.000
	q	SIN Sinusamplitude [Einheit/Zeit]	0
	w	Sinus-Frequenz [rad/Zeit]	0.100
	z	Speicherzustand [Einheit]	0
		Beginn der Simulation [Zeiteinheit]	0
		Ende der Simulation [Zeiteinheit]	10.000
		Rechenschrittweite [Zeiteinheit]	2.00E-02

GLEICHGEWICHTSPUNKTE

z = 0 für freies Verhalten

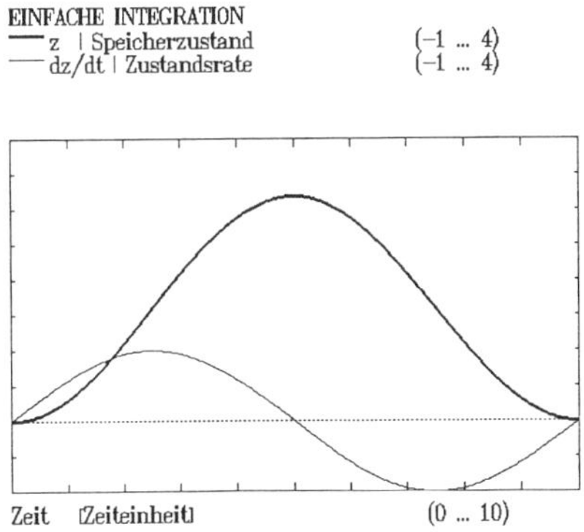

*	k	Speicherkapazität [Einheit]	1000.000
	p	PULSE Pulsfläche [Einheit*Zeit]	0
	tp	Anfangspuls zur Zeit [Zeit]	1.000
	i	Pulsintervall [Zeit]	1.000
	s	STEP Sprunghöhe [Einheit/Zeit]	0
	ts	Sprung zur Zeit [Zeit]	1.000
	r	RAMP Rampensteigung [Einheit/Zeit²]	0
	tr	Rampenbeginn zur Zeit [Zeit]	1.000
	q	SIN Sinusamplitude [Einheit/Zeit]	1.000
	w	Sinus-Frequenz [rad/Zeit]	0.100
	z	Speicherzustand [Einheit]	0
		Beginn der Simulation [Zeiteinheit]	0
		Ende der Simulation [Zeiteinheit]	10.000
		Rechenschrittweite [Zeiteinheit]	2.00E-02

EXPONENTIELLES WACHSTUM UND ZERFALL M 102

1. **Beschreibung:** Bei diesem System bestimmt der jeweilige Zustand die Veränderungsrate des Zustands, der Zustand ist also mit sich selbst zurückgekoppelt. Es ergibt sich eine selbsterzeugte Eigendynamik ohne äußeren Einfluß. Die Zu- oder Abnahme des Zustands folgt einer Exponentialfunktion der Zeit.

2. **Vorkommen:** Bei Prozessen, bei denen die Zustandsveränderung abhängig vom Zustand selbst ist: z.B. Wachstum einer Population, Entleeren eines Speichers, Wirtschaftswachstum, radioaktiver Zerfall.

3. **Strukturbesonderheiten:** Rückkopplung des Zustands zu sich selbst (Eigenkopplung). Der Rückkopplungsfaktor a, mit dem der jeweilige Zustand z multipliziert werden muß, um die augenblickliche Zustandsveränderungsrate zu erhalten, ist die spezifische Veränderungsrate. Sie hat immer die Dimension [1/Zeiteinheit].

4. **Verhaltensbesonderheiten:** Fehlt ein exogen bestimmter Zu- oder Abfluß, d.h. $u(t) = 0$, dann ist das System autonom. Bei einem autonomen System ergibt sich ein gleichbleibender Zustand, falls der Rückkopplungsparameter $a = 0$. Ist $a > 0$, so wächst der Zustand exponentiell gegen unendlich mit der spezifischen Zuwachsrate a. Ist dagegen $a < 0$, so nimmt der Zustand einen exponentiell abklingenden Verlauf mit der spezifischen Zerfallsrate a. Der Zustand nähert sich dann dem Wert 0, wenn t gegen unendlich geht. Bei exponentiellem Wachstum ist zu beachten, daß die absolute Zustandsveränderung auch bei gleichbleibender spezifischer Zuwachsrate ständig selber exponentiell wächst.

5. **Kritische Parameter:** Das Vorzeichen der Rückkopplung entscheidet über die Stabilität $(a < 0)$ oder Instabilität $(a > 0)$ der Zustandsveränderung und der Systementwicklung. Der Betrag der Rückkopplung $|a|$ bestimmt die Wachstums- bzw. Zerfallsgeschwindigkeit. Der Kehrwert $T = 1/|a|$ wird als 'Zeitkonstante' des Systems bezeichnet.

6. **Referenzlauf:** Für den Wert $a = -1$ ergibt sich rasch abklingendes exponentielles Verhalten. Wird das Vorzeichen verändert $(a = 1)$, so zeigt sich rasches exponentielles Wachstum. Typisches Kennzeichen des exponentiellen Wachstums ist die ständige Beschleunigung mit sehr hohen Werten gegen Ende der Simulationsperiode, wobei rasch sehr hohe Werte erreicht werden (hier: $z = 20'000$ bei $t = 10$).

7. **Bearbeitungshinweise:** Untersuchen Sie (im SIMPAS-Bearbeitungsmodus "Parameterempfindlichkeit") die Zeitverläufe des Zustands in Abhängigkeit vom Rückkopplungsparameter a (spezifische Veränderungsrate) im Bereich von $a = -1$ bis $a = +1$. Hinweis: typische Veränderungsraten gesellschaftlicher Prozesse bewegen sich zwischen 0 bis maximal 10% pro Jahr, d.h. $0 < a < 0.1$. In diesem Falle hat die Zeitachse die Einheit Jahr. Untersuchen Sie, zu welchen Zustandsveränderungen spezifische Zuwachsraten in diesem Bereich in 100 Jahren führen.

8. **Literatur:** -

EXPONENTIELLES WACHSTUM UND ZERFALL **M 102**

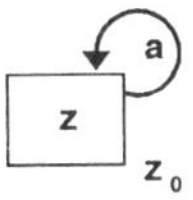

SYSTEMGLEICHUNGEN

dz/dt := a*z

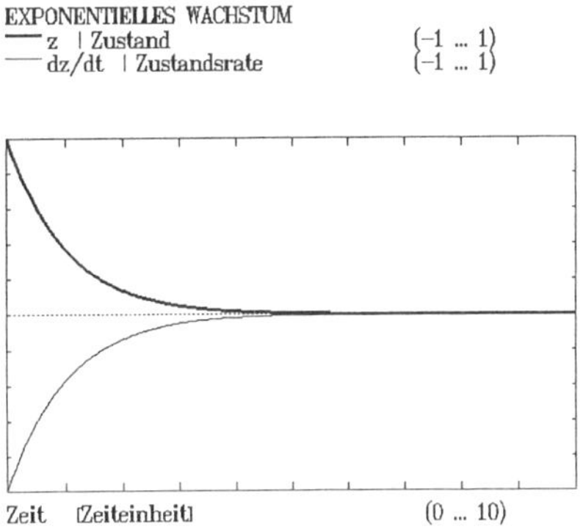


```
* a  ¦ Wachstums/Zerfallsrate [1/Zeit]        -1.000
  z  ¦ Zustand [Einheit]                       1.000
  Beginn der Simulation [Zeiteinheit]              0
  Ende der Simulation [Zeiteinheit]           10.000
  Rechenschrittweite [Zeiteinheit]          2.00E-02

  GLEICHGEWICHTSPUNKTE

  z = 0 (freies Verhalten)
```

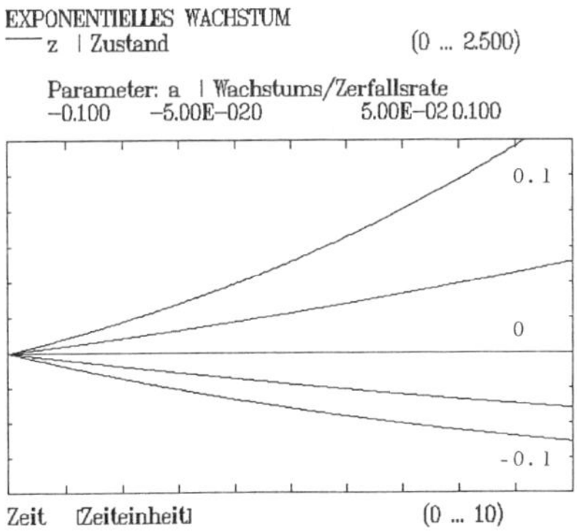

EXPONENTIELLE VERZÖGERUNG M 103

1. **Beschreibung:** Der Zustand unterliegt hier einem ständigen exponentiellen Zerfall, wird aber laufend durch einen zeitabhängigen Zufluß u(t) wieder 'aufgefüllt'. Hieraus ergibt sich ein ständiger Verlust von 'Geschichte' des Systems und eine verzögerte Anpassung an die Umwelteinwirkung. Diese Systemstruktur hat die Wirkung einer Verzögerung.

2. **Vorkommen:** Der Prozeß entspricht dem Füllen eines Speichers bei gleichzeitigem zustandsproportionalen Verlust. Beispiele sind: Dynamik des Bodenwassers bei Versickerung und gleichzeitigem Eintrag durch Niederschlag; Einträge von Dünger und Chemikalien im Boden und deren Abbau oder Versickerung. Bei mechanischen Systemen bedeutet die negative Rückkopplung eine Dämpfung der Bewegung.

3. **Strukturbesonderheiten:** Die Systemdynamik ergibt sich aus zwei unterschiedlichen Veränderungsraten: 1. dem exponentiellen Zerfall (exponentielle Dämpfung) mit konstanter Zerfallsrate (-a) und 2. einer vom Systemzustand unabhängigen zeitabhängigen Zuflußrate u(t).

4. **Verhaltensbesonderheiten:** Vom jeweiligen Bestand geht ständig ein Teil (proportional zum jeweiligen Bestand) verloren. Da der augenblickliche Bestand das Zeitintegral vergangener Veränderung repräsentiert, entsprechen die Verluste der 'Geschichte' des Systems, während die Zuwächse (durch die exogene Einwirkung u(t)) die Gegenwart repräsentieren. Im Systemzustand schlagen sich daher vorwiegend die jüngsten Veränderungen nieder; der Zustand folgt damit verzögert der Umwelteinwirkung u(t).

5. **Kritische Parameter:** Der Wert der negativen Rückkopplung (a) ist hier der kritische Parameter: der Parameter a entscheidet daher über das Fließgleichgewicht, das sich aus der Bedingung $dz/dt = 0$, d.h. $az^* = u$ ergibt, woraus folgt: $z^* = u/a$ mit $(a > 0)$. Je größer also der Betrag von a (je größer die Verlustrate), um so niedriger ist der Gleichgewichtswert z^*. Der Kehrwert der Rückkopplung $(1/a) = T =$ Zeitkonstante des Systems ist der wichtigste Systemparameter. Je größer a wird, um so kleiner T, um so schneller erfolgt die Einstellung auf einen neuen Wert der exogenen Veränderungsrate u(t), um so kürzer ist die Verzögerung des Systems.

6. **Referenzlauf:** Zur Zeit $t = 1$ beginnt hier eine konstante Eingangsfunktion u(t) (Sprungfunktion). Der Zustand folgt dieser Veränderungsrate zunächst mit einem linearen Anstieg. Da die Verlustrate proportional zum jeweiligen Zustand ist, erreicht sie schließlich die Höhe des konstanten Eintrags. An diesem Punkt ergibt sich Fließgleichgewicht $z^* =$ const. Der Übergang auf den Gleichgewichtswert folgt einem exponentiellen Verlauf $z(t) = (u/a)\,(1 - e^{-at})$.

7. **Bearbeitungshinweise:** Ermitteln Sie die Form der Systemantwort und die Verzögerung der Systemantwort auf verschiedene Testfunktionen (Pulsfunktion Pulse, Sprungfunktion Step, Rampenfunktion Ramp, Sinusfunktion). Untersuchen Sie (mit der SIMPAS-Option "Parameterempfindlichkeit") wie die Systemantwort und die Signalverzögerung vom Betrag der Rückkopplungskonstante a abhängen.

8. **Literatur:** -

EXPONENTIELLE VERZÖGERUNG M 103

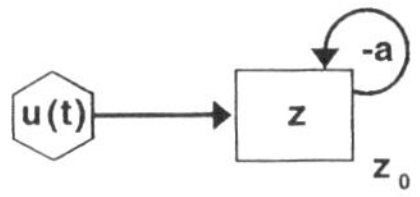

SYSTEMGLEICHUNGEN

```
u := Pulse(p,tp,i) + Step(s,ts) + Ramp(r,tr) + q*sin(2*pi*w*time)
dz/dt := u - a*z
```

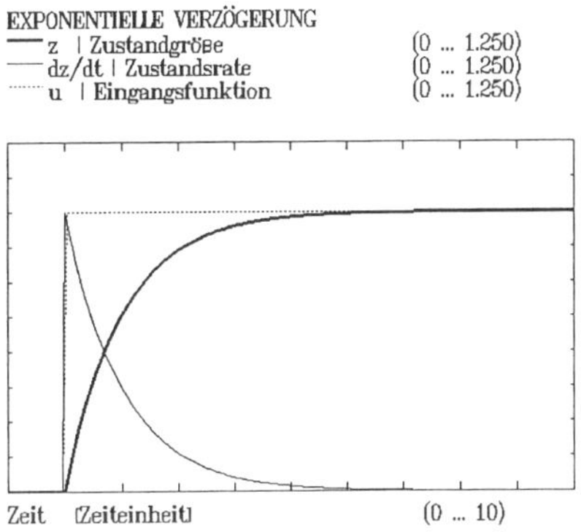

*	a	spez. Verlustrate [1/Zeit]	1.000
	p	PULSE Pulsfläche [Einheit]	0
	tp	Anfangspuls zur Zeit [Zeit]	1.000
	i	Pulsintervall [Zeit]	1.000
	s	STEP Sprunghöhe [Einheit/Zeit]	1.000
	ts	Sprung zur Zeit [Zeit]	1.000
	r	RAMP Rampensteigung [Einheit/Zeit²]	0
	tr	Rampenbeginn zur Zeit [Zeit]	1.000
	q	SIN Sinusamplitude [Einheit/Zeit]	0
	w	Sinus-Frequenz [rad/Zeit]	0.100
	z	Zustandgröße [Einheit]	0
		Beginn der Simulation [Zeiteinheit]	0
		Ende der Simulation [Zeiteinheit]	10.000
		Rechenschrittweite [Zeiteinheit]	2.00E-02

GLEICHGEWICHTSPUNKTE

z = 0 für freies Verhalten
z = u/a für u = const

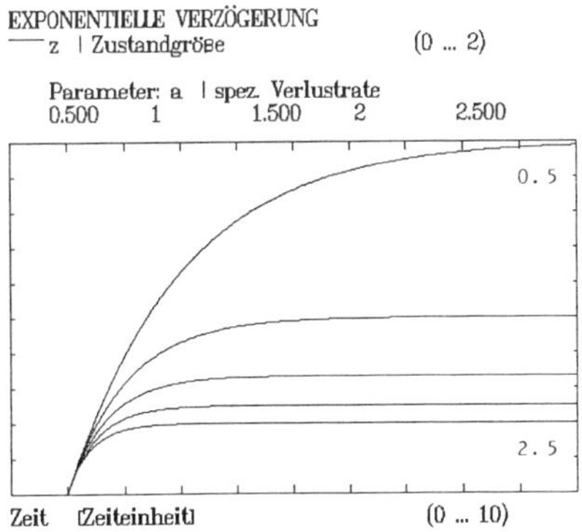

ZEITABHÄNGIGES EXPONENTIELLES WACHSTUM M 104

1. **Beschreibung:** Die Grundstruktur entspricht dem des exponentiellen Wachstums oder Zerfalls. Die Wachstumsrate ist einmal proportional zum jeweilig vorhandenen Bestand, zum anderen aber auch zu einer spezifischen Wachstumsrate, die eine Funktion der Zeit sein kann $u(t)$. Da sich die spezifische Wachstumsrate mit der Zeit ändert, kann der Bestand im Verlauf der Zeit sowohl anwachsen wie sich auch verringern.

2. **Vorkommen:** Eine Zeitabhängigkeit der spezifischen Wachstumsrate ergibt sich unter anderem in der Bevölkerungsentwicklung mit zeitabhängigen Geburten- und Sterberaten in Abhängigkeit von der medizinischen Versorgung. Ein weiteres Beispiel ist die pflanzliche Nettoproduktion in Abhängigkeit von der jahreszeitlich veränderlichen Sonneneinstrahlung. Auch die Wirtschaftsentwicklung hängt von zeitveränderlichen Investitionsentscheidungen ab.

3. **Strukturbesonderheiten:** Die Struktur ist geprägt von der Eigenkopplung, wobei aber jetzt die spezifische Wachstumsrate exogen und zeitabhängig verändert wird.

4. **Verhaltensbesonderheiten:** Der Zustand z kann mit der durch die zeitabhängige spezifische Wachstumsrate $u(t)$ gegebenen Geschwindigkeit zeitabhängig beliebig verändert (vergrößert oder verringert) werden.

5. **Kritische Parameter:** Wie bei anderen Eigenkopplungen bestimmt das Vorzeichen von $u(t)$ die Zu- bzw. Abnahme von z. Der Betrag von $u(t)$ bestimmt dabei die Geschwindigkeit der Zustandsveränderung.

6. **Referenzlauf:** Für die Simulation werden zunächst die bis zum Zeitpunkt t_1 geltende anfängliche und dann die ab Zeitpunkt t_2 geltende endgültige Wachstumsrate vorgegeben. Zwischen dem Zeitpunkt t_1 und t_2 wird die Wachstumsrate zwischen dem Anfangs- und dem Endwert linear interpoliert. Im Referenzlauf gilt eine anfängliche Wachstumsrate von 0.1 [1/Zeiteinheit], die bis zur Zeit $t = 2$ gilt; danach wird die Wachstumsrate linear auf den Endwert von 0.01 zur Zeit $t = 8$ verringert. Über die Zeit $t = 8$ hinaus bleibt die Wachstumsrate konstant auf 0.01. Aus diesem Zeitverlauf der spezifischen Wachstumsrate ergibt sich zunächst ein starker, dann abfallender und schließlich nur noch schwacher Anstieg von z. Die Abbildungen zeigen die entsprechenden Verläufe von z, dz/dt und $u(t)$.

7. **Bearbeitungshinweise:** Untersuchen Sie die Wachstumsentwicklung für verschiedene Vorgaben der Szenarioparameter a, b, c, d (anfängliche Wachstumsrate, Beginn der Ratenveränderung, endgültige Wachstumsrate, Ende der Wachstumsveränderung).

8. **Literatur:** -

ZEITABHÄNGIGES EXPONENTIELLES WACHSTUM **M 104**

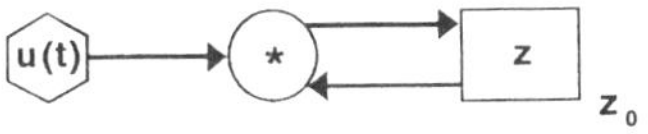

SYSTEMGLEICHUNGEN

```
u := a + Ramp(e,b) - Ramp(e,d)
e := (c-a)/(d-b)

dz/dt := u*z
```

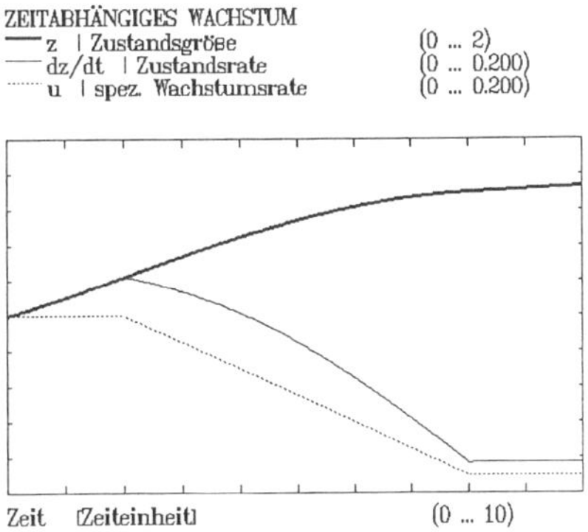

*	a	Wachstumrate, Anfangswert [1/Zeit]	0.100
	b	bis zur Zeit [Zeit]	2.000
	c	Wachstumsrate, Endwert [1/Zeit]	1.00E-02
	d	ab der Zeit [Zeit]	8.000
	z	Zustandsgröße [Einheit]	1.000
	Beginn der Simulation [Zeiteinheit]		0
	Ende der Simulation [Zeiteinheit]		10.000
	Rechenschrittweite [Zeiteinheit]		2.00E-02

GLEICHGEWICHTSPUNKTE

z = 0 für freies Verhalten und für u < 0

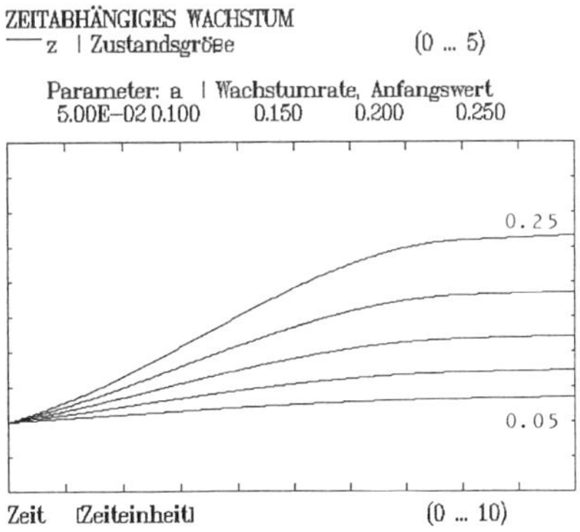

GEBURT UND TOD: EINFACHE BEVÖLKERUNGSDYNAMIK M 105

1. **Beschreibung:** Die Dynamik vieler Systeme wird bestimmt durch gleichzeitig ablaufende exponentielle Wachstums- und Zerfallsprozesse, d.h. die Existenz von Eigenkopplungen mit sowohl positiven wie negativen Vorzeichen. Fließgleichgewicht ergibt sich dann, wenn die Gewinne u(t) gleich den Verlusten v(t) sind.

2. **Vorkommen:** Beispiele sind die Bevölkerungsentwicklung als Funktion von zeitabhängigen Veränderungen der Geburten- und Sterberate wie auch der demographische Übergang, d.h. die Bevölkerungsstabilisierung durch Angleichung der Geburten- an die Sterberate. Generell gilt diese Systemstruktur für die bestandsabhängige Zustandsentwicklung als Funktion von Zuwachs und Abbau, wobei die spezifischen Raten zeitabhängig sind (z.B. Schadstoffkonzentration, CO_2 in der Atmosphäre). Der gleiche Ansatz gilt auch in der Betriebswirtschaft bei der Berechnung von Auftrags-, Lager- und Kapitalbeständen.

3. **Strukturbesonderheiten:** Bestandsabhängige Zu- und Abgänge, wobei aber die spezifischen Zugangs- und Abgangsraten zeitabhängig exogen bestimmt und unabhängig voneinander sind.

4. **Verhaltensbesonderheiten:** Die absolute Zustandsveränderung ist die Differenz der Austräge und Einträge. Der Bestand kann daher auch bei hohen Zuwächsen sinken, wenn die Verluste größer als die Zuwächse sind, bzw. der Bestand kann auch bei kleiner Zuwachsrate ansteigen, wenn die Verlustrate kleiner als die Zuwachsrate ist. Bestimmend für die Entwicklung des Systems ist daher die Nettozuwachsrate r(t) = u(t) - v(t).

5. **Kritische Parameter:** Die spezifische Nettozuwachsrate r(t) entscheidet offensichtlich über den Zeitverlauf der Zustandsgröße z(t). Durch Steuerung einer oder beider spezifischer Raten u(t) und v(t) lassen sich daher verschiedene Verläufe der Zustandsgröße bis hin zum Fließgleichgewicht erreichen.

6. **Referenzlauf:** Im Beispiellauf erfolgt eine lineare Absenkung der Sterberate von 0.015 auf 0.012 zwischen 2000 und 2020 sowie eine lineare Absenkung der Geburtenrate von 0.04 auf 0.01 zwischen 2000 und 2050. Hieraus ergibt sich bis 2047 zunächst noch ein Anstieg, danach ein allmähliches Absinken der Bevölkerung.

7. **Bearbeitungshinweise:** Untersuchen Sie die Bevölkerungsentwicklung für andere Szenarien der Geburtenrate.

8. **Literatur:** -

GEBURT UND TOD: EINFACHE BEVÖLKERUNGSDYNAMIK **M 105**

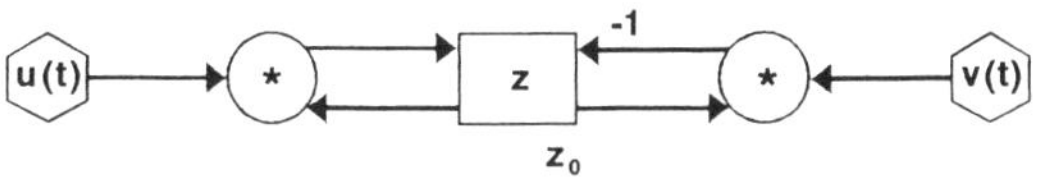

SYSTEMGLEICHUNGEN

```
e := (c-a)/(d-b)
m := (h-f)/(k-g)
u := a + Ramp(e,b) - Ramp(e,d)
v := f + Ramp(m,g) - Ramp(m,k)

dz/dt := (u-v)*z
```

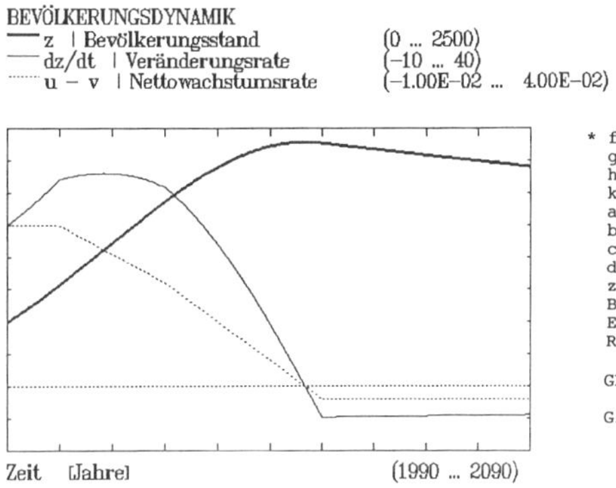


```
* f  ¦ spez. Sterberate, Anfang [1/Jahr]     1.50E-02
  g  ¦ bis zum Jahr [Jahr]                   2000.000
  h  ¦ spez. Sterberate, Ende [1/Jahr]       1.20E-02
  k  ¦ erreicht im Jahr [Jahr]               2020.000
  a  ¦ spez. Geburtenrate, Anfang [1/Jahr]   4.00E-02
  b  ¦ bis zum Jahr [Jahr]                   2000.000
  c  ¦ spez. Geburtenrate, Ende [1/Jahr]     1.00E-02
  d  ¦ erreicht im Jahr [Jahr]               2050.000
  z  ¦ Bevölkerungsstand [Mill.Menschen]     1000.000
  Beginn der Simulation [Jahre]              1990.000
  Ende der Simulation [Jahre]                2090.000
  Rechenschrittweite [Jahre]                    0.100
```

GLEICHGEWICHTSPUNKTE

Gleichgewicht nur wenn u(t) = v(t)

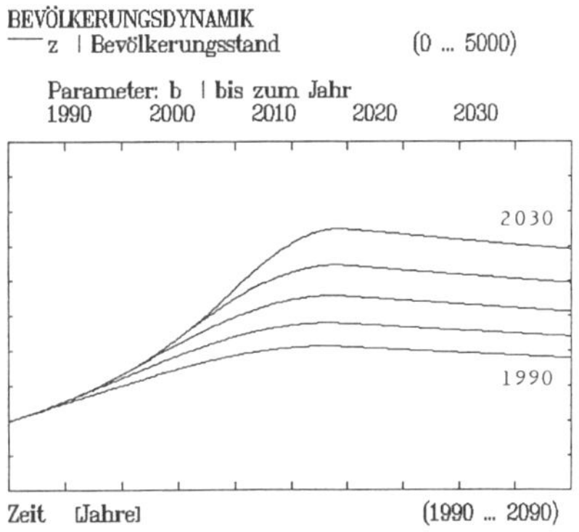

ÜBERLASTUNG EINES SPEICHERS M 106

1. **Beschreibung:** Die Dynamik dieses Systems ist gekennzeichnet durch eine langsame Entladung des Speichers, solange nur ein Teil des vorhandenen Speichervolumens genutzt ist. Sobald der Speicher über die Kapazitätsgrenze gefüllt ist, fließen über die Kapazitätsgrenze hinausgehende Mengen sehr viel schneller ab.

2. **Vorkommen:** Beispiele: Rascher Regenwasserablauf bei durchnäßtem, nicht mehr speicherfähigem Boden und langsames Aussickern bei feuchtem, noch nicht wassergesättigtem Boden. Überlastung von Körperorganen (z.B. Jodaufnahme der Schilddrüse); Stoffmengen, die nicht mehr zusätzlich aufgenommen werden können, werden rascher ausgeschieden. Auch im Alltagsleben ist diese Erscheinung häufig: "Mir platzt der Kragen", "das Faß zum Überlaufen bringen", "the straw that breaks the camel's back".

3. **Strukturbesonderheiten:** Einschaltung einer zusätzlichen hohen spezifischen Ablaufrate bei Überschreiten der Kapazitätsgrenze des Speichers.

4. **Verhaltensbesonderheiten:** Langsame (exponentielle) Entladung (Abbau, Versickerung), solange der Bestand unter der Kapazitätsgrenze bleibt. Ist diese überschritten so ergibt sich ein beschleunigter Ablauf des Überschusses.

5. **Kritische Parameter:** Das Verhalten des Systems ist stark abhängig von der Kapazität k und der normalen spezifischen Verlustrate a: Falls k und/oder a groß sind, kommt es nicht so leicht zur Überlastung. Keine Überlastung ergibt sich, wenn die Bedingung $(ka > u)$ erfüllt ist.

   Auf die Bodenwasserhaltung angewendet bedeutet dies, daß keine Überlastung (Staunässe) zu erwarten ist, wenn die Wasserkapazität des Bodens hoch ist, die Aussickerungsrate a hoch ist und/oder der Niederschlagseintrag $u(t)$ klein ist. Diese Bedingungen sind z.B. nicht erfüllt, wenn die Bodenschicht dünn ist, aus Ton besteht und ein Starkregen stattfand.

6. **Referenzlauf:** Ist die Kapazität niedrig (hier $k = 1$), so führt ein Eintragspuls $u(t)$ zur Zeit t zu einem Eintrag, der die Kapazität k übersteigt und zu einer kurzfristigen 'Flut' führt. Wird dagegen die Kapazität erhöht $(k = 2)$, dann findet unter den gleichen Bedingungen die 'Flut' nicht statt; es ergibt sich nur eine geringe Veränderung der normalen Abflußrate. Diese durch einen Speicher verursachte Stetigkeit läßt sich z.B. bei vielen Quellen beobachten, die trotz starker Niederschlagsschwankung eine fast konstante Quellschüttung haben.

7. **Bearbeitungshinweise:** Untersuchen Sie wiederholte 'Starkregenfälle' durch Verwendung einer Serie von Pulsen. Untersuchen Sie hierbei besonders den Einfluß des Pulsabstands und der Pulsfläche auf das Ergebnis und die 'Überflutung'.

8. **Literatur:** -

ÜBERLASTUNG EINES SPEICHERS M 106

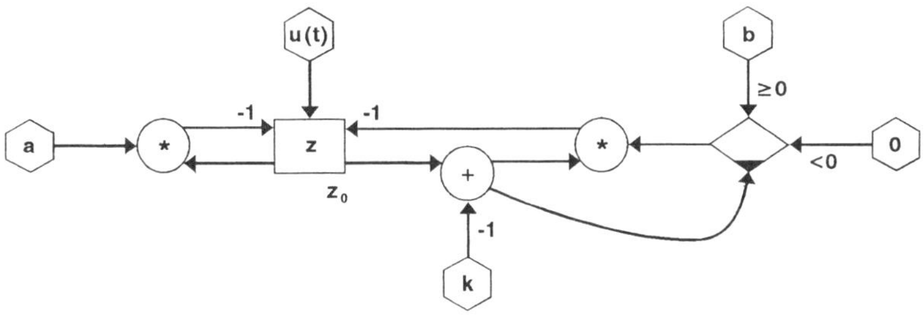

SYSTEMGLEICHUNGEN

```
u := Pulse(p,tp,i)
if z <= k then  dz/dt := u - a*z
else            dz/dt := u - a*z - b*(z-k)
```

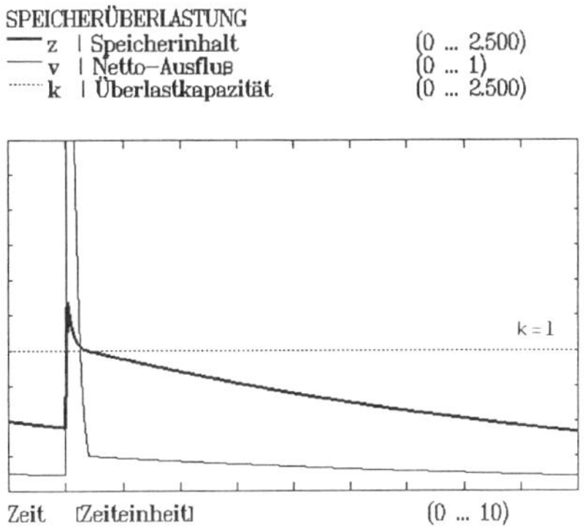

*	k	Überlastkapazität [Einheit]	1.000
	a	spez. Abflußrate, normal [1/Zeit]	0.100
	b	spez. Abflußrate, Überlast [1/Zeit]	10.000
	p	PULSE Pulsfläche [Einheit]	1.000
	tp	Anfangspuls zur Zeit [Zeit]	1.000
	i	Pulsintervall [Zeit]	0
	z	Speicherinhalt [Einheit]	0.500
	Beginn der Simulation [Zeiteinheit]		0
	Ende der Simulation [Zeiteinheit]		10.000
	Rechenschrittweite [Zeiteinheit]		2.00E-02

GLEICHGEWICHTSPUNKTE

z = 0

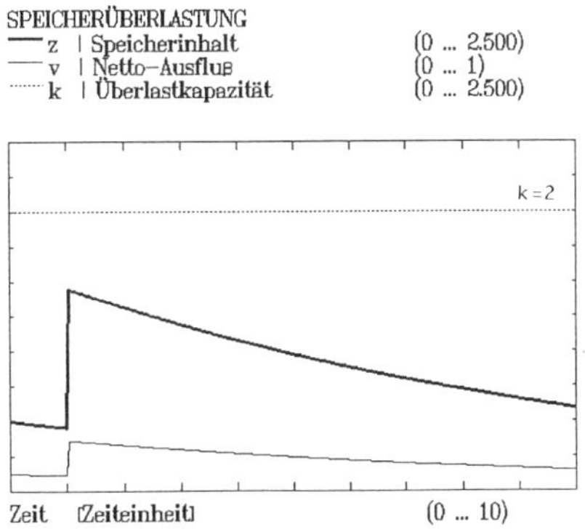

LOGISTISCHES WACHSTUM BEI KONSTANTER ERNTE M 107

1. **Beschreibung:** Der logistische Wachstumsprozeß ist von grundlegender Bedeutung; er findet sich in fast allen Bereichen: Ökologie, Ökonomie, Technik usw. Er zeichnet sich dadurch aus, daß bei zunächst kleinem Bestand das Wachstum fast exponentiell stattfindet. Nähert sich der Bestand seiner Kapazitätsgrenze, so tritt zunehmend eine negative Rückkopplung in Kraft, die schließlich den Bestand an der Kapazitätsgrenze einregelt. Die Entwicklungsdynamik des Bestands hat hier einen typischen S-förmigen Verlauf. Falls der Bestand mit einer konstanten Ernterate beerntet wird, so liegt das Fließgleichgewicht unter der Kapazitätsgrenze, falls die Ernterate klein genug ist. Überschreitet die Ernterate aber einen kritischen Betrag, so kommt es unaufhaltsam zum Zusammenbruch des gesamten Bestandes.

2. **Vorkommen:** Wachstum und Beernten von Tier- und Pflanzenpopulationen mit konstanter Ernterate. Wirtschaftliche Entwicklung mit festen Steuern und Abgaben und Erhöhung der Abgaben über ein kritisches Niveau. Belastung eines Ökosystems, die über seine Regenerationsfähigkeit hinausführt und daher zum Zusammenbruch führt. Sättigungsvorgänge jeder Art (Produktabsatz, Innovation, Besiedlung eines Gebiets usw.).

3. **Strukturbesonderheiten:** Ein exponentieller Wachstumsprozeß (positive Eigenkopplung) wird mit einem variablen Faktor multipliziert, der gegen 0 geht, wenn der Zustand die Kapazitätsgrenze k erreicht: $f = (1-z/k)$. Die bei dieser Systemstruktur angenommene Ernterate ist bestandsunabhängig und konstant (oder als Zeitfunktion vorgegeben).

4. **Verhaltensbesonderheiten:** Solange der Bestand klein ist, hat der Sättigungsterm f wenig Einfluß: der Bestand wächst (nahezu) exponentiell. In der Nähe der Kapazitätsgrenze geht dagegen die Wachstumsrate auf Null zurück. Ohne Ernte liegt das Gleichgewicht an der Kapazitätsgrenze k. Bei konstanter Beerntung h ergibt sich ein stabiles Gleichgewicht, solange $h < az(1 - z/k)$. Die maximale Ernterate $h = ak/4$ liegt an der Stabilitätsgrenze. Wird sie auch nur minimal überschritten, so bricht das System zusammen.

5. **Kritische Parameter:** Der kritische Parameter dieses Systems ist die Ernterate h. Wird ein kritischer Wert überschritten, so bricht das System unweigerlich zusammen. Das System hat zwei Gleichgewichtspunkte, von denen aber nur einer stabil ist. Wird k negativ gewählt (k hat dann nicht mehr die Bedeutung einer Kapazitätsgrenze), so wächst der Zustand in endlicher Zeit auf unendlich ($h = 0$).

6. **Referenzlauf:** Für $k > 0$ und unterkritische Ernterate ergibt sich logistisches Wachstum ohne Zusammenbruch.

7. **Bearbeitungshinweise:** Untersuchen Sie mit der Option "Parameterempfindlichkeit" die Entwicklung des Bestands und seiner Wachstumsrate ausgehend von verschiedenen Anfangsbedingungen, bei Beerntungsraten von $0.1 < h < 0.9$. Verwenden Sie das System zur Untersuchung der endlichen Fluchtzeit mit $h = 0$, $k = -1$ und untersuchen Sie mit "Parameterempfindlichkeit" das Verhalten für $0.1 < a < 0.5$.

8. **Literatur:** Luenberger 1979 (317-319), Richter 1985.

LOGISTISCHES WACHSTUM BEI KONSTANTER ERNTE M 107

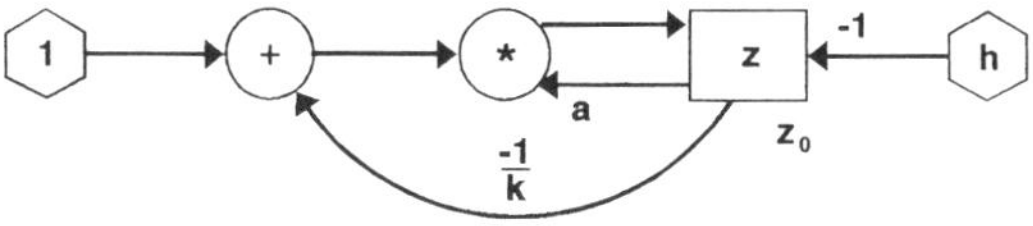

SYSTEMGLEICHUNGEN

```
dz/dt := a*z*(1-(z/k)) - h
```

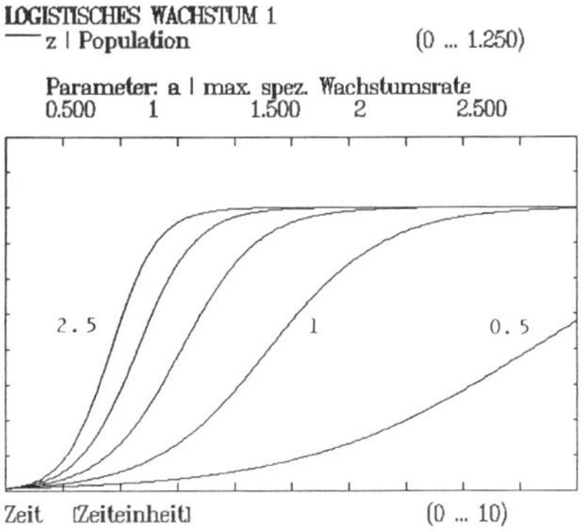

* a	max. spez. Wachstumsrate [1/Zeit]	1.000
k	Tragfähigkeit [Einheit]	1.000
h	Ernterate [Einheit/Zeit]	0
z	Population [Einheit]	1.00E-02
t	Zeit [Zeit]	0
Beginn der Simulation [Zeiteinheit]		0
Ende der Simulation [Zeiteinheit]		10.000
Rechenschrittweite [Zeiteinheit]		1.00E-02

GLEICHGEWICHTSPUNKTE

z = 1.00 0.00

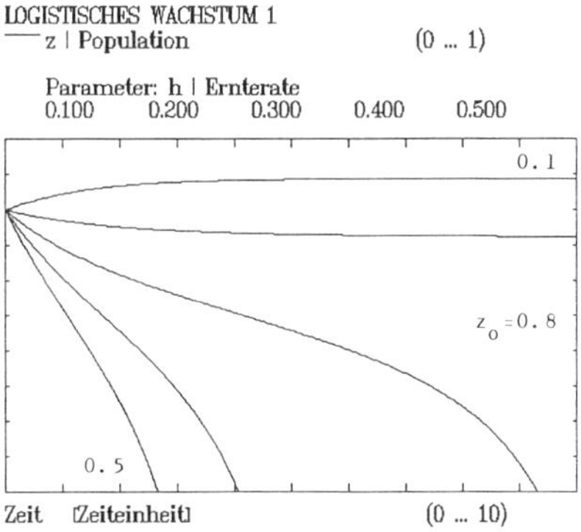

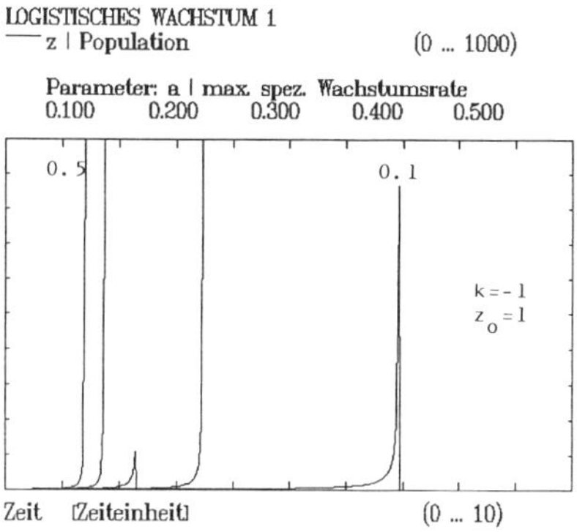

LOGISTISCHES WACHSTUM MIT BESTANDSABHÄNGIGER ERNTE M 108

1. **Beschreibung:** Eine Population z mit logistischem Wachstum wird mit einer Ernterate beerntet, die proportional zum vorhandenen Bestand bleibt. Die spezifische Ernterate g kann eine (beliebig große) Konstante sein. Bei dieser Form der Beerntung kann sich kein Zusammenbruch des Systems ergeben. Abhängig von der spezifischen Ernterate nähert der Systemzustand sich einem entsprechenden Gleichgewichtswert.

2. **Vorkommen:** Wachstum von Populationen, falls die Ernterate bestandsabhängig ist (bzw. Abhängigkeit von der Populationsdichte). Wichtige Anwendung z.B. im Fischfang: Ohne Ortungstechnik sinkt die Fangmenge, wenn sich die Populationsdichte verringert. Dadurch kann die Population nicht zusammenbrechen. Beispiel aus der Wirtschaft: Abgaben (Steuern) abhängig von der jeweils aktiven Produktionskapazität. Sättigungsvorgänge jeder Art.

3. **Strukturbesonderheiten:** Der exponentielle Wachstumsprozeß mit Wachstumsrate a wird durch den kapazitätsabhängigen Sättigungsterm bei Annäherung an die Kapazitätsgrenze k auf Null gedämpft. Die Ernte hängt direkt vom vorhandenen Bestand ab.

4. **Verhaltensbesonderheiten:** Logistisches Wachstum mit S-förmiger Sättigung. Bei kleinem Bestand ergibt sich eine nur kleine Ernte; dafür ist keine Übernutzung möglich. (Falls z gegen 0, geht auch $g \cdot z$ gegen 0). Gleichgewicht ergibt sich bei $z = k\ (1 - g/a)$, falls $g \leq a$. Die maximale spezifische Ernterate ergibt sich bei $g/a = 0.5$; dies führt zur maximalen Ernterate $g \cdot z = a \cdot k\,(1 - 0.5)/2 = ak/4$.

5. **Kritische Parameter:** Die spezifische Ernterate g ist hier nicht kritisch für die Bestandsexistenz, wohl aber für die Bestandshöhe im Fließgleichgewicht und die Ernterate. Für maximalen Ertrag sollte sie auf die halbe Wachstumsrate a eingestellt sein. Die maximale Ernte ist gleich der im Fall bestandsunabhängiger konstanter Ernte, doch ist im Gegensatz dazu dieser Erntezustand hier stabil; der Bestand ist nicht durch Zusammenbruch gefährdet. Für $g = 0$ und $k < 0$ ergibt sich auch hier wieder endliche Fluchtzeit.

6. **Referenzlauf:** Für die angenommene spezifische Ernterate von $g = 0.1$ ergibt sich ein stabiler Gleichgewichtspunkt bei $z = 0.9$.

7. **Bearbeitungshinweise:** Vergleichen Sie das Verhalten, die erzielbare Ernte und die Stabilität mit dem System M 107 "Logistisches Wachstum bei konstanter Ernte". Untersuchen Sie die Bestandsentwicklung für unterschiedliche Anfangsbedingungen, Wachstumsraten a und Ernteraten g.

8. **Literatur:** Richter 1985.

LOGISTISCHES WACHSTUM MIT BESTANDSABHÄNGIGER ERNTE — M 108

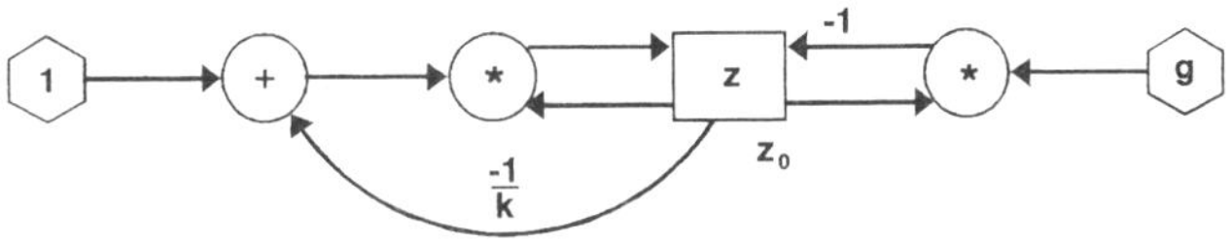

SYSTEMGLEICHUNGEN

```
dz/dt := a*z*[1-(z/k)] - g*z
```

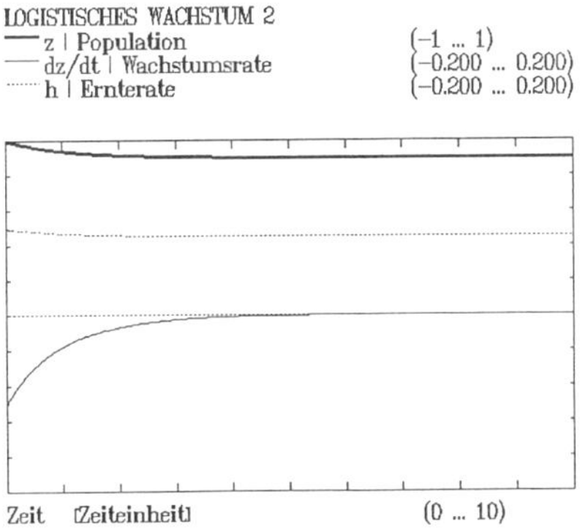


```
* a ¦ max. spez. Wachstumsrate [1/Zeit]        1.000
  k ¦ Tragfähigkeit [Einheit]                   1.000
  g ¦ spez. Ernterate [1/Zeit]                  0.100
  z ¦ Population [Einheit]                      1.000
  t ¦ Zeit [Zeit]                                   0
  Beginn der Simulation [Zeiteinheit]               0
  Ende der Simulation [Zeiteinheit]            10.000
  Rechenschrittweite [Zeiteinheit]           1.00E-02

  GLEICHGEWICHTSPUNKTE

  z =  0.900
```

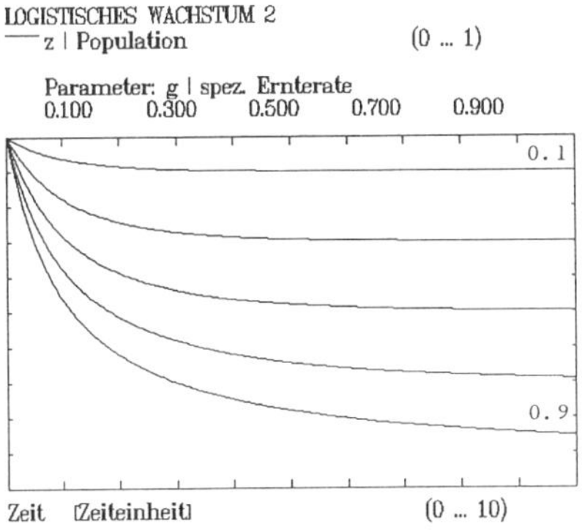

DICHTE-ABHÄNGIGES WACHSTUM (MICHAELIS-MENTEN) M 109

1. **Beschreibung:** In dieser Systemformulierung wird ein Sättigungsterm der Michaelis-Menten-Form $(z/(z + c))$ verwendet, um den S-förmigen Sättigungsverlauf zu erreichen. Die übrige Struktur ähnelt dem des logistischen Wachstumsprozesses mit einer exponentiellen Wachstumsschleife $a \cdot z$ und einer populations-dichteabhängigen Beerntung $g \cdot z$ (oder Sterbefälle).

2. **Vorkommen:** Die Formulierung wird zur Darstellung von gewissen Wachstumsprozessen in der Biologie und Ökologie, bei chemischen Prozessen und anderen Sättigungsprozessen verwendet.

3. **Strukturbesonderheiten:** Der Sättigungsterm ist 0 für $z = 0$, 0.5 für $z = c$, 1 für z gegen unendlich. Der Parameter c heißt daher 'Halbsättigungskonstante', da sich für $z = c$ der halbe Sättigungseffekt ergibt.

4. **Verhaltensbesonderheiten:** In der hier gezeigten Systemformulierung ergibt sich ein linearer Zuwachs auch für z gegen unendlich, wenn das System nicht beerntet wird (oder keine Sterbefälle stattfinden). Eine Sättigung kann sich nur ergeben, wenn $g > 0$ ist. Die Bedingung für Gleichgewicht ist $z = (ca/g) \cdot (1 - g/a)$. Da die Beerntung proportional zum vorhandenen Bestand ist, ist auch hier keine Übernutzung möglich; das System bricht auch bei hohen spezifischen Ernteraten g nicht zusammen, solange $g < a$ bleibt.

5. **Kritische Parameter:** Sättigung ergibt sich nur, wenn $g > 0$ ist. Das System ist nicht zusammenbruchsgefährdet, solange $g < a$ bleibt. Der Gleichgewichtszustand ist kritischer vom Verhältnis a/g abhängig als beim logistischen System.

6. **Referenzlauf:** Für $g = 0.5$, $c = 1$, $a = 1$ ergibt sich ein Sättigungswert von $z = 1$. Ausgehend von einem Anfangswert $z_0 = 0.01$ ergibt sich S-förmiges Wachstum auf den Endwert $z = 1$.

7. **Bearbeitungshinweise:** Untersuchen Sie das Verhalten des Systems für verschiedene spezifische Wachstumsraten a bei konstantem Wert $g \neq 0$. Untersuchen Sie das Verhalten für verschiedene g bei konstantem a. Untersuchen Sie das Verhalten für verschiedene Werte der Halbsättigungskonstante c. Untersuchen Sie das Verhalten bei unterschiedlichen Anfangsbedingungen mit der SIMPAS-Option "Globalverhalten" und dem Zustandsbild z (Ordinate) und t (Abszisse).

8. **Literatur:** -

DICHTE-ABHÄNGIGES WACHSTUM (MICHAELIS-MENTEN) M 109

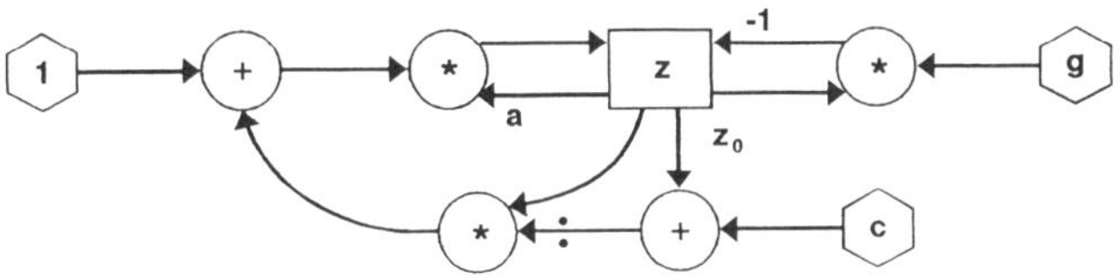

SYSTEMGLEICHUNGEN

```
dz/dt := a*z*[1-(z/(c+z))] - g*z
```

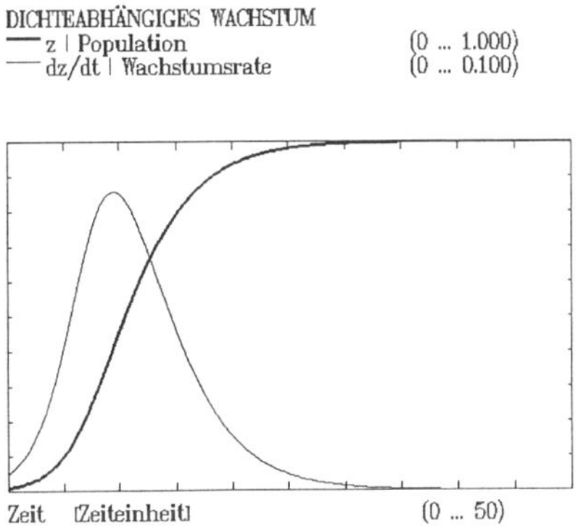

* a	max. spez. Wachstumsrate [1/Zeit]	1.000
c	Halbsättigungskonstante [Einheit]	1.000
g	spez. Sterbe-/Ernterate [1/Zeit]	0.500
z	Population [Einheit]	1.00E-02
t	Zeit [Zeit]	0
	Beginn der Simulation [Zeiteinheit]	0
	Ende der Simulation [Zeiteinheit]	50.000
	Rechenschrittweite [Zeiteinheit]	1.00E-02

GLEICHGEWICHTSPUNKTE

z = 1.000

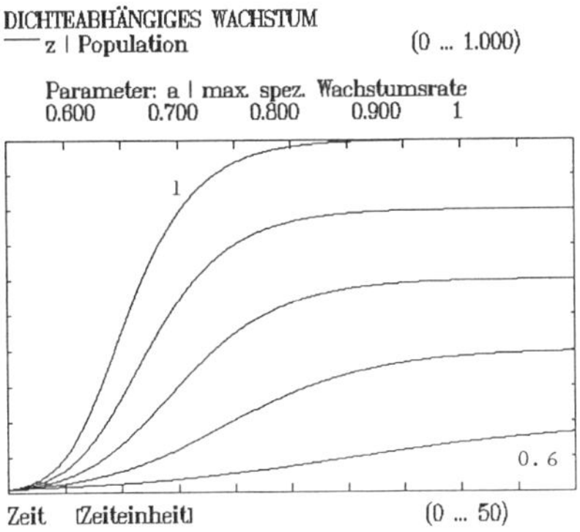

TÄGLICHE PHOTOPRODUKTION EINES PFLANZENBESTANDS M 110

1. **Beschreibung:** Das Modell berechnet den Tagesverlauf der Photoproduktion einer Pflanzendecke unter Berücksichtigung der von der Jahreszeit und der geographischen Breite abhängigen, sich im Tagesverlauf verändernden Sonneneinstrahlung und der Lichtdämpfung in den verschiedenen Schichten der Laubkrone.

2. **Vorkommen:** Das Modell gilt für Pflanzenvegetationen aller terrestrischen Ökosysteme, d.h. für Wälder, Wiesen, Felder, Buschland usw.

3. **Strukturbesonderheiten:** Die einfallende Sonnenstrahlung s wird aus der von der geographischen Breite l und der Sonnendeklination d abhängigen Sonnenhöhe e berechnet, unter Berücksichtigung der atmosphärischen Trübung (c, a). Die Sonnendeklination d ist abhängig vom Kalendertag n. Die im Tagesverlauf empfangene Strahlungsenergie x ist das Zeitintegral der momentanen Strahlungsleistung s. Die Tageslänge y ist das Zeitintegral der hellen Stunden. Die Nettoproduktionsrate q der Laubkrone ergibt sich durch analytische Integration der von der Lichtdämpfung k und der Photoproduktivität (p, m) des Laubs abhängigen Blattproduktionskurve in i Blattschichten, vermindert um die Blattrespiration r. Durch Integration von q über die Zeit ergibt sich die Tagesnettoproduktion z der Kronenschicht.

4. **Verhaltensbesonderheiten:** Entsprechend dem Sonnenstand ergibt sich eine etwa sinusförmig ansteigende Strahlung mit einem Mittagsmaximum. Der zeitliche Beginn der Strahlung und deren Ende entspricht dem Sonnenauf- und -untergang. Die Photoproduktion in der Laubschicht folgt dem Strahlungsverlauf, hat jedoch einen breiteren Verlauf, da sich bereits die volle Blattproduktion auch bei niedrigen Strahlungswerten einstellt. Von der Tagesproduktion wird auch nachts wieder ein Teil veratmet; die Produktionskurve läuft daher nachts im Negativen. Im Sommer führen auch in den polaren Breiten die langen Tage zu einer hohen Produktion.

5. **Kritische Parameter:** Über die Blattatmung ergeben sich besonders bei kurzer Tageslänge relativ hohe Energieverluste. Da die unteren abgeschatteten Blattschichten netto nur relativ wenig produzieren, werden sie normalerweise abgeworfen, was zu einem maximalen Blattflächenindex i von etwa 5 führt (Blattflächenindex = Quadratmeter Blattfläche pro Quadratmeter Bodenfläche). Über die Tagesdauer, die vom Sonnenstand abhängige Einstrahlung und die Jahreszeit ergibt sich ein erheblicher Effekt der geographischen Breite. Für die Gesamtproduktion ist die Form der Lichtempfindlichkeitskurve der Blätter von Bedeutung: der Parameter p bestimmt die maximale Photoproduktion bei Lichtsättigung, während der Parameter m den Anstieg der Photosynthesekurve mit zunehmender Einstrahlung charakterisiert.

6. **Referenzlauf:** Die Ergebnisse gelten für den Tag 173 (d.h. 22. Juni, Sommersonnenwende) und für 50° nördliche Breite (Frankfurt, Kiew, Vancouver, Winnipeg). Der angenommene Blattflächenindex von i = 5 entspricht einer Laubwaldkrone.

7. **Bearbeitungshinweise:** Untersuchen Sie die Produktion des Pflanzenbestands an anderen Tagen im Jahr sowie für andere geographische Breiten. Untersuchen Sie (mit der Option "Parameterempfindlichkeit"), welche Nettoproduktion sich ergibt, wenn der Blattflächenindex i (1 bis 10) verändert wird. Für welches i ergibt sich maximale Nettoproduktion? Untersuchen Sie die Wirkung der Blattrespiration r.

8. **Literatur:** Richter 1985, (164-172).

TÄGLICHE PHOTOPRODUKTION EINES PFLANZENBESTANDS M 110

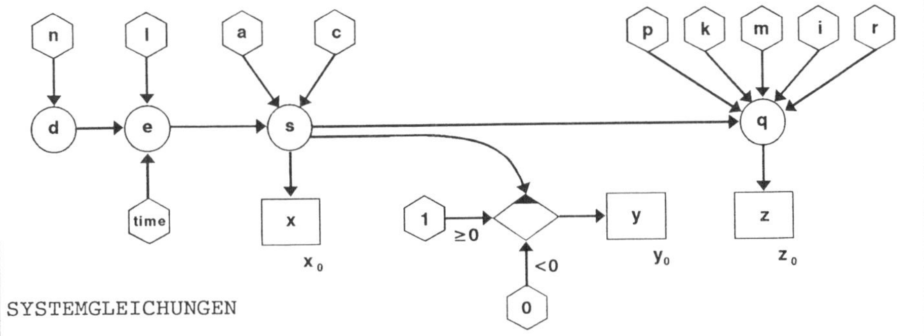

SYSTEMGLEICHUNGEN

```
d := -23.4*(pi/180)*cos((2*pi/365)*(n+10))          Sonnendeklination
e := sin(l)*sin(d)+cos(l)*cos(d)*cos((2*pi/24)*(Time+12))Sonnenhöhe
s := c*640*e*exp(-a/e)                           photoaktive Strahlung
q := (p/k)*ln( (1+(m/p)*s)/(1+(m/p)*s*exp(-k*i)) )-r*i
dz/dt := q                                              Kronenproduktion
```

PHOTOPRODUKTION
—— z | tägl. Laubkronenproduktion (−20 ... 80)
—— s | photoaktive Strahlung PAR (−200 ... 800)
······ q | Photoproduktion, Laubkrone (−2 ... 8)

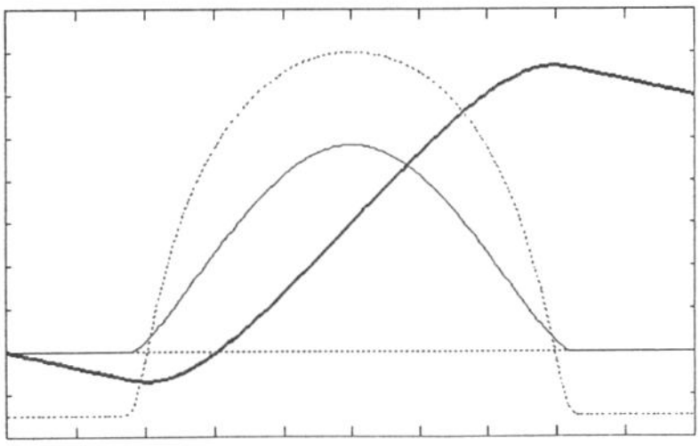

Zeit [Stunden] (0 ... 24)

l	geographische Breite [Grad N/S]	50.000
a	atm. Absorptionsfaktor [-]	0.150
i	Blattflächenindex [m²/m²]	5.000
k	Lichtdämpfung [-]	0.700
p	max. Photoproduktion [gCO2/(m².h)]	3.000
m	Steigung, Photosynth.Kurve [gCO2/Wh]	5.00E-02
r	mittl. Blattrespiration [gCO2/(m².h)	0.300
n	Kalendertag [Tag Nr.]	173.000
c	PAR Faktor, bewölkter Himmel [-]	1.000
x	tägl. Strahlungsenergie [Wh/m²]	0
y	Tageslichtstunden [Stunden]	0
z	tägl. Laubkronenproduktion [gCO2/m2]	0
	Beginn der Simulation [Stunden]	0
	Ende der Simulation [Stunden]	24.000
	Rechenschrittweite [Stunden]	5.00E-02

ZUSAMMENFASSUNG DER ERGEBNISSE

Breite:	50	Kalendertag:	173
Tagstunden:	15.98	atm.Absorption:	0.15
tägl. Strahlungsenergie (PAR) [Wh/m²]:			4371
Jahresrate d. Sonneneinstrahlung (PAR) [kWh/(m².yr)]:			1595
mittl. PAR Einstrahlung [W/m²]:			273
tägliche Produktion der Laubkrone [gCO2/m²]:			60
jährl. Rate der Kronenphotoproduktion [tCO2/(ha.a)]:			219
jährl. Rate der Kronenphotoproduktion [tC/(ha.a)]:			60

PHOTOPRODUKTION
—— q | Photoproduktion, Laubkrone (−2 ... 8)

Parameter: l | geographische Breite
10 30 50 70 90

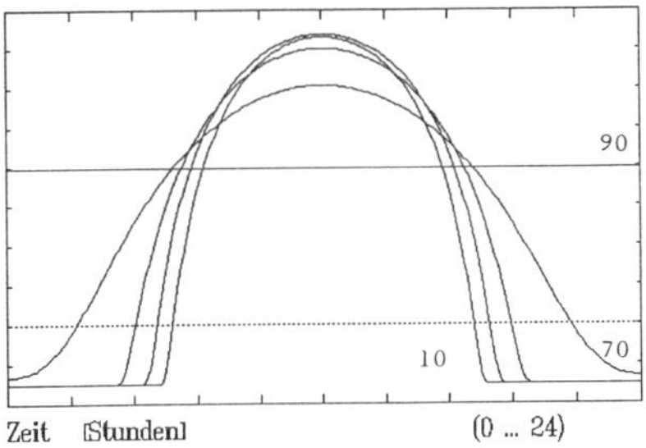

Zeit [Stunden] (0 ... 24)

PHOTOPRODUKTION
—— q | Photoproduktion, Laubkrone (−2 ... 8)

Parameter: l | geographische Breite
10 30 50 70 90

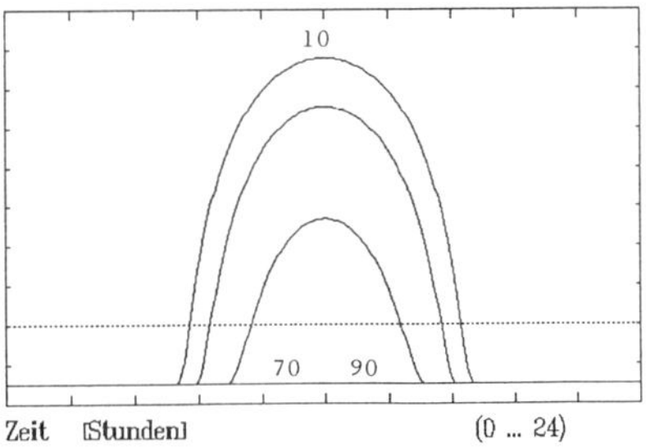

Zeit [Stunden] (0 ... 24)

Weitere Ergebnisse

6-2 Dynamische Systeme mit zwei Zustandsgrößen

201 Zweifache Integration und exponentielle Verzögerung 2. Ordnung
202 Übergang zwischen zwei Zuständen
203 Linearer Schwinger 2. Ordnung
204 Eskalation ('Teufelskreis', 'Spirale')
205 Abhängigkeit
206 Räuber-Beute-System ohne Kapazitätsbegrenzung
207 Räuber-Beute-System mit Kapazitätsgrenze
208 Konkurrenz
209 Tourismus und Umwelt
210 Übernutzung und Zusammenbruch
211 Waldwachstum
212 Entdeckung und Ausbeutung von Rohstoffen
213 Tragödie der Allmende
214 Nachhaltige Nutzung erneuerbarer Ressourcen
215 Gestörtes Fließgleichgewicht: CO2-Dynamik der Atmosphäre
216 Lagerbestand, Verkauf, Bestellung
217 Produktionszyklus
218 Rotationspendel
219 Schwinger mit Grenzzyklus: Van der Pol
220 Bistabiler Schwinger: Duffing
221 Chaotischer bistabiler Schwinger: erregter Duffing-Schwinger

ZWEIFACHE INTEGRATION UND EXPONENTIELLE VERZÖGERUNG M 201

1. **Beschreibung:** Die Eingangsgröße u(t) wird zweimal hintereinander nach der Zeit integriert. Jeder Integrator hat eine Eigenkopplung mit negativem Vorzeichen (Dämpfung). Beide Rückkopplungen haben den gleichen Betrag a. Falls $a > 0$ ist, so führen diese exponentiellen Dämpfungen zu einem Verzögerungseffekt (Verzögerung 2. Ordnung).

2. **Vorkommen:** Die zweifache Integration ist in vielen wichtigen physikalischen Vorgängen anzutreffen. In der Mechanik z.B. ergibt sich aus der Integration der Beschleunigung über die Zeit die Geschwindigkeit einer Masse; aus der weiteren Integration der Geschwindigkeit nach der Zeit folgt der Weg der Masse. Eine äquivalente Darstellung ist die Zeitintegration der Beschleunigungskraft mdv/dt zum Impuls mv; die weitere Zeitintegration ergibt die kinetische Energie $mv^2/2$. Eine strukturell gleichartige zweifache Integration ergibt sich aus der Summierung der Spannungsabfälle in einem aus Kondensator, Widerstand und Drosselspule bestehendem elektrischen System.

3. **Strukturbesonderheiten:** Bestehen keine Eigenkopplungen $(a = 0)$, so ergibt sich am ersten Integrator y die einfache, am zweiten Integrator x die zweifache Integration der Eingangsfunktion u(t). Haben die beiden Integratoren eine Dämpfung (a positiv), so ergibt sich zu jedem Zeitpunkt ein teilweiser 'Verlust' (Versickerung) der im Laufe der Systementwicklung gespeicherten Zustände. Hieraus folgt ein Verzögerungseffekt (siehe Modell M 103 "Exponentielle Verzögerung").

4. **Verhaltensbesonderheiten:** Die ungedämpfte Integration $(a = 0)$ entspricht den analytischen Integrationsregeln. Haben die beiden Integratoren eine Dämpfung $(a > 0)$, so wird das im ersten Integrator modifizierte und verzögerte Signal im zweiten Integrator noch einmal modifiziert und verzögert.

5. **Kritische Parameter:** Bei starker negativer Rückkopplung (Betrag von a groß) ist der Verzögerungseffekt klein, da die Zeitkonstante des Systems $T = 1/a$ klein ist. Der Dämpfungsfaktor a bestimmt die Gleichgewichtswerte an den beiden Integratoren bei konstantem Input $u = const.$ Es ergibt sich $y^* = u/a$, $x^* = u/a^2$.

6. **Referenzlauf:** Die Eingangsfunktion ist eine bei $t = 1$ einsetzende Sprungfunktion. Beide Integratoren haben die Dämpfung $a = 1$. Die Ergebnisse zeigen einen linearen Anstieg des Werts am ersten Integrator y und einen parabolischen Anstieg am zweiten Integrator x. Danach ergibt sich an beiden Integratoren eine Sättigung entsprechend den o.a. Gleichgewichtswerten y^* und x^*. Das Eingangssignal wurde zweimal verzögert. Die Verzögerungszeit über beide Integratoren ergibt sich aus der Summe der beiden Zeitkonstanten $T_D = 1/a + 1/a = 2/a$.

7. **Bearbeitungshinweise:** Bestätigen Sie die Angaben für die Gleichgewichtswerte (unter 5.) für verschiedene (positive) Werte von a. Konstruieren Sie eine eigene Testfunktion u mit einer interessanten Form als Summe der Testfunktionen Puls, Step, Ramp und Sin. Integrieren Sie diese ein- und zweimal numerisch $(a = 0)$. Untersuchen Sie, wie u bei kleinen und großen Dämpfungsfaktoren a verändert und verzögert wird.

8. **Literatur:** -

ZWEIFACHE INTEGRATION UND EXPONENTIELLE VERZÖGERUNG M 201

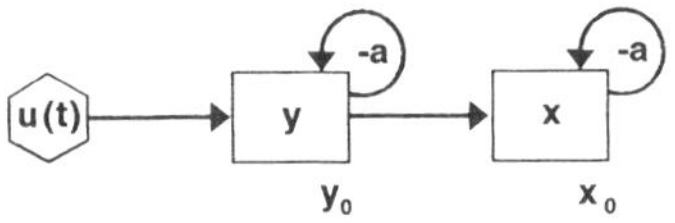

SYSTEMGLEICHUNGEN

```
u := Pulse(p,tp,i) + Step(s,ts) + Ramp(r,tr) + q*sin(2*pi*w*time)
dx/dt := y - a*x
dy/dt := u - a*y
```

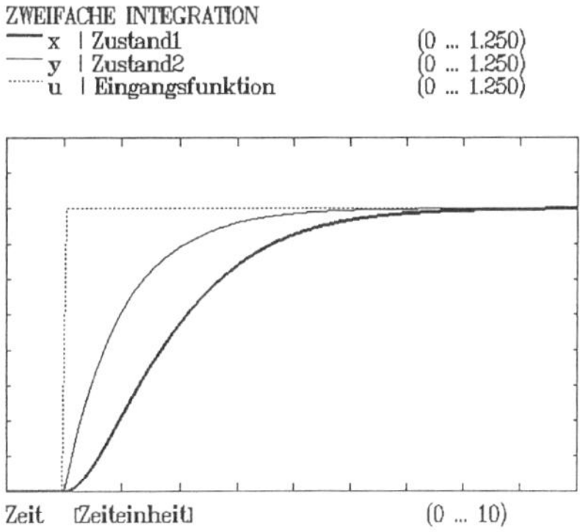

*	a	spez. Verlustrate [1/Zeit]	1.000
	p	PULSE Pulsfläche [Einheit]	0
	tp	Anfangspuls zur Zeit [Zeit]	1.000
	i	Pulsintervall [Zeit]	1.000
	s	STEP Sprunghöhe [Einheit/Zeit]	1.000
	ts	Sprung zur Zeit [Zeit]	1.000
	r	RAMP Rampensteigung [Einheit/Zeit²]	0
	tr	Rampenbeginn zur Zeit [Zeiteinheit]	1.000
	q	SIN Sinusamplitude [Einheit/Zeit]	0
	w	Sinus-Frequenz [rad/Zeit]	0.100
	x	Zustand1 [Einheit*Zeit]	0
	y	Zustand2 [Einheit]	0
		Beginn der Simulation [Zeiteinheit]	0
		Ende der Simulation [Zeiteinheit]	10.000
		Rechenschrittweite [Zeiteinheit]	2.00E-02

GLEICHGEWICHTSPUNKTE

abhängig vom Eingang; x = y = 0 für freies Verhalten
$y = u/a$, $x = u/a^2$ für u = const

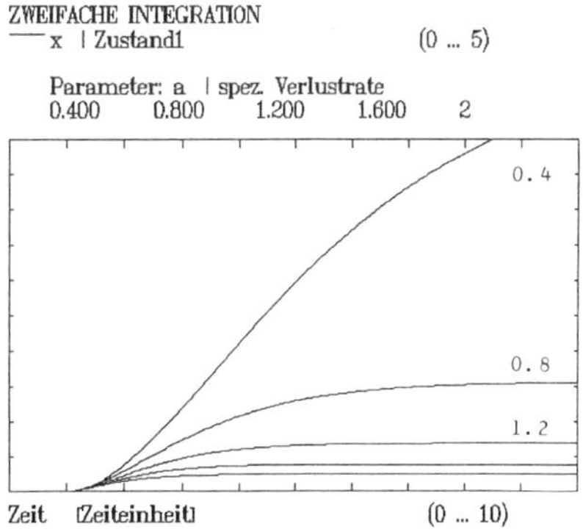

ÜBERGANG ZWISCHEN ZWEI ZUSTÄNDEN M 202

1. **Beschreibung:** Das Modell beschreibt den allmählichen Übergang des Inhalts eines Speichers in den nächsten. Die Übergangsrate ist dabei dem Inhalt des ersten (Geber)Speichers proportional. Die Verlustrate des Speichers y ist gleich der Gewinnrate des Speichers x; Übergänge werden also bei y abgezogen und bei x hinzuaddiert. An beiden Speichern können daher Verluste auftreten, die dem Speicherinhalt proportional sind (Eigenkopplungen mit Dämpfungsfaktoren b und a).

2. **Vorkommen:** Mit diesem Prozeß lassen sich Übergänge z.B. zwischen Altersklassen und Populationen oder beim Sickerdurchlauf durch verschiedene Bodenschichten (Wasser, Nährstoffe, Chemikalien) darstellen.

3. **Strukturbesonderheiten:** Die Übergangsverluste des Geberspeichers werden dort abgezogen und beim Nehmerspeicher dazugezählt. Die Übergangsrate ist proportional zum Inhalt des Geberspeichers. Dies ist allerdings nicht zwingend notwendig: Übergangsraten können prinzipiell auch durch den Nehmerspeicher oder durch eine Kombination von Einflüssen des Geber- und Nehmerspeichers wie beim Räuber-Beute-Modell bestimmt sein. Hinweis: Aus der spezifischen Übergangsrate b läßt sich auf die mittlere Verweildauer im Geberspeicher y schließen. Ist z.B. $b = 0.1$, so verläßt $1/10$ des Bestandes diesen in der Zeiteinheit. Die mittlere Verweilzeit ist daher der Kehrwert der spezifischen Übergangsrate, hier 10 Zeiteinheiten.

4. **Verhaltensbesonderheiten:** Das Verhalten des ersten Integrators y entspricht genau dem der exponentiellen Verzögerung mit dem Rückkopplungsfaktor b. Daher stellt sich dort bei konstantem Input u ein Gleichgewichtswert von $y^* = u/b$ ein. Auch der zweite Integrator hat die Grundstruktur der exponentiellen Verzögerung. Der sich am ersten Integrator einstellende Gleichgewichtswert von $y^* = u/b$ führt am zweiten Integrator zu einem Gleichgewichtswert von $x^* = u/a$. Bei zeitveränderlichem Input $u(t)$ ergibt sich in diesem System auch wieder ein Verzögerungseffekt in jeder Stufe.

5. **Kritische Parameter:** Die Übergangsraten zwischen Speichern (hier b) bzw. die Verlustraten der Speicher (hier b, a) bestimmen auch in diesem System die Geschwindigkeit der Veränderung und damit die Zeitkonstante, die Verzögerung sowie die Gleichgewichtszustände.

6. **Referenzlauf:** Die Eingangsfunktion des ersten Integrators ist eine Sprungfunktion, die zur Zeit $t = 1$ auf den Wert 1 springt. Bei Übergangsraten von $b = 0.5$ und $a = 0.25$ ergeben sich die entsprechenden Gleichgewichtswerte an den beiden Integratoren von $y^* = 2$ und $x^* = 4$. Die gewählten Übergangsraten bedeuten in diesem Falle, daß $b = 1/2$ des Bestandes y diesen pro Zeiteinheit verläßt, während die Zustandsgröße x jetzt $a = 1/4$ des Bestandes pro Zeiteinheit verliert.

7. **Bearbeitungshinweise:** Untersuchen Sie das Verhalten der Zustandsgrößen y und x für unterschiedliche Werte von b und a. Untersuchen Sie, wie verschiedene Testfunktionen (besonders Sinusfunktionen) 'verarbeitet' werden.

8. **Literatur:**

ÜBERGANG ZWISCHEN ZWEI ZUSTÄNDEN **M 202**

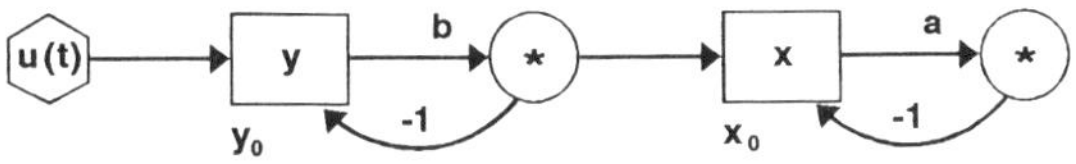

SYSTEMGLEICHUNGEN

```
u := Pulse(p,tp,i) + Step(s,ts) + Ramp(r,tr) + q*sin(2*pi*w*time)
dx/dt := b*y - a*x
dy/dt := u   - b*y
```

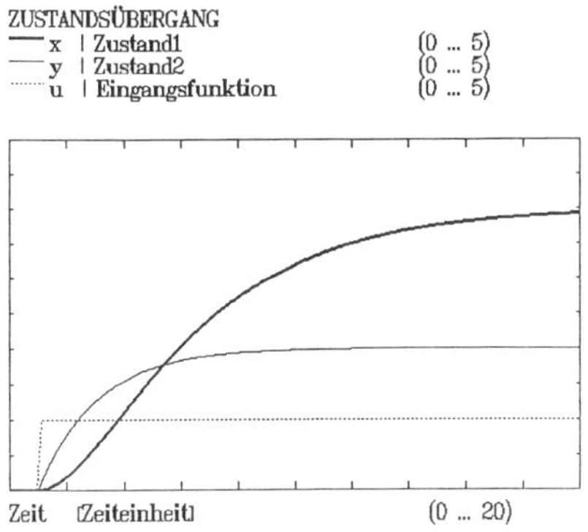

*	b	Übergangsrate von y nach x [1/Zeit]	0.500
	a	spez. Verlustrate bei x [1/Zeit]	0.250
	p	PULSE Pulsfläche [Einheit]	0
	tp	Anfangspuls zur Zeit [Zeit]	1.000
	i	Pulsintervall [Zeit]	1.000
	s	STEP Sprunghöhe [Einheit/Zeit]	1.000
	ts	Sprung zur Zeit [Zeit]	1.000
	r	RAMP Rampensteigung [Einheit/Zeit²]	0
	tr	Rampenbeginn zur Zeit [Zeit]	1.000
	q	SIN Sinusamplitude [Einheit/Zeit]	0
	w	Sinus-Frequenz [rad/Zeit]	0.100
	x	Zustand1 [Einheit*Zeit]	0
	y	Zustand2 [Einheit]	0
	Beginn der Simulation [Zeiteinheit]		0
	Ende der Simulation [Zeiteinheit]		20.000
	Rechenschrittweite [Zeiteinheit]		2.00E-02

GLEICHGEWICHTSPUNKTE

abhängig vom Eingang; x = y = 0 für freies Verhalten
x = u/a, y = u/b für u = const

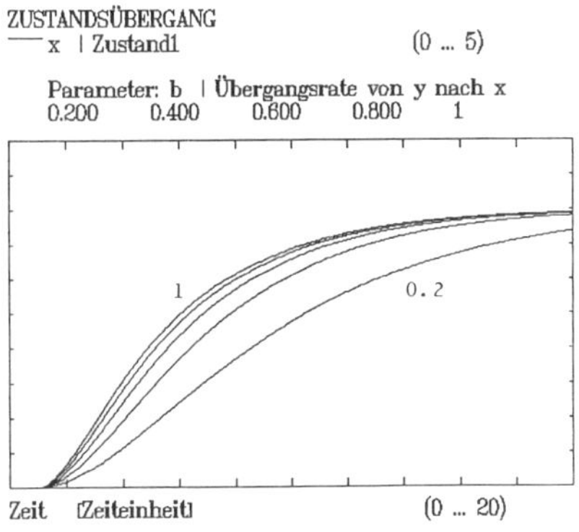

LINEARER SCHWINGER 2. ORDNUNG **M 203**

1. **Beschreibung:** Über beide Zustandsgrößen y und x läuft eine Rückkopplungsschleife mit den Wichtungen b und c. Hierdurch kann das System schwingen. Je nach Vorzeichen der Eigenkopplungsparameter d und a kann die Bewegung gedämpft sein oder sich verstärken. Außer Schwingungen sind auch andere (aperiodische) Bewegungen möglich.

2. **Vorkommen:** Systeme dieser Art, die zu Schwingungen neigen können, finden sich in vielen Bereichen: Feder-Masse-Dämpfer-System, Pendel (bei kleinem Ausschlag), elektrischer Schwingkreis, Zusammenspiel von Markt, Kapital und Produktion.

3. **Strukturbesonderheiten:** Verhaltensentscheidend ist die Verkopplung beider Zustandsgrößen durch die über beide Zustandsgrößen laufende Rückkopplungsschleife.

4. **Verhaltensbesonderheiten:** Je nach den Eigenwerten λ_1, λ_2 der Systemmatrix ergeben sich prinzipiell unterschiedliche Verhaltensmöglichkeiten, die stabil oder instabil sein können: Quelle und Senke, Wirbel und Strudel, Sattel, Knoten, Linienquelle, Liniensenke. Durch entsprechende Wahl der Parameter a, b, c, d der Systemmatrix läßt sich jede dieser Verhaltensformen mit dem Modell erzeugen. Das System ist linear und hat in jedem Falle nur einen einzigen Gleichgewichtspunkt, der bei ungezwungener Bewegung ($u = 0$) unabhängig von den Anfangsbedingungen der Zustandsgrößen immer bei den Werten $x = 0$ und $y = 0$ liegt.

5. **Kritische Parameter:** Bei einer kleinen Veränderung eines oder mehrerer Systemparameter ist eine grundsätzliche Veränderung des Verhaltens möglich, da sich damit eine Verschiebung der Eigenwerte in andere Bereiche der komplexen Zahlenebene ergeben kann. So zeigen Eigenwerte in der rechten Zahlenebene immer Instabilität, Eigenwerte im imaginären Bereich der Zahlenebene immer Schwingungen an.

6. **Referenzlauf:** Für die Systemparameter $a = 0$, $b = 1$, $c = -1$, $d = -1$ ergeben sich die Eigenwerte $\lambda_{1,2} = -0.5 \pm 0.866\ i$. Die beiden Eigenwerte sind konjugiert komplex; der Imaginärteil beider Eigenwerte deutet auf Schwingung, der Realteil mit negativem Vorzeichen bedeutet Dämpfung. Die Eigenfrequenz ist $\omega_0 = (|bc|)^{1/2}/(2\pi) = 0.1592$.

7. **Bearbeitungshinweise:** Bei welchem Wert von d verschwindet die Schwingung, und es ergibt sich aperiodische Bewegung? Was ist die Folge einer Vorzeichenänderung bei c für das Verhalten des Systems? Versuchen Sie alle unter 4. genannten Verhaltensweisen zu erzeugen, indem Sie die Systemmatrix entsprechend verändern. Hinweis: Verwenden Sie bei allen Läufen $a = 0$ und Werte von entweder $+1$ oder -1 für b, c, d. Untersuchen Sie mit der Testfunktion sin und den Parameterwerten der Voreinstellung die Reaktion (bes. Resonanz) bei erzwungener Schwingung. Hinweis: vgl. Abb. 7.8.

8. **Literatur:** Lineare Systemtheorie, besonders Regeltechnik u.a.: Luenberger 1979.

LINEARER SCHWINGER 2. ORDNUNG **M 203**

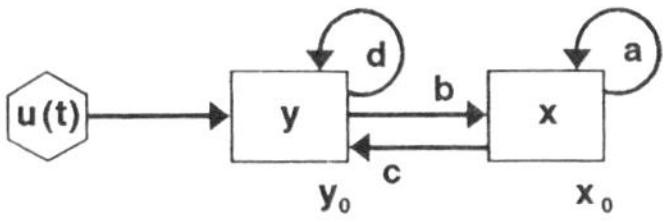

SYSTEMGLEICHUNGEN

```
u := Pulse(p,tp,i) + Step(s,ts) + Ramp(r,tr) + q*sin(2*pi*w*time)

dx/dt := a*x + b*y
dy/dt := c*x + d*y + u
```

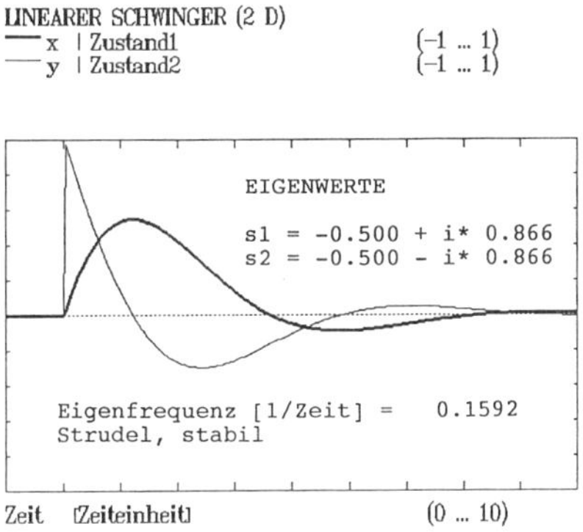

* a	Eigenkopplungsrate, x [1/Zeit]	0
b	Kopplungsfaktor von y nach x [-]	1.000
c	Kopplungsfaktor von x nach y [-]	-1.000
d	Eigenkopplungsrate, y [1/Zeit]	-1.000
p	PULSE Pulsfläche [Einheit]	1.000
tp	Anfangspuls zur Zeit [Zeit]	1.000
i	Pulsintervall [Zeit]	0
s	STEP Sprunghöhe [Einheit/Zeit]	0
ts	Sprung zur Zeit [Zeit]	1.000
r	RAMP Rampensteigung [Einheit/Zeit²]	0
tr	Rampenbeginn zur Zeit [Zeit]	1.000
q	SIN Sinusamplitude [Einheit/Zeit]	0
w	Sinus-Frequenz [rad/Zeit]	0.100
x	Zustand1 [Einheit*Zeit]	0
y	Zustand2 [Einheit]	0
Beginn der Simulation [Zeiteinheit]		0
Ende der Simulation [Zeiteinheit]		10.000
Rechenschrittweite [Zeiteinheit]		2.00E-02

GLEICHGEWICHTSPUNKTE

x = y = 0 für freies Verhalten

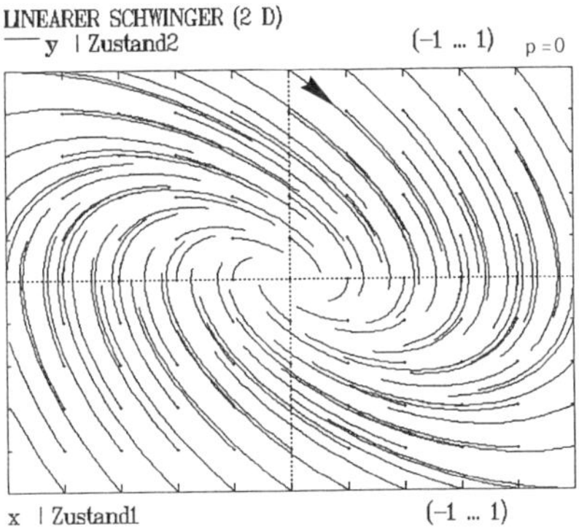

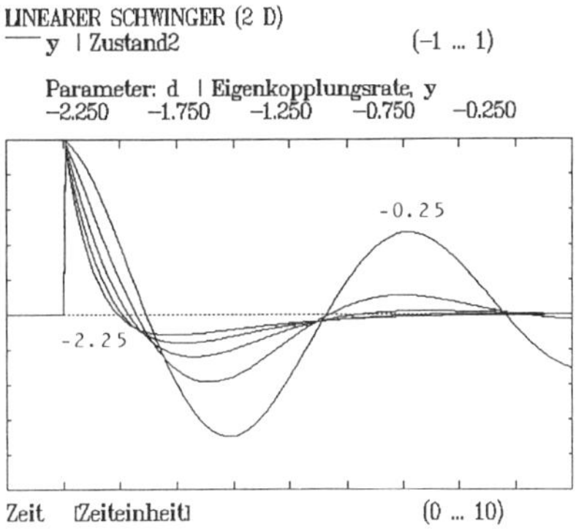

ESKALATION ("TEUFELSKREIS", "SPIRALE") M 204

1. **Beschreibung:** Das Modell beschreibt die gegenseitige Beeinflussung zweier konkurrierender Akteure X und Y, die jeder über eine Zustandsgröße x bzw. y verfügen, die für den anderen Akteur verhaltensrelevant ist. Beispiele: Agression, Rüstungspotential, Statussymbole. Das eigene Verhalten hängt vom Verhalten des anderen und von der Perzeption dieses Verhaltens ab. Übertreibung des Potentials des anderen führt zu einer Spirale, in der sich jeder gezwungen sieht, sein eigenes Potential noch weiter zu erhöhen.

2. **Vorkommen:** Rüstungswettlauf, Statussymbol-Dynamik, Wettstreit von Kommunen, Sport, Lohn- und Preisspirale.

3. **Strukturbesonderheiten:** Das System soll am Beispiel des Rüstungswettlaufs erläutert werden. Eigene Ersatzbeschaffungen des Akteurs Y für veraltete und ausgemusterte Rüstung (-by) werden durch den Vergleich des fremden mit dem eigenen Rüstungsniveau (x/y), multipliziert mit einem Perzeptionsfaktor q ermittelt. Dieser Perzeptionsfaktor beschreibt die relative Überschätzung der fremden Rüstungsanstrengungen im Vergleich zu den eigenen. Er ist gleich 1, wenn das Verhältnis x/y wahrheitsgemäß wiedergegeben wird. Die Verlustrate des Rüstungspotentials von Akteur Y ist dann (-b·y); die Zugangsrate durch Neubeschaffung ist by · q · (x/y) = bqx. Zusätzlich bestehen unter Umständen noch zustandsunabhängige Rüstungsanstrengungen h und g der Akteure X und Y.

4. **Verhaltensbesonderheiten:** Das System ist linear; seine Grundstruktur entspricht der des linearen Schwingers. Schwingungen sind allerdings hier normalerweise ausgeschlossen, da die Wichtungen der gegenseitigen Kopplungen (pa, qb) normalerweise > 0 sind. Stabile Lösungen können sich nur ergeben, wenn pq < 1 ist, d.h., wenn einer oder beide Akteure die Bedrohung durch den anderen eher untertreiben und nicht so ernst nehmen. Wird dagegen "zur Sicherheit" der Gegner eher etwas überschätzt, so führt dies zu weiterem kontinuierlichen Ansteigen beider Rüstungsniveaus ohne die Möglichkeit einer Stabilisierung.

5. **Kritische Parameter:** Die Übertreibungsfaktoren p und q sind für Verhalten und Stabilität des Systems entscheidend. Falls gh > 0, so ergibt sich Stabilität nur, wenn pq < 1. Falls pq = 1, dann ergibt sich Stabilität nur, falls gh = 0.

6. **Referenzlauf:** Beide Akteure haben hier die gleichen Parameter, außer daß X die Bedrohung durch Y um 10% überschätzt: p = 1.1. Dies führt zu einer instabilen Entwicklung. Reduziert sich dagegen diese Perzeption der Bedrohung durch Y auf einen Wert unter 1 (z.B. p = 0.5), dann ergibt sich eine Stabilisierung.

7. **Bearbeitungshinweise:** Untersuchen Sie andere Parameterkombinationen. Verwenden Sie das Modell M 203 "Linearer Schwinger" mit den für die Eskalation gewählten Parametern, um Eigenwerte und Stabilität des Systems zu untersuchen.

8. **Literatur:** Luenberger 1979 (206-209).

ESKALATION ("TEUFELSKREIS", "SPIRALE") M 204

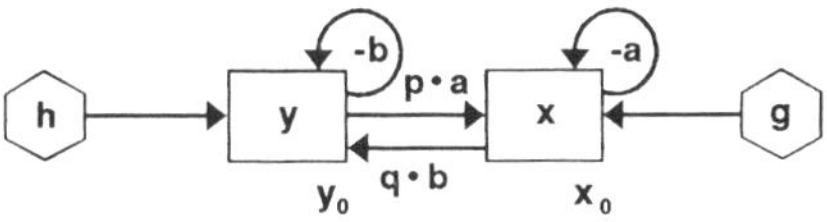

SYSTEMGLEICHUNGEN

$$dx/dt = p*a*y - a*x + g$$
$$dy/dt = q*b*x - b*y + h$$

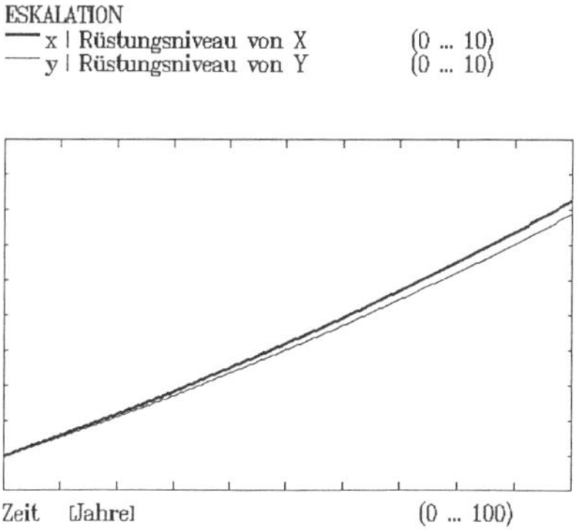

*	a	spez. Veralten, Waffen X [1/Zeit]	0.100
	b	spez. Veralten, Waffen Y [1/Zeit]	0.100
	p	X überschätzt Y um Faktor [-]	1.100
	q	Y überschätzt X um Faktor [-]	1.000
	g	auton.Aufrüstungsrate, X [Waffen/Jah	5.00E-02
	h	auton.Aufrüstungsrate, Y [Waffen/Jah	5.00E-02
	x	Rüstungsniveau von X [Waffen]	1.000
	y	Rüstungsniveau von Y [Waffen]	1.000
		Beginn der Simulation [Jahre]	0
		Ende der Simulation [Jahre]	100.000
		Rechenschrittweite [Jahre]	0.100

GLEICHGEWICHTSPUNKTE

x, y = -10.500, -10.000
instabil

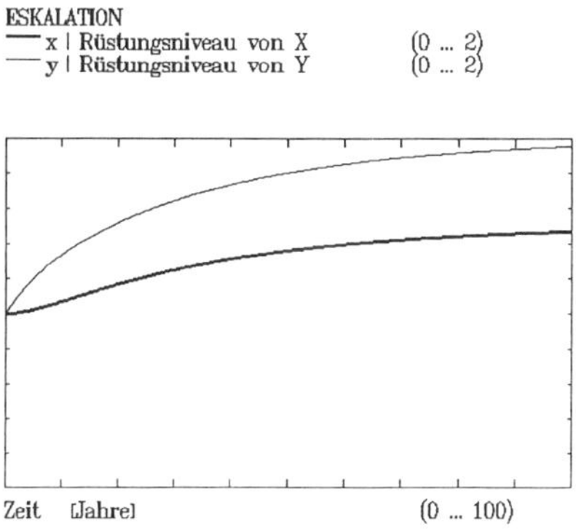

*	a	spez. Veralten, Waffen X [1/Zeit]	0.100
	b	spez. Veralten, Waffen Y [1/Zeit]	0.100
	p	X überschätzt Y um Faktor [-]	0.5
	q	Y überschätzt X um Faktor [-]	1.000
	g	auton.Aufrüstungsrate, X [Waffen/Jah	5.00E-02
	h	auton.Aufrüstungsrate, Y [Waffen/Jah	5.00E-02
	x	Rüstungsniveau von X [Waffen]	1.000
	y	Rüstungsniveau von Y [Waffen]	1.000
		Beginn der Simulation [Jahre]	0
		Ende der Simulation [Jahre]	100.000
		Rechenschrittweite [Jahre]	0.100

GLEICHGEWICHTSPUNKTE

x, y = 1.500, 2.000
stabil

ABHÄNGIGKEIT **M 205**

1. **Beschreibung:** Das Modell stellt den zunehmenden Verlust der Fähigkeit zur Selbsthilfe und zunehmende Abhängigkeit von Fremdhilfe dar. Diese Entwicklung kann sich ergeben, wenn ein Akteur zur Aufrechterhaltung eines Zustands außer eigenen Anstrengungen auch die Möglichkeit hat, sich teilweise auf Fremdhilfe abzustützen. Je mehr er das tut, um so mehr erodiert die Fähigkeit zur Selbsthilfe (Selbsthilfekapazität) und um so stärker wird die Abhängigkeit von Fremdhilfe.

2. **Vorkommen:** Beispiele für diese Entwicklung finden sich bei der Drogenabhängigkeit, der Entwicklungshilfe sowie bei der Abhängigkeit von Individuen, Kommunen und ganzen Wirtschaftszweigen von staatlicher Unterstützung.

3. **Strukturbesonderheiten:** Der Systemzustand x wird trotz Erosion r teilweise durch Fremdhilfe f (mit einem spezifischen Hilfseffekt b), zum anderen Teil durch Selbsthilfe (Selbsthilfefähigkeit y und spezifischer Selbsthilfeeffekt a) einem Zustandsziel g angenähert. Die Selbsthilfekapazität y erodiert mit einer spezifischen Rate s und muß durch "Gebrauch" mit einer spezifischen Rate c erneuert und verbessert werden.

4. **Verhaltensbesonderheiten:** Falls Fremdhilfe f angeboten wird, so sinkt damit der Gebrauch der Selbsthilfefähigkeit entsprechend. Damit verringert sich auch die Erneuerung und Verbesserung der Selbsthilfefähigkeit und damit auch ihr möglicher Beitrag zur Verbesserung des Systemzustands x. Ist der Fremdhilfeanteil zu hoch, so erodiert die Selbsthilfefähigkeit schließlich völlig, und das System wird völlig abhängig von Fremdhilfe.

5. **Kritische Parameter:** Der Fremdhilfeanteil f ist kritisch. Wenn er unter einem gewissen Wert bleibt, so bleibt die Selbsthilfefähigkeit erhalten. Steigt er darüber, so bricht schließlich die Selbsthilfefähigkeit zusammen.

6. **Referenzlauf:** Bei unterkritischer Fremdhilfe (f = 0.5) ergibt sich eine Erhaltung und u.U. sogar Stärkung der Selbsthilfefähigkeit. Das System erreicht einen stabilen Gleichgewichtszustand unabhängig von den Anfangswerten der Zustandsgrößen. (Untersuchung mit der Option "Globalverhalten".) Bei überkritischer Fremdhilfe dagegen (f = 0.7) ergibt sich fortschreitende Erosion und Zerstörung der Selbsthilfefähigkeit. Der stabile Gleichgewichtszustand ergibt sich dann bei y = 0. (Untersuchung mit "Globalverhalten".)

7. **Bearbeitungshinweise:** Finden Sie (unter Verwendung der Option "Parameterempfindlichkeit") den kritischen Fremdhilfeanteil f, bei dem die Selbsthilfefähigkeit gerade noch erhalten bleibt (für den Parametersatz des Referenzlaufs). Untersuchen Sie den Einfluß der anderen Parameter auf das Systemverhalten mit der Option "Parameterempfindlichkeit".

8. **Literatur:**

ABHÄNGIGKEIT **M 205**

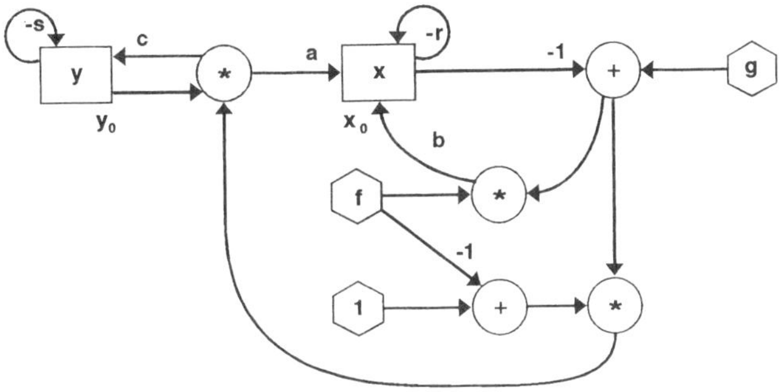

SYSTEMGLEICHUNGEN

```
dx/dt = a*y*((1-f)*(g-x)) + b*f*(g-x) - r*x
dy/dt = c*y*((1-f)*(g-x) - s*y
```

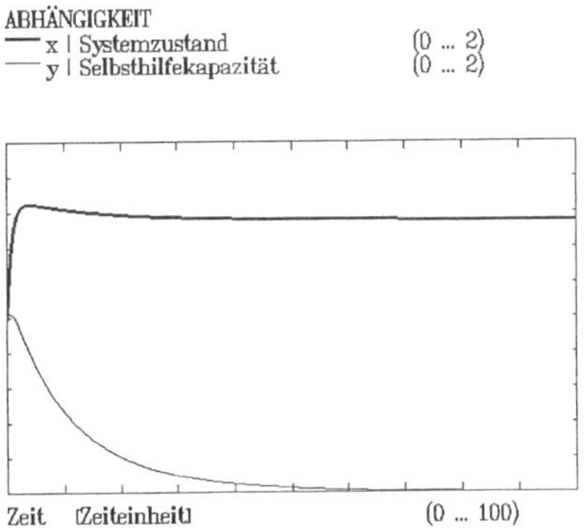

*	r	Erosionsrate, System [1/Zeit]	0.200
	s	Erosionsrate, Selbsthilfekap. [1/Zei	0.200
	a	Wirkung der Selbsthilfe [1/(Kap*Zeit	1.000
	b	Wirkung der Fremdhilfe [1/Zeit]	1.000
	c	Aufbaurate der Selbsthilfe [1/(Einhe	1.000
	g	Ziel für Systemzustand [Einheit]	2.000
	f	Fremdhilfeanteil 0...1 [-]	0.700
	x	Systemzustand [Einheit]	1.000
	y	Selbsthilfekapazität [Kap.Einheit]	1.000
		Beginn der Simulation [Zeiteinheit]	0
		Ende der Simulation [Zeiteinheit]	100.000
		Rechenschrittweite [Zeiteinheit]	5.00E-02

GLEICHGEWICHTSPUNKTE

x1, y1 = 1.556, 0.000
x2, y2 = 1.333, -1.000

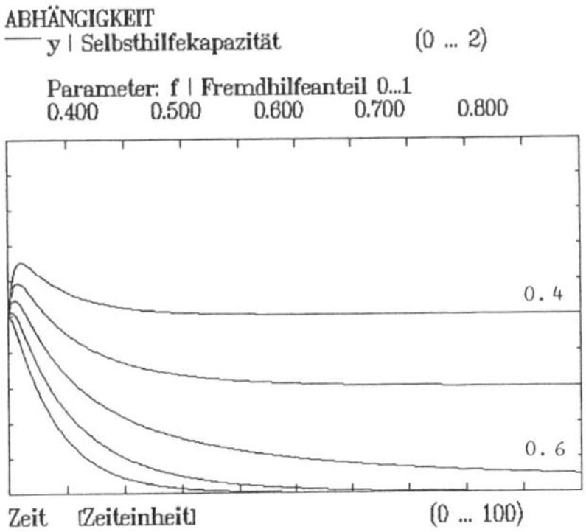

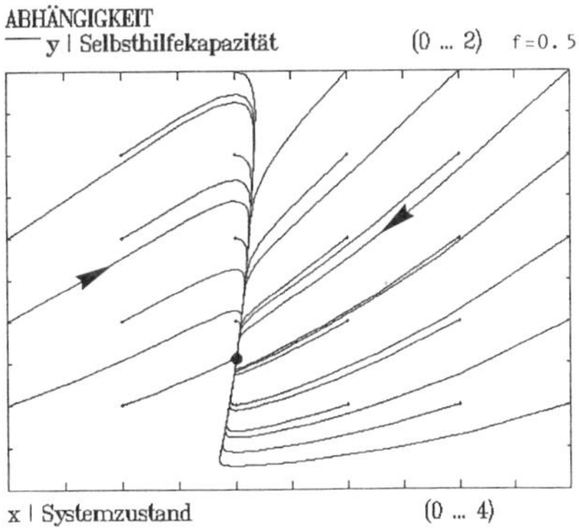

RÄUBER-BEUTE-SYSTEM OHNE KAPAZITÄTSBEGRENZUNG M 206

1. **Beschreibung:** Die Interaktion zwischen Räuber und Beute führt zu Verlusten bei der Beutepopulation und Gewinnen für den Räuber. Wird trotz Vermehrung der Beute diese zu stark dezimiert, so reduziert dies auch die Energiezufuhr der Räuber und damit ihren Bestand. Aus diesem Zusammenspiel können sich Schwingungen der Räuber- und Beutebestände ergeben.

2. **Vorkommen:** Das Modell beschreibt generell Prozesse, bei denen ein 'Räuber' von einer 'Beute' abhängig ist und bei denen die Verluste der Beute als Gewinne des Räubers erscheinen. Beispiele: Räuber-Beute-Zusammenhänge in Ökosystemen (Hasen und Füchse, Fische und Haie). Auch im sozio-ökonomischen Bereich findet sich diese Grundstruktur (Sklaverei, Produzent und Konsument usw.).

3. **Strukturbesonderheiten:** Das "Beutemachen" hängt sowohl von der Beutepopulation x wie von der Räuberpopulation y ab. Die proportionale Abhängigkeit von beiden Größen führt zur Nichtlinearität xy. Entsprechende Verluste werden von der Beute x abgezogen (bxy, Verlustfaktor b) und bei der Räuberpopulation y als Gewinn gebucht (cxy, Gewinnfaktor c). Die Verluste bei der Beutepopulation werden durch deren bestandsproportionalen Zuwachs mit der spezifischen Zuwachsrate a teilweise wettgemacht. Der Räuber dagegen braucht die Beute (Energiegewinn) zur Kompensation seiner normalen Atmungsverluste (spezifische Respirationsrate d) und damit zur Lebenserhaltung.

4. **Verhaltensbesonderheiten:** Wenn das System mit niedrigen Anfangswerten für Räuber- und Beutepopulationen startet, so ergibt sich zunächst ein Anwachsen der Beutepopulation mit exponentiellem Verlauf. Mit dem rasch wachsenden Beuteangebot folgt auch ein entsprechendes Anwachsen der Räuberpopulation und der Fänge, was zu einem Rückgang der Beutepopulation führt. Dadurch reduziert sich verzögert auch wiederum der Räuberbestand. Es kommt zu (ungedämpften) Schwingungen um einen Gleichgewichtswert des Systems. Ein völliges Verschwinden der Beute ist in diesem System nicht möglich, da der Räuber keine Ausweichmöglichkeit auf eine andere Beute hat und seine Population entsprechend der abnehmenden Beutepopulation zurückgeht. In diesem System totaler Abhängigkeit ist also die Beutepopulation vor völliger Ausrottung geschützt.

5. **Kritische Parameter:** Die Parameter des Systems entscheiden vor allem über die Geschwindigkeit der Vorgänge und damit die Schwingungsfrequenz. Die Amplitude der Schwingungen wird wesentlich durch die Anfangswerte bestimmt.

6. **Referenzlauf:** Bei diesem normierten System ist $a = b = c = d = 1$. Es ergibt sich eine ungedämpfte Schwingung mit einer Periode von etwa 10 Zeiteinheiten, deren Schwingungsamplitude abhängig ist von den Anfangsbedingungen des Systems.

7. **Bearbeitungshinweise:** Untersuchen Sie den Einfluß der verschiedenen Parameter mit der Option "Parameterempfindlichkeit". Welche Parameter bestimmen den Gleichgewichtszustand? Ersetzen Sie die normierten Parameter des Referenzlaufs durch realistischere Parameter (siehe Bossel 1985). Ändert sich hierdurch das grundsätzliche Verhalten des Systems, obwohl sich die Größenordnung der Parameter um etwa 10^3 unterscheidet?

8. **Literatur:** Bossel 1985 (91-102), Bossel 1987/89 (63-68), Richter 1985, Wissel 1989.

RÄUBER-BEUTE-SYSTEM OHNE KAPAZITÄTSBEGRENZUNG M 206

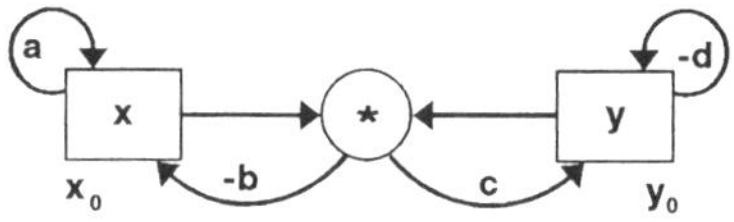

SYSTEMGLEICHUNGEN

```
dx/dt = a*x   - b*x*y
dy/dt = c*x*y - d*y
```

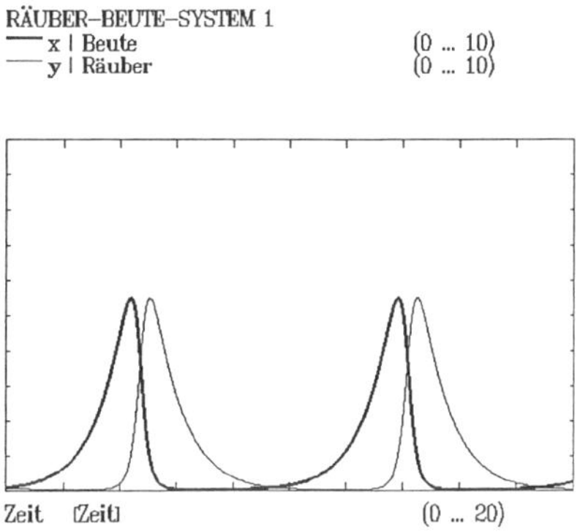

*	a	Wachstumsrate d. Beute [1/Zeit]	1.000
	b	Beuteverlustrate d. Beute [1/(Räuber	1.000
	c	Beutegewinnrate d. Räubers [1/(Beute	1.000
	d	Atmungsrate des Räubers [1/Zeit]	1.000
	x	Beute [Beute]	0.100
	y	Räuber [Räuber]	0.100
		Beginn der Simulation [Zeit]	0
		Ende der Simulation [Zeit]	20.000
		Rechenschrittweite [Zeit]	1.00E-02

GLEICHGEWICHTSPUNKTE

x, y = 0, 0 / 1.000, 1.000

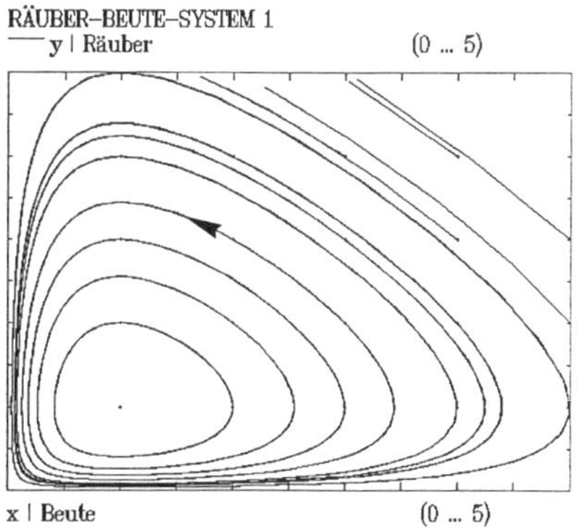

RÄUBER-BEUTE-SYSTEM MIT KAPAZITÄTSGRENZE M 207

1. **Beschreibung:** Das Modell beschreibt die Dynamik der Interaktion zwischen einer Räuberpopulation y und einer logistisch wachsenden Beutepopulation x, deren maximaler Bestand durch eine Kapazitätsgrenze k beschränkt bleibt. Die Beutemenge ist proportional sowohl zur Beutepopulation wie zur Räuberpopulation. Für das System sind gedämpfte Schwingungen um einen Gleichgewichtspunkt charakteristisch.

2. **Vorkommen:** Anwendung auf Räuber-Beute-Prozesse, bei denen die Beutepopulation eine Kapazitätsgrenze hat (z.B. gegeben durch die begrenzte Nettoprimärproduktivität von Ökosystemen).

3. **Strukturbesonderheiten:** Die Beutemenge hängt sowohl von der Beutepopulation x wie von der Räuberpopulation y ab. Entsprechend der Beutemenge ergeben sich Verluste bei x, Gewinne bei y. Die Beutepopulation folgt logistischem Wachstum mit Sättigung an der Kapazitätsgrenze k.

4. **Verhaltensbesonderheiten:** Dem Anwachsen der Beutepopulation folgt ein Anwachsen der Räuberpopulation, gefolgt von starkem Rückgang der Beutepopulation durch die hohe Räuberpopulation. Der Prozeß führt zu periodisch sich wiederholenden Schwingungen beider Populationen. Im Gegensatz zum Räuber-Beute-System ohne Kapazitätsgrenze sind diese hier stark gedämpft. Das System schwingt sich unabhängig von den Anfangsbedingungen auf den stabilen Gleichgewichtspunkt ein.

5. **Kritische Parameter:** Die Kapazitätsgrenze k entscheidet über das Schwingungsverhalten. Bei niedrigem k ergeben sich stark gedämpfte Schwingungen. Mit wachsender Kapazität k verringert sich die Dämpfung und verschwindet ganz, wenn k unendlich groß wird (dies entspricht dem Fall ohne Kapazitätsgrenze). Sinkt die Kapazitätsgrenze unter einen gewissen kritischen Wert, so verschwindet die Räuberpopulation vollständig.

6. **Referenzlauf:** Mit einer Kapazitätsgrenze von $k = 2$ ergibt sich eine stark gedämpfte Schwingung mit Gleichgewichtswerten größer Null sowohl für die Räuber- wie für die Beutepopulation. Wird dagegen die Kapazitätsgrenze halbiert $(k = 1)$, so stirbt hier die Räuberpopulation aus, während die Beutepopulation ihren Gleichgewichtswert an dieser Kapazitätsgrenze erreicht.

7. **Bearbeitungshinweise:** Untersuchen Sie die Rolle des Kapazitätsparameters k mit der Option "Parameterempfindlichkeit" im Zustandsbild y als Funktion von x. Untersuchen Sie die Rolle unterschiedlicher Anfangswerte für verschiedene Kapazitätsgrenzen k mit der Option "Globalverhalten". Untersuchen Sie den Einfluß der anderen Parameter mit der Option "Parameterempfindlichkeit".

8. **Literatur:** Bossel 1985 (91-102), Bossel 1987/89 (63-68), Richter 1985, Wissel 1989.

RÄUBER-BEUTE-SYSTEM MIT KAPAZITÄTSGRENZE M 207

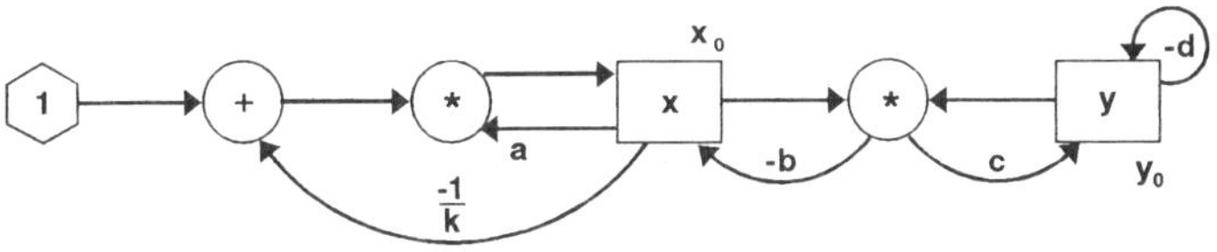

SYSTEMGLEICHUNGEN

```
dx/dt = a*x*(1-x/k) - b*x*y
dy/dt = c*x*y - d*y
```

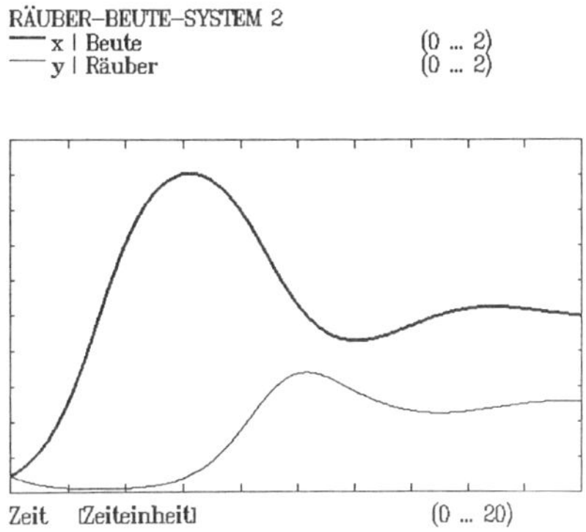

* a	¦	Wachstumsrate der Beute [1/Zeit]	1.000
b	¦	Beuteverlustrate d. Beute [1/(Räuber	1.000
c	¦	Beutegewinnrate d. Räubers [1/(Beute	1.000
d	¦	Atmungsrate des Räubers [1/Zeit]	1.000
k	¦	Tragfähigkeit für Beute [Beute]	2.000
x	¦	Beute [Beute]	0.100
y	¦	Räuber [Räuber]	0.100
Beginn der Simulation [Zeiteinheit]			0
Ende der Simulation [Zeiteinheit]			20.000
Rechenschrittweite [Zeiteinheit]			1.00E-02

GLEICHGEWICHTSPUNKTE

x, y = 0, 0 / 2.000, 0 / 1.000, 0.500

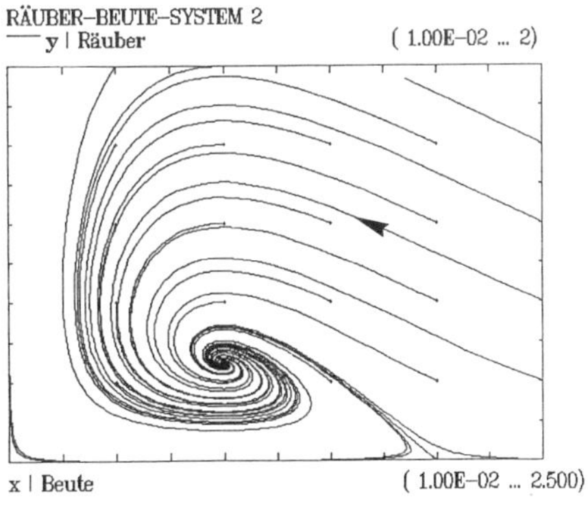

KONKURRENZ **M 208**

1. **Beschreibung:** Nachteile aus der Konkurrenz sind proportional sowohl zur Zahl der Konkurrenten x wie der der Konkurrenten y. Sie beeinträchtigen die Entwicklung beider Konkurrenten. Im Laufe der Zeit stirbt diejenige Population aus, die gegenüber der anderen relativ mehr benachteiligt ist, etwa durch eine etwas kleinere Wachstumsrate.

2. **Vorkommen:** Konkurrenz zwischen Individuen, Populationen und Arten (z.B. um von beiden genutzte Ressourcen). Konkurrenz zwischen Unternehmen um einen Markt, Konkurrenz zwischen Religionen und Ideologien.

3. **Strukturbesonderheiten:** Es wird hier angenommen, daß der Konkurrenzeffekt (xy) proportional sowohl zur Population x wie zur Population y ist. In manchen Konkurrenzsituationen, etwa Konkurrenz um eine gemeinsame Futterquelle, ist eine additive Verknüpfung (cx + dy) angebracht, wobei c und d etwa die spezifischen Nahrungsaufnahmeraten von x und y sind. Der Konkurrenzeffekt hat einen negativen Einfluß auf beide Populationen mit jeweils spezifischen Konkurrenzeinflußraten a und b. Entsprechend den in der Realität meist vorhandenen Verhältnissen ist für beide Populationen eine logistische Wachstumsbegrenzung mit den Kapazitätsgrenzen k bzw. l angenommen worden.

4. **Verhaltensbesonderheiten:** Ohne Konkurrenz würden beide Populationen an ihre jeweilige Kapazitätsgrenze wachsen (siehe logistisches Wachstum). Bei Konkurrenz ist bei unterschiedlichen Anfangsbedingungen auch bei gleichen Systemparametern (mehr noch bei unterschiedlichen Parametern) eine Population benachteiligt. Dies führt zum allmählichen Aussterben der benachteiligten Art. Die andere Population wächst danach an ihre Sättigungsgrenze.

5. **Kritische Parameter:** Kritisch ist das Verhältnis der spezifischen Wachstumsraten (r, s) und der Konkurrenzeffekte (a, b) zueinander: Kleine Differenzen entscheiden hier über das Aussterben einer der Arten. Auch bei unterschiedlichen Parametern sind allerdings die Anfangsbedingungen für die gesamte Entwicklung entscheidend (wie sich z.B. mit der Option "Globalverhalten" leicht feststellen läßt). Ein stabiler Gleichgewichtspunkt ergibt sich nur für eine überlebende Population.

6. **Referenzlauf:** Bei gleichen Anfangsbedingungen beider Populationen und bis auf die spezifischen Wachstumsraten r und s identischen Parametern stirbt die Population y mit etwas kleinerer Wachstumsrate aus. Falls allerdings der Anfangswert dieser Population etwas größer ist (y_0 = 1.2), so stirbt die Population x trotz hier etwas günstigerer Wachstumsrate aus. (Mit Option "Globalverhalten" untersuchen).

7. **Bearbeitungshinweise:** Untersuchen Sie die Zustandsbahnen und das Aussterben einer Population in Abhängigkeit von den Anfangsbedingungen mit der Option "Globalverhalten". Untersuchen Sie die Abhängigkeit der Zustandskurven x, y als Funktion der spezifischen Wachstums- und Konkurrenzraten mit der Option "Parameterempfindlichkeit".

8. **Literatur:** Beltrami 1987 (69-70).

KONKURRENZ **M 208**

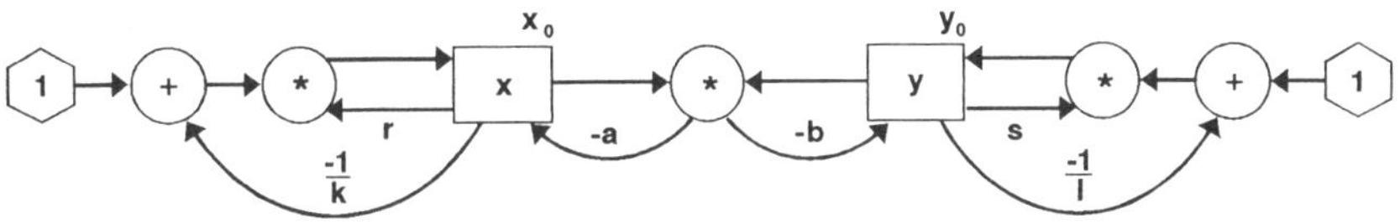

SYSTEMGLEICHUNGEN

```
dx/dt = r*x*(1-x/k) - a*x*y
dy/dt = s*y*(1-y/l) - b*x*y
```

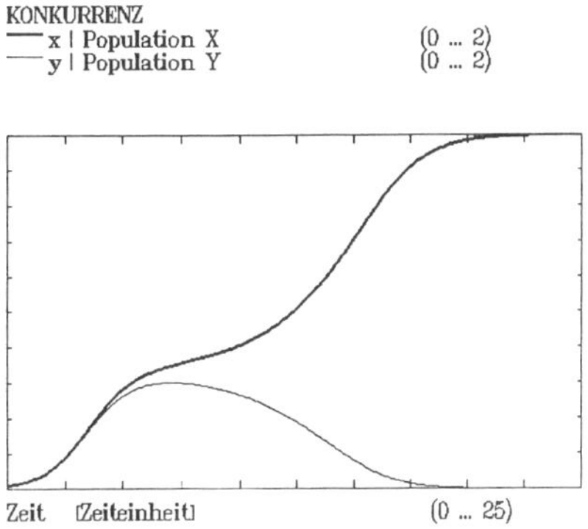

*	r	spez. Wachstumsrate von X [1/Zeit]	1.000
	s	spez. Wachstumsrate von Y [1/Zeit]	0.990
	a	Konkurr.effekt auf X [1/(YEinh*Zeit)	1.000
	b	Konkurr.effekt auf Y [1/(XEinh*Zeit)	1.000
	k	Tragfähigkeit für X [XEinheit]	2.000
	l	Tragfähigkeit für Y [YEinheit]	2.000
	x	Population X [XEinheit]	2.00E-02
	y	Population Y [YEinheit]	2.00E-02
		Beginn der Simulation [Zeiteinheit]	0
		Ende der Simulation [Zeiteinheit]	25.000
		Rechenschrittweite [Zeiteinheit]	2.00E-02

GLEICHGEWICHTSPUNKTE

x, y = 0, 0 / 2.000, 0 / 0 , 2.000 / 0.658, 0.671

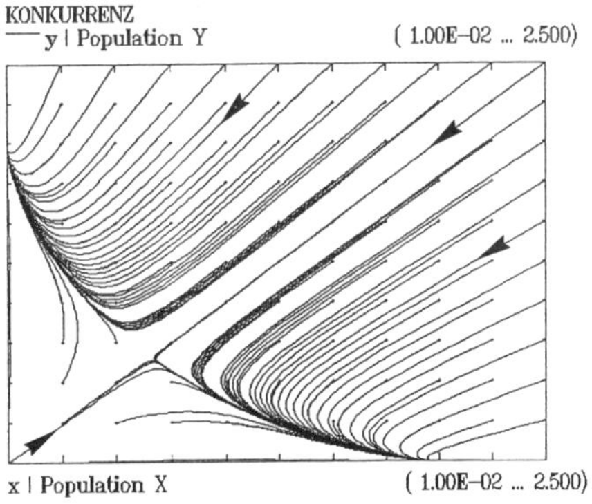

TOURISMUS UND UMWELT M 209

1. **Beschreibung:** Eine wegen ihrer natürlichen Umwelt besonders attraktive Region zieht Touristen an. Die natürliche Umwelt kann sich durch Regeneration bis an eine Kapazitätsgrenze wieder erneuern, sie wird aber durch den Tourismus belastet und teilweise zerstört. Dies vermindert die ursprüngliche Attraktivität des Gebiets und führt zum Rückgang des Tourismusstroms.

2. **Vorkommen:** Tourismusentwicklung in Küsten- und Bergregionen, auf Inseln und in "Eingeborenendörfern".

3. **Strukturbesonderheiten:** Die Attraktivität einer Region hängt von ihrem Umweltzustand y ab und kann noch durch Werbung b verstärkt werden. Der Touristenzustrom ist proportional dieser Attraktivität (by) und erhöht die Touristenpopulation x. Diese hat ständige Verluste a durch abreisende Touristen. Die Umweltbeeinträchtigung durch die Touristen hängt von der Touristenzahl und dem Umweltzustand selber ab und ist daher proportional zu xy (wie beim Räuber-Beute-System) und einer spezifischen Belastungsrate c. Alleingelassen, würde die Umwelt sich nach anfänglicher Beeinträchtigung wieder bis an die Kapazitätsgrenze k mit einer spezifischen Regenerationsrate d regenerieren.

4. **Verhaltensbesonderheiten:** Ist die Werbung b > 0, so zieht der anfangs gute Umweltzustand Touristen an; die Touristenpopulation steigt daher an. Mit zunehmender Touristenzahl verschlechtert sich der Umweltzustand. Da hiermit auch die Attraktivität des Gebietes sinkt, geht die Touristenpopulation wieder zurück. Touristenzahl und Umweltzustand laufen schließlich auf einen Gleichgewichtszustand ein, wobei der Umweltzustand sich gegenüber dem Ausgangszustand an der Kapazitätsgrenze sehr stark verschlechtert hat.

5. **Kritische Parameter:** Die Entwicklungsdynamik (insbesondere der Gleichgewichtszustand) hängt sehr stark von der Werbung b ab. Bei höherer Werbung läßt sich zwar noch die Touristenpopulation erhöhen, dies aber nur auf Kosten weiterer Verschlechterung der Umweltsituation. Die spezifische Belastung c der Umwelt durch den Tourismus hat auf die Entwicklung ebenfalls einen entscheidenden Effekt. Von Bedeutung ist auch die Regenerationsfähigkeit d der Umwelt, von der es wesentlich abhängt, wieviel Tourismus von der Umwelt verkraftet werden kann.

6. **Referenzlauf:** Mit der Parameterwahl a = c = d = k = 1, b = 5 und den Anfangswerten $x_0 = 0.1$ und $y_0 = 1$ ergibt sich ein rascher Anstieg der Touristenpopulation auf anfänglich fast 2 und ein darauf folgender Rückgang auf 0.833. Der Umweltzustand verringert sich rasch vom Anfangswert 1 auf 0.167. Es ergibt sich ein stabiler Gleichgewichtspunkt unabhängig von den Anfangsbedingungen.

7. **Bearbeitungshinweise:** Untersuchen Sie mit der Option "Parameterempfindlichkeit" die Rolle der verschiedenen Parameter. Unter welchen Umständen treten besonders starke Schwankungen auf? Wie läßt sich eine allmähliche Touristikentwicklung auf einem hohen Umweltniveau erreichen? Untersuchen Sie die Lage der Gleichgewichtspunkte in Abhängigkeit von der Werbung b.

8. **Literatur:** -

TOURISMUS UND UMWELT M 209

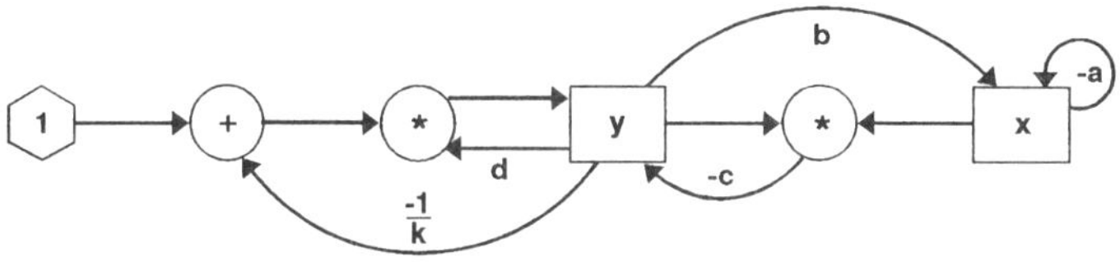

SYSTEMGLEICHUNGEN

```
dx/dt = -a*x + b*y
dy/dt = d*y*(1-y/k) - c*x*y
```

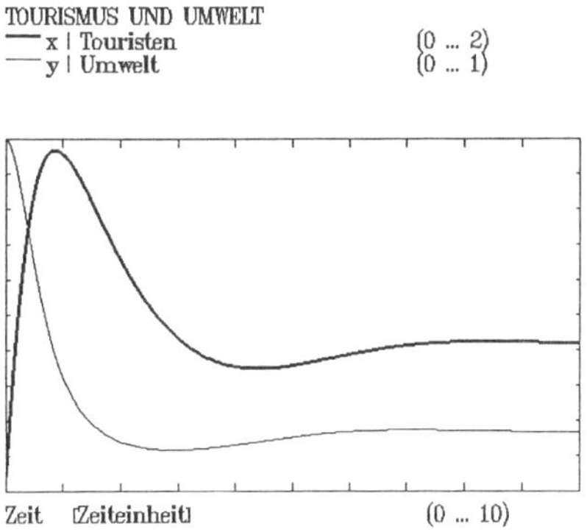

*	a	Touristenverlustrate [1/Zeit]	1.000
	b	Werbewirkung [Gast/(Umwelt*Zeit)]	5.000
	c	Rate der Umweltzerstörung [1/(Gast*Z	1.000
	d	Rate der Umwelterholung [1/Zeit]	1.000
	k	Tragfähigkeit der Umwelt [Umweltqual	1.000
	x	Touristen [Gäste]	0.100
	y	Umwelt [Umweltqualität]	1.000
		Beginn der Simulation [Zeiteinheit]	0
		Ende der Simulation [Zeiteinheit]	10.000
		Rechenschrittweite [Zeiteinheit]	1.00E-02

GLEICHGEWICHTSPUNKTE

x, y = 0, 0 / 0, 1.000 / 0.833, 0.167

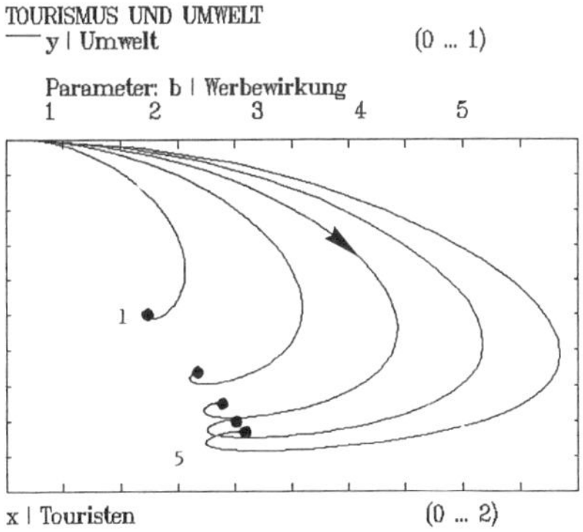

ÜBERNUTZUNG UND ZUSAMMENBRUCH M 210

1. **Beschreibung:** Das Modell beschreibt die Entwicklung einer Population y, die von einer regenerativen Ressource x abhängt. Bei Übernutzung der Ressource verringert sich deren Regenerationsfähigkeit, so daß schließlich eine Erholung nicht mehr möglich ist und mit der Ressource auch die Population zusammenbricht.

2. **Vorkommen:** Der Prozeß findet sich generell bei der Übernutzung regenerativer Ressourcen: Überweidung, Abholzung, Brennholzkrise. Der gleiche Verlauf, der auf ähnlichen strukturellen Zusammenhängen beruht, zeigt sich auch in den 'Weltmodellen', die die globale Entwicklung von Bevölkerung und Umwelt beschreiben.

3. **Strukturbesonderheiten:** Der Zuwachs der Konsumentenpopulation ist proportional zu deren Bestand y und zur pro Kopf verfügbaren Nahrung (x/y). Da die Pro-Kopf-Nahrungsaufnahme beschränkt ist, ist hier eine Michaelis-Menten-Sättigung eingeführt. Der Nahrungsverbrauch ist proportional zur Population y und der spezifischen Nahrungsaufnahmerate a, solange genügend Vorräte x vorhanden sind. Falls dies nicht der Fall ist, wird nur die jeweils vorhandene Menge x verbraucht. Bei Unterernährung der Population y fällt der Zuwachs unter die Sterberate (dy). Für die Ressourcenregeneration gilt eine logistische Entwicklung mit einer Kapazitätsgrenze k. Bei kleinem Ressourcenbestand x regeneriert sich dieser nur sehr langsam (Regenerationsrate proportional rx^2, Mindestregeneration $m \cdot k$).

4. **Verhaltensbesonderheiten:** Ausgehend von einem kleinen Anfangswert der Population y wächst diese zunächst rasch an, was zu einer allmählichen Verringerung der Ressource x führt. Mit der Erosion der Ressourcenbasis verschlechtern sich deren Regenerationsfähigkeit und das Nahrungsangebot, so daß bei Überlastung die Population nach Erreichen eines Höhepunkts mit der ebenfalls beschleunigt zurückgehenden Ressource zusammenbricht. Wegen der ständigen Mindestregeneration ergibt sich eine Weiterexistenz des Ökosystems auf sehr niedrigem Niveau.

5. **Kritische Parameter:** Ein stabiler Gleichgewichtspunkt $x, y \neq 0$ ergibt sich nur bei kleiner Geburtenrate. Der Zeitpunkt und die Stärke des Zusammenbruchs hängen stark von der spezifischen Geburtenrate b ab.

6. **Referenzlauf:** Die Parameter des Referenzlaufs entsprechen etwa denen von Weidetieren auf Weideland. Es ergibt sich ein Zusammenbruch nach etwa 25 Jahren. Danach gibt es keine Erholung; die Ressource bleibt auf sehr niedrigem Niveau. Wird die Geburtenrate b etwas kleiner gewählt (0.6 statt 0.7), so bleiben Ökosystem und Weidetierpopulation auf relativ hohem Gleichgewichtsniveau erhalten. In einem engen Parameterbereich (hier bei $b = 0.63$) zeigt sich ein Grenzzyklus, der den Übergang zwischen hohem und niedrigen Gleichgewichtsniveau markiert.

7. **Bearbeitungshinweise:** Untersuchen Sie (mit der Option "Parameterempfindlichkeit"), welche Werte für die spezifische Geburtenrate b bzw. die notwendige 'Abschußquote d' gewählt werden müßten, um zu einer Stabilisierung auf hohem Niveau von y zu kommen. Was müßte unternommen werden, um die Ressource x nach dem Zusammenbruch wieder zu regenerieren? Untersuchen Sie den durch den Grenzzyklus gekennzeichneten Übergangsbereich genauer.

8. **Literatur:** H. Bossel 1985 (103-111), Goodman 1974 (377-388).

ÜBERNUTZUNG UND ZUSAMMENBRUCH M 210

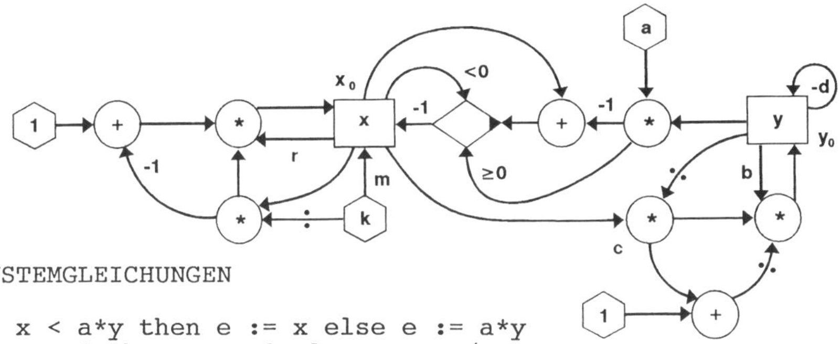

SYSTEMGLEICHUNGEN

```
if x < a*y then e := x else e := a*y
if y = 0 then c := 0 else c := x/y

dx/dt := r*x*(x/k)*(1-x/k) - e + m*k
dy/dt := b*y*(c/(c+1)) - d*y
```

ÜBERNUTZUNG
— x | erneuerbare Ressource (0 ... 1)
— y | Verbraucherpopulation (0 ... 0.250)

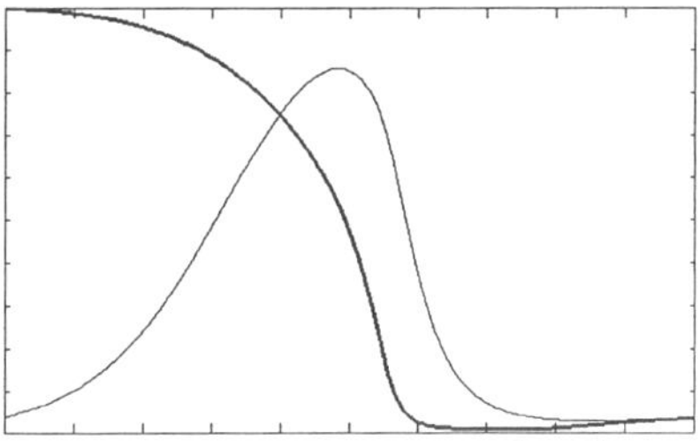

Zeit [Jahre] (0 ... 50)

*	r	Erneuerungsrate, Ressource [1/Jahr]	1.000
	k	ökol. Tragfähigkeit [Ressource]	1.000
	a	spez. Verbrauch [Ress/(Verbr.*Jahr)]	1.000
	b	Geburtenrate, Verbraucher [1/Jahr]	0.700
	d	Sterbe/Ernterate, Verbr. [1/Jahr]	0.500
	m	min. spez. Erneuerungsrate [1/Jahr]	1.00E-02
	x	erneuerbare Ressource [Ressource]	1.000
	y	Verbraucherpopulation [Verbraucher]	1.00E-02
	Beginn der Simulation [Jahre]		0
	Ende der Simulation [Jahre]		50.000
	Rechenschrittweite [Jahre]		2.00E-02

GLEICHGEWICHTSPUNKTE

zuletzt berechneter Zustand:
x, y = 0.037, 0.010
Gleichgewichtspunkte für m = 0:
x, y = 0 , 0

ÜBERNUTZUNG
— x | erneuerbare Ressource (0 ... 1)

Parameter: b | Geburtenrate, Verbraucher
0.615 0.620 0.625 0.630 0.635

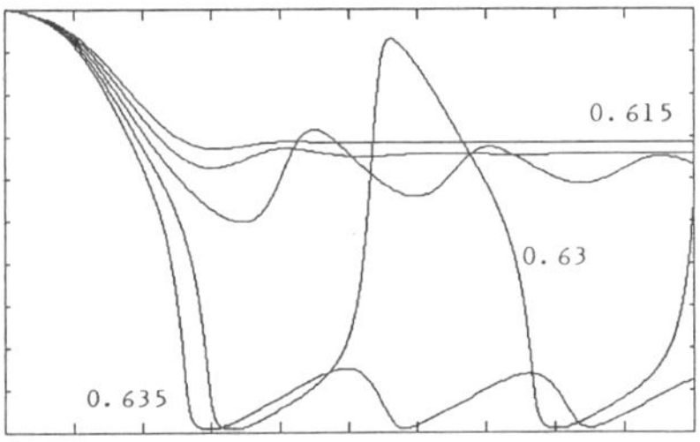

Zeit [Jahre] (0 ... 200)

ÜBERNUTZUNG
— x | erneuerbare Ressource (0 ... 1)

Parameter: b | Geburtenrate, Verbraucher
0.615 0.620 0.625 0.630 0.635

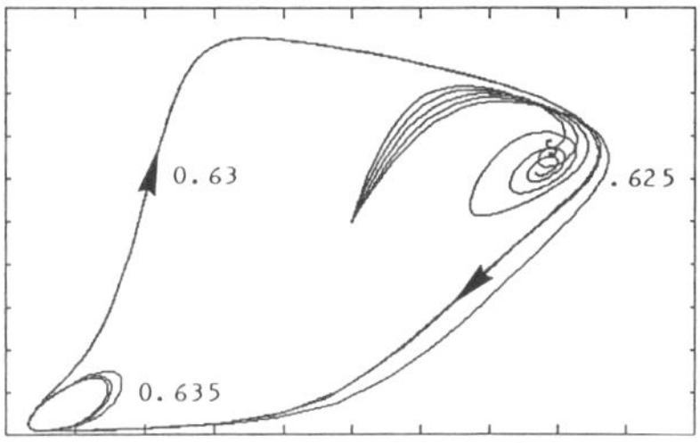

y | Verbraucherpopulation (0 ... 0.200)

WALDWACHSTUM **M 211**

1. **Beschreibung:** Die Blattmasse y der Laubkrone wächst bis zu ihrer Sättigungsgrenze k und produziert entsprechend der Laubmenge Assimilate, die - soweit sie nicht zur Lebenserhaltung der Bäume veratmet werden - zu Holz x werden. Über den mit der Holzmenge wachsenden Atmungsbedarf ergibt sich schließlich ein Ende des Holzwachstums; die Energiegewinne kompensieren dann gerade die Energieverluste.

2. **Vorkommen:** Vegetation mit Holzbildung wie in Wäldern oder Buschvegetation. Ähnliche Zusammenhänge finden sich bei der 'Verholzung' von Organisationen.

3. **Strukturbesonderheiten:** Für die produzierende Laubkrone y gilt hier logistisches Wachstum (mit spezifischer Wachstumsrate b) bis zur Sättigungsgrenze k, die dadurch gegeben ist, daß sich bei weiterer Verdichtung der Laubkrone die Beleuchtungsverhältnisse der unteren Blattschichten so verschlechtern, daß die Respirationsverluste nicht mehr durch die dort kleinen Energiegewinne kompensiert werden können (vgl. M 110). Die Assimilatproduktion ist proportional zur Laubmenge y und der spezifischen Produktivität p; sie kann durch Umweltbelastungen u (t) beeinträchtigt werden. Der Wirkungsgrad r berücksichtigt den Respirationsanteil des Laubes und der Feinwurzeln. Weiterer Assimilatverbrauch ist proportional zur vorhandenen (Splint-)Holzmenge (spezifische Stammatmungsrate s) und zur Laubneubildung. Beim Laub ergeben sich Verluste durch den Laubabwurf f; beim Holz durch anfallendes Totholz mit der spezifischen Totholzrate d . Überschüsse, die nach Abzug dieser verschiedenen Verluste verbleiben, gehen in den Holzzuwachs.

4. **Verhaltensbesonderheiten:** Beginnend bei kleinen Anfangswerten für Laub y und Holz x wächst zunächst die Laubkrone bis zu ihrer logistischen Sättigungsgrenze k zu. Die Holzmenge steigt anfangs relativ rasch, da die holzmasse-spezifischen Atmungsverluste nur gering sind. Mit der Holzmenge steigen sowohl die holzproportionale Veratmung wie auch die Totholzverluste, bis diese Verluste schließlich die Höhe der Assimilatgewinne erreichen und der Zuwachs Null wird.

5. **Kritische Parameter:** Die Entwicklungsdynamik wird stark beeinträchtigt durch Umweltschäden $u(t) = q$ nach dem Zeitpunkt $t = \tau$. Es kann zum Zusammenbruch des Waldes kommen, da der Ersatzbedarf für Laub- und Feinwurzeln wie auch schließlich der Atmungsbedarf nicht mehr durch die Energiegewinne gedeckt werden kann. Kritisch ist daher auch die spezifische Produktionsrate p im Verhältnis zur Stammrespiration s sowie die Effizienz r der Photoproduktion der Blätter als Verhältnis der Nettoassimilation zur Bruttoproduktion des Laubes.

6. **Referenzlauf:** Mit den gewählten Parametern ergibt sich der höchste Zuwachs etwa bei 20 Jahren, danach nimmt er allmählich wegen der wachsenden Stammatmung ab. Nach 40 Jahren geht er wegen der Umweltbelastung q weiter zurück.

7. **Bearbeitungshinweise:** Untersuchen Sie (mit der Option "Parameterempfindlichkeit") den Einfluß insbesondere der Parameter p , r , s. Verändern Sie den Umwelteinfluß q und stellen Sie fest, bis zu welchen Belastungswerten das System noch ohne Zusammenbruch existieren kann. Wie müssen Umweltentlastungen aussehen, um ein kritisch geschädigtes System vor dem Zusammenbruch zu bewahren?

8. **Literatur:** Bossel 1986 (259-288), Bossel 1987/89 (245-268)

WALDWACHSTUM **M 211**

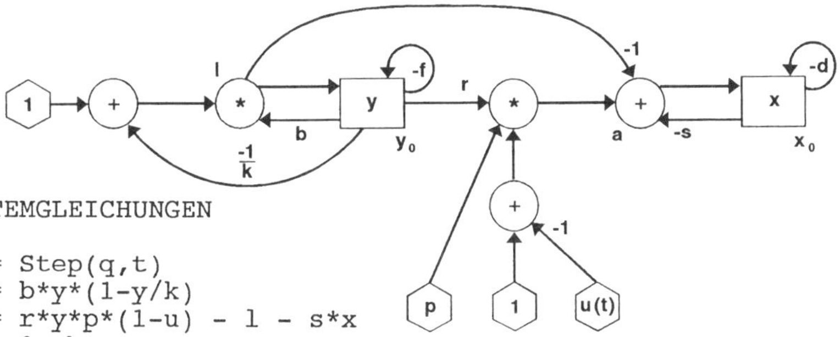

SYSTEMGLEICHUNGEN

```
u := Step(q,t)
l := b*y*(1-y/k)
a := r*y*p*(1-u) - l - s*x
if a<0 then
      a:= 0;  l:= r*y*p*(1-u) - s*x;  if l<0 then l := 0

dx/dt := a - d*x
dy/dt := l - f*y
```

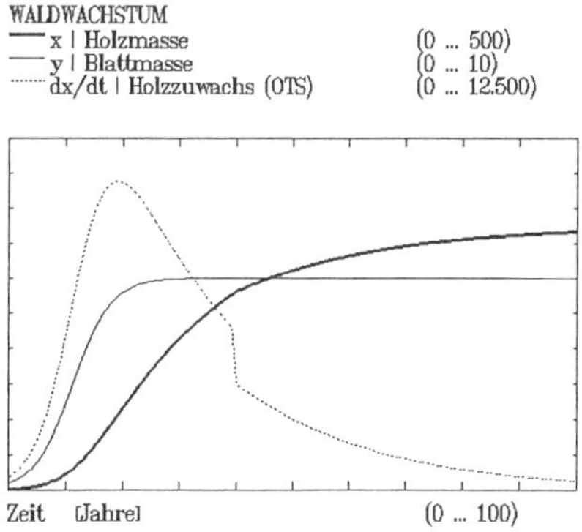

*	r	blattprop. Energienutzung [-]	0.500
	k	Laubmengenkapazität [t/ha]	10.000
	b	spez.max.Laubwachstumsrate [1/Jahr]	0.500
	f	spez.Laubabwurfrate [1/Jahr]	0.200
	p	spez.Kronenproduktion [t/(t.ha.Jahr)]	6.000
	s	spez.stammprop.Atmungsrate [1/Jahr]	3.00E-02
	d	spez.Totholz-Verlustrate [1/Jahr]	1.00E-02
	q	Produkt.verlust du. Schadstoffe [%]	10.000
	t	Umweltbelastung beginnt [Jahr]	40.000
	x	Holzmasse [t/ha]	1.000
	y	Blattmasse [t/ha]	0.200
		Beginn der Simulation [Jahre]	0
		Ende der Simulation [Jahre]	100.000
		Rechenschrittweite [Jahre]	2.00E-02

GLEICHGEWICHTSPUNKTE

x, y = 375.000, 6.000

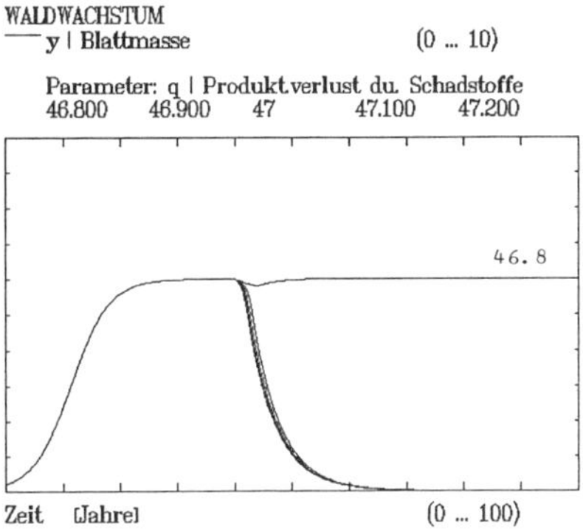

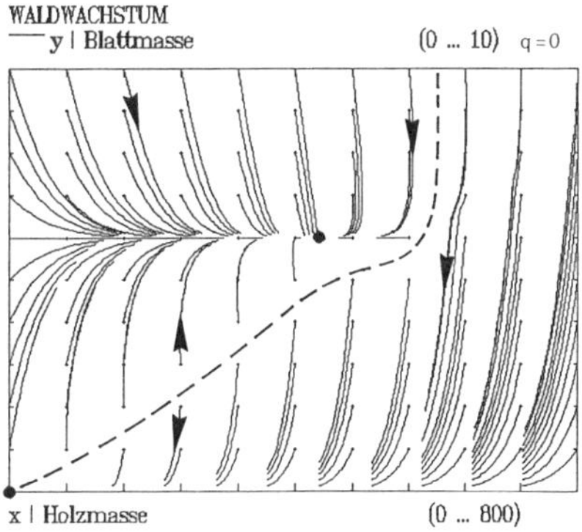

ENTDECKUNG UND AUSBEUTUNG VON ROHSTOFFEN M 212

1. **Beschreibung:** Die Entdeckung von Ressourcen folgt einer logistischen Entwicklung: Anfangs, solange noch große Mengen von Ressourcen unentdeckt sind, ist die Exploration sehr erfolgreich und führt zu exponentiellem Anwachsen der entdeckten Ressourcen x. Die Entdeckungsrate geht wieder auf Null zurück, wenn schließlich alle Vorräte (Gesamtmenge k) entdeckt worden sind. Der Ressourcenverbrauch hängt von der Menge der noch vorhandenen Ressourcen ab (Differenz zwischen entdeckten Ressourcen x und verbrauchten Ressourcen y). Der Verbrauch steigt daher von einem anfangs geringem Wert auf ein Maximum und sinkt dann wieder auf Null, wenn keine Ressourcen mehr verfügbar sind.

2. **Vorkommen:** Entdeckung, Abbau und Verbrauch nichterneuerbarer Ressourcen.

3. **Strukturbesonderheiten:** Die Kapazitätsgrenze des logistischen Prozesses ist die überhaupt entdeckbare Menge k . Der Verbrauch ist proportional zur jeweils verfügbaren Menge (x - y). Die Entdeckungsanstrengungen werden um so größer, je kleiner die noch verfügbare Ressourcenmenge (x - y) ist. Rezyklierung (Anteil r) kann den Ressourcenverbrauch reduzieren.

4. **Verhaltensbesonderheiten:** Die entdeckten Vorräte x steigen logistisch bis auf ihren Grenzwert k an. Mit der damit zunehmenden Verfügbarkeit steigt auch der Ressourcenverbrauch ebenfalls an. Dies führt zu einem gleichfalls logistischen, aber gegenüber der Rohstoffentdeckung verzögerten Anstieg der verbrauchten Vorräte y. Die Entdeckungsrate steigt bis zu einem Maximum, reduziert sich dann aber mit zunehmender Erschöpfung wieder auf Null. Einen ähnlichen Verlauf, allerdings verzögert, zeigt die Verbrauchsrate der Rohstoffe. Im Laufe der Entwicklung kommt es schließlich zu einem Punkt, an dem die Verbrauchsrate die Entdeckungsrate übersteigt. Von diesem Zeitpunkt an nehmen die verfügbaren Ressourcen nur noch ab.

5. **Kritische Parameter:** Für die langfristige Ressourcenverfügbarkeit entscheidend ist die Verbrauchsrate c wie auch die Rezyklierungsrate r . Der Einfluß der Gesamtmenge der entdeckbaren Ressourcen k auf die Rohstoffverfügbarkeit und den Erschöpfungszeitraum ist geringer als zunächst anzunehmen, da bei höherem Rohstoffangebot auch mit stärkerem Verbrauchswachstum zu rechnen ist.

6. **Referenzlauf:** Wird vorausgesetzt, daß die maximale Entdeckungsrate d jährlich 1/10 der bereits entdeckten Vorräte entspricht und daß die maximale Verbrauchsrate ebenfalls 1/10 der noch verfügbaren Ressourcen beträgt, so ergibt sich ein Verbrauchsmaximum nach 55 Jahren und eine Erschöpfung der Ressourcen nach etwa 120 Jahren.

7. **Bearbeitungshinweise:** Untersuchen Sie mit der Option "Parameterempfindlichkeit" die Rolle der spezifischen Verbrauchsrate c und der Rezyklierungsrate r. Untersuchen Sie für eine mittlere Verbrauchsrate c , um das Wievielfache sich die "Lebensdauer" eines Rohstoffs (ohne Rezyklierung) verlängert, wenn die letztlich entdeckbare Menge k verzehnfacht und verhundertfacht wird.

8. **Literatur:** Bossel 1985 (361-377).

ENTDECKUNG UND AUSBEUTUNG VON ROHSTOFFEN M 212

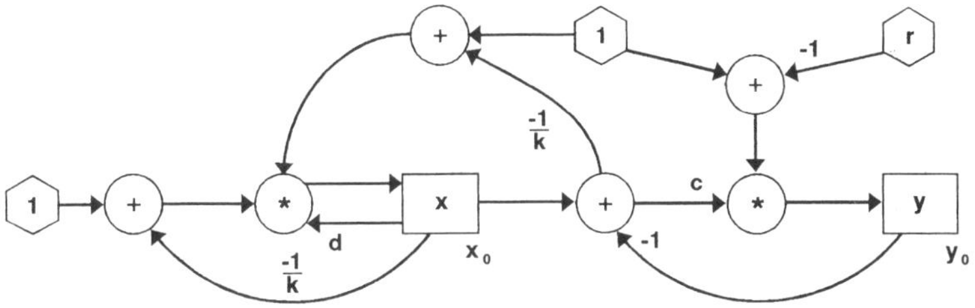

SYSTEMGLEICHUNGEN

```
dx/dt := d*x*(1 - (x/k))*(1 - ((x-y)/k))
dy/dt := (1-r)*c*(x-y)
```

ROHSTOFF-DYNAMIK
x | entdeckte Rohstoffe (0 ... 1)
y | verbrauchte Rohstoffe (0 ... 1)
s | verbleibende Rohstoffe (x-y) (0 ... 1)

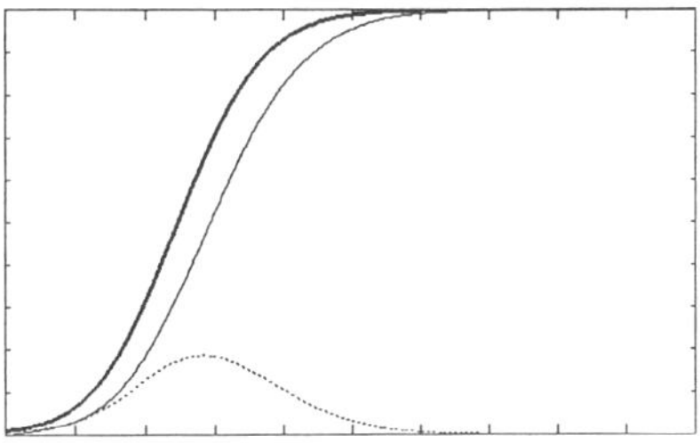

Zeit [Jahre] (0 ... 200)

*	d	max. spez. Entdeckungsrate [1/Jahr]	0.100
	k	max. entdeckbare Rohstoffe [Menge]	1.000
	c	max. spez. Verbrauchsrate [1/Jahr]	0.100
	r	Anteil rezyklierter Rohstoffe [-]	0
	x	entdeckte Rohstoffe [Menge]	1.00E-02
	y	verbrauchte Rohstoffe [Menge]	0
		Beginn der Simulation [Jahre]	0
		Ende der Simulation [Jahre]	200.000
		Rechenschrittweite [Jahre]	0.100

GLEICHGEWICHTSPUNKTE

x, y = 0, 0 / k, k

ROHSTOFF-DYNAMIK
s | verbleibende Rohstoffe (x-y) (0 ... 1)
dx/dt | Entdeckungsrate (0 ... 2.50E-02)
dy/dt | Verbrauchsrate (0 ... 2.50E-02)

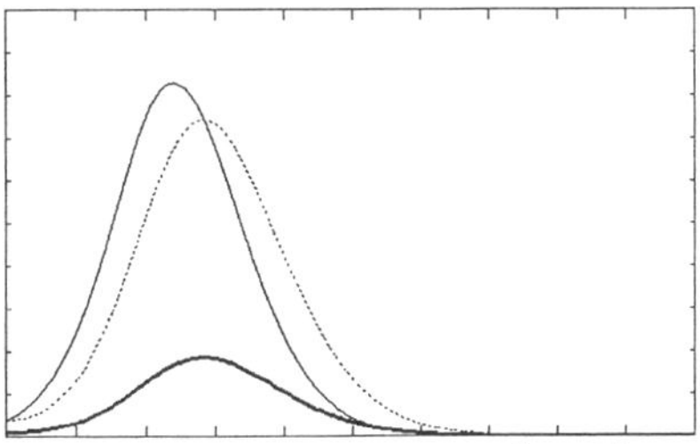

Zeit [Jahre] (0 ... 200)

ROHSTOFF-DYNAMIK
s | verbleibende Rohstoffe (x-y) (0 ... 1)

Parameter: r | Anteil rezyklierter Rohstoffe
0.100 0.300 0.500 0.700 0.900

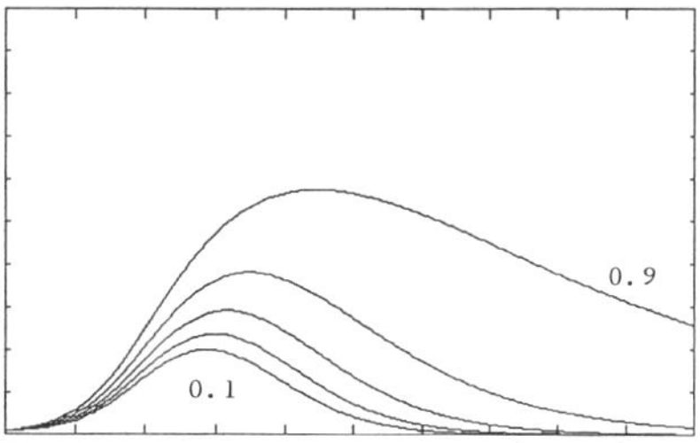

Zeit [Jahre] (0 ... 200)

TRAGÖDIE DER ALLMENDE **M 213**

1. **Beschreibung:** Die Möglichkeit, eine im Allgemeinbesitz befindliche erneuerbare Ressource zum eigenen Vorteil zu nutzen (Allmende) kann den Einzelnen dazu verleiten, durch entsprechende Zusatzinvestition (z.B. ein weiteres Rind) seinen persönlichen Gewinn zu erhöhen. Ohne eine Nutzungsbegrenzung ergibt sich bei diesem Prozeß schließlich eine Übernutzung, die zum Zusammenbruch führt.

2. **Vorkommen:** Überweidung der Allmende, Überfischen der Fischgründe außerhalb der Hoheitsgewässer, Brennholzkrise.

3. **Strukturbesonderheiten:** Die natürliche erneuerbare Ressource x hat eine logistische Wachstumsbegrenzung mit einer maximalen Kapazität k und einer anfänglichen exponentiellen Wachstumsrate r. Die Rate des Ressourcenverbrauchs ist proportional dem jeweiligen Ressourcenbestand x und dem Kapitalbestand y in Nutzungsmitteln (Vieh, Anlagen, Maschinen) sowie der Produktivität p dieser Nutzungsmittel. Die Investitionen zur Erhöhung des Anlagenbestandes sind proportional zur Nichterfüllung des Produktionsziels g und zum Nettoprofit.

4. **Verhaltensbesonderheiten:** Zu Beginn der Nutzung wird entsprechend dem (anfänglich hohen) Nettogewinn das Nutzungskapital aufgebaut, wodurch sich die Produktion rasch erhöht. Solange das Produktionsziel g nicht erreicht ist und Nettogewinne verbucht werden können, wird das Nutzungskapital weiter erhöht. Entsprechend erhöht sich zunächst die Produktion und damit der Verkaufserlös $(p \cdot m \cdot xy)$. Damit verringert sich aber auch der Ressourcenbestand und später wieder auch die Produktion. Mit der Erhöhung des Anlagenbestands erhöhen sich gleichzeitig die Betriebskosten (qy), so daß der relative Nettoerlös fortwährend sinkt und der Nettogewinn auf Null zurückgeht und schließlich negativ wird. Trotzdem wird weiterproduziert, bis schließlich die Ressourcenbasis fast völlig zerstört ist.

5. **Kritische Parameter:** Ist das Produkt aus Tragfähigkeit und spezifischer Regeneration $k \cdot r$ größer als 4 g, ist also das Produktionsziel klein gegenüber dem maximalen Zuwachs des Systems, so ist (bei insgesamt fünf Gleichgewichtspunkten) eine akzeptable Dauerlösung möglich. Ist das Produktionsziel im Vergleich zur maximalen Regenerationsrate zu hoch, so ergeben sich drei Gleichgewichtspunkte und entsprechendes Zusammenbruchsverhalten. Eine kritische Rolle für die Systementwicklung spielt der für das Produkt erzielbare Preis m. Ist dieser hoch, so führt dies zu einem größeren Nutzungsmittelbestand und entsprechend größerer Ausbeutung.

6. **Referenzlauf:** Mit den gewählten spezifischen Raten zeigt das System eine profitable Ausbeutung über die ersten etwa 60 Jahre. Darauf folgt eine Phase mit Nettoverlusten; nach etwa 100 Jahren ist die Ressource völlig erschöpft. Für diese Parameterauswahl besteht ein stabiler Gleichgewichtspunkt nur bei sehr hoher Ressourcenkapazität (> 40) bei niedrigem Nutzungsmittelbestand.

7. **Bearbeitungshinweise:** Untersuchen Sie mit der Option "Parameterempfindlichkeit" die Rolle der verschiedenen Systemparameter (m, p, g, i). Gibt es stabile Gleichgewichtspunkte unter realistischen Bedingungen? Welche Maßnahmen sind erforderlich, damit das System unter solchen Bedingungen genutzt wird? Vergleichen Sie Modell und Ergebnisse mit M 214 "Nachhaltige Nutzung erneuerbarer Ressourcen".

8. **Literatur:** -

TRAGÖDIE DER ALLMENDE

M 213

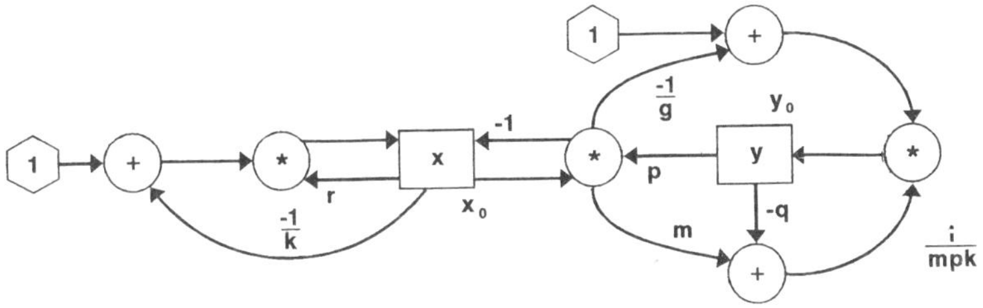


```
s := p*x*y
b := (m*p*x - q)/(m*p*k)
if x < e then v := 0 else v := r

dx/dt := v*x*(1-x/k) - s
dy/dt := i*y*(1-(s/g))*b
dz/dt := m*p*x*y - q*y
```

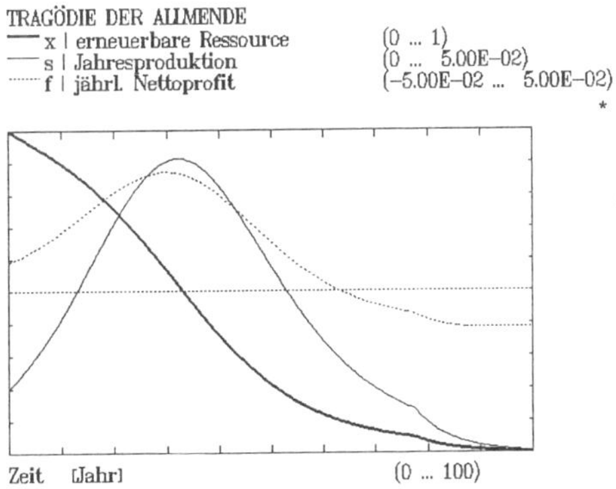

*	r	Erneuerungsrate, Ressource [1/Jahr]	0.100
	k	max. Kapazität der Ressource [Menge]	1.000
	p	Produktionsrate [1/(Kapital.Jahr)]	1.000
	e	Erosionsgrenze [Menge]	5.00E-02
	g	jährl. Produktionsziel [Menge/Jahr]	1.000
	m	Ressourcenpreis [Geld/Menge]	1.000
	q	Betriebskosten [Geld/(Kap.Jahr)]	0.100
	i	Investitionsrate, Anlagen [1/Jahr]	0.100
	x	erneuerbare Ressource [Menge]	1.000
	y	Wert der Anlagen [Kapital]	1.00E-02
	z	akkumulierter Nettoprofit [Geld]	0
		Beginn der Simulation [Jahr]	0
		Ende der Simulation [Jahr]	100.000
		Rechenschrittweite [Jahr]	5.00E-02

GLEICHGEWICHTSPUNKTE

für v := r:
x1, y1 = 0, 0
x2, y2 = 1.000, 0
x3, y3 = 0.100, 0.090

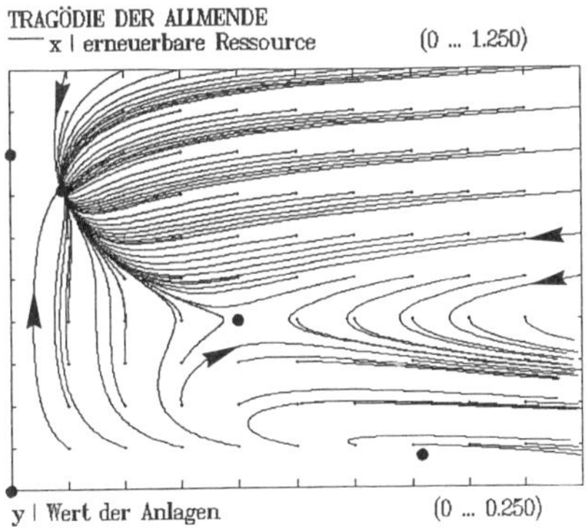

*	r	Erneuerungsrate, Ressource [1/Jahr]	0.100
	k	max. Kapazität der Ressource [Menge]	1.000
	p	Produktionsrate [1/(Kapital.Jahr)]	0.500
	e	Erosionsgrenze [Menge]	5.00E-02
	g	jährl. Produktionsziel [Menge/Jahr]	1.00E-02
	m	Ressourcenpreis [Geld/Menge]	1.000
	q	Betriebskosten [Geld/(Kap.Jahr)]	0.250
	i	Investitionsrate, Anlagen [1/Jahr]	0.250
	x	erneuerbare Ressource [Menge]	1.000
	y	Wert der Anlagen [Kapital]	1.00E-02
	z	akkumulierter Nettoprofit [Geld]	0
		Beginn der Simulation [Jahr]	0
		Ende der Simulation [Jahr]	100.000
		Rechenschrittweite [Jahr]	5.00E-02

GLEICHGEWICHTSPUNKTE

für v := r:
x1, y1 = 0, 0
x2, y2 = 1.000, 0
x3, y3 = 0.500, 0.100
x4, y4 = 0.887, 0.0225
x5, y5 = 0.113, 0.1775

NACHHALTIGE NUTZUNG ERNEUERBARER RESSOURCEN M 214

1. **Beschreibung:** Nutzung einer logistisch nachwachsenden Ressource x bei Orientierung an der Nachhaltigkeit (d.h. einem gesicherten gleichbleibenden Bestand). Aus diesem Ziel ergibt sich die maximal zulässige Investition in Nutzungsmittel y.

2. **Vorkommen:** Das Prinzip der Nachhaltigkeit wird in der Forstwirtschaft einiger Länder bereits seit mehreren hundert Jahren praktiziert. Generell sollten alle erneuerbaren Ressourcen nach diesem Prinzip genutzt werden: es wird nicht mehr verbraucht, als nachwachsen kann.

3. **Strukturbesonderheiten:** Das Modell hat eine dem Modell M 213 "Tragödie der Allmende" weitgehend gleiche Struktur: Die Ressource x wächst mit einem logistischen Sättigungsprozeß. Die Investitionen in neue Nutzungsmittel y sind proportional zum Nettogewinn aus Verkaufserlös und Betriebskosten (mpxy - qy), werden nun aber so gesteuert, daß sich ein für die nachhaltige Ernte möglichst günstiger Bestandswert einstellt. Das Bestandsziel für die Ressource x entspricht der halben maximalen Kapazität k. Falls x daruntersinkt, wird y abgebaut; falls x darüberliegt und der Nettogewinn positiv ist, wird y durch Investion weiter aufgebaut.

4. **Verhaltensbesonderheiten:** Ohne Nutzung ergibt sich logistisches Wachstum der Ressource bis an ihre Kapazitätsgrenze k. Mit Nutzung werden die Nutzungsmittel y so lange aufgebaut, bis die Ressource x auf k/2 reduziert worden ist. Dann wird der Ressourcenbestand x auf diesem Betrag gehalten. Diese Systemstruktur führt nun zu einer konstanten Jahresproduktion s, bei positivem relativen Nutzen b und positiver Profitrate f sowie konstantem Nutzungsmittelbestand y. Es ergeben sich vier Gleichgewichtspunkte (3 instabil, 1 stabil) sowie ein relativ komplexes Zustandsbild. Zu beachten ist, daß das System zusammenbrechen wird, wenn der Anfangswert für y zu hoch ist. Liegt die Erosionsgrenze über einem kritischen Wert, so bricht das System ebenfalls zusammen.

5. **Kritische Parameter:** Ein kritischer Parameter ist der Anfangswert für y. Einen stabilen Gleichgewichtspunkt ohne Zusammenbruch der Ressource kann es nur bei Anfangswerten y geben, die unter einem kritischen Wert liegen.

6. **Referenzlauf:** Bei den gleichen Systemparametern wie im System "Tragödie der Allmende" stabilisiert sich die Entwicklung nach rund 70 Jahren auf einem Gleichgewichtsniveau. Obwohl die Jahresproduktion in der Spitze nicht so hoch wird wie bei "Tragödie der Allmende", so ist sie aber nachhaltig und führt zu einem nachhaltigen und konstanten Nettoprofit.

7. **Bearbeitungshinweise:** Vergleichen Sie das Verhalten bei gleichen Parametereinstellungen mit dem Modell "Tragödie der Allmende". Untersuchen Sie den Einfluß der verschiedenen Parameter auf die Entwicklung und die Gleichgewichtspunkte des Systems. Untersuchen Sie die Abhängigkeit von den Anfangsbedingungen für die Zustandsgrößen mit "Globalverhalten" im Zustandsraum (x, y).

8. **Literatur:** -

NACHHALTIGE NUTZUNG ERNEUERBARER RESSOURCEN M 214

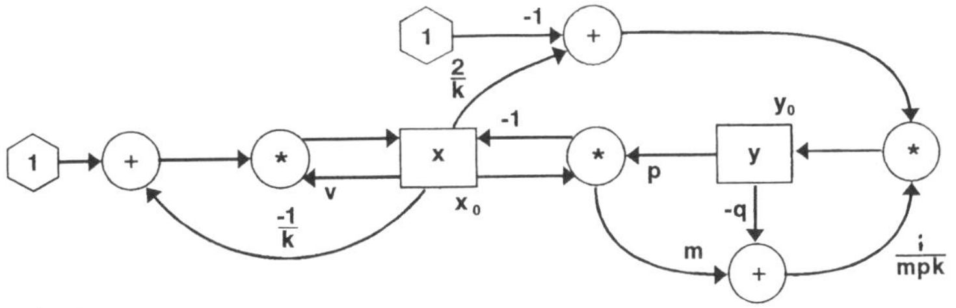


```
s := p*x*y
b := (m*p*x - q)/(m*p*k)
if x < e then v := 0 else v := r

dx/dt := v*x*(1-x/k) - s
dy/dt := i*y*(x/(k/2) - 1)*abs(b)
dz/dt := m*p*x*y - q*y
```

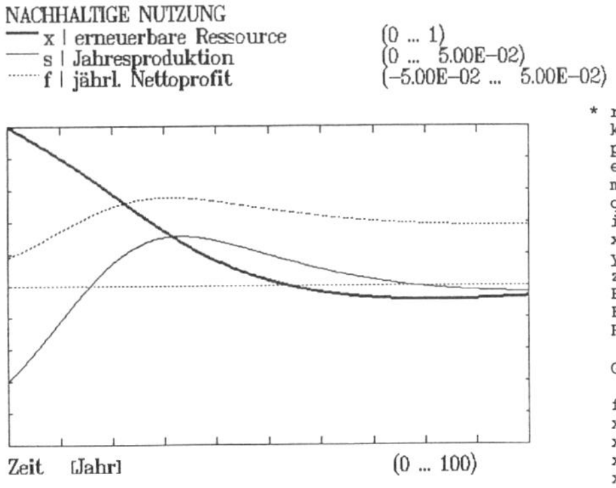


```
* r ¦ Erneuerungsrate, Ressource [1/Jahr]          0.100
  k ¦ max. Kapazität d. Ressource [Menge]          1.000
  p ¦ Produktionsrate [1/(Kapital.Jahr)]           1.000
  e ¦ Erosionsgrenze [Menge]                    5.00E-02
  m ¦ Ressourcenpreis [Geld/Ressource]             1.000
  q ¦ Betriebskosten [Geld/(Kap.Jahr)]             0.100
  i ¦ Investitionsrate, Anlagen [1/Jahr]           0.100
  x ¦ erneuerbare Ressource [Menge]                1.000
  y ¦ Wert der Anlagen [Kapital]                1.00E-02
  z ¦ akkumulierter Nettoprofit [Geld]                 0
  Beginn der Simulation [Jahr]                         0
  Ende der Simulation [Jahr]                     100.000
  Rechenschrittweite [Jahr]                     5.00E-02

  GLEICHGEWICHTSPUNKTE

  for v := r:
  x1, y1 =  0, 0
  x2, y2 =  1.000,   0
  x3, y3 =  0.100,   0.090
  x4, y4 =  0.500,   0.050
```

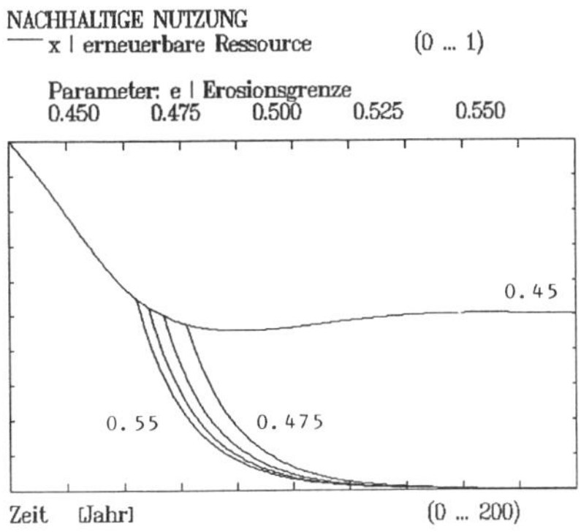

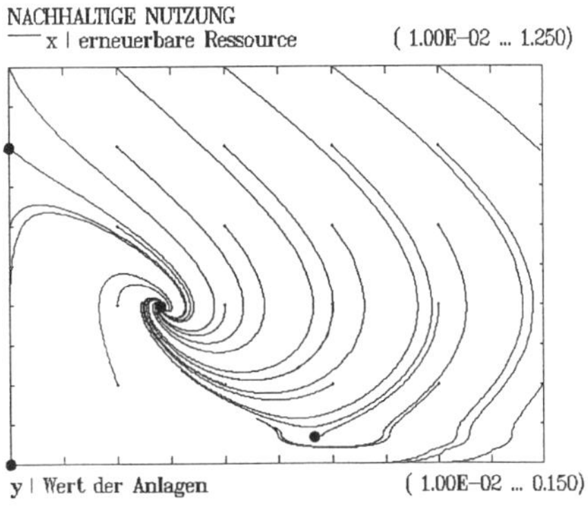

GESTÖRTES FLIESSGLEICHGEWICHT: CO_2-DYNAMIK M 215

1. **Beschreibung:** Durch Photosynthese und Zersetzung organischer Substanz (Bestandsabfall und Humus) wie auch die Respiration von Pflanzen und Tieren werden der Atmosphäre ständig große Mengen von Kohlendioxid entnommen bzw. wieder zugeführt. Das Fließgleichgewicht zwischen den zwei CO_2-Speichern Atmosphäre und (lebende und tote) Biomasse wird durch Verbrennung fossiler Brennstoffe und Zerstörung von Wäldern gestört; dies führt zur Klimaveränderung.

2. **Vorkommen:** Das Phänomen des dynamischen Gleichgewichts der Flüsse zwischen zwei Speichern ist in verschiedenen Bereichen anzutreffen. Es gilt generell für die Dynamik der Treibhausgase in der Atmosphäre, wie auch z.B. für Stoffkreisläufe im Boden und Grundwasser und deren Pegelerhöhung durch Schadstoffeinträge.

3. **Strukturbesonderheiten:** Zwei Speicher mit den Inhalten x und y einer Substanz stehen im gegenseitigen Austausch. Ein erster Prozeß entnimmt dem Speicher x die Substanz mit einer gewissen Rate und führt sie dem Speicher y zu. Ein zweiter Prozeß wiederum entnimmt die Substanz dem Speicher y und führt sie in den Speicher x zurück. Als Störung kommt hier ein zusätzlicher CO_2-Eintrag aus der Verbrennung fossiler Brennstoffe mit einer logistischen Verbrauchssättigung hinzu. Achtung: das Modell berücksichtigt keine CO_2-Aufnahme durch den Ozean.

4. **Verhaltensbesonderheiten:** Ausgehend von einem anfänglichen Gleichgewicht zwischen den Speichern steigt der CO_2-Pegel x in der Atmosphäre durch den logistisch wachsenden Eintrag f aus der Verbrennung fossiler Brennstoffe. Die Entnahme von CO_2 aus der Atmosphäre durch die Pflanzen ist von der von Pflanzen bedeckten Fläche a und deren mittlerer Produktivität p abhängig. Durch Abholzung oder Umweltbelastung verringert sich die Nettoprimärproduktion der Pflanzendecke mit einem Faktor u(t). Im Gegensatz zum Photosyntheseprozeß sind die Zersetzungs- und Respirationsprozesse proportional zur (lebenden und toten) Biomasse y mit der spezifischen Rate c. Daher ergibt sich hier ein nach wie vor hoher Eintrag aus der Respiration und Zersetzung von Biomasse, auch wenn deren Produktivität reduziert sein sollte. Insgesamt überwiegen die Austräge, und es kommt zum ständigen Anstieg des CO_2-Pegels.

5. **Kritische Parameter:** Wesentliche kritische Faktoren für die weitere Entwicklung des Systems sind die spezifische Wachstumsrate r, der Sättigungswert k des fossilen Brennstoffverbrauchs sowie das Abholzungsszenario (Stärke d, Beginn b, Ende e). Da die CO_2-Aufnahme von x unabhängig ist, ist ein weiterer CO_2-Anstieg nur vermeidbar, wenn die fossile Verbrennung und Waldzerstörung aufhören.

6. **Referenzlauf:** Die Parameter entsprechen etwa denen der historischen Entwicklung. Es ergibt sich ein Anstieg des CO_2 von rund 280 ppm (parts per million) im Jahr 1850 auf 530 - 730 ppm im Jahre 2050, in Abhängigkeit von der angenommenen Verbrauchssättigung für die fossilen Brennstoffe (5 - 25 GtC/a).

7. **Bearbeitungshinweise:** Untersuchen Sie die weitere Entwicklung für unterschiedliche Szenarien des zukünftigen Verbrauchs fossiler Brennstoffe (r, k) mit Hilfe der Option "Parameterempfindlichkeit". Untersuchen Sie die Konsequenzen verschiedener Abholzungs- bzw. Aufforstungsstrategien (d, b, e) . Welche Rolle spielt die Zersetzungsrate c (Verweilzeit $T = 1/c$)?

8. **Literatur:** Bossel 1985 (117-128).

GESTÖRTES FLIESSGLEICHGEWICHT: CO_2-DYNAMIK M 215

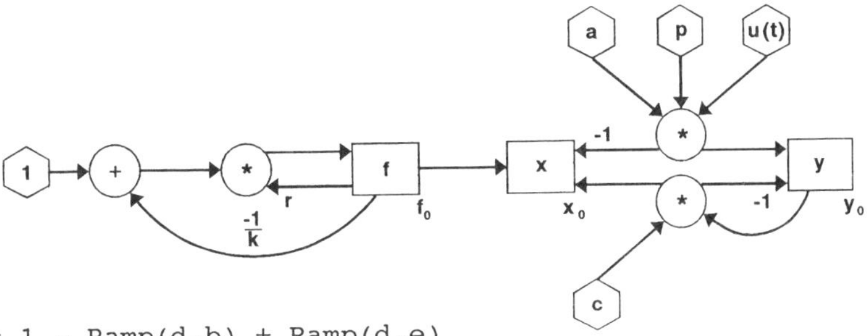


```
u := 1 - Ramp(d,b) + Ramp(d,e)
CO2(ppm) := x/2.12

dx/dt := f + c*y - p*a*u
dy/dt := p*a*u - c*y
df/dt := r*f*(1 - f/k)
```

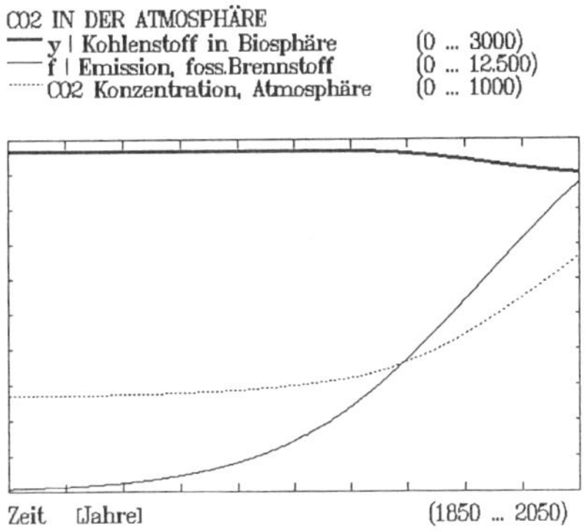


```
* a ¦ Fläche terr. Ökosysteme [Gkm²]                 0.145
  p ¦ Nettoprimärproduktion [tC/(km².Jahr)         400.000
  c ¦ Rate, Atmung/Zersetzung [1/Jahr]            2.00E-02
  r ¦ Wachst.rate, foss.Brennstoff [1/Jahr        3.00E-02
  k ¦ Sättigung, foss. Emissionen [GtC/yea          15.000
  d ¦ Waldzerstörung [Prozent/Jahr]                  0.200
  b ¦ Waldzerstörung, Anfangsjahr [Jahr]          1970.000
  e ¦ Waldzerstörung, Endjahr [Jahr]              2020.000
  x ¦ Kohlenstoff in Atmosphäre [GtC]              570.000
  y ¦ Kohlenstoff in Biosphäre [GtC]              2900.000
  f ¦ Emission, foss.Brennstoff [GtC/Jahr]           0.100
  Beginn der Simulation [Jahre]                   1850.000
  Ende der Simulation [Jahre]                     2050.000
  Rechenschrittweite [Jahre]                         0.200

  GLEICHGEWICHTSPUNKTE

  y = p*a/c = 2900
  Gleichgewicht nur wenn Emissionen durch fossile
  Brennstoffe und Waldzerstörung aufhören.
  CO2-Aufnahme im Meer nicht berücksichtigt.
```

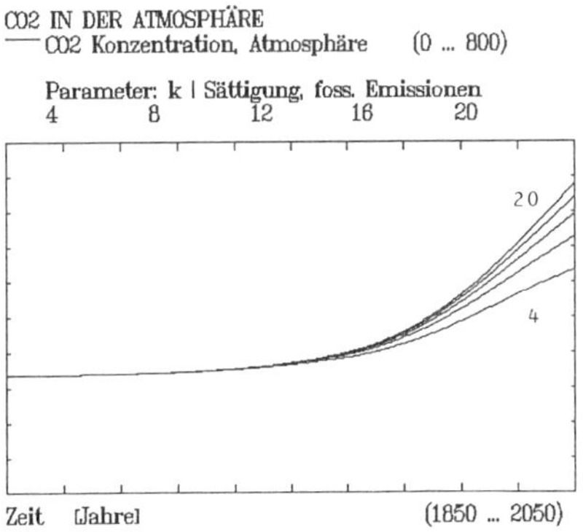

LAGERBESTAND, VERKAUF, BESTELLUNG M 216

1. **Beschreibung:** Der momentane Lagerbestand z wird bestimmt durch zeitabhängige Verkäufe und Nachlieferungen über Bestellung. Bestellungen orientieren sich am Lagerbestand und Tagesverkauf. Die Verzögerung bei der Erfüllung von Bestellungen kann zu starken zeitlichen Schwingungen des Lagerbestands führen.

2. **Vorkommen:** Zusammenspiel von Lagerhaltung, Bestellung und Verkauf in der Betriebswirtschaft. Marktschwankungen bei Produkten mit langer Produktionszeit (Pflanzenproduktion und Tierzucht), Nachfrage und Ausbildung von Fachkräften.

3. **Strukturbesonderheiten:** Die Bestellungen o sind an der Verkaufsrate s(t) und am jeweiligen Lagerbestand z orientiert. Diese werden mit Faktoren a bzw. b berücksichtigt, wobei ein Lagerbestandsziel g einzuhalten ist. Die Auslieferung der bestellten Ware verzögert sich um d Zeiteinheiten. Im Modell ist diese Verzögerung durch eine exponentielle Verzögerung dritter Ordnung realisiert (siehe Modell M 301 "Dreifachintegration und exponentielle Verzögerung 3. Ordnung"). Die Verzögerung bewirkt eine gewisse Glättung der Auslieferungen, so daß über einen gewissen Zeitabschnitt zwar die Auslieferungsmenge mit der Bestellmenge übereinstimmt, nicht aber der zeitliche Verlauf der Auslieferungen und Bestellungen.

4. **Verhaltensbesonderheiten:** Solange noch keine Lieferreaktionen auf frühere Bestellungen eintreten, führen das zunehmende Lagerdefizit und weiterer Verkauf zu weiteren Bestellungen, die erst nach d Zeiteinheiten am Lager angeliefert werden. Mit diesen Anlieferungen steigt der Lagerbestand zunächst an, woraufhin die Bestellungen wieder zurückgenommen werden. Entsprechend der Lieferverzögerung sinken danach die Auslieferungen wieder nach einiger Zeit, woraufhin wieder etwas mehr bestellt wird usw. Das System neigt daher zu Schwingungen, die durch Zufallsschwankungen des Verkaufs induziert werden können. Die Periode der Schwingung hängt von den Systemparametern der Rückkopplung ab.

5. **Kritische Parameter:** Kritischster Parameter, der auch die Schwingungsperiode bestimmt, ist die Verzögerungszeit d. Die Stabilität oder Instabilität der Entwicklung wird wesentlich durch die Bestellreaktion auf ein Lagerdefizit b bzw. die Bestellreaktion auf die aktuelle Verkaufsrate a bestimmt.

6. **Referenzlauf:** Der normale Tagesverkauf (1000 Stück) kann entweder durch Zufallsfluktuationen oder durch einen einmaligen Puls gestört werden. Die Voreinstellung der Bestellfunktion sieht vor, daß die Bestellungen genau der Verkaufsrate entsprechen; zusätzlich wird noch 'zur Sicherheit' 0.125 · Lagerdefizit bestellt. Bei einer Lieferverzögerung von 20 Tagen ergeben sich Lagerschwingungen etwa konstanter Amplitude mit einer Periode von etwa 70 Tagen. Für geringere Lieferverzögerungen ist die Schwingung nach einem Verkaufspuls gedämpft bei kürzerer Schwingungsperiode.

7. **Bearbeitungshinweise:** Untersuchen Sie mit der Option "Parameterempfindlichkeit" besonders die Rolle der Lieferzeit d, des verkaufs-proportionalen Bestellfaktors a und des lagerdefizit-proportionalen Bestellfaktors b. Finden Sie eine Bestellstrategie, die eine kleinstmögliche Lagerkapazität g erlaubt und trotzdem immer alle Kaufwünsche auch bei (mittleren) Zufallsfluktuationen erfüllen kann.

8. **Literatur:** Bossel 1987/1989 (191-202).

LAGERBESTAND, VERKAUF, BESTELLUNG — M 216

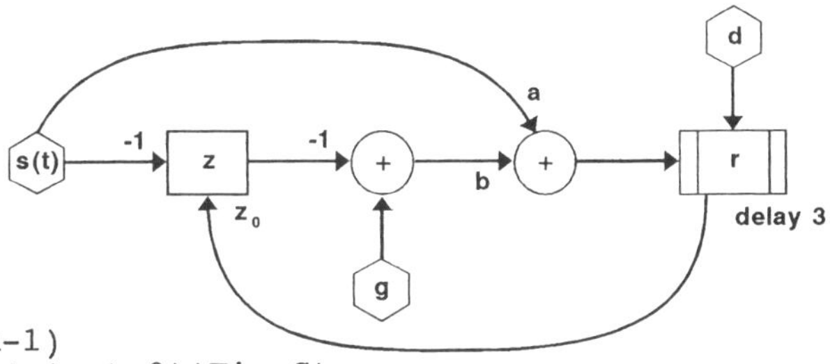


```
v := f*q*(2*Random-1)
s := q + v + Pulse(q*p,t,0)*TimeStep
if s>z then s := z
o := a*s + b*(g-z)
if o<0 then o := 0
r := Delay3(1,d,o)

dz/dt := r-s
```

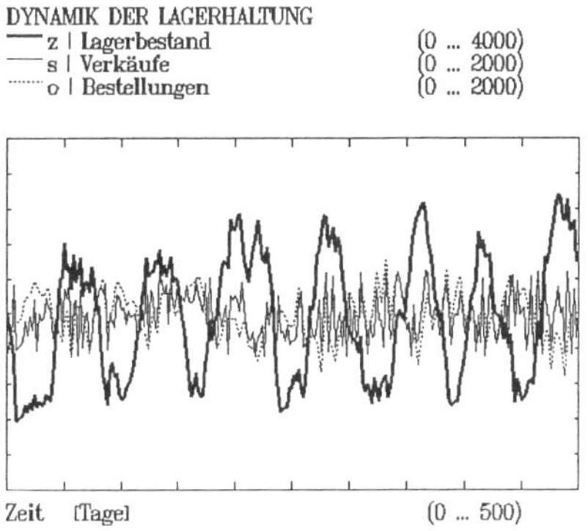

*	q	mittl. Tagesverkauf [Stück/Tag]	1000.000
	f	max.Verkaufsschwankung [Prozent/Tag]	25.000
	g	Lagerbestandsziel [Stück]	2000.000
	d	Lieferverzögerung [Tage]	20.000
	a	verkaufs-proport. Bestellfaktor [-]	1.000
	b	bestands-proport. Bestellfaktor [-]	0.125
	p	Verkaufspuls [Prozent]	0
	t	Tag des Verkaufspulses [Tage]	10.000
	z	Lagerbestand [Stück]	2000.000
		Beginn der Simulation [Tage]	0
		Ende der Simulation [Tage]	500.000
		Rechenschrittweite [Tage]	0.200

GLEICHGEWICHTSPUNKTE

hängt von Parameterwahl ab,
z = 2000.00 for s := q

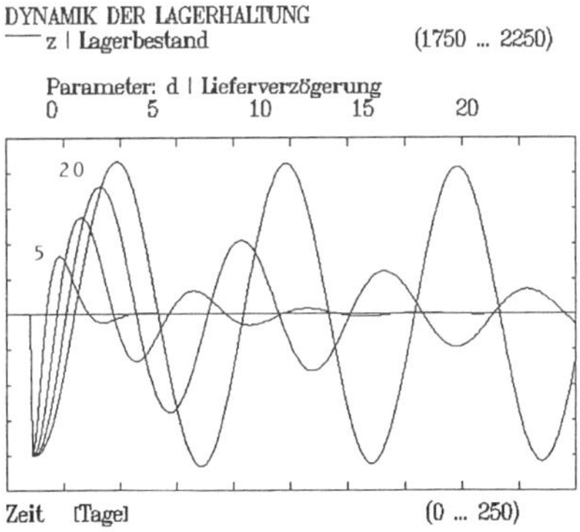

*	q	mittl. Tagesverkauf [Stück/Tag]	1000.000
	f	max.Verkaufsschwankung [Prozent/Tag]	0
	g	Lagerbestandsziel [Stück]	2000.000
	d	Lieferverzögerung [Tage]	20.000
	a	verkaufs-proport. Bestellfaktor [-]	1.000
	b	bestands-proport. Bestellfaktor [-]	0.125
	p	Verkaufspuls [Prozent]	20.000
	t	Tag des Verkaufspulses [Tage]	10.000
	z	Lagerbestand [Stück]	2000.000
		Beginn der Simulation [Tage]	0
		Ende der Simulation [Tage]	250.000
		Rechenschrittweite [Tage]	0.200

PRODUKTIONSZYKLUS **M 217**

1. **Beschreibung:** Der Preis eines Gutes orientiert sich hier am Lagerbestand y . Bei niedrigem Lagerbestand (hohem Preis) wird weniger verkauft. Der niedrigere Lagerbestand und der damit verbundene hohe Preis verspricht zukünftige Gewinne und führt daher zu einer höheren Produktionskapazität x. Die höhere Produktionskapazität wiederum füllt den Lagerbestand auf, worauf sich die Preise reduzieren und Produktionskapazitäten eher wieder stillgelegt werden. Aus diesem Prozeß können sich Schwingungen (Produktionszyklus) ergeben.

2. **Vorkommen:** Markt und Produktion landwirtschaftlicher Produkte (commodities) wie z.B. der "Schweinezyklus". Generell gilt diese Systemstruktur für alle am Markt orientierten Investitionsreaktionen.

3. **Strukturbesonderheiten:** Der normale Verkauf entsprechend der Zeitfunktion u(t) wird modifiziert entsprechend der Höhe des Angebots bzw. der relativen Lagerfüllung y/g und dem Preiseffekt q (Elastizität). Der relative Preis ist proportional zum relativen Lagerdefizit (1-(y/g)); dieses dient daher zur Steuerung von Zubau oder Abbau von Produktionskapazität x.

4. **Verhaltensbesonderheiten:** Wenn der Lagerbestand sinkt, so steigen die Preise und regen damit Investitionen in neue Produktionskapazität x an. Gleichzeitig sinkt aber auch (wegen der steigenden Preise) der Absatz. Wegen der bereits getätigten Neuinvestitionen erhöht sich nach einer Weile die Produktion, der Lagerbestand füllt sich rasch, die Preise sinken. Es kommt wieder zu Stillegungen und entsprechendem Produktionsrückgang und entsprechenden Schwankungen sowohl in den Lagerbeständen und Preisen wie auch bei der Produktionskapazität.

5. **Kritische Parameter:** Die Dynamik wird teilweise bestimmt durch den Lagerbestandseffekt q auf Preise und Verkauf, außerdem durch die spezifische Reaktion a auf Preis- bzw. Lagerbestandsänderung. Eine starke Reaktion (a relativ groß) führt dabei zu stärkeren Schwingungen. Das System ist linear und kann z.B. mit dem Modell M 203 "Linearer Schwinger 2. Ordnung" auf Eigenwertslage und Stabilität untersucht werden.

6. **Referenzlauf:** Die Parametereinstellungen ergeben eine gedämpfte Schwingung mit eine Periode von 6.5 Zeiteinheiten. Diese Schwingung wird durch einen einzigen Verkaufspuls zur Zeit t = 1 hervorgerufen.

7. **Bearbeitungshinweise:** Untersuchen Sie die Rolle der Parameter q und a , die einerseits die Kaufreaktion, andererseits die Investitionsreaktion auf die Preisentwicklung quantifizieren, mit der Option "Parameterempfindlichkeit". In welchen Parameterbereichen treten Schwingungen auf? Wo nicht? Untersuchen Sie das System mit dem Modell M 203 "Linearer Schwinger 2. Ordnung" und bestätigen Sie die Ergebnisse. Erläutern Sie das Verhalten anhand der Lage der Eigenwerte und ihrer Konsequenzen für Stabilität, Schwingungen und Schwingungsdämpfung des Systems.

8. **Literatur:** -

PRODUKTIONSZYKLUS

M 217

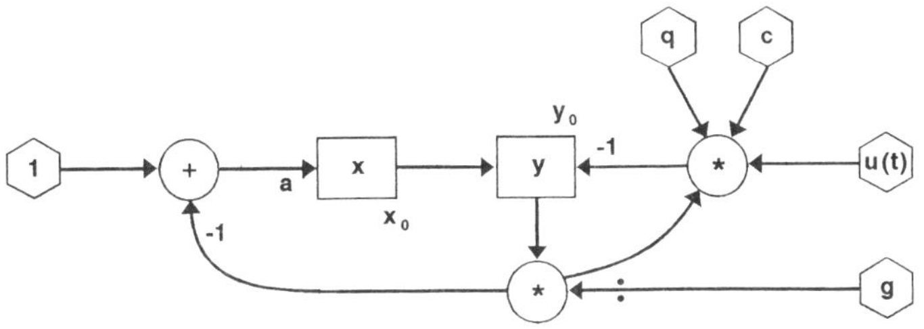

SYSTEMGLEICHUNGEN

```
u := 1 + Pulse(p,t,i)

dx/dt := a*(1-(y/g))
dy/dt := x - q*c*u*y/g
```

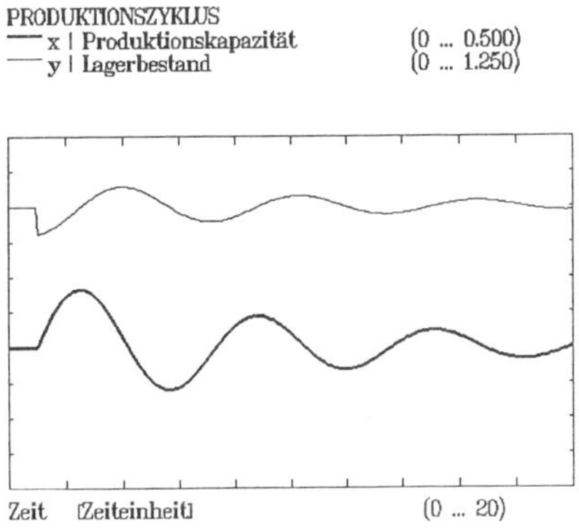

*	c	normale Verbrauchsrate [Stück/Zeit]	1.000
	q	Verkauf als Fn. d. Lagerbestands [-]	0.200
	g	Lagerbestandsziel [Stück]	1.000
	a	bestandsabh.Prod.ausbau [(Stk/Zeit)/	1.000
	p	Verkaufspuls [-]	0.500
	t	Zeitpunkt d. Verkaufspulses [Zeit]	1.000
	i	Verkaufspulsintervall [Zeit]	0
	x	Produktionskapazität [Stück/Zeit]	0.200
	y	Lagerbestand [Stück]	1.000
		Beginn der Simulation [Zeiteinheit]	0
		Ende der Simulation [Zeiteinheit]	20.000
		Rechenschrittweite [Zeiteinheit]	4.00E-02

GLEICHGEWICHTSPUNKTE

x = 0.200, y = 1.000

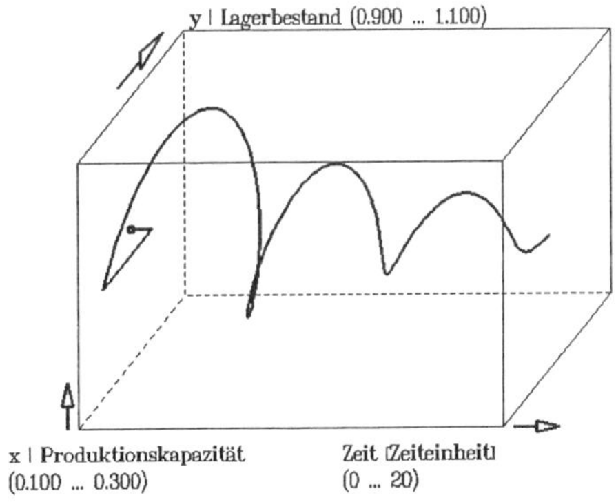

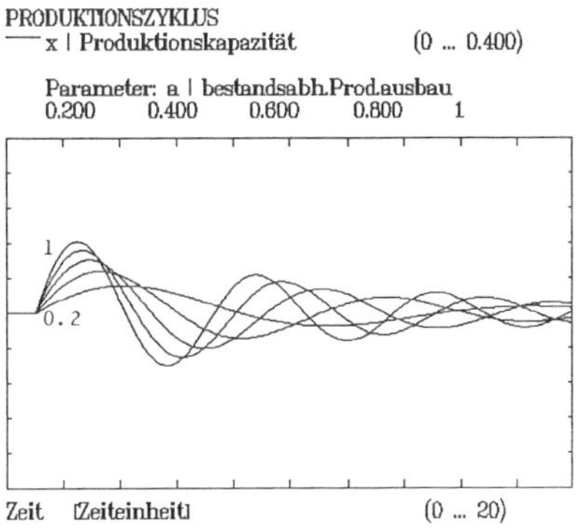

ROTATIONSPENDEL **M 218**

1. **Beschreibung:** Ein gewichtsloser, starrer Stab ist in einem Endpunkt drehbar gelagert, so daß er in einer senkrechten Ebene rotieren kann. Am anderen Ende des Stabs (Länge r) befindet sich eine punktförmige Masse m. Wird das Pendel anfangs mit hoher Winkelgeschwindigkeit y angestoßen, so kann es mehrfach um den Drehpunkt rotieren, bevor es schließlich nach einigem gedämpften Hin- und Herpendeln am unteren Totpunkt zum Stillstand kommt.

2. **Vorkommen:** Mechanisches, gravitationsabhängiges Pendel.

3. **Strukturbesonderheiten:** Das System mit den Zustandsgrößen y (Winkelgeschwindigkeit) und x (Winkel) zeigt eine Rückkopplungsschleife über beide Zustandsgrößen, die prinzipiell bereits Schwingungen erwarten läßt. Die Winkelgeschwindigkeit unterliegt einer Dämpfung proportional zum Dämpfungsfaktor d und zur momentanen Winkelgeschwindigkeit y (laminare Dämpfung). Entsprechend dem Pendelwinkel x verändert sich die in der jeweiligen Bahnrichtung liegende Winkelbeschleunigungskomponente der Schwerkraft nichtlinear mit dem Sinus x.

4. **Verhaltensbesonderheiten:** Sowohl der Rotations- wie der Pendelvorgang sind gedämpft. Wenn die Bewegung den oberen Totpunkt nicht mehr überschreiten kann, geht die Rotationsbewegung in ein gedämpftes Hin- und Herpendeln über. Diese Bewegung treibt wegen der Schwerkraft auf Stillstand am unteren Totpunkt zu.

5. **Kritische Parameter:** Die Dämpfung d entscheidet darüber, wie rasch die Bewegung zum Stillstand kommt. Für den Bewegungsablauf von großer Bedeutung sind die Anfangsbedingungen, insbesondere die Winkelgeschwindigkeit.

6. **Referenzlauf:** Mit der gewählten Voreinstellung ist die Anfangswinkelgeschwindigkeit so hoch, daß zunächst eine volle Rotation, dann stark gedämpftes Pendeln auftritt. Diese Bewegung läßt sich besonders gut in der dreidimensionalen Darstellung mit den Komponenten Zeit t, senkrechte Auslenkung v und horizontale Auslenkung u betrachten. Der Einfluß unterschiedlicher Anfangswerte auf die Bewegung läßt sich mit der Option "Globalverhalten" untersuchen. Bei hohen Winkelgeschwindigkeiten zeigen die Zustandstrajektorien Rotation, die sich an den oberen Totpunkten verlangsamt (Sättel); bei abnehmenden Winkelgeschwindigkeiten ergeben sich Pendelbewegungen, die schließlich am unteren Totpunkt enden (Strudel).

7. **Bearbeitungshinweise:** Untersuchen Sie für verschiedene Dämpfungswerte d das Bild der Zustandsbahnen mit der Option "Globalverhalten". Wie verändert sich die Pendelfrequenz in Abhängigkeit von Pendellänge und Pendelmasse? Untersuchen Sie mit der Option "Parameterempfindlichkeit" das Zeitverhalten für unterschiedliche Dämpfungsparameter bei Anfangswinkelgeschwindigkeiten, die auch für den stärksten Dämpfungswert mindestens noch eine Rotation erlauben. Wie erklären sich unterschiedliche Gleichgewichtszustände für verschiedene Dämpfungswerte?

8. **Literatur:** -

ROTATIONSPENDEL

M 218

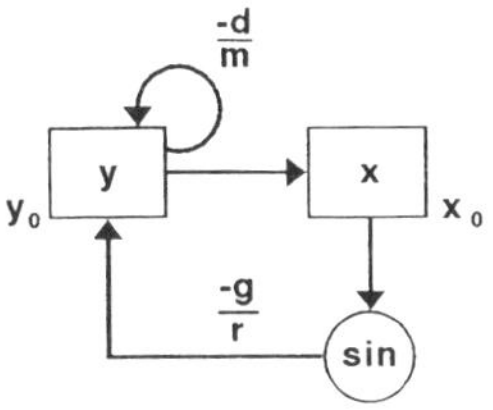

SYSTEMGLEICHUNGEN

```
dx/dt = y
dy/dt = -(g/r)*sin(x) - (d/m)*y
g = 9.81 [m/s²]
```

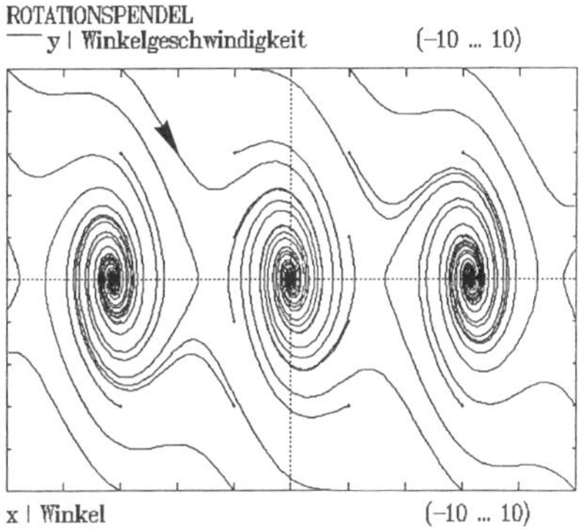

*	m	Pendelmasse [kg]	1.000
	r	Pendelradius [m]	1.000
	d	Dämpfungskonstante [N/(m/s)]	1.000
	x	Winkel [radian]	0
	y	Winkelgeschwindigkeit [1/sec]	10.000
		Beginn der Simulation [Sekunden]	0
		Ende der Simulation [Sekunden]	10.000
		Rechenschrittweite [Sekunden]	1.00E-02

GLEICHGEWICHTSPUNKTE

stabiles Gleichgewicht: x = 2*n*pi, y = 0
instabiles Gleichgewicht: x = 2*(n+1)*pi, y = 0

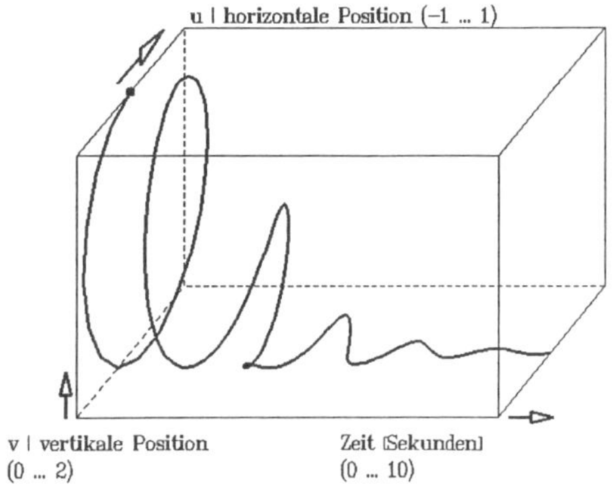

*	m	Pendelmasse [kg]	1.000
	r	Pendelradius [m]	1.000
	d	Dämpfungskonstante [N/(m/s)]	1.000
	x	Winkel [radian]	3.142
	y	Winkelgeschwindigkeit [1/sec]	10.000
		Beginn der Simulation [Sekunden]	0
		Ende der Simulation [Sekunden]	10.000
		Rechenschrittweite [Sekunden]	1.00E-02

SCHWINGER MIT GRENZZYKLUS (VAN DER POL) M 219

1. **Beschreibung:** Dieses System besteht im wesentlichen aus einem linearen Schwinger, der aber durch eine nichtlineare Strukturergänzung so modifiziert worden ist, daß sich bei großem x eine Dämpfung von y, bei kleinem x eine Verstärkung von y ergibt. Dies führt dazu, daß das System sich unabhängig von den Anfangsbedingungen sehr rasch auf einer stabilen Schwingung mit einer gleichbleibenden Amplitude stabilisiert. Im Zustandsdiagramm (x, y) erscheint diese stabile Schwingung als geschlossene Kurve (Grenzzyklus).

2. **Vorkommen:** Das Phänomen wurde zunächst zur Stabilisierung elektronischer Schwingungen in Radioröhren (Triode) verwendet und beschrieben. Es stabilisiert aber auch die Herztätigkeit und es tritt bei strömungsinduzierten Schwingungen (windinduzierte Bauteilschwingung, aerodynamisches Flattern), in der Fahrzeugdynamik und bei gewissen chemischen Reaktionen auf.

3. **Strukturbesonderheiten:** Die direkte gegenseitige Verkopplung der Zustandsgrößen x und y entspricht zunächst dem harmonischen ungedämpften Schwinger. Die Eigenkopplung von y, die bei negativem Vorzeichen des Kopplungsparameters für eine Dämpfung verantwortlich wäre, wird jetzt modifiziert durch den jeweiligen Zustand von x in einer Weise, daß bei kleinem x eine Verstärkung von y, bei großem x eine Dämpfung von y auftritt. Dieser Vorzeichenwechsel wird durch den Term $(1-x^2)$ verursacht.

4. **Verhaltensbesonderheiten:** Falls $x^2 > 1$ wird, so ist $(1-x^2) < 0$, und es ergibt sich eine Dämpfung von y. Falls dagegen $x^2 < 1$ wird, wird $(1-x^2) > 0$, und es erfolgt ein Aufschaukeln von y. Dies führt dazu, daß sich die Schwingung rasch auf dem Grenzzyklus stabilisiert, der Systemzustand (x, y) sich also fortan auf diesem Zyklus bewegt.

5. **Kritische Parameter:** Der Kopplungsparameter a verändert die Frequenz der Schwingung. Um eine Schwingung zu erhalten, muß $a < 0$ sein.

6. **Referenzlauf:** Mit $a = -1$ ergibt sich ein sehr rasches Einlaufen auf eine stabile Grenzzyklus-Schwingung der Periode 9.6.

7. **Bearbeitungshinweise:** Untersuchen Sie den Schwingungsverlauf mit der Option "Parameterempfindlichkeit" für unterschiedliche Werte von $a < 0$. Ermitteln Sie die Verläufe der Zustandsbahnen für unterschiedliche Anfangsbedingungen innerhalb und außerhalb des Grenzzyklus mit der Option "Globalverhalten" für unterschiedliche Frequenzparameter a.

8. **Literatur:** Csaki 1972: (359-362), Beltrami 1987 (182-189), Bossel 1989/87 (183-184), Guckenheimer/Holmes 1983/86 (67-82).

SCHWINGER MIT GRENZZYKLUS (VAN DER POL) M 219

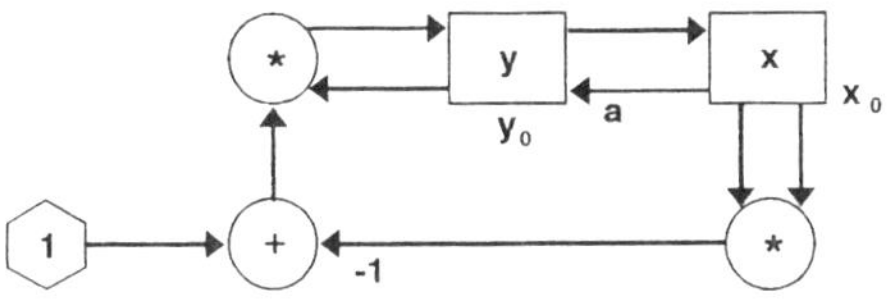

SYSTEMGLEICHUNGEN

```
dx/dt = y
dy/dt = a*x + (1 - x*x)*y
```

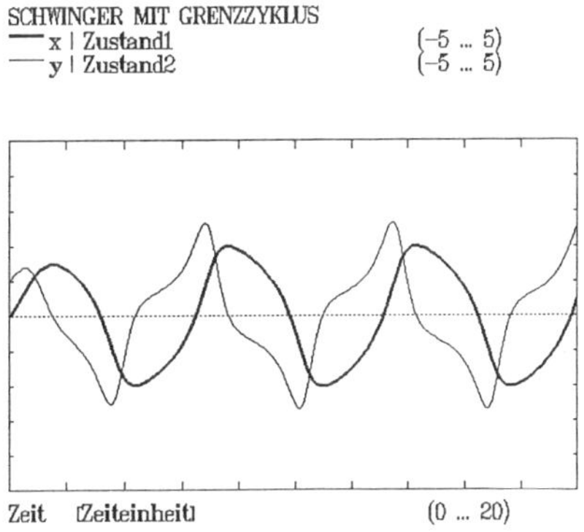

*	a	Kopplungsparameter [1/Zeit²]	-1.000
	x	Zustand1 [Einheit*Zeit]	0
	y	Zustand2 [Einheit]	1.000
		Beginn der Simulation [Zeiteinheit]	0
		Ende der Simulation [Zeiteinheit]	20.000
		Rechenschrittweite [Zeiteinheit]	1.00E-02

GLEICHGEWICHTSPUNKTE

stabiler Grenzzyklus um instabilen Gleichgewichtspunkt bei x = 0, y = 0

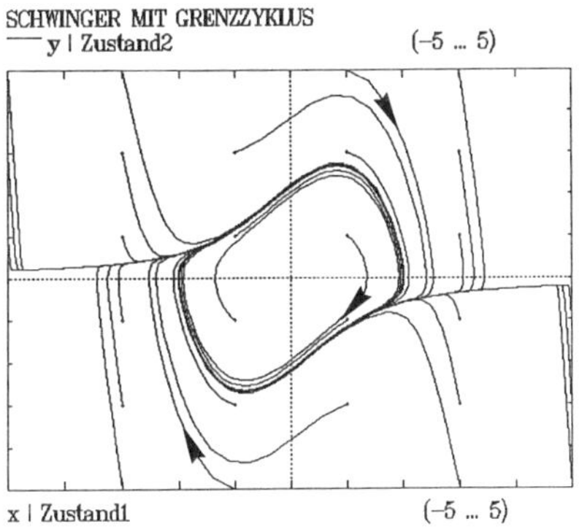

BISTABILER SCHWINGER **M 220**

1. **Beschreibung:** Das System besteht im Kern wieder aus einem linearen Schwinger, bei dem aber jetzt eine zusätzliche negative Verkopplung von x^3 auf y besteht. Das System läuft jetzt je nach Anfangsbedingungen auf einen von zwei stabilen Gleichgewichtspunkten zu. Das System läßt sich physikalisch realisieren durch eine Blattfeder, die zwischen zwei Permanentmagneten aufgehängt ist. Je nach der Anfangsbedingung endet die schwingende Bewegung der Blattfeder an einem der beiden Permanentmagneten.

2. **Vorkommen:** Elektronischer Flip-Flop-Schaltkreis, Stahlfederstab zwischen zwei Permanentmagneten.

3. **Strukturbesonderheiten:** Die Grundstruktur des Systems ist die eines linearen Schwingers mit einer Dämpfung d an der Zustandsgröße y. Zusätzlich tritt jetzt aber noch eine Rückstellkraft proportional zur dritten Potenz der Auslenkung x auf, wie es z.B. bei Biegevorgängen der Fall ist.

4. **Verhaltensbesonderheiten:** Aus den Systemgleichungen folgen zwei stabile Gleichgewichtspunkte bei $x = 1$ und $x = -1$ sowie ein instabiler Gleichgewichtspunkt bei $x = 0$. Die Bewegung läuft auf einen der stabilen Gleichgewichtspunkte zu; der Ruhepunkt ist abhängig von den Anfangsbedingungen. Die Dämpfung der Zustandsgröße y ist abhängig von der Geschwindigkeit selbst (y) und der Dämpfungskonstante d.

5. **Kritische Parameter:** Je nach der Dämpfung d ergeben sich sehr unterschiedliche Bewegungen. Der Anfangszustand hat einen kritischen Einfluß auf den Endzustand.

6. **Referenzlauf:** Mit einer Dämpfung $d = 1$ ergibt sich eine stark gedämpfte Schwingung, die in Abhängigkeit von den Anfangsbedingungen entweder bei $x = 1$ oder $x = -1$ und $y = 0$ endet. Die Gesamtheit der Zustandsbahnen läßt sich am besten mit der Option "Globalverhalten" untersuchen.

7. **Bearbeitungshinweise:** Untersuchen Sie die Zustandsbahnen mit der Option "Globalverhalten" für unterschiedliche Dämpfungswerte $0 < d < 1$. Untersuchen Sie mit der Option "Parameterempfindlichkeit" welches Zeitverhalten unterschiedliche Dämpfungswerte und Anfangswerte bringen.

8. **Literatur:** de Russo/Roy/Close 1965 (483-488), Guckenheimer/Holmes 1983/86 (82-91), Bossel 1987/89 (187-188).

BISTABILER SCHWINGER

M 220

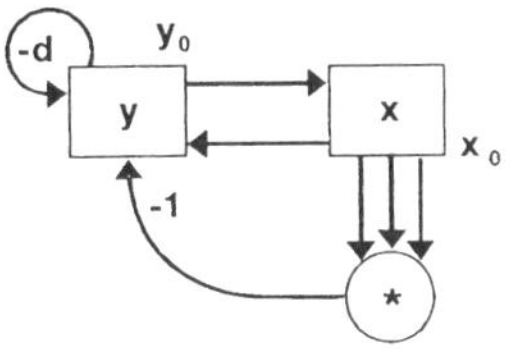

SYSTEMGLEICHUNGEN

```
dx/dt = y
dy/dt = x - d*y - x*x*x
```

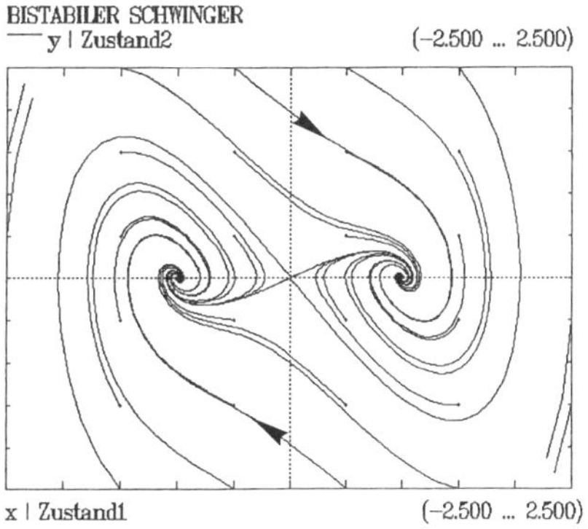

*	d ¦	Dämpfungsparameter [1/Zeit]	1.000
	x ¦	Zustand1 [Einheit*Zeit]	1.000
	y ¦	Zustand2 [Einheit]	1.000
		Beginn der Simulation [Zeiteinheit]	0
		Ende der Simulation [Zeiteinheit]	20.000
		Rechenschrittweite [Zeiteinheit]	1.00E-02

GLEICHGEWICHTSPUNKTE

GP1, GP2, GP3 = 0, 0 / 1, 0 / -1, 0

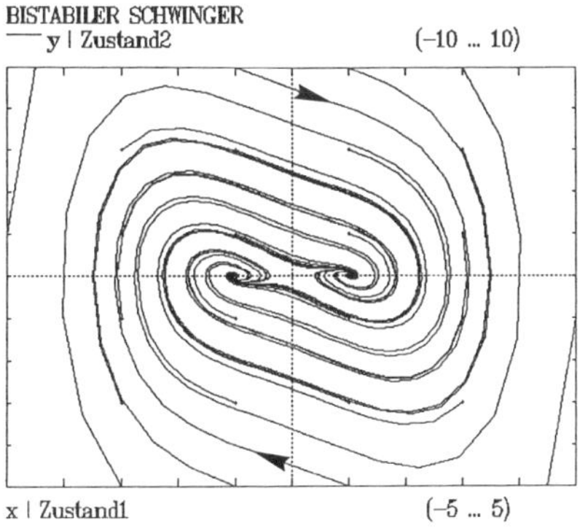

CHAOTISCHER BISTABILER SCHWINGER (DUFFING) M 221

1. **Beschreibung:** Das System entspricht genau dem bistabilen Schwinger (M 220), wird aber jetzt sinusförmig mit der Frequenz w und einem Amplitudenfaktor q angeregt. Es ergibt sich jetzt chaotische Bewegung. Das System läßt sich physikalisch realisieren durch einen zwischen zwei Permanentmagneten aufgehängten Stahlfederstab, wobei jetzt das gesamte System sinusförmig hin- und herbewegt wird.
2. **Vorkommen:** Sinusförmig angeregter bistabiler Schwingkreis; periodisch angeregte Bewegung zwischen zwei Attraktoren.
3. **Strukturbesonderheiten:** Die Grundstruktur ist die des mit einer Sinusfunktion angeregten gedämpften linearen Schwingers. Zusätzlich besteht die nichtlineare Rückstellkraft (proportional zu x^3).
4. **Verhaltensbesonderheiten:** Je nach Dämpfung d, Frequenz w und Amplitude q stellt sich chaotische Bewegung mit unterschiedlicher Gestalt der Attraktionsbereiche ein.
5. **Kritische Parameter:** Anregungsfrequenz w, Anregungsamplitude q, Dämpfungsfaktor d.
6. **Referenzlauf:** Mit den Werten der Voreinstellung erfolgt die Bewegung zunächst um einen der Gleichgewichtspunkte herum, um dann in die Umgebung des anderen Gleichgewichtspunkts und irgendwann nach Aufschaukeln auf der Zustandsbahn wieder zum ersten Gleichgewichtspunkt zu springen. Diese Bewegung läßt sich am besten im Zustandsbild (x, y) verfolgen. Das Aufschaukeln und Überspringen in den anderen Attraktionsbereich läßt sich auch gut sehen, wenn x und y als Funktion der Zeit aufgetragen werden.
7. **Bearbeitungshinweise:** Untersuchen Sie die Bewegung für verschiedene Werte von w, q und d im Zustandsraum (x, y).
8. **Literatur:** Guckenheimer/Holmes 1983/86 (82-91).

CHAOTISCHER BISTABILER SCHWINGER (DUFFING) M 221

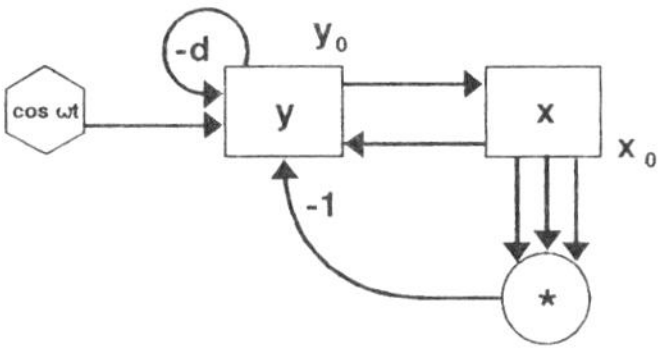

SYSTEMGLEICHUNGEN

```
dx/dt = y
dy/dt = x - x*x*x - d*y + q*cos(w*time)
```

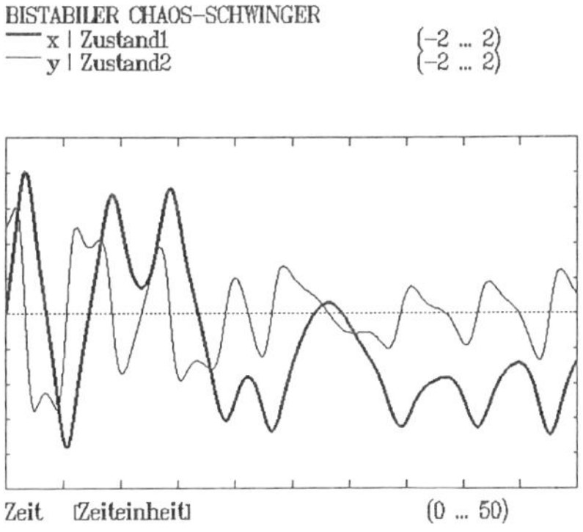

*	d	Dämpfungsparameter [1/Zeit]	0.250
	q	Sinus-Amplitude [Einheit/Zeit]	0.300
	w	Sinus-Frequenz [1/Zeit]	1.000
	x	Zustand1 [Einheit*Zeit]	0
	y	Zustand2 [Einheit]	1.000
		Beginn der Simulation [Zeiteinheit]	0
		Ende der Simulation [Zeiteinheit]	50.000
		Rechenschrittweite [Zeiteinheit]	1.00E-02

GLEICHGEWICHTSPUNKTE

Chaotischer Attraktor
Gleichgewichtspunkte des freien Systems:
x, y = 0, 1 / 0, -1 (stabil), 0, 0 (instabil)

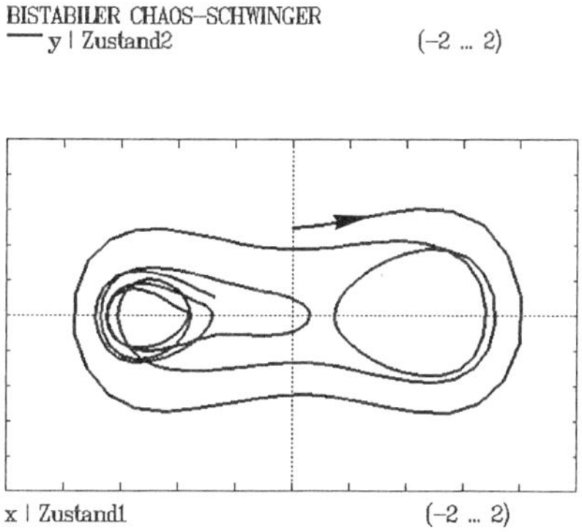

Weitere Ergebnisse

6-3 Dynamische Systeme mit drei bis vier Zustandsgrößen

301 Dreifache Integration und exponentielle Verzögerung 3. Ordnung
302 Bevölkerungsdynamik mit drei Generationen
303 Linearer Schwinger 3. Ordnung
304 Miniwelt: Konsum, Bevölkerung, Umweltbelastung
305 Räuberpopulation mit zwei Beutepopulationen
306 Beutepopulation mit zwei Räuberpopulationen
307 Vögel, Insekten, Wald und Grasland
308 Nährstoffkreislauf und Pflanzenkonkurrenz
309 Chaotischer Attraktor: Rössler
310 Wärme, Wetter und Chaos: Lorenz
311 Verkoppelte Dynamos und Chaos
312 Balanzieren eines umgekehrten Pendels

DREIFACHE INTEGRATION UND EXPONENTIELLE VERZÖGERUNG M 301

1. **Beschreibung:** Bei diesem System wird die Eingangsgröße u(t) dreimal hintereinander nach der Zeit integriert. Falls die Rückkopplungsparameter $a = 0$ sind, entspricht die numerische Integration den analytischen Integrationsformeln. Falls der Betrag der negativen Rückkopplung $a > 0$ ist, dann ergibt sich an jedem Integrator ein Verzögerungseffekt (vgl. Modelle M 103 und M 201 "Exponentielle Verzögerung" 1. und 2. Ordnung). Die dreifach verzögerte Integration führt zu einer exponentiellen Verzögerung 3. Ordnung, die häufig in Simulationsmodellen zur Verzögerung und Glättung von Signalen eingesetzt wird (SIMPAS-Funktion: Delay3).

2. **Vorkommen:** Verschiedene physikalische Vorgänge und exponentielle Verzögerungen 3. Ordnung.

3. **Strukturbesonderheiten:** $a = 0$: Der erste Integrator z integriert das Eingangssignal u(t) über die Zeit. Der Ausgang des 2. Integrators y ist das Zeitintegral des Eingangssignals z. Der Ausgang des 3. Integrators x ist das Zeitintegral des Eingangssignals y.
   Besteht eine negative Rückkopplung $(a > 0)$, so ergibt sich an jedem Integrator eine zustandsproportionale Verlustrate. Ist u(t) eine Sprungfunktion mit $u = const$ für $t > t_0$, so wächst der Integratorzustand z bis zu dem Punkt, wo die exponentielle Verlustrate genau dem Eingangssignal u entspricht. Das jetzt konstante Ausgangssignal durchläuft als Eingang zum Integrator y den gleichen Effekt, so daß auch hier nach einiger Zeit ein konstantes Ausgangssignal y erscheint. Der gleiche Vorgang wiederholt sich am Integrator x.

4. **Verhaltensbesonderheiten:** Ohne Rückkopplung $(a = 0)$ entspricht der Prozeß der dreifachen Anwendung der Integrationsregeln. Bei $a > 0$ ergibt sich an jedem Integrator ein Verzögerungseffekt, mit der Gesamtverzögerung $3/a$.

5. **Kritische Parameter:** Bei starker Rückkopplung ergibt sich eine kleine Signalverzögerung; bei schwacher Rückkopplung ist die Verzögerung größer. Für ein konstantes Eingangssignal u ergeben sich an den drei Integratoren die folgenden Gleichgewichtswerte: $z^* = u/a$, $y^* = u/a^2$, $x^* = u/a^3$.

6. **Referenzlauf:** Die Voreinstellung des Modells entspricht der dreifachen Integration einer bei $t = 1$ beginnenden Sprungfunktion vom Wert 1 bei einem Dämpfungsparameter von 1. Für die Anfangssteigung der Integratorwerte gilt: z proportional t, y proportional t^2, x proportional t^3. Nach einiger Zeit ergibt sich bei allen drei Integratoren Sättigung auf die Gleichgewichtswerte. Das Inputsignal wird dreimal um je eine Zeiteinheit $(1/a)$ verzögert. Die Gesamtverzögerung ist $T = 3/a$.

7. **Bearbeitungshinweise:** Untersuchen Sie die Abhängigkeit der Gleichgewichtswerte der drei Integratoren vom Rückkopplungsparameter a. Verwenden Sie das Modell mit $a = 0$, um die verschiedenen Testfunktionen (Pulse, Step, Ramp, Sin) ein-, zwei- und dreimal mal über die Zeit zu integrieren und vergleichen Sie die Ergebnisse mit den analytischen Integrationsformeln.

8. **Literatur:** -

DREIFACHE INTEGRATION UND EXPONENTIELLE VERZÖGERUNG M 301

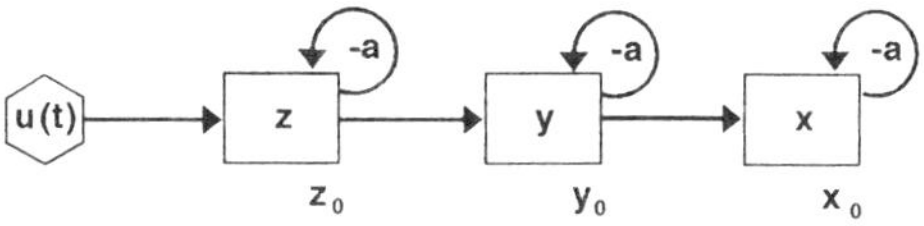

SYSTEMGLEICHUNGEN

```
u := Pulse(p,tp,i) + Step(s,ts) + Ramp(r,tr) + q*sin(2*pi*w*time)
dx/dt := y - a*x
dy/dt := z - a*y
dz/dt := u - a*z
```

DREIFACHE INTEGRATION
x | Zustand1 (0 ... 1.250)
y | Zustand2 (0 ... 1.250)
z | Zustand3 (0 ... 1.250)
u | Eingangsfunktion (0 ... 1.250)

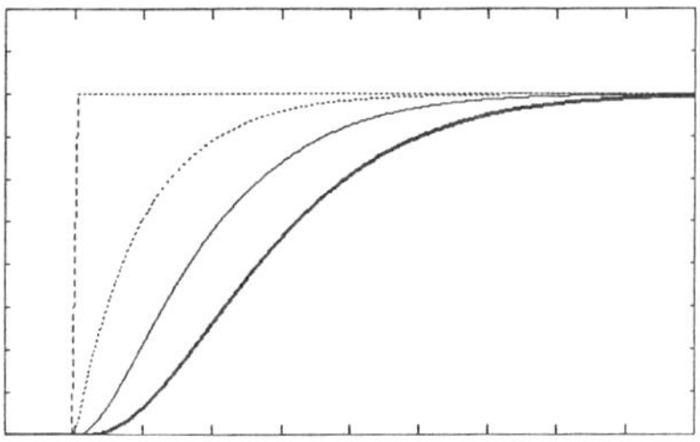

Zeit [Zeiteinheit] (0 ... 10)

*	a	spez. Verlustrate [1/Zeit]	1.000
	p	PULSE Pulsfläche [Einheit]	0
	tp	Anfangspuls zur Zeit [Zeit]	1.000
	i	Pulsintervall [Zeit]	1.000
	s	STEP Sprunghöhe [Einheit/Zeit]	1.000
	ts	Sprung zur Zeit [Zeit]	1.000
	r	RAMP Rampensteigung [Einheit/Zeit²]	0
	tr	Rampenbeginn zur Zeit [Zeit]	1.000
	q	SIN Sinusamplitude [Einheit/Zeit]	0
	w	Sinus-Frequenz [rad/Zeit]	0.100
	x	Zustand1 [Einheit*Zeit²]	0
	y	Zustand2 [Einheit*Zeit]	0
	z	Zustand3 [Einheit]	0
	Beginn der Simulation [Zeiteinheit]		0
	Ende der Simulation [Zeiteinheit]		10.000
	Rechenschrittweite [Zeiteinheit]		2.00E-02

GLEICHGEWICHTSPUNKTE

abhängig vom Eingang; x = y = z = 0 für freies Verhalten
z = u/a, y = u/(a*a), x = u/(a*a*a) für u = const

DREIFACHE INTEGRATION
x | Zustand1 (0 ... 5)

Parameter: a | spez. Verlustrate
0.600 0.700 0.800 0.900 1

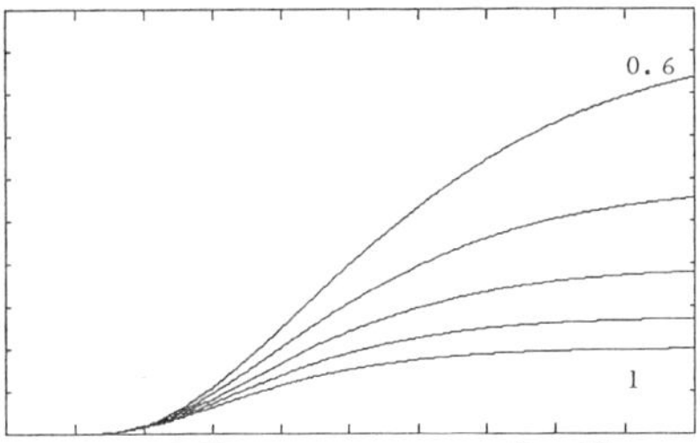

Zeit [Zeiteinheit] (0 ... 10)

BEVÖLKERUNGSDYNAMIK MIT DREI GENERATIONEN M 302

1. **Beschreibung:** Das Modell beschreibt die Bevölkerungsdynamik in drei Generationen: Kinder z, Erwachsene y, Alte x. In jeder Altersklasse werden Sterbefälle und Neuzugänge durch Geburten und Übergänge von der jeweils jüngeren Altersklasse berücksichtigt. Nur Erwachsene 'produzieren' Babies.

2. **Vorkommen:** Menschliche Bevölkerungsentwicklung und allgemeiner auch Populationsdynamik von Tieren und Pflanzen bei verschiedenen Entwicklungsstadien. Ein ähnlicher Ansatz gilt z.B. zur Beschreibung einer Insektenpopulation (Ei, Raupe, Puppe, Schmetterling) oder der Waldentwicklung (Baumhöhenklassen).

3. **Strukturbesonderheiten:** Die Übergangsrate von einer Altersklasse in eine andere ist proportional zum Inhalt und umgekehrt proportional zur Verweilzeit in der Ausgangsaltersklasse. Jede Klasse verliert durch (altersklassenspezifische) Mortalität (p, q, r) und gewinnt durch Übergänge aus der jüngeren Klasse. Die Geburtenzahl ist proportional zur Zahl der Frauen (= y/2) und ihrer Kinderzahl u(t) pro Verweildauer n als Erwachsene: Geburten = (y/2) u(t)/n.

4. **Verhaltensbesonderheiten:** Durch die jeweiligen Verweildauern (m in z, n in y) ergibt sich eine Verzögerung in jeder Altersklasse, so daß sich durch Fertilitätsschwankungen (Geburtenzahl) Bevölkerungs'wellen' ergeben können. Insbesondere zeigt eine Geburtenkontrolle erst nach etwa einer Generation einen signifikanten Effekt, wenn durch frühere Anstrengungen die Zahl der potentiellen Eltern reduziert worden ist. Eine große Zahl von Kindern führt eine Generation später zu vielen Geburten. Zur raschen Stabilisierung einer Bevölkerung kann es daher notwendig sein, die Kinderzahl vorübergehend unter den Ersatzbedarf (von etwa 2.3 Kindern pro Familie) zu reduzieren, z.B. durch eine Einkindfamilie.

5. **Kritische Parameter:** Der kritischste Parameter der Bevölkerungsentwicklung ist die Fertilität, d.h. die Zahl der Kinder pro Frau, die hier über die Szenarioparameter a, b, c, d als Zeitfunktion vorgegeben werden kann. Wegen der Verzögerung um etwa eine Generation muß bei Bevölkerungsproblemen frühzeitig reagiert werden.

6. **Referenzlauf:** Die Parameter der Voreinstellungen entsprechen einem (fiktiven) Land von anfangs 100 Millionen Einwohnern und hoher Fertilität (5 Kinder pro Frau) bis zum Jahr 2000. Danach reduziert sich die Kinderzahl bis auf 2.3 bis zum Jahr 2050. Trotz dieser einschneidenden Maßnahmen zur Bevölkerungskontrolle steigt die Bevölkerungszahl im Simulationszeitraum auf 260 Millionen Menschen. Gleichzeitig sinkt der Kinderanteil, während der Altenanteil stark ansteigt.

7. **Bearbeitungshinweise:** Untersuchen Sie verschiedene Szenarien der Bevölkerungsentwicklung durch Wahl der entsprechenden Parameter (a, b, c, d). Untersuchen Sie mit der Option "Parameterempfindlichkeit" den Einfluß des Zeitpunkts d auf die Bevölkerungsentwicklung, wenn zu diesem Zeitpunkt die Ersatzkinderzahl 2.3 erreicht sein soll. Verwenden Sie das Modell zur Berechnung der Bevölkerungsentwicklung in bestimmten Entwicklungs- und Industrieländern (entsprechende Zahlen z.B. im Jahrbuch "State of the World" (Brown seit 1980) oder ähnlichen Quellen).

8. **Literatur:** Bossel 1985/87 (84-91).

BEVÖLKERUNGSDYNAMIK MIT DREI GENERATIONEN M 302

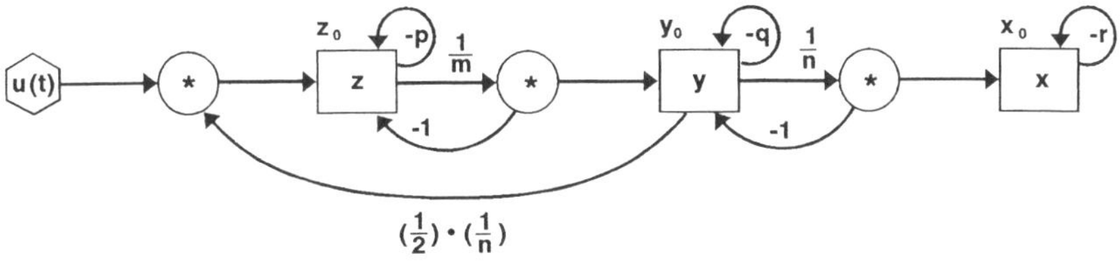


```
m = 15, n = 30, p = 0.004, q = 0.005, r = 0.04
e := (c-a)/(d-b)
u := a + Ramp(e,b) - Ramp(e,d)
f := (1/2)*(1/n)*u

dx/dt := (1/n)*y - r*x               (Alte)
dy/dt := (1/m)*z - (1/n)*y - q*y (Erwachsene)
dz/dt := f*y -(1/m)*z - p*z          (Kinder)
```

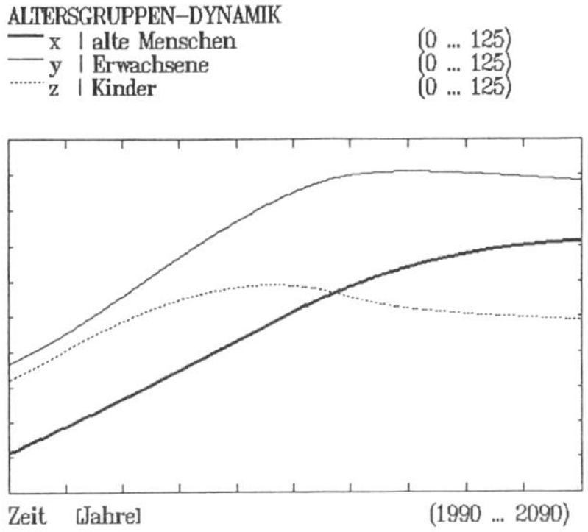

*	a	Kinder pro Frau, Anfang [Kind/Frau]	5.000
	b	bis zum Jahr [Jahr]	2000.000
	c	Kinder pro Frau, Ende [Kind/Frau]	2.300
	d	ab dem Jahr [Jahr]	2050.000
	x	alte Menschen [Mill.]	14.000
	y	Erwachsene [Mill.]	46.000
	z	Kinder [Mill.]	40.000
		Beginn der Simulation [Jahre]	1990.000
		Ende der Simulation [Jahre]	2090.000
		Rechenschrittweite [Jahre]	0.100

GLEICHGEWICHTSPUNKTE

hängt von Geburten- und Sterberate ab
zuletzt berechneter Zustand:
z = 61.2, y = 110.3, x = 89.4
Bevölkerungsgleichgewicht für die gewählten Parameter bei 2.44 Kindern pro Frau.

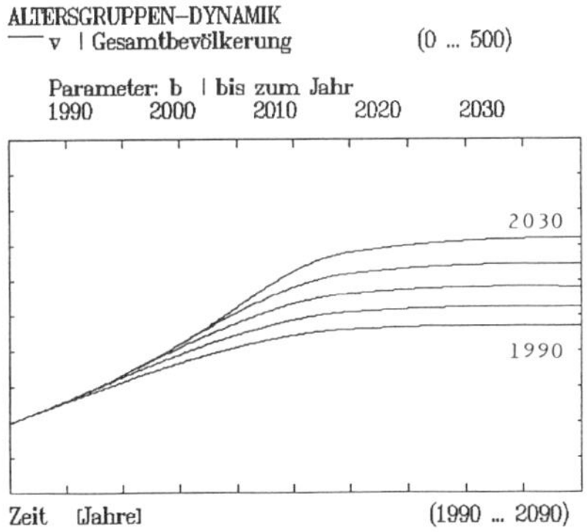

LINEARER SCHWINGER DRITTER ORDNUNG **M 303**

1. **Beschreibung:** Es handelt sich hier um ein lineares dynamisches System 3. Ordnung. Die Verhaltensmöglichkeiten sind grundsätzlich die gleichen wie auch bereits beim linearen Schwinger 2. Ordnung (gedämpftes und ungedämpftes, periodisches und aperiodisches Verhalten).

2. **Vorkommen:** Technische Systeme, vor allem Regelsysteme.

3. **Strukturbesonderheiten:** Die hier gezeigte Systemstruktur entspricht der Standardform linearer dynamischer Systeme.

$$\mathbf{A} = \begin{bmatrix} 0 & 1 & 0 \\ 0 & 0 & 1 \\ a & b & c \end{bmatrix}$$

   Diese Systemmatrix hat das charakteristische Polynom

$$-\lambda^3 + c\,\lambda^2 + b\,\lambda + a = 0.$$

   Hieraus folgen die Eigenwerte des Systems. Alle anderen linearen Systeme dritter Ordnung sind ebenfalls auf diese Form zurückführbar (vgl. Kap. 7.3). Bei dieser Standardform sind alle Zustandsgrößen auf die erste Zustandsgröße der Integrationskette z zurückgekoppelt. Zusätzlich ist eine auf die Zustandsgröße z wirkende exogene Funktion u(t) vorgesehen.

4. **Verhaltensbesonderheiten:** Den drei Zustandsgrößen entsprechen drei Eigenwerte und drei Verhaltensmoden vom Typ $e^{\lambda t}$ oder $e^{\sigma t} \cdot (\sin \omega t)$. Hierbei ist σ der Realteil des (allgemein komplexen) Eigenwerts: $\sigma = \mathrm{Re}(\lambda)$. Die allgemeine Lösung ist eine Kombination dieser periodischen, aperiodischen, gedämpften oder angefachten Lösungen. Das Systemverhalten ist stabil nur wenn der Realteil des Eigenwerts < 0 ist, d.h. für $\mathrm{Re}(\lambda) < 0$. Wie auch beim harmonischen Schwinger zweiter Ordnung bestimmt die Eigenwertlage das Verhalten des Systems.

5. **Kritische Parameter:** Der Parameter c ist in erster Linie für die Dämpfung, die Parameter a und b für die Schwingung und ihre Frequenz verantwortlich.

6. **Referenzlauf:** Für die Parameterwerte der Voreinstellung ($a = -1$, $b = -1$, $c = -2$) ergibt sich eine stark gedämpfte Schwingung, nachdem ein Puls der Größe 1 auf das ruhende System zur Zeit $t = 1$ aufgegeben wurde. Aus dem Zeitdiagramm ist eine Periode von etwa 6.3 ablesbar. Am jeweils folgenden Integrator zeigt sich ein gegenüber dem Vorintegrator verzögertes Signal.

7. **Bearbeitungshinweise:** Suchen Sie mit Hilfe der Option "Parameterempfindlichkeit" nach Parametern für stärker gedämpfte Lösungen. Finden Sie eine Parameterkombination, bei der die Schwingungen verschwinden. Wie läßt sich durch Veränderung der Parameter die Frequenz und die Periode der Schwingung verändern? Finden Sie eine Parameterauswahl für eine ausschließlich aperiodisch gedämpfte Lösung (entsprechend drei rein reellen und negativen Eigenwerten).

8. **Literatur:** Lehrbücher der Regeltechnik.

LINEARER SCHWINGER 3. ORDNUNG M 303

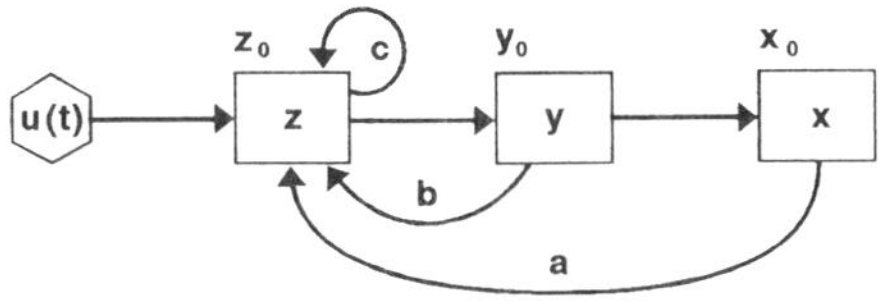


```
u := Pulse(p,tp,i) + Step(s,ts) + Ramp(r,tr) + q*sin(2*pi*w*time)

Standardform der linearen Zustandsgleichungen:
dx/dt := 0*x + 1*y + 0*z
dy/dt := 0*x + 0*y + 1*z
dz/dt := a*x + b*y + c*z + u

-a, -b, -c sind die Koeffizienten des charakteristischen
Polynoms in aufsteigender Ordnung
```

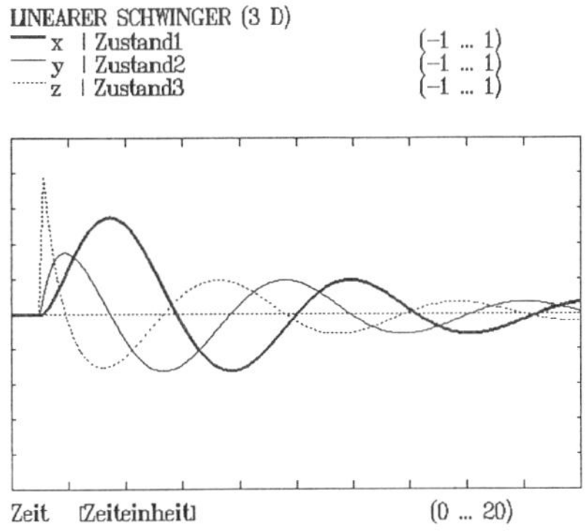

*	a	Kopplungsfaktor, x nach z [1/Zeit3]	-1.000
	b	Kopplungsfaktor, y nach z [1/Zeit²]	-1.000
	c	Kopplungsfaktor, z nach z [1/Zeit]	-2.000
	p	PULSE Pulsfläche [Einheit]	1.000
	tp	Anfangspuls zur Zeit [Zeit]	1.000
	i	Pulsintervall [Zeit]	0
	s	STEP Sprunghöhe [Einheit/Zeit]	0
	ts	Sprung zur Zeit [Zeit]	1.000
	r	RAMP Rampensteigung [Einheit/Zeit²]	0
	tr	Rampenbeginn zur Zeit [Zeit]	1.000
	q	SIN Sinusamplitude [Einheit/Zeit]	0
	w	Sinus-Frequenz [rad/Zeit]	0.100
	x	Zustand1 [Einheit*Zeit²]	0
	y	Zustand2 [Einheit*Zeit]	0
	z	Zustand3 [Einheit]	0
		Beginn der Simulation [Zeiteinheit]	0
		Ende der Simulation [Zeiteinheit]	20.000
		Rechenschrittweite [Zeiteinheit]	1.00E-02

GLEICHGEWICHTSPUNKTE

abhängig vom Eingang; x = y = z = 0 für freies Verhalten

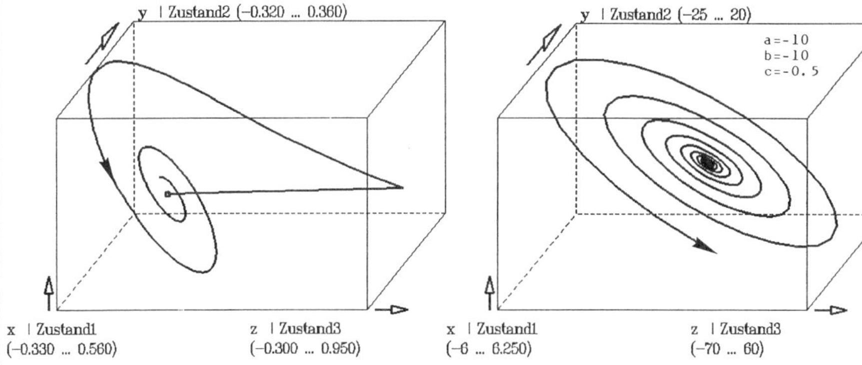

MINIWELT: BEVÖLKERUNG, KONSUM, UMWELTBELASTUNG M 304

1. **Beschreibung:** Das stark aggregierte Modell faßt wesentliche globale Wirkungszusammenhänge zusammen: Bevölkerungsentwicklung, Konsumentwicklung und Umweltbelastung. Es zeigt die auch in anderen Weltmodellen beobachtete Verhaltensdynamik, insbesondere den Vorgang des raschen Anwachsens und Zusammenbruchs der drei Zustandsgrößen.

2. **Vorkommen:** Regionale und globale Entwicklung.

3. **Strukturbesonderheiten:** Das Modell läßt sich in die drei Moduln Bevölkerungsentwicklung (x), Umweltbelastung (y) und Konsumentwicklung (z) zerlegen.

   Bevölkerungsentwicklung x: Die Geburtenrate (bx) wird beeinflußt durch das Konsumniveau z und die Umweltqualität (1/y). Die Sterberate (dx) wird durch die Umweltbelastung y beeinflußt.

   Konsumentwicklung z: In einem Sättigungsprozeß wird die Konsumentwicklung durch die Konsumhöhe z, die Umweltbelastung y und die Konsumkontrolle k beeinflußt. Größeres k bedeutet eine stärkere Dämpfung der Konsumwachstumsraten.

   Umweltbelastung y: Die Belastungsrate (exz) ist proportional zur Bevölkerung und zur Konsumhöhe. Der Belastungsabbau (ay) ist proportional zur Belastung, bleibt aber bei Überlastung über einen kritischen Wert (hier = 1) hinaus konstant.

4. **Verhaltensbesonderheiten:** Ein anfänglicher Bevölkerungs- und Konsumanstieg führt zu einer (verzögerten) Umweltbelastung, die dann die Bevölkerung stark zurückgehen läßt. Im weiteren Verlauf ergeben sich gedämpfte Schwingungen und ein längerfristiges Einpendeln auf einen Gleichgewichtspunkt.

5. **Kritische Parameter:** Die wichtigsten Eingriffsparameter sind die Beeinflussung der Geburtenrate b und die Beeinflussung des Konsumwachstums k. Der Parameter k hat eine besonders wichtige Wirkung auf die langfristige Entwicklung und den Gleichgewichtspunkt.

6. **Referenzlauf:** In der Voreinstellung sind relativ realistische Annahmen für die spezifischen Raten vorgegeben: spezifische Abbaurate der Umweltbelastung a = 0.1, spezifische Rate der Umweltbelastung durch Konsum e = 0.02, spezifische Geburtenrate b = 0.03, spezifische Sterberate d = 0.01, Konsumkontrolle k = 0.1. Da es sich bei x, y und z um relative Zustandsgrößen handelt, wird der Anfangswert auf 1 gesetzt. Für diese Parameterwerte ergeben sich stark gedämpfte Schwingungen mit einer Periode von 120 Jahren. Ein erster Zusammenbruch der Population ergibt sich nach etwa 40 Jahren.

7. **Bearbeitungshinweise:** Untersuchen Sie mit der Option "Parameterempfindlichkeit" die Rolle des Konsumkontrollparameters k. Untersuchen Sie den Einfluß der anderen Parameter auf die Gesamtentwicklung, auf Minima und Maxima, auf die Lage der Gleichgewichtswerte und auf Schwingungen.

8. **Literatur:** Meadows/Meadows/Randers 1992, Bossel 1992 (3-1).

MINIWELT: BEVÖLKERUNG, KONSUM, UMWELTBELASTUNG M 304

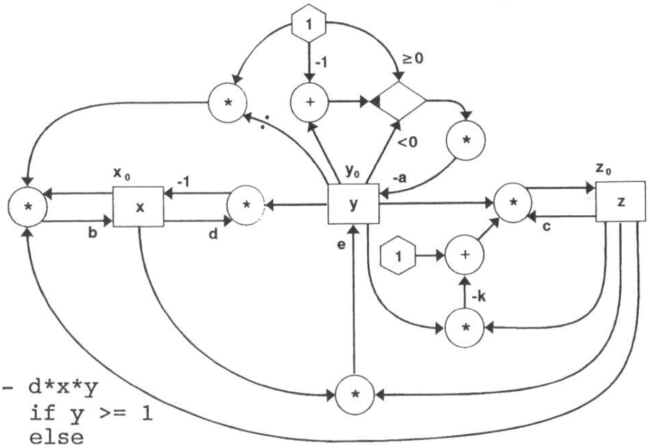


```
d = 0.01

dx/dt := b*x*(1/y)*z - d*x*y
dy/dt := e*z*x - a      if y >= 1
dy/dt := e*z*x - a*y    else
dz/dt := c*z*y*(1 - z*y*k)
```

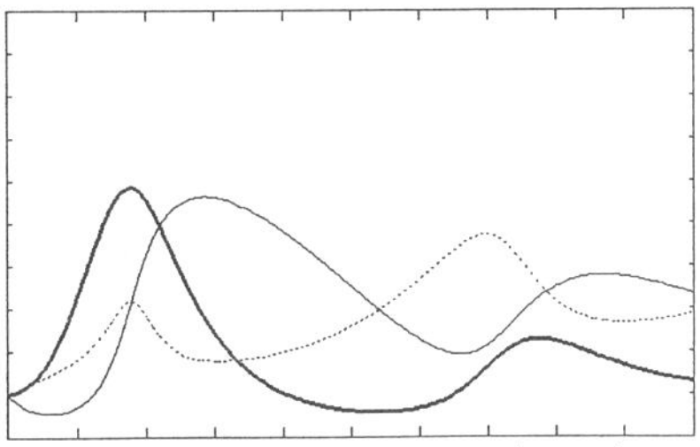

*	a	spez. Umwelterholungsrate [1/Jahr]	0.100
	e	spez. Umweltbelastungsrate [1/Jahr]	2.00E-02
	b	spez. Geburtenrate [1/Jahr]	3.00E-02
	c	spez. Konsumrate [1/Jahr]	5.00E-02
	k	rel. Konsumbeschränkung [-]	0.100
	x	Bevölkerung [rel. Bevölk.]	1.000
	y	Umweltbelastung [rel.U.belastg]	1.000
	z	Konsum [rel.Konsum]	1.000
		Beginn der Simulation [Jahre]	0
		Ende der Simulation [Jahre]	200.000
		Rechenschrittweite [Jahre]	0.200

GLEICHGEWICHTSPUNKTE

x = 1.554 (für y >= 1), x = 4.827 (für y < 1)
y = 3.107
z = 3.218

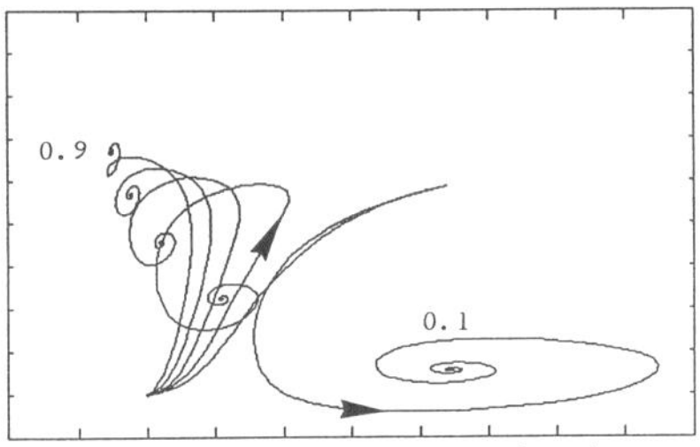

RÄUBERPOPULATION MIT ZWEI BEUTEPOPULATIONEN M 305

1. **Beschreibung:** Ein Räuber z hat zwei Nahrungsquellen: Beute x und Beute y. Im Lauf der Entwicklung wird bei diesem System diejenige Beutepopulation verschwinden, die (z.B. durch geringere Zuwachsraten) gegenüber der anderen benachteiligt ist.

2. **Vorkommen:** Räuber-Beute-Abhängigkeiten in Ökosystemen; soziale Ausbeutungsverhältnisse, z.B. wie bei verschiedenen ethnischen Gruppen.

3. **Strukturbesonderheiten:** Der Räuber ist hier über zwei Räuber-Beute-Verkopplungen mit den Beutepopulationen x und y verkoppelt. Die Grundstruktur jeder dieser Verkopplungen entspricht denen des einfachen Räuber-Beute-Verhältnisses. Die Beutepopulation wächst mit einer spezifischen Wachstumsrate a bzw. b. Der Räuber hat eine spezifische Respirationsrate c. Die relativen Verluste der Beutepopulationen x und y durch den Beutevorgang sind durch entsprechende spezifische Verlustparameter d und e gegeben; die relativen Gewinne der Räuberpopulation durch Erbeutung von x bzw. y sind durch f und g gegeben.

4. **Verhaltensbesonderheiten:** Prinzipiell findet sich auch in diesem System wieder die für Räuber-Beute-Systeme typische Schwingung. Es zeigt sich hier aber, daß die (z.B. durch geringere Wachstumsrate oder relativ größere Beuteverlustrate) benachteiligte Beute ständig in höherem Maße beeinträchtigt wird als die weniger benachteiligte Beute. Da der Räuber nicht auf die 'vorletzte' Beute angewiesen ist und von ihrem Verschwinden nicht beeinträchtigt wird, gibt es keinen Schutz für die benachteiligte Beute. Bis auf die letzte übrigbleibende Population verschwinden also alle anderen Beutepopulationen.

5. **Kritische Parameter:** Falls alle anderen Parameter gleich sind, ist die Differenz zwischen den Wachstumsparametern a und b (relative Wachstumsraten) kritisch. Generell gilt, daß die sich langsamer regenerierende oder durch die Beute stärker geschädigte Population im Lauf der Zeit ausstirbt.

6. **Referenzlauf:** In der Voreinstellung des Modells sind alle Parameter bis auf die relativen Wachstumsraten gleich. Mit einer Wachstumsrate $a = 0.08$ der Population x ist diese gegenüber der Population y (mit einer Wachstumsrate $b = 0.1$) benachteiligt und stirbt daher aus. Die Räuber-Beute-Schwingung hat eine Periode von etwa 70 Zeiteinheiten.

7. **Bearbeitungshinweise:** Untersuchen Sie mit der Option "Parameterempfindlichkeit" die Entwicklung des Systems für unterschiedliche Parameterkonstellationen. Untersuchen Sie, ob und welche Abhängigkeit der Entwicklungen, insbesondere des Gleichgewichtszustands von den Anfangswerten der drei Populationen besteht.

8. **Literatur:** -

RÄUBERPOPULATION MIT ZWEI BEUTEPOPULATIONEN **M 305**

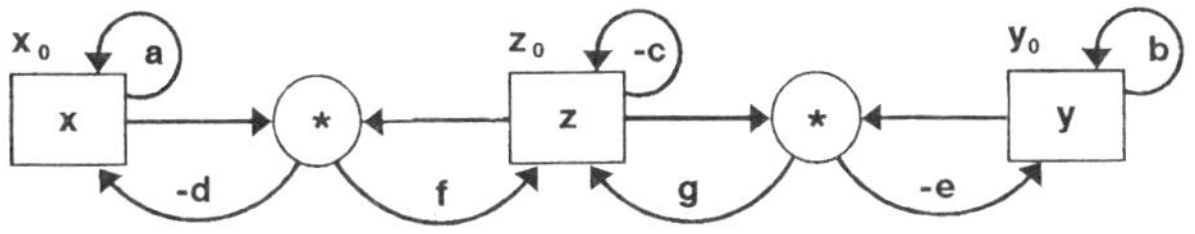

SYSTEMGLEICHUNGEN

```
dx/dt := a*x - d*x*z
dy/dt := b*y - e*y*z
dz/dt := f*x*z + g*y*z - c*z
```

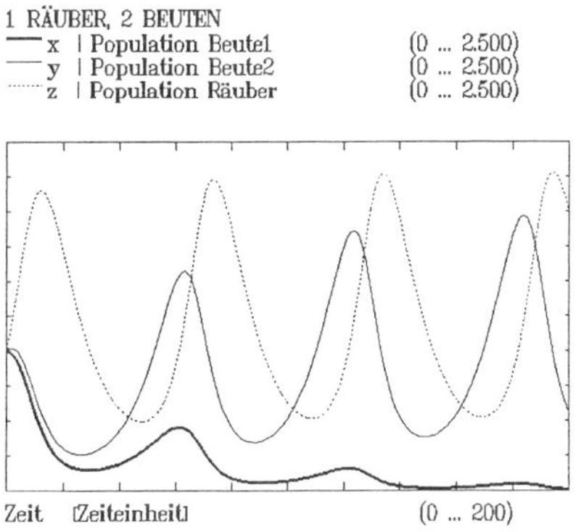

*	a	Wachstumsrate Beute1 [1/Zeit]	0.100
	b	Wachstumsrate Beute2 [1/Zeit]	0.120
	c	Atmungsrate Räuber [1/Zeit]	0.100
	d	Beuteverlust, Beute1 [1/(Räu*Zeit)]	0.100
	e	Beuteverlust, Beute2 [1/(Räu*Zeit)]	0.100
	f	Gewinn durch Beute1 [1/(Beu1*Zeit)]	0.100
	g	Gewinn durch Beute2 [1/(Beu2*Zeit)]	0.100
	x	Population Beute1 [Beute1]	1.000
	y	Population Beute2	1.000
	z	Population Räuber [Räuber]	1.000
	Beginn der Simulation [Zeiteinheit]		0
	Ende der Simulation [Zeiteinheit]		200.000
	Rechenschrittweite [Zeiteinheit]		0.100

GLEICHGEWICHTSPUNKTE

x, y, z = 0 , 0 , 0
0 , 1.000 , 1.200
1.000 , 0 , 1.000

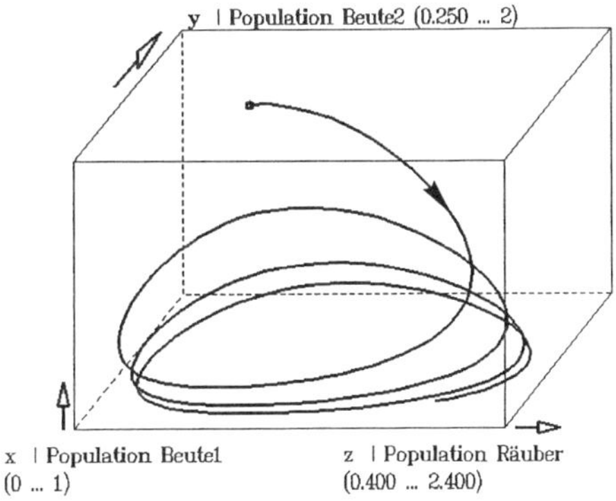

BEUTEPOPULATION MIT ZWEI RÄUBERPOPULATIONEN M 306

1. **Beschreibung:** Zwei Räuberpopulationen x und y sind auf eine gemeinsame Nahrungsquelle, die Population z angewiesen. In diesem System verschwindet nach einiger Zeit der (z.B. durch geringere Wachstumsrate) benachteiligte Räuber.

2. **Vorkommen:** Räuber-Beute-Abhängigkeiten in Ökosystemen; soziale Ausbeutung mit Abhängigkeit von einer gemeinsamen Quelle.

3. **Strukturbesonderheiten:** Bei einer Beute und zwei Räubern existieren hier wieder zwei Räuber-Beute-Verkopplungen (xz, yz). Diese Räuber-Beute-Kopplungen sind identisch mit denen des normalen Räuber-Beute-Systems. Die Räuber x und y haben die spezifischen Atmungsraten (a, b), die Beute hat eine spezifische Wachstumsrate c. Die Beutegewinne der Räuber sind durch die Parameter d und e, die Beuteverluste der Beute durch die Parameter f und g bestimmt.

4. **Verhaltensbesonderheiten:** Prinzipiell ergeben sich für die drei Populationen zunächst die zu erwartenden Räuber-Beute-Schwingungen. Da beide Räuberpopulationen auf die gemeinsame Beute angewiesen sind, kann diese prinzipiell nicht verschwinden, denn auch bei Übernutzung würden die Räuberpopulationen entsprechend zurückgehen, so daß die Beute vor Aussterben gesichert bleibt. Allerdings erhält derjenige Räuber, der (etwa durch höhere Respirationsrate) benachteiligt ist, relativ weniger Energie zum Aufbau und Erhalt seiner Biomasse auch bei zunächst etwa gleicher Anzahl x und y. Längerfristig stirbt daher der benachteiligte Räuber aus.

5. **Kritische Parameter:** Kritisch sind die Differenzen der Verlust- bzw. Gewinnraten zwischen den konkurrierenden Räubern: der mehr veratmende Räuber (a, b) oder der weniger gewinnende Räuber (e, d) verliert auf Dauer.

6. **Referenzlauf:** In der Voreinstellung sind alle Parameter bis auf die spezifischen Atmungsraten gleich. Die Atmungsrate des Räubers x ist etwas höher (a = 0.12, b = 0.1). Die Population x stirbt daher längerfristig aus. Es ergeben sich Schwingungen mit einer Periode von etwa 70 Zeiteinheiten.

7. **Bearbeitungshinweise:** Untersuchen Sie mit der Option "Parameterempfindlichkeit" die Entwicklung für unterschiedliche Parameterkonstellationen. Stellen Sie fest, ob es beim Verhalten, insbesondere für die Gleichgewichtslösung, Abhängigkeit von den Anfangswerten gibt (die Option "Globalverhalten" verwenden).

8. **Literatur:** -

BEUTEPOPULATION MIT ZWEI RÄUBERPOPULATIONEN — M 306

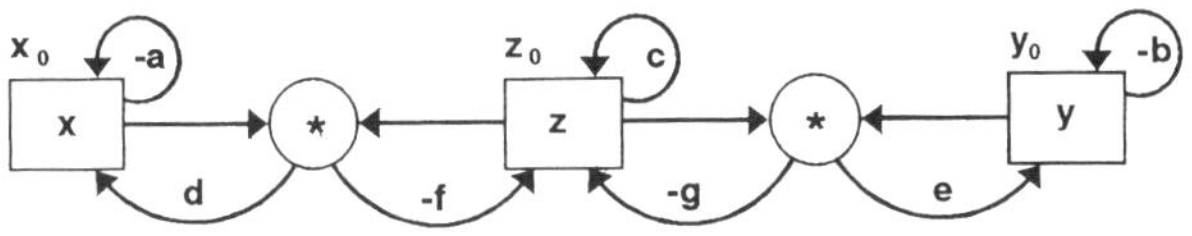

SYSTEMGLEICHUNGEN

```
dx/dt := - a*x + d*x*z
dy/dt := - b*y + e*y*z
dz/dt := - f*x*z - g*y*z + c*z
```

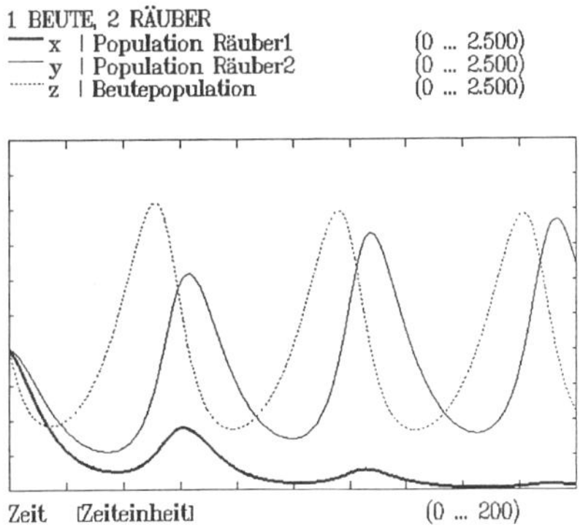

*	a	Atmungsrate Räuber1 [1/Zeit]	0.120
	b	Atmungsrate Räuber2 [1/Zeit]	0.100
	c	Wachstumsrate Beute [1/Zeit]	0.100
	d	Beutegewinn, Räuber1 [1/(Beu*Zeit)]	0.100
	e	Beutegewinn, Räuber2 [1/(Beu*Zeit)]	0.100
	f	Verlust durch Räuber1 [1/(Räu1*Zeit	0.100
	g	Verlust durch Räuber2 [1/(Räu1*Zeit	0.100
	x	Population Räuber1 [Räuber1]	1.000
	y	Population Räuber2 [Räuber2]	1.000
	z	Beutepopulation [Beute]	1.000
		Beginn der Simulation [Zeiteinheit]	0
		Ende der Simulation [Zeiteinheit]	200.000
		Rechenschrittweite [Zeiteinheit]	0.100

GLEICHGEWICHTSPUNKTE

```
x, y, z =  0 , 0 , 0
           0 ,  1.000 ,  1.000
           1.000 , 0 ,  1.200
```

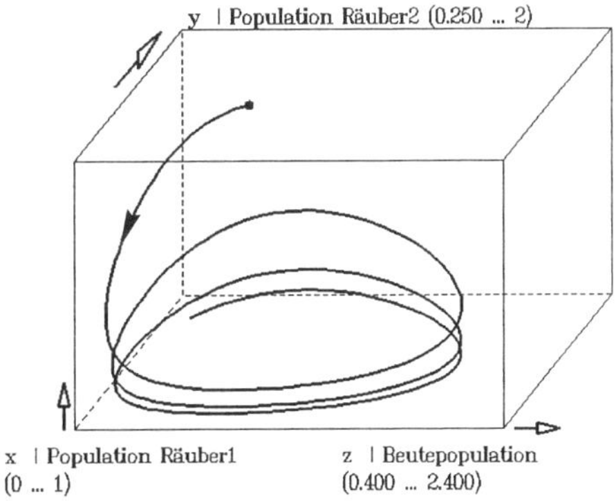

VÖGEL, INSEKTEN, WALD UND GRASLAND M 307

1. **Beschreibung:** Eine Region mit einer maximalen Biomassekapazität k besteht zum Teil aus Wald x, zum Teil aus Graslandvegetation (k-x). Vögel z brauchen den Wald x für Nistplätze und ernähren sich von Insekten y. Insekten brauchen den Wald als Futterquelle, das Grasland (k-x) für das Aufwachsen der Larven. Wird der Wald zunehmend zerstört, so verschlechtern sich die Bedingungen für die Vögel und verbessern sich für die Insekten: ab einem gewissen Stadium nehmen die Insekten überhand und zerstören den restlichen Wald.

2. **Vorkommen:** Ökologisches Gleichgewicht in einem komplexen System in drei Trophieebenen. Ökosystemdynamik bei Schädlingsbefall und Umweltveränderung.

3. **Strukturbesonderheiten:** Das Modell hat drei Moduln: Wald, Insekten, Vögel.

   Wald: Die Struktur dieses Moduls ist die einer logistisch wachsenden Zustandsgröße mit Veränderungen durch Einschlag und Insektenfraß. Der spezifische Holzeinschlag kann als Szenario u(t) vorgegeben werden. Die Freßrate der Insekten ist von der Größe der Insektenpopulation und - über eine Michaelis-Menten-Sättigung mit der Halbsättigungskonstante d - auch vom vorhandenen Waldgebiet abhängig.

   Insekten: Grundstruktur ist hier ebenfalls die Struktur für logistisches Wachstum einer Population. Die Kapazität ist hier variabel und hängt vom Waldgebiet x und von der Fläche des Graslandes (k-x) ab. Die Insektenpopulation hat Verluste durch Vogelfraß. Diese sind proportional zum Vogelbestand und - mit einer Halbsättigungskonstante e - auch vom Insektenbestand abhängig.

   Vögel: Auch diese Population hat die Grundstruktur logistischen Wachstums mit variabler Kapazität, die von der Waldfläche x und dem Insektenbestand y abhängt.

4. **Verhaltensbesonderheiten:** Falls der Waldanteil groß genug ist, können sich Vögel und Insekten in kleinen Populationen halten. Falls der Waldanteil sinkt, verbessern sich die Bedingungen für die Insekten $(x \cdot (k\text{-}x))$ sehr stark, und es kommt zu einer explosiven Massenvermehrung der Insekten, die den Wald entweder ganz zerstört oder nur vorübergehend und teilweise dezimiert. Die Grundform des Verhaltens entspricht wieder der des Wachstums und Zusammenbruchs.

5. **Kritische Parameter:** Die Waldverluste durch Abholzung bestimmen entscheidend die weitere Entwicklung und die Möglichkeit des Zusammenbruchs.

6. **Referenzlauf:** Wird keine Abholzung vorgesehen, so zeigt sich zwar eine kleine Schädlingsepisode nach etwa sieben Jahren; diese kann aber keinen Zusammenbruch verursachen. Wird dagegen eine Abholzungsrate von 5% pro Jahr angesetzt, so ergeben sich starker Schädlingsbefall und Zusammenbruch des Waldes wie auch der Insekten- und Vögelpopulationen nach etwa 7 Jahren.

7. **Bearbeitungshinweise:** Untersuchen Sie die Konsequenzen verschiedener Abholzungsszenarien mit der Option "Parameterempfindlichkeit". Untersuchen Sie die Rolle der Anfangsbedingungen mit der Option "Globalverhalten". Verwenden Sie die Option "Parameterempfindlichkeit", um durch Untersuchungen der Parameter in sinnvollen Bandbreiten festzustellen, welche als besonders kritisch einzustufen sind.

8. **Literatur:** Richter 1985 (91-98).

VÖGEL, INSEKTEN, WALD UND GRASLAND **M 307**

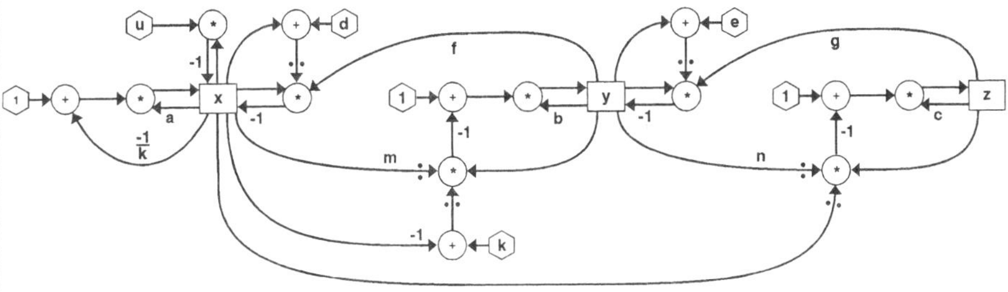


```
u := h*(1-Step(1,t)
dx/dt := a*x*(1-x/k) - u*x - f*y*(x/(x+d))
dy/dt := b*y*(1-y/(m*x*(k-x))) - g*z*(y/(y+e))
dz/dt := c*z*(1-z/(n*x*y))
```

VÖGEL, INSEKTEN, WALD
x | Waldbiomasse (0 ... 25)
y | Insektenbiomasse (0 ... 5.00E-02)
z | Vogelbiomasse (0 ... 2.00E-03)

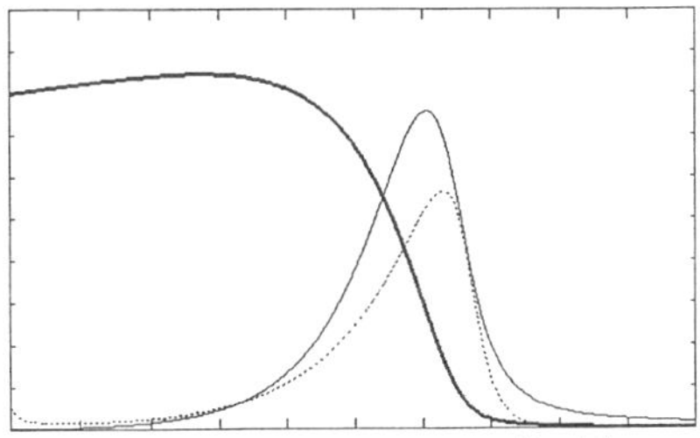

Zeit [Jahre] (0 ... 10)

*	a	Zuwachsrate, Wald [1/Jahr]	0.100
	b	Reproduktionsrate, Insekten [1/Jahr	2.000
	c	Reproduktionsrate, Vögel [1/Jahr]	1.000
	d	Halbsätt.konstante, Insekten [t/ha]	1.000
	e	Halbsätt.konstante, Vögel [t/ha]	1.00E-03
	f	max. Fraßrate, Insekten [1/Jahr]	365.000
	g	max. Fraßrate, Vögel [1/Jahr]	30.000
	k	Kapazitätsgrenze, Wald [t/ha]	100.000
	m	Kapazitätsfaktor, Insekten [-]	1.00E-04
	n	Kapazitätsfaktor, Vögel [-]	8.00E-03
	h	Abholzrate [1/Jahr]	5.00E-02
	t	Ende des Abholzens [Jahr]	10.000
	x	Waldbiomasse [t/ha]	20.000
	y	Insektenbiomasse [t/ha]	1.00E-04
	z	Vogelbiomasse [t/ha]	1.00E-04
	Beginn der Simulation [Jahre]		0
	Ende der Simulation [Jahre]		10.000
	Rechenschrittweite [Jahre]		1.00E-02

GLEICHGEWICHTSPUNKTE

s. O.Richter, a.a.O.

VÖGEL, INSEKTEN, WALD
x | Waldbiomasse (0 ... 40)

Parameter: h | Abholzrate
0 5.00E-03 1.00E-02 1.50E-02 2.00E-02

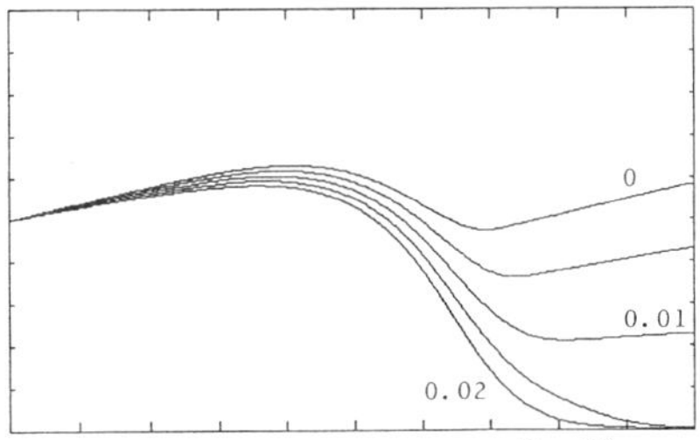

Zeit [Jahre] (0 ... 10)

NÄHRSTOFFKREISLAUF UND PFLANZENKONKURRENZ M 308

1. **Beschreibung:** Zwei Pflanzenpopulationen x , y wachsen gemeinsam unter Verwendung des gleichen Nährstoffvorrats n. Dieser wird durch die Mineralisierung der Bestandsabfälle l (Laub usw.) ständig wieder aufgefüllt. Das Modell beschreibt also einerseits den Nährstoffkreislauf eines terrestrischen Ökosystems, andererseits die Konkurrenz zweier darauf wachsender Pflanzenbestände um Nährstoffe.

2. **Vorkommen:** Terrestrische Ökosysteme allgemein; Pflanzenvegetation in Wald, Feld, Wiese. Grundsätzlich gilt das gleiche Schema auch für aquatische Ökosysteme.

3. **Strukturbesonderheiten:** Die Pflanzenbestände x und y wachsen entsprechend dem Nährstoffvorrat n mit spezifischen Wachstumsraten a und b, die jahreszeitlich variieren können (f(t)) und die von der Nährstoffsättigung (n/(n+k)) (Michaelis-Menten) abhängen. Bestandsabfälle der beiden Pflanzenpopulationen werden mit spezifischen Raten c, d an den Streuvorrat l abgegeben. Dieser wird mit der jahreszeitlich variierenden spezifischen Mineralisierungsrate m·f(t) mineralisiert; der Nährstoff geht in den Nährstoffvorrat über.

4. **Verhaltensbesonderheiten:** Ein zunächst vorhandener Nährstoffvorrat wird rasch von den Pflanzen aufgenommen und in der Biomasse akkumuliert. Entsprechend den spezifischen Abwurf- bzw. Mortalitätsraten c und d nimmt der Streuvorrat zu und füllt durch Mineralisierung wieder den Nährstoffvorrat auf. Hierbei dominiert auf Dauer die Pflanzenpopulation, die mehr speichert und weniger Bestandsabfall abgibt (niedrigere Mortalität).

5. **Kritische Parameter:** Im Konkurrenzprozeß zwischen den Pflanzenbeständen spielt die Effizienz der Nährstoffspeicherung, d.h. die Abwurf- bzw. Mortalitätsraten c und d eine wichtige Rolle.

6. **Referenzlauf:** Die Parameterwahl der Voreinstellung entspricht einer Pionierart x (r-Stratege) und einer Klimaxart y (k-Stratege). Der Pflanzenbestand x zeigt rasche Nährstoffaufnahme bei kurzer Lebenszeit (0.5 Jahre); der Pflanzenbestand y dagegen zeigt eine langsame Nährstoffaufnahme bei langer Lebenszeit (100 Jahre). Über eine Sinusfunktion mit einer Periode von einem Jahr werden die jahreszeitlichen Schwankungen der Nährstoffaufnahme während der Wachstumsperiode und der Mineralisierung (Temperatureffekt) simuliert. Die Simulation zeigt, daß die Pionierpflanze zwar anfangs dominiert, dann aber allmählich von der Klimaxart überrundet wird. Schließlich verschwindet die Pionierpflanze. Man beachte hierbei, daß dieser Konkurrenzvorteil ausschließlich über das Nährstoffangebot entstand; die Unterschiede im Lichtangebot haben hier keine Rolle gespielt.

7. **Bearbeitungshinweise:** Untersuchen Sie mit der Option "Parameterempfindlichkeit" die Wirkung unterschiedlicher Parameterannahmen für die Systementwicklung, insbesondere der Parameter a, b, c und d.

8. **Literatur:** S.E. Jorgensen: Exergy and ecology, Ecol. Modelling 63 (1992) 185-214.

NÄHRSTOFFKREISLAUF UND PFLANZENKONKURRENZ **M 308**

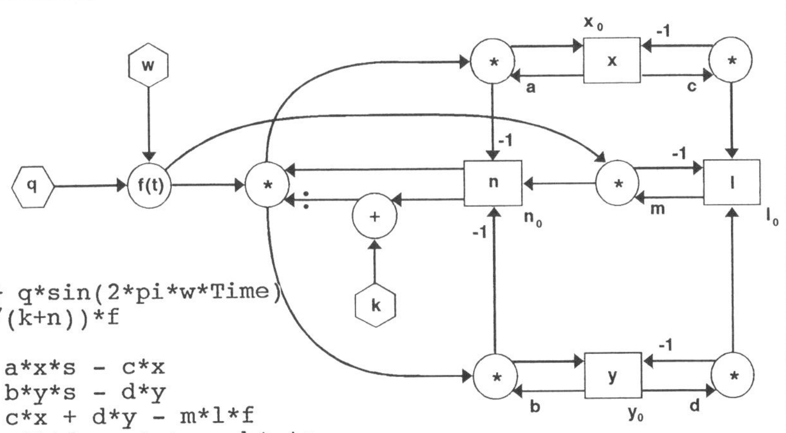


```
f := 1 + q*sin(2*pi*w*Time)
s := (n/(k+n))*f

dx/dt = a*x*s - c*x
dy/dt = b*y*s - d*y
dl/dt = c*x + d*y - m*l*f
dn/dt = m*l*f - a*x*s - b*y*s
```

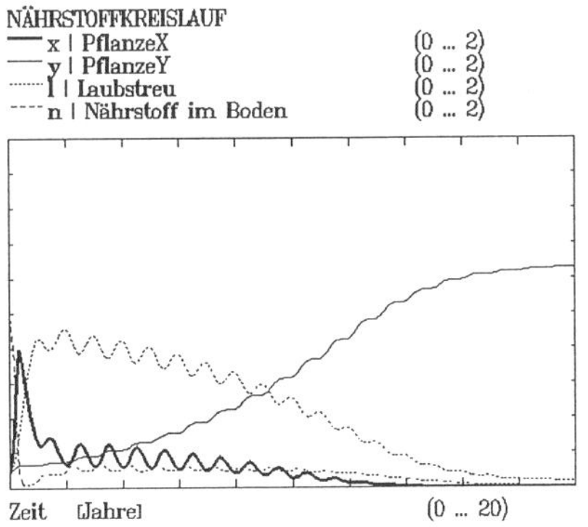

*	a	Nährstoff-Aufnahmerate, X [1/Jahr]	10.000
	b	Nährstoff-Aufnahmerate, Y [1/Jahr]	1.000
	c	Mortalitätsrate, X [1/Jahr]	2.000
	d	Mortalitätsrate, Y [1/Jahr]	1.00E-02
	k	Sättigungskonstante [Nährstoff]	0.500
	m	Mineralisierungsrate [1/Jahr]	0.500
	q	Amplitude der Zeitabhängigkeit [-]	1.000
	w	Frequenz, Zeitabhängigkeit [rad/Jahr	1.000
	x	PflanzeX [Nährstoff]	0.100
	y	PflanzeY [Nährstoff]	0.100
	l	Laubstreu [Nährstoff]	0.100
	n	Nährstoff im Boden [Nährstoff]	1.000
		Beginn der Simulation [Jahre]	0
		Ende der Simulation [Jahre]	20.000
		Rechenschrittweite [Jahre]	1.00E-02

GLEICHGEWICHTSPUNKTE

zuletzt berechneter Zustand:
x = 0.000, y = 1.258, l = 0.035, n = 0.007

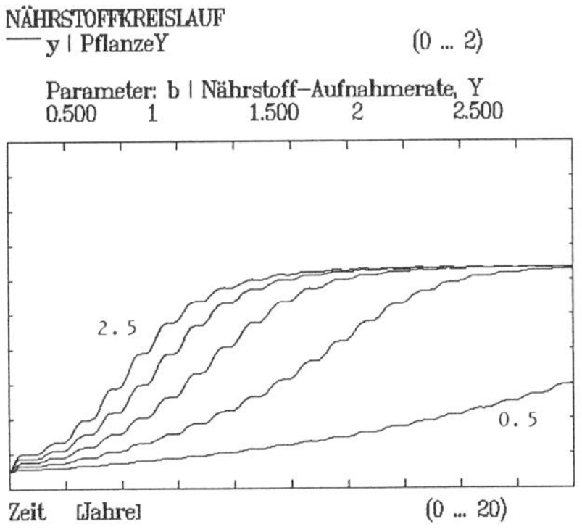

CHAOTISCHER ATTRAKTOR (RÖSSLER) M 309

1. **Beschreibung:** Das System, das in seinem Kern aus einem linearen Schwinger mit einer nichtlinearen Strukturmodifikation besteht, produziert einen stabilen Grenzzyklus mit zunehmenden Periodenverdopplungen für einen wachsenden Parameter c. Mit weiter wachsendem c ergibt sich schließlich chaotisches Verhalten.
2. **Vorkommen:** Mathematische Konstruktion (Rössler 1976).
3. **Strukturbesonderheiten:** Die Zusammenhänge zwischen den Zustandsgrößen x und y für sich allein betrachtet entsprechen einem linearen Schwinger. Die Zustandsgröße z verändert x; die Veränderungsrate von z selbst wird dabei bestimmt durch die Differenz (x-c), die zum Vorzeichenwechsel der Veränderung von z führen kann.
4. **Verhaltensbesonderheiten:** Durch die Vorzeichenumkehr der Rate $(x\text{-}c)\cdot z$ ergibt sich grundsätzlich die Bewegung auf einem Grenzzyklus. Wachsendes c führt dabei zu Periodenverdopplungen des Grenzzyklus. Überschreitet c einen gewissen Wert $c > c_\infty$, so zeigt das System Chaos.
5. **Kritische Parameter:** Der Parameter c ist der entscheidende verhaltensbestimmende Parameter. Er bestimmt die Schwingungsperiode und das Auftreten von Chaos.
6. **Referenzlauf:** Bei den voreingestellten Parametern zeigt sich chaotisches Verhalten. Das Zeitbild zeigt unterschiedliche Schwingungsperioden im Lauf der Systementwicklung. Die Gestalt des Rössler-Attraktors läßt sich am besten im dreidimensionalen Bild (x, y, z) erfassen.
7. **Bearbeitungshinweise:** Untersuchen Sie das Zeitverhalten und die Gestalt des Attraktors in Abhängigkeit vom Parameter c im Zeitbild und in der dreidimensionalen Darstellung. Untersuchen Sie den Einfluß der anderen Parameter.
8. **Literatur:** Rössler 1976, Jetschke 1989 (136-138), Thompson/Stewart 1986 (235-253).

CHAOTISCHER ATTRAKTOR (RÖSSLER) M 309

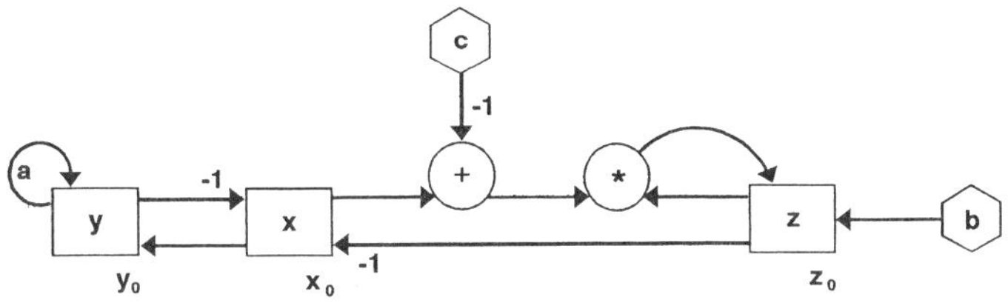

SYSTEMGLEICHUNGEN

```
dx/dt := - y - z
dy/dt := x + a*y
dz/dt := b + (x - c)*z
```

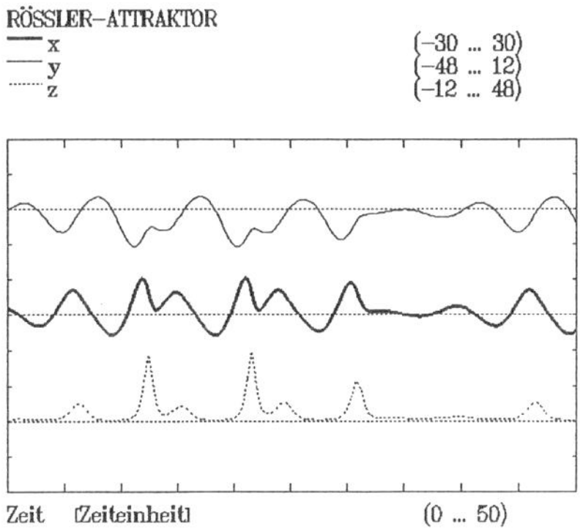


```
* a [-]                                    0.550
  b [-]                                    2.000
  c [-]                                    4.000
  x [-]                                    1.000
  y [-]                                        0
  z [-]                                        0
  Beginn der Simulation [Zeiteinheit]          0
  Ende der Simulation [Zeiteinheit]       50.000
  Rechenschrittweite [Zeiteinheit]      1.00E-02
```

GLEICHGEWICHTSPUNKTE

chaotischer Attraktor um x = 0, y = 0, z = 0

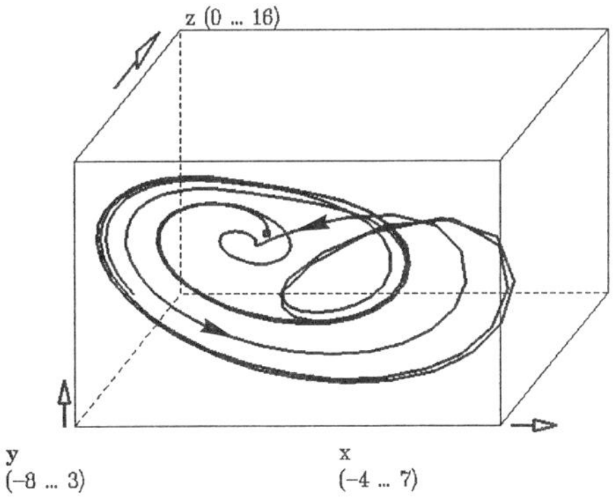

WÄRME, WETTER UND CHAOS (LORENZ-SYSTEM) M 310

1. **Beschreibung:** Das Lorenz-System ist eine angenäherte Darstellung der hydro-thermodynamischen Grundgleichungen für die Kopplung von Wärmekonvektion und Wärmeleitung bei Flüssigkeitsströmungen, insbesondere zur Darstellung der Bénard-Zellenströmung. Die Zustandsgröße x beschreibt das Geschwindigkeitsprofil, die Zustandsgrößen y und z die Temperaturverteilung. Liegen die Parameter in einem gewissen Bereich (siehe Voreinstellung), so zeigt das System chaotisches Verhalten.

2. **Vorkommen:** Flüssigkeitsströmung über einer erwärmten Fläche, bei der sich unter gewissen Bedingungen Zellenströmungen ergeben können (Bénard-Zellen). Auftreten u.a. in der Meteorologie, an der Sonnenoberfläche, in flachen Teichen oder auch bei Flüssigkeitsströmungen unter abgekühlten Oberflächen. Andere chaotische Systeme (Laser, Dynamo, vgl. das Modell M 311 "Verkoppelte Dynamos und Chaos" zeigen eine sehr ähnliche systemare Grundstruktur.

3. **Strukturbesonderheiten:** Nichtlinearitäten (xz, xy); mögliche Vorzeichenumkehr bei der Rate $dx/dt = a\,(y-x)$. Allgemein gilt aber, daß chaotisches Verhalten an der Struktur nicht direkt zu erkennen ist.

4. **Verhaltensbesonderheiten:** Die Zustandsbahn umkreist eines von zwei Attraktionszentren, flippt dann aber nach einer nicht vorhersehbaren Zahl von Umläufen wieder in den anderen Attraktionsbereich. Hieraus ergibt sich eine typische Schmetterlingsform des Attraktors. Man beachte, daß die Zustandsbahnen sich grundsätzlich nicht in einem Zustandspunkt kreuzen können, da sich sonst die deterministische Bewegung wiederholen müßte. Kreuzungspunkte können daher prinzipiell nur in zwei, nie in drei Zustandskoordinaten übereinstimmen. Daß Zustandsbahnen sich nicht im selben Zustandspunkt kreuzen, läßt sich durch die dreidimensionale Darstellung aus verschiedenen Blickwinkeln überprüfen.

5. **Kritische Parameter:** Für das Auftreten von Chaos kritisch ist besonders der Parameter b (hier b = 28).

6. **Referenzlauf:** In der Voreinstellung sind die Standardparameter des Lorenz-Systems verwendet worden. Hiermit ergibt sich der "Lorenz-Schmetterling".

7. **Bearbeitungshinweise:** Verändern Sie den Parameter b und stellen Sie fest, in welchem Bereich von b Chaos auftritt. Untersuchen Sie den Einfluß der anderen Parameter auf das Systemverhalten, insbesondere auf das Auftreten von Chaos.

8. **Literatur:** Jetschke 1989 (130-136), Thompson/Stewart 1986 (212-234).

WÄRME, WETTER UND CHAOS (LORENZ-SYSTEM) M 310

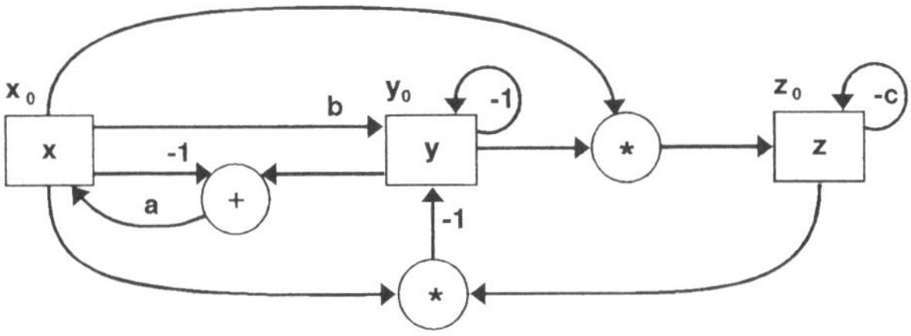

SYSTEMGLEICHUNGEN

```
dx/dt := a*(y-x)
dy/dt := -x*z + b*x -y
dz/dt :=  x*y - c*z
```

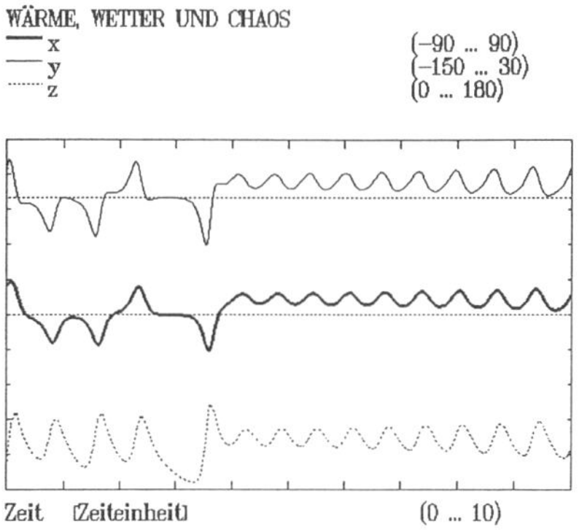

* a [1/Zeit]	10.000
b [1/Zeit]	28.000
c [1/Zeit]	2.667
x [-]	15.000
y [-]	15.000
z [-]	15.000
Beginn der Simulation [Zeiteinheit]	0
Ende der Simulation [Zeiteinheit]	10.000
Rechenschrittweite [Zeiteinheit]	1.00E-02

GLEICHGEWICHTSPUNKTE

chaotischer Attraktor
x = 0, y = 0, z = 0
x, y, z = 8.485 , 8.485 , 27.000
          -8.485 , -8.485 , 27.000

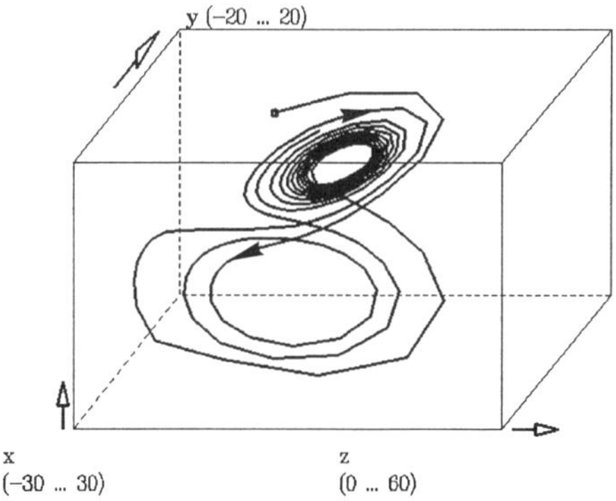

VERKOPPELTE DYNAMOS UND CHAOS M 311

1. **Beschreibung:** Zwei identische Dynamos sind miteinander verkoppelt, wobei der Strom des einen Dynamos das magnetische Feld des anderen erregt. Die Ströme in den zwei Stromkreisen sind die Zustandsgrößen x bzw. y. Die Rotationsgeschwindigkeit für den Dynamo x entspricht der Zustandsgröße z. Dieses System zeigt chaotisches Verhalten.

2. **Vorkommen:** Gekoppelte Dynamos. Das Lorenz-System der erwärmten Strömung wie auch das chaotische Lasersystem zeigen ähnliche Systemstruktur.

3. **Strukturbesonderheiten:** Die Systemzusammenhänge zwischen den Zustandsgrößen x und y sind symmetrisch. Die Differenz der Winkelgeschwindigkeiten $(\omega_x - \omega_y)$ = const, daher wird nur $\omega_x = z$ betrachtet. Der Parameter c entspricht der Differenz der Winkelgeschwindigkeit. Die Antriebsrate des Systems ist 1. Das System hat drei nichtlineare Verkopplungen xz, yz, xy.

4. **Verhaltensbesonderheiten:** Die Zustandsbahn umkreist zwei instabile Gleichgewichtspunkte mehrfach, wobei die Umlaufzahl nicht vorhersehbar ist, und springt dann auf eine Bahn im anderen Attraktionsbereich. Das System zeigt bistabiles Verhalten.

5. **Kritische Parameter:** Die Parameter a und c bestimmen das Zeitverhalten und die Gestalt des Attraktors.

6. **Referenzlauf:** Mit den Parametern der Voreinstellung ergibt sich unvorhersehbares Überspringen von einem in den anderen Bereich mit darauf folgenden mehrfachen Umläufen, die in der Zeitdarstellung Schwingungen entsprechen.

7. **Bearbeitungshinweise:** Untersuchen Sie die Rolle der Parameter a und b auf die Gestalt des Attraktors mit Hilfe der dreidimensionalen Darstellung im Zustandsraum.

8. **Literatur:** Beltrami 1987 (214 - 218).

VERKOPPELTE DYNAMOS UND CHAOS M 311

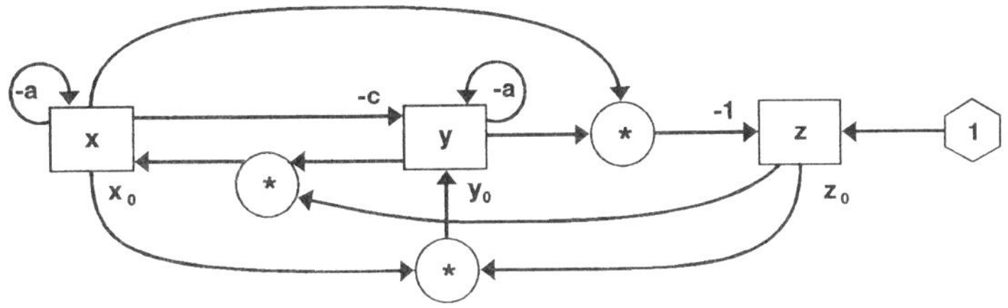


```
c := a*(b*b-(1/(b*b)))

dx/dt := z*y - a*x
dy/dt := (z - c)*x - a*y
dz/dt := 1 - x*y
```

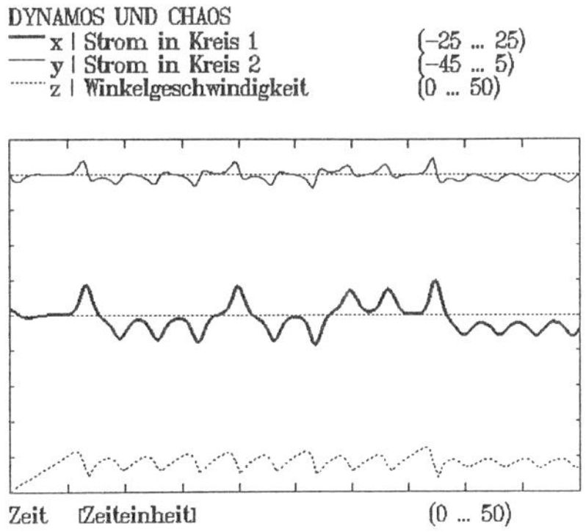


```
* a ¦ Parameter 1 [-]                          1.000
  b ¦ Parameter 2 [-]                          2.000
  x ¦ Strom in Kreis 1 [-]                     1.000
  y ¦ Strom in Kreis 2 [-]                         0
  z ¦ Winkelgeschwindigkeit [-]                    0
  Beginn der Simulation [Zeiteinheit]              0
  Ende der Simulation [Zeiteinheit]           50.000
  Rechenschrittweite [Zeiteinheit]          1.00E-02

  GLEICHGEWICHTSPUNKTE

  chaotischer Attraktor
  x, y, z = 2.000 , 0.500 , 4.000
           -2.000 , -0.500 , 4.000
```

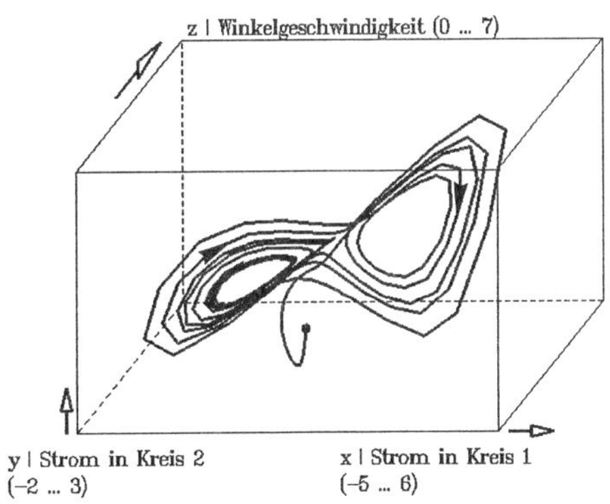

BALANZIEREN EINES STEHENDEN PENDELS M 312

1. **Beschreibung:** Das umgekehrte Rotationspendel wird dadurch stabilisiert, daß sein Rotationspunkt entsprechend den Abweichungen des Pendels vom Totpunkt bewegt wird, so daß es aufrecht stehenbleibt.

2. **Vorkommen:** Stabilisierung des umgekehrten Rotationspendels (oder eines Besenstiels); Stabilisierung einer Rakete beim Start. Generell: Demonstration, daß instabile Systeme durch geeignete Regelmaßnahmen stabilisiert werden können.

3. **Strukturbesonderheiten:** Der Winkel y, die Winkelgeschwindigkeit q, die Position x und die Geschwindigkeit v werden über entsprechend gewählte Regelparameter e, f, h, k (linear) kombiniert zu einer Regelfunktion u. Diese wird auf Winkel- und Positionsbeschleunigung zurückgekoppelt, um entsprechende Winkel- und Positionsbeschleunigungen zu erreichen, die das Pendel stabilisieren. Zusätzlich kann eine zufällig variierende Störkraft s(t) wirken.

4. **Verhaltensbesonderheiten:** Bei richtig gewählten Regelparametern wird die Kippbewegung schnell stabilisiert und das Pendel auf seine Ausgangsposition zurückgeführt.

5. **Kritische Parameter:** Besonders kritisch sind die Parameter f und e für die Kippstabilisierung.

6. **Referenzlauf:** Die Parameterwahl der Voreinstellung (100/30/3/10) ist weitgehend 'optimal' und führt zu rascher Stabilisierung auch bei zufälligen Störungen.

7. **Bearbeitungshinweise:** Untersuchen Sie mit der Option "Parameterempfindlichkeit" das Verhalten für andere Parametereinstellungen. Finden Sie die Stabilitätsgrenzen für die verschiedenen Regelparameter e, f, h, k. Bearbeiten Sie dabei zunächst die Stabilisierung der Kippbewegung, dann die der Position.

8. **Literatur:** Bossel 1987/89 (203-217), Bossel 1992 (5-4).

BALANZIEREN EINES STEHENDEN PENDELS **M 312**

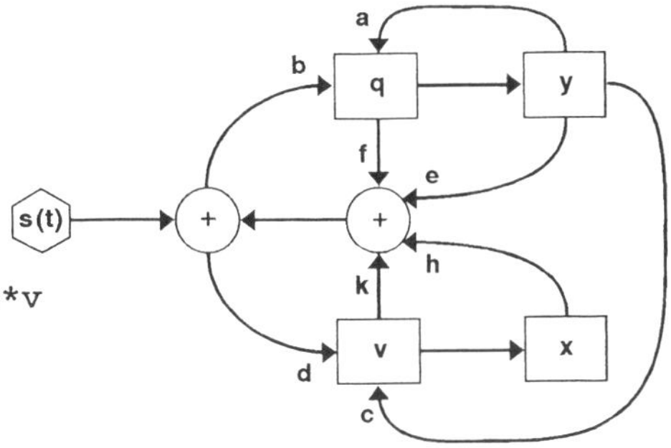


```
s := w*(2*random-1)
u := e*y + f*q + h*x + k*v
a = 19.581   b = -0.998
c = -9.790   d =  0.999

dy/dt = q
dq/dt = a*y + b*(u+s)
dx/dt = v
dv/dt = c*y + d*(u+s)
```

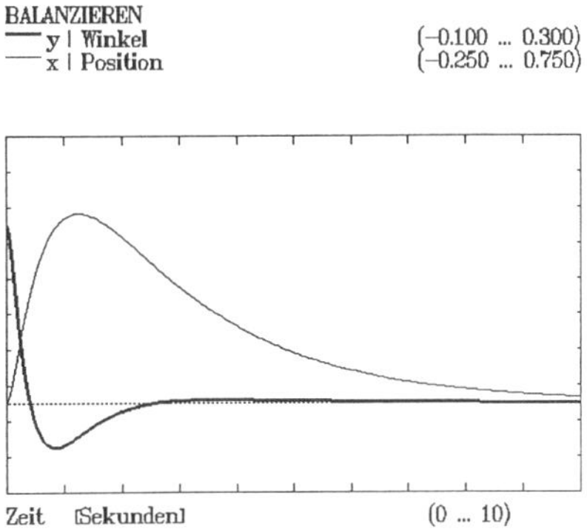

*	e	Winkel-Rückkopplung [N/rad]	100.000
	f	Winkelgeschw.-Rückkoppl. [N/(rad/s)]	30.000
	h	Positions-Rückkopplung [N/m]	3.000
	k	Geschwind.-Rückkopplung [N/(m/sec)]	10.000
	m	Pendelmasse [kg]	1.000
	w	Amplitude der Störkraft [N]	0
	y	Winkel [rad]	0.200
	q	Winkelgeschwindigkeit [rad/sec]	0
	x	Position [m]	0
	v	Geschwindigkeit [m/sec]	0
		Beginn der Simulation [Sekunden]	0
		Ende der Simulation [Sekunden]	10.000
		Rechenschrittweite [Sekunden]	4.00E-02

GLEICHGEWICHTSPUNKTE

x = 0, y = 0
für stabilisierende Rückkopplungsparameter

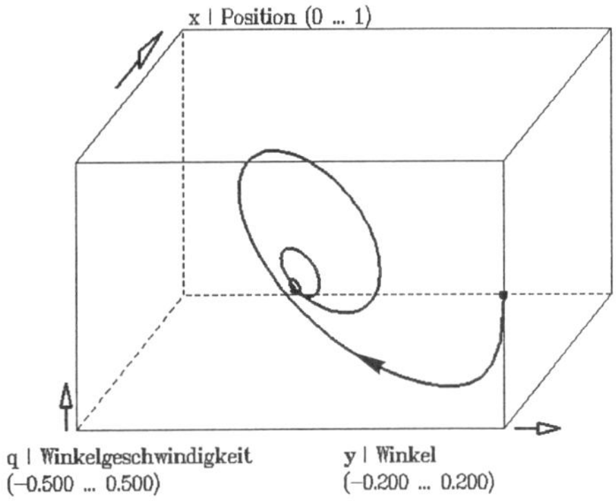

*	e	Winkel-Rückkopplung [N/rad]	50.000
	f	Winkelgeschw.-Rückkoppl. [N/(rad/s)]	30.000
	h	Positions-Rückkopplung [N/m]	3.000
	k	Geschwind.-Rückkopplung [N/(m/sec)]	10.000
	m	Pendelmasse [kg]	1.000
	w	Amplitude der Störkraft [N]	0
	y	Winkel [rad]	0.200
	q	Winkelgeschwindigkeit [rad/sec]	0
	x	Position [m]	0
	v	Geschwindigkeit [m/sec]	0
		Beginn der Simulation [Sekunden]	0
		Ende der Simulation [Sekunden]	10.000
		Rechenschrittweite [Sekunden]	4.00E-02

Weitere Ergebnisse

7 Von der Systemdarstellung zum Systemverständnis: Grundlagen mathematischer Systemanalyse

7-0 Überblick

Ein einzelner Simulationslauf beschreibt die Dynamik eines Modellsystems unter ganz bestimmten Bedingungen. Allgemeinere Aussagen lassen sich erst aus einer Vielzahl von Simulationen gewinnen, bei denen wichtige Parameter über einen bestimmten Bereich verändert werden. Wegen der Vielzahl möglicher Parameterkombinationen müssen daher plausible Parameterkombinationen in 'Szenarien' zusammengefaßt werden.

Auch systematisch angelegte Simulationsuntersuchungen behalten prinzipiell den Charakter des 'Herumprobierens', des Herumstocherns mit einer langen Stange im Dunkeln. Wünschenswert wäre es, aus Zustands- und Verhaltensgleichungen direkt und analytisch Aufschluß über das gesamte Verhaltensspektrum eines Systems zu bekommen. Bei linearen Systemen ist dies mit einem gut entwickelten Satz analytischer Werkzeuge immer möglich. Die meisten interessanten Systeme der Realität aber sind nichtlinear, und der analytische Weg steht hier nur sehr beschränkt zur Verfügung.

Aber auch bei der Untersuchung eines nichtlinearen Systems sollten alle analytischen Möglichkeiten genutzt werden. Hierzu gehören besonders die Ermittlung der Gleichgewichtspunkte oder anderer Attraktionsbereiche und die Untersuchung des Systemverhaltens in der Nähe dieser Punkte oder Bereiche. Bei diesen Untersuchungen spielt die (lokale) Linearisierung nichtlinearer Systeme und die ausführliche Untersuchung des linearen Ersatzsystems mit den Verfahren der linearen Systemanalyse eine wichtige Rolle.

In diesem Kapitel werden im Abschnitt 7-1 zunächst Systembegriffe geklärt, die Zustandsgleichungen für kontinuierliche und diskrete Systeme entwickelt und die Gleichgewichtsbedingungen für verschiedene Systemformen festgestellt.

Da die weiteren Untersuchungen Grundkenntnisse der Vektor- und Matrixalgebra, über Eigenwerte und Eigenvektoren der Systemmatrizen usw. voraussetzen, werden in Abschnitt 7-2 die wesentlichen Konzepte zusammengefaßt. Der Abschnitt 7-3 befaßt sich vor allem mit der freien Lösung des linearen dynamischen Systems, der Umformung der Systemdarstellung durch Basistransformationen und dem Verhalten und der Stabilität des freien Systems. In Abschnitt 7-4 wird mit Hilfe des Überlagerungsprinzips auch die Dynamik des erzwungenen Verhaltens linearer dynamischer Systeme mit aperiodischen und periodischen Eingängen ermittelt. Abschnitt 7-5 befaßt sich mit Verhalten und Stabilität nichtlinearer Systeme.

Die Darstellung ist äußerst knapp gehalten und auf das Wesentliche beschränkt. Denen, die mit der Materie vertraut sind, mag sie als Erinnerung ausreichen. Für diejenigen, denen der Stoff neu ist, mag sie als Einstieg in ein Gebiet dienen, das in unzähligen Texten ausführlich abgehandelt worden ist (s. Literaturhinweise).

7-1 Zustandsgleichungen dynamischer Systeme

7-1.1 Systembegriffe

Ein System S existiert in einer Systemumwelt U. Es besteht aus Elementen E_p, die durch Wirkungen w_{pq} (von Element E_p auf Element E_q) miteinander verbunden sind (Abb. 7.1). Eine (gedachte) Systemgrenze G trennt die Elemente des Systems von anderen Elementen in der Systemumwelt. Es gibt Einwirkungen u_i aus der Systemumwelt auf das System und (aus der Umwelt) beobachtbares Verhalten des Systems, das durch Verhaltensgrößen v_j beschrieben ist. Der Zustand des Systems wird durch Zustandsgrößen z_n beschrieben. Zustandsgrößen sind Speichergrößen eines Systems. Nicht jedem Systemelement entspricht eine Zustandsgröße. Das beobachtbare Verhalten ergibt sich aus den Umwelteinwirkungen und den Zustandsgrößen.

7-1.2 Systemgrößen als Vektoren

Vektoren dienen der kompakten Darstellung von Größen mit mehreren Komponenten.

Für Systemuntersuchungen werden Umweltwirkungen, Verhalten und Systemzustand in entsprechenden Vektoren zusammengefaßt. Vektoren werden mit fetten Kleinbuchstaben, Matrizen mit fetten Großbuchstaben geschrieben.

Umweltvektor:

$$\mathbf{u} = \begin{bmatrix} u_1 \\ u_2 \\ \dots \\ u_i \end{bmatrix}$$

Verhaltensvektor:

$$\mathbf{v} = \begin{bmatrix} v_1 \\ v_2 \\ \dots \\ v_j \end{bmatrix}$$

Zustandsvektor:

$$\mathbf{z} = \begin{bmatrix} z_1 \\ z_2 \\ \dots \\ z_n \end{bmatrix}$$

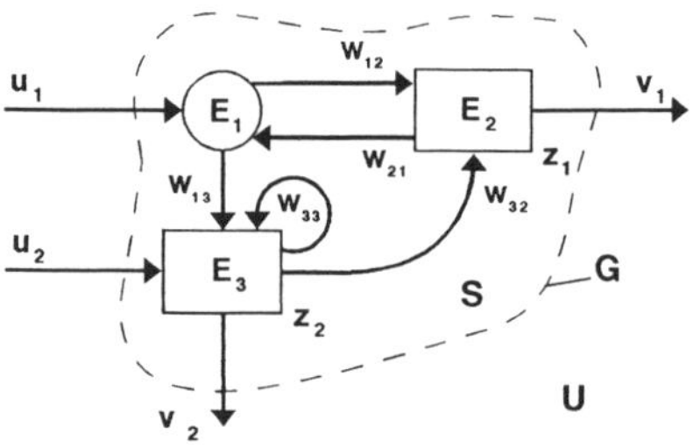

Abb. 7.1: Systembegriffe: System S, Umwelt U, Systemgrenze G, Umwelteinwirkungen u_i, Verhaltensauswirkungen v_j, Systemelemente E_p, Zustandsgrößen z_n, Wirkungen w_{pq} zwischen Systemelementen.

Vektor der Zustandsänderungen:

$$\mathbf{z}' = d\mathbf{z}/dt = \begin{bmatrix} z'_1 \\ z'_2 \\ \dots \\ z'_n \end{bmatrix} = \begin{bmatrix} dz_1/dt \\ dz_2/dt \\ \dots \\ dz_n/dt \end{bmatrix}$$

7-1.3 Allgemeine Zustands- und Verhaltensgleichungen

Allgemein sind der Systemzustand $\mathbf{z}$ und das Verhalten $\mathbf{v}$ Funktionen der Umwelteinwirkung $\mathbf{u}$, des Systemzustands $\mathbf{z}$ und u.U. der Zeit t (z.B. zeitabhängige Parameteränderung):

$$\mathbf{z}(t) = \mathbf{f}^{o}(\mathbf{z}(t), \mathbf{u}(t), t) \qquad \text{(Zustandsgleichung)}$$
$$\mathbf{v}(t) = \mathbf{g}(\mathbf{z}(t), \mathbf{u}(t), t) \qquad \text{(Verhaltensgleichung)}$$

Die simultane Bedingung für $\mathbf{z}$ (als Funktion von $\mathbf{z}$) muß durch Verwendung früherer Zustandsinformation aufgelöst werden.

Ein **zeitdiskretes System** ist zu diskreten Zeitpunkten

$$t = 0 \cdot \Delta T, \; 1 \cdot \Delta T, \; 2 \cdot \Delta T, \ldots \; k \cdot \Delta T \ldots$$

definiert, wobei ΔT den gewählten (konstanten) Betrag des Zeitschritts angibt. Ein bestimmter Zeitpunkt ist durch Angabe von k definiert.

Der Systemzustand folgt hier aus den Bedingungen des vorhergehenden Zeitschritts. Die Systemgleichungen für ein zeitdiskretes System sind dann

$$\mathbf{z}(k+1) = \mathbf{f}(\mathbf{z}(k), \mathbf{u}(k), k) \qquad \text{(Zustandsgleichung)} \qquad (7.1)$$
$$\mathbf{v}(k) = \mathbf{g}(\mathbf{z}(k), \mathbf{u}(k), k) \qquad \text{(Verhaltensgleichung)}$$

In einer anderen gebräuchlichen Schreibweise für den Zeitindex lassen sich die Systemgleichungen des zeitdiskreten Systems schreiben als

$$\mathbf{z}_{k+1} = \mathbf{f}(\mathbf{z}_k, \mathbf{u}_k, k)$$
$$\mathbf{v}_k = \mathbf{g}(\mathbf{z}_k, \mathbf{u}_k, k)$$

Bei einem **zeitkontinuierlichen System** läßt sich die Rate der Zustandsveränderung $d\mathbf{z}/dt = \mathbf{z}'$ aus den Bedingungen zur Zeit t ermitteln; der neue Zustand folgt dann aus der Zeitintegration der Zustandsrate und dem vorhergehenden (bzw. Anfangs-) Zustand.

Die Systemgleichungen sind hier:

$$\mathbf{z}'(t) = \mathbf{f}(\mathbf{z}(t), \mathbf{u}(t), t) \qquad \text{(Zustandsgleichung)} \qquad (7.2)$$
$$\mathbf{v}(t) = \mathbf{g}(\mathbf{z}(t), \mathbf{u}(t), t) \qquad \text{(Verhaltensgleichung)}$$

Sowohl beim diskreten System (7.1) wie beim kontinuierlichen System (7.2) folgen die Verhaltensgrößen $\mathbf{v}(t)$ direkt aus algebraischen (oder logischen) Ausdrücken.

7-1.4 Allgemeines Systemdiagramm für dynamische Systeme

Die Systemgleichungen (7.1) und (7.2) für diskrete oder kontinuierliche Systeme lassen sich als allgemein gültiges Systemdiagramm darstellen (Abb. 7.2).

Der Kasten für die Zustandsgröße $\mathbf{z}$ repräsentiert

(1) beim diskreten System die Speicherung des durch $\mathbf{f}$ gegebenen jeweils letzten Zustandswerts $\mathbf{z}(k+1)$;
(2) beim kontinuierlichen System die Zeitintegration der durch $\mathbf{f}$ gegebenen aktuellen Zustandsveränderungsrate $\mathbf{z}'(t) = d\mathbf{z}/dt$.

In beiden Fällen steht im Kasten der jeweils aktuelle Wert der Zustandsgröße $\mathbf{z}$.

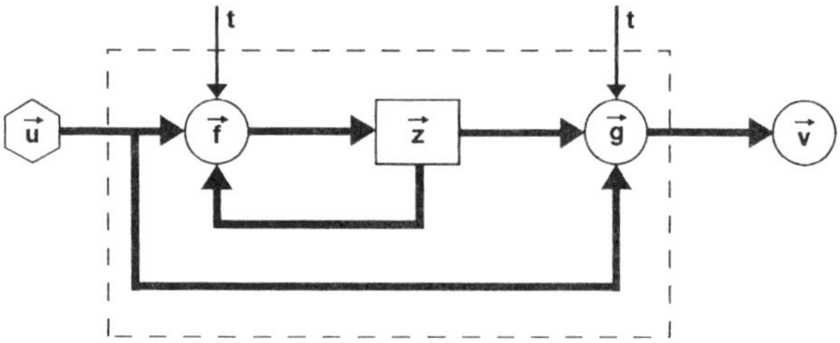

Abb. 7.2: Allgemeines Systemdiagramm dynamischer Systeme.

7-1.5 Zustandsberechnung

Die Zustandsgleichung des diskreten Systems (7.1) ist eine Differenzengleichung erster Ordnung und stellt bereits die Rechenvorschrift für die Zustandsberechnung dar.

Die Zustandsgleichung des kontinuierlichen Systems (7.2) führt (als algebraischer Ausdruck) zur Berechnung der Zustandsveränderungsrate $\mathbf{z}'(t)$. Diese muß unter Beachtung der Anfangsbedingungen $\mathbf{z}(t_0)$ über die Zeit integriert werden, um $\mathbf{z}(t)$ zu erhalten. Nur bei linearen Systemen (s.u.) und bei wenigen nichtlinearen Systemen ist die analytische Integration möglich. Numerische Integration dagegen ist bei **allen** zeitkontinuierlichen Systemen möglich und einfach durchführbar.

7-1.6 Numerische Integration der Zustandsgleichung

Euler-Cauchy Integration: Bei einem Integrationszeitschritt von ΔT folgt der neue Zustand aus dem vorhergehenden Zustand und der mit dem vorhergehenden Zustand (aus Gl. 7.2) ermittelten Zustandsveränderungsrate $(d\mathbf{z}/dt) = \mathbf{f}$. (Im folgenden wird $\mathbf{f}(\mathbf{z}, \mathbf{u}, t)$ als $\mathbf{f}(\mathbf{z}, t)$ zusammengefaßt.)

$$\mathbf{z}(t+\Delta T) = \mathbf{z}(t) + \mathbf{f}(\mathbf{z}, t) \cdot \Delta T \qquad (7.3)$$

Der Rechenfehler dieses Verfahrens hat die Größenordnung $O(\Delta T)^2$. Es ist also meistens eine sehr kleine Schrittweite erforderlich (die wieder Rundungsfehler und lange Rechenzeiten mit sich bringt).

Runge-Kutta-Verfahren 4. Ordnung: Dieses Verfahren hat einen wesentlich kleineren Fehlerterm $O(\Delta T)^5$ und ermöglicht größere Schrittweite ΔT. Pro Rechenschritt muß allerdings die Zustandsfunktion $\mathbf{f}$ viermal berechnet werden. Jeder Vektor-Zwischenwert $\mathbf{k}_i$ besteht aus n Komponenten k_{ij}, d.h. $\mathbf{k}_i = (k_{i1}, k_{i2}, ..., k_{ij})$.

$$\begin{aligned}
\mathbf{k}_1 &= \Delta T \cdot \mathbf{f}(\mathbf{z}, \ t) \\
\mathbf{k}_2 &= \Delta T \cdot \mathbf{f}(\mathbf{z} + \mathbf{k}_1/2, t + \Delta T/2) \\
\mathbf{k}_3 &= \Delta T \cdot \mathbf{f}(\mathbf{z} + \mathbf{k}_2/2, t + \Delta T/2) \\
\mathbf{k}_4 &= \Delta T \cdot \mathbf{f}(\mathbf{z} + \mathbf{k}_3, \ t + \Delta T)
\end{aligned} \qquad (7.4a)$$

Das Integrationsergebnis wird berechnet aus

$$\mathbf{z}(t+\Delta t) = \mathbf{z}(t) + \mathbf{k}_1/6 + \mathbf{k}_2/3 + \mathbf{k}_3/3 + \mathbf{k}_4/6 \qquad (7.4b)$$

7-1.7 Umformung in Zustandsgleichungen 1. Ordnung:

Für die analytische wie die numerische Behandlung der Zustandsgleichungen ist die Form der Differenzengleichung (7.1) oder Differentialgleichung (7.2) erster Ordnung zweckmäßig. Gewöhnliche Differenzen- oder Differentialgleichungen n-ter Ordnung können durch Einführen neuer Zustandsgrößen immer in n Gleichungen 1. Ordnung umgewandelt werden.

7-1.8 Umformung einer Differentialgleichung n-ter Ordnung:

Die ursprüngliche Differentialgleichung für die abhängige Größe y enthalte diese selbst sowie ihre Ableitungen dy^i/dt^i bis zur höchsten Ordnung n.

1. Es werden n neue Zustandsgrößen z_i eingeführt, deren erste der ursprünglichen Größe y entspricht.
2. Die weiteren $(n\text{-}1)$ Zustandsgrößen entsprechen den Ableitungen der Größe y bis zur n-ten Ordnung.
3. Die ursprüngliche Differentialgleichung wird nach der höchsten Ableitung aufgelöst, für die sich jetzt ein Ausdruck ergibt, der nur noch die Ableitungen niedrigerer Ordnung bzw. die z_i enthält.
4. Damit erhalten wir jetzt ein System von n Differentialgleichungen erster Ordnung von der Form

   $$d\mathbf{z}/dt = \mathbf{z}' = \mathbf{f}(\mathbf{z}, \mathbf{u}, t)$$

Das folgende Schema verdeutlicht die Vorgehensweise.

$$y = z_1$$

$$\begin{aligned}
dy/dt &= \boxed{\begin{aligned} z'_1 &= z_2 \\ z'_2 &= z_3 \\ &\dots \\ z'_{n-1} &= z_n \\ z'_n &= f(z_1, z_2, \dots z_n, t) \end{aligned}} \\
\end{aligned}$$

dy/dt	=	$z'_1 = z_2$	Zustandsgleichungen
d^2y/dt^2	=	$z'_2 = z_3$	(7.5)
		...	
$d^{n-1}y/dt^{n-1}$	=	$z'_{n-1} = z_n$	
d^ny/dt^n	=	$z'_n = f(z_1, z_2, \dots z_n, t)$	

Beispiel: ursprüngliches System

$$y'' + y^2 y' + ky = u$$

Auflösung nach der höchsten Ableitung:

$$y'' = u - y^2 y' - ky$$

Umbenennungen:

$$y = z_1$$

y'	=	$z'_1 = z_2$	Zustandsgleichungen
y''	=	$z'_2 = u - z_1^2 z_2 - kz_1$	

7-1.9 Umformung einer Differenzengleichung n-ter Ordnung

Die ursprüngliche Differenzengleichung für die abhängige Größe y enthalte diese selbst mit dem niedrigsten Zeitindex (k-i) bis hin zum höchsten Zeitindex (k+j). Die Gesamtspanne der Zeitschritte ist (k+j) - (k-i) = n.

1. Die Differenzengleichung wird für die abhängige Veränderliche mit dem höchsten Zeitindex gelöst.
2. Alle k-Indizes werden um die gleiche Schrittzahl so verschoben, daß auf der linken Seite der Differenzengleichung das y mit dem höchsten Zeitindex jetzt y (k+1) heißt.
3. Es werden n neue Zustandsgrößen z_i eingeführt, wobei

$$y(k+1-n) = z_1(k)$$

$$\begin{aligned} y(k+2-n) &= z_1(k+1) = z_2(k) \\ &\;\;\cdots\cdots \\ y(k) &= z_{n-1}(k+1) = z_n(k) \\ y(k+1) &= z_n(k+1) = f(z_1(k), z_2(k), \ldots, z_n(k), k) \end{aligned}$$

Zustandsgleichungen (7.6)

4. Allgemein lassen sich dann die Zustandsgleichungen für ein diskretes, zeitvariantes, nichtlineares System wie folgt schreiben:

$$\mathbf{z}(k+1) = \mathbf{f}(\mathbf{z}(k), \mathbf{u}(k))$$

Beispiel: Nichtlineare Differenzengleichung mit zeitabhängigem Parameter

$$k\,y(k+2)\;y(k+1) = [y(k)\,y(k-1)]^{1/2}$$

Ordnung: (k+2) - (k-1) = 2+1 = 3

höchster Index: (k+2)

Lösung für das y mit dem höchsten Index:

$$y(k+2) = [y(k)\,y(k-1)]^{1/2} / (ky(k+1))$$

Umbenennung (Indexverschiebung um -1)

$$y(k+1) = [y(k-1)\,y(k-2)]^{1/2} / ((k-1)\,y(k))$$

Neue Zustandsgrößen

$$y(k-2) = \; = z_1(k)$$

$$\begin{aligned} y(k-1) &= z_1(k+1) = z_2(k) \\ y(k) &= z_2(k+1) = z_3(k) \\ y(k+1) &= z_3(k+1) = [z_2(k)\,z_1(k)]^{1/2} / ((k-1)\,z_3(k)) \end{aligned}$$

Zustandsgleichungen

Die ursprüngliche nichtlineare Differenzengleichung 3. Ordnung wird in der Standardform also zu einem System von drei Differenzengleichungen 1. Ordnung für die Zustandsgrößen z_1, z_2 und z_3. Nichtlinearität und Zeitvarianz des ursprünglichen Systems bleiben in der 3. Gleichung erhalten.

7-1.10 Zustandsgleichung und Systemdynamik

Die Verhaltensfunktion **g** stellt lediglich eine algebraische Umrechnung der Zustandsvariablen **z** und Umwelteinwirkungen **u** in die in der Umwelt beobachtbaren Verhaltensgrößen **v** dar. Damit wird die Systemdynamik durch die Zustandsfunktion **f** bestimmt, aus der sich der jeweils aktuelle Zustand **z** ergibt.

$$\mathbf{z}(k+1) = \mathbf{f}(\mathbf{z}(k), \mathbf{u}(k), k) \qquad \text{(diskretes System)} \qquad (7.1a)$$
$$\mathbf{z}'(t) = \mathbf{f}(\mathbf{z}(t), \mathbf{u}(t), t) \qquad \text{(kontinuierliches System)} \qquad (7.2a)$$

Bei entsprechender Zustandsfunktion **f** können durch gezielte Umwelteinwirkungen **u** bestimmte Zustandswerte **z** erzwungen werden. Durch Änderung von **f** und/oder gezielte Einwirkungen **u** ergibt sich prinzipiell die Möglichkeit, Systemdynamik zu verändern und Systeme zu regeln und zu steuern.

Bevor eine solche Aufgabe bearbeitet wird, ist aber zunächst einmal die Eigendynamik des freien (autonomen, homogenen) Systems mit konstanten Parametern, d.h. des Systems ohne, oder bei konstanten Umwelteinwirkungen ($\mathbf{u} = \mathbf{0}$ oder $\mathbf{u} = \mathbf{u}_c$) zu untersuchen. In diesem Falle kann eine beobachtete Systemdynamik nicht auf dynamische Einwirkungen durch **u** oder zeitvariante Parameter zurückgeführt werden.

Für autonome Systeme mit zeitinvarianten Parametern vereinfachen sich daher die Zustandsgleichungen zu

$$\mathbf{z}(k+1) = \mathbf{f}(\mathbf{z}(k)) \qquad \text{(diskretes System)}$$
$$\mathbf{z}'(t) = \mathbf{f}(\mathbf{z}(t)) \qquad \text{(kontinuierliches System)}$$

7-1.11 Linearisierung der Zustandsgleichung

Im allgemeinen ist die Vektorzustandsgleichung

$$\mathbf{z}'(t) = \mathbf{f}(\mathbf{z}, \mathbf{u}, t)$$

nichtlinear und damit der analytischen Untersuchung nur in Ausnahmefällen zugänglich.

Im Gegensatz dazu ist eine lineare Vektorzustandsgleichung der Form

$$\mathbf{z}'(t) = \mathbf{A}(t)\,\mathbf{z}(t) + \mathbf{B}(t)\,\mathbf{u}(t)$$

analytisch gut zu behandeln.

Da das Verhalten von nichtlinearen Systemen oft nur in einem begrenzten Zustandsbereich und für relativ eng umschriebene Anfangsbedingungen und Eingangsfunktionen interessiert, bietet sich an, das ursprüngliche nichtlineare System im interessierenden Bereich zu linearisieren und sein Verhalten an einem lokal gültigen linearen Ersatzsystem zu untersuchen.

Ein **linearer Term** ist ein Term 1. Ordnung (Proportionalität) in der Zustandsgröße z_i oder ihren Ableitungen. Die Funktionen in der unabhängigen Veränderlichen t können beliebig sein.

Linear sind also nur Terme der Form

$$a \cdot f(t) \cdot z, \quad a \cdot f(t) \cdot (dz/dt), \quad \ldots \quad a \cdot f(t) \cdot (d^n z/dt^n); \qquad n = 1, 2, \ldots, N$$

Eine **lineare Differentialgleichung** ist eine Differentialgleichung, die aus einer **Summe linearer Terme** besteht. Alle anderen Differentialgleichungen sind nichtlinear.

Lineare Approximation: Interessiert das Verhalten um einen gewissen Bezugszustand (Arbeitspunkt) herum bzw. in einem gewissen (beschränkten) Zustandsbereich und sind die Nichtlinearitäten des Systems auf (einige) Funktionen beschränkt, die in diesem Bereich als lineare Abhängigkeiten approximiert werden können, ohne essentielle Eigenschaften des Systems preiszugeben, so ist die Linearisierung besonders einfach und zulässig. Die lineare Abhängigkeit kann oft (besonders bei empirischen Funktionen) durch graphische Approximation gewonnen werden.

7-1.12 Störungsansatz

Es werden die Auswirkungen kleiner Störungen $\mathbf{\Delta z}$ von einem Ausgangszustand $\mathbf{z}_0$ betrachtet. Der Zustand ergibt sich also aus

$$\mathbf{z} = \mathbf{z}_0 + \mathbf{\Delta z}$$

Dieser Ansatz bewährt sich besonders bei der Untersuchung des Verhaltens in der Nähe eines Gleichgewichtspunktes $(\mathbf{z}_0 = \mathbf{z}^*)$ des nichtlinearen Systems.

Werden in dem zu linearisierenden Ausdruck der ursprüngliche Zustandsvektor $\mathbf{z}$ durch $\mathbf{z}_0 + \mathbf{\Delta z}$ ersetzt und die angegebenen nichtlinearen Operationen ausgeführt, so ergeben sich Glieder, die in $\mathbf{\Delta z}$ linear sind sowie weitere Glieder höherer Ordnung in $\mathbf{\Delta z}$. Werden die Glieder quadratischer (zweiter) und höherer Ordnung vernachlässigt, so bleibt ein linearer Ausdruck in $\mathbf{\Delta z}$. Diese Approximation gilt selbstverständlich nur, solange $\mathbf{\Delta z}$ klein bleibt. Meist ist es möglich und sinnvoll, die Gleichung für den Bezugszustand vom linearisierten Ausdruck abzuziehen. Es verbleibt dann eine lineare Zustandsgleichung für den **Störungszustand** $\mathbf{\Delta z}$. Die weitere Analyse bezieht sich dann auf dieses lineare System von **Störungsdifferentialgleichungen.**

Im folgenden wird das Verfahren für die Untersuchung eines (nichtlinearen) Räuber-Beute-Systems in der Nähe seiner Gleichgewichtspunkte gezeigt.

Räuber-Beute-System (**nichtlinear**)

$$x' = a_1 x + a_2 xy$$
$$y' = b_1 y + b_2 xy$$

Am Gleichgewichtspunkt x_0, y_0 verschwinden die Veränderungsraten:

$$x' = 0 = a_1 x_0 + a_2 x_0 y_0$$
$$y' = 0 = b_1 y_0 + b_2 x_0 y_0$$

In der Nähe des Gleichgewichtspunkts gilt:

$$x = x_0 + \Delta x$$
$$y = y_0 + \Delta y$$

Damit werden die Differentialgleichungen

$$x' = a_1 (x_0 + \Delta x) + a_2 (x_0 + \Delta x)(y_0 + \Delta y)$$
$$y' = b_1 (y_0 + \Delta y) + b_2 (x_0 + \Delta x)(y_0 + \Delta y)$$

ausmultipliziert:

$$x' = a_1 x_0 + a_2 x_0 y_0 + a_1 \Delta x + a_2 y_0 \Delta x + a_2 x_0 \Delta y + a_2 \Delta x \Delta y$$
$$y' = b_1 y_0 + b_2 x_0 y_0 + b_1 \Delta y + b_2 y_0 \Delta x + b_2 x_0 \Delta y + b_2 \Delta x \Delta y$$

Die ersten beiden Terme sind Null (wegen der Gleichgewichtsbedingung). Der letzte Term ist (in der Nähe des Gleichgewichtspunktes) sehr klein und kann vernachlässigt werden. Da

$$x' = dx/dt = d(x_0 + \Delta x)/dt = d(\Delta x)/dt = \Delta x'$$

und entsprechend $y' = \Delta y'$, so ergibt sich das **lineare System** (Störungsdifferentialgleichung):

$$\Delta x' = (a_1 + a_2 y_0)\, \Delta x + (a_2 x_0)\, \Delta y$$
$$\Delta y' = (b_2 y_0)\, \Delta x + (b_1 + b_2 x_0)\, \Delta y$$

bzw. als Vektorzustandsgleichung

$$\Delta \mathbf{z}' = \mathbf{A}\, \Delta\, \mathbf{z}$$

mit der am Gleichgewichtspunkt gültigen Systemmatrix

$$\mathbf{A} = \begin{bmatrix} a_1 + a_2 y_0 & a_2 x_0 \\ b_2 y_0 & b_1 + b_2 x_0 \end{bmatrix}$$

7-1.13 Approximation durch Taylor-Reihe

Falls ein nichtlinearer Term $f(\mathbf{z}) = f(z_1, z_2, \ldots z_n)$ analytisch vorgegeben oder analytisch ausdrückbar ist, so ist die Linearisierung durch Anschreiben einer Taylor-Reihe um dem Arbeitspunkt $\mathbf{z} = \mathbf{a} = (a_1, a_2, \ldots a_n)$ möglich. Die Taylor-Entwicklung lautet:

$$f(z_1, z_2, \ldots, z_n) = f(a_1, a_2, \ldots, a_n) + \sum_{i=1}^{n} (\partial f/\partial z_i)_a \cdot (z_i - a_i)$$
$$+ (1/2!) \sum_{i=1}^{n} \sum_{j=1}^{n} (\partial^2 f/(\partial z_i \partial z_j))_a \cdot (z_i - a_i)(z_j - a_j)$$
$$+ \text{Terme höherer Ordnung}$$

Die Terme der zweiten und höheren Ordnung werden dabei im allgemeinen vernachlässigt. Sie können allerdings in Sonderfällen von Bedeutung sein (wenn z.B. die Terme 1. Ordnung Null sind).

Auch bei komplexen Funktionen führt die Linearisierung zu einfachen linearen Annäherungen (s. Zusammenstellung in Kap. 2-3.4). In dieser Liste wurde der Bezugspunkt $z = a$ als "1" normalisiert. Diese Zusammenstellung macht gleichzeitig deutlich, warum in der Nähe eines Bezugspunktes ein komplexes System auch gültig durch einen einfachen Wirkungsgraphen angenähert werden kann, der lediglich Additionen und multiplikative Parameter enthält.

7-1.14 Linearisierung der Zustandsgleichung: Jacobi-Matrix

Das Verfahren der Linearisierung ist nicht auf einen Bezugszustand beschränkt; es kann auch in bezug auf eine Bezugstrajektorie des Systemzustands linearisiert werden. Entsprechend muß die Taylor-Entwicklung des vollen nichtlinearen Systems um die Bezugstrajektorie vorgenommen werden. Diese Bezugstrajektorie ist eine vorgegebene Entwicklung des Systemzustands, von der die voraussichtliche Entwicklung des Systems nur wenig abweicht. Die Linearisierung führt wieder zu Störungsdifferentialgleichungen, die die Abweichungen von der Bezugstrajektorie beschreiben. Diese Störungsdifferentialgleichungen sind linear und lassen sich daher mit allen Methoden der linearen Analyse untersuchen. Dieser Ansatz hat ganz besonders dann Vorteile, wenn Steuerungs- oder Regelungsvorgänge berechnet werden sollen. Erfüllt das Regelungssystem seine Aufgabe richtig, so führt es trotz kleiner Abweichungen von der Bezugstrajektorie den Systemzustand wieder nahe an diese zurück, so daß die linearen Störungsdifferentialgleichungen weiterhin ihre Gültigkeit behalten. Dies setzt Stabilität der Störungsdifferentialgleichung voraus. Damit ist es durch Taylor-Entwicklung um die Bezugstrajektorie herum unter gewissen Umständen möglich, ein nichtlineares System auch in einem weiteren Verhaltensbereich durch ein lineares System gültig darzustellen.

Die Linearisierung entlang einer Bezugstrajektorie geht aus von der nichtlinearen Zustandsgleichung

$$\mathbf{z}' = \mathbf{f}(\mathbf{z}, \mathbf{u}) \quad \text{bzw.} \quad \mathbf{z}(k+1) = \mathbf{f}(\mathbf{z}(k)), \mathbf{u}(k))$$

Die folgende Ableitung ist für das kontinuierliche System.

Wir bezeichnen den (vorgegebenen) Bezugszustandsvektor mit $\mathbf{z}_0$ (t) (Bezugstrajektorie) und den (vorgegebenen) Bezugseingangsvektor mit $\mathbf{u}_0$ (t) (Steuervektor). Wenn der Eingang genau = $\mathbf{u}_0$ ist, dann ist der Zustand genau $\mathbf{z}_0$, d.h., die Zustandsgleichung ist erfüllt:

$$\mathbf{z}'_0 = \mathbf{f}(\mathbf{z}_0, \mathbf{u}_0).$$

Der tatsächliche Zustand und der tatsächliche Eingang seien leicht verschieden vom Bezugszustand:

$$\mathbf{z} = \mathbf{z}_0 + \Delta\mathbf{z}$$
$$\mathbf{u} = \mathbf{u}_0 + \Delta\mathbf{u}$$

$\Delta\mathbf{z}$ und $\Delta\mathbf{u}$ sind die Abweichungen vom Bezugszustandsvektor bzw. Bezugseingangsvektor.

Zustandsvektor $\mathbf{z}$ und Eingangsvektor $\mathbf{u}$ müssen die nichtlineare Zustandsgleichung erfüllen:

$$d(\mathbf{z}_0 + \Delta\mathbf{z})/dt = \mathbf{z}'_0 + \Delta\mathbf{z}' = \mathbf{f}(\mathbf{z}_0 + \Delta\mathbf{z}, \mathbf{u}_0 + \Delta\mathbf{u})$$

Da die Abweichungen $\Delta\mathbf{z}$ und $\Delta\mathbf{u}$ klein sind, kann jede Komponente dieser Gleichung als Taylor-Reihe geschrieben werden:

$$d(z_{i0} + \Delta z_i)/dt \approx f_i(\mathbf{z}_0, \mathbf{u}_0) + (\partial f_i/\partial z_1)\,\Delta z_1 + \ldots + (\partial f_i/\partial z_n)\,\Delta z_n$$
$$+ (\partial f_i/\partial u_1)\,\Delta u_1 + \ldots + (\partial f_i/\partial u_m)\,\Delta u_m$$

Hierbei sind die Ableitungen entlang der Bezugstrajektorie zu ermitteln. (Es wird die Annahme gemacht, daß alle partiellen Ableitungen existieren).

Da entlang der Bezugstrajektorie gilt: $z'_{i0} = f_i(\mathbf{z}_0, \mathbf{u}_0)$, erhält man nach Abzug dieses Bezugsanteils das folgende System linearer Differentialgleichungen für die Zustandsabweichungen:

$$d(\Delta z_i)/dt \approx (\partial f_i/\partial z_i)_0 \Delta z_1 + \ldots + (\partial f_i/\partial z_n)_0 \Delta z_n$$
$$+ (\partial f_i/\partial u_1)_0 \Delta u_1 + \ldots + (\partial f_i/\partial u_m)_0 \Delta u_m \qquad i = 1, 2, \ldots n$$

Dieses System kann auch wieder als Vektorgleichung dargestellt werden, wenn wir die folgenden Jacobi'schen Matrizen definieren:

$$\mathbf{A} = \begin{bmatrix} \partial f_1/\partial z_1 & \ldots & \partial f_1/\partial z_n \\ \ldots & \ldots & \ldots \\ \partial f_n/\partial z_1 & \ldots & \partial f_n/\partial z_n \end{bmatrix}_0 = (\partial \mathbf{f}/\partial \mathbf{z})_0 \tag{7.7a}$$

$$\mathbf{B} = \begin{bmatrix} \partial f_1/\partial u_1 & \ldots & \partial f_1/\partial u_m \\ \ldots & \ldots & \ldots \\ \partial f_n/\partial u_1 & \ldots & \partial f_n/\partial u_m \end{bmatrix}_0 = (\partial \mathbf{f}/\partial \mathbf{u})_0 \tag{7.7b}$$

Der Index "$_0$" bedeutet hier, daß die partiellen Differentiale entlang der Bezugstrajektorie (oder am Bezugspunkt zu nehmen sind).

Mit diesen Jacobi'schen Matrizen kann nun das approximierende lineare Gleichungssystem für die Zustandsabweichungen des kontinuierlichen Systems geschrieben werden als

$$\Delta\mathbf{z}' = \mathbf{A}\,\Delta\mathbf{z} + \mathbf{B}\,\Delta\mathbf{u}$$

Für das diskrete System ergibt sich entsprechend

$$\Delta\mathbf{z}(k+1) = \mathbf{A}\,\Delta\mathbf{z}(k) + \mathbf{B}\,\Delta\mathbf{u}(k)$$

Im allgemeinen sind diese Gleichungen zeitvariant, d.h. $\mathbf{A}(t)$ und $\mathbf{B}(t)$ sind Funktionen der Zeit.

Die linearen Störungsdifferentialgleichungen gelten selbstverständlich auch für einen konstanten Bezugszustand (z.B. Gleichgewichtspunkt) mit $\mathbf{z}_0$ = const, $\mathbf{u}_0$ = const.

Oft ergeben sich über den gesamten interessierenden Zustandsbereich eines Systems nichtlineare Veränderungen, die durch eine einzige Linearisierung nicht adäquat dargestellt werden können. In solchen Fällen kann oft eine stückweise Linearisierung angewendet werden. Bei einem Übergang von einem in den anderen Bereich müssen dann die Systemparameter entsprechend verändert werden, was sich bei der Computersimulation leicht durch entsprechende Programmierung erreichen läßt.

7-1.15 Gleichgewichtspunkte

Gleichgewichtspunkte (stationäre Punkte, Fixpunkte) sind natürliche Ruhepunkte eines Systems. Ihre Kenntnis ist für die Beurteilung des Systemverhaltens wichtig. An diesen Stellen verschwinden die Ableitungen der Zustandsgrößen nach der Zeit. Stationäre Punkte sind gleichzeitig auch singuläre Punkte, in denen die Richtung der Zustandsbahnen unbestimmt ist, da Zustandsbahnen aus allen Richtungen hier enden.

Definition: Ein Zustandsvektor $\mathbf{z}^*$ kennzeichnet einen **Gleichgewichtspunkt**, wenn er die Eigenschaft hat, daß das System bei konstantem Eingang $\mathbf{u}^*$ für alle zukünftigen Zeiten im Zustand $\mathbf{z}^*$ verharrt, wenn es diesen Zustand erreicht hat. Dies gilt für alle linearen und nichtlinearen Systeme.

Generell ergeben sich Gleichgewichtspunkte zeitinvarianter Systeme bei konstantem Eingang $\mathbf{u}^*$ aus der Bedingung

$$\mathbf{0} = \mathbf{f}(\mathbf{z}^*, \mathbf{u}^*) \qquad \text{(kontinuierliches System)} \qquad (7.8)$$

$$\mathbf{z}^* = \mathbf{f}(\mathbf{z}^*, \mathbf{u}^*) \qquad \text{(diskretes System)} \qquad (7.9)$$

In beiden Fällen ist $\mathbf{z}^*$ als Lösungsvektor der algebraischen Gleichungssysteme (7.8) bzw. (7.9) zu bestimmen.

7-1.16 Gleichgewichtspunkte bei nichtlinearen Systemen

Beim **kontinuierlichen** System

$$\mathbf{z}'(t) = \mathbf{f}(\mathbf{z}(t), t)$$

sind die Gleichgewichtspunkte gegeben durch die Bedingung $d\mathbf{z}/dt = \mathbf{z}' = \mathbf{0}$, also

$$\mathbf{f}(\mathbf{z}^*, t) = \mathbf{0}$$

Beim **zeitinvarianten kontinuierlichen System**

$$\mathbf{z}'(t) = \mathbf{f}(\mathbf{z}(t))$$

entfällt die Zeitabhängigkeit in der Bedingung für die Gleichgewichtspunkte:

$$\mathbf{f}(\mathbf{z}^*) = \mathbf{0}$$

Beim **diskreten zeitvarianten System**

$$\mathbf{z}(k+1) = \mathbf{f}(\mathbf{z}(k), k)$$

ergeben sich die stationären Punkte aus der Bedingung

$$\mathbf{z}^* = \mathbf{f}(\mathbf{z}^*, k) \quad \text{für alle } k$$

Ist das **System zeitinvariant**

$$\mathbf{z}(k+1) = \mathbf{f}(\mathbf{z}(k))$$

so ist die Bedingung für die Gleichgewichtspunkte

$$\mathbf{z}^* = \mathbf{f}(\mathbf{z}^*)$$

Bei einem nichtlinearen System sind die Gleichgewichtspunkte Lösungen nichtlinearer algebraischer Gleichungen. Es sind also im allgemeinen mehrere Gleichgewichtspunkte möglich. Jede Verteilung im Zustandsraum ist möglich.

7-1.17 Gleichgewichtspunkte kontinuierlicher linearer Systeme

Wir betrachten das homogene (freie, autonome) System:

$$\mathbf{z}'(t) = \mathbf{A}\,\mathbf{z}(t)$$

Für $\mathbf{z} = \mathbf{0}$ wird $\mathbf{z}' = \mathbf{0}$: Dieser Zustandswert ist also ein Ruhepunkt des Systems. Offensichtlich ist der Koordinatenursprung $\mathbf{z} = \mathbf{0}$ immer ein Gleichgewichtspunkt homogener kontinuierlicher Systeme. Er ist gleichzeitig der einzige Gleichgewichtspunkt eines solchen Systems, es sei denn, die Systemmatrix $\mathbf{A}$ ist singulär, d.h. 0 erscheint als ein Eigenwert von $\mathbf{A}$. Nur in diesem Fall bestehen noch andere Gleichgewichtspunkte.

Bei einem nichthomogenen System mit konstantem Eingang $\mathbf{u}^*$

$$\mathbf{z}'(t) = \mathbf{A}\,\mathbf{z}(t) + \mathbf{B}\,\mathbf{u}(t)$$

gilt für einen Gleichgewichtspunkt

$$\mathbf{0} = \mathbf{A}\,\mathbf{z}^* + \mathbf{B}\,\mathbf{u}^*$$

Falls $\mathbf{A}$ nicht singulär ist, dann ist der Gleichgewichtspunkt durch

$$\mathbf{z}^* = -\mathbf{A}^{-1}\,\mathbf{B}\,\mathbf{u}^*$$

gegeben. Falls $\mathbf{A}$ singulär ist, dann ist die Existenz von Gleichgewichtspunkten unbestimmt.

7-1.18 Gleichgewichtspunkte diskreter linearer Systeme

Das homogene (freie, autonome) System

$$\mathbf{z}(k+1) = \mathbf{A}\,\mathbf{z}(k)$$

hat immer $\mathbf{z}^* = \mathbf{0}$ als Gleichgewichtspunkt. Da an einem Gleichgewichtspunkt gilt

$$\mathbf{z}^* = \mathbf{A}\,\mathbf{z}^*$$

so ist auch der Eigenvektor $\mathbf{z}^*$ zum Eigenwert $\lambda = 1$ ein Gleichgewichtspunkt. Falls das System keinen Eigenwert $\lambda = 1$ hat, so ist $\mathbf{z}^* = \mathbf{0}$ der einzige Gleichgewichtspunkt.

Beim inhomogenen System

$$\mathbf{z}(k+1) = \mathbf{A}\,\mathbf{z}(k) + \mathbf{B}\,\mathbf{u}(k)$$

muß der stationäre Punkt erfüllen

$$\mathbf{z}^* = \mathbf{A}\,\mathbf{z}^* + \mathbf{B}\,\mathbf{u}^*$$

Wenn die Systemmatrix $\mathbf{A}$ keinen Eigenwert 1 hat, dann ist die Matrix $[\mathbf{I} - \mathbf{A}]$ nicht singulär, und es gibt eine eindeutige Lösung für den stationären Punkt

$$\mathbf{z}^* = [\mathbf{I} - \mathbf{A}]^{-1}\,\mathbf{B}\,\mathbf{u}^*$$

Falls 1 ein Eigenwert ist, dann existiert entweder kein Gleichgewichtspunkt oder es existieren unendlich viele. Praktisch ist diese Möglichkeit nicht von großer Bedeutung, denn auch durch leichte Veränderungen der Koeffizienten von $\mathbf{A}$ ergibt sich immer ein Eigenwert, der von 1 verschieden ist und damit ein eindeutiger stationärer Punkt.

7-2 Matrizenoperationen für lineare dynamische Systeme

7-2.1 Operationen mit Matrizen und Vektoren

Die einfachste Form eines homogenen zeitkontinuierlichen Systems ergibt sich dann, wenn die Zustandsraten $z'_i = dz_i/dt$ linear von den Zuständen z_i abhängen.

$$
\begin{aligned}
dz_1/dt &= z'_1 = a_{11} z_1 + a_{12} z_2 + ... + a_{1n} z_n \\
dz_2/dt &= z'_2 = a_{21} z_1 + a_{22} z_2 + ... + a_{2n} z_n \\
.... &= ..... \\
dz_n/dt &= z'_n = a_{n1} z_1 + a_{n2} z_2 + ... + a_{nn} z_n
\end{aligned}
\qquad (7.10)
$$

Hierbei sind die a_{ij} konstante oder zeitabhängige Systemparameter, die den Beitrag des Zustands z_j zur Zustandsänderungsrate z'_i quantifizieren.

Durch Verwendung der Spaltenvektoren für den Systemzustand

$$\mathbf{z} = \begin{bmatrix} z_1 \\ z_2 \\ ... \\ z_n \end{bmatrix}$$

und für die Änderungsraten des Systemzustands

$$dz/dt = \mathbf{z}' = \begin{bmatrix} z'_1 \\ z'_2 \\ ... \\ z'_n \end{bmatrix}$$

sowie der Systemmatrix

$$\mathbf{A} = \begin{bmatrix} a_{11} & a_{12} & ... & a_{1n} \\ a_{21} & a_{22} & ... & a_{2n} \\ ... & ... & ... & ... \\ a_{n1} & a_{n2} & ... & a_{nn} \end{bmatrix}$$

läßt sich die Zustandsgleichung (7.10) wesentlich kompakter schreiben als

$$dz/dt = \mathbf{z}' = \mathbf{A}\,\mathbf{z} \qquad (7.11)$$

Für Operationen mit Matrizen und Vektoren gelten die Regeln der linearen Algebra.

Addition von Matrizen ist nur definiert für Matrizen gleicher Dimension (m Zeilen, n Spalten).

Falls $\mathbf{A} = [a_{ij}]$, $\mathbf{B} = [b_{ij}]$, $\mathbf{C} = [c_{ij}]$ und $\mathbf{C} = \mathbf{A} + \mathbf{B}$, dann ist

$$c_{ij} = a_{ij} + b_{ij}$$

d.h. die Elemente mit gleichen Indices werden einzeln addiert.

Skalare Multiplikation von Matrizen. Wird eine Matrix $\mathbf{A} = [a_{ij}]$ mit einem Skalar α (reelle oder komplexe Zahl) multipliziert, so gilt

$$\alpha\mathbf{A} = [\alpha\, a_{ij}]$$

d.h. jedes Matrixelement ist mit dem Faktor α zu multiplizieren.

Matrizenmultiplikation. Das Matrizenprodukt $\mathbf{C} = \mathbf{AB}$ ist nur definiert, wenn die Spaltenzahl von $\mathbf{A}$ mit der Zeilenzahl von $\mathbf{B}$ übereinstimmt.

Ist $\mathbf{A}$ eine $(m \cdot n)$ Matrix und $\mathbf{B}$ eine $(n \cdot p)$ Matrix, so ist die Matrix $\mathbf{C} = \mathbf{A}\,\mathbf{B}$ definiert als $(m \cdot p)$ Matrix mit den Elementen

$$c_{ik} = \sum_{j=1}^{n} a_{ij}\, b_{jk}$$

Insbesondere ergibt sich hieraus für das Produkt $\mathbf{A}\,\mathbf{z}$ (der rechten Seite der Zustandsgleichung (7.11)) der Spaltenvektor $\mathbf{y}$ mit den Elementen

$$y_i = \sum_{j=1}^{n} a_{ij}\, z_j$$

Dies ist genau die rechte Seite der Gl. (7.10).

Zur Lösung linearer Gleichungssysteme erweist sich die Definition der **Determinante** einer quadratischen $(n \cdot n)$ Matrix $\mathbf{A}$ als zweckmäßig. Die Determinante ist eine skalare Zahl. Sie ist definiert durch

$$\det \mathbf{A} = \sum_{j=1}^{n} a_{ij}\, C_{ij} = \sum_{i=1}^{n} a_{ij}\, C_{ij}$$

Hierbei ist der **Kofaktor** C_{ij} des Elements a_{ij} definiert durch

$$C_{ij} = (-1)^{i+j}\, M_{ij}$$

Hierbei ist der **Minor** M_{ij} die Determinante derjenigen Matrix, die aus $\mathbf{A}$ durch Herausstreichen der i-ten Reihe und j-ten Spalte entsteht. Mit dieser Laplace'schen Zerlegung kann eine Determinante n'ter Ordnung aus einer Kombination von Determinanten (n-1)ter Ordnung berechnet werden.

Falls die Determinante einer quadratischen Matrix $\mathbf{A}$ ungleich Null ist, so hat die $(n \cdot n)$ Matrix $\mathbf{A}$ eine $(n \cdot n)$ **Kehrmatrix** $\mathbf{A}^{-1}$. Das Produkt beider Matrizen ist die **Einheitsmatrix** $\mathbf{I}$:

$$\mathbf{A}\,\mathbf{A}^{-1} = \mathbf{I}$$

wobei

$$\mathbf{I} = \begin{bmatrix} 1 & 0 & . & 0 \\ 0 & 1 & . & 0 \\ . & . & . & . \\ 0 & 0 & . & 1 \end{bmatrix}$$

Werden die Elemente der Kehrmatrix $\mathbf{A}^{-1}$ mit a_{ij}^{-1} bezeichnet, so berechnet sich die Kehrmatrix aus

$$\mathbf{A}^{-1} = [a_{ij}^{-1}] = [C_{ji}] / \det \mathbf{A}$$

wobei der Kofaktor $C_{ji} = (-1)^{j+i}\, M_{ji}$ wieder über den entsprechenden Minor definiert ist.

7-2.2 Eigenwerte, Eigenvektoren und charakteristische Gleichung

Die **Eigenwerte** λ_i und **Eigenvektoren** $\mathbf{e}_i$ einer (symmetrischen) Matrix **A** bestimmen sich aus der **Eigenvektorgleichung**

$$\mathbf{A}\,\mathbf{e} = \lambda\,\mathbf{e}$$

die auch geschrieben werden kann als

$$[\mathbf{A} - \lambda \mathbf{I}]\,\mathbf{e} = \mathbf{0} \qquad (7.12)$$

Diese homogene Gleichung hat eine nichttriviale Lösung $\mathbf{e} \neq \mathbf{0}$ nur dann, wenn die Matrix singulär ist, d.h. wenn

$$\det[\mathbf{A} - \lambda \mathbf{I}] = 0 \qquad (7.13)$$

Diese Gleichung heißt **charakteristische Gleichung** von **A.** Das Ausschreiben dieser Determinante führt zum **charakteristischen Polynom.**

$$p(\lambda) = \lambda^n + a_{n-1}\lambda^{n-1} + a_{n-2}\lambda^{n-2} + \dots + a_1\lambda + a_0 = 0 \qquad (7.14)$$

Hierbei ist n die Dimension der Matrix **A.** Die n Wurzeln dieses Polynoms n'ten Grades sind die **Eigenwerte** der Matrix **A.**

Das Polynom läßt sich auch schreiben als:

$$p(\lambda) = (\lambda - \lambda_1)(\lambda - \lambda_2)\dots(\lambda - \lambda_n) = 0$$

Offensichtlich ist also für jeden der n Eigenwerte λ_i die Gleichungsbedingung erfüllt. Sind die Koeffizienten a_{ij} der Matrix **A** reell, so können die λ_i reell oder komplex sein, d.h. generell gilt

$$\lambda_i = \sigma_i + j\omega_i$$

mit Realteil $\mathrm{Re}(\lambda_i) = \sigma_i$ und Imaginärteil $\mathrm{Im}(\lambda_i) = \omega_i$.

Werden die so ermittelten Eigenwerte einzeln in die Eigenvektorgleichung (7.12) eingesetzt, so ergeben sich nach den entsprechenden Matrizenmultiplikationen die jeweils n Komponenten e_{ij} oder n Eigenvektoren $\mathbf{e}_i$

$$\mathbf{e}_1 = \begin{bmatrix} e_{11} \\ e_{12} \\ \dots \\ e_{1n} \end{bmatrix}, \quad \mathbf{e}_2 = \begin{bmatrix} e_{21} \\ e_{22} \\ \dots \\ e_{2n} \end{bmatrix}, \dots, \mathbf{e}_n = \begin{bmatrix} e_{n1} \\ e_{n2} \\ \dots \\ e_{nn} \end{bmatrix}$$

Die aus den Eigenvektoren $\mathbf{e}_i$ zusammengesetzte Matrix wird als **Modalmatrix** oder **Eigenvektormatrix** bezeichnet:

$$\mathbf{M} = [\mathbf{e}_1\ \mathbf{e}_2 \dots \mathbf{e}_n]$$

Eine quadratische $(n \cdot n)$ Matrix **A** mit einfachen Eigenwerten λ_1, $\lambda_2, \dots \lambda_n$ (alle Eigenwerte verschieden) und entsprechenden Eigenvektoren $\mathbf{e}_1, \mathbf{e}_2, \dots \mathbf{e}_n$ läßt sich durch Transformation mit der Modalmatrix in die (diagonale) Eigenwertmatrix $\mathbf{\Lambda}$ überführen

$$\mathbf{\Lambda} = \mathbf{M}^{-1}\mathbf{A}\,\mathbf{M}$$

bzw.

$$\mathbf{A} = \mathbf{M}\,\mathbf{\Lambda}\,\mathbf{M}^{-1}$$

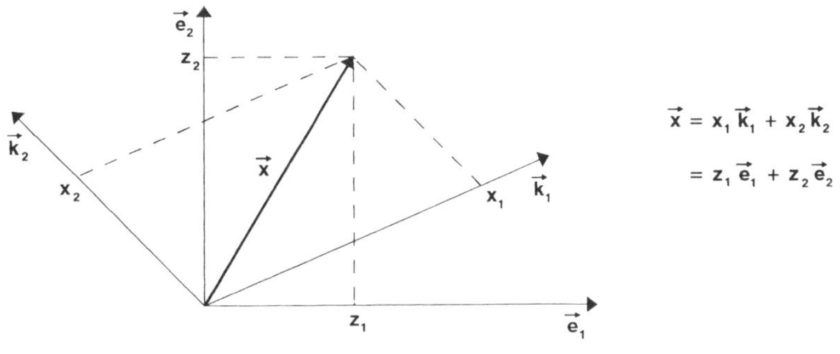

Abb. 7.3: Basistransformation eines Vektors. Der Vektor **x** hat in der orthogonalen Basis ($\mathbf{e}_1$, $\mathbf{e}_2$) die Koordinaten z_1, z_2; in der schiefwinkligen Basis ($\mathbf{k}_1$, $\mathbf{k}_2$) die Koordinaten x_1, x_2.

Hierbei ist die **Eigenwertmatrix** $\mathbf{\Lambda}$

$$\mathbf{\Lambda} = \begin{bmatrix} \lambda_1 & 0 & \dots & 0 \\ 0 & \lambda_2 & \dots & 0 \\ \dots & \dots & \dots & \dots \\ 0 & 0 & \dots & \lambda_n \end{bmatrix}$$

7-2.3 Basistransformation

Ein Vektor **x** ist bestimmt durch die Richtung der Basisvektoren, die zu seiner Beschreibung gewählt werden (Koordinatensystem) und durch die auf jede der Basisvektoren projizierte Länge des ursprünglichen Vektors (Abb. 7.3). Werden die Eigenvektoren $\mathbf{e}_i$ als Basisvektoren benutzt, so läßt sich der Vektor **x** ausdrücken als

$$\mathbf{x} = z_1 \mathbf{e}_1 + z_2 \mathbf{e}_2 + \dots + z_n \mathbf{e}_n = [\mathbf{e}_1 \, \mathbf{e}_2 \dots \mathbf{e}_n] \begin{bmatrix} z_1 \\ z_2 \\ \dots \\ z_n \end{bmatrix}$$

bzw.

$$\mathbf{x} = \mathbf{M}\,\mathbf{z}$$

Die z_i sind hierbei die (mit positiven oder negativen Vorzeichen behafteten) Längen des **x**-Vektors in der neuen Basis der Eigenvektoren $\mathbf{e}_i$.

Diese Komponenten z_i in der Eigenvektorbasis lassen sich daher bestimmen mit den Komponenten x_i der ursprünglichen Basis durch

$$\mathbf{z} = \mathbf{M}^{-1}\,\mathbf{x}$$

Diese Operationen mit Eigenwerten und Eigenvektoren der Systemmatrix **A** haben große Bedeutung bei der Analyse linearer zeitdiskreter wie auch zeitkontinuierlicher Systeme.

7-3 Verhalten und Stabilität linearer Systeme bei freier Bewegung

7-3.1 Form der allgemeinen Lösung der Zustandsgleichung

Die vollständige Lösung der Zustandsgleichungen **linearer Systeme**

$$\mathbf{z}' = \mathbf{A}\,\mathbf{z} + \mathbf{B}\,\mathbf{u} \qquad \text{(kontinuierliches System)} \qquad (7.15)$$

bzw.

$$\mathbf{z}(k+1) = \mathbf{A}\,\mathbf{z}(k) + \mathbf{B}\,\mathbf{u}(k) \qquad \text{(diskretes System)} \qquad (7.16)$$

besteht aus zwei sehr verschiedenen Anteilen

$$\mathbf{z} = \mathbf{z}_h + \mathbf{z}_p$$

Der erste 'homogene' Anteil $\mathbf{z}_h$, die homogene (freie, ungezwungene) Lösung des homogenen (autonomen) Systems

$$\mathbf{z}' = \mathbf{A}\,\mathbf{z} \quad \text{bzw.}$$

$$\mathbf{z}(k+1) = \mathbf{A}\,\mathbf{z}(k)$$

hängt nur vom Anfangswert der Zustandsgröße $\mathbf{z}_0$ bzw. $\mathbf{z}(t_0)$ ab und ist unabhängig vom Eingangsvektor **u**. Die freie Lösung beschreibt das Systemverhalten, wenn es sich lediglich in Reaktion auf Anfangsbedingungen, ohne Eingriffe von außen (Eingänge) entwickeln würde. Für stabile Systeme ist von Bedeutung, daß der Einfluß der Anfangsbedingungen nach einiger Zeit abklingen muß, so daß man nach längerer Laufzeit davon ausgehen kann, daß der gegenwärtige Zustand kaum noch durch die Anfangsbedingungen bestimmt wird.

Der zweite Teil der Lösung, die partikuläre (erzwungene) Lösung $\mathbf{z}_p$ ist dagegen völlig unabhängig von den Anfangsbedingungen und hängt ausschließlich vom Verlauf der Eingangsgröße **u** in der Zeit von t_0 bis t ab. Da der Effekt der Anfangsbedingungen bei stabilen Systemen allmählich abklingen muß, dominiert mit der Zeit diese erzwungene Lösung, soweit entsprechende Eingänge überhaupt vorliegen.

7-3.2 Lineare dynamische Systeme

Die einfachste Form der Zustandsfunktion ist die lineare Form, bei der sich die Zustandsänderung aus einer linearen Kombination der momentanen Zustände ergibt:

$$\mathbf{z}(k+1) = \mathbf{A}\,\mathbf{z}(k) \qquad \text{(diskretes System)} \qquad (7.17)$$

$$\mathbf{z}'(t) = \mathbf{A}\,\mathbf{z}(t) \qquad \text{(kontinuierliches System)} \qquad (7.18)$$

A ist die **Systemmatrix** des linearen Systems. Beim zeitinvarianten System sind alle Elemente a_{ij} dieser Matrix Konstanten. Ist die Systemmatrix nicht singulär, ist also ihre Determinante ungleich Null:

$$\det \mathbf{A} \neq 0$$

so folgt aus den Bedingungen (7.8) und (7.9) als einziger Gleichgewichtspunkt für autonome lineare dynamische Systeme der Zustand

$$\mathbf{z} = \mathbf{0}.$$

7-3.3 Lösung des homogenen zeitinvarianten diskreten Systems

Die rekursive Rechenvorschrift (7.17)

$$\mathbf{z}(k+1) = \mathbf{A}\,\mathbf{z}(k)$$

führt mit dem Anfangswert $\mathbf{z}(0)$ zu

$$\mathbf{z}(1) = \mathbf{A}\,\mathbf{z}(0)$$

$$\mathbf{z}(2) = \mathbf{A}\,\mathbf{z}(1) = \mathbf{A}\cdot\mathbf{A}\,\mathbf{z}(0) = \mathbf{A}^2\,\mathbf{z}(0)$$

...

$$\mathbf{z}(k) = \mathbf{A}^k\,\mathbf{z}(0) \qquad \text{(diskretes System)} \qquad (7.19)$$

7-3.4 Lösung mit der diagonalen Eigenwertmatrix

Die Übergangsmatrix $\mathbf{A}^k$ läßt sich mit den Eigenwerten λ_n und Eigenvektoren $\mathbf{e}_n$ der Systemmatrix $\mathbf{A}$ bzw. der aus ihnen zusammengesetzten Modalmatrix

$$\mathbf{M} = [\mathbf{e}_1\ \mathbf{e}_2 \ldots \mathbf{e}_n]$$

und ihrer Kehrmatrix $\mathbf{M}^{-1}$ ausdrücken als

$$\mathbf{A}^k = \mathbf{M}\,\mathbf{\Lambda}^k\,\mathbf{M}^{-1}$$

wobei die Eigenwertmatrix (bei einfachen Eigenwerten)

$$\mathbf{\Lambda} = \begin{bmatrix} \lambda_1 & 0 & \ldots & 0 \\ 0 & \lambda_2 & \ldots & 0 \\ \ldots & \ldots & \ldots & \ldots \\ 0 & 0 & \ldots & \lambda_n \end{bmatrix}$$

Damit läßt sich die Lösung des homogenen Systems $\mathbf{z}(k+1) = \mathbf{A}\,\mathbf{z}(k)$ auch schreiben als

$$\mathbf{z}(k) = \mathbf{M}\,\mathbf{\Lambda}^k\,\mathbf{M}^{-1} \cdot \mathbf{z}(0) \qquad (7.20)$$

7-3.5 Lösung des homogenen zeitinvarianten kontinuierlichen Systems

Die homogene Vektorzustandsgleichung lautet (7.18)

$$\mathbf{z}' = \mathbf{A}\,\mathbf{z} \quad \text{mit} \quad \mathbf{z}(0) = \mathbf{z}_0$$

Wir treffen die Annahme, daß der Lösungsvektor $\mathbf{z}$ durch eine Potenzreihe in t dargestellt werden kann, deren Koeffizienten durch Spaltenvektoren gegeben sind:

$$\mathbf{z} = \mathbf{a}_0 + \mathbf{a}_1 t + \mathbf{a}_2 t^2 + \ldots + \mathbf{a}_n t^n + \ldots$$

Wir differenzieren diese Reihe nach t, um die Ableitung $\mathbf{z}'$ zu erhalten und führen die Potenzreihen für $\mathbf{z}$ und $\mathbf{z}'$ in die homogene Differentialgleichung ein:

$$\mathbf{a}_1 + 2\mathbf{a}_2 t + 3\mathbf{a}_3 t^2 + \ldots = \mathbf{A}\,(\mathbf{a}_0 + \mathbf{a}_1 t + \mathbf{a}_2 t^2 + \ldots)$$

Der Koeffizientenvergleich ergibt

$$\mathbf{a}_1 = \mathbf{A}\,\mathbf{a}_0$$
$$\mathbf{a}_2 = \mathbf{A}\,\mathbf{a}_1/2 \;=\; \mathbf{A}\,\mathbf{A}\,\mathbf{a}_0/2 \;=\; \mathbf{A}^2\mathbf{a}_0/2$$

.....

$$\mathbf{a}_n = \mathbf{A}^n\,\mathbf{a}_0/n!$$

wobei der Koeffizientenvektor $\mathbf{a}_0$ wiederum durch die Anfangsbedingungen $\mathbf{z}_0 = \mathbf{a}_0$ gegeben ist. Damit wird

$$\mathbf{z} \;=\; \mathbf{z}_0 + \mathbf{A}\,\mathbf{z}_0\,t + (\mathbf{A}^2/2)\,\mathbf{z}_0\,t^2 + \ldots + (\mathbf{A}^n/n!)\,\mathbf{z}_0\,t^n + \ldots$$
$$= (\mathbf{I} + \mathbf{A}\,t + (\mathbf{A}^2/2)\,t^2 + \ldots + (\mathbf{A}^n/n!)\,t^n + \ldots)\,\mathbf{z}_0$$

Die Reihenentwicklung in der Klammer wird als $e^{\mathbf{A}t}$ zusammengefaßt und als **Matrixexponentialfunktion** oder **Übergangsmatrix** $\mathbf{\Phi}(t)$ bezeichnet. Die Lösung der homogenen Vektordifferentialgleichungen läßt sich damit schreiben als

$$\mathbf{z}\,(t) \;=\; e^{\mathbf{A}t}\,\mathbf{z}_0 \;=\; \mathbf{\Phi}(t)\,\mathbf{z}_0 \tag{7.21}$$

Die Übergangsmatrix $e^{\mathbf{A}t} = \mathbf{\Phi}(t)$ ist eine lineare Transformation (eine quadratische Matrix der Dimension $n \cdot n$), die den Anfangszustand $\mathbf{z}_0$ in den neuen Systemzustand $\mathbf{z}(t)$ überführt.

7-3.6 Lösung mit dem diagonalen Matrixexponential

Das Matrixexponential $e^{\mathbf{A}t}$ läßt sich mit den Eigenwerten λ_n und Eigenvektoren $\mathbf{e}_n$ der Systemmatrix $\mathbf{A}$ bzw. der aus ihnen zusammengesetzten Modalmatrix

$$\mathbf{M} \;=\; [\mathbf{e}_1\;\mathbf{e}_2 \ldots \mathbf{e}_n]$$

und ihrer Kehrmatrix $\mathbf{M}^{-1}$ ausdrücken:

$$e^{\mathbf{A}t} \;=\; \mathbf{M}\,e^{\mathbf{\Lambda}t}\,\mathbf{M}^{-1} \quad \text{wobei}$$

$$e^{\mathbf{\Lambda}t} \;=\; \begin{bmatrix} e^{\lambda 1t} & 0 & \ldots & 0 \\ 0 & e^{\lambda 2t} & \ldots & 0 \\ \ldots & \ldots & \ldots & \ldots \\ 0 & 0 & \ldots & e^{\lambda nt} \end{bmatrix}$$

Damit läßt sich die Lösung des homogenen Systems auch schreiben als

$$\mathbf{z}\,(t) \;=\; \mathbf{M}\,e^{\mathbf{\Lambda}t}\,\mathbf{M}^{-1} \cdot \mathbf{z}_0 \tag{7.22}$$

Bemerkung:

Herleitung für $e^{\mathbf{A}t} = \mathbf{M}e^{\mathbf{\Lambda}t}\,\mathbf{M}^{-1}$:

Da $\mathbf{A}^k \;= \mathbf{M}\,\mathbf{\Lambda}^k\,\mathbf{M}^{-1}$

und $e^{\mathbf{A}t} \;= \mathbf{I} + \mathbf{A}t + \mathbf{A}^2\,t^2/2! + \ldots$

wird $e^{\mathbf{A}t} \;= \mathbf{I} + \mathbf{M}\,\mathbf{\Lambda}^1\,\mathbf{M}^{-1}\,t + \mathbf{M}\,\mathbf{\Lambda}^2\,\mathbf{M}^{-1}\,t^2/2! + \ldots$

$$= \mathbf{M}\,(\mathbf{I} + \mathbf{\Lambda}\,t + \mathbf{\Lambda}^2\,t^2/2! + \ldots)\,\mathbf{M}^{-1}$$

$$e^{\mathbf{A}t} \;= \mathbf{M}\,e^{\mathbf{\Lambda}t}\,\mathbf{M}^{-1}$$

7-3.7 Stabilitätsbetrachtungen für lineare Systeme

Ein lineares zeitinvariantes System mit konstantem Eingang $\mathbf{u}$ wird als asymptotisch **stabil** bezeichnet, wenn sich bei beliebigen Anfangsbedingungen $\mathbf{z}_0$ bzw. $\mathbf{z}(0)$ der Zustandsvektor $\mathbf{z}(t)$ bzw. $\mathbf{z}(k)$ mit fortschreitender Zeit dem Gleichgewichtszustand $\mathbf{z}^*$ nähert.

Aus den Lösungen (7.20) und (7.22) ergeben sich unmittelbar Aussagen zum Stabilitätsverhalten in Abhängigkeit von den Eigenwerten λ_i der Systemmatrix $\mathbf{A}$.

Das homogene **diskrete lineare System** ist **stabil**, wenn die Beträge aller Eigenwerte kleiner als 1 sind (also innerhalb des Einheitskreises in der komplexen Eigenwert-Ebene liegen)

$$|\lambda_i| < 1 \tag{7.23}$$

Das homogene **kontinuierliche lineare System** ist **stabil**, wenn alle Eigenwerte einen negativen Realteil haben (also in der linken Halbebene der komplexen Eigenwert-Ebene liegen).

$$\mathrm{Re}\,\lambda_i < 0 \tag{7.24}$$

Die Stabilität eines linearen Systems ist unabhängig davon, ob das System erregt ist oder nicht; sie wird lediglich durch $\mathbf{A}$ bestimmt.

Ein erregtes System ist bezüglich einer Menge $U = \{u(t)\}$ von Eingangssignalen stabil, wenn der Zustandsvektor für alle Signale aus dieser Menge beschränkt bleibt. Ein schwingungsfähiges **un**gedämpftes System ist z.B. bei Erregung mit der Resonanzfrequenz bezüglich dieser nicht stabil.

7-3.8 Allgemeine Form, Standardform und Normalform: Umrechnung

Sei $\mathbf{A}_x$ die $(n \cdot n)$ Systemmatrix in der allgemeinen Form

$$\mathbf{A}_x = [a_{ij}]$$

Mit dem Zustandsvektor $\mathbf{x}$ ist die Zustandsgleichung des linearen homogenen Systems

$$\mathbf{x}' = \mathbf{A}_x\mathbf{x} \qquad \text{(kontinuierliches System)}$$

$$\mathbf{x}(k+1) = \mathbf{A}_x\,\mathbf{x}(k) \qquad \text{(diskretes System)}$$

$\mathbf{A}_x$ habe die einfachen Eigenwerte λ_i und die entsprechende Modalmatrix $\mathbf{M}_x$.

Sei $\mathbf{z}$ der Zustandsvektor des diagonalisierten Systems mit der Systemmatrix $\mathbf{A}_z = \mathbf{\Lambda}$ (bestehend aus den den einfachen Eigenwerten λ_i der Systemmatrix $\mathbf{A}_x$).

$$\mathbf{z}' = \mathbf{\Lambda}\,\mathbf{z} \quad \text{bzw.} \quad \mathbf{z}(k+1) = \mathbf{\Lambda}\,\mathbf{z}(k)$$

Dann folgt der Zustandsvektor $\mathbf{x}$ aus

$$\mathbf{x} = \mathbf{M}_x\,\mathbf{z}$$

bzw. der Zustandsvektor $\mathbf{z}$ aus

$$\mathbf{z} = \mathbf{M}_x^{-1}\,\mathbf{x}$$

Für ein weiteres System mit der Systemmatrix $\mathbf{A}_y$ und wiederum den gleichen Eigenwerten λ_i und der Zustandsgleichung

$$\mathbf{y}' = \mathbf{A}_y \mathbf{y} \quad \text{bzw.} \quad \mathbf{y}(k+1) = \mathbf{A}_y \mathbf{y}(k)$$

folgt dann entsprechend der Zustandsvektor $\mathbf{y}$ aus

$$\mathbf{y} = \mathbf{M}_y \mathbf{z}$$

bzw. der Zustandsvektor $\mathbf{z}$ aus

$$\mathbf{z} = \mathbf{M}_y^{-1} \mathbf{y}$$

Hiermit ergibt sich für die Umrechnung des Zustandsvektors $\mathbf{x}$ auf den Zustandsvektor $\mathbf{y}$ und umgekehrt:

$$\mathbf{x} = \mathbf{M}_x \mathbf{M}_y^{-1} \mathbf{y}$$

bzw.

$$\mathbf{y} = \mathbf{M}_y \mathbf{M}_x^{-1} \mathbf{x}$$

Für die Umrechnung sind also erforderlich die Modalmatrizen $\mathbf{M}_x$ und $\mathbf{M}_y$ der beiden Systeme bzw. die Eigenvektoren von $\mathbf{A}_x$ und $\mathbf{A}_y$, die aus den Eigenvektorgleichungen

$$[\mathbf{A}_x - \lambda \mathbf{I}]\, \mathbf{e}_x = \mathbf{0} \quad \text{und} \quad [\mathbf{A}_y - \lambda \mathbf{I}]\, \mathbf{e}_y = \mathbf{0}$$

folgen.

Die **allgemeine Form** der $(n \cdot n)$ Systemmatrix hat eine beliebige Verteilung reeller Koeffizienten

$$\mathbf{A}_x = [a_{ij}]$$

Die **Normalform** der Systemmatrix entspricht der diagonalen Eigenwert-Matrix $\mathbf{\Lambda}$ mit den λ_i auf der Hauptdiagonalen:

$$\mathbf{A}_z = \mathbf{\Lambda} = \begin{bmatrix} \lambda_1 & 0 & \dots & 0 \\ 0 & \lambda_2 & \dots & 0 \\ \dots & \dots & \dots & \dots \\ 0 & 0 & \dots & \lambda_n \end{bmatrix}$$

Die **Standardform** der Systemmatrix folgt aus dem charakteristischen Polynom des Systems $\mathbf{A}_x$:

$$p(\lambda) = \lambda^n + a_{n-1}\lambda^{n-1} + a_{n-2}\lambda^{n-2} + \dots + a_1 \lambda + a_0 = 0$$

durch Verteilung der Koeffizienten in der folgenden Weise:

$$\mathbf{A}_y = \begin{bmatrix} 0 & 1 & 0 & . & 0 & 0 \\ 0 & 0 & 1 & . & 0 & 0 \\ \dots & \dots & \dots & \dots & \dots & \dots \\ 0 & 0 & 0 & . & 0 & 1 \\ -a_0 & -a_1 & -a_2 & . & -a_{n-2} & -a_{n-1} \end{bmatrix} \tag{7.25}$$

$\mathbf{A}_x$, $\mathbf{A}_y$ und $\mathbf{A}_z$ haben offensichtlich das gleiche charakteristische Polynom, damit die gleichen Eigenwerte und gleiche Dynamik und Stabilität.

Die praktische Bedeutung der Transformation von der allgemeinen Form in die Standardform bzw. Normalform liegt in der - gerade bei höherdimensionalen Systemen - enormen Reduktion der Zahl der möglichen Verkopplungen zwischen den n Zustandsgrößen:

	Zahl der möglichen Verkopplungen
allgemeine Form:	n^2
Standardform:	$(2n)-1$
Normalform:	n

Der Vorteil der effizienten Darstellung in der verhaltensäquivalenten Standardform oder Normalform wird erkauft durch die Notwendigkeit der Umrechnung der Ergebnisse aus der Standardform (Zustandsvektor **y**) bzw. Normalform (Zustandsvektor **z**) in die allgemeine Form (Zustandsvektor **x**) des Originalsystems mit Hilfe der Umwandlungsmatrizen (Ausgangsmatrizen) $\mathbf{C}_y$ bzw. $\mathbf{C}_z$.

$\mathbf{x} = \mathbf{C}_y \mathbf{y}$ $\quad$ $\mathbf{x} = \mathbf{C}_z \mathbf{z}$

mit $\quad$ mit

$\mathbf{C}_y = \mathbf{M}_x \mathbf{M}_y^{-1}$ $\quad$ $\mathbf{C}_z = \mathbf{M}_x$

Das Verfahren ist in der folgenden Übersicht am Beispiel dargestellt. Man beachte die strukturell unterschiedliche Form der drei Systeme mit den Zustandsvektoren **x, y** und **z**, die aber identische Ergebnisse (x_1, x_2) liefern.

7-3.9 Verhaltensäquivalente Systeme: Beispiel

allgemeine Form

Systemmatrix

$$\mathbf{A}_x = \begin{bmatrix} 2 & 1 \\ 2 & 3 \end{bmatrix}$$

charakteristische Gleichung:

$$p(\lambda) = \lambda^2 - 5\lambda + 4 = 0$$

Eigenwerte:

$\lambda_1 = 1$

$\lambda_2 = 4$

Standardform

$$\mathbf{A}_y = \begin{bmatrix} 0 & 1 \\ -4 & 5 \end{bmatrix}$$

Normalform

$$\mathbf{A}_z = \begin{bmatrix} 1 & 0 \\ 0 & 4 \end{bmatrix}$$

Modalmatrizen $\mathbf{M} = [\mathbf{e}_1\ \mathbf{e}_2 \ldots \mathbf{e}_n]$ aus:

$[\mathbf{A}_x-\lambda\mathbf{I}]\,\mathbf{e}_x = \mathbf{0}$	$[\mathbf{A}_y-\lambda\mathbf{I}]\,\mathbf{e}_y = \mathbf{0}$	$[\mathbf{A}_z-\lambda\mathbf{I}]\,\mathbf{e}_z = \mathbf{0}$
$\mathbf{M}_x = \begin{bmatrix} 1 & 1 \\ -1 & 2 \end{bmatrix}$	$\mathbf{M}_y = \begin{bmatrix} 1 & 1 \\ 1 & 4 \end{bmatrix}$	$\mathbf{M}_z = \begin{bmatrix} 1 & 0 \\ 0 & 1 \end{bmatrix}$
invertiert:		
$\mathbf{M}_x^{-1} = 1/3 \begin{bmatrix} 2 & -1 \\ 1 & 1 \end{bmatrix}$	$\mathbf{M}_y^{-1} = 1/3 \begin{bmatrix} 4 & -1 \\ -1 & 1 \end{bmatrix}$	$\mathbf{M}_z^{-1} = \begin{bmatrix} 1 & 0 \\ 0 & 1 \end{bmatrix}$

Umrechnung des Zustandsvektors auf den Systemausgang $\mathbf{x}$

$\mathbf{x} = \mathbf{C}_x\,\mathbf{x}$	$\mathbf{x} = \mathbf{C}_y\,\mathbf{y}$	$\mathbf{x} = \mathbf{C}_z\,\mathbf{z}$
mit der Ausgangsmatrix		
$\mathbf{C}_x = \mathbf{I}$	$\mathbf{C}_y = \mathbf{M}_x\mathbf{M}_y^{-1}$	$\mathbf{C}_z = \mathbf{M}_x$
$= \begin{bmatrix} 1 & 0 \\ 0 & 1 \end{bmatrix}$	$= \begin{bmatrix} 1 & 0 \\ -2 & 1 \end{bmatrix}$	$= \begin{bmatrix} 1 & 1 \\ -1 & 2 \end{bmatrix}$
invertiert:		
$\mathbf{C}_x^{-1} = \begin{bmatrix} 1 & 0 \\ 0 & 1 \end{bmatrix}$	$\mathbf{C}_y^{-1} = \begin{bmatrix} 1 & 0 \\ 2 & 1 \end{bmatrix}$	$\mathbf{C}_z^{-1} = \begin{bmatrix} 2 & -1 \\ 1 & 1 \end{bmatrix} \cdot 1/3$
und damit	$\mathbf{y} = \mathbf{C}_y^{-1}\,\mathbf{x}$	$\mathbf{z} = \mathbf{C}_z^{-1}\,\mathbf{x}$

Der Zustand $\mathbf{x}$ folgt daher aus jedem der drei Systeme mit

$x_1 = x_1$	$x_1 = 1 \cdot y_1 + 0 \cdot y_2$	$x_1 = 1 \cdot z_1 + 1 \cdot z_2$
$x_2 = x_2$	$x_2 = -2 \cdot y_1 + 1 \cdot y_2$	$x_2 = -1 \cdot z_1 + 2 \cdot z_2$

Die Anfangswerte in der jeweiligen Systemdarstellung müssen aus $\mathbf{x}_0$ durch Umrechnung ermittelt werden.

$x_{10} = x_{10}$	$y_{10} = 1 \cdot x_{10} + 0 \cdot x_{20}$	$z_{10} = 2/3 \cdot x_{10} - 1/3 \cdot x_{20}$
$x_{20} = x_{20}$	$y_{20} = 2 \cdot x_{10} + 1 \cdot x_{20}$	$z_{20} = 1/3 \cdot x_{10} + 1/3 \cdot x_{20}$

Hiermit ergeben sich nun die Simulationsdiagramme, die identische Ergebnisse für $\mathbf{x}$ erbringen (Abb. 7.4). Als 'Black Box' betrachtet, sind diese drei Systeme völlig identisch. Sie erzeugen bei den gleichen Anfangsbedingungen völlig gleiches Verhalten.

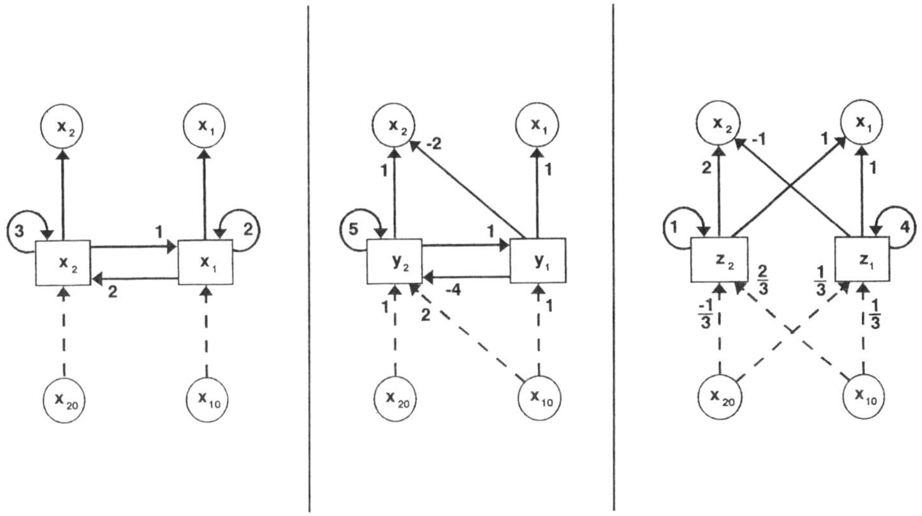

Abb. 7.4: Drei Systeme mit identischem Verhalten (x_1, x_2), aber unterschiedlichen Zustandsgrößen und Systemstruktur. Die Systemmatrix hat allgemeine Form (links), Standardform (Mitte), Normalform (rechts). Die Eigenwerte sind identisch.

7-3.10 Verhaltensweisen linearer Systeme

Die charakteristische Gleichung (7.13)

$$\det [\mathbf{A} - \lambda \mathrm{I}] = 0$$

der (n·n) Matrix **A** mit reellen Koeffizienten a_{ij} bzw. das ihr entsprechende charakteristische Polynom (7.14)

$$p(\lambda) = \lambda^n + a_{n-1} \lambda^{n-1} + a_{n-2} \lambda^{n-2} + \dots + a_1 \lambda + a_0 = 0$$

hat n Eigenwerte λ_i, die

(1) rein reell oder
(2) komplex (Realteil + Imaginärteil)

sein können. Die Wurzeln mit Imaginärteil (Fall 2) können nur als konjugiert komplexe Paare auftreten. Es ergeben sich die folgenden Verhaltensmöglichkeiten:

7-3.11 Kontinuierliche Systeme

Generell können Eigenwerte konjugiert komplex sein:

$$\lambda = \sigma \pm j\omega$$

(1) *Reeller Eigenwert* $\lambda = \sigma$

Der einzige Verhaltensmodus (Eigenvorgang) $e^{\sigma t}$ erlaubt exponentielles Wachstum ($\sigma > 0$), gleichbleibenden Wert ($\sigma = 0$) oder exponentielles Abklingen der Zustandsgröße ($\sigma < 0$). Das System ist instabil, wenn einer der Eigenwerte $\lambda_i > 0$ ist.

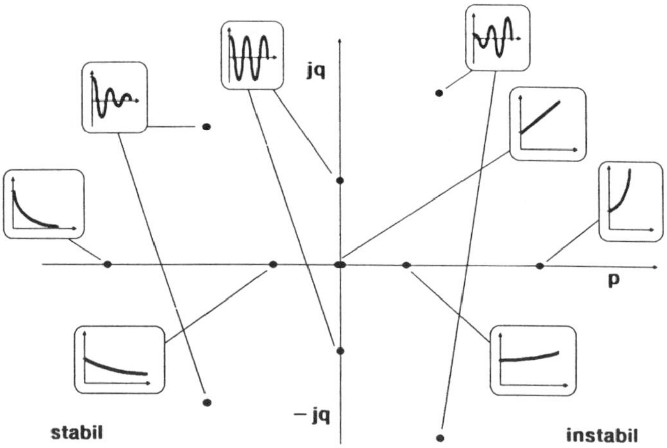

Abb. 7.5: Verhaltensmöglichkeiten eines linearen Systems in Abhängigkeit von der Lage seiner Eigenwerte (Wurzelorte) in der komplexen Zahlenebene (aus Bossel 1987/89).

(2) *Konjugiert-komplexes Eigenwertpaar* $\lambda_{1,2} = \sigma \pm j\omega$

Einem konjugiert-komplexen Eigenwertpaar mit dem (gleichen) Realteil σ und den konjugierten Imaginärteilen $(+j\omega)$ und $(-j\omega)$ entsprechen die komplexen Verhaltensmodi

$$e^{(\sigma+j\omega)t}, \quad e^{(\sigma-j\omega)t}.$$

Sie lassen sich durch Anwendung der Euler'schen Formeln umformen zu dem charakteristischen Lösungsmodus (Eigenvorgang)

$$e^{\sigma t}\,(A \sin \omega t + B \cos \omega t)$$

Terme dieser Art bedeuten Schwingung mit der Frequenz ω und der exponentiellen Dämpfung $(\sigma < 0)$ bzw. Anfachung $(\sigma > 0)$. Die Schwingungsfrequenz ist also durch den Imaginärteil ω des Eigenwerts gegeben, die Dämpfungs- (oder Anfachungs)rate durch den Realteil σ. Der Sonderfall $\sigma = 0$ entspricht der ungedämpften Schwingung. Die Verhaltensmöglichkeiten linearer kontinuierlicher Systeme sind in Abb. (7.5) zusammengestellt.

7-3.12 Diskrete Systeme

Generell sind auch hier Eigenwerte komplex. Zweckmäßigerweise werden sie hier ausgedrückt als

$$\lambda = \sigma + j\omega = re^{j\theta} = r\,(\cos\theta + j \sin\theta)$$

(1) *Reeller Eigenwert:* $\lambda = r$

Der Lösungsmodus (Eigenvorgang) ist

$$r^k$$

Die Glieder dieser geometrischen Folge wachsen, falls $|r| > 1$ und nehmen ab, wenn $|r| < 1$. Falls der Eigenwert negativ ist $(r < 0)$, so ergibt sich als Lösungsmodus eine alternierende geometrische Reihe (ständiger Vorzeichenwechsel).

(2) *Konjugiert-komplexes Eigenwertpaar:* $\lambda = r(\cos\theta \pm j\ \sin\theta)$

Der Verhaltensmodus (Eigenvorgang) hat die Form

$$r^k (A \sin \theta k + B \cos \theta k)$$

d.h. eine Schwingung über den Zeitindex k, die entsprechend dem Betrag r des Eigenwerts geometrisch anwächst (oder schwindet).

7-3.13 Verhalten und Stabilität eines zweidimensionalen linearen kontinuierlichen Systems

Verhalten und Stabilität eines linearen Systems sind durch seine Systemmatrix **A** bzw. seine Eigenwerte λ_i bestimmt. Ein zweidimensionales kontinuierliches System zeigt alle prinzipiell für lineare Systeme auch höherer Ordnung möglichen Verhaltensweisen.

Die möglichen Verhaltensweisen lassen sich in Abhängigkeit von den Koeffizienten der Systemmatrix eines kontinuierlichen Systems

$$\mathbf{A} = \begin{bmatrix} a & b \\ c & d \end{bmatrix}$$

als Quelle, Senke, Knoten, Sattel, Wirbel und Strudel kategorisieren (s. auch Modell M 203 "linearer Schwinger 2. Ordnung" im Systemzoo).

Sei $p = a + d$, $q = ad - bc$

Dann gilt

Quelle, instabil:	falls $q = p^2/4$	und $p > 0$	
Senke, stabil:	falls $q = p^2/4$	und $p \leq 0$	
Strudel, instabil:	falls $q > p^2/4$	und $p > 0$	
Wirbel, marginal stabil:	falls $q > p^2/4$	und $p = 0$	
Strudel, stabil:	falls $q > p^2/4$	und $p < 0$	
Linienquelle, instabil:	falls $q = 0$	und $p \geq 0$	
Linienquelle, stabil:	falls $q = 0$	und $p < 0$	
Sattel, instabil:	falls $q < 0$		
Knoten, instabil:	falls $q > 0$	und $q < p^2/4$	und $p > 0$
Knoten, stabil:	falls $q > 0$	und $q < p^2/4$	und $p \leq 0$

Die entsprechenden Verhaltensbereiche sind in Abb. 7.6 als Funktion von p und q dargestellt.

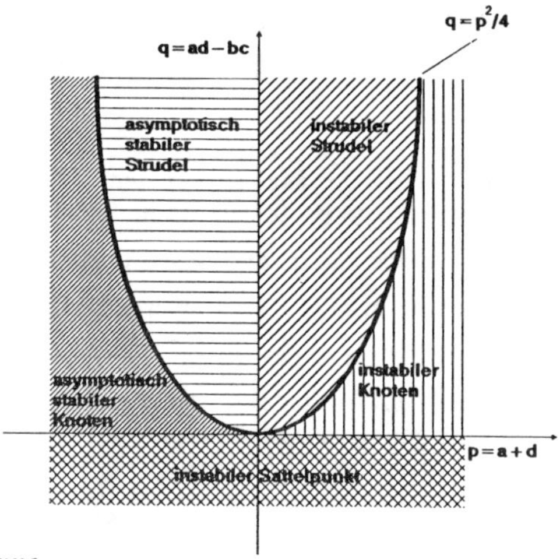

Abb. 7.6: Abhängigkeit des Verhaltens und der Stabilität eines linearen Systems mit zwei Zustandsgrößen von seinen Systemparametern p = a + d und q = ad - bc (aus Bossel 1987/89).

7-3.14 Stabilitätsprüfung für lineare Systeme

Die Stabilitätsbedingung ist für **kontinuierliche Systeme:**

$$\mathrm{Re}\,(\lambda) < 0$$

Für **diskrete Systeme** gilt:

$$|\lambda| < 1$$

Ist die charakteristische Gleichung der Systemmatrix **A** eines **kontinuierlichen Systems** in der Form (7.14)

$$\lambda^n + a_{n-1}\,\lambda^{n-1} + \ldots + a_1\,\lambda + a_0 = 0$$

gegeben, so kann aus den Koeffizienten a_i mit dem **Routh-Schema** festgestellt werden, wieviele instabile Eigenwerte ein System hat. Die Koeffizienten werden nach dem folgenden Schema geordnet:

$$\begin{array}{l|llll}
n & a_n & a_{n-2} & a_{n-4} & \ldots \\
n-1 & a_{n-1} & a_{n-3} & a_{n-5} & \ldots \\
n-2 & b_1 & b_2 & b_3 & \ldots \\
n-3 & c_1 & c_2 & & \ldots \\
\ldots & \ldots & & & \\
1 & f_1 & & & \\
0 & g_1 & & &
\end{array}$$

mit (7.26)

$$b_1 = (1/a_{n-1})\,(a_{n-1}\,a_{n-2} - a_n\,a_{n-3})$$
$$b_2 = (1/a_{n-1})\,(a_{n-1}\,a_{n-4} - a_n\,a_{n-5})$$
$$\ldots$$
$$c_1 = (1/b_1)\,(b_1\,a_{n-3} - a_{n-1}\,b_2)$$
$$c_2 = (1/b_1)\,(b_1\,a_{n-5} - a_{n-1}\,b_3)$$
$$\ldots$$

usw.

Routh-Kriterium: Die Zahl der instabilen Eigenwerte (Wurzeln) des Systems ist gleich der Zahl der Zeichenwechsel in der ersten Koeffizientenspalte. (Ein einziger Zeichenwechsel bedeutet bereits Instabilität.)

Falls sich in der ersten Koeffizientenspalte eine Null ergibt, so ist diese durch eine kleine positive Größe ϵ zu ersetzen. Das Schema kann dann vervollständigt werden. Das Routh-Kriterium wird unter der Bedingung $\epsilon \to 0$ verwendet.

Das Kriterium kann eingesetzt werden, um Systemparameter zu bestimmen, die ein stabiles System garantieren.

Das Kriterium kann auch auf **diskrete Systeme** angewendet werden, doch muß hier beachtet werden, daß die Stabilitätsregion innerhalb des Einheitskreises in der komplexen z-Ebene liegt.

Die Transformation

$$\lambda = (z+1)/(z-1)$$

bzw.

$$z = (\lambda+1)/(\lambda-1)$$

transformiert das Innere des Einheitskreises in der komplexen z-Ebene in die linke Halbebene in der λ-Ebene. Wird diese Transformation auf die charakteristische Gleichung eines diskreten Systems

$$A_n z^n + A_{n-1} z^{n-1} + \ldots + A_1 z + A_0 = 0$$

angewendet, so ergibt die Transformation $z = (\lambda+1)/(\lambda-1)$ ein Polynom gleicher Ordnung in λ der Form (7.14), auf das nun das Routh-Schema und das Routh-Kriterium angewendet werden können. Jeder Zeichenwechsel in der ersten Koeffizientenspalte bedeutet dann einen instabilen Eigenwert außerhalb des Einheitskreises in der z-Ebene.

7-3.15 Anmerkungen zum Verhalten linearer kontinuierlicher Systeme

1. Die Differentialgleichung des Schwingers zweiter Ordnung

   $$d^2y/dt^2 + 2\,\xi\,\omega_0\,dy/dt + \omega_0^2\,y = 0$$

   kann auch in der Standardform als zwei Differentialgleichungen 1. Ordnung geschrieben werden:

   $$x'_1 = x_2$$

   $$x'_2 = -\omega_0^2 x_1 - 2\,\xi\,\omega_0 x_2$$

   bzw.

   $$\mathbf{x}' = \mathbf{A}\,\mathbf{x}$$

   mit der Systemmatrix

   $$\mathbf{A} = \begin{bmatrix} 0 & 1 \\ -\omega_0^2 & -2\xi\omega_0 \end{bmatrix}$$

Die charakteristische Gleichung ergibt sich direkt aus dieser Standardform der Systemmatrix (vgl. 7.25):

$$\lambda^2 + 2\,\xi\,\omega_0\,\lambda + \omega_0^2 = 0$$

Diese quadratische Gleichung hat die Lösungen

$$\lambda_{1,2} = -\xi\omega_0 \pm \omega_0\,(\xi^2 - 1)^{1/2}$$

In dieser Darstellung ist ω_0 die **Eigenfrequenz** des ungedämpften Systems; d.h., wenn keine Dämpfung vorhanden ist ($\xi = 0$), ergibt sich für das freie Verhalten des Systems (homogene Lösung) eine harmonische Schwingung der Frequenz ω_0. Hat das System eine Dämpfung ($\xi > 0$), so ergeben sich, wie aus dem Wurzelausdruck für die Eigenwerte λ_1 und λ_2 hervorgeht, mit allmählich wachsender Dämpfung zunächst noch weiterhin Schwingungen mit durch den Dämpfungsfaktor modifizierter Frequenz, die aber völlig verschwinden, wenn der Dämpfungsfaktor $\xi = 1$ wird. Der Wert $\xi = 1$ wird daher als kritische Dämpfung bezeichnet. Wird $\xi > 1$ (überkritische Dämpfung), so bleiben die Wurzeln rein reell; eine Schwingung kann nicht mehr auftreten. Schwingungen sind also lediglich im unterkritisch gedämpften Bereich zu erwarten.

2. Ein lineares freies System zweiter oder höherer Ordnung kann bei gegebenen Anfangsbedingungen (Anfangsauslenkung) oder einem aperiodischen Eingang (Stoß, Sprung) mit Schwingungen reagieren, ohne durch Schwingungen angeregt zu sein. Die auftretenden Frequenzen bestimmen sich aus den Koeffizienten der Differentialgleichung bzw. der Systemmatrix **A**. Sie entsprechen den Eigenfrequenzen des Systems, modifiziert durch die im System vorhandene Dämpfung.

3. Ein lineares System n-ter Ordnung hat n Eigenwerte, unter denen maximal $n/2$ konjugiert-komplexe Eigenwertpaare sein können. Damit hat ein lineares System n-ter Ordnung maximal $n/2$ Eigenfrequenzen (n gerade) bzw. $(n\text{-}1)/2$ Eigenfrequenzen (n ungerade).

4. Sobald ein einziger Eigenwert einen positiven Realteil hat, der größer als Null ist, ergibt sich ein Aufklingen der Lösung und damit Instabilität. Umgekehrt ist ein Abklingen (Stabilität) nur dann möglich, wenn die Realteile aller Eigenwerte kleiner als Null sind. Für den Fall, daß der Realteil einer oder mehrerer Eigenwerte genau gleich Null ist, ergibt sich marginale Stabilität. Ohne weitere Störungen bleibt daher beim harmonischen Schwinger die Amplitude der Schwingung über die Zeit konstant.

5. Längerfristig dominiert in allen Fällen der Eigenwert mit der kleinsten Dämpfung (größter Realteil). Soll also das langfristige Verhalten des Systems abgeschätzt werden, so genügt es, diesen Eigenwert zu betrachten.

6. Für Systeme höherer Ordnung als $n = 2$ kann kein qualitativ anderes Verhalten hinzukommen, als es bereits für die Systeme 1. und 2. Ordnung betrachtet wurde. Deshalb hat die Diskussion der Systeme zweiter Ordnung grundsätzliche Bedeutung.

7. Der Wurzelort der Eigenwerte in der komplexen Ebene gibt Einblick in das allgemeine Verhalten und die Stabilität des Systems. Meist genügt die Wurzelortdarstellung für eine Beurteilung des Systems (s. Abb. 7.5).

8. Die Stabilität und das allgemeine Verhalten von linearen Systemen sind **nur** abhängig von der Systemmatrix **A** bzw. den Koeffizienten der Differentialgleichungen. Sie sind - im Gegensatz zu nichtlinearen Systemen - weder von Anfangswerten noch von Eingangsfunktionen bestimmt.

7-4 Verhalten linearer Systeme bei erzwungener Bewegung

7-4.1 Lineare Systeme und Überlagerungsprinzip

Bei einem linearen kontinuierlichen (bzw. diskreten) System vereinfacht sich die ursprüngliche Zustandsgleichung (7.2, 7.1)

$$\mathbf{z}' = \mathbf{f}(\mathbf{z}, \mathbf{u}, t) \qquad \text{bzw.} \qquad \mathbf{z}(k+1) = \mathbf{f}(\mathbf{z}(k), \mathbf{u}(k), k)$$

zu (7.15, 7.16)

$$\mathbf{z}' = \mathbf{A}(t)\,\mathbf{z} + \mathbf{B}(t)\,\mathbf{u} \qquad \text{bzw.} \qquad \mathbf{z}(k+1) = \mathbf{A}(k)\,\mathbf{z}(k) + \mathbf{B}(k)\,\mathbf{u}(k)$$

und die Verhaltensgleichung (Ausgangsgleichung)

$$\mathbf{v} = \mathbf{g}(\mathbf{z}, \mathbf{u}, t) \qquad \text{bzw.} \qquad \mathbf{v}(k) = \mathbf{g}(\mathbf{z}(k), \mathbf{u}(k), k)$$

zu

$$\mathbf{v} = \mathbf{C}(t)\,\mathbf{z} + \mathbf{D}(t)\,\mathbf{u} \qquad \text{bzw.} \qquad \mathbf{v}(k) = \mathbf{C}(k)\,\mathbf{z}(k) + \mathbf{D}(k)\,\mathbf{u}(k)$$

Bei einem zeitinvarianten linearen System reduzieren sich Zustands- und Verhaltensgleichung zu

$$\begin{aligned} \mathbf{z}' &= \mathbf{A}\,\mathbf{z} + \mathbf{B}\,\mathbf{u} \qquad & \mathbf{z}(k+1) &= \mathbf{A}\,\mathbf{z}(k) + \mathbf{B}\,\mathbf{u}(k) \\ \mathbf{v} &= \mathbf{C}\,\mathbf{z} + \mathbf{D}\,\mathbf{u} \qquad & \mathbf{v}(k) &= \mathbf{C}\,\mathbf{z}(k) + \mathbf{D}\,\mathbf{u}(k) \end{aligned} \tag{7.27}$$

Überlagerungsprinzip: Die Antwort $\mathbf{z}(t)$ eines linearen Systems auf mehrere gleichzeitig wirkende Eingänge $\mathbf{u}_1(t), \mathbf{u}_2(t), \ldots, \mathbf{u}_n(t)$ ist gleich der Summe der Antworten auf jeden einzeln wirkenden Eingang. D.h., wenn $\mathbf{z}_i(t)$ die Systemantwort auf $\mathbf{u}_i(t)$ ist, dann ist

$$\mathbf{z}(t) = \sum_{i=1}^{n} \mathbf{z}_i(t) \qquad \text{bzw.} \qquad \mathbf{z}(k) = \sum_{i=1}^{n} \mathbf{z}_i(k)$$

Das Überlagerungsprinzip gilt auch für zeitabhängige Systemmatrix $\mathbf{A}(t)$ und zeitabhängige Eingangsmatrix $\mathbf{B}(t)$.

Da eine beliebige Eingangsfunktion $\mathbf{u}(t)$ als Summe elementarer Funktionen (wie Puls-, Sprung-, Rampen- und Sinusfunktion) approximiert werden kann, kann mit Hilfe des Überlagerungsprinzips die Zustandsentwicklung eines linearen Systems in Reaktion auf beliebige Umwelteinwirkungen durch die Summation von Elementarlösungen ermittelt werden.

7-4.2 Darstellung aperiodischer Eingangsfunktionen

Für Systemuntersuchungen von besonderer Bedeutung ist die **Impulsfunktion** $\delta(t)$. Sie ist definiert durch die folgenden Eigenschaften:

$$\delta(t - a) = 0 \quad \text{für } t \neq a$$

$$\int_{a-\epsilon}^{a+\epsilon} \delta(t-a)\,dt = 1 \quad \text{mit} \quad \epsilon > 0$$

und damit

$$\int_{-\infty}^{t} \delta(t-a)\,dt = \sigma(t-a)$$

Das Integral der Impulsfunktion über einen Zeitraum, der den Impulszeitpunkt $t = a$ einschließt, ist also genau die Einheitssprungfunktion $\sigma(t\text{-}a)$, wobei der Sprung zum Impulszeitpunkt $t = a$ erfolgt.

Mit Hilfe der Impulsfunktion kann eine beliebige Zeitfunktion $u(t)$ auch als Summe diskreter Pulse approximiert werden

$$u(t) \approx \sum_{i=1}^{n} u(t_i)\,\Delta t \cdot \delta(t-t_i)$$

Zu den Zeitpunkten t_i werden also im Zeitabstand Δt Pulse der Stärke $u(t_i)\,\Delta t$ (Pulsfläche) aufgegeben, die am System die (angenähert) gleiche **Wirkung** erzeugen wie die ursprüngliche Funktion u(t). Es handelt sich also **nicht** um eine Approximation der Funktion u(t) selbst, sondern von deren Wirkung als Summe entsprechender Pulse.

Für eine 'fortlaufende' Eingangsfunktion u(t) mit $u(t) = 0$ für $t < 0$ (bzw. $k < 0$) ergibt sich dann

$$u(t) \approx \sum_{k=0}^{\infty} [u(k\Delta\tau)]\,\delta(t-k\Delta\tau)\,\Delta\tau$$

in der diskreten Darstellung und

$$u(t) = \int_{0}^{\infty} u(\tau)\,\delta(t-\tau)\,d\tau$$

in der kontinuierlichen Darstellung nach dem Grenzübergang $\Delta\tau \to d\tau \to 0$.

7-4.3 Darstellung periodischer Eingangsfunktionen

Oft sind die Systemeingänge periodischer Natur, d.h. ein Funktionsverlauf wiederholt sich nach einer Periode. In diesem Falle ist es möglich, diese periodische Funktion durch eine Summe von Sinus- und Cosinusschwingungen verschiedener Frequenz (bzw. durch phasenverschobene Sinusschwingungen) darzustellen. Diese Approximation als Fourier-Reihe läßt sich darstellen als

$$u(t) = A_0 + \sum_{n=1}^{\infty} (A_n \cos n\omega t + B_n \sin n\omega t)$$

oder auch

$$u(t) = A_0 + \sum_{n=1}^{\infty} C_n \sin(n\omega t + \varphi_n)$$

Hierbei müssen die zunächst unbekannten Koeffizienten A_0, A_n, B_n bestimmt werden durch Integration über die Periode T.

$$A_0 = 1/T \int_{-T/2}^{+T/2} u(\tau)\, d\tau$$

$$A_n = 2/T \int_{-T/2}^{+T/2} u(\tau) \cos n\omega\tau\, d\tau$$

$$B_n = 2/T \int_{-T/2}^{+T/2} u(\tau) \sin n\omega\tau\, d\tau$$

C_n und φ_n folgen mit

$$C_n = [A_n^2 + B_n^2]^{1/2}$$

$$\varphi_n = \arctan (B_n/A_n)$$

$$\omega = 2\pi / T$$

Die Auswertung der Integrale kann analytisch, durch numerische Approximation oder auch graphisch geschehen. Normalerweise reichen für eine zufriedenstellende Approximation einer Funktion wenige Glieder der Fourier-Reihe aus. Wird höhere Genauigkeit verlangt, so müssen mehr Glieder der Reihe berücksichtigt werden.

Durch Übergang auf T gegen ∞ ist auch die Approximation aperiodischer Funktionen durch Fourier-Transformationen möglich.

7-4.4 Lösung der inhomogenen (linearen) Vektorzustandsgleichung

Mit Hilfe des Überlagerungsprinzips ergibt sich für die inhomogene Zustandsgleichung des diskreten zeitinvarianten Systems (7.27b)

$$\mathbf{z}(k+1) = \mathbf{A}\,\mathbf{z}(k) + \mathbf{B}\,\mathbf{u}(k)$$

für den Eingang $\mathbf{u}(k)$ die Lösung

$$\mathbf{z}(k) = \mathbf{A}^k \mathbf{z}(0) + \sum_{j=0}^{k-1} \mathbf{A}^{k-j-1}\, \mathbf{B}\,\mathbf{u}(j) \tag{7.28}$$

Das lineare kontinuierliche zeitinvariante System (7.27a)

$$\mathbf{z}' = \mathbf{A}\,\mathbf{z} + \mathbf{B}\,\mathbf{u}$$

hat für den Eingang $\mathbf{u}(t)$ die Lösung

$$\mathbf{z}(t) = e^{\mathbf{A}t}\, \mathbf{z}_0 + e^{\mathbf{A}t} \cdot \int_0^t e^{-\mathbf{A}\tau}\, \mathbf{B}\,\mathbf{u}(\tau)\, d\tau$$

$$= e^{\mathbf{A}t}\, \mathbf{z}_0 + \int_0^t e^{\mathbf{A}(t-\tau)}\, \mathbf{B}\,\mathbf{u}(\tau)\, d\tau \tag{7.29}$$

Dieses Ergebnis läßt sich als Reaktion auf eine Summe von Einzelimpulsen $\mathbf{u}$ zu den verschiedenen Zeitpunkten τ verstehen.

Der erste Term $(e^{\mathbf{A}t}\, \mathbf{z}_0)$ stellt das durch die Anfangsbedingung $\mathbf{z}_0$ verursachte freie (homogene) Systemverhalten dar. Der Integrand des zweiten Terms läßt sich wie folgt interpretieren: Die Eingangsfunktion $\mathbf{u}(t)$ wird durch individuelle Pulse der Höhe

u (τ) und Zeitdauer $\Delta\tau$ dargestellt. Durch den Puls **u**(τ) $\Delta\tau$ zur Zeit t = τ und die Eingangsmatrix **B** wird der Zustand um $\Delta\mathbf{z} = \mathbf{B}\,\mathbf{u}(\tau)\,\Delta\tau$ verändert. Mit dem Zeitpunkt τ (bei dem (t-τ) = 0) beginnt das Abklingen des zur Zeit t = τ aufgegebenen Einzelpulses entsprechend der Übergangsmatrix (Fundamentalmatrix) e^{At}, d.h. die Systemantwort auf den Puls allein ist

$$e^{A(t-\tau)}\,\mathbf{B}\,\mathbf{u}(\tau)\,\Delta\tau$$

Werden die Antworten aller Einzelpulse unter Verwendung des Überlagerungsprinzips bis zum interessierenden Zeitpunkt t aufsummiert und im Grenzübergang $\Delta\tau \to d\tau \to 0$ aufintegriert, so ergibt sich der Ausdruck (7.29). Der Ausdruck (7.28) für das diskrete System läßt sich analog herleiten.

7-4.5 Diagonalisierung des Systems mit Entkopplung der Eigenvorgänge

Auch bei der Untersuchung des erzwungenen Verhaltens ergibt sich eine besonders einfache Systemdarstellung, wenn man durch eine entsprechende Transformation die ursprüngliche Systemmatrix **A** durch eine äquivalente Matrix ersetzt, die lediglich Eintragungen auf der Hauptdiagonalen hat. Diese Diagonalisierung ist möglich, wenn die Systemmatrix **A** voneinander verschiedene Eigenwerte hat. Wenn dies nicht der Fall ist, kann zumindest eine näherungsweise Diagonalisierung mit Hilfe der Jordan'schen Normalform erreicht werden, die ähnliche Vorteile aufweist. Wir befassen uns hier nur mit dem Fall, daß die Eigenwerte der Systemmatrix **A** des diskreten oder kontinuierlichen Systems voneinander verschieden sind.

Da sich der Ansatz für diskrete und für kontinuierliche Systeme prinzipiell nicht unterscheidet, soll das Verfahren hier parallel dargestellt werden. Ausgangspunkt sind die Systemgleichungen für das zeitinvariante diskrete bzw. kontinuierliche System.

Diskretes System	**Kontinuierliches System**
Die Zustands- und Ausgabegleichungen für das zeitinvariante lineare System lauten:	
$\mathbf{x}(k+1) = \mathbf{A}\,\mathbf{x}(k) + \mathbf{B}\,\mathbf{u}(k)$	$\mathbf{x}' = \mathbf{A}\,\mathbf{x} + \mathbf{B}\,\mathbf{u}$
$\mathbf{v}(k) = \mathbf{C}\,\mathbf{x}(k) + \mathbf{D}\,\mathbf{u}(k)$	$\mathbf{v} = \mathbf{C}\,\mathbf{x} + \mathbf{D}\,\mathbf{u}$
allgemeine Lösung:	
$\mathbf{x}(k) = \mathbf{A}^k\,\mathbf{x}(0) + \sum_{j=0}^{k-1} \mathbf{A}^{k-j-1}\,\mathbf{B}\,\mathbf{u}(j)$	$\mathbf{x}(t) = e^{\mathbf{A}t}\,\mathbf{x}_0 + e^{\mathbf{A}t}\int_0^t e^{-\mathbf{A}\tau}\,\mathbf{B}\,\mathbf{u}(\tau)\,d\tau$
$\mathbf{v}(k) = \mathbf{C}\,\mathbf{x} + \mathbf{D}\,\mathbf{u}$	$\mathbf{v}(t) = \mathbf{C}\,\mathbf{x} + \mathbf{D}\,\mathbf{u}$

Verfahren:

1. Eigenwerte von **A** bestimmen. Falls die Eigenwerte nicht alle voneinander verschieden sind, sollte geprüft werden, ob durch kleine vertretbare Änderungen der Systemmatrix **A** voneinander verschiedene Eigenwerte erreicht werden können.
2. Eigenvektoren der Systemmatrix **A** ermitteln.
3. Modalmatrix der Eigenvektoren **M** aufstellen.

4. Ursprüngliche Variable $\mathbf{x}$ transformieren:

$\mathbf{x}(k) = \mathbf{M}\,\mathbf{z}(k)$	$\mathbf{x}(t) = \mathbf{M}\,\mathbf{z}(t)$

5. Das ursprüngliche homogene System wird dann

$\mathbf{x}(k+1) = \mathbf{A}\,\mathbf{x}(k)$	$\mathbf{x}'(t) = \mathbf{A}\,\mathbf{x}(t)$
$\mathbf{M}\,\mathbf{z}(k+1) = \mathbf{A}\,\mathbf{M}\,\mathbf{z}(k)$	$\mathbf{M}\,\mathbf{z}'(t) = \mathbf{A}\,\mathbf{M}\,\mathbf{z}(t)$ bzw.
$\mathbf{z}(k+1) = \mathbf{M}^{-1}\mathbf{A}\,\mathbf{M}\,\mathbf{z}(k)$	$\mathbf{z}'(t) = \mathbf{M}^{-1}\mathbf{A}\,\mathbf{M}\,\mathbf{z}(t)$
Da aber $\mathbf{M}^{-1}\mathbf{A}\,\mathbf{M} = \boldsymbol{\Lambda}$	
ergibt sich das neue homogene System:	
$\mathbf{z}(k+1) = \boldsymbol{\Lambda}\,\mathbf{z}(k)$	$\mathbf{z}'(t) = \boldsymbol{\Lambda}\,\mathbf{z}(t)$

6. Die **Übergangsmatrix** folgt aus

$\mathbf{A}^k = \mathbf{M}\,\boldsymbol{\Lambda}^k\,\mathbf{M}^{-1}$	$e^{\mathbf{A}t} = \mathbf{M}\,e^{\boldsymbol{\Lambda}t}\,\mathbf{M}^{-1}$ wobei
$\boldsymbol{\Lambda} = \begin{bmatrix} \lambda_1 & 0 & \dots & 0 \\ 0 & \lambda_2 & \dots & 0 \\ \dots & \dots & \dots & \dots \\ 0 & 0 & \dots & \lambda_n \end{bmatrix}$	$e^{\boldsymbol{\Lambda}t} = \begin{bmatrix} e^{\lambda 1t} & 0 & \dots & 0 \\ 0 & e^{\lambda 2t} & \dots & \dots \\ \dots & \dots & \dots & \dots \\ 0 & \dots & \dots & e^{\lambda nt} \end{bmatrix}$

7. Durch diese Transformation wurde das System in n getrennte Systeme zerlegt.
8. Die Transformation überführt die Zustandsgleichungen in der Standardform in die **Normalform der Zustandsgleichungen.**

$\mathbf{z}(k+1) = \boldsymbol{\Lambda}\,\mathbf{z}(k) + \mathbf{B}_n\,\mathbf{u}(k)$	$\mathbf{z}' = \boldsymbol{\Lambda}\,\mathbf{z} + \mathbf{B}_n\,\mathbf{u}$
$\mathbf{v}(k) = \mathbf{C}_n\,\mathbf{z}(k) + \mathbf{D}_n\,\mathbf{u}(k)$	$\mathbf{v} = \mathbf{C}_n\,\mathbf{z} + \mathbf{D}_n\,\mathbf{u}$

wobei

$$\boldsymbol{\Lambda} = \mathbf{M}^{-1}\mathbf{A}\,\mathbf{M}$$
$$\mathbf{B}_n = \mathbf{M}^{-1}\mathbf{B}$$
$$\mathbf{C}_n = \mathbf{C}\,\mathbf{M}$$
$$\mathbf{D}_n = \mathbf{D}$$

9. Die **allgemeine Lösung** der Normalform ist dann

$\mathbf{z}(k) = \boldsymbol{\Lambda}^k\,\mathbf{z}(0) + \sum_{j=0}^{k-1} \boldsymbol{\Lambda}^{k-j-1}\,\mathbf{B}_n\,\mathbf{u}(j)$	$\mathbf{z}(t) = e^{\boldsymbol{\Lambda}t}\mathbf{z}_0 + e^{\boldsymbol{\Lambda}t} \int_0^t e^{-\boldsymbol{\Lambda}\tau}\,\mathbf{B}_n\,\mathbf{u}(\tau)\,d\tau$

(7.30, 7.31)

10. Für die **Rücktransformation** des $\mathbf{z}$-Vektors in den $\mathbf{x}$-Vektor gilt (s.o.)

$\mathbf{x}(k) = \mathbf{M}\,\mathbf{z}(k)$	$\mathbf{x}(t) = \mathbf{M}\,\mathbf{z}(t)$

7-4.6 Verhalten bei periodischen Eingangsfunktionen (Frequenzgang)

Bisher wurde das Übergangsverhalten von Systemen als Reaktion auf aperiodische Eingänge betrachtet. Das Übergangsverhalten wird durch die Übergangsmatrix $\mathbf{\Phi} = e^{\mathbf{A}t}$ bzw. die Systemmatrix $\mathbf{A}$ bestimmt. Verhaltensdynamik und Stabilität können daher aus der freien Bewegung (homogenen Lösung) abgeleitet werden.

Es zeigte sich, daß sich bei geringer Dämpfung im System Schwingungen ergeben können, auch wenn die Eingangsfunktionen selbst keine Schwingungen aufweisen. Es ist anzunehmen, daß diese Eigenschwingungen sich verstärken, wenn sie durch einen periodischen Eingang mit einer Frequenz in der Nähe der Eigenfrequenz angefacht werden. Wir wollen uns daher in diesem Abschnitt mit der Systemreaktion auf Eingangsschwingungen befassen. Wegen der möglichen Resonanzvorgänge ist zu erwarten, daß die Systemreaktion stark von der anfachenden Eingangsfrequenz abhängen wird. Diese Abhängigkeit wird als Frequenzgang bezeichnet.

Die Frequenzganganalyse gewinnt ihre besondere Bedeutung durch die Tatsache, daß ein beliebiges periodisches Signal durch eine Fourier-Reihe approximiert werden kann, in der Beiträge verschiedener Frequenzen auftauchen können. Das Überlagerungsprinzip für lineare Systeme garantiert uns, daß wir die Systemreaktionen auf beliebige periodische Eingangssignale dadurch ermitteln können, daß wir die Systemreaktionen auf die einzelnen Signalkomponenten aufsummieren. Da beliebige periodische Signale durch Sinusschwingungen der verschiedenen Frequenzen approximiert werden können, genügt es offensichtlich, den Frequenzgang eines Systems auf Sinusschwingungen über den gesamten Frequenzbereich zu ermitteln. Für ein Differentialgleichungssystem n-ter Ordnung

$$(d^n x/dt^n) + a_{n-1}(d^{n-1}x/dt^{n-1}) + \dots + a_0 x = u(t) \qquad (7.32)$$

bzw. seine n Zustandsgleichungen in der Standardform (mit $\mathbf{b}$ = Spaltenvektor (0, 0 ..., 1))

$$\mathbf{x}' = \mathbf{A}\,\mathbf{x} + \mathbf{B}\,\mathbf{u} = \mathbf{A}\,\mathbf{x} + \mathbf{b}\,u(t)$$

ergibt sich bei Eingabe eines Sinussignals

$$u(t) = U \cos \omega t$$

das Ausgangssignal

$$x(t) = |G|\, U \cos(\omega t + \varphi)$$

wobei die komplexe Frequenzübertragungsfunktion = Frequenzgang $G(j\omega)$

$$G(j\omega) = |G(\omega)|\, e^{i\varphi(\omega)} = 1/[(j\omega)^n + a_{n-1}(j\omega)^{n-1} + \dots + a_0] = 1/[\det(j\omega\mathbf{I} - \mathbf{A})]$$

Dieser Ausdruck kann daher mit den Koeffizienten des charakteristischen Polynoms bzw. der Differentialgleichung (7.32) direkt hingeschrieben werden.

Das **Amplitudenverhältnis** zwischen Ausgangs- und Eingangssignal ist gleich dem Betrag des Frequenzgangs und ergibt sich als

$$|G(j\omega)| = [(\mathrm{Re}\, G)^2 + (\mathrm{Im}\, G)^2]^{1/2}$$

Der **Phasenwinkel** des Frequenzgangs folgt aus

$$\varphi = \arctan(\mathrm{Im}\, G(j\omega)/\mathrm{Re}\, G(j\omega))$$

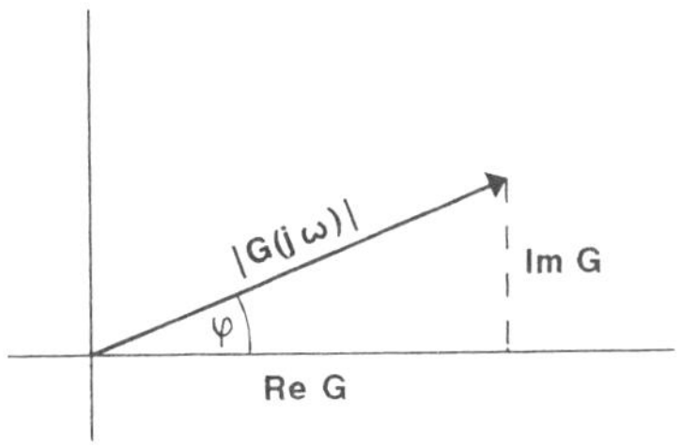

Abb. 7.7: Betrag und Phasenwinkel der komplexen Frequenzübertragungsfunktion G(jω).

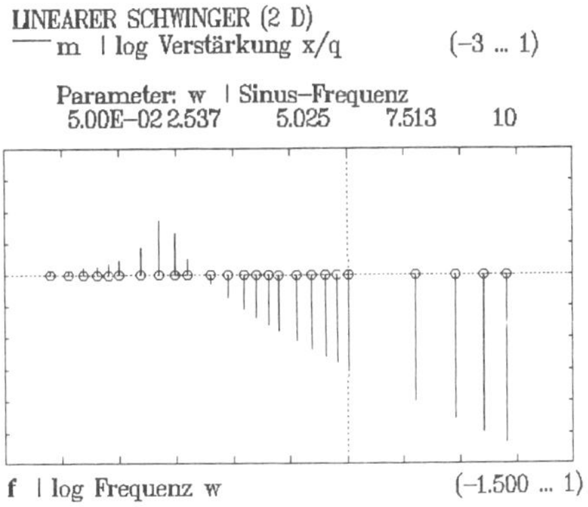

Abb. 7.8: Frequenzgang eines linearen Schwingers 2. Ordnung: Logarithmus der Amplitude der Zustandsgröße x in Abhängigkeit vom Logarithmus der Frequenz der erregenden Sinusschwingung u = sin (2 π ω t). (Modell M203 mit a = 0, b = 1, c = -1, d = -0.1).

Die geometrischen Zusammenhänge sind in Abb. 7.7 dargestellt.

Der **Frequenzgang** G (jω) kennzeichnet das Übertragungsverhalten eines linearen Systems in Abhängigkeit von der Frequenz des harmonischen Eingangssignals. Der Betrag des Frequenzgangs $|G(\omega)|$ wird üblicherweise als **Amplitudengang** bezeichnet, der Verlauf des Phasenwinkels $\varphi(\omega)$ in Abhängigkeit von der Frequenz als **Phasengang**. Die Amplitude des Ausgangssignals wird dementsprechend durch Multiplikation der Amplitude des Eingangssignals mit dem Amplitudengang erhalten; seine Phasenverschiebung ergibt sich aus dem Phasenwinkel.

Die Analyse zeigt also, daß bei Erregung durch eine harmonische Schwingung der Systemausgang dieser Schwingung folgt, allerdings um einen frequenzabhängigen Phasenwinkel φ verschoben. Die Amplitude der Ausgangsschwingung $|G|\ |U|$ hängt ebenfalls von der Eingangsfrequenz ω ab. Amplitudenverhältnis und Phasenwinkel werden von den Koeffizienten der Differentialgleichung bzw. allgemeiner von den Elementen der Systemmatrix **A** bestimmt. Beispielhaft zeigt die Untersuchung des Frequenzgangs eines Schwingers 2. Ordnung mit dem Modell M 203 des Systemzoos in Abb. 7.8 deutlich, daß sich in der Nähe der Eigenfrequenz ω_0 des Systems ein Aufschaukeln ergeben kann (Resonanz), das um so stärker ist, je kleiner die Dämpfung ξ ist. Bei nichtvorhandener Dämpfung ($\xi = 0$), würde sich bei Erregung mit der Eigenfrequenz eine unendlich große Resonanzamplitude ergeben.

Bei einem linearen Schwinger zweiter Ordnung zeigt sich folgendes Verhalten: Bei niedriger Frequenz kann das System der Erregungsschwingung noch schnell genug folgen; der Phasenwinkel eilt daher nur geringfügig der Erregungsschwingung nach. Mit wachsender Erregungsfrequenz wächst auch, insbesondere bei starker Dämpfung, der Phasenwinkel, bis er bei Erregung mit der Eigenfrequenz um genau 90° nacheilt. Bei einer weiteren Erhöhung der Anregungsfrequenz steigt der nachlaufende Phasenwinkel bis auf 180° an.

Um die Reaktion eines Systems auf ein beliebiges periodisches Eingangssignal ermitteln zu können, das ja mit Hilfe der Fourier-Analyse als eine Summe von Sinusschwingungen verschiedener Frequenzen dargestellt werden kann, muß der Frequenzgang für alle Frequenzen bekannt sein. Für die Praxis hat die experimentelle Ermittlung des Frequenzgangs besondere Bedeutung. Oft handelt es sich bei den zu untersuchenden Systemen um komplexe oder mathematisch schwer darstellbare Systeme. Das Verfahren besteht darin, durch einen Signalgenerator Sinussignale der verschiedenen Frequenzen am Eingang aufzugeben und am Ausgang das komplexe Ausgangssignal, d.h. seine Amplitude und Phase zu messen. Mit den Meßdaten werden Diagramme in der Art der Abb. 7.8 erstellt (Bode-Diagramme, siehe unten). Auch bei komplexen Systemen können diese Frequenzgangskennlinien sehr oft durch die Kennlinien einfacherer linearer Systeme angenähert werden, deren Parameter sich aus der Frequenzkennlinie ermitteln lassen. Mit den so ermittelten einfacheren Modellsystemen können dann rechnerisch relativ leicht umfangreiche Untersuchungen angestellt werden, um das Verhalten des realen Systems besser zu verstehen und um eventuell unerwünschtes Verhalten durch Einschaltung entsprechender Regelsysteme zu korrigieren.

7-4.7 Darstellungen des Frequenzgangs

Die **Frequenzkennlinie** (Bode-Diagramm) eignet sich besonders zur Auftragung der Ergebnisse der experimentellen Frequenzganguntersuchung und zur Ermittlung der Systemgleichung (des realen Systems oder eines sein Verhalten approximierenden Modellsystems). In der üblichen logarithmischen Auftragung (vgl. Abb. 7.8) läßt sich der Verlauf der Frequenzgangkennlinie durch eine Folge von Geraden verschiedener Steigung darstellen. Die Knickpunkte liegen jeweils bei den Eigenfrequenzen des Systems, wo sich auch der Phasenwinkel relativ plötzlich ändert. Diese Knickfrequenzen und die Steigung der Näherungsgeraden zwischen den Knickpunkten entsprechen direkt der charakteristischen Gleichung des Systems, die sich daher aus diesen Meßwerten rekonstruieren läßt. Das Verfahren (Bode-Verfahren) ist in der regeltechnischen Literatur ausführlich beschrieben.

Die **Frequenzgangsortskurve** ist eine Auftragung der komplexen Zahl $G(j\omega)$ in der komplexen Zahlenebene. In dieser Darstellung ist der Amplitudengang durch die Länge des Radiusvektors vom Koordinatenursprung dargestellt, während der Phasenwinkel φ als Winkel zwischen der Abszisse und dem jeweiligen Frequenzgangsvektor abzulesen ist. Für die Frequenz 0 (konstantes Signal) beginnt die Ortskurve auf dem Punkt 1 der Abszisse. Sie endet im Koordinatenursprung, wenn die Frequenz gegen ∞ geht, da das System Frequenzen, die oberhalb seiner höchsten Eigenfrequenz liegen, schließlich nur noch mit verschwindend kleiner Amplitude folgen kann (vgl. Abb. 7.8). Die Frequenzgangsortskurve hat besondere Bedeutung für Stabilitätsuntersuchungen (Nyquist-Verfahren). Das Verfahren ist in der regeltechnischen Literatur ausführlich beschrieben.

7-5 Verhalten und Stabilität nichtlinearer dynamischer Systeme

7-5.1 Stabilität nichtlinearer Systeme

Die Stabilität nichtlinearer Systeme unterscheidet sich erheblich von der linearer Systeme:

1. ist die Stabilität eines nichtlinearen Systems abhängig vom Eingang **u**: Das freie (homogene) System kann z.B. stabil sein, aber unter bestimmten Eingangsbedingungen (z.B. Sprungfunktion) instabil werden. Umgekehrt kann ein instabiles nichtlineares System u.U. durch einen entsprechenden Eingang stabilisiert werden.
2. kann die Stabilität des freien Systems stark vom Anfangszustand $\mathbf{z}_0$ abhängen. Der Grund hierfür ist die Tatsache, daß ein nichtlineares System oft mehrere Gleichgewichtspunkte hat, die jeder für sich unterschiedliches Stabilitätsverhalten haben. Es hängt dann vom Anfangszustand ab, auf welchen Gleichgewichtszustand das System zuläuft bzw. von welchem Gleichgewichtspunkt es sich zunehmend entfernt.

Für ein nichtlineares System müssen die Stabilitätsdefinitionen enger gefaßt werden, da sie nicht mehr wie bei linearen Systemen für den gesamten Zustandsbereich gelten können. Die Stabilitätseigenschaften können also nur das Verhalten ausgehend von einem Anfangszustand nahe einem Gleichgewichtspunkt beschreiben. Der Zustand kann in der Nachbarschaft des Gleichgewichtspunkts bleiben, er kann sich aber auch zunehmend von diesem fortbewegen. Als stabil wird ein Verhalten bezeichnet, bei dem der Zustand in der Nähe des Gleichgewichtspunkts bleibt oder auf diesen zuläuft. Instabil dagegen ist ein Verhalten, bei dem sich der Zustand zunehmend von ihm entfernt.

Bei nichtlinearen Systemen bezieht sich Stabilität immer auf das Verhalten in der Umgebung eines Gleichgewichtspunkts. Für die Stabilitätsanalyse ist es daher erlaubt, in der unmittelbaren Nähe des Gleichgewichtspunkts die volle nichtlineare Systembeschreibung durch eine einfachere Approximation zu ersetzen. Oft reicht hierfür die lineare Approximation, die durch eine Linearisierung des nichtlinearen Systems um den Gleichgewichtspunkt erhalten wird.

7-5.2 Attraktoren nichtlinearer Systeme

Während lineare Systeme nur einen einzigen Gleichgewichtspunkt haben können und im gesamten Zustandsraum gleiches Verhalten und gleiche Stabilität zeigen, finden sich bei nichtlinearen Systemen zusätzliche komplexe Phänomene. Das Verhalten wird vom Ausgangspunkt im Zustandsraum abhängig.

Gleichgewichtspunkte

Beim nichtlinearen System sind **mehrere Gleichgewichtspunkte** möglich, wobei in der unmittelbaren Nachbarschaft eines solchen Punktes sich das nichtlineare System und seine lineare Approximation nicht unterscheiden. Da mehrere Gleichgewichtspunkte existieren können, bestehen aus topologischen Gründen u.U. auch Trennlinien oder Trennflächen (Separatrix), die selbst durch die singulären Punkte verlaufen und die Zustandsebene in Bereiche mit verschiedenem Verhaltenscharakter einteilen. Befindet sich der Systemzustand einmal auf einer Seite der Trennfläche, so besteht keine Möglichkeit, in freier Bewegung auf die andere Seite zu kommen.

Das Modell M 213 "Tragödie der Allmende" kann z.B. bis zu fünf Gleichgewichtspunkte haben, von denen nur zwei stabil sind. Das Modell M 220 "Bistabiler Schwinger" zeigt Trennflächen, die sich spiralig um die drei Gleichgewichtspunkte wickeln.

Grenzzyklen

Nichtlineare Systeme können gelegentlich Grenzzyklen zeigen. Es handelt sich hierbei um geschlossene Zustandskurven, die nicht überschritten werden können und die daher den Zustandsraum in Regionen mit unterschiedlichem Verhalten einteilen.

Ein Beispiel dafür ist der van der Pol Oszillator (Modell M 219 des Systemzoos)

$$z'_1 = z_2$$
$$z'_2 = (1 - z_1^2)\, z_2 - z_1$$

Der Grenzzyklus wird durch die nichtlineare Dämpfungsfunktion $(z_1^2 - 1)$ verursacht. Sie führt bei kleinerem z_1 zu einer positiven Rückkopplung (d.h. einer negativen Dämpfung). Damit wird das System in einen mittleren stabilen periodischen Zustand, den Grenzzyklus getrieben, auf den sich die Zustandsbahnen von innen und von außen hinbewegen. Grenzzyklen können stabil, instabil oder semistabil sein. (Der van der Pol Zyklus ist stabil.) Auch das Modell M 210 "Übernutzung und Zusammenbruch" des Systemzoos zeigt in einem engen Parameterbereich einen Grenzzyklus.

Ein Kriterium für Grenzzyklen läßt sich aus der Dämpfungsfunktion des van der Pol Oszillators ableiten: Ein Grenzzyklus muß erwartet werden, wenn sie symmetrisch ist und bei kleinem Zustandswert (hier z_1) anregend, bei größerem dämpfend wirkt.

Tori

In Systemen mit mehr als zwei Zustandsgrößen kann es in Analogie zu den Grenzzyklen zweidimensionaler Systeme Flächen geben, die die Bewegung des Systems 'einfangen'. Diese Attraktoren heißen hier **Torus**. Bei einem dreidimensionalen System etwa kann die Bewegung auf einem Ring ablaufen. Dieser Zustandspfad entspricht zwei voneinander unabhängigen Schwingungen, deren Frequenz durch die Geschwindigkeit auf dem kleinen bzw. großen Radius des Ringes bestimmt wird. Ähnliche höherdimensionale Attraktoren können sich bei Systemen höherer Ordnung finden. Sie entstehen aus der Überlagerung von mehr als zwei grenzzyklusartigen Schwingungen.

Chaotische Attraktoren

Bei den meisten realen Systemen bleiben benachbarte Zustandsbahnen im Laufe der Zeit nahe beieinander. Diese Systeme sind daher vorhersagbar. Aus den Anfangswerten läßt sich die zukünftige Entwicklung ermitteln, und diese Entwicklung ist gegenüber Meßfehlern der Anfangswerte nicht sehr empfindlich.

Es gibt eine weitere Klasse von Systemen, die zwar Attraktorflächen haben, in denen sich der jeweilige Systemzustand nach einiger Zeit befinden muß, ohne daß allerdings sein Ort vorhergesagt werden kann. Dies ist darin begründet, daß benachbarte Zustandsbahnen auf der Attraktorfläche exponentiell divergieren. Da sie diese aber nicht verlassen können, muß die Fläche ein 'Zurückfalten' auf geschlossene Bahnen erlauben. Zwei ursprünglich eng benachbarte Trajektorien können nach kurzer Zeit völlig verschiedene Bahnen einnehmen.

Systeme mit diesen **seltsamen** oder **chaotischen Attraktoren** haben keine Vorhersagbarkeit mehr: Der Endzustand könnte irgendwo auf dem Attraktor sein. Damit gibt es hier keinen Zusammenhang zwischen Vergangenheit (Anfangsbedingung) und Zukunft mehr, obwohl diese Systeme völlig deterministisch sind.

Das ständige Auseinanderstrecken und darauf folgende Falten der Zustandsbahnen eines chaotischen Attraktors ist mit dem Ausrollen und Falten eines Teiges vergleichbar: Auch hier verteilt sich ein Löffel Mehl ('Anfangszustand') nach kürzester Zeit über den gesamten Teig (den 'chaotischen Attraktor'): Der spätere Ort eines Mehlkörnchens läßt keinen Rückschluß mehr auf den Anfangsort zu.

Die Existenz von Chaos in dynamischen Systemen bedeutet, daß der Berechenbarkeit zukünftiger Entwicklungen prinzipielle Grenzen gesetzt sind, sobald sich in einem System chaotische Attraktoren finden. Allerdings bedeutet dies auch wiederum nicht völlige Beliebigkeit der zukünftigen Systemzustände, da diese sich ja auf dem Attraktor befinden müssen. Aufgabe der Systemanalyse und Simulation ist es dann, diese Attraktorflächen zu ermitteln.

Beispiele für chaotische Systeme sind die Modelle M 221 "Chaotischer bistabiler Schwinger", M 309 "Chaotischer Attraktor (Rössler)", M 310 "Wärme, Wetter und Chaos (Lorenz-System)" und M 311 "Verkoppelte Dynamos und Chaos" des Systemzoos. Beim Rössler-Attraktor läßt sich das Falten und Vermischen der Zustandsbahnen besonders gut verfolgen.

7-5.3 Strukturveränderung von Systemen

Nicht selten stoßen wir in der Praxis auf Systeme, die beim Erreichen bestimmter Zustandsbedingungen 'umschalten' und damit ihr Verhalten qualitativ verändern. Dieses Umschalten kann etwa bedeuten, daß beim Erreichen gewisser Schwellenwerte Parameter verändert, Verbindungen unterbrochen oder aktiviert, oder ganze Subsysteme ab- oder dazugeschaltet werden. Pflanzen und Tiere etwa verfügen über solche Mechanismen, um z.B. Belastungssituationen (z.B. Wasserstreß oder Bedrohung durch einen Freßfeind) überstehen zu können.

Systemanalytisch bedeutet das 'Umschalten', daß sich die Zustandsgleichungen verändern, daß das ursprüngliche System von Ratengleichungen also in Abhängigkeit vom Systemzusstand durch ein anderes ersetzt wird. Wir sprechen dann von einer Strukturveränderung. Bei der Simulation läßt sich der Umschaltvorgang durch Einfügen logischer Bedingungen oder durch Funktionen mit sprunghaften Veränderungen leicht darstellen.

Bei der Verhaltens- und Stabilitätsanalyse muß berücksichtigt werden, daß sich aus den veränderten Zustandsbedingungen im allgemeinen andere Gleichgewichtspunkte mit anderen Stabilitätsbedingungen ergeben.

Umschaltungen und dementsprechende Struktur- und Verhaltensänderungen finden sich z.B. bei den Modellen M 210 "Übernutzung und Zusammenbruch", M 211 "Waldwachstum", M 213 "Tragödie der Allmende", M 214 "Nachhaltige Nutzung erneuerbarer Ressourcen", M 304 "Miniwelt: Bevölkerung, Konsum, Umweltbelastung" des Systemzoos.

7-5.4 Vergleich linearer und nichtlinearer dynamischer Systeme

Lineare Systeme	Nichtlineare Systeme
Mit einer Veränderung der Amplitude eines Eingangssignals (oder einer Anfangsbedingung) verändert sich die Amplitude der Systemantwort genau proportional. Der Charakter (Form und Verlauf) der Systemantwort ist unabhängig von der Amplitude des Eingangssignals und den Anfangsbedingungen.	Eine Veränderung der Amplitude eines Eingangssignals (oder einer Anfangsbedingung) verursacht im allgemeinen eine nicht proportionale Veränderung der Systemantwort. Der Charakter (Form und Verlauf) der Systemantwort kann sich mit der Amplitude des Eingangssignals wie auch mit den Anfangsbedingungen drastisch ändern.
Überlagerungsprinzip gilt: Die Systemantwort auf komplexe periodische oder aperiodische Eingänge kann als Summe der Systemantworten auf Elementarfunktionen (z.B. Sinus, Impuls) berechnet werden.	Überlagerungsprinzip gilt nicht: Das Systemverhalten kann nicht als Summe der Reaktionen auf Einzelsignale ermittelt werden.
Gleichgewichtszustand unabhängig von den Anfangsbedingungen.	Gleichgewichtszustand abhängig von den Anfangsbedingungen.
Ein einziger Attraktor (Gleichgewichtspunkt) des homogenen Systems bei $\mathbf{z} = \mathbf{0}$.	Mehrere Attraktoren unterschiedlicher Art möglich: Gleichgewichtspunkte, Grenzzyklen, Tori, Chaotische Attraktoren.
Keine qualitative Änderung des Verhaltens im gesamten Zustandsbereich.	Qualitative Änderung des Verhaltens möglich (Bifurkation, Strukturdynamik).
Stabilität ist eine Systemeigenschaft, unabhängig von Betrag und Vorzeichen der Eingänge oder der Anfangsbedingungen.	Stabilität u.U. abhängig von Betrag und Vorzeichen der Eingänge und/oder der Anfangsbedingungen.
Quasi-stationärer Ausgang (nach Abklingen des Einflusses der Anfangsbedingungen): Frequenzkomponenten identisch mit Eingangsfrequenz.	Quasi-stationärer Ausgang: höhere harmonische und subharmonische Frequenzen als Reaktion auf die Eingangsfrequenz möglich.
Resonanz bei einer gewissen Frequenz; bei Erhöhung oder Verminderung der Frequenz: kontinuierliche Veränderung des Amplitudenverhältnisses und des Phasenwinkels.	Sprunghafte Amplituden- und Phasenveränderungen in der Resonanznähe möglich (Verhalten u.a. abhängig vom Betrag des (Sinus)Eingangs).
	Grenzzyklus möglich: unabhängig von Eingangsgrößen oder Anfangsbedingungen ergibt sich Schwingung einer bestimmten Frequenz und Amplitude, ohne daß diese durch eine Eingangsfrequenz erzwungen ist.

7-6 Zusammenfassung wichtiger Ergebnisse

Wo sie anwendbar ist, ermöglicht die mathematische Systemanalyse Aussagen von allgemeinerer Bedeutung über ein dynamisches System, als sie mit Simulationen gemacht werden können. In diesem Kapitel wurden die wichtigsten mathematischen Konzepte zusammengestellt. Ausgangspunkt sind die bei der Modellbildung ermittelten Systemgleichungen, d.h. die Zustandsgleichung für die Zustandsgrößen $\mathbf{z}$ und die Verhaltensgleichung (Ausgangsgleichung) für die Verhaltensgrößen (Ausgangsgrößen) $\mathbf{v}$.

Im folgenden werden die wichtigsten Ergebnisse zusammengefaßt; wir beschränken uns auf zeitinvariante Systeme

1. Die allgemeine Form der **Systemgleichungen** ist für kontinuierliche Systeme

   $$d\mathbf{z}/dt = \mathbf{f}(\mathbf{z}(t), \mathbf{u}(t))$$
   $$\mathbf{v}(t) = \mathbf{g}(\mathbf{z}(t), \mathbf{u}(t))$$

   und für diskrete Systeme

   $$\mathbf{z}(k+1) = \mathbf{f}(\mathbf{z}(k), \mathbf{u}(k))$$
   $$\mathbf{v}(k) = \mathbf{g}(\mathbf{z}(k), \mathbf{u}(k))$$

2. **Gleichgewichtsbedingungen** beim Gleichgewichtszustand $\mathbf{z}^*$ sind (bei konstantem Eingang $\mathbf{u}^*$) beim kontinuierlichen System

   $$\mathbf{0} = \mathbf{f}(\mathbf{z}^*, \mathbf{u}^*)$$

   und beim diskreten System

   $$\mathbf{z}^* = \mathbf{f}(\mathbf{z}^*, \mathbf{u}^*)$$

3. Die **Systemgleichungen linearer Systeme** sind beim kontinuierlichen System:

   $$d\mathbf{z}/dt = \mathbf{A}\,\mathbf{z} + \mathbf{B}\,\mathbf{u}$$
   $$\mathbf{v} = \mathbf{C}\,\mathbf{z} + \mathbf{D}\,\mathbf{u}$$

   und beim diskreten System

   $$\mathbf{z}(k+1) = \mathbf{A}\,\mathbf{z}(k) + \mathbf{B}\,\mathbf{u}(k)$$
   $$\mathbf{v}(k) = \mathbf{C}\,\mathbf{z}(k) + \mathbf{D}\,\mathbf{u}(k)$$

4. **Linearisierung:** Nichtlineare Systeme können im allgemeinen in der Nähe ihrer Gleichgewichtspunkte $\mathbf{z}^*$ linearisiert werden. Mit $\mathbf{u} = \mathbf{0}$ und dem Ansatz

   $$\Delta\mathbf{z} = \mathbf{z} - \mathbf{z}^*$$

   folgen lineare Zustandsgleichungen. Für das kontinuierliche System

   $$\Delta\mathbf{z}' = d(\Delta\mathbf{z})/dt = \mathbf{A}\,\Delta\mathbf{z}$$

   und für das diskrete System

   $$\Delta\,\mathbf{z}(k+1) = \mathbf{A}\,\Delta\mathbf{z}(k)$$

   Die Systemmatrix $\mathbf{A}$ ist hierbei gegeben durch die (am Gleichgewichtspunkt $\mathbf{z}^*$ auszuwertende) **Jacobi'sche Matrix.**

$$\mathbf{A} = \mathbf{J} = \begin{bmatrix} \partial f_1/\partial z_1 & \dots & \partial f_1/\partial z_n \\ \dots & \dots & \dots \\ \partial f_n/\partial z_1 & \dots & \partial f_n/\partial z_n \end{bmatrix}_{\mathbf{z}^*}$$

5. Für lineare Systeme gilt das **Überlagerungsprinzip:** Die Gesamtantwort des Systems setzt sich aus der Summe der Einzelreaktionen auf Anfangsbedingungen und auf Einzelbestandteile des Eingangssignals zusammen.

6. Für lineare dynamische Systeme lassen sich **analytische Lösungen** angeben. Für das kontinuierliche System ergibt sich

$$\mathbf{z}(t) = e^{\mathbf{A}t}\,\mathbf{z}_0 + e^{\mathbf{A}t} \cdot \int_0^t e^{-\mathbf{A}\tau}\,\mathbf{B}\,\mathbf{u}(\tau)\,d\tau$$

und für das diskrete System

$$\mathbf{z}(k) = \mathbf{A}^k\,\mathbf{z}(0) + \sum_{j=0}^{k-1} \mathbf{A}^{k-j-1}\,\mathbf{B}\,\mathbf{u}(j)$$

Damit bestimmt die Systemmatrix **A** die Eigenschaften und charakteristische Dynamik des Systems.

7. Die n **Eigenwerte** λ_i der (n•n) Systemmatrix **A** bestimmen sich aus der charakteristischen Gleichung

$$\det[\mathbf{A} - \lambda \mathbf{I}] = 0$$

8. Die n **Eigenvektoren** $\mathbf{e}_i$ der Systemmatrix **A** folgen aus der für jeden der n Eigenwerte λ_i geschriebenen Eigenvektorgleichung

$$[\mathbf{A} - \lambda_i \mathbf{I}]\,\mathbf{e}_i = \mathbf{0}$$

Die Eigenvektormatrix **M** (Modalmatrix) besteht aus den n Eigenvektoren (Spaltenvektoren) $\mathbf{e}_i$.

9. Die Systemmatrix **A** läßt sich mit Hilfe der Modalmatrix **M** in die diagonale **Eigenwertmatrix Λ** überführen:

$$\mathbf{\Lambda} = \mathbf{M}^{-1}\,\mathbf{A}\,\mathbf{M}$$

$$\mathbf{A} = \mathbf{M}\,\mathbf{\Lambda}\,\mathbf{M}^{-1}$$

Bei einfachen Eigenwerten stehen in **Λ** die Eigenwerte auf der Hauptdiagonalen; alle anderen Koeffizienten sind gleich Null.

10. Ersetzen von **A** durch $\mathbf{M}\,\mathbf{\Lambda}\,\mathbf{M}^{-1}$ in den Lösungen linearer Systeme (Punkt 6) führt zu **Stabilitätsbedingungen** für lineare Systeme: Ein kontinuierliches System ist stabil, wenn der Realteil aller Eigenwerte von **A** negativ ist. Ein diskretes System ist stabil, wenn der Betrag aller Eigenwerte von **A** kleiner als 1 ist.

11. Ohne die Eigenwerte bestimmen zu müssen, erlaubt das **Routh-Kriterium** eine Aussage über die Zahl der instabilen Eigenwerte eines Systems und über **Bedingungen der Instabilität** in Abhängigkeit von Systemparametern. Das Routh-Kriterium für zeitkontinuierliche Systeme ist nach der Transformation $\lambda = (z+1)/(z-1)$ auch auf diskrete Systeme anwendbar.

12. **Verschiedene Systemformulierungen** gleicher Dimension n (d.h. verschiedene $\mathbf{A}$) können die gleichen Eigenwerte haben und daher **identisches Verhalten** erzeugen: die Wahl der Zustandsgrößen ist nicht eindeutig.

13. Die **allgemeine Form** der Systemmatrix (mit n^2 möglichen Verknüpfungen) läßt sich, unter Verwendung der Koeffizienten des charakteristischen Polynoms, in die wesentlich einfachere **Standardform** (mit (2n-1) möglichen Verknüpfungen) überführen. Bei Verwendung der **Normalform** sind die einzelnen Zustandsgrößen völlig **entkoppelt** (bei einfachen Eigenwerten), und die Eigenwerte erscheinen als Rückkopplungsparameter der Eigenkopplungen (n mögliche Verknüpfungen). Unter Verwendung der Modalmatrizen sind die Zustandsgrößen eines Systems umrechenbar in die des äquivalenten anderen Systems.

14. Bei Erregung durch eine periodische Funktion ist die Systemantwort eines linearen Systems abhängig von der Frequenz des Eingangssignals (Frequenzgang). Es kann Resonanz auftreten. Aus dem **Frequenzgang** kann auf die Struktur (Zustandsgleichung) des Systems geschlossen werden.

15. Nichtlineare Systeme unterscheiden sich grundsätzlich von linearen Systemen. Vor allem können sie mehrere Gleichgewichtspunkte oder andere Attraktionsbereiche unterschiedlicher Stabilität haben. **Linearisierung** gilt daher **nur lokal.**

16. **Wirkungsgraphen** werden unter der Annahme **kleiner Veränderungen** von einem Ausgangszustand abgeleitet. Da zwischen Systemelementen nicht differenziert wird - sie sind alle vom gleichen Typ - und nur additive Verknüpfungen zugelassen werden, sind Wirkungsgraphen lineare Darstellungen von Systemen.

17. Die im **Wirkungsgraphen** enthaltene Information der Art "Systemgröße z_i wirkt auf Systemgröße z_j" läßt sich auf verschiedene Weisen interpretieren, die alle zu **linearen Systemformulierungen** führen:

    (a) "Der Zustand von z_j ergibt sich direkt aus dem Zustand von z_i." Dies ist formalisierbar als diskretes System

    $$\mathbf{z}(k+1) = \mathbf{A}\,\mathbf{z}(k)$$

    wobei $\mathbf{A}$ die Systemmatrix des Wirkungsgraphen ist.

    (b) "Die Zustandsveränderung von z_j (Puls bei z_j) ergibt sich direkt aus der Zustandsveränderung von z_i (Puls bei z_i)." Die Formulierung ist hier formal äquivalent zu (a):

    $$\mathbf{p}(k+1) = \mathbf{A}\,\mathbf{p}(k)$$

Der Puls ist definiert als $\mathbf{p}(k+1) = \mathbf{z}(k+1) - \mathbf{z}(k)$. Diese Formulierung liegt den Untersuchungen der Pulsdynamik von Wirkungsgraphen zugrunde.

(c) "Die Zustandsveränderung von z_j (Puls oder Rate) folgt direkt aus dem Zustand von z_i." Diese Formulierung führt zu einem System linearer Differentialgleichungen erster Ordnung:

$$d\mathbf{z}/dt = \mathbf{A}\,\mathbf{z}.$$

Literaturverzeichnis

Aris, R. 1978: Mathematical Modelling Techniques. Pitman, London / San Francisco.

Ashby, W. R. 1956: An Introduction to Cybernetics. John Wiley, New York.

Banks, S. P. 1986: Control Systems Engineering. Prentice Hall, Englewood Cliffs NJ.

Bender, E. A. 1978: An Introduction to Mathematical Modeling. John Wiley, New York.

Beltrami, E. 1987: Mathematics for Dynamic Modeling. Academic Press Orlando FL / London.

Bennett, R. J., Chorley, R. J. 1978: Environmental Systems: Philosophy, Analysis and Control. Methuen, London.

Bertalanffy, L. von 1969: General System Theory: Foundations, Development, Applications. G. Braziller Publishing, New York.

Bossel, H. 1978: Bürgerinitiativen entwerfen die Zukunft - Neue Leitbilder, neue Werte, 30 Szenarien. Fischer, Frankfurt/M.

Bossel, H. 1985: Umweltdynamik. TeWi Verlag, München.

Bossel, H. 1987/1989/1992: Simulation dynamischer Systeme - Grundwissen, Methoden, Programme. Vieweg Braunschweig/Wiesbaden.

Bossel, H. 1986: Dynamics of forest dieback - systems analysis and simulation. Ecological Modelling 34 (259-288).

Bossel, H. 1990: Umweltwissen - Daten, Fakten, Zusammenhänge. Springer Berlin/Heidelberg/New York.

Bossel, H. 1992: Modellbildung und Simulation - Konzepte, Verfahren, Modelle und Simulationsprogramme. Vieweg Verlag, Braunschweig/Wiesbaden.

Bossel, H., Bruenig, E.F. 1991: Natural Resource Systems Analysis. Deutsche Stiftung für Internationale Entwicklung (DSE), Feldafing.

Bossel, H., Hornung, B. R., Müller-Reißmann, K.-F. 1989: Wissensdynamik mit DEDUC. Vieweg Braunschweig/Wiesbaden.

Bossel, H., Strobel, M. 1978: Experiments with an 'intelligent' world model. Futures vol. 10, no. 3, June (191-212).

Cellier, F. E. 1991: Continuous System Modeling. Springer Verlag New York / Berlin / Heidelberg.

Close, C. M., Frederick, D. K. 1978: Modeling and Analysis of Dynamic Systems. Houghton Mifflin, Boston MA.

Csaki, F. 1972: Modern Control Theories - Nonlinear, Optimal and Adaptive Systems. Akademiai Kiado, Budapest.

Csaki, F. 1973: Die Zustandsraummethode in der Regelungstechnik. Akademiai Kiado, Budapest.

DeRusso, P.M., Roy, R. J., Close, C. M. 1965: State Variables for Engineers. Wiley, New York NY.

DiStefano, J. J., Stubberud, A. R., Williams, I. J. 1967: Feedback and Control Systems. Schaum, New York NY.

Dorf, R. C. 1989: Modern Control Systems, 5th ed. Addison-Wesley, Reading, Mass.

Fishwick, P. A., Luker, P. A. (eds) 1991: Qualitative Simulation, Modeling, and Analysis. Springer Verlag, New York / Berlin / Heidelberg.

Forrester, J. W. 1961: Industrial Dynamics. MIT Press, Cambridge MA.

Forrester, J. W. 1968: Principles of Systems. Wright-Allen Press, Cambridge MA.

Forrester, J. W. 1970: World Dynamics. MIT Press, Cambridge MA. (Productivity Press, Cambridge MA). (Deutsch: Forrester, J. W. 1972: Der teuflische Regelkreis, DVA Stuttgart).

France, J., Thornley, J. H. M. 1984: Mathematical Models in Agriculture. Butterworths, London.

Glisson, T. H. 1985: Introduction to System Analysis. McGraw-Hill New York.

Göldner, K. 1981 (Bd.1), 1983 (Bd.2), mit S. Kubik 1983 (Bd.3): Mathematische Grundlagen der Systemtheorie. Fachbuchverlag Leipzig und Verlag Harri Deutsch, Thun und Frankfurt/M.

Goodman, M. R. 1974: Study Notes in System Dynamics. Wright-Allen Press, Cambridge MA.

Gopal, M. 1987: Modern Control System Theory. John Wiley, Singapore/New York.

Guckenheimer, J., Holmes, P. 1983/1986: Nonlinear Oscillations, Dynamical Systems, and Bifurcations of Vector Fields. Springer New York / Berlin / Heidelberg / Tokyo.

Hudetz, W. 1977: Construction of dynamic system models using interactive computer graphics. In: H. Bossel (ed.): Concepts and Tools of Computer-assisted Policy Analysis. Birkhäuser Basel (266-291).

Jetschke, G. 1989: Mathematik der Selbstorganisation. Deutscher Verlag der Wissenschaften, Berlin.

Kheir, N. A. (ed) 1988: Systems Modeling and Computer Simulation. Marcel Dekker, New York.

Kreß, D. 1987: Angewandte Systemtheorie - Signale und lineare Systeme. S. 80-155 in Philippow 1987.

Law, A. M., Kelton, W. D. 1990: Simulation Modeling and Analysis, 2nd ed. McGraw-Hill, New York.

Luenberger, D. G. 1979: Introduction to Dynamic Systems - Theory, Models, and Applications. John Wiley, New York.

Meadows, D. H., Meadows, D. L., Randers, J., Behrens, W. W. III 1972: The Limits to Growth. Potomac Associates, Washington. (Deutsch: D. Meadows 1972: Die Grenzen des Wachstums. DVA, Stuttgart).

Meadows, D. H., Meadows, D. L., Randers, J. 1992: Beyond the Limits. Chelsea Green, Post Mills VT. (Deutsch: D. H. Meadows, D. L. Meadows, J. Randers 1992: Die neuen Grenzen des Wachstums. DVA Stuttgart).

Metzler, W. 1987: Dynamische Systeme in der Ökologie. Teubner, Stuttgart.

Palm III, W. J. 1983: Modeling, Analysis, and Control of Dynamic Systems. John Wiley, New York.

Penning de Vries, F. W. T., van Laar, H. H. (eds) 1982: Simulation of Plant Growth and Crop Production. Pudoc, Wageningen.

Penning de Vries, F. W. T., Jansen, D. M., ten Berge, H. F. M., Bakema, A. 1989: Simulation of Ecophysiological Processes of Growth in Several Annual Crops. Pudoc, Wageningen.

Peschel, M., Riedel, C. 1976: Polyoptimierung - eine Entscheidungshilfe für ingenieurtechnische Kompromißlösungen. Verlag Technik, Berlin.

Philippow, E. (Hg.) 1987: Taschenbuch Elektrotechnik, Band 2: Grundlagen der Informationstechnik, Verlag Technik, Berlin.

Pichler, F. 1975: Mathematische Systemtheorie. Walter de Gruyter, Berlin.

Piefke, F. 1991: Simulation mit dem Personalcomputer. Hüthig Buch Verlag Heidelberg.

Press, W. H., Flannery, B. P., Teukolsky, S. A., Vetterling, W. T. 1986: Numerical Recipes - The Art of Scientific Computing. Cambridge University Press, Cambridge.

Puccia, C. J., Levins, R. 1985: Qualitative Modeling of Complex Systems. Harvard University Press, Cambridge MA / London.

Reinisch, K. 1974: Kybernetische Grundlagen und Beschreibung kontinuierlicher Systeme. Verlag Technik, Berlin.

Richmond, B., Peterson, S., Vescuso, P. 1987: An Academic User's Guide to STELLA. High Performance Systems, Hanover NH.

Richter, O. 1985: Simulation des Verhaltens ökologischer Systeme - Mathematische Methoden und Modelle. VCH Weinheim.

Richter, O., Söndgerath, D. 1990: Parameter Estimation in Ecology. VCH Weinheim.

Roberts, N. 1983: Introduction to Computer Simulation - A System Dynamic Modeling Approach. Addison-Wesley, Reading MA 1983.

Rössler, O. E. 1976: Different types of chaos in two simple differential equations. Z. Naturf. 31a (1664-1670).

Schmidt, G. 1982: Grundlagen der Regelungstechnik. Springer, Berlin.

Schwefel, H. P. 1977: Numerische Optimierung von Computer-Modellen mittels der Evolutionsstrategie. Birkhäuser, Basel.

Smith, J. M. 1987: Mathematical Modeling and Digital Simulation for Engineers and Scientists. John Wiley, New York.

Spriet, J. A., Vansteenkiste, G. C. 1982: Computer-Aided Modeling and Simulation. Academic Press, London.

STELLA II: High Performance Systems, 45 Lyme Road, Hanover NH.

Thompson, J. M. T., Stewart, H. B. 1986: Nonlinear Dynamics and Chaos. John Wiley, Chichester / New York.

Unbehauen R., 1983 (4.Aufl): Systemtheorie. Oldenbourg, München.

Wissel, C. 1989: Theoretische Ökologie. Springer Berlin/Heidelberg/New York.

Wunsch, G. 1987: Allgemeine Systemtheorie. S. 9-79 in Philippow 1987.

Zeigler, B. P. 1976: Theory of Modeling and Simulation. John Wiley, New York.

Index

```
UNIT MODEL;

INTERFACE
   uses Base, Crt, Graph;
   procedure InitialInfo;
   procedure ModelEqs;
   procedure Summary;

IMPLEMENTATION
   var
      <Variablenliste>

   procedure InitialInfo;
   begin
      Title       := '<Titel>';
      Description := '<einzeilige Beschreibung>';
      TimeUnit    := '<Zeiteinheit der Simulation>';
      Author      := '<Name und Datum>';
      StateVariable[1] := '<Kurzbezeichnung>: (<Anfangswert>) [<Dimension>] ';
         (weitere Zustandsgrößen)
      ParamQuestion[1] := '<Parameterbezeichnung>: (<Voreinstellung>) [<Dimension>]';
         (weitere Systemparameter)
      ScenaQuestion[1] := '<Parameterbezeichnung>: (<Voreinstellung>) [<Dimension>]';
         (weitere Szenarioparameter)
      TableFunction[1] := '<Ausgangsgröße y> : <Eingangsgröße x>'
                        + '/<x1>,<y1>/<x2>,<y2>/ ... /<xn>,<yn>//';
         (weitere Tabellenfunktionen)
      OutVarText[1]    := '<Ausgabetext>: [<Dimension>]';
         (weitere Ausgabegrößen zusätzlich zu den Zustandsgrößen)
      Start    := <Zeitpunkt des Simulationsbeginns>;
      Final    := <Zeitpunkt des Simulationsendes>;
      TimeStep := <Schrittweite>;
         (weitere Initialisierungsangaben, falls notwendig)
   end;

   procedure <Prozedurname>;
         (Prozeduren, die aus der Prozedur ModelEqs aufgerufen werden, falls erforderlich)

   procedure ModelEqs;
   begin
         Hier stehen die eigentlichen Modellanweisungen. Es müssen die folgenden Umbenennungen
         vorkommen:
         am Beginn der Prozedur (für T=START):
      <Name des Parameters im Programm>    := ParamAnswer[1];
         (weitere Systemparameter)
      <Name des Parameters im Programm>    := ScenaAnswer[1];
         (weitere Szenarioparameter)
         am Beginn der Prozedur (für alle Zeitpunkte T):
      <Name der Zustandsgröße im Programm> := State[1];
         (weitere Zustandsgrößen)
         am Ende der Prozedur (für alle Zeitpunkte T):
      Rate[1] := <Zustandsrate im Programm>;
         (weitere Zustandsraten)
      OutVariable[1] := <Name der Ausgabegröße im Programm>;
         (weitere Ausgabegrößen)
   end;

   procedure <Prozedurname>;
         (Prozeduren, die aus der Prozedur Summary aufgerufen werden, falls erforderlich)

   procedure Summary;
   begin
         (beliebige vom Anwender geschriebene Prozedur zur Darstellung der Ergebnisse)
   end;
end.
```

Programm 4.1: MODLMUST.TXT. Programmiermuster für Modelleinheiten MODEL.PAS zur Verwendung mit dem SIMPAS-Simulator.

```
UNIT MODEL;   (* DEMO.MOD H.Bossel: Modellbildung und Simulation 920112 *)

INTERFACE
   uses Base,Crt,Graph;
   procedure InitialInfo;
   procedure ModelEqs;
   procedure Summary;

IMPLEMENTATION

   var
      DelT, X, Y1, Y3, IntX, IntY1, IntY3: real;
      Select: byte;

   procedure InitialInfo;
   begin
      Title       := 'DEMONSTRATION VON SIMPAS-FUNKTIONEN';
      Description := 'Tabellenfunktion, exponentielle Verzögerungen';
      TimeUnit    := 'Zeiteinheit';
      Author      := 'H.Bossel: Modellbildung und Simulation 920112';

      StateVariable[1] := 'Integral von X, unverzögert: (0) [-]';
      StateVariable[2] := 'Integral von X mit Delay1: (0) [-]';
      StateVariable[3] := 'Integral von X mit Delay3: (0) [-]';
      ParamQuestion[1] := '1-Pulse,2-Step,3-Ramp,4-Sin,5-Tbf: (5) [-]';
      ScenaQuestion[1] := 'Verzögerungszeit: (1) [-]';
      TableFunction[1] := 'X : Zeit' + '/0,0/1,0/1.2,1/1.5,0.2/2,0/2.5,-0.2/2.8,-1/3,0/4,0//';
      OutVarText[1]    := 'Signal: [-]';
      OutVarText[2]    := 'Signal mit Delay1: [-]';
      OutVarText[3]    := 'Signal mit Delay3: [-]';
      Start            := 0;
      Final            := 5;
      TimeStep         := 0.01;
   end;

   procedure ModelEqs;
   begin
      if Time=Start then
      begin
         Select := round(ParamAnswer[1]+0.01);
         DelT   := ScenaAnswer[1];
      end;
      IntX     := State[1];
      IntY1  := State[2];
      IntY3  := State[3];
      if Select=1 then X := Pulse(1,1,0) + Pulse(-1,2,0);
      if Select=2 then X := Step(1,1) - Step(2,2) + Step(1,3);
      if Select=3 then X := Ramp(1,1) - Ramp(2,1.5) + Ramp(2,2.5) - Ramp(1,3);
      if Select=4 then
      begin
         if (Time>=1) and (Time<=3) then
         X := Sin(pi*(Time-1)) else X := 0;
      end;
      if Select=5 then X := Tbf(1,Time);
      Y1 := Delay1(1,DelT,X);
      Y3 := Delay3(1,DelT,X);
      OutVariable[1] := X;
      OutVariable[2] := Y1;
      OutVariable[3] := Y3;
      Rate[1] := X;
      Rate[2] := Y1;
      Rate[3] := Y3;
   end;

   procedure Summary; begin end;

end.
```

Programm 4.2: FUNDEMO.MOD. Demonstration von SIMPAS-Funktionen mit der Modelleinheit FUNDEMO: Testfunktionen Pulse, Step, Ramp; Tabellenfunktion Tbf; Verzögerungsfunktionen Delay1 und Delay3.

Modeling and Simulation

by Hartmut Bossel

1994. 420 pages with disk. Hardcover
ISBN 3-528-05419-0

From the contents: Systems and Models – Structure – System – State Behaviour – Choice and Design – Systems Zoo – Mathematical Systems – Analysis.

This book is the English Language Version of the very successful German textbook, “Modellbildung und Simulation”. It provides a self-contained and complete guide to the methods and mathematical background of modeling and simulation software of dynamic systems. Furthermore, an appropriate simulation software and a collection of dynamic system models (on the accompanying disk) are highlights of the book/software-Package.

Vieweg Publishing · P.O. Box 58 29 · D-65048 Wiesbaden

vieweg